개정증보판

첨단기술의 기초

저자

이 일 수 李一洙, Ilsu Rhee

1978 경북대학교 물리학과 이학사
1981 서울대학교 대학원 물리학과 이학석사
1989 뉴욕주립대학(Buffalo) 대학원 물리학과 Ph. D.
1989 뉴욕주립대학(Buffalo) 연구원
1990~현재 경북대학교 자연과학대학 물리학과 교수
2008 워싱턴대 Saint Louis 의과대학 방문교수
2012 조지타운대 물리학과 방문교수

박사학위논문: Finite-Size Scaling of the Superfluid Density of ^{4}He Confined Between Silicon Wafers (Phys. Rev. Lett.)
국내외 전문학술지 논문 60여 편 및 『극저온 기술의 기초』 등 단행본 15권 저술

첨단기술의 기초 [개정증보판]

초판 1쇄 2007년 8월 22일
개정 1쇄 2015년 11월 15일

지은이 이일수
펴낸이 손동철
펴낸곳 도서출판 글고운

등록일 1973년 10월 10일㉿ 97호
주 소 대구광역시 북구 대학로 80
전 화 053-950-6741~3
팩 스 053-953-4692
이메일 press@knu.ac.kr
홈페이지 http://knupress.com

ISBN 978-89-7180-430-8 93420

가격은 뒤표지에 있습니다.
파본은 바꾸어 드립니다.

개정증보판

첨단기술의 기초

이일수 지음

도서출판 글고운

머리말

『첨단기술의 기초』는 2007년에 출간되었다. 이제 수정이 필요한 부분을 고치고, 보강할 부분과 삭제할 부분을 선별하여 개정판을 내게 되었다. 그사이 기술이 발전하였지만, 그 기술의 기본적인 원리는 변함이 없기에 새로운 물리학적 원리에 대한 내용은 추가되지 않았다. 다만 초판에서 다루지 않았으나, 이공계 전공자들이 알았으면 하는 내용을 몇 가지 추가하였다.

제1장은 '양자역학의 기초'로 재편하였다. 양자역학은 파동역학이므로 도입 부분에 파동에 대한 내용을 추가하였다. 그리고 양자역학이 태동한 20세기 초엽에 이루어진 물리학의 발전에 대한 내용을 비교적 상세히 기술하려고 하였다. 이를 통해 물리학자들이 어떤 과정을 통해 원자세계를 이해할 수 있게 되었는지를 알 수 있을 것이다. 첨단기술들은 원자세계에서 일어나는 현상을 응용하는 것들이 대부분이다. 따라서 나머지 장에 나오는 내용을 파악하기 위해서는 제1장의 내용을 반드시 이해해야 한다. 제2장에서는 전지에 대한 내용을 보강하였다. 현재 스마트폰에 사용하는 전지의 수명을 연장하는 문제, 전기자동차에 사용할 편리한 전지의 개발, 태양전지의 효율을 높이는 문제 등에 대한 연구가 활발히 진행 중이다. 이에 따라 전지에 대한 내용을 보강하게 되었다. 그리고 제3장의 반도체 부분도 반도체소자 부분에 대한 내용을 일부 보강하였다. CCD의 발명으로 이제 더 이상 필름 카메라를 사용하지 않는데, 이 CCD에 대한 내용도 추가하였다. 제6장에는 AFM에 대한 내용을 추가하였다. 제8장에는 원자력 에너지를 이용하는 부분을 추가하였다. 핵에너지는 핵무기로 만들어져 전쟁 도구로도 사용되고, 원자력 발전을 통해 전기를 생산하는 데도 이용되고 있다. 동일한 물리적 원리가 전쟁과 평화라는 상반된 목적을 위해 이용되는 것이다. 이에 대한 이해가 필요할 것 같아서 이 내용을 추가하였다. 형상기억합금에 관련된 기존의 제11장은 삭제하였다. 제12장의 전자 디스플레이는 지난 몇 년 사이에 급격한 변화를 보인 분야이다. 그사이 CRT와 PDP가 사라지

고 LCD가 디스플레이의 대세로 자리 잡았다. OLED가 스마트폰 등 소형화면에 사용되고 있으며, 가정용 TV 등 대형화면 쪽으로 진출하려고 노력하고 있다. 또 LED조명이 빠른 속도로 확산되는 중이다. 이와 같은 변화에 따라 제12장을 재편하였다. 제13장의 내용도 크게 재편되었다. 나노기술이 꾸준히 발전함에 따라 탄소나노튜브, 양자선과 양자점, 나노입자 등에 대한 내용을 추가하였다. 그리고 예제를 통해 내용을 이해할 필요가 있는 부분에는 본문 안에 이를 추가하였다. 부록 부분에도 오실로스코프 부분 등을 삭제하고 새로운 내용을 추가하였다. 레이저의 원리인 Einstein 계수, 우주를 구성하는 기본입자와 우주의 형성 등에 관한 내용이 추가되었다. 위와 같은 내용을 삭제 또는 추가함으로써 초판의 미비한 부분을 보강하려고 노력하였다.

첨단기술은 하루가 다르게 발전하고 있다. 한때 잘나가던 기업들이 기술발전을 따라가지 못해 점점 도태되는 경우도 있다. IBM, Kodak, SONY 등은 첨단기술의 변화를 예측하지 못한 반면 후발주자인 삼성, 애플, 구글 등은 기술발전에 신속하게 대응한 결과, 시장의 판도가 완전히 뒤바뀌었다. 이와 같이 첨단기술을 이해하고 그 발전방향을 예측하는 것은 기업의 생존과 나라의 명운이 달린 중요한 문제이다.

이 책은 이공계 학생들이 첨단기술과 관련된 물리학적 원리를 배우는 데 좋은 길잡이가 될 것이다. 아무쪼록 『첨단기술의 기초』가 첨단기술에서 응용되는 물리학적 원리가 무엇인지를 이해하는 데 도움이 되었으면 한다.

2015년 10월 이일수

차례

제1장

양자역학의 기초

제1장
양자역학의 기초

현대물리학은 양자역학과 상대성 원리라는 새로운 개념에 그 바탕을 두고 있다. 첫째, 양자역학은 원자세계를 설명하는 새로운 역학 체계이다. 이 역학 체계는 물질(입자)과 파동의 이중성에 그 바탕을 두고 있다. 이에 따라 원자세계에서 입자는 파동으로 기술되어야 한다는 것이다. 이는 Newton 역학체계가 입자의 운동을 기술하는 것과 배치된다. 따라서 양자역학을 파동역학이라고도 부른다. 양자역학(입자의 파동적인 현상)은 불확실성의 원리를 그 바탕으로 하고 있으며, Schrödinger 파동방정식으로 체계화되었다. 둘째, (특수)상대성 원리는 광속에 가까운 물체의 운동을 기술하는 데 사용하여야 하는 역학 체계이다. 관성계 사이에 시간이 다르다는 것이 그 핵심적인 내용이다. (일반)상대성 원리는 중력에 관련된 상대성 원리이다. 즉, 가속계 사이의 상대성 원리에 해당한다. 중력과 가속의 등가원리를 그 바탕으로 하고 있다. 일반상대성 원리의 결과인 Einstein의 장(field)방정식은 현대 우주론에 심대한 영향을 끼쳤다.

대부분 첨단기술은 원자(또는 분자)세계에서 일어나는 현상을 이용한 것이다. 이에 따라 첨단기술을 이해하기 위해서는 양자역학의 결론인 불연속적인 에너지 개념, 즉 에너지 준위에 대한 내용을 알아야 한다. 예를 들면 레이저는 원자들의 에너지 준위사이의 전이를 통해 이해할 수 있다. 이와 같이 에너지 준위 개념은 첨단기술을 이해하는 데 기본적인 것이다. 반면에 상대성 원리는 우주의 형성을 이해하는 데는 필요하지만, 첨단기술의 이해에서는 크게 필요가 없다. 상대성 원리가 GPS의 위치보정에 사용되고 있지만, 우리가 일상에서 보는 첨단기술을 이해하는 데 필수적으로 알아야 할 내용은 아니다. 따라서 이 장에서는 양자역학의 기초가 되는 내용만 다룰 것이다. 파동으로 기술되는 양자역학을 이해하기 위해서는 파동에 대한 기본적인 내용의 이해가 필요하므로 파동, 특히 전자기파에 대한 내용을 제일 먼저 다루었다. 그 후 입자(물질)-파동의 이중성에 관련된 20세기 초엽의 실험결과들을 통해 양자역학이 어떻게 발전되어 왔는가에 대한 기본적인 내용을 기술하였다.

1-1. 파동이란 무엇인가?

파동(wave)은 규칙적인 에너지의 이동이다. 파동은 그 원인에 따라 역학파와 전자기파로 나눌 수 있다. 역학파(mechanical wave)는 역학적인 에너지가 매질을 통해 한 곳에서 다른 곳으로 이동하는 현상이다. 이 경우 매질 자체는 이동하지 않고 에너지만 매질의 다른 쪽으로 전달해 준다. 전자기파(electromagnetic wave)는 하전입자의 가속 때문에 전기장과 자기장이 발생하고 이것이 공간을 통해 이동하는 현상이다. 이와 같은 발생 메커니즘의 차이에 의해 전자기파는 파동의 전달에서 매질이 필요 없다.

파동의 진동방향과 진행방향과의 관계에 따라 두 가지 종류의 파동으로 구별된다. 즉, 횡파(transverse wave)와 종파(longitudinal wave)가 있다. 횡파는 파동의 진동방향과 파동의 진행 방향이 수직인 경우이다. 대표적인 횡파에는 현의 진동이 있다. 줄의 한쪽 끝은 고정하고 다른 쪽 끝을 흔들면 파동이 발생한다. 이것이 곧 현의 진동이다. 현은 아래위로 진동하고 파동은 이의 수직 방향으로 진행한다. 따라서 파의 진동방향과 파의 진행방향이 수직이다. 그리고 수면파도 횡파의 일종이고, 전자기파도 횡파에 속한다. 반면에 종파의 대표적인 것에는 음파가 있다. 음파는 역학적인 에너지(스피커나 사람 성대의 떨림)에 의해 공기 밀도의 변화가 유도된다. 이때 매질의 소(less dense)한 부분과 밀(denser)한 부분이 반복적으로 나타나고 이에 따라 역학적 에너지가 전달된다. 즉, 소와 밀한 부분이 수평 방향으로 반복적으로 나타나고 또한 파동의 진행도 진동의 방향으로 이루어진다. 따라서 음파는 진동방향과 진행방향이 같으므로 종파에 속한다.

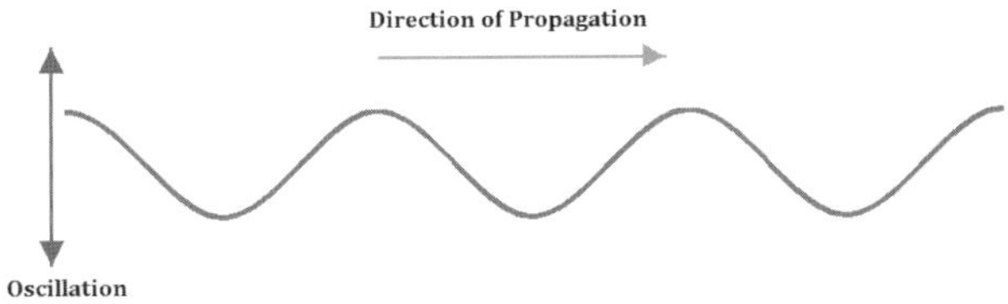

그림 1-1 현의 진동(횡파의 예)

고체인 물질로는 횡파와 종파가 모두 전파된다. 그러나 유체(액체와 기체)인 물질로는 종파만 전파가 가능하다. 매질을 이루는 입자(원자 또는 분자)가 움직이려면 옆의 입자를 밀(push) 수 있어야 한다. 그러나 유체에서는 입자들이 서로 스쳐(sliding) 지나간다. 그런데 횡파가 전파되려면 입자가 옆의 입자를 파의 진행방향에 수직인 방향으로 밀어주어야 하는데, 유체에서는 그것이 불가능하다. 따라서 유체에서는 횡파가 전달되지 못한다. 예를 들면 지진에 의해 종파(P파)와 횡파(S파)가 발생한다. 지진학자들이 지구중심으로는 종파인 P파만이 전파되는 것을 관찰하였다. 이 관찰결과는 지구 중심은 액체 상태로 되어 있음을 나타낸다.

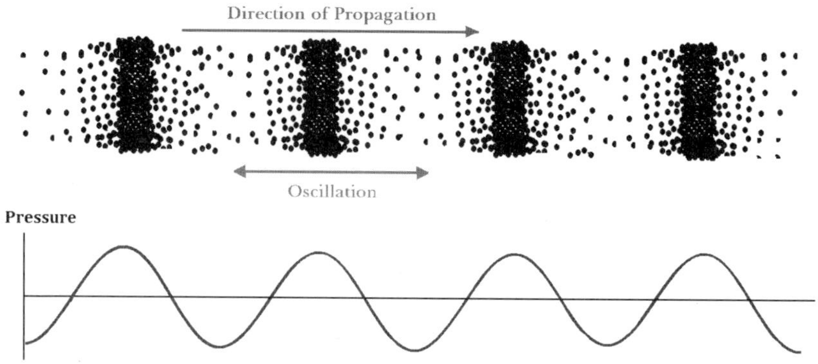

그림 1-2 음파의 진동과 진행(종파의 예)

1-2. 파동을 어떻게 구별하는가?

위에서 파동이 발생하는 원인에 따라 역학파와 전자기파로 구별된다는 것을 보았다. 그리고 파동의 진동방향과 진행방향이 서로 수직인가 또는 수평인가에 따라 횡파와 종파로 구별된다고 하였다. 그러면 파동의 모양에 따라 파동을 어떻게 구별하는가? 이 절에서는 어떤 물리량으로 파동이 구별되는가를 보도록 하자. 파동은 에너지의 반복적인 전달이고, 이에 따라 매질의 변위(역학파) 또는 장(field, 힘이 미치는 공간)의 변위가 발생한다. 이 변위들은 반복적으로 변하기 때문에 이에 관련된 물리량으로 파동을 구별할 수 있다.

시각적으로 이해하기 가장 쉬운 현의 진동(사인파 진동)을 생각해보자(그림 1-3). 평형위치에서부터 현까지의 높이(매질의 변위) $y(x, t)$는 위치 x와 시간 t의 함수이다. 즉, 현의 변위는 두 개의 독립적인 변수인 위치와 시간 모두에 따라 달라진다. 따라서 변수 중 하나를 고정해야 파의 모양을 관찰할 수 있다.

첫째, 시간을 고정한 경우를 생각해 보자. 이 경우 임의의 시간에서의 파의 위치에 따른 모양을 관찰할 수 있다. 그림 1-3에 임의의 시간에서의 파의 모양이 주어져 있다(snap shot을 찍었다고 가정하면 된다). 이 그림에서 파동은 같은 모양이 반복됨을 볼 수 있다. 여기서 반복되는 거리를 파장(wavelength)으로 정의한다. 파장은 주로 λ로 표현된다. 그리고 진동은 $-A$에서 $+A$사이에서 일어나며, 이때 A를 진폭(amplitude)이라고 부른다.

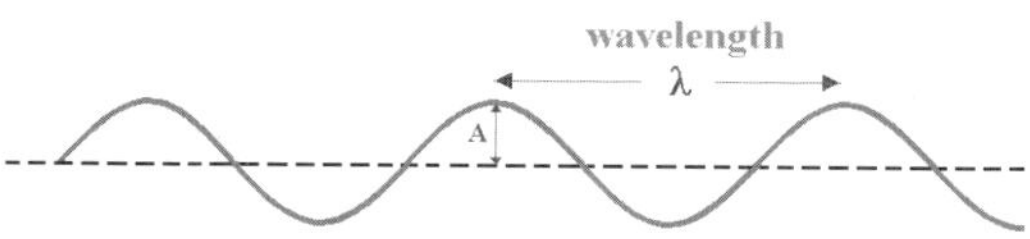

그림 1-3 임의의 시간에서의 파동의 모양, 파장의 정의

둘째, 공간을 고정하는 경우에 대해 알아보도록 하자. 즉, 특정 위치에서 파동이

시간에 따라 어떻게 변하는 것을 보는 것이다. 그림 1-4에서와 같이 특정 위치만을 두고 나머지 부분은 모두 스크린으로 가린다고 생각해보자. 그리고 그 부분의 현에 푸른 매듭을 매어두었다고 가정하자. 그러면 이 매듭은 시간에 따라 오르락내리락할 것이다. 이 매듭이 한번 오르락내리락하는 데 걸리는 시간이 주기(period)로 정의된다. 주기는 T로 표현된다. 그리고 1초 동안 오르락내리락하는 횟수를 진동수(frequency)로 정의되고 f로 표현된다. 여기서 진동수는 주기의 역수임을 알 수 있다. 즉, $f=1/T$이다.

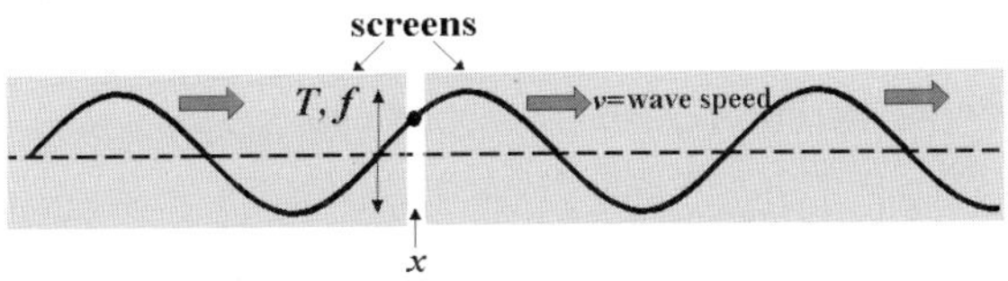

그림 1-4 임의의 위치에서의 파동의 모양, 주기와 진동수의 정의

위에서 본 바와 같이 파동은 시간에 따라서도 변하고 위치에 따라서도 변한다. 그리고 이 변화는 독립적인 두 변수인 시간과 위치에 따라 동시에 일어난다. 이에 따라 파장, 주기, 진동수가 정의되었다. 그러나 이 물리량들은 서로 독립적이지는 않다. 앞에서 보았듯이 주기와 진동수는 역수의 관계에 있다. 그리고 파장과 진동수의 곱은 파의 속력이다. 즉,

$$v=f\lambda \quad \textbf{(1-1)}$$

와 같이 표현된다. 이 표현은 파동이 1초 동안에 f번 진동하는데, 한 번의 진동 때문에 거리 λ를 진행하므로 f와 λ의 곱이 파동이 1초 동안에 진행한 거리, 즉, 속도라는 것을 쉽게 이해할 수 있다.

[예제] 파동의 속도가 300m/s이고 파장이 3m로 관찰되었다면, 이 파의 진동수와 주기는 얼마인가?
[답] $f\lambda=v$에서 $f=v/\lambda=100Hz$이다. 그리고 $T=1/f=100ms$이다.

1-3. 전자기파란 무엇인가?

전자기 법칙에 의하면 전하(charged particle, 전기를 띠는 물체)가 공간에 존재하면 그 주위에 전기장을 형성하고, 움직이는 전하(전류)는 그 주위에 자기장을 형성한다. 전기장 안에 다른 전하가 들어오면 전기적인 힘이 작용하고, 자기장 속에 다른 전하 또는 움직이는 전하가 들어오면 자기적인 힘이 미친다. 반면에 가속 전하(accelerating particle)는 전자기파를 발생한다. 즉, 가속 전하에 의해 시간에 따라 변하는 전기장과 시간에 따라 변하는 자기장이 연이어 발생하여 공간에 전자기파

가 만들어지고 이것이 전파되는 것이다. 평형 위치를 중심으로 진동하는 전하는 가속 전하에 해당한다. 이때 전하가 진동수 f로 진동하는 경우 진동수 f인 전자기파가 발생한다. 위와 같은 전자기파의 발생 메커니즘에서 알 수 있듯이 전자기파의 전파에는 매질이 필요 없다. 즉, 전자기파는 진공속에서도 전파된다.

그림 1-5에서와 같이 진동하는 전하가 공간에 놓여있다고 하자. 이 전하에 의해 전자기파가 발생하고, 멀리 떨어진 위치로 이 전자기파가 전파된다. 먼 위치(far field)에서 전자기파의 전기장 부분 E_{rad}는 수직인 가속도 $\vec{a}_{\perp}$에 비례하고, 거리 r에 반비례한다. 그림에서와 같이 전하의 진동방향에 수직인 곳에서의 전기장이 가장 크다. 이는 전기장이 $\vec{a}_{\perp}$에 비례하기 때문이다. 각도 θ인 위치에서의 전기장의 세기는 $cos\theta$에 비례한다. 그리고 전자기파의 자기장 부분 B_{rad}은 E_{rad}/c이다. 그림과 같은 전하의 진동에서는 전기장 E_{rad}은 y축 방향으로 진동하고, 자기장 B_{rad}은 z축 방향으로 진동한다. 이때 전자기파는 x방향으로 진행하게 된다. 이처럼 전기장 E_{rad}과 자기장 B_{rad}은 서로 수직이고, 또한 이들은 전자기파의 진행방향(x축)에 항상 수직이다.

진동하는 전하에서 아주 멀지 않은 지점에서의 전자기파는 구면파($\sin(kx-\omega t)/r$로 표현)이나, 아주 먼 지점에서의 전자기파는 평면파(plane wave)로 간주할 수 있다. 즉, x방향으로 진행하는 사인파인 평면파(sinusoidal plane wave)는

$$\vec{E}(x, t)=E_{\max}\sin(kx-\omega t)\hat{j} \tag{1-2}$$
$$\vec{B}(x, t)=B_{\max}\sin(kx-\omega t)\hat{k}$$

와 같이 표현할 수 있다. 여기서 k는 파수(wavenumber)로서 $2\pi/\lambda$로 정의한다. 이는 파동이 $\Delta x=\lambda$만큼 이동하는 동안 각도의 변화가 2π(한 주기)임을 나타낸다. 그리고 ω는 각진동수로서 $2\pi/T$ 또는 $2\pi f$로 정의된다. 이는 시간이 $\Delta t=T$ 지나는 동안 각도의 변화가 2π(한 주기)임을 보여준다.

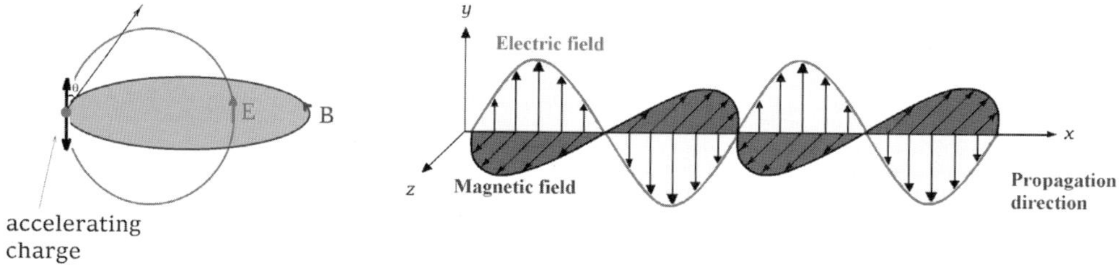

그림 1-5 가속하는 하전입자에 의한 전자기파의 발생

[예제] 가시광선 중에서 사람의 눈이 가장 민감하게 반응하는 노란색(green yellow)파의 파장은 550nm이다. 이 파의 진동수는 얼마인가?

[답] $f\lambda = c$에서 $f = c/\lambda = 5.45\times10^{14}Hz$이다.

[예제] 전자기파에서 전기장의 진폭이 100V/m로 관측되었다. 자기장의 진폭은 얼마인가?

[답] $B_{max} = E_{max}/c = 3.33\times10^{-7}T$이다.

앞에서 보았듯이 진공에서 전자기파의 전파속도는 광속인 $c=3\times10^8 m/s$이다. 그러나 전자기파가 물질 속에서 전파될 때에는 사정이 다르다. 즉, 진공에서는 전자기파와 상호작용을 하는 입자들이 없지만, 물질 속에서는 물질을 이루는 원자(또는 분자)들과 상호작용을 하게 된다. 물질 속에서 전자기파의 전파는 물질의 원자들이 전자기파의 에너지를 흡수(absorption)하고, 다시 방출(re-emission)하는 메커니즘을 통해서이다. 전자기파 에너지가 원자에 주어지면 원자는 그 에너지를 흡수하고(absorption), 이 에너지에 의해 원자는 전자기파의 진동수와 동일한 진동수로 진동하게 된다. 그리고 짧은 시간의 진동 후에 원자는 흡수한 전자기파의 진동수와 동일한 진동수의 전자기파를 다시 방출한다(re-emission). 이렇게 방출된 전자기파 에너지를 옆의 원자가 흡수하고 다시 방출하는 과정을 반복함으로써 전자기파가 한 지점에서 다른 지점으로 전파된다. 그런데 원자가 전자기파를 흡수하고 방출하는 사이에는 시간이 걸리므로, 물질 속에서 전자기파의 전파속도는 진공에서의 전파속도인 광속보다 느리게 된다. 전자기파의 흡수와 방출 사이의 시간 간격은 물질에 따라 다르고, 또한 물질마다 밀도도 다르다. 이에 따라 물질 속에서의 전자기파의 전파속도는 원자들이 전자기파 에너지를 흡수하고 방출하는 사이의 시간 간격과 물질의 밀도에 의존하게 된다. 대체로 전자기파의 전파속도는 물질의 밀도에 크게 의존한다. 즉, 밀도가 큰 물질일수록 전자기파의 전파속도가 늦다. 전자기파의 전파속도에 관련하여 굴절률(refractive index)이란 물리량이 정의된다. 즉, 물질 속에서의 전자기파의 전파속도는

$$v = \frac{c}{n} \qquad \textbf{(1-3)}$$

와 같이 정의되는데, 여기서 n이 굴절률이다. 굴절률은 1보다 큰 값이다. 이에 따라 물질 속에서 전자기파의 전파속도는 광속보다 느리다. 표 1-1에 여러 물질의 전자기파의 전파속도가 주어져 있다. 표에서 보듯이 대체로 굴절률은 매질의 밀도가 크면 클수록 크다는 것을 알 수 있다.

전자기파(파동은 모두 만족됨)가 한 매질에서 다른 매질로 전파될 때 두 매질의 경계면에 단위 시단 당 입사하는 파의 수와 단위 시간 당 경계면을 투과하는 파의 수는 같아야 한다. 즉, 두 매질에서의 진동수는 같아야 한다(에너지 보존칙, 광자의 에너지는 hf, 1-5절 참조). 반면에 위에서 보았듯이 두 매질에서의 파의 속도는 다르며, 이에 따라 두 매질에서의 파장도 다르다.

표 1-1 대표적인 기체, 액체, 고체에서의 굴절률

물질		굴절률
기체	공기	1.000293
	헬륨	1.000035
	CO_2기체	1.00045
액체	물	1.33
	에탄올	1.36
	올리브기름	1.47
고체	얼음	1.31
	크라운(crown) 유리	1.52~1.62
	플린트(flint) 유리	1.58~1.75
	다이아몬드	2.42

[예제] 굴절률이 1.6인 유리로 렌즈를 만들었다. 이 렌즈 속으로 전파되는 전자기파의 속도는 얼마인가? 공기 중에서 550nm인 전자기파의 렌즈 안에서의 파장은 얼마인가?

[답] $v=c/n=1.88\times10^7 m/s$이다. 공기 중에서는 $f_0\lambda_0=c$이고 렌즈 속에서는 $f\lambda=\frac{c}{n}$이다. 여기서 $f=f_0$이므로 $\lambda=\lambda_0/n\cong344nm$이다.

전자기파는 파장영역에 따라 대략 7개의 종류로 나눌 수 있다. 즉, 파장이 커지는 순서로는 γ-선, X-선, 자외선, 가시광선, 적외선, 마이크로파, 라디오파 등과 같이 나열할 수 있다. 그러나 위의 구별에서 마이크로파를 라디오파에 포함하기도 한다. 그리고 이들 전자기파 중에서 인간의 눈으로 감지할 수 있는 전자기파는 가시광선(visible light)뿐이다.

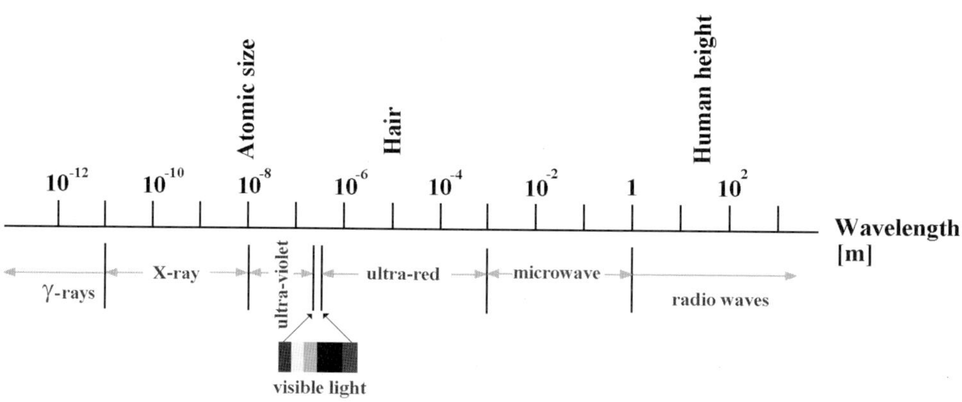

그림 1-6. 전자기파의 종류

표 1-2 파장(또는 진동수)에 따른 전자기파의 구별

이름	파장영역	진동수영역	에너지영역(eV)
라디오파	$>$1m	$<$0.3GHz	$< 10^{-6}$
마이크로파	1mm~1m	0.3GHz~300GHz	10^{-6}~0.001
적외선	700nm~1mm	3×10^{11}~4.3×10^{14}Hz	0.001~1.78
가시광선	400nm~700nm	4.3×10^{14}~7.5×10^{14}Hz	1.78~3.1
자외선	10nm~400nm	7.5×10^{14}~3×10^{16}Hz	3.1~124
X-선	0.1Å~10nm	3×10^{16}~3×10^{19}Hz	124~1.24×10^{5}
γ-선	$<$0.1Å	$> 3 \times 10^{19}$Hz	$> 1.24 \times 10^{5}$

표 1-3 전자기파의 사용분야

명칭	사용분야
γ-선	인체내부의 촬영(SPECT, PET), 암조직의 파괴, 금속 내부의 균열 관찰
X-선	인체 내부의 촬영(CT 등), 비파괴검사, 결정구조의 분석(X-선 회절), 공항의 짐 검사
자외선	비타민 D를 형성시킴, 과다 노출 시 피부와 눈에 악영향, 살균작용, 형광등에서 이용, 방범용, 자동문
가시광선	지구상의 동물들이 시각기관에 이용, 식물의 광합성, 광통신(유리섬유)
적외선	열복사(heat radiation), 미사일 열 추적, 광물 등의 원격탐사, 야간 투시경, 요리, 건조
마이크로파	전리층을 투과, radar, 위성통신(라디오, TV), 거리측정, 기상관측, 비행기 착륙 유도, 마이크로 오븐
라디오파	모든 통신에 이용, UHF(미사일, 항공, radar, TV), VHF(FM방송), HF(전리층에서 반사, 단파방송); MF, LF, VLF(전리층에서 반사, AM 방송)

태양 빛의 스펙트럼이 그림 1-7에 주어져 있다. 태양 빛은 가시광선 영역의 에너지가 가장 크고, 자외선과 적외선도 포함되어 있다. 태양에서 발생한 빛(전자기파)이 우주공간을 지나서 지구로 전파된 것이다. 그림에서 보듯이 우주공간에서의 스펙트럼과 지표 근방에서의 스펙트럼이 차이가 나는 것은 일부 파장영역에서 빛이 오존층과 공기에 의해 흡수되었기 때문이다. 가시광선 영역의 빛이 가장 세기가 크므로 지구에 존재하는 동물들이 가시광선을 이용하여 물체를 인식하게 된 것은 자연스러운 현상일 것이다.

물체를 인식하기 위해서는 파동이 필수적이다. 즉, 물체에서 반사되어 오는 파동을 관측하여 물체를 인식하는 것이다. 지구의 동물들은 가시광선이 물체에서 반사되어 오는 것을 관측한다. 인간의 시각기관도 두 종류의 시각세포(visual cells)가 가시광선을 감지한다. 즉, 간상세포(rod cell)와 원추세포(cone cell)가 있다. 간상세포는 빛의 세기를 감지하고, 원추세포는 3종류가 있는데 각 원추

세포가 감지하는 파장영역이 다르다. 즉, 적색, 녹색, 청색 영역을 담당하는 세 종류의 원추세포가 존재한다. 동물은 위에서 본 바와 같이 가시광선을 물체의 관측에 사용하는 데 반해서, 식물의 경우에서는 가시광선을 흡수하여 광합성 작용을 한다.

태양 빛에는 적외선도 포함되어 있는데, 적외선은 모든 물체에 흡수되어 열을 발생시킨다. 또한, 태양 빛에는 자외선도 포함되어 있는데, 자외선은 태양 빛 중에서 파장이 가장 짧으므로, 그 에너지가 가장 크다(아래에 빛의 입자성에 대한 내용을 참조). 이에 따라 자외선은 살균작용을 하고, 피부에 흡수되어 비타민 D를 만든다. 그러나 햇볕을 너무 쬐게 되면, 그 에너지에 의해 세포가 손상되고, 이에 따라 피부암을 일으키기도 한다.

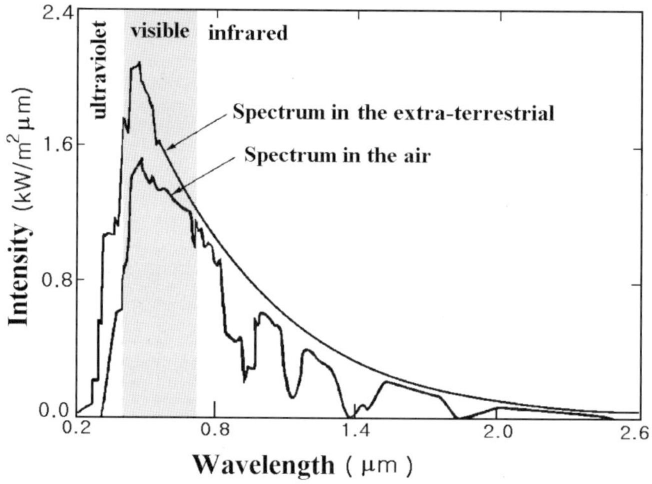

그림 1-7 태양 빛의 스펙트럼

1-4. 라디오파는 어디에 이용되고 있는가?

이 절에서는 전자기파 중에서 라디오파가 어디에 이용되는지에 대해서만 알아보기로 한다. X-선이나 γ-선에 대한 내용은 다른 장에 따로 다루고 있다. 그리고 여기서 라디오파는 마이크로파를 포함하기로 한다.

전자기파의 발견은 라디오파와 관련되어 있다. 이에 대한 역사를 간단히 언급해 보기로 한다. 1867년 Maxwell은 전자기파의 파동방정식을 완성하였다. Maxwell 방정식에 따르면 시간에 따라 변하는 자기장이 전기장을 만들고, 전기장이 시간에 따라 변함으로써 자기장이 만들어진다. 1887년 Hertz는 전자기파의 발생과 측정을 실험적으로 증명하였다. 즉, 전자기파 펄스를 발생시키고 그

것을 관측했다. 그러나 헤르츠가 일찍 죽는 바람에 전자기파를 이용하는 무선전신(wireless telegraphy)은 Marconi에 의해 성공되었다. 여기서 무선전신은 유선통신과 달리 도선(wire)을 사용하지 않고, Morse 부호를 먼 거리에 전달하는 것이다. Marconi는 스파크 갭 송신기(spark gap transmitter)를 이용하여 전자기파를 발생하였다(그림 1-8). 스파크 갭 사이에 점프-스파크(jump-spark) 코일을 이용하여 수만 볼트를 걸어주면 이 전압이 갭 사이의 공기를 이온화시킴으로써 전자기파가 발생한다. 이는 번개가 발생하는 것과 동일한 메커니즘이다. 이 과정에서 전자기파 펄스가 발생한다. 그리고 이 전자기파 펄스의 측정에는 코히러(coherer)라는 장치를 사용하였다. 이는 두 전극을 가진 진공관 안에 니켈 입자를 넣은 것이다. 이에 따라 니켈 입자들이 외부의 교류신호에만 반응하여 전류가 흐름으로써 전자기파 펄스를 감지한다.

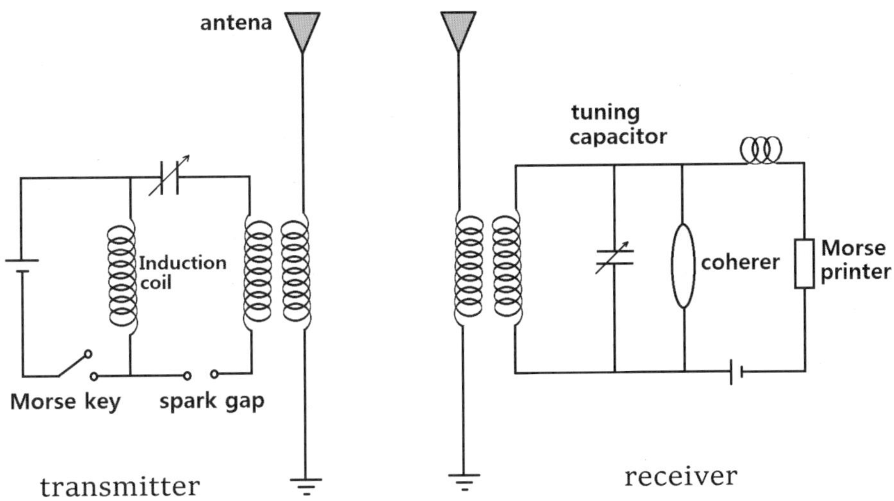

그림 1-8 Marconi에 의해 만들어진 전자기파 펄스의 송신기와 수신기의 개략도

Marconi의 무선전신은 Morse 부호를 이용한 메시지를 전달하는 형태이다. 전자기파를 이용하여 사람의 소리를 무선으로 전달하는 무선전화(telephony)는 작은 신호를 큰 신호로 증폭시키는 증폭기의 발견 이후에야 가능해졌다. 진공관을 이용한 최초의 증폭기(audion)가 1906년 De Forest에 의해 발명되었다. 이 증폭기는 전자기파 신호를 발생하는 진동자로도 사용할 수 있었기 때문에 Marconi 송신기의 점프-스파크 코일의 역할도 대신하였다. 삼극진공관(triode)이 점점 개선됨으로써 사람의 음성을 전자기파에 실을 수 있게 되었고(AM, FM 변조), 이에 따라 1920년대에는 상업 라디오 방송국이 출현하였다. 그러나 1947년에 반도체를 이용한 트랜지스터가 발명됨으로써 반도체 시대가 열렸고, 이에 따라 삼극진공관은 더는 사용하지 않게 되었다. 이후 반도체 소자, 집적회로,

통신위성 등의 출현으로 현재에는 무선으로 언제 어디 서에서든 음성이나 영상의 송수신이 가능하게 되었다.

파동은 회절(diffraction)할 수 있는데, 회절은 구멍이나 코너에서 파동이 퍼지는 현상이다. 예를 들면 파동이 빌딩이나 산을 만나면 회절 때문에 그 뒤쪽으로도 전파가 가능하다. 라디오파를 이용하여 광범위한 영역에 신호의 전달(방송)이 가능한 것이 바로 이 회절현상 때문이다. 라디오파는 표 1-4에 주어진 바와 같이 그 파장(또는 진동수)에 따라 여러 영역으로 나누어 불린다. 라디오파는 크게는 장파, 중파, 단파로 나눌 수 있고, 또한 그 안에서 여러 갈래로 나누기도 한다.

첫째, 장파 중에서 가장 파장이 긴 라디오파는 VLF(very low frequency)파로서 그 파장이 10km~100km 사이이다. VLF파는 지표로 전달되고, 작은 산을 통과하는 정도이다. 그다음의 장파로는 LF(low frequency)파로서 파장이 1km~10km 사이이다. 이 파는 아주 멀리 전파가 가능하므로, 1930년대까지는 무선전신에 많이 사용되었다. 둘째, 중파인 MF(medium frequency)파는 그 파장이 100m~1km 사이이다. 이 중파는 지상 100km의 위치에 있는 전리층에서 반사된다. 이에 따라 라디오 방송(AM)에 널리 사용되고 있다. 셋째, 단파는 여러 가지의 파로 나누어진다. 그중에서 HF(high frequency)파는 그 파장이 10m~100m 사이이고, 이 파들은 200km~400km에 존재하는 전리층에서 반사된다. 따라서 HF파는 국제방송, 선박, 비행기 통신에 이용되고 있고, 아마추어 무선에도 사용되고 있다.

그 외의 단파로서는 VHF(very high), UHF(ultra high), SHF(super high), EHF(extremely high) 등으로 세분할 수 있다. 이 단파의 진동수가 커지면 커질수록, 그 파장은 짧아져서 점점 직진하는 성질이 더 두드러지게 된다. 그리고 단파는 전리층에서 반사되지 않고 직진하는 성질을 가지게 된다. VHF파는 파장이 1m~10m로서 TV나 FM 방송에서 사용하고 있다. 전자기파의 진동수가 커지면 커질수록 그 전자기파에 실을 수 있는 정보의 양이 커진다. 이런 면에서 VHF파는 방송용으로 적당한 것이다. UHF파는 파장이 10cm~1m 정도의 파이다. 이 파는 작은 산이나 빌딩 뒤로 회절 되어 전파가 가능하다. 또한, 진동수가 크므로 실을 수 있는 정보의 양도 많고, 작은 안테나로도 전달할 수 있다. 즉, 송수신용 안테나의 크기는 파장에 비례하므로 단파의 경우 안테나의 크기가 작아도 송수신이 가능한 특징이 있다. 그리고 직진성이 좋으므로 원하는 방향으로 파를 보내는 것도 가능하다. 이에 따라 UHF 방송, 모바일 통신 등에 이용되고 있다. SHF파는 직진성이 UHF보다 더 좋으므로 모바일 통신, 위성통신, radar 등에서 응용되고 있다. EHF파는 파장이 1mm~1cm이다. 이 파는 빛과 거의 동일한 직진성을 가진다. 이 파는 비나 안개 등에 의해 신호의 세기가 감소하므로 장거리 통신에는 부적당하다. 따라서 단거리 통신, 자동차용 radar(RAdio Detection And Ranging의 약자) 등에 이용하고 있다.

표 1-4 라디오파의 구분과 응용

이름	파장영역	진동수영역	특징	사용
VLF (very low)	10km~100km	3kHz~30kHz	작은 산을 통과	
LF (low)	1km~10km	30kHz~300kHz	장거리 전파 가능	전신(1930년대)
MF (medium)	100m~1km	300kHz~3MHz	전리층(100km)에서 반사	라디오 방송
HF (high)	10m~100m	3MHz~30MHz	전리층(200~400km)에서 반사	국제방송, 선박, 비행기 통신
VHF(very high)	1m~10m	30MHz~300MHz	전리층에서 반사되지 않고 직진	TV, FM방송
UHF(ultra high)	10cm~1m	300MHz~3GHz	작은 산과 빌딩 뒤에만 전달할 정도로 직진	UHF TV, 모바일 통신
SHF (super high)	1cm~10cm	3GHz~30GHz	특정 방향으로 전달, 많은 정보 전달가능	위성통신, Radar, 위성방송
EHF (extremely high)	1mm~1cm	30GHz~300GHz	빛과 거의 동일하게 직진	단거리 통신, Radar, 위성통신

위에서 언급한 라디오파 중에서 UHF 일부와 SHF, EHF파는 마이크로파로도 구분한다. 특히 마이크로파는 음식을 데우거나 요리하는 데도 사용하고 있다. 마이크로파 영역에서 파의 진동수가 물의 공명진동수와 일치하여 물 분자들이 마이크로파의 에너지를 흡수하여 진동함으로써 주위의 분자들과의 마찰에 의해 주위 물질의 온도를 높이고, 그 후 이 열은 전도와 대류에 의해 전체의 음식에 전달되어 음식의 온도를 높이는 것이다. 마이크로파 오븐에서는 주로 2.45GHz(파장은 약 12cm)의 진동수를 가진 마이크로파를 이용하고 있다.

음성 또는 영상 신호는 진동수가 대체로 작으므로 이를 그냥 공기 중에 전파하기는 어렵다. 이렇게 긴 파장의 파를 전파하기 위해서는 굉장히 큰 안테나가 필요하고, 파의 에너지도 엄청나게 커야 한다. 따라서 이 음성 또는 영상 신호를 라디오파(캐리어, carrier)에 실어서 보낸다(변조, modulation). 그리고 이 신호를 받은 수신기는 캐리어인 라디오파를 제거한 후 음성 또는 영상 신호를 스피커 또는 영상장치에서 재생한다(복조, demodulation). 그림 1-9에 이 변조에 대한 개략적인 그림이 주어져 있다. 라디오파는 신호를 실어 나르는 캐리어로서 진동수가 신호의 진동수보다 훨씬 크다. 변조에는 두 가지 종류가 있다. 즉, 진폭변조(AM, amplitude modulation)와 진동수변조(FM, frequency modulation)가 있다. 신호가 사인파(sine wave)라고 가정할 경우 진폭변조에서 신호와 캐리어의 혼합은

$$y(t)=[1+M\sin(2\pi f_s t+\phi)]\sin(2\pi f_c t) \tag{1-4}$$

와 같이 표현할 수 있다. 여기서 f_s와 f_c는 신호와 캐리어의 진동수이다($f_c \gg f_s$). 그리고 M은 진폭변조의 크기를 나타낸다. 변조된 신호는 그림 1-9의 왼쪽 그림과 같이 캐리어파가 진폭 변조되었음을

보여주고 있다. 반면에 진동수변조(FM, frequency modulation)에서 신호와 캐리어의 혼합은

$$f(t) = A\sin\left(2\pi f_s t + \frac{\Delta f_c}{f_s}\sin(2\pi f_s t)\right) \tag{1-5}$$

와 같이 표현된다. 여기서 Δf_c는 캐리어 파의 진동수 변조의 크기를 나타낸다.

유리섬유(optical fiber)를 이용하면 빛을 캐리어로 사용할 수 있다. 빛은 진동수가 라디오파보다 훨씬 크기 때문에 실을 수 있는 정보의 양도 훨씬 많다. 현재 광통신이 일반화되고 있다.

디지털 통신에서는 신호를 디지털화하여 전달한다. 전달하려는 신호를 0과 1의 펄스들로 만들어 캐리어파에 싣는다. 이에 따라 디지털에서는 잡음을 쉽게 제거할 수 있다. 현재에는 공중파 TV, FM 등도 디지털 방송이 일반적이다.

모바일 통신에서는 마이크로파를 이용한다. 마이크로파는 직진성이 있으므로 송신하는 곳과 수신하는 곳이 서로 눈에 보이는 곳에 있어야 한다. 따라서 마이크로파를 멀리 전달하기 위해서는 기지국들의 신호전달체계가 필요하다.

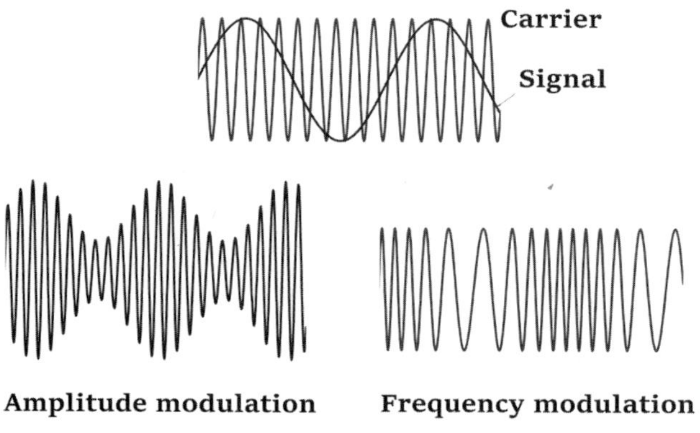

그림 1-9 진폭변조와 진동수변조

표 1-5 라디오 방송에서 사용되는 라디오파의 영역

용도	진동수영역
AM라디오	5.35kHz~1.7MHz
단파라디오	5.9MHz~26.1MHz
TV (Ch. 2~6)	54MHz~88MHz
FM라디오	88MHz~108MHz
TV (Ch. 7~13)	174MHz~220MHz

1-5. 파동의 입자성이란 무엇을 의미하는가?

19세기 중엽에 물리학자들은 열복사에 대한 연구를 통해 주위보다 온도가 높은 물체는 흡수하는 복사(radiation, 전자기파)보다 발산하는 복사가 많지만 주위보다 온도가 낮은 물체는 그 반대임을 발견하였다. 이러한 과정을 통해(복사를 주고받음으로써) 물체는 주위와 열적 평형을 이루는 것을 관찰한 것이다. 그리고 발산하는 복사는 물체의 종류와 온도에 따라 다름이 관찰되었다. 어떤 물체에 복사가 주어지면 물체는 일부의 복사는 흡수하고 일부의 복사는 반사한다. 1850년대 후반에는 물리학자들은 그동안 실험결과들을 통해 복사를 잘 흡수하지 못하는 물체는 복사의 발산도 잘하지 못한다는 것을 알게 되었다. 그리고 1859년 Kirchhoff는 열복사의 법칙을 만들었다. 즉, 복사를 발산하는 양과 흡수율의 비는 물체의 종류에는 관계없고 단지 물체의 온도에만 의존한다는 것이다. 즉, 이는 $E_\lambda/A_\lambda = K_\lambda(T)$로 표현된다. 여기서 E_λ, A_λ, $K_\lambda(T)$는 각각 특정 파장 λ에 대해 물체가 발산하는 복사, 물체의 복사 흡수율, 온도에만 의존하는 상수 등을 나타낸다. 위 식에서 만약 물체가 입사하는 모든 복사를 흡수한다면($A_\lambda=1$) 물체가 발산하는 복사는 온도에만 의존하는 상수가 된다. 이는 물체의 종류에는 관계없는 양이다. 이렇게 복사를 모두 흡수하는 물체를 흑체(blackbody)라고 부른다. 그리고 복사를 잘 흡수하는 물체는 복사를 잘 발산하므로 복사를 모두 흡수하는 물체는 복사를 모두 발산하기도 한다. 그런데 흑체는 어떻게 만드는가? 작은 구멍을 가진 공동(cavity)이 흑체로 행동한다(그림 1-10). 이러한 공동으로 전자기파 복사가 입사하면 전자기파 복사는 공동 내에 갇혀지고(trapped) 공동의 표면에서 반복적으로 반사되어 완전히 흡수된다. 따라서 이 경우 흑체는 완전한 흡수체(perfect absorber)라고 할 수 있다. 반면에 외부에서 흑체에 열을 가하면 공동 표면을 이루는 원자들의 열적운동에 의해 전자기파(thermal radiation)가 방출된다. 그리고 이렇게 형성된 전자기파는 구멍을 통해 모두 외부로 방출하게 된다. 따라서 공동은 하나의 완전한 복사체(perfect emitter)의 역할을 하게 된다. 결과적으로 그림 1-10과 같은 공동은 완전한 흡수체인 동시에 완전한 복사체로 행동한다.

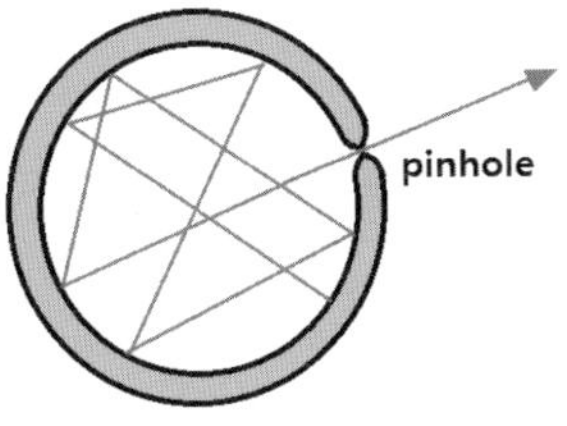

그림 1-10 흑체의 모양

1879년 Stefan은 실험을 통해 물체에서 나오는 복사는 그 물체 온도의 4제곱에 비례함을 발견하였다. 1884년 Boltzmann은 Maxwell의 전자기이론과 열역학을 이용하여 Stefan의 실험결과를 이론적으로 확인하였다. 따라서 복사에너지가 물체 온도의 4제곱에 비례한다는 법칙을 Stefan-Boltzmann 법칙이라고 부른다. 1890년 중반에는 흑체에서 발산되는 짧은 파장의 복사 상수 $K_\lambda(T)$에 대한 실험값들이 구해졌다. 1893년 Wien은 파장이 짧은 영역에 맞는 복사공식을 유도하였다. 그리고 그는 흑체복사 스펙트럼에서 빛의 세기가 최대가 되는 지점의 파장이 온도가 높아짐에 따라 파장이 짧은 쪽으로 이동하는 Wien의 변이칙(displacement law)을 발견하였다. 1899년 Lummer와 Pringsheim에 의해 긴 파장에 대한 $K_\lambda(T)$들이 구해짐으로써 흑체복사에 대한 스펙트럼(그림 1-11)이 완성되었다. 1900년 Rayleigh는 흑체복사 스펙트럼을 통계역학적 개념을 이용한 설명을 시도하였고, 그 후 1905년 Jeans에 의해 보완되었다. 그들은 공동에서 가능한 복사(전자기파)의 모드(mode)를 구하고 각 모드의 평균에너지를 통계역학적으로 구하였다. 각 모드의 평균에너지는 온도에 비례(k_BT)함을 보였고, 결과적으로 복사에너지의 세기는 파장의 4제곱에 반비례함을 유도하였다. 그러나 이 Rayleigh-Jeans공식은 긴 파장에는 맞으나, 짧은 파장에서는 $1/\lambda^4$에 비례하므로 복사에너지가 무한대가 되어 흑체복사 스펙트럼과 맞지 않았다.

1900년 Planck는 에너지양자라는 새로운 개념을 통해 흑체복사를 완벽하게 설명하였다. 그는 복사는 불연속적인 에너지를 가진 에너지 알갱이(광자, photon) 형태로 발산되고 흡수된다고 하였다. 즉, 진동수 f인 복사(파)는 hf의 에너지를 가진 에너지 양자로 구성되어 있다는 것이었다. 여기서 $h=6.62\times10^{-34}Jsec$는 Planck 상수이다. 그리고 흑체에서 발산되는 에너지 양자는 hf의 배수만 가능하다고 하였다. 즉, Planck에 의한 양자화 개념은 기존의 연속적인 에너지 개념에서 탈피하여 에너지가 불연속일 수 있다는 사실에 기초를 두고 있다. 그 당시 물리학자(Rayleigh, Jeans 등)들이 흑체복사 스펙트럼을 설명하는 데 실패한 원인은 복사에너지를 연속적으로 보았다는 것이다. 고전 전자기학에 의하면 전자기파의 에너지는 파의 진폭의 제곱에 비례하므로 공동 내에 형성되는 전자기파의 에너지에는 제한이 없다. 따라서 그들은 모드의 평균에너지를 계산하는 과정에서 적분개념(에너지가 연속이므로)을 이용하였다. 반면에 Planck는 복사에너지가 불연속(에너지의 양자화)이므로 모드의 평균에너지를 계산하는 과정에서 가능한 에너지(nhf, n은 자연수)에 대한 합을 구했다는 점이 다르다.

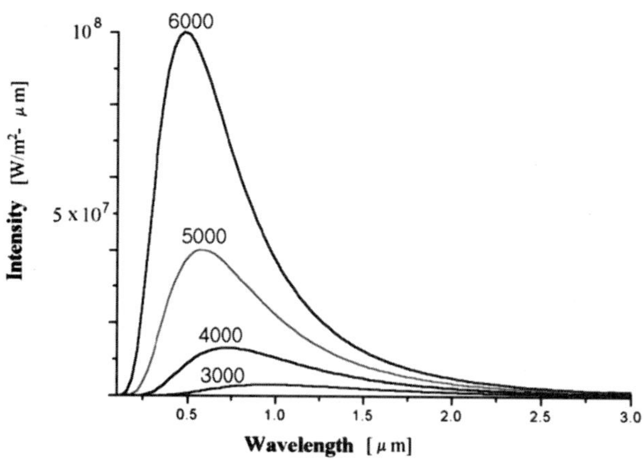

그림 1-11 흑체의 온도에 따른 복사스펙트럼

[예제] 진동수 $f=2.45GHz$인 마이크로파의 광자에너지는 몇 eV인가?

[답] 광자의 에너지는 $\varepsilon=hf=1.62\times10^{-24}J$이고, $1eV=1.6\times10^{-19}J$이므로 $\varepsilon=10^{-5}eV$이다.

1877년 Hertz는 빛을 도체 표면에 비추었을 때 전자가 튀어나오는 현상을 관찰하였다. 이것이 바로 광전효과(photoelectric effect)이다. 즉, 빛에 의해 전자가 튀어나오는 현상이다. 1899년 Thomson은 진공관 안에 있는 금속판에 자외선이 쪼여질 때 전자가 발생하는 현상을 발견하였다. 그리고

1902년 Lenard는 광전효과에서 발생하는 전자의 에너지가 입사하는 빛의 세기에 따라 어떻게 변하는지를 관찰하였다. 그는 광원으로 탄소아크램프(carbon arc lamp)를 사용하였다. 이 광원은 빛의 세기를 1,000배 정도 조절할 수 있는 장치였다. 광원에서 나온 빛이 진공관 속에 있는 금속판을 때리면 광전자(photoelectron)가 튀어나온다. 광전자를 모으기 위해 금속판의 반대편에 전극을 만들어 전류를 측정하였다(그림 1-12). 그리고 금속판에서 튀어나오는 광전자의 운동에너지를 측정하기 위해 전극에 마이너스 전압을 걸었다. 이 전압은 광전자가 전극에 도달하는 것을 방해한다. 즉, 광전자가 반대편 전극에 도달하여 전류로 관찰될 수 있으려면 이 마이너스 전압을 극복할 수 있는 운동에너지를 가져야 한다. Lenard는 어떤 광전자도 전극에 도달할 수 없는 전압(즉, 측정되는 전류를 0으로 만드는 전압, 그림 1-13 참조)이 존재한다는 것을 발견하였다. 이를 정지전압(stopping voltage)이라고 부른다. 그는 이 정지전압이 사용한 빛의 세기에 무관하다는 것을 발견하였다. 빛의 세기를 2배로 할 경우 발생하는 전자의 수(전류)는 2배로 되었지만, 정지전압은 변함이 없었다. 이는 센 빛이 광전자의 수는 키웠지만, 광전자의 (최대)운동에너지에는 영향을 주지 않았다는 것을 의미한다. 즉, 정지전압은 빛이 세거나 약하거나에 관계없이 변하지 않는다는 결론이었다. Lenard는 아크램프에서 나오는 빛을 분리하여(프리즘이나 grating을 사용) 광전자의 운동에너지가 입사하는 빛의 파장과 연관이 있는지도 관찰하였다. 그는 광전자의 운동에너지는 입사하는 빛의 파장에 따라 달라진다는 사실을 발견하였다. 즉, 짧은 파장의 빛을 사용했을 때 광전자의 운동에너지가 더 크다는 것이었다. 그 당시 그가 사용한 장치의 분해능 한계 때문에 보지 못 하였지만 빛이 어떤 파장(문턱파장)보다 길면 아무리 센 빛을 비추어도 광전자는 발생하지 않는다. 광전자를 방출할 수 있는 최장의 파장을 문턱(threshold)파장이라고 부른다.

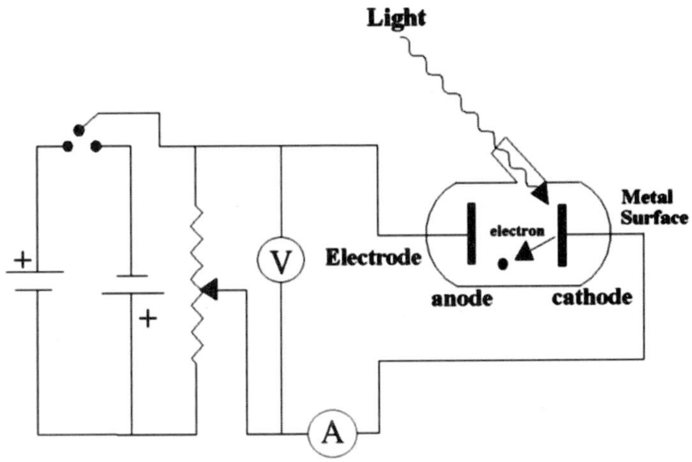

그림 1-12 광전효과의 측정 장치

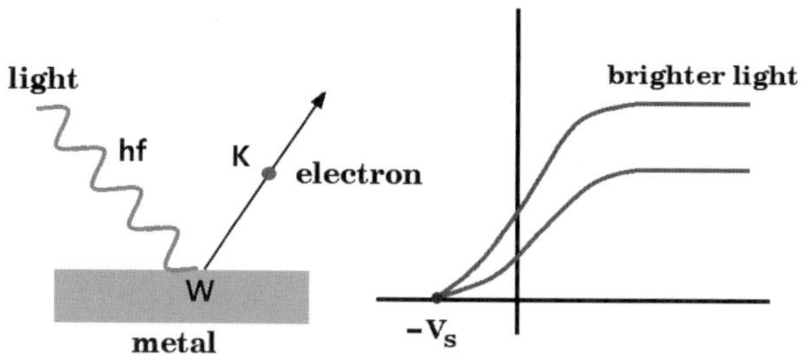

그림 1-13 빛의 세기 변화에 따른 광전효과 실험결과의 차이

1905년까지 광전효과에 대한 실험을 통해 다음과 같은 사실이 확인되었다. 첫째, 광전효과를 얻기 위해서는 문턱진동수(threshold frequency) 이상의 진동수 값을 가지는 빛을 사용해야 한다는 것이다. 이때 빛의 세기는 무관하다는 것이 밝혀졌다. 즉, 아무리 세기가 작은 빛이라도 문턱진동수 이상의 진동수를 가진 빛을 사용했을 경우 광전효과를 관찰할 수 있었다. 둘째, 문턱진동수 이상의 빛에 대해서 발생하는 전자의 수는 빛의 세기에 비례하는 것이 관찰되었다. 셋째, 발생하는 전자의 운동에너지는 진동수에만 직선적으로 비례하고 빛의 세기에는 무관하였다. 넷째, 문턱진동수 이상의 빛을 쪼여주는 순간 바로 전자가 발생하는 것이 관찰되었다. 이러한 실험결과들은 고전적인 물리학적 원리에 의해 설명할 수 없는 내용이었다. 전자기파의 에너지는 진폭의 제곱에 비례한다. 따라서 어떤 약한 빛(진폭이 작은 빛)이라도 오랫동안 공급하였을 경우 금속 내의 전자들은 언젠가는 구속에너지(binding energy)보다 큰 에너지를 얻어서 금속을 탈출할 수 있다. 그러나 광전효과의 실험에서는 문턱진동수 이하의 진동수를 가진 빛의 경우 아무리 빛의 세기를 크게 하든지 또는 오래 기다려도 금속을 탈출하는 전자를 관찰할 수 없었다. 또한, 문턱진동수 이상의 진동수를 가진 빛의 경우라도 고전물리학적인 원리에서는 빛은 파동이므로 그 에너지가 금속에 전해졌을 때 전체적으로 금속 내부에 에너지가 퍼지는 데 어느 정도의 시간이 필요하다. 따라서 빛이 쪼여지고 난 후 어느 정도의 시간이 지난 후에야 비로소 전자가 발생할 수 있을 것인데 광전효과의 실험에서는 빛이 쪼여지는 순간 전자가 방출되는 것이 관찰되었다. 이는 빛이 입자와 같은 행동을 보이고 있음을 나타낸다. 고전물리학적 원리는 이러한 광전효과의 실험결과들을 설명해 주지 못하였다.

1905년 Einstein은 Planck의 에너지 양자개념을 이용하여 광전효과를 완벽하게 설명하였다. 즉, Einstein은 진동수 f 인 전자기파는 hf 의 에너지를 가지는 에너지 알갱이(광자, 후에 photon으로 명명)로 구성되어 있다는 Planck의 에너지 양자 개념을 이용하였다. 이에 따라 동일한 진동수의 빛에 있어서 빛의 세기가 크다는 것은 이러한 광자의 수가 많다는 것을 뜻할 뿐이라는 것이다. 즉, 광자의 에너지는 진동수 f에만 관련되는 것이다. 그러므로 광전효과에서 동일한 진동수의 빛에서 그 세기만을 달리하면 빛을 구성하는 광자의 수만 증가시킬 뿐이다. 광전효과의 실험결과인 그림 1-13은 이러한 관점에서 볼 때 잘 이해할 수 있다. 즉, 빛의 세기를 증가시키면 광자의 수가 많아져서 광전효과에 의해 방출되는 전자의 수가 많아져서 관측되는 전류가 증가한다. 그러나 광전효과에 의해 방출되는 전자를 멈추게 하는 데 필요한 음의 전압(정지전압)은 광자들의 에너지(hf)가 달라지지 않았기 때문에 달라지지 않은 것이다.

에너지 양자개념을 이용한 광전효과에 대한 Einstein의 설명은 다음과 같다. 진동수 f인 빛은 hf의 에너지를 가지는 광자로 구성되어 있다. 그리고 금속 내에 있는 자유전자들의 구속에너지(binding energy 또는 work function)를 W라고 두자. 그러면 광전효과에서 방출되는 전자의 최대운동에너지는 전자가 광양자의 에너지를 전부 흡수하는 경우이므로

$$K_{max} = hf - W \tag{1-6}$$

로 구해진다. 따라서 광전효과를 얻기 위한 빛의 문턱진동수는 $K_{max} = 0$인 경우이므로 $f_{th} = W/h$로 주어진다. 이는 광전효과에서 왜 문턱진동수가 존재하는지를 잘 설명해 준다. 그리고 그림 1-13과 같은 실험에서 정지전압은 K_{max}를 상쇄시킬 전기에너지($-eV_s$)에 해당하므로 식 1-6에서 ($K_{max} = -eV_s$)

$$-V_s = \frac{hf - W}{e} \tag{1-7}$$

와 같이 구할 수 있다. 따라서 정지전압은 빛의 세기와는 무관하고 진동수 f에만 관련되어 있음을 볼 수 있다. 또한, 빛은 에너지 알갱이인 광자로 구성되어 있다고 했으므로 왜 빛을 금속 면에 쪼이는 순간 바로 전자가 방출되는지도 설명할 수 있게 되었다. 이처럼 빛(파동)의 입자성을 통해서 광전효과의 실험결과들을 모두 완벽하게 설명할 수 있게 되었다.

[예제] Na금속의 일함수는 2.5eV이다. 이 금속의 광전효과에 대한 문턱파장은 얼마인가? 200nm의 빛을 사용했을 경우 광전효과에서 발생하는 광전자의 최대운동에너지는 얼마인가? 정지전압은 얼마인가?

[답] 광전자가 나오기 위해서는 운동에너지가 0이 되지 않아야 한다. 그러므로 광전자가 나오지 않는 문턱진동수에서 광전자의 운동에너지는 0이 된다. 따라서 $K_{max} = hf_{th} - W = 0$에서 문턱파장은 $\lambda_{th} = \frac{hc}{W} = 450nm$로 구해진다. 그리고 $K_{max} = hf - W = \frac{hc}{\lambda} - W = 3.13eV$이고, 정지전압은 3.13 V이다.

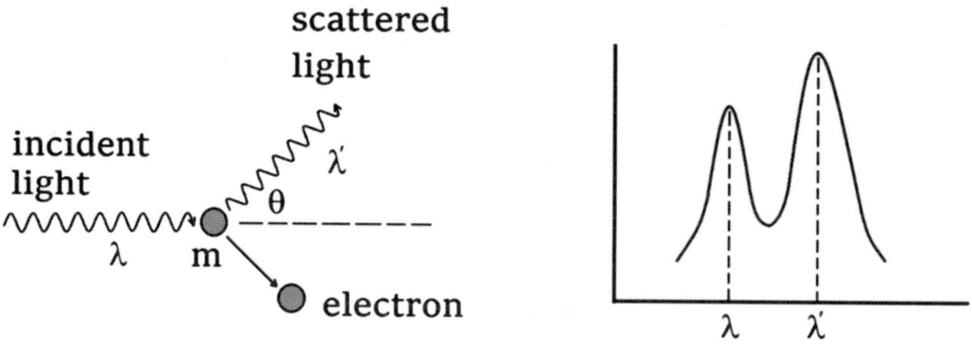

그림 1-14 Compton 효과

1922년 Compton은 Compton산란을 발견하였다. Compton산란은 X-선이 전자에 의해 산란할 때 그 파장이 길어지는 현상을 말한다. 전자기파의 파장이 산란 때문에 길어지는 현상은 고전물리학적인 관점에서는 있을 수 없는 일이었다. 이는 가시광선을 생각하면 산란에 의해 빛의 색이 바뀌는 것이므로 이해하기 어려운 현상이었다. Compton은 이 현상을 Planck의 에너지양자 개념을 이용하여 설명하였다. 즉, 그는 X-선을 광자의 집단으로 보고 에너지보존칙과 운동량보존칙을 사용함으로써(전자와 광자의 탄성충돌) Compton 산란을 완벽히 설명할 수 있었다.

광전효과와 Compton산란의 설명에서 Planck의 광양자(광자)개념을 사용하여 성공을 거둔 후 빛은 에너지 입자인 광자로 구성되어 있다는 데 대해 물리학자들은 동의하게 되었다. 그러나 빛을 파동으로 생각하지 않고는 설명할 수 없는 여러 현상이 존재한다. 즉, 빛의 간섭과 회절현상이다. 간섭은 두 파동이 다른 경로를 따라 이동한 후 합쳐질 때 생기는 파동의 중첩현상이다.

간섭현상은 Young(1803년)의 이중슬릿(double slit)실험을 통해 관찰할 수 있다. 검은 종이에 면도칼로 두 개의 슬릿(slit)을 만들 수 있다. 이 슬릿에 레이저 빛을 비추면 슬릿에서 멀리 떨어져 놓여있는 스크린에 밝고 어두운 무늬가 관찰된다. 빛이 입자로 되어 있다면 슬릿이 있는 부분의 스크린에만 밝은 무늬가 있어야 하는데, 실험을 해보면 스크린 상에 밝고 어두운 무늬가 연이어 나타난다. 이는 빛은 파동이므로 파동의 중첩 때문에 밝고 어두운 무늬가 나타난 것이다. 반면에 회절은 빛이 꺾이는 현상이다. 검은 종이에 작은 원형 구멍을 만들어 그 종이로 빛을 비춘다고 하자. 이 경우에도 스크린 상의 중앙에 원형의 밝은 무늬 이외에도 원주에 밝고 어두운 무늬가 연이어 나타남을 관찰할 수 있다. 이는 빛이 꺾였기 때문이다. 이처럼 간섭과 회절현상은 파동이 나타내는 고유한 현상으로서 입자로 구성된 빛이 보일 수 있는 현상은 아니다. 그리고 빛은 전자기파로서 Maxwell의 전자기파 방정식으로 설명되고, 빛이 한 매질에서 다른 매질로 전파될 때 반사와 투과되는 비는 Fresnel 방정식으로 잘 설명된다.

이처럼 빛이 파동이라는 관점에서 설명해야 하는 현상들이 많은데도 불구하고 흑체복사, 광전효과, Compton 산란 등은 빛이 입자여야만 설명이 가능한 실험들이다. 이에 따라 물리학자들은 곤혹

스런 상황에 처하게 되었다. 이를 타개하기 위해 빛의 이중성(duality)이 대두하였다. 즉, 빛은 전파, 회절, 간섭될 때 파동으로 행동하고 물질과 상호작용을 할 때 입자성이 나타난다는 것이다. 이는 물질과 파동의 이중성과 함께 양자역학의 핵심적인 내용이 된다.

1-6. 입자의 파동성이란 무엇을 의미하는가?

1924년 de Brogile는 그의 박사학위논문에서 대담한 주장을 하게 된다. 즉, 모든 움직이는 물체는 파동과 같이 행동한다는 소위 물질파(matter wave)에 대한 제안이었다. 그의 이 제안은 실험에 근거를 둔 것은 아니었지만, 입자인 광자가 파동적 성질도 가지는 것과 유사하게 광자 이외의 입자로 구성된 물질도 파동적 성질을 가지리라는 것이었다. 이는 빛의 이중성과 동일한 물질-파동의 이중성에 대한 내용이었다. 그는 광자의 운동량이 $p = h/\lambda$로 표현된다는 것에 착안하여 물질파의 파장은

$$\lambda = \frac{h}{p} = \frac{h}{mv} \tag{1-8}$$

로 주어질 것이라고 주장하였다.

1927년 Davisson과 Germer는 전자빔(beam)을 이용하여 X-선 회절과 동일한 실험을 하였다(그림 1-15). 그들은 전자빔을 니켈 표면에 입사시켰을 때 간섭무늬를 관찰하였다. 즉, 입자빔을 니켈 표면에 입사시켰을 때 파동에서만 나타나는 간섭무늬를 얻은 것이다. 그들은 각도 50° 에서 큰 신호(보강간섭)를 관찰하였다. 니켈의 결정면이 놓인 방향을 고려하면 전자빔의 입사각은 65° 에 해당한다. Bragg 조건인 $2d\sin\theta = m\lambda$에 $m = 1$과 X-선 회절에서 구한 니켈 결정 사이의 거리인 d=0.091nm을 대입하면 λ=0.167nm을 얻을 수 있다. 이들이 전자를 가속하는 데 사용한 전압은 54V였다. 이를 이용하여 전자의 속도($eV=mv^2/2$)를 구하여 de Brogile 물질파의 식($\lambda=h/mv$)에 대입하면 전자의 파장은 0.165nm로 구해진다. 이 값은 Bragg 조건에서 구한 0.167nm와 거의 동일하다. 이 실험을 통해 Davisson과 Germer는 de Brogile의 물질파 제안을 실험적으로 증명한 것이다. Thomson도 전자회절실험을 독립적으로 행했으며, 이 업적으로 그는 1937년 Davisson과 노벨상을 공동으로 수상하였다. Davisson과 Germer의 실험은 물질-파동의 이중성을 일반적으로 받아들여지게 하였고, 이후 양자역학과 Schrodinger파동방정식이 출현하는 계기를 만들었다.

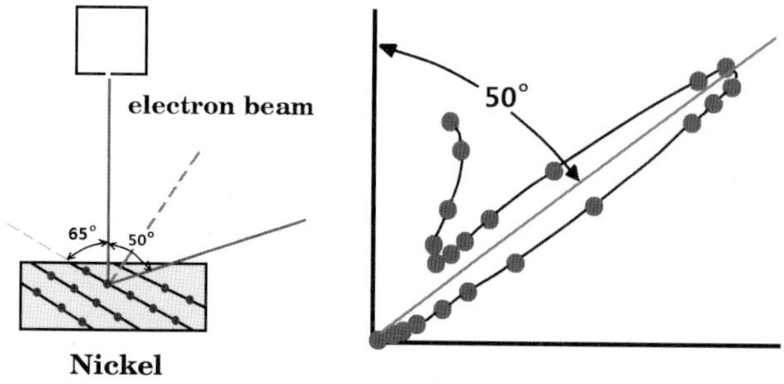

그림 1-15 Davison-Germer의 실험

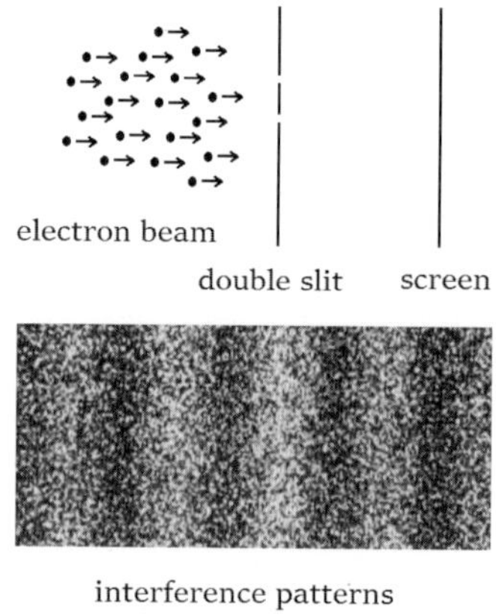

그림 1-16 전자빔에 의한 회절 실험

[예제] 전자총에서 전자가 100V의 전압에 의해 가속된다. 전자의 de Brogile 파장은 얼마인가?

[답] 먼저 전자의 속도를 구해야 된다. 전자가 전압에 의해 얻는 에너지는 eV이고, 이 에너지가 전자의 운동에너지가 된다. 즉, $mv^2/2=eV$에서 $v=5.93\times10^6 m/s$이다. 따라서 de Brogile 파장은 $\lambda=h/mv=1.23$ Å이다.

수소기체를 유리(진공)관 속에 넣고 전극의 양단에 전압을 걸어주면, 눈으로 볼 때 붉은색 계통의 빛이 발생하는 것을 관찰할 수 있다. 이 빛을 프리즘이나 회절격자(빛을 분해하는 장치)를 통과시키면 4개의 빛 계열로 나누어지는 것을 볼 수 있다. 즉, 붉은색, 청록색(blue-green), 청보라색(blue-violet), 보라색 계통으로 나누어진다. 그리고 눈으로 보이지 않는 적외선 영역의 빛도 섞여 있음을 관찰할 수 있다. 각 계열의 빛들을 자세히 관찰하면 모두 선(line)스펙트럼으로 구성되어 있다. 이는 특정한 파장의 빛만이 섞여 있다는 의미이다. 태양 빛은 연속스펙트럼이다. 즉, 자외선, 가시광선, 적외선 영역의 모든 파장의 빛들이 섞여 있다. 반면에 수소기체에서 나오는 빛은 선스펙트럼이다. 1862년 Ångström은 수소에서 나오는 3개의 가시광선 선스펙트럼을 발견하였다. 그 후 그는 보라색 스펙트럼도 관찰하였다. 1868년 Ångström은 태양 빛의 스펙트럼을 분석했는데 천 개 이상의 파장을 확인하였다. 이는 태양 빛은 연속스펙트럼이라는 것을 나타낸다.

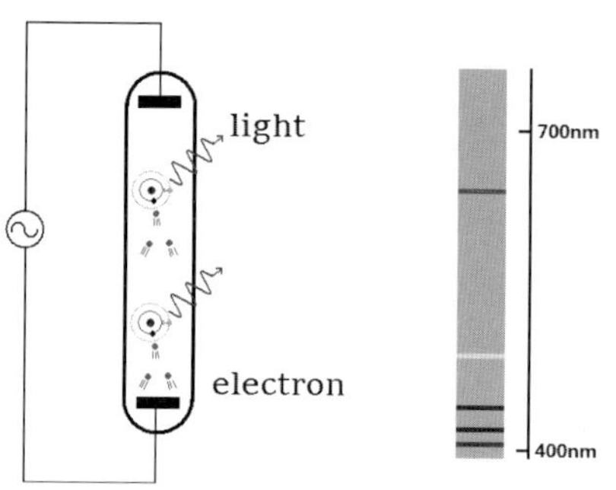

그림 1-17 가시광선 영역에 있는 수소의 선(line) 스펙트럼

1911년 Rutherford는 금박실험을 통하여 새로운 원자모형을 제안하였다. 이에 의하면 수소 핵에는 양성자 1개가 존재하고 그 주위를 전자 1개가 회전하는 구조이다. 그러나 이러한 원자구조는 전자기학적으로 보면 심각한 문제를 일으킨다. 전자기

파는 하전입자의 가속으로 발생한다. 수소 원자의 전자도 가속운동(원운동)을 하고 있으므로 전자기파를 방출해야 한다. 그런데 전자기파를 방출한다는 것은 에너지를 방출한다는 것이므로 전자의 궤도반경은 점점 감소하여 종래에는 핵과 충돌하여 원자 자체가 없어져야 한다. 그러나 원자는 존재하고 있으므로 여기에서부터 딜레마가 시작된다.

고전적으로 보면 전자의 궤도는 연속이므로 수소기체에서 발생하는 스펙트럼도 연속이어야 한다. 수소기체가 빛을 방출하는 메커니즘은 다음과 같다. 전극에서 발생하는 전자들이 수소기체와 충돌하여 수소 전자의 궤도반경을 증가시킨다. 이렇게 반경이 큰 궤도를 도는 전자는 불안하므로 원래의 작은 궤도로 떨어지면서 남는 에너지를 전자기파로 방출한다. 이것이 우리가 관찰하는 수소기체에서 나오는 빛이다. 그런데 전극에서 나오는 전자는 다양한 방식으로 수소기체와 충돌하므로 수소기체의 궤도반경은 연속적으로 변한다. 이에 따라 연속적인 스펙트럼이 관찰되어야 한다. 그러나 실제로는 선스펙트럼이 관찰되었다.

이러한 어려움을 해결하기 위해 Bohr는 전자가 정상궤도(stationary state)를 도는 경우에는 전자기파를 발생하지 않는다고 가정하였다(원소의 안정성 문제 해결). 그리고 이 안정적인 궤도는 각운동량의 양자화 조건인

$$mvr = n\frac{h}{2\pi} \tag{1-9}$$

을 만족한다고 하였다. 그리고 전자기파의 흡수와 방출은 전자가 두 안정적인 궤도사이를 전이할 경우에만 가능하다고 하였다(선스펙트럼 문제 해결).

Bohr는 수소원자의 모형과 각운동량의 양자화 조건을 사용함으로써 전자가 허용된 궤도에만 존재할 수 있다는 것을 보였다(부록 A 참조). 즉 수소원자의 전자는

$$r_n = r_0 n^2 \ [\text{Å}] \tag{1-10}$$

로 주어지는 궤도에만 존재할 수 있다. 여기서 r_0는 0.53Å이고 n은 자연수의 값만을 가질 수 있다. 그리고 r_n궤도를 돌고 있는 전자가 가지는 에너지는

$$E_n = -\frac{13.6}{n^2} \ [eV] \tag{1-11}$$

에 대응된다. 이를 수소원자의 에너지준위라고 부른다. 그림 1-18에 수소원자의 전자가 존재할 수 있는 궤도가 주어져 있고 각 궤도에 해당되는 에너지 준위가 그려져 있다.

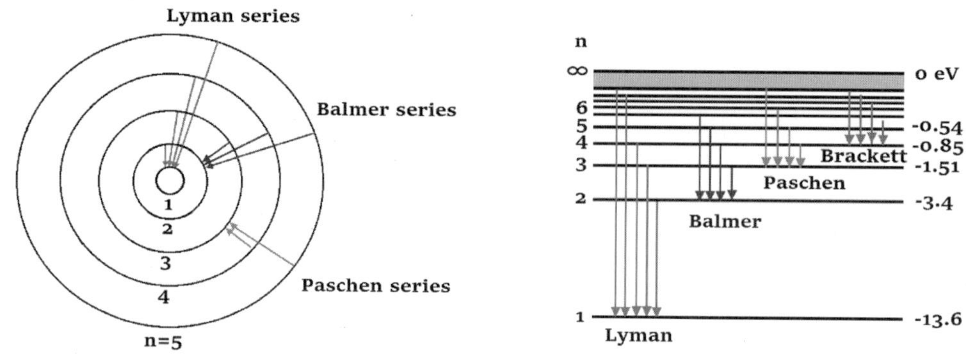

그림 1-18 수소원자의 궤도와 에너지 준위

위와 같은 에너지 준위 개념은 수소원자의 선스펙트럼을 잘 설명해 준다. 수소원자의 선스펙트럼을 관측하는 장치인 그림 1-17에서 선스펙트럼이 어떻게 에너지 준위사이의 전이와 연관되어 있는가를 보도록 하자. 고전압에 의해 발생된 전자들이 수소원자들과 충돌하게 되면 수소원자들이 여기(excited)된다. 그림 1-18(오른쪽 그림)에서 보듯이 처음에는 가장 낮은 에너지 상태인 기저 상태(n=1)에 존재하던 수소원자들은 외부 전자들과의 충돌에 의해 여러 에너지상태로 전이한다(즉, 전자의 궤도가 커지게 된다). 이렇게 여기상태로 올라간 수소원자들이 여러 낮은 에너지상태로 떨어지면서 에너지를 방출(전자기파)하게 되는데, 이를 스펙트럼 분석한 것이 수소 선스펙트럼인 것이다.

이러한 수소의 선스펙트럼은 고전적인 연속적 에너지 개념으로는 도저히 설명할 수 없는 것이다. 즉, 고전적인 개념에서는 수소원자의 전자는 연속적인 궤도를 가지며 따라서 위에 설명한 것과 같은 메커니즘에 의해 전자기파가 발생할 경우 연속적인 스펙트럼이 관측되어야 한다. 그러나 실제로는 불연속적인 선스펙트럼만이 관측된다. 이는 수소원자의 전자는 허용된 궤도에만 존재할 수 있다는 Bohr의 이론으로 설명이 가능한 것이다. 즉, 수소원자의 전자는 에너지 준위라는 허용된 에너지 상태에만 존재할 수 있고 에너지 준위 사이의 전이에 의해 외부로 그 에너지 차이에 해당되는 전자기파를 내어놓는 것이다.

de Brogile의 물질파에 의하면 수소원자의 전자가 가지는 물질파의 파장은 $\lambda=h/mv$로 주어진다. 따라서 $v=h/m\lambda$를 각운동량의 양자화 조건인 식 1-9에 대입하면

$$2\pi r = n\lambda \tag{1-12}$$

을 얻을 수 있다. 위 식은 원주($2\pi r$)가 파장의 배수가 되어야 함을 보여주고 있다. 이는 원 궤도에서

완전히 닫힌 파, 즉 정상파만이 수소원자의 궤도로 가능하다는 것을 나타낸다. 그림 1-19에 원 궤도에서의 정상파의 예들을 보여주고 있다.

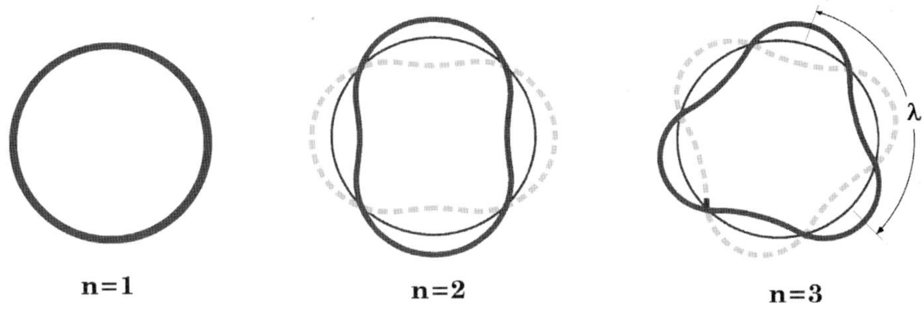

그림 1-19 원 궤도에서의 정상파 구조

Bohr의 수소원자 모형은 수소의 선스펙트럼을 잘 설명해 주었지만 완전한 것은 아니었다. Bohr의 수소모형은 고전적인 Newton역학을 사용하였지만, 수소 전자의 궤도가 제한적이라는 가정을 하였다. Newton역학에서는 외부 힘에 따라 궤도가 연속적으로 변할 수 있는 반면에 Bohr는 이에 대한 제한을 가함으로써 이론적 모순에 빠져들게 된 것이다. 이러한 모순을 해결하기 위해 등장한 것이 파동역학 즉, Schrödinger에 의한 파동방정식이다. 원자세계의 입자들은 파동성을 가진다는 것이 이 파동역학의 요체이다. 거시 세계에서 볼 수 있는 물체 관측의 정확성을 원자세계에서는 기대할 수 없다. 물체는 기본적으로 파동적인 성질을 가지므로 물체의 위치는 불확실하다. 따라서 관측에서는 물체가 어떤 위치에 존재하는 확률만을 구할 수 있다. 또한 물체의 이동에 관련된 운동방정식도 물체의 파동적인 성질에 따라 파동방정식이 되어야 한다. 그리고 이 파동방정식은 물체의 에너지를 제한하며 이에 따라 에너지 준위 개념이 등장하게 된다.

[예제] 수소 선스펙트럼 중에서 전자가 $n_i=10$에서 $n_f=3$으로의 전이에서 발생하는 파의 파장은 얼마인가?

[답] 두 에너지 준위의 차이에 해당되는 빛을 발생한다. 먼저 두 에너지 준위의 차이를 구해 보자. $\Delta E=13.6\left(\frac{1}{n_f^2}-\frac{1}{n_i^2}\right)eV$를 이용하면 $\Delta E=1.38eV$이다. 이 에너지에 해당하는 파의 파장은 $hf=hc/\lambda=\Delta E$에서 $\lambda=900.27nm$로 구해진다. 이는 적외선에 해당한다.

[예제] 수소 선스펙트럼의 Lyman계열의 빛 중에서 파장이 가장 짧은 파와 가장 긴 파의 파장을 구하라.

[답] Lyman계열은 $n_f=1$로 전이할 때 발생하는 파들이다. 파장이 가장 짧은 파의 에너지가 가장 크다. 이는 $n_i=\infty$에서 $n_f=1$로의 전이에서 발생한다. 이 경우 $\Delta E=13.6eV$이므로 $\Delta E=hf=hc/\lambda$에서 $\lambda=91.35nm$이다. 반면에 파장이 가장 긴 파의 에너지가 가장 작다. 이는 $n_i=2$에서 $n_f=1$로의 전이에 해당한다. 이 경우 $\Delta E=10.2eV$이므로 $\lambda=121.8nm$이다. 두 파의 파장은 모두 자외선에 해당한다.

1-7. 불확실성 원리란 무엇인가?

1927년 Heisenberg는 불확실성 원리(uncertainty principle)를 발표하였다. 불확실성의 원리는 상보적인 두 물리량(예를 들면 위치와 운동량)을 동시에 측정한다고 할 때 항상 불확실성이 따른다는 것이다. 이 불확실성은 측정하는 장비의 불확실성에서 오는 것이 아니라 물체의 파동적인 성질 때문에 발생하는 것이다. 물체의 위치를 파동을 이용하여 측정한다고 하자. 위치를 정확하게 측정하기 위해서는 되도록 짧은 파장의 파(전자기파)를 사용해야 한다. 그러나 파장이 짧은 파는 에너지가 크므로 측정하는 물체에 큰 영향을 줄 수 있다. 따라서 이때 측정하는 물체의 운동량은 정확하게 측정하지 못하게 된다. 반면에 파장이 긴 파를 측정에 사용한다고 하자. 이 경우 파의 파장이 길기 때문에 위치는 정확하게 측정되지 않는다. 그러나 파의 에너지가 작으므로 물체에 미치는 영향이 적다. 따라서 이 경우 물체의 운동량은 정확히 측정할 수 있다. 이처럼 물체의 위치와 운동량의 측정에서는 항상 불확실성이 존재한다. 두 물리량의 불확실성의 곱은 항상 어떤 값(프랑크 상수)보다 크다. 즉, $\Delta x \Delta p \geq \hbar/2$와 같이 주어진다.

위에서 언급하였듯이 불확실성은 물체의 파동성에 기인한다. 만약 하나의 파장(운동량, $p=h/\lambda$)으로 이루어진 파로 물체를 기술한다고 하자. 예를 들면 파는 $\cos(2\pi x/\lambda)$와 같이 기술된다. 이 경우 물체는 하나의 운동량(파장)으로 기술되므로 물체의 운동량은 정확하게 결정된다. 그러나 파는 모든 공간에 존재하므로 물체의 위치를 결정하는 불확실성은 무한대이다. 다음에 여러 파를 합친 것으로 물체를 기술한다고 하자. 이 경우 파의 공간적인 위치는 제한되므로 물체의 위치를 결정하는 데 있어서 불확실성은 줄어든다. 반면에 여러 파장(운동량)의 파를 사용함으로써 운동량을 결정하는 불확실은 증가한다. 수많은 파장의 파를 사용함으로써 아주 좁은 공간에 존재하는 파속(wavepacket)을 만들 수 있다. 이 경우 물체의 위치는 정확해지지만 물체의 위치를 기술하는 데 수많은 파장(운동량)을 가진 파를 사용했으므로 물체의 운동량은 불확실해진다. 한 지점에만 존재하는 파를 만들기 위해서는 무한대의 파를 합성하여야 한다. 이 경우 운동량의 불확실성은 무한대이다. 그러나 위치는 정확하게 측정된다. 위에서 보듯이 어떤 경우에도 위치와 운동량은 정확하게 측정할 수 없다. 이처럼 불확실성은 물체의 파동적인 성질 때문에 생기는 것이지 측정 장비의 불확실성 때문에 생기는 것은 아니다.

어떤 물체(입자)를 파동으로 나타낼 때, 많은 파장(비슷한 파장)의 파를 섞을 경우 파동(입자)이 존재하는 위치의 불확실성이 줄어든다. 그림 1-20에서는 $\cos(ax)$의 파를 섞은 것인데, 점선으로 표시한 파는 a가 0.8과 0.9인 두 파를 섞은 것이다. 반면에 실선으로 표시한 파는 a가 0.8에서 1.7까지 0.1씩 증가시킨 10개의 파장이 다른 파들을 합성한 것이다. 그림에서 보듯이 파를 합성하는 데 사용한 파장의 수가 많아질수록 파가 존재하는 위치의 불확실성은 줄어듦을 볼 수 있다. 그러나 이 경우 합성파를 위해서 여러 파장(운동량)의 파를 사용했으므로 운동량의 불확실성은 증가하였다. 이렇게 공간적으로 아주 좁은 영역에 존재하는 파를 파속(wavepacket)이라고 부르고, 양자역학에서는 이 파속을 입자를 표현하는 데 사용하고 있다.

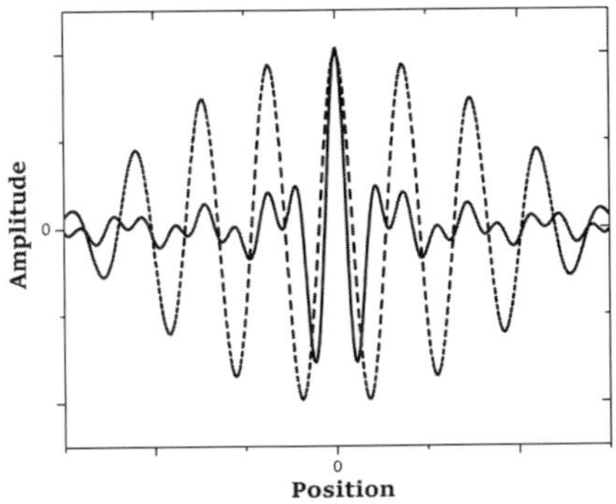

그림 1-20 파동의 중첩에 의한 파속(wavepacket)의 합성

[예제] 전자가 1Å의 공간에 갇혀 있다. 이 경우 전자가 가지는 에너지의 불확실성은 몇 eV인가?

[답] $\Delta x \Delta p \geq \hbar/2$에서 $\Delta p \geq \frac{\hbar}{2\Delta x}$이고, 에너지의 불확실성은 $\Delta E = \frac{\Delta p^2}{2m} \geq \frac{\hbar^2}{8m(\Delta x)^2}$에서 $\Delta E \geq 0.96eV$이다.

[예제] Yugawa는 메존(meson)의 질량을 불확실성의 원리를 이용하여 예측하였다. 즉, 에너지-시간 불확실성인 $\Delta E \Delta t \geq \hbar/2$에서 핵자(양성자, 중성자)들이 불확실성의 원리를 위배하지 않고 $\Delta E = mc^2$의 입자를 주고받음으로써 핵력이 발생한다고 예측하였다. 핵의 크기를 $10^{-15}m$라고 할 때 메존의 질량은 얼마보다 커야 하나?

[답] 불확실성을 위배하지 않고 입자를 주고받으려면 ΔE의 에너지를 가진 입자를 Δt시간 안에 주고받으면 된다. 이 경우 두 량은 $\Delta E \Delta t \geq \hbar/2$의 관계를 만족해야 한다. 가장 빠르게 주고받을 수 있기 위해서는 입자의 속도가 광속이 되어야 한다. 즉, $\Delta t = r/c$의이다. 여기서 r은 핵의 크기 $10^{-15}m$

이다. 따라서 $\Delta E \geq \frac{\hbar c}{2r}$에서 $\Delta E \geq 100MeV$를 구할 수 있다. 즉, 핵자들이 주고받는 메존의 에너지는 100MeV 이상이어야 불확실성 원리를 위배하지 않는다.

1-8. Schrödinger 파동방정식이란 무엇인가?

1925년 Schrödinger에 의해 전자의 파동적 운동을 기술하는 방정식이 만들어졌다. 이 방정식은 de Brogile 물질파 개념에 따른 입자-파동의 이중성에 기초한 것이었다. 이 파동방정식은 현의 진동이나 전자기파의 파동방정식과 비슷한 형태를 보인다. 그러나 현이나 전자기파의 파동방정식은 파의 운동 자체가 매질의 변위나 물리적인 양을 나타내는 데 반하여 Schrödinger의 파동방정식에서는 물체의 존재확률에 관련된 확률 진폭(probability amplitude)값만을 준다. 그리고 이 확률 진폭의 제곱이 물체를 특정위치에 발견할 수 있는 확률을 나타낸다.

원자세계에서 생기는 불확실성 때문에 이를 기반으로 하는 양자역학은 Newton 역학체계와 근본적으로 다르다. Newton의 역학체계에서는 특정시간에 물체의 속도와 위치는 확정적이다. 그리고 물체에 주어지는 힘을 알면 물체의 위치와 속도를 예측할 수도 있다. 그러나 양자역학적 체계에서는 특정시간에 물체의 위치와 속도를 예측할 수 없다. 단지 물체를 발견할 수 있는 확률을 알 수 있을 뿐이다. 이러한 확률개념은 통계역학적인 확률개념과 근본적으로 다르다. 수많은 분자의 운동 상태를 다룰 수 없으므로 통계역학에서는 확률개념을 사용한다. 그러나 이 경우 각 분자의 운동은 Newton역학을 따른다. 반면에 양자역학에서의 확률개념은 자연, 특히 원자세계에서의 근원적인 성질이라는 관점에서 출발하는 것이다.

Bohr이론은 전자는 명백한 에너지 준위에만 존재하며 에너지 준위 사이를 전이할 때만 전자기파를 방출한다는 사실을 보여준다. 이런 현상은 양자역학적인 관점과 일치한다. 그러나 양자역학은 이에 덧붙여 원자의 세계를 새로운 시각으로 바라본다. Bohr의 이론에서 전자는 명백한 궤도에 존재하나 양자역학에서는 특정 궤도에 존재할 확률이 주어진다. 이는 근본적으로 물체는 파동성을 가진다는 양자역학적 개념(입자-파동의 이중성) 때문이다.

Schrödinger는 위에서 언급한 내용을 바탕으로 물체를 파동으로 고려한 파동방정식을 만들었다. 이 방정식이 도출되는 과정을 간단히 보기로 한다. 입자의 에너지는 운동에너지와 퍼텐셜에너지의 합으로서

$$E = T + V = \frac{p^2}{2m} + V \qquad \textbf{(1-13)}$$

으로 주어진다. Planck의 광양자설에 의하면 광자의 에너지는 $E=hf=\hbar\omega$이다. 여기서 $\omega=2\pi f$를 이용하였다. 그리고 de Brogile의 물질파 개념에 의하면 운동량은 $p=h/\lambda=\hbar k$와 같이 표현된다. 여기서 $k=2\pi/\lambda$이다. 위 세 개의 식을 이용하여 평면파가 만족하는 파동방정식을 구성할 수 있다. 그리고 이 파동방정식은 중첩의 원리를 만족하여야 한다. 이 파동방정식을 만족하는 파동함수를 1차원 평면파로서

$$\psi(x, t)=Ae^{i(k_x x-\omega t)} \tag{1-14}$$

로 가정하자. $E=\hbar\omega$를 만족하기 위해서는

$$\frac{\partial\psi}{\partial t}=-i\omega\psi \rightarrow \therefore i\hbar\frac{\partial\psi}{\partial t}=\hbar\omega\psi=E\psi \tag{1-15}$$

이 된다. 그리고 $p_x=\hbar k_x$을 만족하기 위해서는

$$\frac{\partial\psi}{\partial x}=ik_x\psi \rightarrow \frac{\partial^2\psi}{\partial x^2}=-k_x^2\psi \rightarrow \therefore -\hbar^2\frac{\partial^2\psi}{\partial x^2}=\hbar^2 k_x^2\psi=p_x^2\psi \tag{1-16}$$

이 된다. 식 1-15와 16을 식 1-13에 적용하면

$$i\hbar\frac{\partial\psi}{\partial t}=-\frac{\hbar^2}{2m}\frac{\partial^2\psi}{\partial^2 x}+V(x)\psi \tag{1-17}$$

을 얻는다. 식 1-17이 Schrödinger 파동방정식이다. Schrödinger 파동방정식의 해는 시간의 함수와 공간의 함수의 곱인 $\psi(x, t)=T(t)u(x)$으로 표현할 수 있다. 이를 식 1-17에 대입하면

$$i\hbar u(x)\frac{dT(t)}{dt}=\left[-\frac{\hbar^2}{2m}\frac{d^2u(x)}{dx^2}+V(x)u(x)\right]T(t) \tag{1-18}$$

을 얻을 수 있다. 위 식에서 양변을 $T(t)u(x)$로 나누어 정리하면

$$i\hbar\frac{1}{T(t)}\frac{dT(x)}{dt}=\frac{1}{u(t)}\left[-\frac{\hbar^2}{2m}\frac{d^2u(x)}{dx^2}+V(x)u(x)\right] \tag{1-19}$$

을 얻는다. 양변은 독립적인 변수만을 포함하고 있으므로, 이를 만족하는 것은 상수 값뿐이다. 이 상수 값을 E(에너지)라고 두면

$$i\hbar \frac{1}{T(t)}\frac{dT(x)}{dt}=E \tag{1-20}$$

$$-\frac{\hbar^2}{2m}\frac{d^2u(x)}{dx^2}+V(x)u(x)+Eu(x)$$

이다. 위 식에서 시간에 대한 미분방정식의 해는 $T(t)=Ce^{iEt/\hbar}$로 얻어진다. 그리고 시간에 무관한 두 번째 식을 풂으로써 입자의 에너지 상태와 그 입자에 관련된 파동의 공간적 변화에 대한 정보를 얻을 수 있다. 그리고 3차원의 경우 위 식은

$$-\frac{\hbar^2}{2m}\nabla^2u(\vec{r})+V(\vec{r})u(\vec{r})=Eu(\vec{r}) \tag{1-21}$$

로 표현된다. 여기서 $u(\vec{r})$은 3차원적인 파동함수이다.

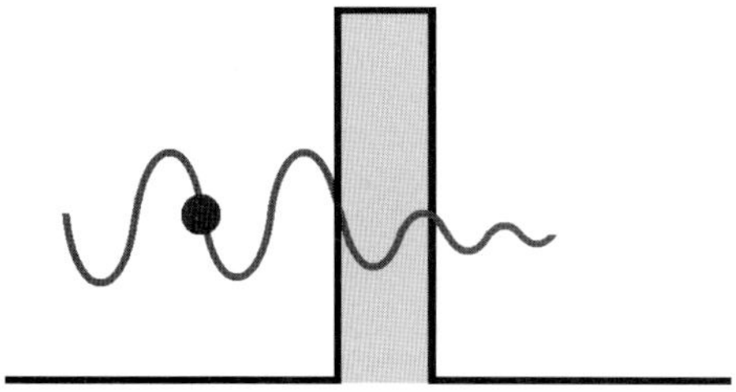

그림 1-21 터널링 효과

Schrödinger 파동방정식의 해인 파동함수 ψ는 측정할 수 있는 물리량은 아니다. 단지 파동함수 절댓값의 제곱이 물체를 그 지점에서 발견할 수 있는 확률을 줄 뿐이다. 예를 들어 당구공을 벽에 던진다고 하자. 벽이 아주 두껍다고 할 경우 고전 역학적으로 보면 벽 뒷면에서 당구공을 발견할 확률은 없다. 그러나 파동 역학적으로 보면 당구공을 벽 뒷면에서 발견할 확률은 낮지만 존재한다. 이는 파동역학에서는 당구공이 파동으로 기술되어야 하기 때문이다. 거시계인 당구공의 경우 벽면의 뒤에서 당구공을 발견할 확률은 아주 낮지만, 원자세계의 전자의 경우 벽(포텐셜 장벽)의 뒤편에서 전자를 발견할 확률이 낮지 않다. 이런 현상이 반도체 소자인 터널링 다이오드와 주사 터널링 현미경에 응용되고 있다. 주사 터널링 현미경은 도체의 표면 상태를 원자단위로 관찰할 수 있는 현미경이다.

물체가 폭 L인 상자 속에 갇혀 있다고 하자. Schrödinger 파동방정식을 이용하여 상자 속의 물체가 가지는 에너지를 계산해 보자. 식 1-20의 두 번째 식에서 상자 속의 포텐셜은 0이므로

$$-\frac{\hbar^2}{2m}\frac{d^2u(x)}{dx^2}=Eu(x) \tag{1-22}$$

을 얻는다. 위 식은 $\frac{d^2u(x)}{dx^2}+k^2u=0$으로 표현할 수 있다. 여기서 $k^2=\frac{2mE}{\hbar^2}$이다. 이 미분방정식의 해는 $\sin kx$ 또는 $\cos kx$인데, $\sin kx$만이 해가 될 수 있다. 왜냐하면 $x=0$는 상자의 벽이므로 $u(x)=0$이 되어야 하는데, $\cos kx=1$이므로 이 조건에 맞지 않다. 상자의 다른 쪽 벽인 $x=L$에서도 $u(L)=0$

을 만족해야 한다. 이 조건인 $\sin kL = 0$에서 $kL = n\pi$를 구할 수 있다. 여기서 n은 자연수의 값만 가진다. $k^2 = \frac{2mE}{\hbar^2}$에 이를 대입하면 $E_n = \frac{n^2h^2}{8mL^2}$을 구할 수 있다. 이는 상자 속에 갇혀 있는 물체가 가질 수 있는 에너지 상태 즉, 에너지 준위를 나타낸다. 그리고 상자 속에 갇혀 있는 물체가 가질 수 있는 에너지가 자연수 n에 의해 제한된다는 것을 보여주고 있다. 즉, 파동적인 관점에서 물체를 봄에 따라 물체의 에너지는 연속적인 값이 아닌 불연속적인 값을 가짐을 보여준다. 상자 속에 있는 물체의 가장 낮은 에너지는 n=1인 경우이고, 이때 물체의 에너지는 $\frac{h^2}{8mL^2}$이다. 물체의 가장 낮은 상태의 에너지가 0이 아니라는 사실은 고전역학의 개념으로는 이해할 수 없다. 즉, 고전역학의 관점에서 볼 때 가장 낮은 에너지는 물체가 움직이지 않는 상태(속도가 0인 상태)에 해당하므로 에너지는 0이 되어야 한다. 그러나 파동역학적인 관점에서 볼 때 물체는 완전히 정지한 상태에 있을 수 없다는 결론을 얻을 수 있다.

원자세계의 전자와 거시계의 당구공의 경우를 비교해 보자. 전자의 질량은 $10^{-30}kg$이고, 당구공의 질량은 $100g$이라고 하자. 속도 $3m/sec$로 굴러가는 당구공의 파동성에 대해 알아보기 위해 de Brogile 물질파 공식에 질량을 대입하면 당구공의 파장은 $10^{-31}m$로 구해진다. 이 값은 측정할 수 없을 정도로 작은 값이고, 또한, 당구공의 크기인 직경 약 $5cm$보다 너무 작은 값이다. 따라서 거시계의 물체에 대해서는 파동성을 고려할 필요가 없음을 볼 수 있다. 즉, 거시계인 당구공의 경우 그 파동성은 무시할 수 있다. 반면에 전자가 광속의 5분의 1의 속도로 움직일 때 전자의 파장은 $10^{-11}m$ 정도이다. 이 파장은 원자의 크기인 $10^{-10}m$에 비교될 수 있는 값이다. 따라서 원자세계에서의 물체의 파동성은 중요하게 된다. 이처럼 물체의 파동적 성질은 거시계에도 존재하기는 하나, 그 효과는 거시계의 크기와 비교하면 무시할 수 있을 정도로 작다. 그러나 원자세계에서 파동적인 효과는 원자세계 자체의 크기와 비슷하여 중요해지는 것이다.

당구공의 경우 최저의 에너지가 될 때(n = 1) 속도는 $\frac{h^2}{8mL^2} = \frac{1}{2}mv^2$에서 $v = \frac{h}{2mL}$ 이므로 약 $10^{-32}m/sec$로 계산된다. 여기서 질량 100g인 당구공이 길이 50cm인 상자 속에 있을 경우를 가정하였다. 위 당구공의 속도는 관측할 수 없을 정도로 작은 값이고, 또한, 당구공의 크기(직경 5cm)에 비해서도 무시할 수 있는 값이다. 그리고 정지하고 있는 것처럼 보이는 당구공이 폭이 50cm인 상자 벽을 치는 데 걸리는 시간은 약 10^{24}년이다. 우주가 빅뱅(big bang)에서 지금까지 걸린 시간이 10^{10}년인 것을 비교하면 이 값은 너무 큰 값이다. 따라서 최저의 에너지 상태에 있는 상자 속에 갇힌 당구공은 완전히 정지해 있다고 할 수 있다. 반면에 폭이 $50cm$인 상자 속에 갇혀 있는 전자의 최소속도는 $0.001m/sec$이다. 따라서 전자가 벽을 치는 데 걸리는 시간은 380초 정도이다. 이 시간은 우리가 전자가 벽을 치는 것을 관찰할 수 있을 정도로 충분히 짧은 시간이다. 이처럼 거시계의 경우에는 물체의 파동적인 성질을 고려할 필요 없이 고전역학체계인 Newton 역학을 사용해도 별다른 문제가 없다. 그러나 원자세계에서는 물체의 파동적인 성질이 중요하므로 그것을 고려하지 않은 Newton 역학은 원자세계에서는 사용할 수 없다. 이를 극복하기 위해 나타난 것이 파동(양자)역학이고 이것이 원자세계의 물리현상을 잘 설명해 주고 있다.

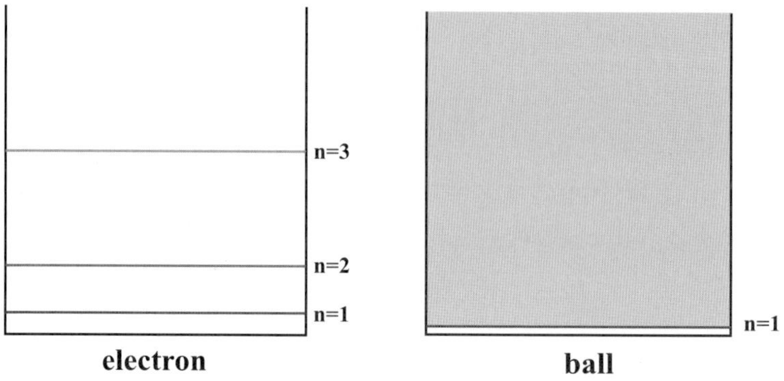

그림 1-22 거시세계와 원자세계의 에너지 준위의 차이

1-9. 주기율표는 어떻게 설명되나?

Bohr의 수소원자 모형에서 전자는 평면에서 원운동을 한다. 이에 따라 전자의 불연속적인 원 궤도에 대응하는 하나의 양자수 *n*에 의해 에너지 준위가 결정되었다. 그러나 실제로 전자는 원형궤도에만 존재하는 것은 아니고 3차원적인 공간에서 움직인다.

전자는 수소 핵인 양성자가 만드는 퍼텐셜에 갇혀 있다. 이때 퍼텐셜 에너지는 수소핵과 전자의 거리 *r*에만 의존한다. 즉, 퍼텐셜에너지는 $V(r)=-e^2/r$로 주어진다. 식 1-20에 주어진 Schrödinger 파동방정식에 이 퍼텐셜을 적용하여 미분방정식을 풀면 수소 전자의 파동함수를 구할 수 있다. 이 파동함수의 절대 값의 제곱이 특정 위치에서 전자를 발견할 확률이다. 그런데 퍼텐셜이 수소핵과 전자의 거리 *r*에 의존하기 때문에 식 1-21의 3차원적인 미분방정식을 푸는 데 직교좌표보다는 구면좌표를 사용하는 것이 편리하다. 구면좌표에서 양성자의 위치를 원점으로 잡을 경우 전자의 위치는 3개의 변수 (r, θ, ϕ)로 표현된다. 여기서 *r*은 전자가 핵에서 떨어진 거리, θ는 방위각(azimuthal angle), ϕ는 편각(偏角, polar angle)을 각각 나타낸다.

식 1-21의 미분방정식을 풀면 전자의 3차원적인 운동과 관련하여 3개의 양자수가 도출된다. 즉, 주양자수(principal quantum number), 궤도양자수(azimuthal quantum number), 자기양자수(magnetic quantum number) 등이다. 그리고 미분방정식을 푸는 과정에서 이들이 가질 수 있는 값에 대한 제한이 있음을 알 수 있다. Pauli는 이에 덧붙여 전자의 자전운동에 관련된 스핀 양자수(spin quantum number)를 추가하였다. 따라서 양자역학적인 관점에서 전자의 궤도는 4개의 양자수

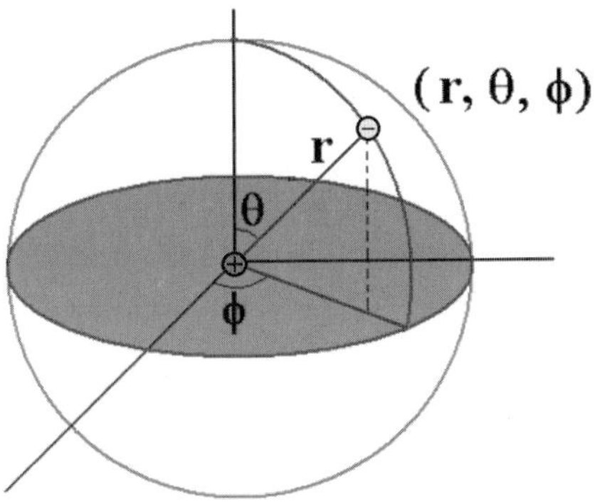

그림 1-23 구면좌표에서 전자의 위치

에 의해 결정된다.

주양자수는 n으로 표현되며 전자의 핵에서부터 떨어진 평균거리를 나타낸다. 이 궤도반경(r)을 나타내는 주양자수 n은 1, 2, 3, …, ∞의 자연수 값을 가질 수 있다. 이 값이 커짐에 따라 궤도 반경이 커진다. 여기서 $n=\infty$는 전자가 핵을 탈출함을 나타내며, 이때 수소원자는 수소이온(H^+)이 된다. 그리고 궤도양자수는 l로 표현되며, 궤도의 모양(shape of orbital)을 나타낸다. 이 양자수는 방위각 θ에 관련되어 있다. 그리고 궤도양자수 l은 주양자수에 의해 제한이 가해지며 0에서부터 n-1의 값을 가질 수 있다. 이 궤도양자수의 값에 따라 궤도의 모양이 달라진다. 그리고 자기양자수는 편각 ϕ와 관련되어 있고, m_l로 표현되며, 궤도의 공간적 방향성(orientations of orbital)을 나타낸다. 자기양자수 m_l의 값은 궤도양자수에 의해 제한되며 $-l$에서부터 l까지 값을 가질 수 있다. 이는 궤도양자수 l의 경우 $2l+1$가지의 방향성을 보인다는 것을 뜻한다. 위와 같은 양자수에 대한 제한은 미분방정식을 푸는 과정에서 도출된 것이다. 마지막으로 스핀양자수는 m_s로 나타내며 전자의 두 가지 스핀 상태(up and down)를 표현한다. 즉, 스핀양자수 m_s는 스핀의 방향에 따라 각각 -1/2(spin down)과 1/2(spin up)의 값을 가질 수 있다. 결과적으로 전자의 상태(quantum state)는 위와 같은 네 가지 양자수 (n, l, m_l, m_s)로 표현되며 네 가지 양자수 중 하나라도 다르면 다른 에너지 상태를 나타낸다.

전자는 에너지가 낮은 상태부터 채워진다. 전자의 채워진 정도를 구별하기 위해 구각(shell)과 부구각(subshell)이 정의된다. 구각은 n의 값에 따라 결정되고 전통적으로 n의 값이 1, 2, 3, 4, 5, …일 때를 각각 *K, L, M, O, P,* …구각이라 부른다. 그리고 부구각은 l의 값이 0, 1, 2, 3, 4, 5, …일 때를 각각 *s, p, d, f, g, h,* …부구각이라 부른다. 따라서 구각은 주양자수가 같은 경우, 즉 궤도반경이 같은 전자들을 나타내고, 부구각은 주양자수와 궤도양자수가 같은 경우, 즉 궤도반경과 궤도의 모양이 모두 같은 경우를 나타낸다.

전자의 궤도(orbital)는 nl^x로 표현된다. 여기서 n, l, x는 각각 주양자수, 궤도양자수, 궤도에 채워진 전자의 수를 각각 나타낸다.

1s 궤도는 가장 작은 궤도 반경(n=1)과 대칭적인 전자분포(l=0)를 갖는 궤도이다. 이 궤도에는 2개(스핀이 up, down)의 전자가 채워질 수 있다. s(l=0)궤도에서 전자의 분포는 구형이며 대칭적이다. 그림 1-24가 이를 보여주고 있다. 1s, 2s, 3s, …와 같이 n의 값이 커질수록 궤도반경이 커진다. 그러나 이들 궤도에는 2개의 전자만이 채워질 수 있다.

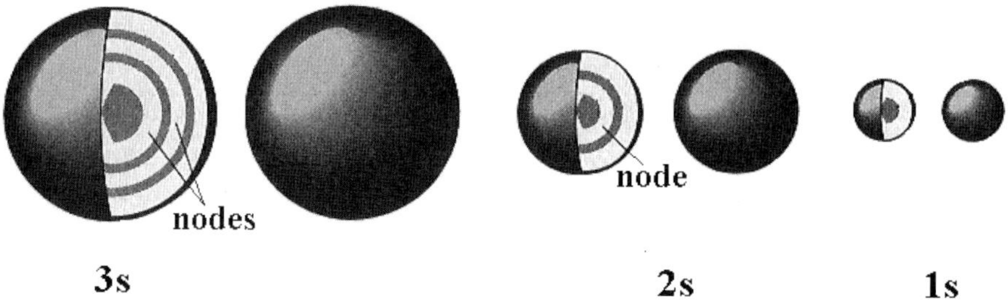

그림 1-24 s 궤도의 전자분포

2p궤도는 l=1로서, 궤도의 방향성을 나타내는 자기양자수의 값이 m_l=−1, 0, 1과 같이 3가지가 가능하며 이에 따라 3가지 종류의 다른 궤도가 존재한다. 그림 1-24에 2p궤도의 종류를 나타냈다. 1p, 2p, 3p, …와 같이 주양자수가 커짐에 따라 궤도 반경은 커지지만 그림 1-25와 같이 모두 3가지의 궤도 방향성이 가능하다. 따라서 총 6개의 전자(3개의 궤도 방향성에 각각 스핀 up, down이 존재)가 이 궤도들에 채워질 수 있다.

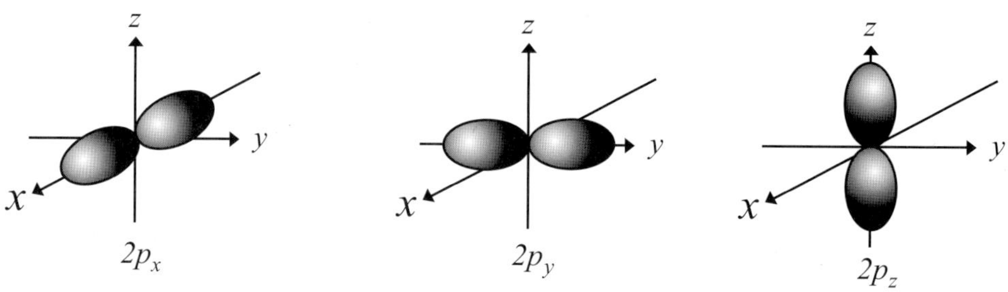

그림 1-25 p 궤도의 전자분포

3d궤도는 l=2로서 궤도의 방향성을 나타내는 자기양자수의 값이 m_l=−2, −1, 0, 1, 2와 같이 5가지가 가능하며 이에 따라 5가지 종류의 다른 궤도가 존재한다. 그림 1-26은 3d궤도의 종류를 보여주고 있다. 3d, 4d, 5d, …와 같이 주양자수가 커짐에 따라 궤도 반경은 커지지만 그림 1-26과 같이 모두 5가지의 궤도 방향성이 가능하다. 따라서 총 10개의 전자(5개의 궤도 방향성에 각각 스핀

up, down이 존재)가 이 궤도들에 채워질 수 있다.

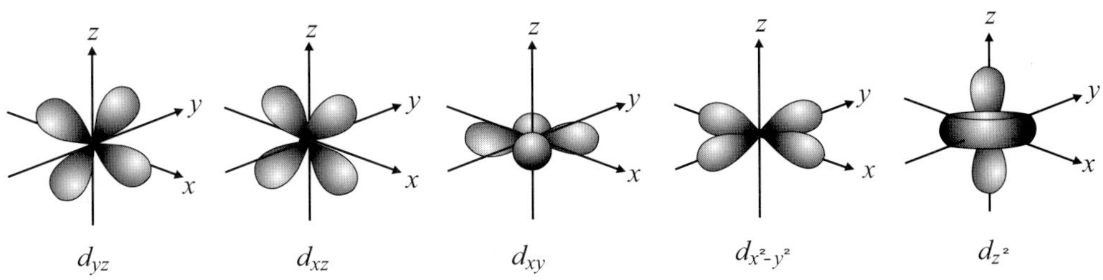

그림 1-26 d 궤도의 전자분포

일반적으로 각운동량이 l인 궤도에는 $2(2l+1)$의 전자가 채워질 수 있다. 따라서 주양자수 n인 구각에 찰 수 있는 총 전자의 수는 $2(2l+1)$을 l이 가질 수 있는 값인 0에서 $n-1$까지 합산하면 $2n^2$임을 알 수 있다.

그림 1-27은 각 궤도를 에너지 크기의 순서에 따라 배치한 것이다. 지금까지 언급한 결과들은 수소원자에 대해 Schrödinger 파동 방정식을 풂으로써 얻어진 것이다. 그러나 기저상태에 있는 임의의 원자에 대해서 낮은 에너지 상태로부터 전자를 차례로 채워감으로써 전자들이 그 원소에 어떻게 분포되어 있는가를 알 수 있다. 이에 따라 주기율표에 나타나는 원소들의 전자구조를 설명할 수 있다.

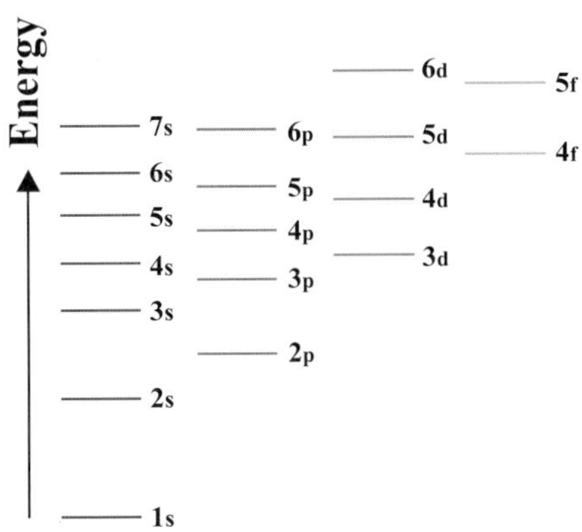

그림 1-27 궤도를 에너지 크기의 순서로 배열

1869년 Mendeleyev는 원자량에 따라 원소를 배열할 경우 비슷한 성질의 원소들이 규칙적으로 나타나는 것을 발견하였다. 이것이 원소의 주기율표(periodic table)의 시초이다. 아래에서는 주기율표가 양자역학적인 관점에서 어떻게 설명되는지를 보도록 하자. 주기율표의 가로줄은 주기(period)를 나타내고 세로줄은 족(group)을 나타낸다. 모두 7개의 주기가 있으며 8개 족과 전이원소계열(또는 전체적으로 18족으로 구별)로 구분된다.

첫째, 1주기는 수소와 헬륨으로 구성되어 있다. 수소는 전자 1개를 가지고 있고 이 전자는 1s궤도에 있다. 수소는 I족(알칼리족, Alkaline metal)에 속하며 쉽게 전자를 잃어 +1가 이온이 되고 −1가 이온과 이온결합을 하여 분자를 형성한다. 반면에 헬륨은 원자번호가 2로서 2개의 전자를 가지고 있다. 두 전자는 1s궤도를 채우며 결과적으로 헬륨은 완전히 찬 구각의 형태를 가진다. 따라서 헬륨은 다른 원소와의 상호작용을 잘 하지 않는 불활성 원소(noble gas)이다.

둘째, 2주기는 원자번호 3인 리튬(Li)으로 시작되며 리튬의 3개 전자는 $1s^2 2s^1$궤도에 채워진다. 최외각인 $2s$궤도의 전자를 쉽게 잃어 +1가 이온이 되며 I족에 속한다. 원자 번호가 4인 베릴륨(Be)의 4개 전자는 $1s^2 2s^2$와 같이 배치되며 쉽게 최외각 전자 2개를 잃어 +2가 이온이 된다. 이는 II족(Alkaline earth metal)에 속한다. 다음 6개의 원소(Z=5에서 Z=10까지)는 $2p$궤도를 채운다. 원자번호가 9인 플로라인(F)은 $2p$궤도에 5개의 전자가 채워져 있다. 따라서 p궤도에 6개의 전자를 채워 안정한 불활성 기체인 네온(Ne)의 전자구조를 가지기 위해서는 1개의 전자가 더 필요하다. 플로라인은 전자 한 개를 쉽게 받아들여 −1가 이온이 되며 결과적으로 +1가인 I족(알칼리족)과 이온결합을 하여 분자를 이룬다. 플로라인은 VII족(Halogen)에 속한다. 2주기의 마지막 원소인 네온(Neon)은 $2p$궤도를 채워 불활성원소가 된다.

셋째, 3주기에서는 원자번호 11에서 18까지의 8개의 원소가 2주기와 마찬가지로 $3s$궤도와 $3p$궤도를 채운다. 원자번호 11인 나트륨(Na)은 $3s$궤도에 한 개의 전자가 있어서 I족에 속하고 17번인 염소(Cl)는 VII족에 속하며 아르곤(Ar)이 $3p$궤도를 채워 불활성 원소가 된다.

넷째, 4주기에서는 앞의 세 주기와 다른 현상이 발생한다. 3주기까지 채워지는 전자들은 낮은 에너지 상태가 작은 궤도반경에 해당되었다(즉 $1s$, $2s$, $2p$, $3s$, $3p$의 순서). 그러나 $3p$궤도 다음으로 에너지 상태가 높은 것은 $4s$궤도이기 때문에 $4s$궤도에 먼저 전자를 채우고 난 후 $3d$궤도를 채운다. 그런데 $4s$궤도의 궤도반경이 $3d$궤도의 궤도반경보다 더 크다. 따라서 $4s$궤도에 있는 전자가 $3d$궤도의 전자보다 외곽전자에 해당한다. 4주기의 첫 번째와 두 번째 원소인 칼륨(19, K)과 칼슘(20, Ca)은 각각 $4s$궤도에 1개와 2개의 전자를 채운다. 그런데 Z=21(Sc)부터는 $3d$궤도가 채워지기 시작한다. 따라서 $3d$궤도가 완전히 채워지기까지의 원소(Z=21에서 30까지)들은 모두 최외각 전자($4s$궤

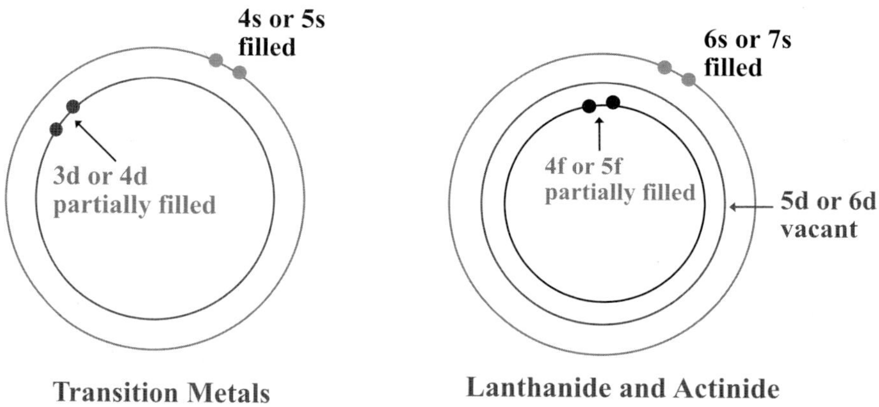

그림 1-28 전이원소족과 희토류 원소족의 전자 배열 구조의 차이

도)가 2개로 동일하다. 원소의 화학적 성질은 최외각 전자의 수에 의존하므로 이들 원소들의 화학적 성질은 비슷하다. 따라서 이들을 전이원소(transition elements)라는 이름으로 구분하고 있다.

이렇게 $3d$궤도를 모두 채운 후 Z=31(Ga)부터는 $4p$궤도를 채우며 Z=36(Kr)이 $4p$궤도를 모두 채워 불활성 원소가 된다.

다섯째, 5주기는 기본적으로 4주기와 동일하다. 4주기에서 $4s$, $3d$, $4p$궤도를 차례로 채우듯이 5주기에서는 $5s$, $4d$, $5p$궤도들을 차례로 채운다. $5p$궤도를 모두 채우면 불활성기체인 Xe이 된다.

여섯째, 6주기에서 원자번호 55(Cs)와 66(Ba)은 $6s$궤도를 채움으로써 I족과 II족이 된다. 그러나 이후 $4f$궤도가 $5d$궤도보다 에너지 상태가 낮으므로 $4f$궤도를 먼저 채우게 된다. 이는 전이원소들의 전자배치 구조와 다르다. 전이원소들은 최외각 전자의 바로 안쪽 구각이 덜 채워진 원소들이다. 그러나 이 경우에는 최외각 전자의 바로 안쪽 구각($5d$궤도)은 완전히 비어 있고 그 안쪽 구각($4f$궤도)이 부분적으로 채워져 있다. 즉 최외각 궤도인 $6s$궤도보다 두 궤도 안쪽인 $4f$궤도에 완전히 채워지지 않는 궤도가 존재하는 것이다. 이들을 희토류 원소(rare earth, lanthanide계)들이라 하여 주기율표의 외곽에 따로 배치한다. 전이원소와 희토류 원소들의 전자배치 구조의 차이가 그림 1-28에 주어져 있다.

원자번호 71(Lu)까지 $4f$궤도를 모두 채운 후로는 Z=72(Hf)에서 80(Hg)까지는 $5d$궤도를 채우므로 이는 전이원소의 전자배치 구조와 동일하다. 따라서 이들은 주기율표에 전이원소족에 배치된다.

$5d$궤도를 모두 채운 후는 III족(Z=81. Tl)에서 VII족(Z=85, At)까지 차례로 $6p$궤도를 채우고

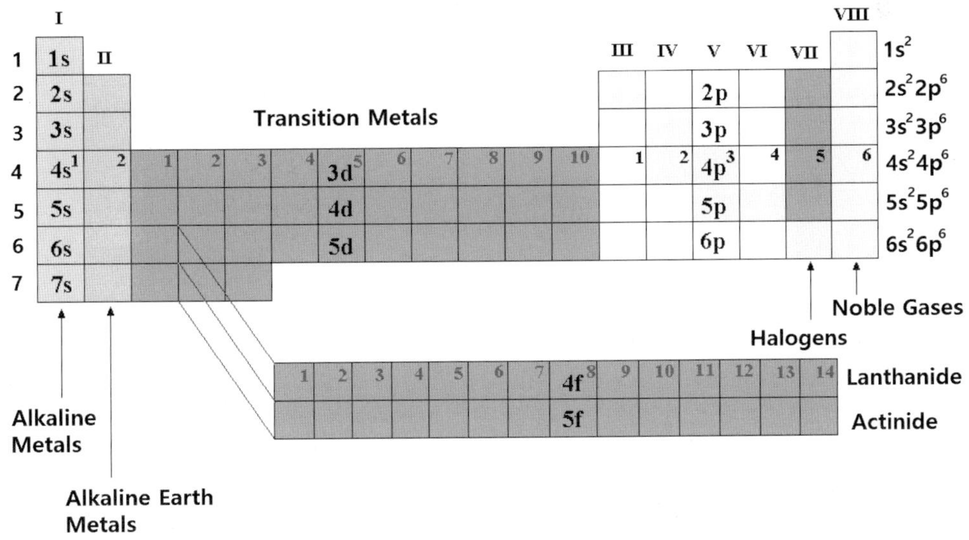

그림 1-29 주기율표

Z=86(Rn)에서 6*p*궤도를 완전히 채워 불활성 원소가 됨으로써 6주기가 끝난다.

일곱째, 7주기는 6주기와 전자배치 구조가 동일하다. 6주기에서 6*s*, 4*f*, 5*d*궤도들을 차례로 채우는 것과 같이 7주기에서는 7*s*, 5*f*, 6*d*궤도들을 차례로 채워 나간다. 이 경우 6주기와 마찬가지로 5*f* 궤도를 채우는 원자번호 90(Th)에서 103(Lr)까지는 한 개의 묶음으로 생각되어 이를 희토류 원소(rare earth, actinide계)들이라 부르며 주기율표의 외곽에 따로 배치한다. 자연에 존재하는 원소의 마지막은 원자번호 92인 우라늄이다. 그 이상 원자번호의 원소는 인공으로 만든 원소이다.

이와 같이 양자역학적인 개념을 통해 주기율표가 설명되었다. 주기율표의 성공적인 설명에 의해 양자역학이 원자세계를 설명하는 중요한 수단임이 입증되었다. 현재 양자역학은 원자세계의 모든 물리현상들을 훌륭히 설명하고 있다.

제2장

전기에너지

제2장
전기에너지

2-1. 교류 전기는 어떻게 만드는가?

1820년 Oersted는 전기와 자기가 서로 관련된 현상이라는 사실을 발견하였다. 그는 전류가 흐르는 도선에서 떨어져 있는 나침반이 움직이는 것을 관찰하였다 (그림 2-1의 왼쪽 그림). 즉, 그는 전류의 자기작용을 관찰한 것이었다. 그리고 Ampère는 전류가 흐르는 두 도선 사이에 작용하는 힘을 연구하였다. 그의 연구결과에 의하여 동일한 방향으로 전류가 흐르는 두 도선 사이에는 서로 인력이 작용하고, 반대방향으로 전류가 흐르는 두 도선 사이에는 서로 척력이 작용함을 알게 되었다. 이 힘들은 하나의 도선에 흐르는 전류(I_1)에 의해 다른 도선의 위치에 발생하는 자기장(B_1)과 다른 도선에 흐르는 전류(I_2)와의 상호작용에 의한 것임이 밝혀졌다(그림 2-1의 오른쪽 그림). 이에 따라 자기장은 전류에 의해 발생하는 것으로 판명되었다. 그리고 Biot와 Savart는 전류에 의해 발생하는 자기장에 관련된 Biot-Savart 법칙을 확립하였다.

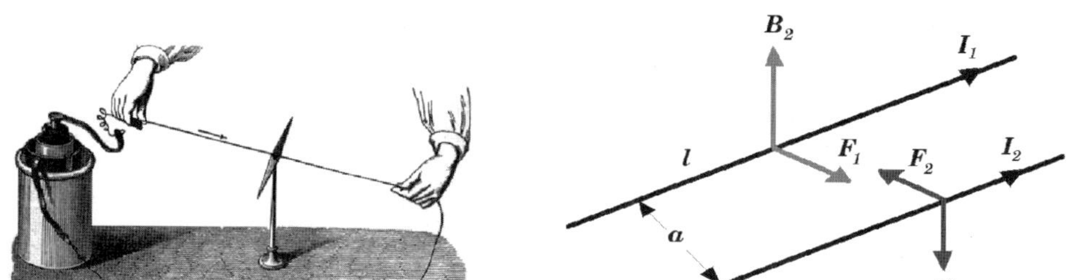

그림 2-1 전류의 자기작용

전류가 자기장을 형성하는 현상에 대한 발표를 보고 Faraday는 그 반대의 경우도 가능하지 않을까 생각했다. 즉, 자기장(자석)에 의해 전기(전류)를 얻을 수 있지 않을까 하는 생각을 한 것이다. 1831년 그는 자석(도선을 감은 코일에 전류를 흘린 것)을 도선을 감은 코일 안으로 넣었다 뺐다 할 경우 코일에 전류가 발생하는 것을 발견하였다. 이것이 발전기의 원리인 전자기유도(electromagnetic induction)현상이다. 이후 1834년에 Lenz는 전자기유도에서 회로에 유도되는 전류의 방향은 자기장의 변화를 방해하는 쪽으로 발생한다는 것을 발견하였다. 이를 Lenz의 법칙이라고 부른다.

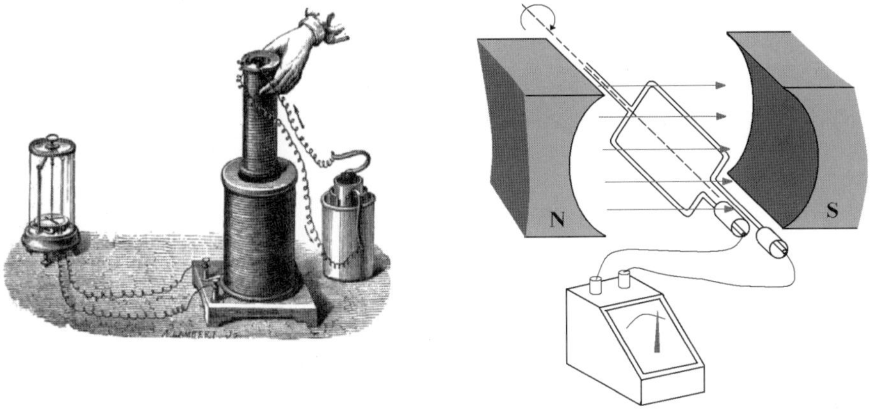

그림 2-2 전자기 유도현상

교류전기의 발생 원리는 Faraday에 의해 발견된 전자유도의 법칙이다. 그림 2-2의 오른쪽 그림에서와 같이 사각형 모양의 환선이 자기장 속에서 회전하고 있는 경우를 생각해 보자. 자기 선속(magnetic flux)은 폐곡면을 통과하는 자기장의 양으로서 $\phi = \vec{B} \cdot \vec{A}$로 정의된다. 여기서 $\vec{A}$는 면에 수직인 벡터이다. 그림에서 보듯이 환선이 회전함에 따라 자기선속이 변하는 것을 볼 수 있다. Faraday 법칙은 자기선속이 변할 경우 환선 양단에 기전력(electromotive force, 전압)이 유도된다는 것이다. 즉, 환선 양단에 유도되는 기전력은

$$\varepsilon = -\frac{d\phi}{dt} = -\frac{d(\vec{B} \cdot \vec{A})}{dt} = -\vec{B} \cdot \frac{d\vec{A}}{dt} \qquad \textbf{(2-1)}$$

와 같이 표현된다. 위 식은 자기선속이 시간에 따라 변함으로써 기전력이 유도됨을 보여주고 있다. 자기선속은 자기장과 면벡터(area vector, $\vec{A}$)의 벡터 곱으로 정의되므로 기전력이 유도되기 위해서는 이 두 양 중에 하나가 시간에 따라 변하면 된다. 그림 2-2는 자기장의 세기는 고정되어 있고 면벡터가 환선이 회전함에 따라 변하는 경우이다. 따라서 식 2-1에서 보듯이 자기장 벡터 $\vec{B}$는 시간에 따라 무관하므로 미분 밖으로 나옴을 보여주고 있다.

발전기의 경우 환선을 여러 겹 감은 도선뭉치를 사용한다. 예를 들어 N번 감은 도선뭉치를 사용하고 도선뭉치의 회전 진동수를 f로 할 경우 식 2-1은

$$\varepsilon = NBA(2\pi f \sin 2\pi ft) = 2\pi NBAf \sin 2\pi ft = \varepsilon_{max} \sin 2\pi ft \qquad \textbf{(2-2)}$$

와 같이 고쳐 쓸 수 있다. 여기서 초기(t=0)에 도선뭉치가 자기장에 수직인 상태에서 회전을 시작했다고 가정하였다.

발전소에서 생성된 전기는 몇 가지 과정을 거쳐서 공장, 일반가정 등 전기가 필요한 곳으로 보내진다. 발전소마다 차이가 있겠지만, 대형발전기에서 대략 25,000V의 전압이 발생한다. 그러면 발전소에 있는 변압기를 이용하여 전압을 400,000V로 승압시켜 고압선을 통해 송전하게 된다. 이렇게 승압시키는 이유는 송전단계에서 발생하는 Joule 열(전류의 제곱에 비례)을 줄이기 위해서이다. 변압기는 전자기 유도 현상을 이용하여 승압 또는 감압시키는 데 사용하는 장치이다. 물론 이 과정에서 전체적인 전기에너지($P=IV$)는 변함이 없어서 승압, 감압할 때 전류는 각각 감소 또는 증가하게 된다. 그림 2-3에 변압기의 개략도가 주어져 있다. 철로 만든 코어(iron core)의 양쪽에 N_1과 N_2번의 도선을 감을 경우 Faraday 법칙에서 두 도선에서의 전압은 각각 $V_1 = -N_1 \dfrac{d\phi}{dt}$와 $V_2 = -N_2 \dfrac{d\phi}{dt}$이다. 여기서 두 도선이 같은 코어에 감겨 있으므로 자속변화 $\dfrac{d\phi}{dt}$는 같다. 따라서 N_1에 V_1이 걸리면 N_2에서의 전압 V_2는

$$V_2 = \frac{N_2}{N_1} V_1 \qquad \textbf{(2-3)}$$

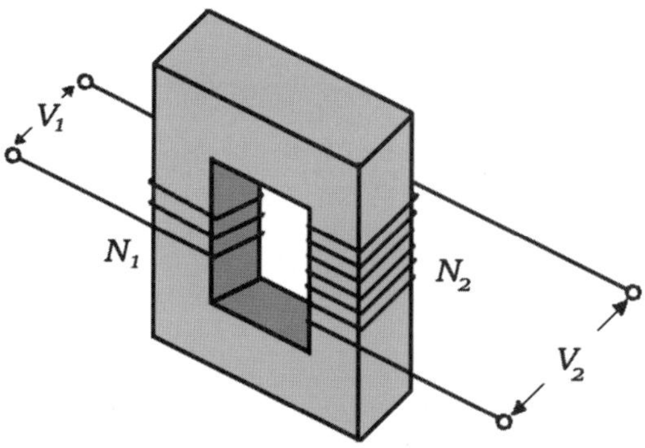

그림 2-3 변압기의 구조

와 같이 주어진다. 따라서 도선의 감은 수 N_1과 N_2의 상대적인 비에 따라 승압과 감압을 시킬 수 있다. 발전소의 변압기는 25,000V의 전압을 400,000V로 승압시키는 변압기이다. 이렇게 승압된 전기는 고압선을 따라 각 지역에 있는 변전소로 송전된다. 변전소에서는 400,000V 고압의 전압을 380V로 감압시켜 각 공장에 전기를 공급한다. 그러나 일반가정에 공급되는 전기는 전봇대에 있는 작은 변압기에 의해 220V로 다시 감압되어 각 가정에 공급되고 있다.

발전기에서 도선뭉치를 회전시키는 데 어떠한 힘을 사용하느냐에 따라 발전의 형태를 구별한다. 즉, 도선뭉치의 회전축에 터빈(turbine)이 연결되어 있는데 이 터빈을 회전시키는 힘에 따라 발전의 형태가 나누어진다. 수력발전소에서는 물의 낙차를 이용하여 터빈을 회전시키고, 화력발전소에서는 보일러에서 만들어지는 증기에 의해 터빈을 회전시키고 있다. 원자력발전소에서는 핵분열 때

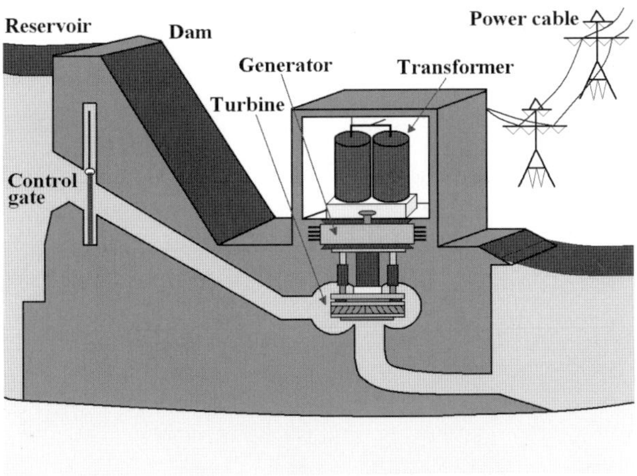

그림 2-4 수력발전소의 개략적인 모양

발생하는 열에 의해 증기를 생산하고 이 증기에 의해 터빈을 회전시키고 있다. 풍력발전은 도선뭉치의 회전축에 연결된 큰 날개가 바람에 의해 회전함으로써 도선뭉치가 회전한다. 모든 발전의 형태에서 터빈을 돌리는 역학적 에너지에 의해 전기에너지가 생산된다. 에너지 보존칙의 관점에서 볼 때 에너지가 새로 창조되는 것이 아니므로, 발전은 에너지의 형태가 역학적 에너지에서 전기에너지로 변한 것뿐이다.

그림 2-4에 수력발전소의 개략적인 그림이 주어져 있다. 댐에 저장되어 있던 물이 제어문(control gate)이 열림으로써 터빈 쪽으로 흘러 내려가면서 터빈을 회전시키게 된다. 그러면 자기장(영구자석 또는 전자석)속에서 터빈의 축에 연결된 도선뭉치가 터빈과 함께 회전함으로써 전기가 생산된다. 이렇게 생산된 전기는 변압기로 승압된 후 송전선을 따라 각 지역의 변전소로 보내져서 공장, 일반가정 등에 공급된다. 원자력발전에 관련해서는 제8장에서 상세히 다루기로 한다.

2-2. 교류를 어떻게 직류로 바꾸는가?

교류를 직류로 전환하는 것을 정류(rectification)라고 한다. 가장 손쉽게 얻을 수 있는 전원(electricity)은 발전소에서 만들어 각 가정에 보내지는 교류 전기(220V)이다. 그런데 반도체 소자로 구성된 장비들의 경우 6~12V의 직류를 요구하므로, 전압을 우선 220V에서 6~12V로 낮추어야 한다. 이를 위해서 변압기를 사용하여야 한다. 변압기를 사용하여 전압이 낮아진 교류전원은 정류회로를 통과함으로써 직류로 전환되어 비로소 전자장비에 필요한 전원으로 사용된다. 전자장비의 어뎁터(adaptor)는 이와 같은 소형 변압기와 정류회로로 구성되어 있다. 그림 2-5에 대표적인 정류회로를 보여주고 있다. 그림 2-5에서 보듯이 다이오드 브릿지(bridge) 정류기로 들어간 sin파는 전파(full wave) 정류된 후 축전기와 저항으로 구성된 RC회로에 입력된다(Si 다이오드의 0.6V를 고려했음). 이 전압이 V_{rect}이다. RC회로에 입력되는 V_{rect}의 최고치는 V_P이고 주기는 T이다. V_{rect}가 증가하는 동안에는 축전기 C는 충전된다. 즉, 최고치 V_P가 될 때까지 축전기는 충전된다. 반면에 V_{rect}가 감소하는 동안에는 축전기는 저항 R을 통해 방전된다. 평형상태에서는 방전되는 동안 축전기를 통해 방출되는 전하는 $Q=IT$이고, 충전되는 동안 축전기에 쌓이는 전하는 $Q=C\Delta V$로서 서로 동일하다. 따라서 충전과 방전사이에 발생하는 전압차이는 $\Delta V=IT/C$로 구해진다. 그리고 저항을 흐르는 전류는 $I \simeq V_p/R$이므로 $\Delta V=\frac{V_pT}{RC}=\frac{V_p}{fRC}$로 주어진다. 여기서 $T=1/f$를 이용하였다. 이 전압의 변화를 물결전압 (ripple voltage)이라고 한다. 정류회로도 집적회로(IC, integrated circuit)화되어 다양한 출력을 주는 IC가 개발되어 널리 사용되고 있다.

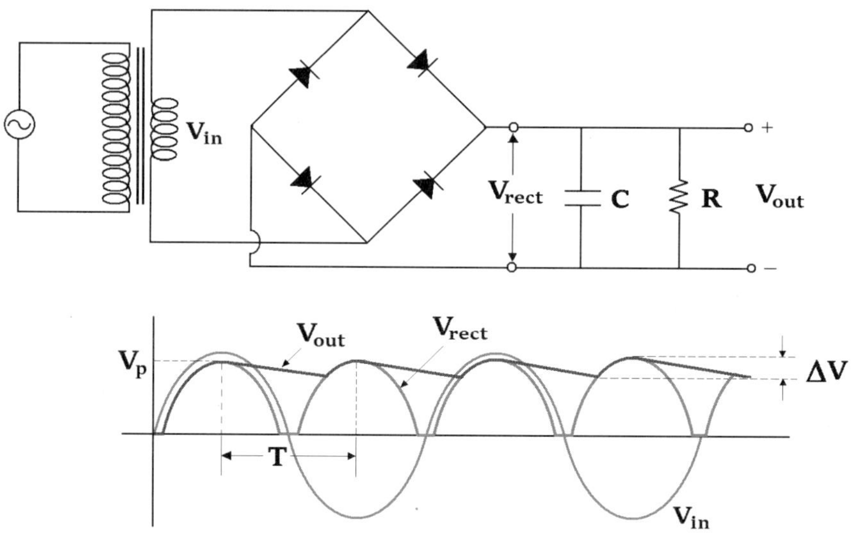

그림 2-5 다이오드를 이용한 정류회로

[예제] 가정에 들어오는 전기는 전압의 평균자승 값(root mean square)이 220V이다. 그리고 진동수는 60Hz이다. 어떤 장비에 직류 전압 12V가 필요하다고 한다. 그림 2-5와 같은 정류기에 사용해야 하는 변압기에서 1차코일과 2차코일의 감은 수의 비는 얼마인가? 그리고 저항은 $3k\Omega$이고, 축전기의 용량이 $500\mu F$일 때 물결전압은 얼마인가?

[답] $V_2=\frac{N_1}{N_2}V_1$ 에서 $V_1=220V$, $V_2=12V$이므로 $\frac{N_2}{N_1}=0.055$ 이다. 2차코일보다 1차코일에 약 18배 더 많은 도선을 감아야 한다. 정류기에 흐르는 전류는 $I=V/R=4mA$이다. 따라서 물결전압은 $\Delta V=\frac{I}{2Cf}=0.067V$ 이다.

2-3. 화학전지란 무엇인가?

전하(charge)가 이동하면 전류가 발생한다. 1780년에 Galvani는 해부실험 중에 죽은 개구리 다리를 문지른 후 금속을 개구리의 두 다리 사이에 접촉했을 때 개구리의 다리가 살아있는 듯이 움직이는 것을 관측하였다. Galvani는 생물체에 전기가 있다고 생각했다. 그러나 그의 동료였던 Volta는 문지름에 의해 발생한 정전기가 금속의 접촉으로 두 다리의 사이를 이동(전류)함에 따라 신경이 자극되어 근육이 수축하여 개구리의 다리의 움직임을 관찰했을 것이라고 주장했다. 그는 이 생각을 발전시켜 연구함에 따라 황산용액에 두 개의 금속 전극을 꽂고 두 전극을 연결하였을 때 두 전극 사이에 전류가 흐르는 것을 관찰하였다. 이것이 바로 전지(electric cell)의 기본원리이다. 전지는 전해질(황산 등) 안에 두 개의 전극을 만들면 두 전극 사이에 전류가 흐르는 원리를 사용한 것이다. 전해질을 종이 등에 묻힌 것을 사용함으로써 건전지(dry cell)를 구성할 수 있다.

그림 2-6에 Volta 전지의 기본원리를 보여주고 있다. 아연(Zn) 전극에서 산화반응($Zn \rightarrow Zn^{2+} + 2e^-$)에 의해 전자가 발생한다. 이 전자가 구리 전극 쪽으로 이동함으로써 전류가 발생한다. 그리고 구리 쪽으로 이동한 전자는 황산에서 발생하는 (H^+, SO_4^{2-}) 수소이온과 결합하여 ($2H^+ + 2e^- \rightarrow H_2$) 수소기체가 발생한다. 여기서 구리는 전극으로의 역할만 하게 된다. 이후 Volta의 이 전지의 원리를 응용함으로써 다양한 용액전지(wet cell, 자동차에 사용되는 납전지(lead-acid battery)가 대표적임) 및 건전지가 발명되어 사용하게 되었다.

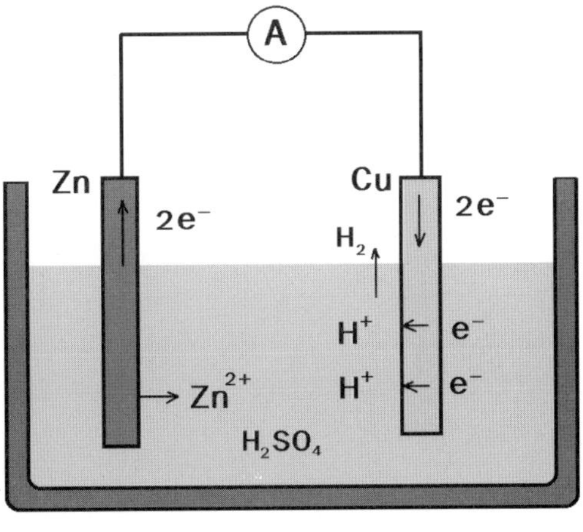

그림 2-6 Volta 전지의 메커니즘

화학전지는 전해질 용액 속에서 발생하는 금속 또는 금속산화물의 산화-환원 반응을 이용한 것이다. 전해질이 용액인 경우를 용액 전지(wet battery)라 부르고, 전해질을 거름종이 등에 적셔서 밀봉한 것을 건전지(dry battery)라고 부른다. 또한 전지는 1차 전지(primary cell)와 2차 전지(secondary cell)로 구분되는데, 2차 전지는 충전이 가능한 전지를 말한다.

화학전지의 기본적인 구조는 전해질, 전해질에 담겨있는 양극(cathode)과 음극(anode)이라고 부르는 금속 또는 금속산화물로 된 두 전극, 두 전극을 분리하는 분리막으로 구성되어 있다. 전지의 두 전극을 연결시켜 회로를 구성하면 음극에서는 전극에서의 산화반응에 의해 전자가 발생되어 양극으로 이동하며 양극 전극에서는 이 전자를 받아들이는 환원반응이 일어난다. 전지에서 전극 사

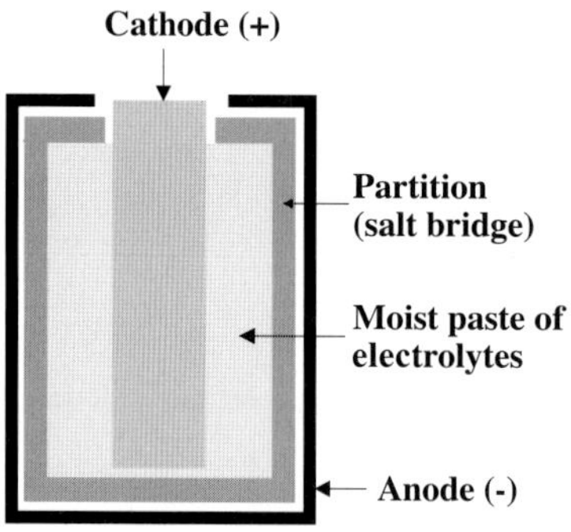

그림 2-7 건전기의 구조

이에 발생하는 기전력은 양극과 음극의 표준 환원포텐셜의 차이에 해당한다. 표 2-1에 여러 물질의 표준 환원포텐셜의 값이 주어져 있다. 표준 환원포텐셜이 양(+)으로 커지면 이는 환원성이 좋다는 것을 의미한다. 반대로 표준 환원 포텐셜이 음(-)으로 커지면 산화성이 좋다는 의미를 가지고 있다.

기본적인 건전지의 구조가 그림 2-7에 주어져 있다. 위에서 언급하였듯이 화학전지인 건전지는 양극(cathode), 음극(anode), 전해질, 분리막 등 네 부분으로 나눌 수 있다. 이 네 부분에 무엇을 사용하느냐에 따라 건전지의 종류가 구분된다.

표 2-2에 여러 종류 전지들의 특성이 주어져 있다. 납전기는 자동차용 배터리에 사용되고 있다. 납전기의 기전력은 개(cell)당 약 2.1V인데 여러 개를 직렬로 연결하여 12V 또는 24V로 만들어 사용하고 있다.

표 2-1 여러 물질의 표준 환원포텐셜

환원 반응식	표준 환원포텐셜 (V)	환원 반응식	표준 환원포텐셜 (V)
$Li^+ + e^- \rightarrow Li$	-3.05	$Sn^{4+} + 2e^- \rightarrow Sn^{2+}$	+0.15
$K^+ + e^- \rightarrow K$	-2.92	$Cu^{2+} + e^- \rightarrow Cu^+$	+0.16
$Na^+ + e^- \rightarrow Na$	-2.71	$Cu^{2+} + 2e^- \rightarrow Cu$	+0.34
$Mg^{2+} + 2e^- \rightarrow Mg$	-2.38	$I_2(s) + 2e^- \rightarrow 2I^-$	+0.54
$Al^{3+} + 3e^- \rightarrow Al$	-1.66	$Fe^{3+} + e^- \rightarrow Fe^{2+}$	+0.77
$2H_2O(l) + 2e^- \rightarrow H_2(g) + 2OH^-$	-0.83	$Ag^+ + e^- \rightarrow Ag$	+0.80
$Zn^{2+} + 2e^- \rightarrow Zn$	-0.76	$Hg^{2+} + 2e^- \rightarrow Hg$	+0.85
$Cr^{3+} + 3e^- \rightarrow Cr$	-0.74	$ClO^- + H_2O + 2e^- \rightarrow Cl^- + 2OH^-$	+0.90
$Fe^{2+} + 2e^- \rightarrow Fe$	-0.41	$NO_3^- + 4H^+ + 3e^- \rightarrow NO + 2H_2O$	+0.96
$Cd^{2+} + 2e^- \rightarrow Cd$	-0.40	$Br_2 + 2e^- \rightarrow 2Br^-$	+1.07
$Ni^{2+} + 2e^- \rightarrow Ni$	-0.23	$O_2 + 4H^+ + 4e^- \rightarrow 2H_2O$	+1.23
$Sn^{2+} + 2e^- \rightarrow Sn$	-0.14	$Cr_2O_7^{2-} + 14H^+ + 6e^- \rightarrow Cr^{3+} + 7H_2O$	+1.33
$Pb^{2+} + 2e^- \rightarrow Pb$	-0.13	$Cl_2 + 2e^- \rightarrow 2Cl^-$	+1.36
$Fe^{3+} + 3e^- \rightarrow Fe$	-0.04	$MnO_2^{2-} + 8H^+ + 5e^- \rightarrow Mn^{2+} + 4H_2O$	+1.49
$2H^+ + e^- \rightarrow H_2$	0.00	$F_2 + 2e^- \rightarrow 2F^-$	+2.87

[예제] 다니엘 전지에서는 양극에는 구리, 음극에는 아연을 사용한다. 양단에 발생하는 전압은 얼마인가?

[답] 표 2-1에서 구리의 환원 포텐셜은 +0.34V이고, 아연의 환원 포텐셜은 -0.76V이다. 따라서 전

지의 양단에는 1.1V의 전압이 발생한다.

표 2-2 대표적인 전지들의 특징

종류		양극(cathode)	전해질(electrolyte)	음극(anode)	전압차(Volt)	기타
용액 전지(Wet cell)	볼타 전지	Cu	H_2SO_4	Zn	1.10	1차 전지
	다니엘 전지	Cu	$ZnSO_4$ (Zn) $CuSO_4$ (Cu)	Zn	1.10	2차 전지
	납 축전기	PbO_2	H_2SO_4	Pb	2.1	2차 전지 자동차 배터리
건전지(Dry cell)	망간-아연 전지	MnO	NH_4Cl	Zn	1.5	1차 전지
	Alkaline 전지	MnO_2	KOH	Zn	1.5	1차 전지
	수은 전지	HgO	KOH 또는 NaOH	Zn	1.3	1차 전지
	니켈-카드뮴 전지	NiO_2	KOH	Cd		2차 전지
	리튬 이온 전지	$LiCoO_2$		C(highly crystallized carbon)	3.7	2차 전지 (Li^+ 이온의 이동에 따른 전기발생)
연료 전지(Fuel cell)	수소 연료 전지	O_2(Pt 또는 탄소 전극)	KOH	H_2(Pt 또는 탄소 전극)		연료의 계속적 공급

아래에 몇 가지 대표적인 전지의 구조와 기전력을 만드는 산화 환원반응에 대해 알아보기로 하자.

첫째, 망간전지는 $Zn/NH_4Cl/MnO_2$의 구조를 하고 있다. 즉, 양극은 MnO_2이고 음극은 Zn이다. 그리고 전해질은 NH_4Cl을 사용한다. NH_4Cl 대신에 $ZnCl$을 사용하기도 한다. 음극 쪽의 산화반응은 $Zn \rightarrow Zn^{2+}+2e^-$ 이고, 양극 쪽의 환원반응은

$$2MnO_2+2H^++2e^- \rightarrow Mn_2O_3+H_2O \qquad \textbf{(2-4)}$$

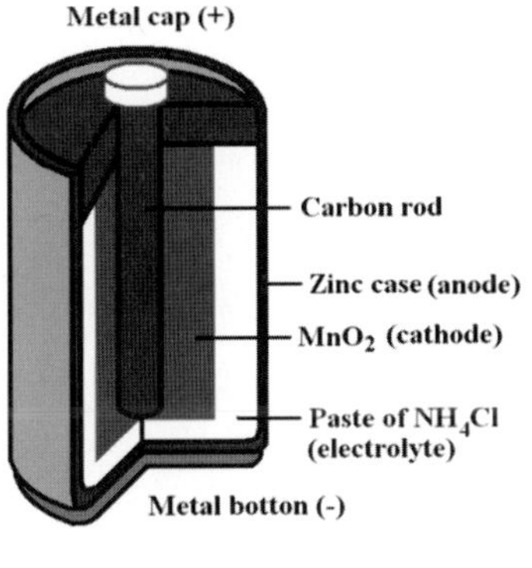

그림 2-8 망간전지의 구조

이다. 위 식에서 H^+는 $NH_4^++H_2O \rightarrow H^++NH_3^+$의 반응에서 나온 것이다. 그림 2-8에서 보듯이 양극인 MnO_2는 탄소분말과 섞여있고, +전극은 전기전도도를 좋게 하기 위해 탄소막대를 사용하고 있다.

둘째, 수은전지는 $Zn/KOH/HgO$의 구조를 하고 있다. 따라서 양극은 HgO이고 음극은 Zn이다. 그리고 전해질은 KOH를 사용한다. 음극 쪽의 산화반응은

$$Zn+4OH^- \rightarrow Zn(OH)_4^{2-}+2e^- \qquad \textbf{(2-5)}$$

이고, 양극 쪽의 환원반응은

$$HgO+H_2O+2e^- \rightarrow Hg+2OH^- \tag{2-6}$$

이다. 전해질로 $NaOH$를 사용하기도 하는데, 이 경우 약한 전류에서 안정한 전압특성을 보인다. 따라서 보청기, 계산기, 전자시계 등 약한 전류가 사용되는 분야에 많이 응용되고 있다. 반면에 KOH를 사용하는 수은전지의 경우 센 전류에서 안정한 전압특성을 보인다. 따라서 이러한 수은전지는 카메라 플레쉬(flash) 등 순간적인 센 전류가 필요한 분야에 사용하고 있다.

셋째, 납전지(lead-acid battery)는 건전지가 아니라 용액전지이다. 그리고 납전지는 2차 전지로서 충전이 가능하다. 납전지는 $Pb/H_2SO_4/PbO_2$의 구조를 하고 있다. 즉, 양극은 PbO_2이고, 음극은 Pb이다. 그리고 전해질은 H_2SO_4을 사용한다. 음극 쪽의 산화반응은

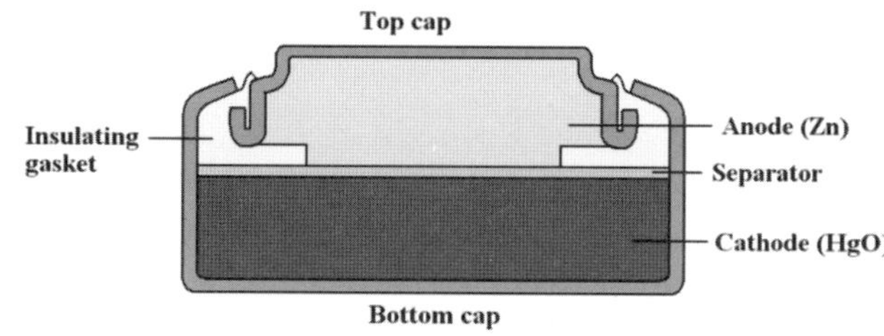

그림 2-9 수은전지의 구조

$$Pb+SO_4^{2-} \underset{충전}{\overset{방전}{\rightleftarrows}} PbSO_4+2e^- \tag{2-7}$$

이고, 양극 쪽의 환원반응은

$$PbO_2+SO_4^{2-}+4H^++2e^- \underset{충전}{\overset{방전}{\rightleftarrows}} PbSO_4+2H_2O \tag{2-8}$$

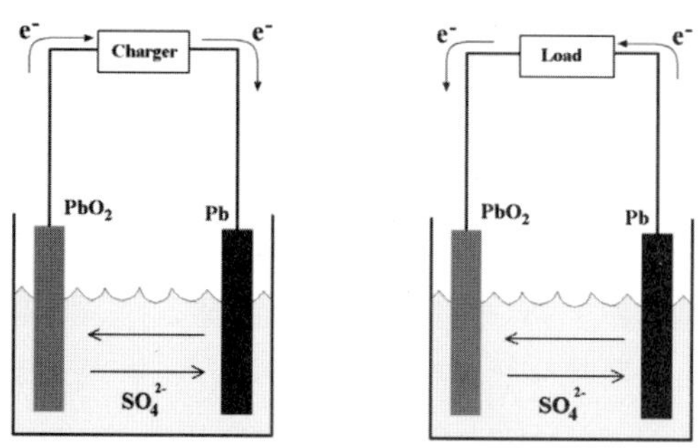

그림 2-10 납전지의 충전과 방전

이다. 식 2-7과 2-8에서 보듯이 외부에너지에 의해 충전될 수 있다.

넷째, 리튬전지는 2차전지로서 충전이 가능하다. Carbon/Lithium salt/Metal oxide의 구조를 하고 있다. 즉, 양극 쪽은 산화금속이고, 음극 쪽은 탄소이다. 그리고 전해질은 lithium salt를 사용한다. 양극에 사용하는 산화금속으로는 $LiCoO_2$와 같은 layered oxide계통, $LiFePO_4$와 같은 polyanion 계통, $LiMnO_2$와 같은 spinel 계통 등이 있다. 이들 모두 Li을 포함한 합금들이다. 양극이

$LiCoO_2$일 경우 음극 쪽의 산화반응은

$$CLi_x \underset{충전}{\overset{방전}{\rightleftarrows}} C+xLi^{+}+xe^{-} \quad \textbf{(2-9)}$$

이고, 양극 쪽의 환원반응은

$$Li_{1-x}CoO_2+xLi^{+}+xe^{-} \underset{충전}{\overset{방전}{\rightleftarrows}} LiCoO_2 \quad \textbf{(2-10)}$$

이다. 위 식에서 보듯이 충전할 때는 양극인 $LiCoO_2$에 있는 리튬이온이 빠져나와 음극인 탄소에 붙는다(Li_xC). 반면에 방전을 할 때에는 음극인 탄소에 있던(Li_xC) 리튬이온이 빠져나와 $LiCoO_2$에 붙는다. 방전할 때 코발트는 Co^{3+}에서 Co^{4+}로 되어 산화되었으며, 충전할 때에는 코발트는 Co^{4+}에서 Co^{3+}로 되어 환원되었음을 알 수 있다.

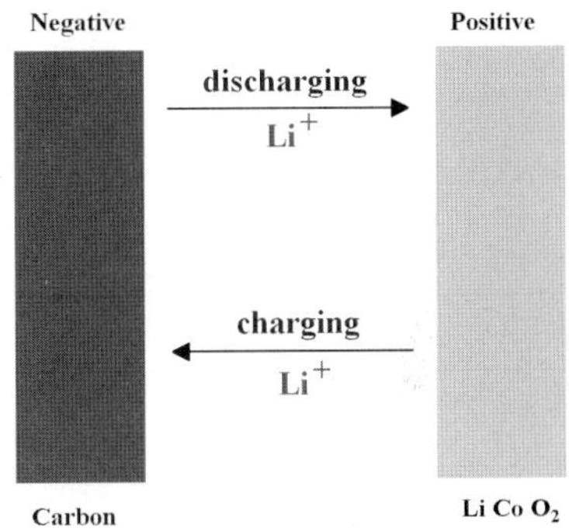

그림 2-11 리튬전지에서의 충전과 방전

2-4. 연료전지란 무엇인가?

연료전지는 전기화학적 반응을 이용하여 전기를 생산하는 원리는 화학전지와 동일하지만 반응물질을 계속적으로 공급한다는 점에서 화학전지와 다르다. 화학전지(배터리)는 유한한 반응물질이 고갈되면 폐기하든지 또는 다시 충전(충전 배터리)하여 사용해야 된다. 반면에 연료전지에서는 반응물질이 공급되는 한 연속적이고 장기적인 전기의 발생이 가능하다.

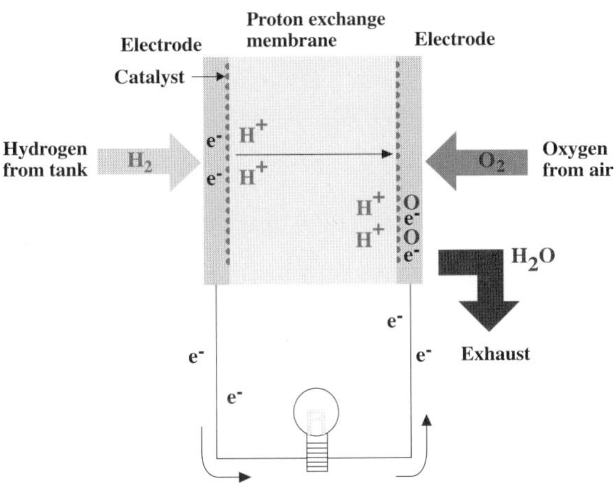

그림 2-12 수소-산소 양성자 교환 막 연료전지(PEMFC)의 작동원리

연료전지 중 대표적인 수소-산소 양성자 교환 막 연료전지(hydrogen/oxygen proton exchange membrane fuel cell, PEMFC)의 작동과정을 보

도록 하자. 그림 2-12에 연료전지의 개략적인 작동원리가 주어져 있다. 양의 이온만을 통과시키는 부도체인 폴리머로 만든 막이 양극과 음극을 갈라놓고 있다. 폴리머 막의 양면에는 반응을 촉진시키는 역할을 하는 촉매구조가 붙어 있다. 촉매로는 주로 탄소종이에 플래티넘(platinum) 분말을 얇게 입힌 것을 사용하고 있다. 그리고 촉매 외곽 면은 금속인 전극이 붙어 있다. 음극에서는 고압의 수소가 공급되고, 양극에서는 공기 중의 산소가 공급된다.

음극으로 수소기체(H_2)가 들어오면 촉매에 의해 양성자(H+)와 전자(e-)로 분리된다.

$$2H_2 \rightarrow 4H^+ + e^- \tag{2-11}$$

위 반응을 촉진시키는 역할을 촉매인 플래티넘 분말이 하고 있다. 거칠고 다공질 구조를 가지는 촉매구조 때문에 수소는 촉매에 접촉하는 표면적이 커서 최대한 효율적으로 위와 같은 반응이 유도된다. 이렇게 생성된 양성자는 막(proton exchange membrane)을 통과하여 양극으로 이동할 수 있다. 그러나 전자는 전기적으로 부도체인 막을 통과할 수 없기 때문에 전극에 연결된 외부회로를 따라 흐르게 된다.

반면에 양극에서는 공기 중의 산소(O_2)가 공급된다. 산소분자는 음극에서 양극으로 이동한 전자(e-)와 막을 통해 이동해 온 양성자(H^+)와 합쳐져서 물(H_2O)을 형성한다.

$$O_2 + 4H^+ + 4e^- \rightarrow 2H_2O \tag{2-12}$$

이 경우에도 양극에 붙어 있는 촉매가 위 반응을 촉진시킨다. 위 반응에서 전해질 막은 부도체인 폴리머(플라스틱 종류)로서 양의 전하를 띠는 이온들은 통과시키고 전자는 차단하는 역할을 한다. 연료전지의 전체적인 반응은

$$2H^+ + O_2 \rightarrow 2H_2O \tag{2-13}$$

와 같이 표현된다. 따라서 위와 같은 연료전지의 과정을 통해 전기(전자의 흐름)가 발생하고, 폐기물로는 물만이 방출됨을 알 수 있다. 내연기관의 경우 환경오염에 치명적인 화학물질들이 많이 발생하는 데 비해, 연료전지를 사용하면 물만이 발생하므로 이러한 점이 연료전지가 깨끗한 에너지원으로서 각광을 받고 있는 이유이다. 그림 2-12와 같은 1개의 연료전지 구조에서 대략 0.7V의 전압이 발생하는데 여러 개를 조합(fuel-cell stack)함으로써 필요한 만큼의 전압을 발생하게 할 수 있다.

연료전지의 기본적인 원리는 1838년 스위스 과학자 Schonbein에 의해서 발견되었다. 그러나 첫 번째 연료전지는 1932년 영국의 Bacon에 의해 실현되었으나, 그 실용화는 20년 후인 1959년 Bacon

자신에 의해 용접기에 5kW급 연료전지를 사용함으로써 이루어졌다. 그 후 연료전지의 아이디어는 미국에서 우주선의 전기 생산과 우주인을 위한 식수(연료전지의 폐기물로 나오는 물을 이용)의 공급용으로 사용되었다. 초기의 연료전지는 작동온도가 높고, 촉매, 전해질 막 등 사용물질이 너무 고가이고, 또한, 아주 고순도의 수소와 산소가 필요로 하여 실용화가 더디었고 우주선의 경우와 같은 특수한 용도에만 사용되었다. 그러나 1990년대에 와서 전해질로는 Nafion과 같은 신물질들이 개발되었고, 촉매로 사용하던 비싼 플래티넘의 사용을 줄일 수 있는 기술개발이 이루어져서 자동차나 일반연료로의 사용가능이 높아지게 되었다. 따라서 연료전지를 생산하여 공급하는 회사(Ballard)가 생기게 되고, 자동차 회사들은 연료전지를 이용한 자동차의 실용화에 대한 연구에 박차를 가하게 되었다. 2004년에는 Daimler-Chrysler 자동차에서 연료전지 버스를 개발하여 유럽의 9개 도시를 운행하는 상용화에 성공하였다. 연료전지는 화학전지와 같이 전기를 저장하는 기능은 갖고 있지 않다. 그러나 다른 전기발생장치와 저장장치와 결합하면 연료전지를 전기를 발생하여 저장할 수 있는 장치로 이용할 수 있다. 2004년 Mechanical Technology Inc.는 메탄올(methanol)을 사용하는 상업용 연료전지를 개발하였다. 이 연료전지는 저가로 운용되는 장점이 있으므로 리튬이온전지와 같은 화학전지의 대체에너지원으로 각광을 받고 있다.

연료전지에 사용하는 수소는 다른 과정을 거쳐서 생산해야 한다. 순수한 수소연료를 만드는 데 다른 에너지원이 필요하기 때문에 실질적으로 에너지 면에서 연료전지의 효율은 기존의 내연기관보다 더 떨어진다. 또한, 앞으로 일반가정에서 전기의 생산을 위해 연료전지를 사용할 경우 각 가정에 폭발의 가능성이 있는 수소 파이프라인을 설치하는 것도 실용화에 어려움이 될 것이다. 따라서 손쉽게 얻을 수 있는 연료를 사용하여 수소를 생산하는 과정을 연료전지에 포함시켜야 연료전지를 실용 가능한 에너지원으로 광범위하게 사용할 수 있을 것이다.

수소연료의 생산에 관련된 부분을 수소형성기(hydrogen reformer)라 부른다. 수소형성기는 탄화수소(hydrocarbon)나 알코올에서 수소를 만들어 연료전지에 투입하는 역할을 한다. 수소만을 형성하는 완벽한 수소형성기는 구성할 수 없다. 수소를 형성하는 과정에서 열이 발생할 수도 있고, 수소 이외에 해로운 화학물질이 생성되기도 한다. 이에 따라 열에 의해 연료전지의 작동 자체에 영향을 주고 연료로 사용할 수 있는 수소의 순도도 문제가 될 수 있다. 수소연료를 생성하는 물질로 천연가스, 프로판 가스, 메탄올(methanol) 등이 연구되고 있다. 천연가스나 프로판 가스는 일반 가정에서 연료로 사용하는 것이어서 앞으로 연료전지를 전기의 생산에 사용할 경우 수소를 생성하는 데 바로 이용할 수 있다. 메탄올은 액체로서 쉽게 보관할 수 있기 때문에 주유소에서처럼 차의 연료통에 주입할 수 있다. 따라서 메탄올을 이용한 연료전지는 앞으로 자동차에 응용할 수 있을 것이다.

전해질 막으로 산화고체 전해질(solid-oxide electrolyte), 녹은 탄산염(molten carbonate), 인산(phosphoric acid), 알칼리 용액(alkine, potassium hydroxide) 등 다양한 물질을 사용한 연료전지가 개발되었다. 산화고체 연료전지(solid-oxide fuel cell)에서는 산소이온들이 고온(1,000℃ 정도)의

산화고체 물질을 통과하여 음극에서 수소와 결합하는 구조를 가지고 있다. 따라서 반응을 활성화하는 데 사용하는 고가의 촉매가 필요 없는 장점이 있다. 그러나 전해질이 세라믹이어서 부서지기 쉬워서 움직이는 기기보다는 고정된 발전소 등에 적합하다. 녹은 탄산염 연료전지(molten carbonate fuel cell)에서는 탄산염을 녹이기 위해서 600℃에서 작동하며 부식에 약한 단점이 있다. 인산 연료전지(phosphoric-acid fuel cell)에서는 인산을 스폰지에 흡착한 것을 전해질 막으로 사용한다. 이 연료전지는 일산화탄소에 영향을 받지 않는다는 장점이 있으나 여전히 고가의 촉매를 사용해야 한다는 단점이 있다. 알칼리 연료전지(alkaline fuel cell)의 경우 NASA에서 우주선에서의 전기발생 및 식수공급으로 사용하였으나 높은 순도의 수소와 산소가 요구되어 다른 종류의 연료전지로 대체되었다.

2-5. 태양전지란 무엇인가?

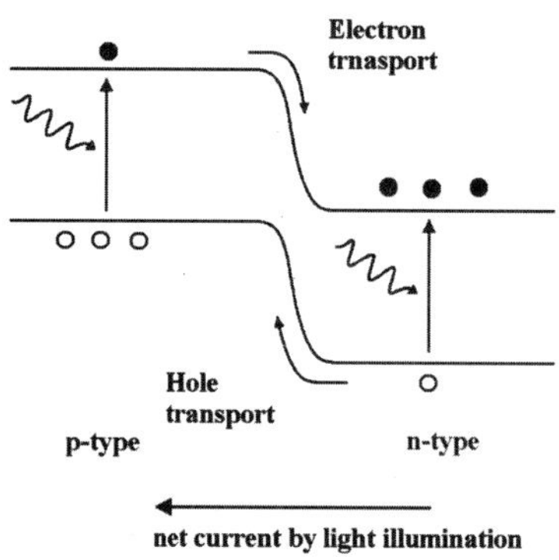

그림 2-13 에너지 밴드에서 빛에너지에 의한 전자-정공 쌍의 발생과 전류의 형성

태양전지는 대면적의 다이오드(p-n접합)이다. 다이오드에 빛이 비추어지면 이 빛 에너지에 의해 핵에 구속된 전자가 자유로운 상태가 될 수 있다. 하나의 전자가 자유로운 상태로 되면 그 공간에 전자가 채워질 수 있는 정공이 발생한다. 따라서 빛에너지에 의해 전자-정공 쌍이 생성되고, 이 전자-정공의 움직임에 의해 전류가 발생한다. 에너지 밴드의 관점에서 보면 그림 2-13에서와 같이 빛에너지에 의해 가전대의 전자가 전도대로 전이하게 된다. 전도대로 전이한 전자의 이동(p에서 n으로)과 가전대에 생긴 정공의 이동(n에서 p로)에 의한 전류가 발생됨을 볼 수 있다.

이상적인 태양전지는 다이오드와 병렬로 연결된 전류원(current source)으로 생각할 수 있다. 따라서 그림 2-14에 있는 왼쪽 회로 모델과 같이 그려진다. 그림 2-14의 오른쪽 그림에는 태양전지의 전압-전류 특성을 보여주고 있다. 빛이 조사되지 않았을 경우의 태양전지는 다이오드이므로 다이오드의 전압-전류 특성을 보인다(제3장 참조). 반면에 태양전지에 빛이 조사되면 전체적인 전압-전류 특성은 다이오드의 전압-전류 특성(빛이 조사되지 않은 경우)에 빛에너지에 의한 전류-전압 특성이 결합된 것이다. 즉, 빛이 조사된 태양전지의 전류는 다이오드전류 I_D에 빛에너지에 의해 발생되는 전류 I_l을 더한 값이다. 그림에서 보듯이 전류 I_l은 전류 I_D와 반대방향임을 알 수 있다. 실제적인 태양전지는 이와 같은 이상적인 행동과는 다르므로 그림 2-14의 왼쪽 회로모델에 단락저항(shunt resistor)이 병렬로 연결되고 직렬로 저항(series resistor)이 붙은 회로모델로 그려지기도 한다.

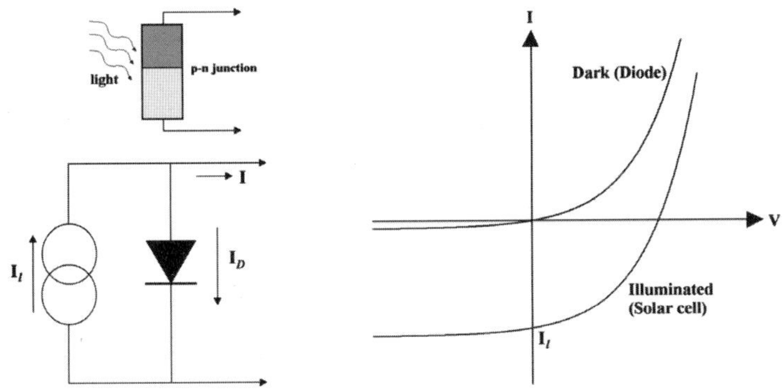

그림 2-14 태양전지의 전압-전류 특성

태양전지는 반도체 공정을 이용하여 만든다. p형 반도체를 기판으로 사용하는 경우 첫 번째 과정은 n형 확산을 통해 p-n 접합을 만들어 다이오드를 형성하는 것이다. 다음에는 무반사층을 올리는 과정이다. 무반사층은 입사한 빛의 반사를 방지함으로써 되도록 많은 양의 빛이 태양전지 표면으로 입사하도록 만드는 작용을 한다. 질화실리콘(silicon nitrite)을 많이 이용하고 있다. 이 코팅과정에서 화학적 증기 증착법(plasma enhanced chemical vapor deposition, PECVD)을 이용한다. 다음 과정은 접점 형성과정이다. 태양전지의 뒤쪽면의 전체를 전극을 위해 스크린 프린트 방법으로 금속(알루미늄)막을 입히게 된다. 반면에 앞쪽 면으로는 빛이 입사해야 하므로 그물망 모양(grid-like metal contact)을 스크린 프린트 방법을 통해 형성한다. 앞뒤면의 접점을 스크린 프린트로 만든 후 열처리 등을 통해 실리콘 면과의 접촉을 좋게 하여 접점에 의한 저항을 최소한으로 줄인다.

이와 같이 만들어진 태양전지들을 연결하여 태양전지판(solar panel)이 만들어진다. 태양전지판의 앞면에는 유리로 된 보호막이 있고 뒷면은 폴리머 등으로 포장되어 외부와 차단된다. 위와 같은 태양전지를 만드는 반도체 공정은 반도체 소자나 IC를 만드는 과정보다는 훨씬 간단한 과정이다. 그림 2-15에 태양전지의 개

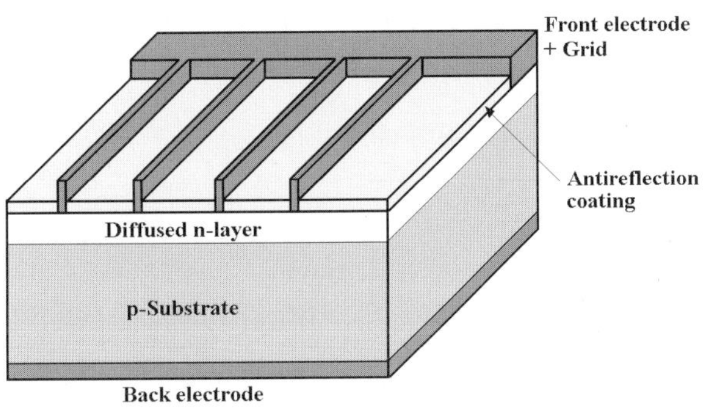

그림 2-15 태양전지의 개략적 구조

략적인 구조가 주어져 있다. 태양전지의 앞면에 있는 전극의 모양은 빛이 잘 들어오게 하기 위해 되도록 가늘게(finger shaped) 설계되어 있다.

태양전지는 결정 실리콘 웨이퍼를 이용하는 경우(crystalline silicon solar cells)와 기판(유리)위에 박막을 형성하는 경우(thin film solar cells)로 나눌 수 있다. 결정 실리콘 웨이퍼로는 단결정 실리콘 웨이퍼와 다결정실리콘 웨이퍼(poly or multi crystalline silicon)가 있다. 단결정 실리콘은 Czochralski 과정을 이용하여 성장시킨 것을 얇게 잘라서 웨이퍼로 만들어 사용한다. 상용으로 나와 있는 단결정 태양전지의 효율은 대략 14~20%사이이다.

다결정 실리콘 웨이퍼는 정제된 실리콘을 녹여 원하는 형태로 만든 후 얇게 잘라서 만들 수 있어서 그 과정이 단결정 성장과정보다 훨씬 간단하다. 따라서 태양전지의 생산단가를 크게 줄일 수 있어서 경제적이다. 그러나 효율이 결정 실리콘 웨이퍼를 사용하는 경우보다 떨어지는 것이 흠이다.

결정 실리콘 웨이퍼를 사용하는 태양전지의 경우 웨이퍼별로 태양전지를 형성하여 여러 웨이퍼들을 연결하여 모듈 또는 패널(panel)을 만드는 웨이퍼를 기본으로 하는 과정(wafer based process)으로 만들어진다. 반면에 박막 태양전지의 경우 기판(유리) 위에 모듈 전체가 한꺼번에 만들어지는 모듈을 기본으로 하는 과정(module based process)으로 만들어진다. 따라서 박막 태양전지의 경우 과정이 간단하므로 생산단가를 더욱 내릴 수 있는 장점이 있다.

박막 태양전지를 만들기 위해 화학적 증기 증착법(PECVD)으로 비정질 실리콘(amorphous silicon) 박막이 유리기판 위에 형성된다. 이렇게 형성된 박막 안의 실리콘 원자들은 매달려 있거나(dangling) 뒤틀린(twisted) 결합도 있으므로 가전대와 전도대의 변형이 생겨 빛에너지에 의해 발생되는 전자-정공 쌍의 수가 줄어들어 결과적으로 태양전지의 효율을 떨어뜨린다. 그러나 비정질 실리콘 박막 태양전지의 경우 낮은 효율(8%)에도 불구하고 실리콘 웨이퍼를 사용하는 경우보다 실리콘 사용량이 1%로 적고 생산과정이 간단하므로 생산단가를 크게 내릴 수 있는 장점을 가지고 있다.

실리콘 외에 다른 반도체 물질을 사용하여 태양전지를 만드는 연구도 진행되고 있다. GaAs(gallium arsenide)박막을 분자 빔 에피택시(molecular beam epitaxy) 방법을 이용하여 형성하면 고효율의 태양전지를 만들 수 있다. 즉, 에너지 갭(band gap)이 다른 여러 개의 다이오드를 직렬로 연결함으로써 다양한 파장의 빛에너지를 흡수할 수 있게 하여 고효율의 태양전지를 구성할 수 있다. 예를 들어 밴드 갭이 다른 3개의 층을 가진 태양전지를 형성하면 각 층이 다른 파장의 빛을 흡수하므로 전체적으로 효율이 28%의 태양전지를 구성할 수 있다. 이렇게 효율이 좋은 박막형 태양전지를 구성할 수 있으나 박막을 형성하는 공정과정이 박막의 수에 따라 불어나므로 생산단가가 커지게 되는 단점이 있다. 그 외에 탄소나노 튜브를 이용하거나 CdTe(cadmium telluride)나 CIGS(copper indium gallium selenide) 등의 물질을 이용한 태양전지 연구도 활발히 진행 중이다.

제3장

반도체의 응용

제3장

반도체의 응용

3-1. 진공관이란 무엇인가?

진공관(vacuum tube)은 1910년쯤에 개발되어 전자장비에 널리 사용되다가 반도체 트랜지스터의 출현으로 이제는 거의 사용되지 않게 된 전자 소자 중의 하나이다. 진공관을 만들기 위해서는 먼저 유리관 안을 진공으로 만든다. 그리고 그 안에 두 개의 전극을 만든다. 한쪽 전극(음극, cathode)은 필라멘트와 접촉되어 열전자가 방출된다. 그리고 다른 쪽의 전극(양극, anode)은 열전자를 받아들인다. 가장 간단한 진공관은 위와 같이 두 전극만 있는 것으로서 다이오드(diode)라고 부른다. 다이오드는 교류를 직류로 바꾸는 정류에 사용되거나 라디오파의 측정에 사용되었다. 열전자는 필라멘트에 붙어 있는 음극에서만 방출되므로 전자는 음극에서 양극으로만 흐를 수 있다. 반대방향으로의 전자의 흐름은 불가능하다. 이러한 특징을 이용함으로써 정류가 가능한 것이다.

다이오드 구조의 중간에 그리드(grid)를 둠으로써 음극에서 양극으로 흐르는 전자의 양을 조절할 수 있다. 즉, 그리드에 전압을 걸어주어 음극에서 양극으로 흐르는 전자의 수를 조절하여 전류를 조절할 수 있다. 이와 같은 진공관을 삼극진공관(triode)이라고 부른다(그림 3-1). 삼극진공관은 증폭

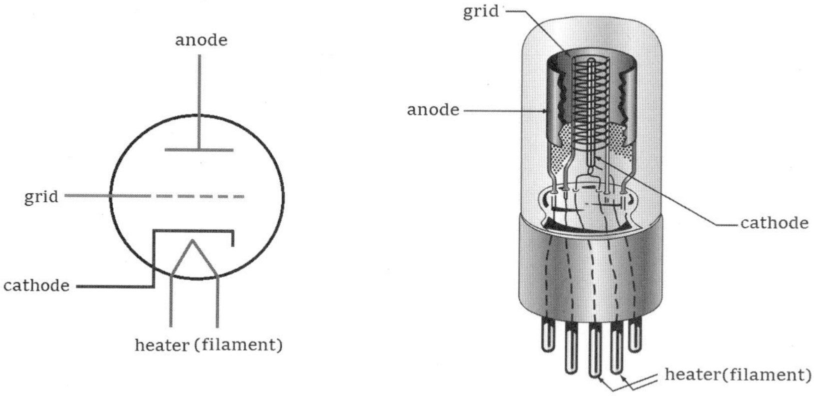

그림 3-1 삼극진공관의 개략적인 구조

기, 스위치, 진동자 등으로 사용할 수 있다. 따라서 삼극진공관은 라디오파를 이용한 통신과 방송을 가능하게 만든 전자 소자이다. 그리드를 여러 개 둠으로써 여러 가지 특정 작동을 하게 만들 수 있다. 그러나 이러한 진공관들은 1947년 반도체를 이용한 트랜지스터의 출현으로 현재는 마이크로파 발생장치(cavity magnetron) 등의 제한적인 분야에서만 사용되고 있다.

3-2. 반도체란 무엇인가?

물질을 그 물리적 특성에 따라 다양하게 구분한다. 즉, 전기적 성질에 따른 구분, 자기적 성질에 따른 구분, 광학적 성질에 따른 구분 등이 있다. 이 절에서는 물질의 전기적 성질에 따른 구분에 대해 알아보도록 하겠다. 물질을 전기적인 성질, 즉 전류가 형성되는 물질인가 아닌가에 따라 도체, 반도체, 부도체로 나눈다. 도체는 외부전압에 의해 그 내부에 전류가 형성되는 물질이고 부도체는 외부전압에 의해 전류가 형성되지 않는 물질이다. 반도체는 그 중간에 속한다. 어떤 물체의 양단에 전압 V가 주어지면 물질의 내부에 Ohm의 법칙인 $I=V/R$에 따라 전류가 형성된다. 전기저항은 $R=\rho L/A$와 같이 주어진다. 여기서 L과 A는 각각 물체의 길이와 단면적을 나타내고, ρ는 물체를 구성하는 물질의 고유한 비저항(resistivity)을 나타낸다. 표 3-1에 20℃에서 여러 물질의 비저항 값이 주어져 있다. 금속의 비저항 값은 아주 작고, 부도체의 비저항 값은 아주 크다. 반도체는 금속과 부도체의 비저항 사이에 위치한 값을 가진다. 금속에는 금속결합에 따른 잉여전자가 존재하며 이 전자들은 금속 안을 자유롭게 움직일 수 있는데, 이들을 자유전자(free electron)라고 부른다. 금속의 양단에 외부전압이 가해지면 이 자유전자들이 이동하여 전류가 쉽게 형성되기 때문에 금속은 아주 작은 비저항 값을 가진다. 반면에 부도체에서는 전류를 흐르게 하는 자유전자가 전혀 없다. 그리고 반도체에서는 열에너지에 의해 자유롭게 된 약간의 전자가 존재하므로 큰 전압에 의해서만 전류가 형성될 수 있다.

표 3-1 여러 물질의 온도 20℃에서의 비저항 값

종류	물질	비저항[10^{-8} Ω-m]	종류	물질	비저항[Ω-m]
금속	은	1.59	반도체	탄소	$3\sim60\times10^{-5}$
	구리	1.72		게르마늄	$1\sim500\times10^{-3}$
	알루미늄	2.82		실리콘	0.1~60
	텅스텐	5.6	부도체	유리	$10^{10}\sim10^{14}$
	철	9.71		고무	$10^{13}\sim10^{15}$
	니크롬	110		석영	7.5×10^{17}
	납	22		나무	$10^{8}\sim10^{11}$
	수은	98		황	10^{15}

[예제] 구리의 밀도는 $\rho=8.93g/cc$이다. 그리고 구리의 분자량은 $M=63.5g/mole$이다. 구리 원자 1개당 자유전자가 1개라면 구리 내의 자유전자의 밀도는 얼마인가?

[답] 자유전자의 밀도는 단위 체적 안에 존재하는 자유전자의 수이다. 그리고 정의에 의하면 1mole의 구리에 $N_A=6.02\times10^{23}$개의 구리원자가 존재한다. 따라서 자유전자의 밀도는 단위 체적이 몇 mole인지 계산하여 N_A를 곱해주면 된다. 1cc는 $x=\rho/M=0.14mole$에 해당되므로 1cc 안에 있는 자유전자의 수는 $n=xN_A=8.46\times10^{22}$개/cm^3이다. 따라서 $1m^3$ 안에는 자유전자가 8.46×10^{28}개가 존재한다.

[예제] 12번 구리선의 직경은 2.053mm이다. 이 구리선의 단위길이당 저항을 계산하라. 구리의 비저항은 $1.7\times10^{-8}\,\Omega\text{-}m$이다.

[답] 저항은 $R=\rho L/A$로 정의된다. 단위길이 당 저항은 $R/L=\rho/A=5.13\times10^{-3}\,\Omega/m$이다.

다음에는 에너지 밴드(energy band) 관점에서 도체, 반도체, 부도체가 어떻게 정의되는지를 보도록 하자. 그림 3-2에 고체에서 에너지 밴드가 형성되는 이유를 그림으로 보여주고 있다.

원자들이 서로 멀리 떨어져 있을 때에는 원자 내의 전자들은 각자의 원자핵에만 구속되어 있다. 따라서 전자들은 그 원자의 특징에 따른 에너지준위를 가진다. 그림 3-2에서 1s를 기저준위, 2s를 여기준위로 표시하였다. 그러나 원자들이 서로 가까워져서 고체를 이룰 경우 원자들의 전자들은 고체의 전자가 된다. 이 경우 전자들이 존재할 수 있는 에너지 준위들은 Pauli 배타율을 따라야 하는 등의 양자역학적인 구속조건을 만족해야 하므로 여러 준위로 갈라질 수밖에 없다. 그림 3-2의 왼쪽 그림에 6개의 원자가 서로 가까워질 경우 에너지 준위가 여섯 가닥으로 분리됨을 보여 주고 있다. 고체에는 약 10^{28}개/m^3의 원자들이 밀집되어 있기 때문에 에너지 준위는 그림 3-2의 오른쪽 그림에서 보듯이 에너지 밴드(연속적인 에너지 준위의 집합)를 이루게 된다. 고체를 이루는 원자들 사이의 거리를 r_0(평형거리)라고 할 경우 에너지 밴드는 기저준위(1s, ground state)에 해당하는 기저 에너지 밴드와 여기준위(2s, excited state)에 해당하는 여기 에너지 밴드로 나누어진다. 그리고 그 사이에 에너지 간격이 존재하게 되는데 이를 에너지 갭(energy gap)이라고 부른다. 기저 에너지 밴드는 전자들이 차(filled) 있는 상태인데 이 에너지 밴드를 가전대(valance band)라고 부른다. 그리고 여기 에너지 밴드는 비어 있는 상태로서 가전대의 전자들이 여기되어 올라갈 수 있다. 이 에너지 밴드를 전도대(conduction band)라고 부른다.

위에 설명한 에너지 밴드의 구조는 물질에 따라 다르다. 그림 3-3에 도체, 반도체, 부도체에서의 에너지 밴드의 모양이 주어져 있다. 금속의 경우에는 가전대와 전도대가 겹쳐져 있다. 이와 같이 에너지 갭이 없어서 전도대에 전자(여기상태의 전자)들이 이미 존재하므로 낮은 외부전압에 의해서도 이 전자들이 쉽게 이동함으로써 전류가 형성된다. 이에 따라 도체의 비저항 값은 아주 작다. 반

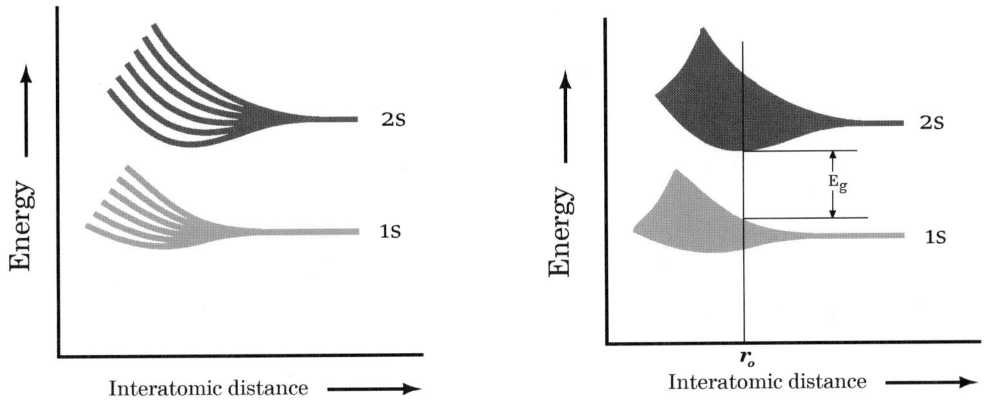

그림 3-2 고체내부에서의 에너지 밴드의 형성

면에 부도체에서는 에너지 갭의 간격이 너무 크므로 아주 큰 전압(유전파괴)을 걸지 않으면 가전대의 전자들이 전도대로 올라갈 수 없다. 이에 따라 부도체에서는 전류가 형성되지 않으므로 부도체의 비저항 값은 아주 크다. 반도체의 경우에는 에너지 갭(실리콘의 경우 1.1eV)이 부도체보다 작다. 이에 따라 열에너지(상온에서 0.026eV)에 의해 약간의 전자들이 전도대로 올라갈 수 있다. 그러나 전류를 흘리기 위해서는 큰 전압이 필요하다. 이에 따라 반도체의 비저항은 도체와 부도체의 비저항 사이에 위치한 값을 가진다. 위와 같이 도체, 반도체, 부도체에서의 전기적 특성을 에너지 밴드를 통해서 잘 설명할 수 있다.

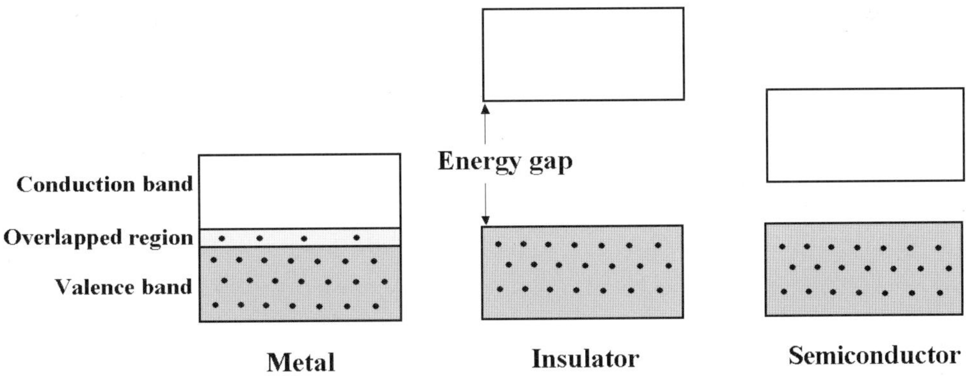

그림 3-3 도체(금속), 부도체, 반도체의 에너지 밴드의 구조

반도체는 단원자 반도체로는 4가인 실리콘(Si)과 게르마늄(Ge)이 있고, 6족으로는 셀레늄(Se)이 있다. 그리고 화합물 반도체로는 II-V족 (ZnO, ZnS, CdS)과 III-V족 (GaAs, GaP)이 있다. 그러나 실리

콘이 많이 사용되고 있기 때문에 실리콘의 반도체 특성에 대해서만 집중적으로 알아보기로 한다.

진성반도체(intrinsic semiconductor)는 불순물(impurity)을 포함하지 않은 반도체를 말한다. 실리콘은 최외각전자가 4개인 4가 원소이다. 원소들은 완전히 채워진 전자구조를 선호하기 때문에 실리콘도 주위의 실리콘 원소들과 전자를 공유함으로써 최외각 전자가 8개인 안정한 전자구조(Ar의 전자구조)를 가지려고 한다. 이러한 실리콘 결정의 결합을 공유결합(covalent bond)이라고 부른다. 그림 3-4에 실리콘 결정의 공유결합을 보여주고 있다. 각 실리콘 원자들은 주위의 실리콘 원자들과 전자를 공유함으로써 최외각 전자가 8개인 안정한 전자구조를 가짐을 볼 수 있다. 이에 따라 낮은 온도에서 실리콘에는 공유결합 때문에 모든 전자가 원자핵에 구속되어 있으므로 자유롭게 움직일 수 있는 전자가 없다. 따라서 외부전압을 인가하더라도 전류가 형성되지 않는다. 그러나 상온에서는 열에너지(0.026eV)에 의해 약간의 전자가 여기될 수 있다. 이렇게 여기된 전자는 자유롭게 움직일 수 있으며, 또한 전자가 빠져나간 자리에는 정공(hole)이 발생한다. 여기서 정공은 양의 전하를 가진 전자처럼 행동한다. 따라서 실리콘에 외부전압을 걸어주면 전자와 정공의 이동으로 전류가 형성될 수 있다. 이러한 현상 때문에 실리콘은 도체보다는 크지만 부도체보다는 훨씬 작은 비저항값을 가지게 된다. 그림 3-4의 오른쪽 그림에는 실리콘의 에너지 밴드가 주어져 있다. 열에너지에 의해 가전대에 있는 전자들이 전도대로 올라가는 것을 보여주고 있다. 또한 가전대에 전자가 빠져나간 자리에는 정공이 발생함을 볼 수 있다. 진성반도체에서는 전류를 형성하는 것이 전자와 정공이다. 이렇게 전류를 형성하는 것을 캐리어(carrier)라고 부른다. 즉, 캐리어에는 전자와 정공이 있을 수 있다.

실리콘 원소의 일부를 3가 또는 5가인 원소로 치환한 반도체를 외인성 반도체(extrinsic semiconductor)라고 부른다. 그림 3-5에 5가인 비소(As)원자 하나가 실리콘 원소의 자리에 치환된 것을 보여주고 있다. 비소는 5가이므로 최외각 전자가 5개이다. 따라서 주위의 실리콘과 공유결합을 하고 나서도 1개의 전지기 남는디. 남은 전자들이 자유롭게 움직일 수 있는 자유진자들이 된다. 외부전압에 의해 이 전자들이 이동함으로써 전류가 형성될 수 있다. 따라서 이러한 반도체에서는

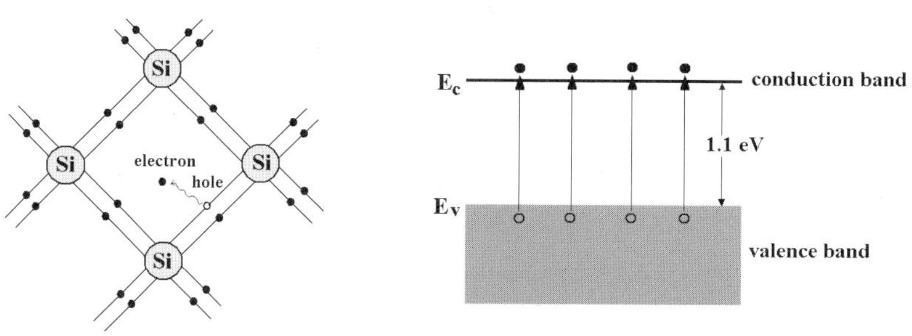

그림 3-4 실리콘 결정의 공유결합

캐리어가 전자이다. 이렇게 5가인 원소를 치환한 반도체를 n형 반도체라고 부른다. 여기서 n은 캐리어인 전자의 전하량이 음(negative)이기 때문에 이렇게 부르게 되었다. 그림 3-5의 오른쪽에는 n형 실리콘 반도체의 에너지 밴드 그림이 주어져 있다. 치환된 5가의 불순물(As)들은 쉽게 여기되어 전도대에 전자들을 제공한다. 이에 따라 불순물의 에너지 준위는 전도대 근방에 존재하여야 한다. 그리고 이 불순물을 도너(doner)라고 부른다. 이는 전자를 제공한다(donate)는 의미를 가진다.

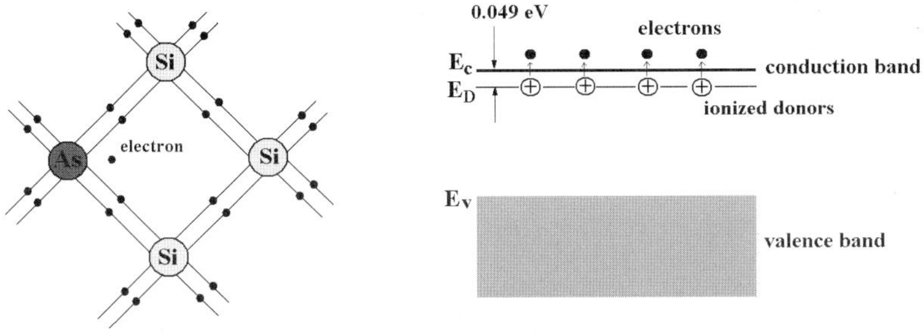

그림 3-5 n형 실리콘 반도체

실리콘 원소의 일부를 3가인 갈륨(Ga)으로 치환한 경우를 보기로 하자. 그림 3-6이 이를 보여주고 있다. 갈륨은 3가이므로 4가인 실리콘 원자와 결합하기 위해서는 전자 하나가 모자란다. 이에 따라 비어 있는 자리인 정공(hole)이 발생한다. 외부전압을 걸어주면 주위의 전자가 이 정공을 채우게 되는데, 정공으로 이동한 전자의 자리에는 또 다른 정공이 발생하게 된다. 이렇게 연속적으로 발생하는 정공을 차례로 채움으로써 전류가 형성된다. 정공은 양의 전하를 가지는 전자와 같은 행동을 한다. 이렇게 3가인 원소로 치환된 반도체를 p형 반도체라고 부른다. 여기서 p는 캐리어인 정공이 양(positive)의 전하를 가진 것처럼 행동하기 때문에 이렇게 부르게 되었다. 그림 3-6의 오른쪽에는 p형 실리콘 반도체의 에너지 밴드 그림이 주어져 있다. 치환된 3가의 불순물(Ga)들은 가전대의 전

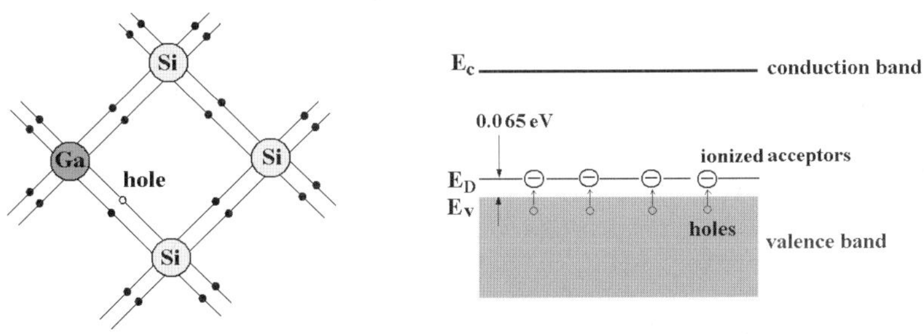

그림 3-6 p형 실리콘 반도체

자들을 쉽게 받아들이게 되고, 이에 따라 가전대에는 정공들이 발생한다. 따라서 이 불순물들의 에너지 준위는 가전대 근방에 존재하여야 한다. 그리고 이 불순물들을 어셉터(acceptor)라고 부른다. 이는 전자를 받아들인다(accept)는 의미를 가진다.

[예제] n형 반도체에서 불순물 원자(5가 원소)의 5개 전자 중에 4개의 전자는 실리콘 원자와 결합한다. 이때 남은 전자의 운동을 수소원자 모형으로 가정할 때, 이 전자의 에너지 준위를 구할 수 있다. 전자가 고체 내를 이동할 때 효과질량(effective mass)을 고려해야 한다. 실리콘 내에서 전자의 효과질량은 $m_e^*=0.26m_e$라고 한다. 그리고 실리콘의 비유전율은 $\kappa=12$이다. n형 반도체에서 도너(donor) 전자(실리콘과 결합하고 남은 전자)의 에너지 준위를 계산해 보자.

[답] 수소원자모형에서 $E\sim\frac{1}{m_e\kappa^2}$이므로 $E_D=13.6\frac{m_e^*}{m_e}\left(\frac{1}{\kappa}\right)^2=0.025eV$로 계산된다. 이 값은 5가 불순물에 대한 실험값들인 P(0.045eV), As(0.05V), Sb(0.04V)와 비슷한 크기의 값이다. 온도 300K에서 열에너지는 $k_BT=0.026eV$이다. 이 열에너지의 값은 도너 준위(donor level)와 비슷하다. 따라서 300K에서 도너 전자들은 모두 여기된 상태이다. 이렇게 여기되어 전도대로 전이한 전자들은 외부의 전압에 의해 이동할 수 있으므로 전류가 형성된다.

3-3. 반도체 다이오드란 무엇인가?

다이오드(diode)는 p형 반도체와 n형 반도체를 접합(junction)한 것이다. 그런데 접합이라고 해서 p형 반도체와 n형 반도체를 그대로 붙이는 것은 아니다. n형이나 p형 반도체를 만들기 위해서는 Si 원자의 일부를 불순물 원자로 치환해야 하는데, 이때 확산이나 이온 주입 방법을 사용한다. pn접합을 만드는 데도 이 방법을 이용한다. 즉, Si에 먼저 p형 불순물을 주입하고, 그 위에 다시 n형 불순물을 주입함으로써 pn접합을 얻는다.

다이오드에서 p형과 n형 반도체의 접합 근방에서는 p형 반도체 쪽의 정공과 n형 반도체 쪽의 전자가 서로 결합하여 없어지기 때문에 이온들만 존재하는 영역이 존재한다. 이 영역을 공간전하영역(depletion layer)이라고 부른다. 이 공간전하영역이 넓어지면 전자나 정공이 접합을 통과할 수 없으므로 전류가 형성되지 못한다. 반면에 이 영역이 좁아지면 전자나 정공이 접합을 통과할 수 있으므로 전류가 형성될 수 있다.

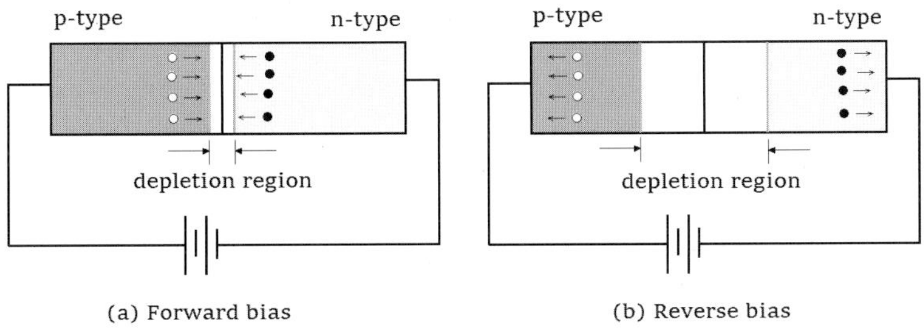

그림 3-7 다이오드의 순(forward) 바이어스와 역(reverse) 바이어스

다이오드의 양단에 전압을 거는 경우를 생각해 보자. 전압을 거는 방법은 두 가지가 있을 수 있다(그림 3-7). 첫째, p형 반도체에 +, n형 반도체에 -가 걸리는 경우를 생각해 보자. 이 경우 p형 반도체 전극에 +가 걸리므로 p형 반도체 안에 있는 정공들은 접합 쪽으로 밀려가게 된다. 그리고 n형 반도체 전극에 -가 걸리므로 n형 반도체 안에 있는 전자들도 접합 쪽으로 밀려가게 된다. 결과적으로 공간전하영역이 좁아지므로 전자나 정공이 접합을 넘어갈 수 있다. 이에 따라 전류가 형성된다. 이러한 방식으로 전압을 연결하는 것을 순 바이어스(forward bias)라고 부른다. 둘째, n형 반도체에 +, p형 반도체에 -가 걸리는 경우를 생각해 보자. 이 경우 n형 반도체의 전극에 +가 걸리므로 전자가 전극 쪽으로 이동하게 되고, p형 반도체의 정공들도 p형 반도체의 전극 쪽으로 이동함으로써 공간전하영역이 넓어지게 된다. 따라서 전자나 정공은 접합을 통과할 수 없으므로 전류가 형성되지 못한다. 이러한 방식으로 전압을 연결하는 것을 역 바이어스(reverse bias)라 부른다.

다이오드의 전압-전류 특성이 그림 3-8에 주어져 있다. 이상적(ideal)인 경우에는 전압이 영(zero)이 되는 곳을 경계로 전압이 +가 되면 전류가 형성되고, 전압이 -가 되면 전류가 형성되지 않는다. 그러나 실제로는 그림 3-8에서와 같이 Si으로 만든 다이오드의 경우 전압이 0.6V 이상 되어야 전류가 형성되는 것을 보여준다. 그림 3-8에서와 같은 전압-전류 특성을 이용함으로써 교류를 직류로 바꿀 수 있음을 볼 수 있다. 따라서 다이오드는 정류에 많이 이용되고 있다.

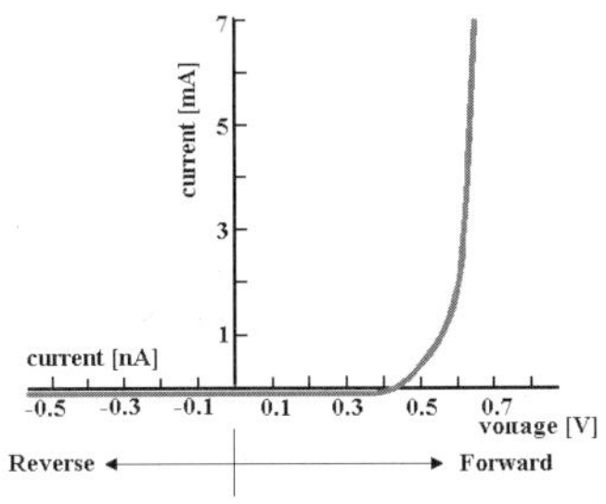

그림 3-8 다이오드의 전압-전류 특성

[예제] 다이오드의 전류-전압 특성은 $I=I_s(e^{qV/k_BT}-1)$와 같이 표현된다(그림 3-8). 어떤 다이오드의 역 포화전류 I_s가 $10^{-12}A$라고 한다. 다이오드는 상온(300K)에서 작동한다. 다이오드의 양단에 걸리는 전압이 -0.2V, 0.4V, 0.6V일 때 다이오드에 흐르는 전류를 각각 구해보자. 그리고 다이오드에 흐르는 전류가 1mA일 때 얼마의 전압을 다이오드의 양단에 걸어야 하는가?

[답] 300K일 때 $e/k_BT=38.6[V^{-1}]$이다. 따라서 V=-0.2V일 때 $I\simeq-10^{-12}A$, V=0.4V일 때 $I=5.08\,\mu A$, V=0.6V일 때 $I=11.44mA$이다. 그리고 $I=1mA$를 대입하여 전압을 구하면 $V=0.54V$를 얻는다.

3-4. 트랜지스터란 무엇인가?

트랜지스터는 그 구조와 작동 원리에 따라 양극 접합 트랜지스터(bipolar junction transistor)와 전계 효과 트랜지스터(Field Effect Transistor-FET)로 구별된다. 양극 접합 트랜지스터에는 두 개의 pn 접합이 존재하는데, 그 구조에 따라 npn과 pnp 트랜지스터가 있을 수 있다. 이 중에서 npn 트랜지스터의 구조를 보면 두 개의 두꺼운 n형 반도체 층 사이에 p형 반도체의 얇은 층이 끼인 구조를 하고 있다. 각 반도체 층은 npn의 순서대로 도핑되어 그 구조가 만들어진다. 마찬가지로 pnp 트랜지스터에서는 두 개의 두꺼운 p형 반도체 층 사이에 n형 반도체의 얇은 층이 끼어 있다. 양극 접합 트랜지스터는 3개의 전극을 가지고 있는데, npn 트랜지스터의 경우를 보면 중간의 p형 전극을 베이스(base), 나머지 양단의 전극은 각각 에미터(emitter)와 콜렉터(collector)라 부른다. 그리고 도핑의 정도는 에미터, 베이스, 콜렉터의 순서가 되도록 제작한다.

양극 접합 트랜지스터가 동작하기 위해서는 다이오드에서와 같이 바이어스 전압을 걸어 주어야 한다. 그림 3-9에 npn 트랜지스터에 바이어스 전압을 걸어 주는 방법이 주어져 있다. 전압 V_{BE}에 의해 베이스와 에미터는 순 바이어스 상태(즉, p에 + 전극, n에 -전극을 연결)이므로 n형 에미터 안의 전자들이 p형인 베이스(+)로 흘러들어갈 수 있다. 이렇게 p형인 베이스로 흘러들어 간 전자들은 베이스의 두께가 아주 얇으므로 베이스 안에 있는 정공들과 결합하지 않고 대부분이 콜렉터 쪽으로 흘러들어 갈 수 있다. 그리고 콜렉터에 걸린 V_{CE}의 +전극에 의해 이 전자들이 콜렉디로 끌려 들어 간다. 또한, 위와 같은 전자의 이동에 의한 전자전류이외에도 콜렉터에 있는 소수캐리어인 정공이 베이스를 넘어 에미터로 이동함으로써 정공전류도 형성한다. 그러나 이 정공전류는 전자전류보다 훨씬 작다. 그래도 전자와 정공이 모두 전류형성에 참여하므로 양극 접합 트랜지스터를 양극(bipolar)트랜지스터라 부르게 된 것이다. 여기서 양극은 전자와 정공을 가리킨다.

다음에 베이스 전류를 변화시킬 때 콜렉터 전류가 어떻게 변하는지를 보도록 하자. 베이스에 더 큰 전압 V_{BE}을 걸어주면(전류 I_B의 증가), 에미터에서 콜렉터로 이동하는 전자들이 많아지고, 마찬가지로 콜렉터에서 에미터로 이동하는 정공의 수도 많아진다. 따라서 베이스 전류를 증가시키면 콜렉터 전류도 증가한다. 그림 3-9의 왼쪽 그림이 이러한 양극 접합 트랜지스터의 전압-전류 특성을 보여주고 있다. 결과적으로 베이스의 전류를 조절함으로써 콜렉터의 전압을 조절할 수 있다. 즉, 양극 접합 트랜지스터는 전류제어소자에 해당한다.

그림 3-9에 보듯이 베이스 전류보다 콜렉터 전류가 훨씬 크다. 즉, 트랜지스터는 전류 증폭효과를 가진다. 대략 전류 증폭률이 100~400 정도이다. 그림 3-9에서 I_B는 μA의 단위이고 I_C는 mA의 단위임에 유의하자.

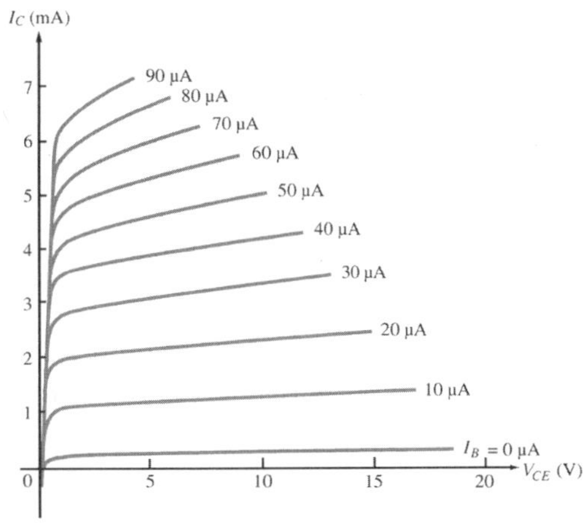

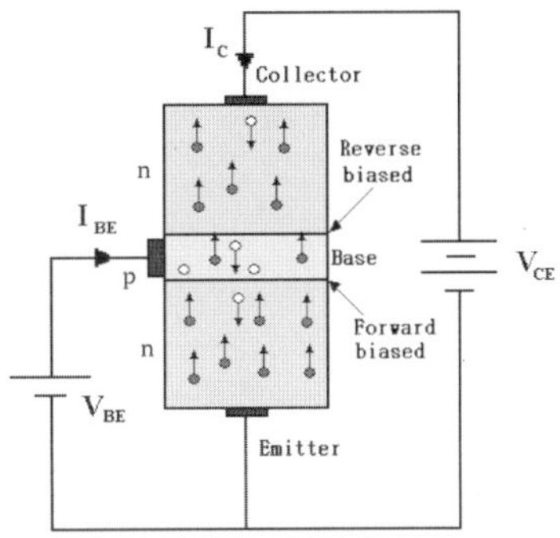

그림 3-9 양극 접합 트랜지스터의 바이어스 회로 및 전압-전류 특성

전계효과 트랜지스터(FET)는 크게 두 가지로 나눌 수 있다. 즉, JFET(junction FET)와 MOSFET(metal oxide semiconductor FET)이다. FET의 작동원리는 앞에서 보았던 양극 접합 트랜지스터와 다르다. FET에서는 전자나 정공이 지나는 채널(channel)의 크기를 조절하여 전류를 조절한다. 채널의 크기는 전압에 의해 제어되므로 FET는 전압제어소자에 속한다.

그림 3-10에 n-채널 JFET와 그 특성 곡선을 보여주고 있다. 이 JFET에서는 n형 반도체에 p형 반도체를 양쪽에 도핑한 것이다. p형 반도체의 전극을 케이트(gate)라고 부른다. 그리고 n형 반도체의 양 전극을 소스(source)와 드레인(drain)이라고 부른다. 드레인과 소스 사이의 전압 V_{DS}에 의해 n형 반도체의 전자가 드레인 쪽으로 끌려간다. 이때 게이트의 전압에 의해 소스와 드레인 사이에 전자가 이동할 수 있는 채널의 너비가 제어된다. $V_{GS} < 0$이 걸리는데, $V_{GS}=0$일 때 채널이 가장 넓으므로 가장 센 전류가 흐른다. 그리고 V_{GS}의 크기를 음으로 증가시키면 채널이 점점 좁아져서 소스에서 드레인으로 흐르는 전자의 수가 줄어들어 전류의 세기가 줄어든다. 그리고 채널을 완전히 닫히게 만드는 전압 $-V_P$이하가 되면 전류가 흐르지 않는다. 이 전압을 차단전압(pinch-off)이라고 부른다. 이와 같이 JFET의 경우에는 채널의 너비를 조절하여 전류의 양을 조절하는 소자임을 볼 수 있다. 그림 3-10에서는 n-채널 FET를 보여주고 있지만, 만약 p형 반도체에 n형 반도체를 양쪽에 도핑시킬 경우 정공이 흐르는 p채널이 만들어진다. 이를 p-채널 JFET라고 부른다.

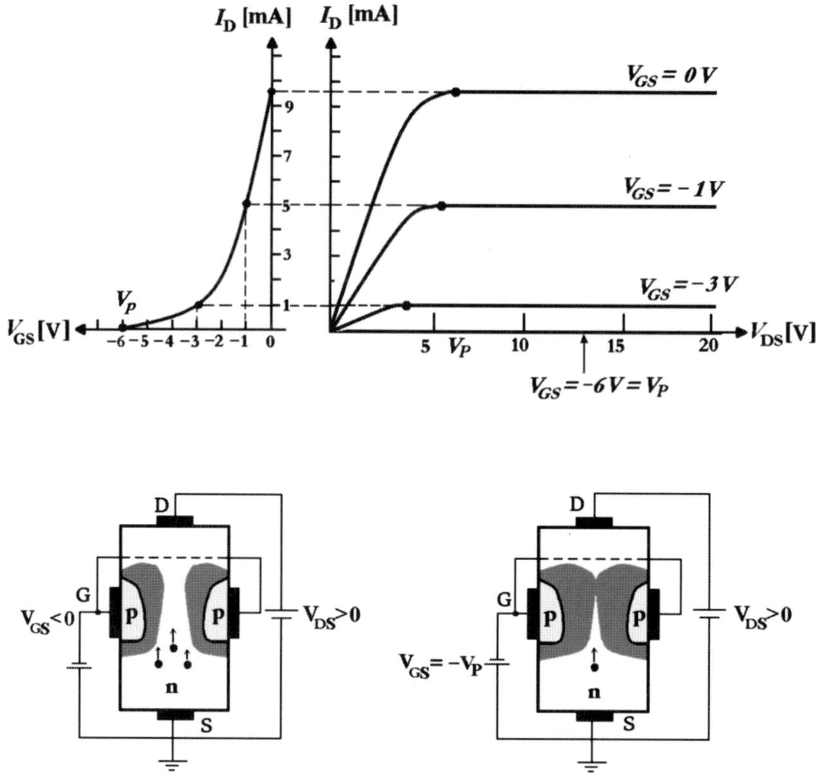

그림 3-10 n-채널 JFET의 구조와 특성곡선

MOSFET는 그 구조에서 이름을 따 왔다. MOSFET를 위에서 보면 금속(metal)전극이 제일 위쪽에 있고, 그 아래에 산화층(SiO_2, oxide)이 있고, 기판은 반도체(semiconductor)이다. 위의 순서에서 MOS를 따왔고, 그 작동원리는 FET와 같으므로 MOSFET가 된 것이다.

MOSFET에도 n-채널과 p-채널 MOSFET가 있을 수 있다. 그림 3-11에는 n-채널 증가형(enhancement type) MOSFET를 보여주고 있다. 금속전극인 게이트에 +전압이 걸리면 산화층(절연층) 밑에 있는 p형 반도체의 정공들이 아래쪽으로 밀리면서 n형 반도체 쪽(소스(source)와 드레인(drain))의 전자들이 이동할 수 있는 n-채널이 생긴다. 증가형 MOSFET에서는 게이트에 전압이 없으면 채널이 없는 MOSFET이다. 반면에 공핍형(depletion type) MOSFET에서는 게이트의 전압이 없더라도 생산과정에서 이미 채널이 형성되어 있다. 그림 3-11에 주어진 증가형 MOSFET는 채널이 만들어지는 최소의 전압이 $V_T = 2V$인 것을 볼 수 있다. 게이트의 전압을 증가시키면 소스에서 드레인으로 흐르는 전류의 세기가 증가함을 볼 수 있다. 즉, MOSFET는 게이트의 전압에 의해 드레인 전류가 제어되는 전압제어조사의 특성을 보여주고 있다.

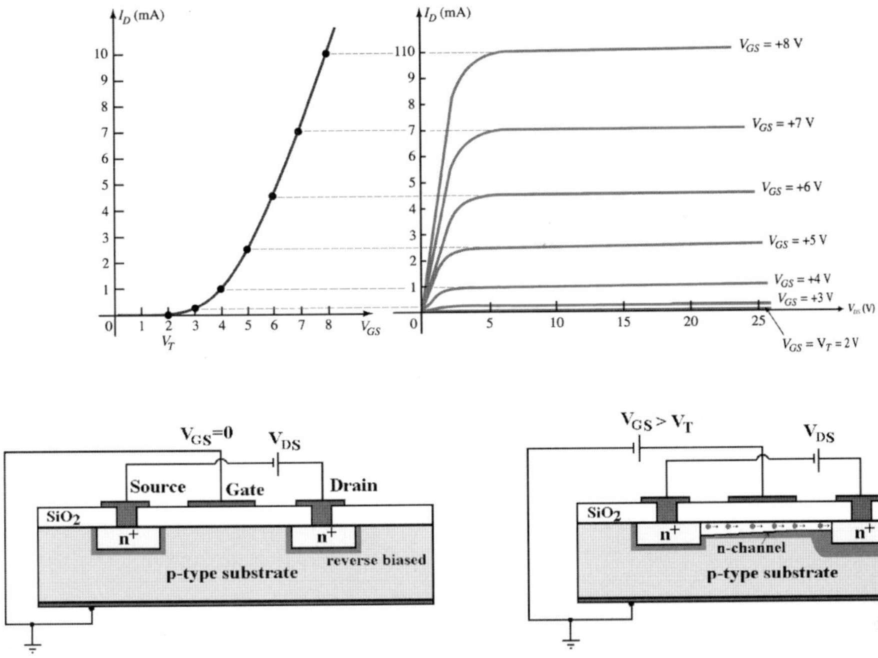

그림 3-11 MOSFET의 구조와 특성곡선

3-5. 트랜지스터는 어디에 쓰이는가?

트랜지스터는 증폭기, 발진기, 디지털 회로 등 다양하게 응용되고 있다. 이 절에서는 작은 신호를 크게 만드는 증폭기와 디지털 회로의 기본이 되는 스위칭(switching, NOT gate, 여기서 gate는 FET의 게이트 전극이 아니라 논리회로를 나타내는 데 유의해야 함)에 트랜지스터가 어떻게 응용되는가에 대해서만 알아보기로 한다.

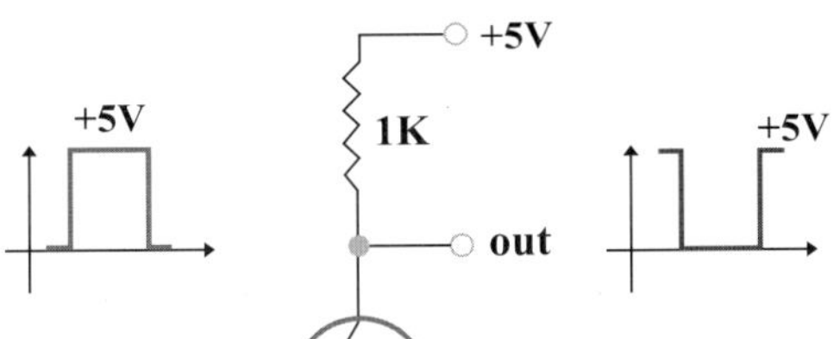

그림 3-12 NOT 게이트에 사용되는 스위칭 회로

트랜지스터를 이용한 스위칭 회로는 디지털 IC의 게이트(논리회로)에 많이 이용되고 있다. 그림 3-12에 한 개의 트랜지스터로 구성된 NOT 게이트의 구조를 보여주고 있다.

베이스에 그림과 같은 신호가 들어간다고 하자. 먼저 입력신호가 0일 때 베이스 전류는 없고, 따라서 콜렉터 전류도 0이다. 콜렉터에 전류가 흐르지 않으므로 콜

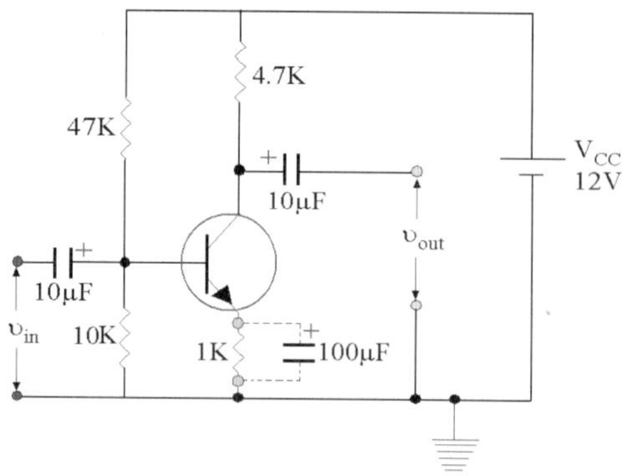

그림 3-13 npn 트랜지스터 증폭회로의 예

렉터에 연결된 저항 $1k\Omega$에 떨어지는 전압이 없다. 따라서 출력에 나타나는 전압은 콜렉터와 에미터 사이에 공급되는 전압인 $+5V$이다.

반면에 입력이 $+5V$이면 베이스 전류는 $I_B=5V/10k\Omega=0.2mA$이다. 따라서 콜렉터 전류는 트랜지스터에 의한 전류증폭을 고려하면 $I_C=h_{FE}I_B=0.02A$가 된다. 여기서 h_{FE}는 트랜지스터의 전류이득인데 대체로 100~400의 값을 가진다. 위에서는 h_{FE}가 100으로 가정하였다. 위 전류에 의해 콜렉터에 연결된 저항 $1k\Omega$ 에 떨어지는 전압은 20V나 되어 콜렉터-에미터 사이에 공급되는 전압인 +5V보다 훨씬 크다. 따라서 콜렉터-에미터 사이에 공급되는 전압은 모두 이 저항에 떨어져서 출력은 0이 된다.

위와 같이 그림 3-12의 회로는 디지털 회로의 NOT와 같은 역할을 함을 볼 수 있다. 즉, 입력 +5V(디지털회로에서 1 즉 "on" 상태)에서 출력은 0V(0 즉 "off" 상태)를 보이며, 반대로 입력 0V("off" 상태)에서 출력 +5V, 즉 1인 "on" 상태를 나타낸다. 이와 같이 트랜지스터는 스위칭을 통해 디지털 회로의 게이트에 응용될 수 있음을 보여준다.

그림 3-13에 npn 트랜지스터(2N3904)를 이용한 대표적인 증폭회로의 예가 주어져 있다. 이 회로의 교류신호에 대한 증폭률은 4.7배 정도이다(4.7K/1K). 그러나 에미터에 있는 $1k\Omega$ 의 저항에 병렬로 축전기를 연결하여 교류 신호를 접지로 연결(bypass)함으로써 증폭률을 보다 크게 만들 수도 있다. 이러한 증폭기를 여러 개 연결함으로써 증폭률이 큰 증폭기를 구성할 수 있다.

3-6. 트랜지스터와 집적회로는 어떻게 만들어졌는가?

1947년 Bardeen, Shockley, Brattain은 반도체를 이용한 트랜지스터를 개발하였다. 트랜지스터가 나오기 전에는 진공관을 사용하였다. 진공관은 스위치, 진동자, 증폭기 등으로 사용할 수 있었다. 그러나 크기가 크고, 전력소비가 많고, 수명도 길지 않은 등의 단점이 있었다. 처음의 디지털 컴퓨터인 ENIAC의 경우 18,000개의 진공관을 사용했으며, 무게가 30톤이나 나갔고 전력소비도 엄청났다. 이에 따라 진공관을 대체할 소자가 필요하였다. 트랜지스터도 위 세 사람이 Bell 연구소에서 진공관을 대체할 소자를 찾으려고 연구하던 중에 발명한 것이었다. 반도체 트랜지스터는 진공관에 비해 작고, 빠르고, 전력소비도 적고, 믿을 수 있고, 수명도 오래인 장점을 가지고 있었으므로 전자 산업에 혁명을 가져왔다고 해도 과언이 아니다.

Bardeen, Shockley, Brattain 들이 만든 트랜지스터는 접촉형 트랜지스터(point contact transistor)였다. 그림 3-14에 그들이 만든 트랜지스터의 구조가 주어져 있다. 그들은 n형 게르마늄의 기판에 금박을 양면에 붙인 쐐기를 접촉했다. 이 접촉을 통해 전류를 흘리면 접촉주위의 게르마늄은 p형 반도체가 되어 기판과 함께 pn접합이 형성된다. 쐐기의 양쪽에 있는 금박접촉으로 두 개의 pn접합이 이루어지고 전체적으로 pnp 형태의 트랜지스터가 형성된다. 그리고 그림에서와 같이 3개의 접점인 베이스(base), 에미터(emitter), 콜렉터(collector)가 만들어진다. 이에 따라 베이스에 전류를 흘리면 에미터에서 콜렉터로 정공이 흘러서(소수캐리어인 전자는 콜렉터에서 에미터로 이동) 콜렉터에 전류가 형성된다. 콜렉터를 흐르는 출력전류는 베이스의 입력전류에 의해 조절된다. 그리고 입력전류보다 출력전류가 커지므로 전류증폭 효과가 발생한다. Bardeen 등이 그들이 만든 트랜지스터에서 관찰한 전류증폭률은 18배 정도였다고 한다. 이들의 발명은 1948년에 공개되었다. 이 때문에 트랜지스터의 발명이 1947년이냐 또는 1948년이냐는 논란이 있다. 트랜지스터의 발명이 공포되었어도 그 중요성을 깨달은 사람은 많지 않았다고 한다. 그러다가 Shockley는 양극 접합 트랜지스터(bipolar junction transistor)를 개발하였다. 이 발명품은 곧 상품화가 되었다. 1953년부터 보청기에 트랜지스터 증폭기가 처음으로 사용되었다. 그리고 1954년부터 트랜지스터를 사용한 라디오가 나오기 시작했다. 또한, 1957년에는 UNIVAC, 1958년에는 필코사(Philco Corporation)에서 트랜지스터를 이용한 컴퓨터가 만들어지기 시작했다. 이처럼 빠른 속도로 트랜지스터는 진공관의 역할을 대신하게 되었다. 그리고 1959년에는 강 대원과 Atalla에 의해 MOSFET도 개발되었다.

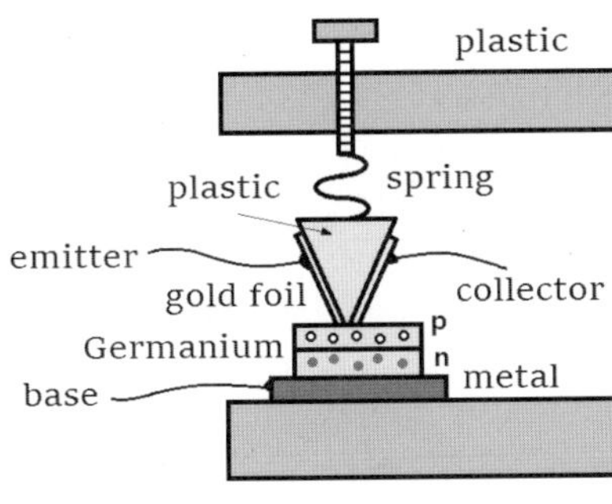

그림 3-14 최초 트랜지스터의 구조

1950년대에는 전자회로를 구성하기 위해서는 트랜지스터, 저항, 축전기, 인덕터 등의 전자소자들을 디자인에 따라 배치하여 서로 연결하는 방식을 사용하였다. 그런데 회로를 구성하는 소자의 숫자가 점점 많아짐에 따라 이들을 연결하는 것이 문제가 되었다. 수많은 납땜도 어려운 일이었고, 한 부분이 잘못 납땜 되면 회로의 작동이 올바르게 되지 않는 것도 문제였다. 또한, 전자회로를 구성하는 소자들의 숫자가 많아짐에 따라 회로의 크기도 함께 커지게 되었다. 이러한 문제점을 해결한 것이 바로 집적회로(Integrated Circuit, IC)이다.

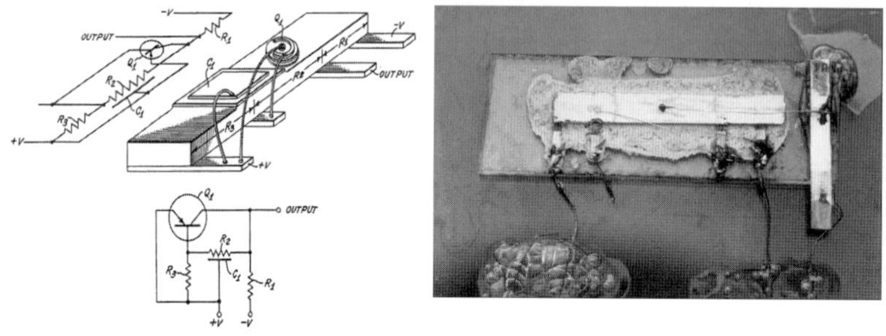

그림 3-15 Kilby가 만든 최초의 집적회로

1958년 Texas Instrument사의 Kilby는 하나의 반도체 기판 위에 여러 소자를 함께 만든다면 소자 사이의 연결과 전자회로의 크기에 대한 문제점을 해결할 수 있다고 생각했다. 최초로 그가 만든 집적회로는 게르마늄 기판 위에 1개의 트랜지스터, 1개의 축전기, 3개의 저항을 집적시킨 1.3MHz의 진동자였다. 이 장치(크기 11.1mm×1.6mm, 그림 3-15)는 작동이 완벽하게 되었으며, 이에 따라 그가 만든 집적회로는 인간이 만든 최초의 집적회로로 기록된다. 그러나 Kilby는 소자들을 연결하는데 납땜을 사용하였다.

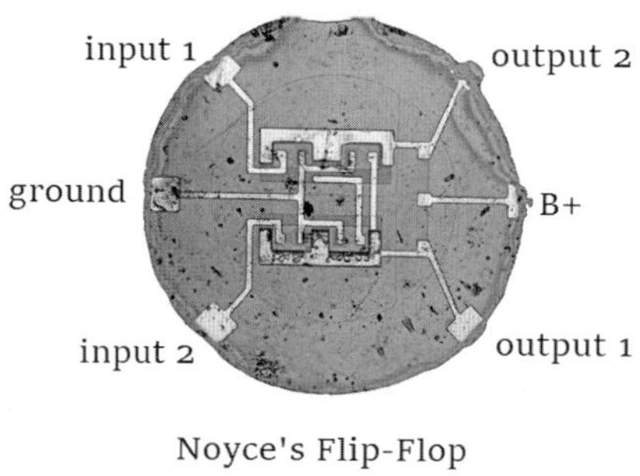

그림 3-16 Noyce가 평면 공정과정을 이용하여 만든 집적회로

1959년 Fairchild사의 Noyce는 Hoerni의 평면 공정과정(planar process)을 받아들여 실리콘에 집적회로(Flip-Flop, 그림 3-16)를 구성하였다. 실리콘 기판에 확산과정을 거쳐 형성한 소자들을 산화막 보호층 위에 알루미늄 선을 증착하여 서로 연결하였다. 이러한 평면 공정과정은 현재 반도체 공정에서 사용되는 것과 동일한 것이다. 현재 집적회로의 발명자로 두 사람(Kilby와 Noyce)을 모두 인정하고 있다. Kilby는 하나의 기판 위에 모든 소자를 구성하여 작동에 성공한 집적회로를 만든 최초의 사람이고, Noyce는 산화막 위에 금속 선(wire)을 만들어 소자들을 연결함으로써 단일체 구조(monolithic structure)의 집적회로를 만든 최초

의 사람이다.

반도체 공정에서 리소그래피(lithography)과정은 가장 기본적인 과정 중의 하나이다. 그림 3-17에 고립층(isolation layer)을 형성하는 리소그래피 과정을 개략적으로 보여주고 있다. 마스크(mask)는 빛을 통과시키거나 통과시키지 않을 부분을 디자인에 따라 구분한 것이다. 그리고 광저항(photoresist)은 빛에 민감하게 반응하는 물질이다. 그런데 빛에 노출된 광저항은 현상(development)에 의해 쉽게 제거할 수 있다. 반면에 빛에 노출되지 않은 광저항은 산(acid, HF)에도 반응하지 않는다. 그림 3-17에는 이러한 리소그래피 과정을 보여주고 있다. p형 반도체 기판 위에 n형 반도체 층을 형성하고 그 위에 산화층을 만든다. 그리고 광저항을 바른 다음 마스크를 얹고 그 위에 자외선을 비춘다. 그러면 마스크의 어두운 부분으로는 자외선이 통과하지 못하고 밝은 부분

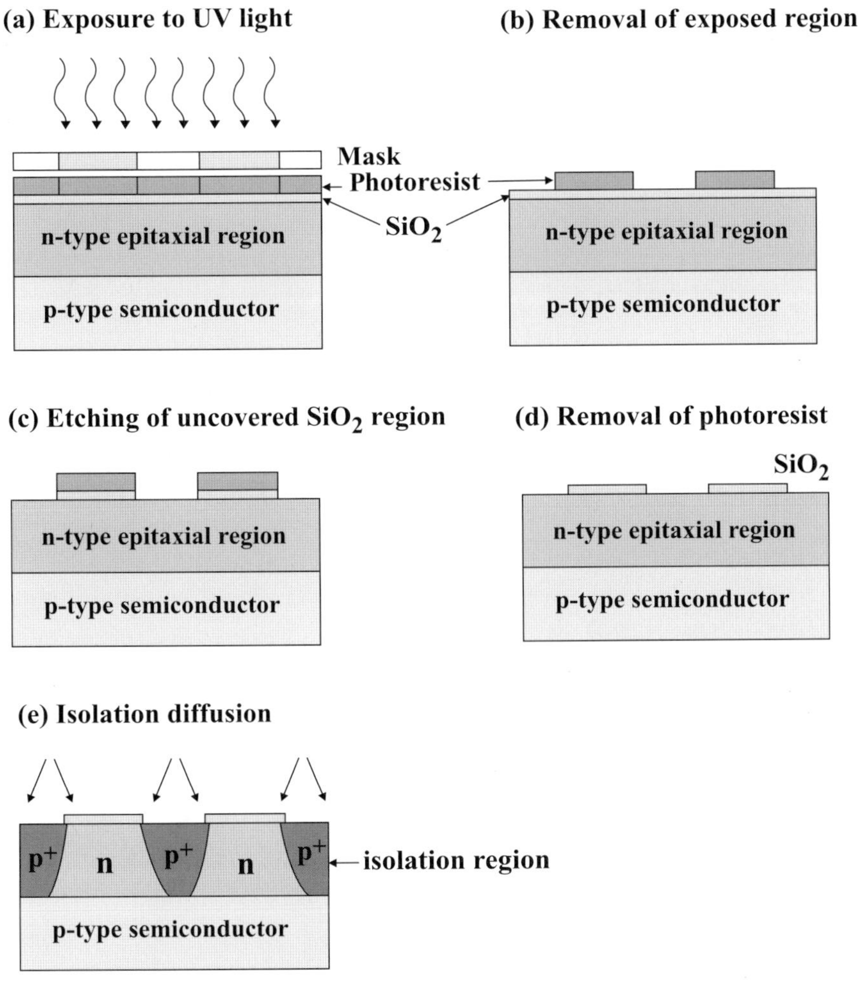

그림 3-17 고립층(isolation layer)을 만드는 리소그래피(lithography) 과정

으로만 자외선이 통과한다. 자외선이 조사된 부분의 광저항은 화학적 결합이 깨어져서 현상에 의해 쉽게 제거된다. 그리고 산(HF)을 이용하여 산화층을 깎아낸다(식각과정, etching). 이 과정에서 광저항이 있는 부분은 광저항의 보호를 받아 산에 의해서도 깎여지지 않는다. 다음에는 광저항을 벗겨내고 확산이나 이온주입을 통해 산화층이 없는 부분에 p형을 도핑시킨다. 자외선보다 더 짧은 파장을 이용하면 더 세밀한 회로를 구성할 수 있다. 현재에는 자외선 대신에 X-선을 이용한 리소그래피 기술을 사용하고 있다.

반도체 공정은 확산, 에칭, 접점, 포장과정으로 구성되어 있다. 확산과정은 n형, p형 등의 반도체를 형성하는 과정이다. 그리고 에칭(etching) 과정은 리소그래피 과정을 이용하여 원하지 않는 부분을 깎아내는 과정이다. 접점(metalization)과정은 위의 과정에서 형성된 소자들 사이를 도체 선(wire)으로 연결하는 과정이다. 이때 진공증착이 사용된다. 마지막으로 이렇게 형성된 집적회로를 외부의 영향으로부터 차단하기 위해 포장(packaging)하는 과정이다. 이때 외부와 연결하는 전극이 만들어진다. 그림 3-18에는 1개의 트랜지스터, 2개의 다이오드, 2개의 저항을 집적시키는 반도체 공정과정을 보여주고 있다. 이 집적회로는 2개의 입력과 1개의 출력이 있어서 두 입력의 합이 출력으로 나오는 기능을 하고 있다.

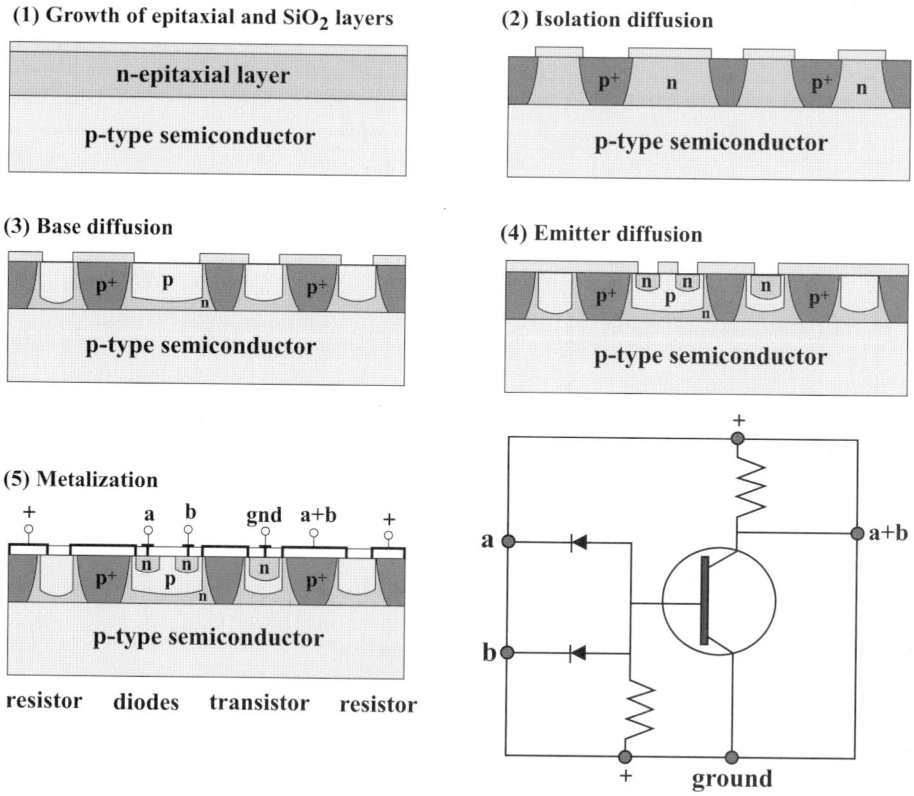

그림 3-18 집적회로 구성의 예

3-7. 디지털 컴퓨터는 어떻게 구성되어 있는가?

그림 3-19에 디지털 컴퓨터의 기본적인 구성을 보여주고 있다. Input으로 데이터(data)가 입력되면 clock에 의해 제어되는 CPU의 제어기능에 따라 CPU에서 계산이 이루어진다. 계산과정 중에 필요한 경우 Memory에서 자료가 입력되고, 계산결과는 Memory에 기억되기도 한다. 그리고 계산된 결과는 Output으로 내보내지고, 이는 전자 디스플레이(LCD 모니터)를 통해 확인할 수 있다.

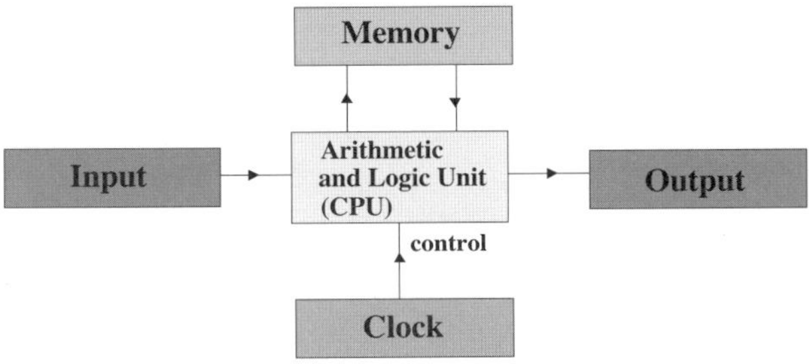

그림 3-19 디지털 컴퓨터의 기본적인 구성(block diagram)

디지털 컴퓨터에서 CPU와 Memory는 기본적인 구성요소이다. 그런데 CPU와 Memory는 게이트의 집합체이다. 기본적인 게이트에는 NOT, AND, OR 게이트가 있다. CPU와 Memory도 이러한 게이트들의 조합이다.

반도체 공정상의 이점, 전력소비가 적은 점 등으로 디지털회로에서는 MOSFET가 주로 이용되고 있다. 특히 CMOS라는 구조가 디지털회로에 널리 이용되고 있다. 여기서 C는 complementary(상호보완)을 뜻한다. CMOS는 n-채널 MOS(NMOS)와 p-채널 MOS(PMOS)가 연결된 구조이다. 이렇게 할 경우 하나가 동작할 때 다른 하나는 꺼지게 되어 전력소비를 반으로 줄일 수 있다(그림 3-20).

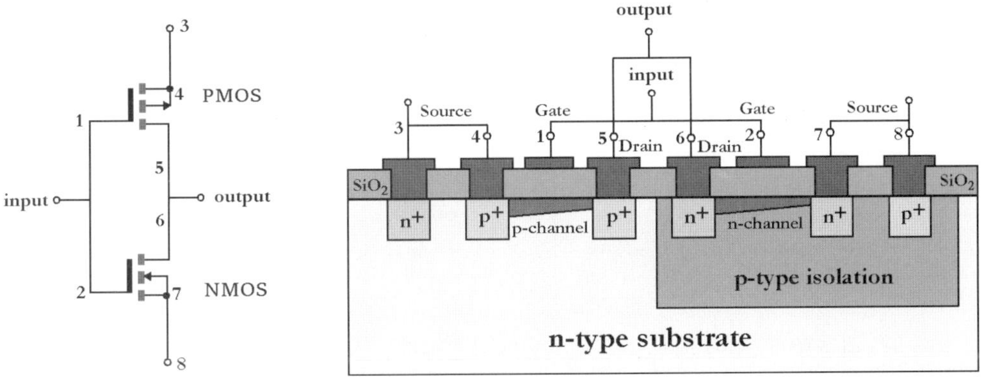

그림 3-20 CMOS의 구조

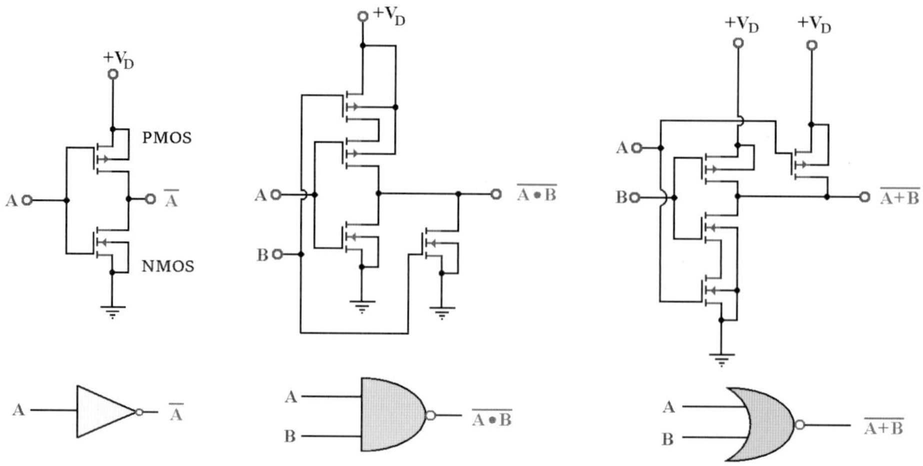

그림 3-21 CMOS게이트로 구성된 논리회로

그림 3-21에 CMOS(Complementary MOS)로 구성된(CMOS Logic) NOT, NAND, NOR 게이트들을 보여주고 있다.

그림 3-21에 주어진 CMOS NOT게이트에 대해서만 그 작용을 알아보도록 한다. 그림에서 보듯이 n-MOSFET(NMOS)의 소스(source)는 접지되어 있고, p-MOSFET(PMOS)의 소스에는 $+V_D$(5V)가 연결되어 있다. 또한, 두 MOSFET의 게이트(gate)들은 연결되어 입력(A)으로 작용하고 드레인(drain)들은 연결되어 출력($\overline{A}$)으로 작용함을 볼 수 있다. MOSFET의 게이트 입력 저항은 아주 크기 때문에 MOSFET에서는 게이트로 전류가 흐르지 않는다. 따라서 위 CMOS NOT 게이트에서 출력은 어느 MOSFET가 ON 상태가 되느냐에 따라 0(접지)이거나 $+V_D$가 된다. 그러면 이렇게 연결된 두 CMOS가 어떻게 NOT의 역할을 하는지 보도록 하자(그림 3-22 참조).

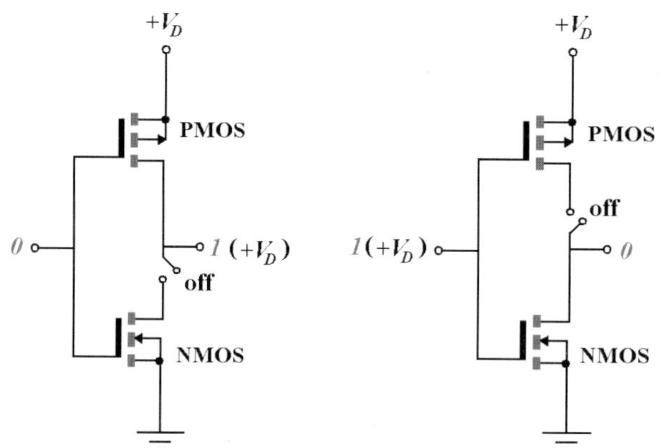

그림 3-22 CMOS의 NOT 게이트의 활동

첫째, 입력이 접지(논리 0)인 경우 NMOS에는 n-채널이 형성되지 못한다. 따라서 NMOS는 전류가 흐르지 못하는 차단(open, off) 상태가 되므로, 이에 따라 출력은 NMOS를 통해 접지와 연결되지 못한다. 반면에 PMOS에서는 p-채널이 형성되므로 $+V_D$는 PMOS를 통해 출력과 연결된다. 이에 따라 출력은 $+V_D$가 되어 논리 1의 상태가 된다. 따라서 입력 0의 논리가 논리 1의 출력을 주는 NOT의 역할을 함을 볼 수 있다.

둘째, 입력이 $+V_D$(논리 1)인 경우 PMOS는 차단 상태가 되고, NMOS는 연결(on) 상태가 된다. 따라서 $+V_D$는 PMOS를 통해 출력과 연결되지 못한다. 반면에 출력은 NMOS를 통해 접지와 연결된다. 이에 따라 출력은 접지와 동일하게 되므로 논리 0의 상태가 된다. 따라서 논리 1의 입력이 논리 0의 출력이 됨을 알 수 있다. 이와 같이 CMOS NOT 게이트는 NOT의 기능을 함을 볼 수 있다.

NOR와 NAND게이트는 트랜지스터의 입력과 출력의 부호가 반대로 되는 것을 고려하면 OR와 AND게이트의 반대가 됨을 알 수 있다. 결과적으로 NOR와 NAND 진리표는 각각 아래와 같다.

논리회로에 관련된 계산방법을 Boolian algebra라 부른다. 이는 De Morgan의 정리에 의해 행해지는데, 그 정리는 $\overline{A+B}=\overline{A}\cdot\overline{B}$와 $\overline{A\cdot B}=\overline{A}+\overline{B}$로 표현된다. 여기서 ―는 NOT을 의미하고 +와 ·는 각각 OR과 AND를 나타낸다. 위 정리는 진리표를 구해 봄으로써 쉽게 증명할 수 있다.

표 3-2 NOR와 NAND 게이트의 진리표

NOR gate			NAND gate		
A	B	논리	A	B	논리
0	0	1	0	0	1
1	0	0	0	1	1
0	1	0	1	0	1
1	1	0	1	1	0

[예제] de Morgan 정리 $\overline{A+B}=\overline{A}\cdot\overline{B}$를 증명해 보자.

[답] A와 B의 가능한 값은 0과 1밖에 없으므로, 아래와 같은 진리표가 구성되고 de Morgan 정리가 증명된다. 마찬가지의 방법으로 $\overline{A\cdot B}=\overline{A}+\overline{B}$ 도 증명할 수 있다.

A	B	$\overline{A+B}$	$\overline{A}\cdot\overline{B}$
0	0	1	1
1	0	0	0
0	1	0	0
1	1	0	0

앞에서 언급하였듯이 논리회로는 NOT, AND, OR 등 3개의 게이트의 조합으로 이루어진다. 숫자 계산 또는 메모리를 위한 IC들도 기본적으로 위 세 개의 게이트로 구성된다. 먼저 게이트 조합의 예로서 2진법의 덧셈을 위한 회로를 보도록 하자. 2진법 계산을 위해서는 XOR게이트가 필요한데 XOR게이트의 구조와 작용을 먼저 알아보도록 한다.

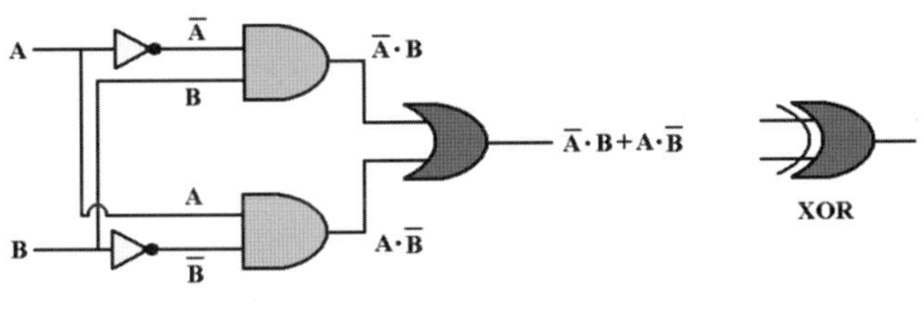

그림 3-23 기본 게이트를 이용한 XOR게이트의 구성

그림 3-23에 주어진 XOR게이트의 작용을 알아보도록 하자. 이 그림에 주어진 게이트 각 부분의 값들은 그림에 표시한 바와 같다. 입력 A, B의

여러 경우에 대한 출력은 아래 진리표에 주어진 바와 같다.

진리표에서 보듯이 A, B가 서로 같은 경우는 0이고, 서로 다른 경우는 1임을 알 수 있다. 이 게이트를 exclusive OR 또는 간략하게 XOR로 나타낸다. XOR게이트는 OR게이트의 기능과 동일한데 A, B가 모두 1인 경우 0인 것이 OR게이트와 다르다. 이와 같은 A, B가 모두 1인 경우 0이 되는 기능은 2진법 계산에서 1+1의 계산결과가 0이 되는 것에 이용된다.

표 3-3 XOR 게이트의 진리표

A	B	논리
0	0	0
0	1	1
1	0	1
1	1	0

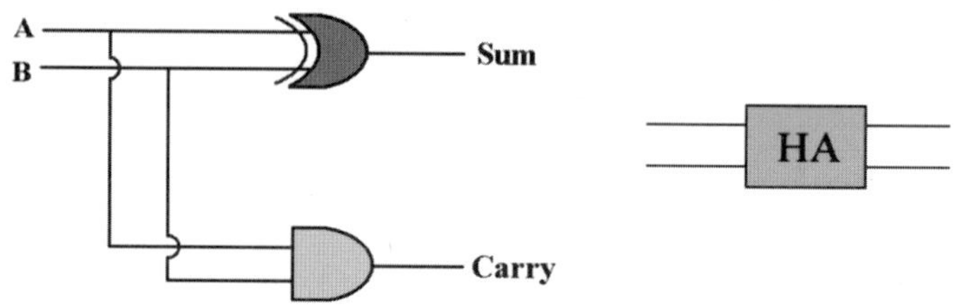

그림 3-24 Half Adder의 회로 구성도

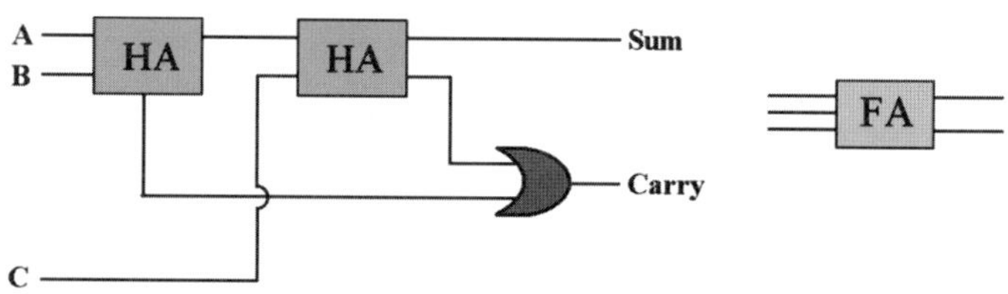

그림 3-25 Full Adder의 회로 구성도

XOR에서 A, B가 모두 1이면 합(sum)은 0이나 올림수(carry) 1이 위 단위로 올라가야 한다. 그러나 XOR게이트는 합만을 출력한다. XOR을 덧셈에 사용할 수 있도록(즉, 합과 올림수도 함께 출력) 수정한 회로가 그림 3-24에 보여 주고 있다. 이 회로를 반 덧셈 회로(half adder)라 부른다.

반 덧셈 회로는 올림수로 올라오는 수까지 합산하는 기능이 없다. 올림수까지 합산할 수 있는 회로가 그림 3-25에 주어져 있는데 이를 온 덧셈 회로(full adder)라 부른다.

지금까지 1bit(2진법에서의 1자릿수)의 덧셈만을 고려하였으나, 그림 3-26에 주어진 회로로는 4bit(2진법으로 4자릿수)까지 합산할 수 있다. A=$A_4A_3A_2A_1$=1111(십진법으로 15)와 B=$B_4B_3B_2B_1$=1111가 더해졌을 경우, 결과는 $S=S_5S_4S_3S_2S_1$=11110(십진법으로 30)을 얻을 수 있음을 보여준다.

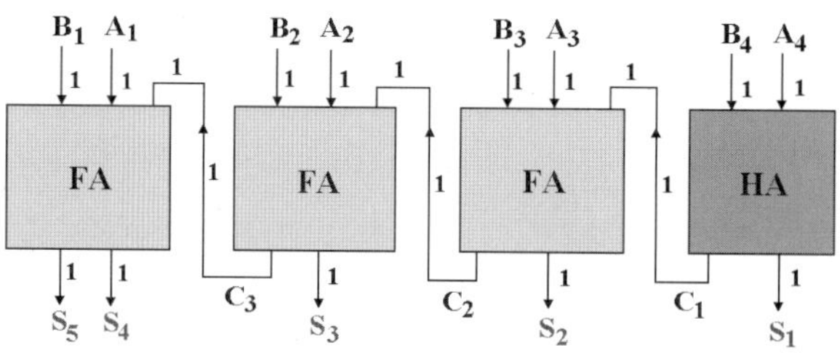

그림 3-26 4bit수의 합산을 위한 회로 구성도

더욱 큰 수의 합산은 온 덧

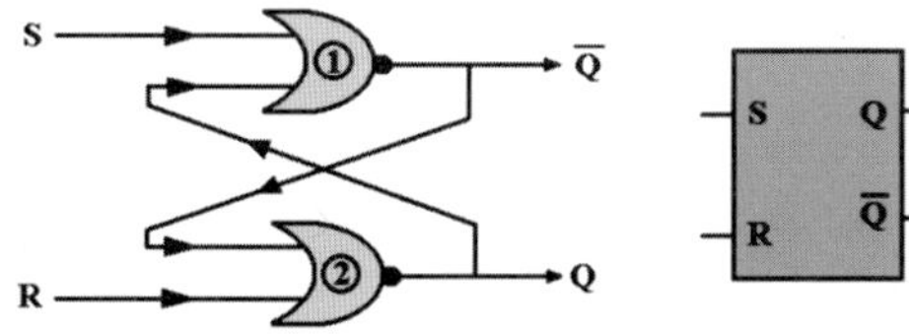

그림 3-27 SR Flip-Flop의 구조

셈 회로(FA)를 계속 겹침으로써 가능하다. 그리고 Full Adder회로와 비교 회로(comparator)라는 것을 이용하면 모든 연산(덧셈, 뺄셈, 곱셈, 나눗셈)들을 할 수 있다.

Memory 기능을 가진 회로도 게이트의 조합으로 구성된다. 그림 3-27에 1bit Memory의 기본이 되는 SR Flip-Flop이 주어져 있다. 여기서 SR은 Set-Reset을 뜻한다.

그림 3-27에서 데이터가 어떻게 기억되는지를 보도록 하자. 이를 보기 위해서는 NOR 게이트에서는 두 입력이 모두 0이어야만 1의 신호가 출력된다는 사실을 기억해야 한다. 즉, $\overline{A+B}=\overline{A}\cdot\overline{B}$이므로 A와 B가 모두 0이 되어야 결과가 1이 된다.

첫째, Q=1이 기억되는 과정을 보기로 하자. 이 경우 Set에 1의 신호가 입력된다. 그리고 Reset에는 신호가 입력되지 않는다. Set의 신호는 NOR 게이트 ①에 들어가는데, 이 경우 NOR 게이트의 한 입력이 1이면, 다른 입력의 종류에 관계없이 출력은 0이 되므로 $\overline{Q}$=0이다. 그런데 이 $\overline{Q}$=0은 NOR 게이트 ②의 입력이 된다. NOR 게이트 ②의 다른 입력은 Reset에 신호가 들어가지 않으므로 0이다. 따라서 NOR 게이트 ②의 두 입력이 모두 0이다. 따라서 Q=1의 신호가 출력된다. 이와 같은 분석에서 Set에 1의 신호가 들어가면 Q=1이 되고, 1의 신호가 저장된다.

둘째, Reset에 1의 신호가 입력되는 경우를 보기로 하자. 이때 Set에 입력되는 신호는 없다. 하나의 입력이 1이므로 NOR 게이트 ②의 출력은 Q=0이다. 그런데 이 Q=0은 NOR 게이트 ①의 입력이 된다. NOR 게이트 ①의 다른 입력은 Set에 신호가 들어가지 않으므로 0이다. 따라서 NOR 게이트 ①의 두 입력이 모두 0이다. $\overline{Q}$=1이다. 즉, Flip Flop은 Reset된다.

그림 3-28에 S-R Flip Flop에 입력을 제어하는 clock을 장착한 D-Q Flip-Flop의 구조가 주어져 있다. 즉, clock에 신호가 입력될 경우에만 회로가 작동(저장)하게 만드는 것이다. 이 회로에서 신호가 어떻게 저장되는가를 보도록 하자.

첫째, Data(input)에 1의 신호가 입력된다고 하자. 이 경우 AND 게이트 앞에 붙어 있는 NOT 게이트에 의해 1의 신호는 0의 신호로 바뀌어 AND 게이트 ①에 입력된다. Clock 신호가 1인 경우 AND 게이트 ①의 두 입력 중에 하나가 0이므로 출력은 0이다. 이 0의 신호

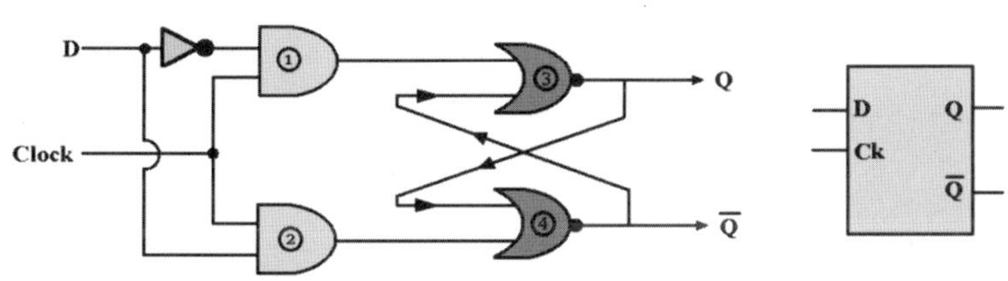

그림 3-28 D-Q Flip-Flop의 구조

가 NOR 게이트 ③에 입력된다. 반면에 AND 게이트 ②에 입력되는 신호는 Data(input)에 입력된 1이다. Clock이 1의 상태이므로 AND 게이트 ②의 두 입력은 모두 1이므로 출력은 1이 다. 이 1의 신호가 NOR 게이트 ④에 입력된다. NOR 게이트에서는 한 입력이 1이 되면 다른 신호에 관계없이 출력이 0이 되므로, NOR 게이트 ④의 출력은 0이다. 이 0의 출력이 NOR 게이트 ③의 한 입력에 연결되어 있으므로, NOR 게이트 ③의 두 입력은 모두 0이 된다. 따라서 NOR 게이트 ③의 출력, 즉, Q는 1이 된다.

둘째, 위와 동일한 분석방법을 Data(input)에 0의 신호가 들어가는 경우에 적용시키면 NOR 게이트 ③의 출력, 즉, Q의 값은 0이 됨을 볼 수 있다. 결과적으로 clock에 신호를 보낼 경우 D=1이면 Q=1이 저장되고 D=0이면 Q=0이 저장된다.

반면에 clock에 신호가 입력되지 않는 경우 AND 게이트 ①과 ②의 출력이 모두 0이므로 Flip-Flop은 작동되지 않는다. 즉, clock에 의해 Flip-Flop의 작동이 제어된다. 위와 같이 D-Q Flip Flop을 이용함으로써 신호 1 또는 0을 저장할 수 있다. 또한, clock을 이용함으로써 저장된 신호를 빼낼 수 있음을 보여준다.

그림 3-28은 한 자리수를 저장하는 1 bit Memory에 해당한다. 여러 자리의 수를 제어하기 위해서는 그림 3-28과 같은 1 bit Memory를 여러 개 연결하면 된다. 그림 3-29에 보듯이 네 개의 D-Q Flip Flop을 이용하면 네 자릿수를 제어하는 4 bit register를 구성할 수 있다. 이 개념을 확장하면 Memory의 크기를 원하는 대로 증가시킬 수 있다.

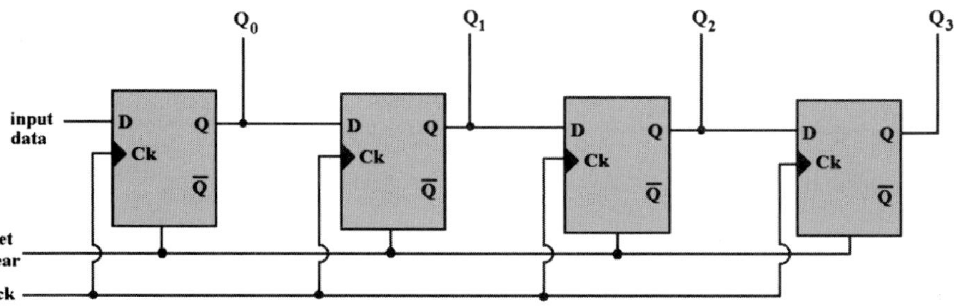

그림 3-29 4 bit shift register의 구조

3-8. CCD란 무엇인가?

1969년 Boyle과 Smith는 CCD(charged coupled device)를 개발하였다. CCD의 발전에 따라 필름이나 테이프를 사용하던 카메라는 사라지게 되었다. 렌즈를 이용하는 광학 카메라 대신에 CCD를 사

용하면, 인공위성에서 지상을 촬영할 때 해상도가 높아진다. 또한, 이와 같은 이유로 우주연구 등에도 CCD가 응용되고 있다. CCD는 입사하는 빛을 전하로 바꾸고, 이를 디지털 컨버터(digital converter)에 전달하는 장치이다. 그림 3-30에서 보듯이 CCD는 p형 반도체 위에 산화층과 전극을 구성한 것이다. 전극의 배열(array)이 2차원의 전면을 덮고 있다. 3개의 전극이 하나의 픽셀(컬러 영상에서 적색, 녹색, 청색의 필터와 함께)을 구성하고 있다. 1,024×1,024 픽셀로 하나의 화면이 구성되는 경우 백만여 개의 전극이 필요하다. 따라서 CCD는 반도체 공정을 이용하여 만들어진다.

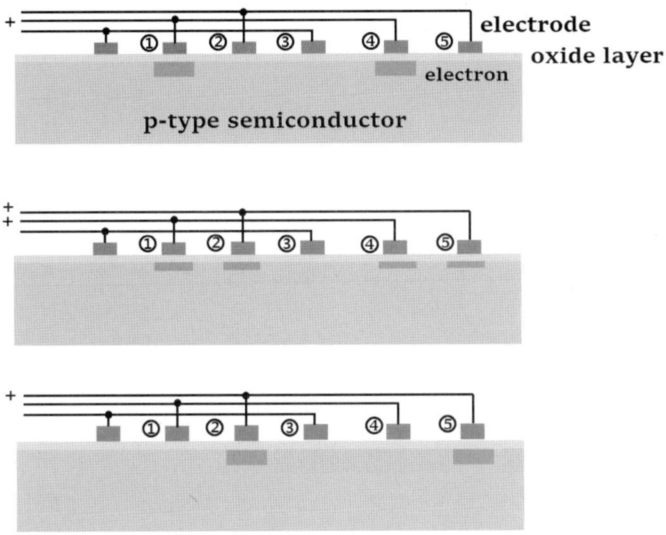

그림 3-30 CCD에서 전자를 디지털 컨버터까지 수송하는 과정

빛이 CCD에 조사되면 광전효과에 의해 전자가 생성된다. 이때 전극에 +전압을 인가하면 그 밑에 생성된 전자들이 전극 쪽으로 끌리고, p형 반도체의 정공들은 밑으로 밀리므로 전극 아래에는 전자들만 존재하는 양자우물(quantum well)이 만들어진다. 여기서 생성된 전자의 양은 그곳에 들어온 빛의 세기에 비례한다. 그림 3-30에서 ①번 전극에 +전압을 걸어주면 전자들이 그 전극에 갇혀 양자우물이 만들어짐을 볼 수 있다. 이 전자를 디지털 컨버터(오른쪽 끝)까지 이동시키기 위해 ②번 전극에 +전압을 걸어주면 ①번과 ②번 전극이 이웃하고 있으므로, 전자들을 ①번과 ②번 전극이 공유한다. 그 후 ①번 전극의 전압을 끄면 전자들은 ②번 전극으로 옮아간다. 즉, 위와 같은 과정(컨베이어(conveyor) 시스템과 유사함)을 거침으로써 ①번 전극 아래 생성된 전자들이 ②번 전극으로 옮아감을 볼 수 있다. 위에 설명한 과정을 거쳐 ④번 전극 아래의 전자들이 ⑤번 전극 쪽으로 이동하는 것도 볼 수 있다. 따라서 위 과정을 반복함으로써 각 전극에서 생성된 전자들이 오른쪽으로 이동하여 디지털 컨버터까지 보내진다. 그리고 디지털 컨버터는 이 전자들을 모아 디지털 신호

로 바꾸어 영상을 구성한다. 즉, 전극은 2차원의 전면에 깔려 있어서 각 위치에 들어오는 빛은 그림 3-30과 같은 과정을 거쳐 모여서 각 픽셀의 빛의 세기가 측정되고, 이를 명암으로 처리하면 영상이 구성된다. 컬러 영상을 위해서는 적색, 녹색, 청색의 필터를 사용한다. 이 경우 하나의 픽셀은 3개의 전극과 그에 대응하는 필터로 구성된다.

제4장

초음파의 이용

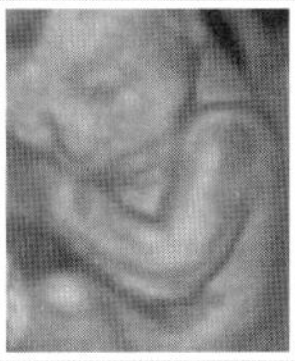

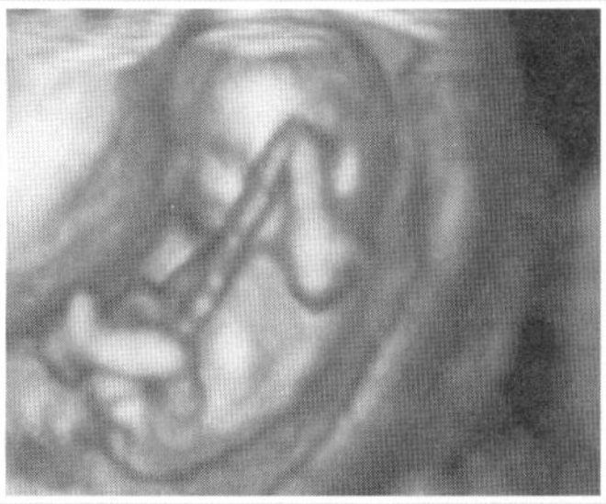

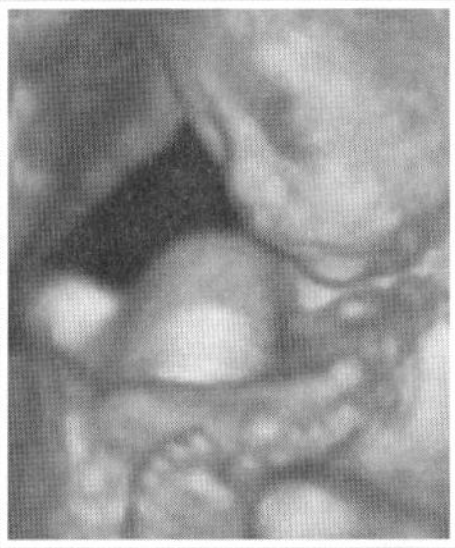

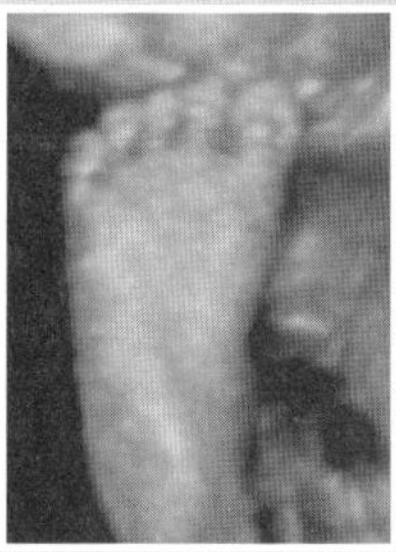

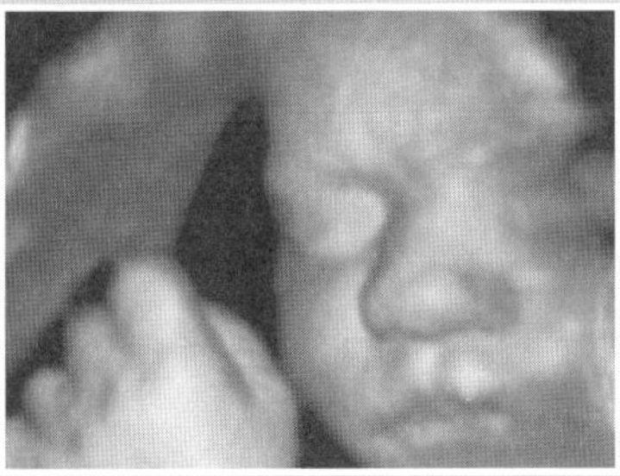

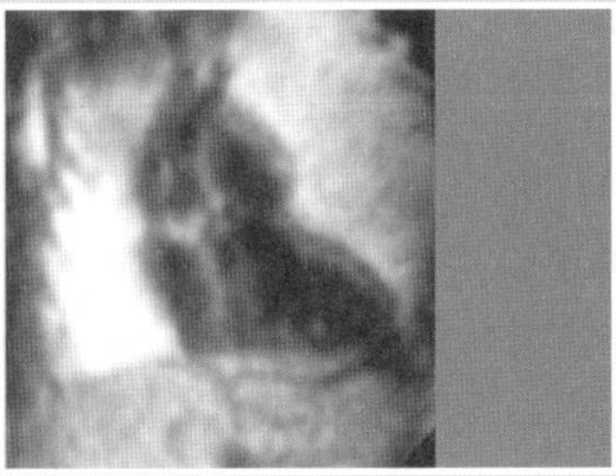

제4장

초음파의 이용

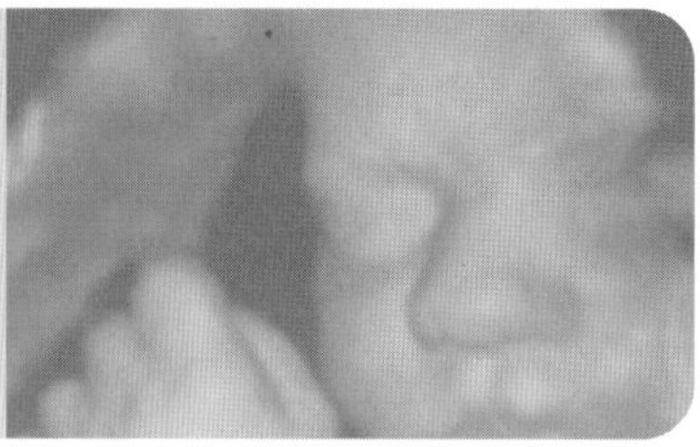

4-1. 음파란 무엇인가?

음파는 역학파로서 역학적인 에너지가 매질에 의해 전달되는 현상이다. 음파가 공기 중에서 전달되는 과정을 보기로 하자. 역학적인 힘에 의해 음파가 발생하면 이 음파에 의해 주위의 공기분자들이 진동한다. 분자들의 진동에 의해 공기 분자밀도가 낮은 부분(疏한 부분, 압력이 낮은 부분)과 밀도가 높은 부분(密한 부분, 압력이 높은 부분)이 형성된다(그림 4-1). 이러한 소밀(疏密)의 형성은 실험을 통해서도 관찰할 수 있다. 관 안에 분말을 넣고 한쪽 끝에 있는 스피커에서 음파를 발생시키면 음파의 에너지에 의해 공기분자들이 진동한다. 이 분자들의 진동형태가 분말의 소밀파형으로 나타난다. 이러한 소밀파형이 반복적으로 변형되면서 파동이 전파된다. 이 경우 분자들의 진동(압력의 진동)방향은 파의 진행방향과 같고 따라서 음파는 종파의 성질을 가짐을 알 수 있다.

음파의 속도는 매질의 밀도에 크게 연관되어 있다. 음파는 매질을 구성하는 분자들의 진동을 유발하고 이러한 진동이 주위 분자들에게 전달되어 전파된다. 따라서 분자들이 보다 촘촘한 매질, 즉 밀도가 높은 매질일수록 음파의 전달속도가 빨라진다는 것을 쉽게 이해할 수 있다. 표 4-1은 여러 매질에서의 음파의 속도를 보여주고 있다.

음파는 진동수로서 구별한다. 진동수가 큰 파를 고음이라 부르고 진동수가 작은 파를 저음이라 부른다. 인간의 귀가 측정할 수 있는 음파의 진동수 영역은 대략 20Hz에서 20,000Hz 사이로, 이 영역의 음파를 소리(sound)라는 이름으로 부르기도 한다. 그리고 20Hz 이하를 초저음파라 부르고 20,000 Hz 이상을 초고음파 또는 초음파라 부른다.

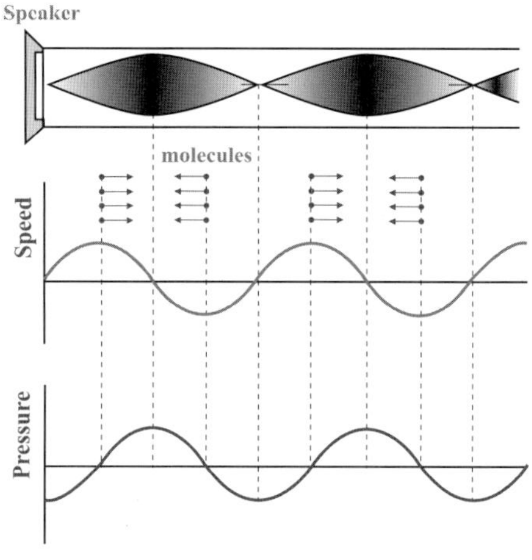

그림 4-1 압력파(음파)의 모양

표 4-1 여러 물질에서의 음파의 속도

매개물질	공기	지방	수은	피마자유	물 50℃	인체의 연부조직(soft tissue)	뇌	간
속도(m/sec)	331	1450	1450	1500	1540	1540	1541	1549
매개물질	신장	혈액	근육	눈(lens of eye)	PZT-5A	PZT-4	뼈	황동	알루미늄
속도(m/sec)	1561	1570	1585	1620	3780	4000	4080	4490	6400

4-2. 소리는 어떻게 생성되고 관측되나?

사람이 음소를 발생하는 과정은 두 가지로 나누어 생각해 볼 수 있다. 첫째는 성대의 진동에 의한 음파의 발생과정이고, 둘째는 이렇게 발생한 음파가 구강 구조의 변형에 의해 선택적으로 공명되어 입 밖으로 내보내지는 과정이다.

소리 발생 기관으로 중요한 역할을 하는 성대는 구강과 기관(허파에 연결)의 연결 통로에 있는 두 기둥(column) 형태의 근육구조이다(그림 4-2의 왼쪽 그림). 성대의 진동에 의해 발생하는 음파의 진동수는 성대의 장력에 비례하고 성대를 구성하는 근육의 밀도에 반비례한다. 따라서 남자보다 여자의 성대에서 발생하는 소리의 진동수가 일반적으로 높은 편이다.

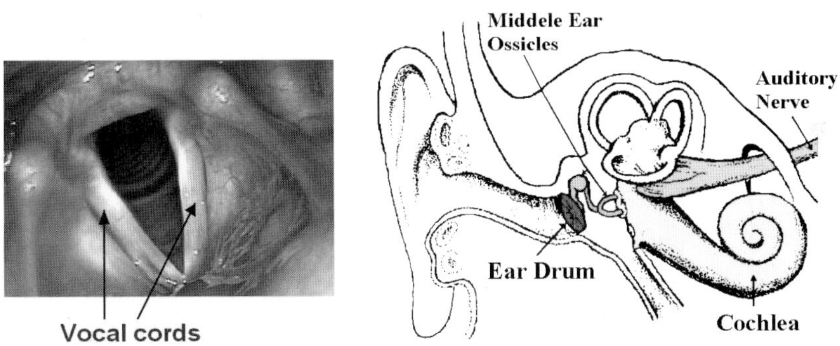

그림 4-2 성대와 귀의 구조

다음에는 음소 발생의 과정을 보기로 하자. 보통 숨을 쉴 경우 성대는 편안한 상태가 되고 공기가 성대를 통해 기관과 허파로 자유롭게 드나들 수 있다. 반면에 말을 하게 될 경우 성대의 통로가 닫혀 공기가 드나들지 못하게 되고 따라서 허파의 압력이 높아진다. 압력이 충분히 높아지면 압력에 의해 성대가 조금 열리고 성대를 통해 공기가 빠져나가면서 음파가 발생한다. 이 음파는 진동수가 125Hz의 배수인 파동들의 합성파이다. 이렇게 발생한 음파는 입과 코를 통해 밖으로 내보내진다. 특별한 음소, 예를 들어 "아"를 발생하기 위해서는 입을 크게 벌리고 혀를 입 안에서 약간 위로 둥

글게 말아 올려야 한다. 이와 같이 특별한 음소를 발생하기 위해 구강 구조를 적절히 조절하는 것은 성대에서 나오는 음파를 선택적으로 공명시키기 위해서이다. 즉 혀나 입술의 형태를 바꿈으로써 구강 구조를 변형시켜 특정 음소를 선택하여 입 밖으로 내보내는 것이다.

바이올린의 경우 줄의 뒤쪽에 울림통이 있다. 바이올린에 울림통이 없다면 줄을 퉁겨서 음파를 발생시키더라도 음의 세기는 들을 수 있을 정도가 되지 않는다. 사람의 귀에 들리게 하기 위해서는 울림통이 약한 소리를 증폭시켜야 한다. 바이올린의 울림통의 역할을 사람의 경우에는 구강 구조가 하고 있다. 바이올린의 경우 다른 음을 내기 위해서는 손으로 바이올린의 줄을 눌러 줄의 길이를 조절하거나 굵기가 다른 줄을 사용함으로써 다른 진동수의 음파를 발생시킨다. 이렇게 발생되는 음파는 울림통에 의해 증폭되어 들릴 수 있을 정도의 음의 크기가 되는 것이다. 바이올린의 경우 울림통은 고정된 형태이고 사람의 경우에는 변형이 가능한 울림통 구조(구강 구조)라 할 수 있다. 사람의 경우 특정 구강 구조가 특정 진동수만을 상당히 크게 하는 효과가 있는 반면에 바이올린의 울림통은 여러 진동수의 음파들을 대부분 균일하게 증폭시킬 수 있도록 설계되어 있다.

사람은 구강 구조를 변형시키면서 특정 진동수만을 증폭시켜 음소를 발생시킨다. 여러 언어에 있어서 특별하게 발음되는 음소는 특정 언어에만 있는 경우가 많다. 이 경우 그 언어에 익숙하지 않은 사람은 그 발음을 하기 어렵다. 예를 들어 한국 사람은 영어의 "F"나 "Ph" 등을 발음하기가 어렵고 반대로 미국 사람은 한국어의 "ㄲ" 같은 경음을 발음하기가 상당히 어렵다. 이는 울림통(구강 구조)을 그 음소에 맞게 만드는 훈련이 되어 있지 않기 때문이다.

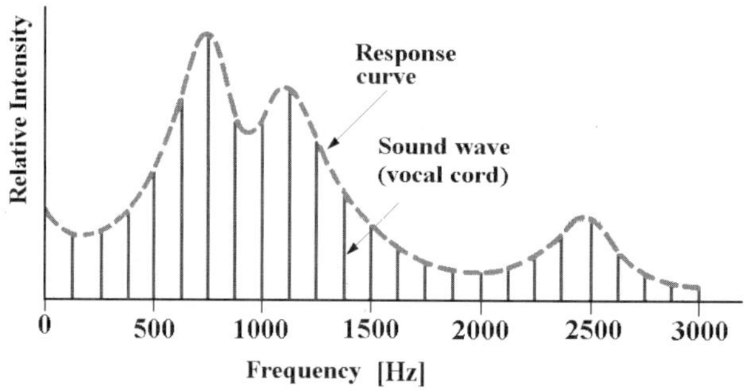

그림 4-3 공명곡선과 음파의 모양

위에서 설명한 것을 그림 4-3에서 보도록 하자. 이 그림은 "아" 발음을 한 경우를 보여주고 있다. 그림 4-3에서 점선 부분은 구강의 구조를 "아" 발음이 되도록 했을 경우 어떤 진동수의 파가 증폭되는가를 보여준다. 성대에서는 125Hz의 배수파들이 같은 크기(진폭)로 나온다. 그림에서 보이는 수직선들은 125Hz의 배수파들을 가리키고 있다. 배수파 중에서 "아" 발음을 위해 만든 구강 구조에 의해 증폭되는 진동수의 파는 750, 1,000, 2,500Hz 근방의 파들이다. 결과적으로 이 파들의 합성파가 입 밖으로 나오며 이것이 곧 "아" 음소가 되는 것이다.

사람의 입에서 발생하는 소리는 공기 중으로 전파되어 다른 사람의 귀에 도달한다. 귀에 도달한 소리는 먼저 얇은 막인 고막을 떨리게 하고 고막에 연결된 세반고리관을 통해 와우각(蝸牛殼)에 전달된다(그림 4-2의 오른쪽 그림). 와우각은 액체로 채워진 달팽이 모양의 관 구조를 하고 있다.

액체로 채워진 관의 중간에는 판이 있는데 판의 두께가 바깥쪽으로 가면서 얇아진다. 따라서 낮은 진동수의 음파는 세반고리관에서 와우각으로 들어가는 입구(가장 두꺼운 곳)의 판을 가장 크게 진동시키고 높은 진동수의 음파는 세반고리관에서 먼 쪽에 있는 얇은 판에 최대의 진동을 일으킨다. 음파에 의한 판의 진동은 판 안에 있는 감각 신경에 의해 전기 신호로 변하여 뇌에 전달되어 소리를 감지할 수 있도록 한다. 이와 같이 귀는 각 진동수를 분석하여 감지하는 능력을 가지고 있다. 귀의 소리에 대한 감지는 눈의 색에 대한 감지와 비교된다. 색의 인식은 눈의 망막에 있는 신경에 의해 세 가지 색소만의 조합으로써 이루어진다. 따라서 귀의 소리에 대한 감각이 훨씬 정밀하다고 할 수 있다.

4-3. 데시벨이란 단위는 무엇인가?

음파는 에너지의 전달이므로 특정 위치에서 에너지를 측정함으로써 음파의 세기를 알 수 있다. 소리의 세기는 어떤 위치에 단위 면적당, 단위 시간당 도달하는 에너지를 뜻한다. 즉 소리 세기의 단위는 $J/sec \cdot m^2 \cong W/m^2$로 표현된다. 그러나 사람이 느끼는 소리의 세기와 음파의 에너지 사이에는 차이가 있다. 예를 들어 강의실에서 교수가 강의할 때 교탁 바로 앞과 20m 정도 떨어진 교실 뒤쪽에서 에너지를 측정해 보면 100배 이상의 차이가 난다. 그러나 귀는 두 지점 사이의 소리 세기의 차이가 그 정도로 크다고 느끼지 않는다. 이러한 소리 세기의 감지에 대한 비선형적인 차이를 보다 정량적으로 표현하기 위해 소리의 세기 단위로 데시벨(Decibel)을 사용한다. 데시벨은

$$dB = 10 \log \frac{I}{I_0} \qquad \textbf{(4-1)}$$

로 정의된다. 여기서 I는 어떤 지점에서 측정한 소리의 세기이고 I_0는 인간의 귀로 감지할 수 있는 최저의 세기인 $10^{-12} W/m^2$를 나타낸다. 위 데시벨 값이 120 이상이면 귀에 고통이 온다. 데시벨 값에 대응되는 소리의 대략적인 종류가 표 4-2에 주어져 있다.

표 4-2 소리의 세기(데시벨)

데시벨	소리의 세기(W/m^2)	소리
0	10^{-12}	가청한계
10	10^{-11}	정상적인 호흡소리
20	10^{-10}	바스락거리는 나뭇잎소리
30	10^{-9}	조용한 집
40	10^{-8}	도서관
50	10^{-7}	조용한 사무실
60	10^{-6}	평상시의 대화
70	10^{-5}	시끄러운 사무실
80	10^{-4}	시끄러운 교통지역
90	10^{-3}	지하철 안
100	10^{-2}	철공소
110	10^{-1}	건축소음
120	10^{0}	고통의 시작(40m거리에서의 Jet엔진 소리)

[예제] 80dB인 음원에서 10m떨어진 지점에서의 소음은 몇 dB인가?

[답] 식 4-1을 이용하면 80dB인 음원의 소리의 세기는 $I_1=10^{-4}W/m^2$이다. 이 음원에서 10m 떨어진 위치에서의 소리의 세기는 $I_2=\frac{I_1}{4\pi r^2}$이다. 따라서 이를 dB로 표시하면 $dB= 10log\frac{I_2}{10^{-12}}=49$이다.

[예제] 기계장치에서 1m 떨어진 지점에서 소음을 측정하였더니 80dB였다. 기계장치에서 3m 떨어진 지점에서의 소음은 몇 dB인가?

[답] 80dB인 음원의 소리의 세기는 $I_1=10^{-4}W/m^2$이다. $r_1=1m$, $r_2=3m$라고 두면 $I_2=\left(\frac{r_2}{r_1}\right)^2 I_1=\frac{I_1}{9}$이다. 따라서 3m에서는 $dB= 10log\left(\frac{I_1/9}{I_0}\right)=70$이다.

4-4. 초음파란 무엇인가?

인간의 귀로 들을 수 있는 최대의 진동수인 20,000Hz 이상의 음파를 초음파라고 부른다. 동물들 중에는 초음파를 발생하고 또한 감지하는 기능을 가진 것들도 있다. 대표적인 것으로 박쥐와 돌고래가 있는데 이들은 초음파를 발생하여 초음파가 물체에 부딪혀 반사되어 오는 것을 관측하여 물체의 위치를 측정하는 능력을 가지고 있다. 이러한 초음파 측정의 원리는 잠수함에서 수중물체를 관측하거나 어선들이 고기떼를 관측하는 데 응용된다. 또한 자동차가 후진할 때 뒤쪽에 있는 물체를 감지하여 사고를 방지하는 데 이용되기도 한다.

초음파는 의료진단용으로도 사용된다. 즉 초음파를 복부 내부로 발사하여 내장 각 부분에서 반사되어 오는 초음파를 관측하여 내부를 조영하는 데 응용되고 있다. 또한 도플러 효과를 이용하여 피의 흐름을 촬영하는 데도 초음파가 사용된다. 초음파 도플러 측정은 건물 내로 침입하는 사람을 관측하여 경보하는 데도 사용되고 있다. 즉 초음파가 지속적으로 나오는 실내에서 사람이 움직이면 움직이는 사람에게서 초음파가 반사되는데, 반사파의 진동수는 도플러 효과에 의해 달라지며 이를 관측하여 침입자를 알리는 경보를 할 수 있는 것이다.

위에 예를 든 초음파의 응용은 초음파가 반사 또는 투과하는 것을 측정하여 물체의 위치를 관측하는 것들이다. 반면에 초음파의 에너지를 직접 이용하는 경우도 있다. 초음파 세척기, 초음파 절단기, 초음파 분쇄기(신장 결석 등의 파괴) 등은 음파의 에너지를 직접 이용하는 것들이다. 이 외에도 초음파는 앞으로 여러 분야에서 많이 응용될 것이라 기대된다.

4-5. 초음파의 발생과 측정은 어떻게 하나?

초음파의 발생을 위해 주위의 공기 분자들을(공기 중에서 사용할 경우) 아주 빠르게 진동시켜야 한다. 진동을 유발하는 물체를 진동자(oscillator)라 하는데 진동자로 사용하는 물질은 주로 전왜현상(압전현상과 역압전현상)과 자왜현상을 나타내는 물질이다.

전왜현상은 전기장에 의해 진동자의 크기가 변하는 현상이고 자왜현상은 자기장에 의해 진동자의 크기가 변하는 현상이다. 고주파(high frequency)의 전기장 또는 자기장을 진동자의 양단에 걸어주면 진동자의 크기가 커졌다 작아졌다를 아주 빠르게(고주파의 진동수로) 반복함으로써 주위의 음파전달 매개물질(공기 중에서는 공기분자)을 진동시켜 초음파를 발생하게 만든다. 여기서 진동자에 걸어주는 고주파 전압의 진동수는 진동자 물질의 고유 진동수 근방이어야 한다. 진동자 물질로 사용하는 물질들은 쌍극자 모멘트(전왜 물질은 전기쌍극자, 자왜 물질은 자기쌍극자)를 가지는데 이 쌍극자들이 전기장 또는 자기장에 의해 정렬되면 진동자 전체의 길이가 늘어난다. 반면에 전기장 또는 자기장의 영향이 없어지면 원래의 상태로 돌아간다. 고주파에 의해 음과 양의 전기장(또는 자기장)이 되풀이되어 일어나므로 이에 따라 진동자는 원상태에서 최저와 최고 길이까지 고주파의 진동수에 맞춰 진동하게 되는 것이다. 따라서 이러한 진동자의 진동에 의해 공기분자(진동자가 공기 중에 있을 때)가 진동하여 초음파가 발생하게 된다.

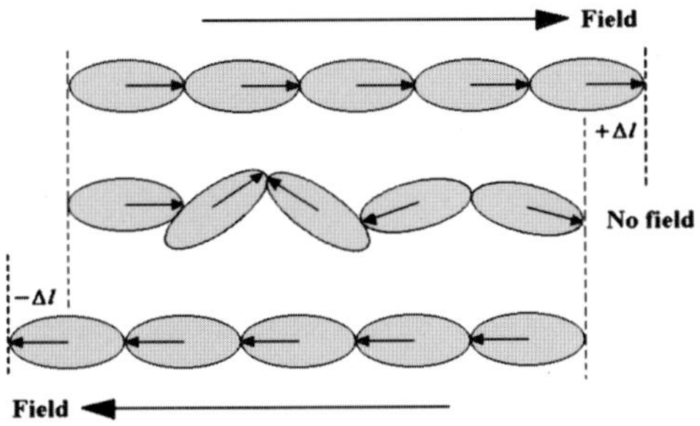

그림 4-4 쌍극자들의 정렬에 따른 물질의 길이 변화

초기 초음파 진동자로는 수정을 많이 사용하였다. 수정을 특정 방향으로 얇게 잘라서 양편에 전극을 만들어 고주파 전원을 걸어 주면 초음파가 발생한다. 수정판의 경우 발생하는 초음파의 진동수와 수정판의 두께와는

$$t \cdot f = 2870 \qquad \textbf{(4-2)}$$

의 관계가 있다. 여기서 t는 mm 단위로 표시한 수정판의 두께이고 f는 1,000Hz 단위로 표시한 발생파의 진동수를 나타낸다. 이와 같이 수정의 경우 두께를 조절함으로써 발생 초음파의 진동수가 조절된다. 진동수가 낮은 초음파를 얻기 위해서는 수정판이 두꺼워야 되는데 이 경우 두 판 사이에 높은 전압을 걸어주어야 하는 어려움이 있다. 따라서 수정 진동자는 2MHz 이상의 높은 진동수나 200~500℃의 높은 온도에서 사용할 때를 제외하고는 크게 사용되지 않고 있다. 그러나 수정은 대

단히 안정된 진동을 하고 인공 수정의 대량 생산이 가능해 짐으로써 전자시계 등에 많이 사용되고 있다.

세라믹형 전왜진동자가 근래에 많이 개발되어 여러 용도로 사용되고 있다. 폴리 불화 비닐리덴(PVDF, -($C_2H_2F_2$)$_n$-)이나 PZT(Pb(Zr_xTi_{1-x})O_3) 등의 물질을 초음파 진동자로 많이 사용하고 있다. 이러한 물질들은 세라믹이므로 가루로 만들어 적당한 모양으로 성형할 수 있어서 여러 형태의 진동자를 만들 수 있다는 장점을 가지고 있다. 그리고 PZT물질은 수정보다 대략 160배의 전왜률을 보여 낮은 고주파에너지로도 쉽게 진동시킬 수 있다는 장점도 있다. 현재 의료용로 사용되고 있는 진동자의 대부분이 PZT계열을 이용한 것들이다.

표 4-3 진동자 물질의 종류

동작원리	진동자 재료	진동수 범위	변위($\Delta l/l$)
전기 현상	수정	0.5~20MHz	$2.3\times10^{-12}/V$
	PVDF	10~160MHz	$2\times10^{-11}/V$
	PZT	<25MHz	$3\times10^{-10}/V$
자기 현상	니켈	20~50kHz	0.4×10^{-10}/Oe
	페라이트	20~100kHz	$600\sim1,000\times10^{-10}$/Oe

자왜물질로는 니켈이나 페라이트를 많이 사용하고 있다. 자왜물질을 이용한 진동자는 낮은 진동수의 초음파(1MHz 이하)를 얻는 데 많이 사용되고 있다. 페라이트는 산화철의 분말을 주원료로 하고, 그에 Fe, Ni, Co, Ba 등을 섞어 만든 MO · Fe_2O_3의 조성을 가지는 물질들을 말한다. 여기서 M은 Fe, Ni, Co, Ba 등을 나타낸다. 이러한 자왜물질들은 외부 자기장에 의해 큰 변위를 보이는 것들이다.

초음파의 발생과 수신은 동일한 진동자로 가능하다. 즉 초음파가 물체에 부딪혀 반사되어 오는데 약간의 시간이 걸려서 전자적인 스윗치에 의해 조절될 수 있으므로 송신과 수신이 동일한 진동자에 의해 가능하게 되는 것이다. 초음파의 수신은 초음파 송신의 역현상에 의해 가능하다. 즉 역학적인 힘(관측코자 하는 초음파 진동)에 의해 진동자 내의 쌍극자들이 진동하고 이에 따라 양단에 전압이 관측되기 때문이다. 초음파의 송 · 수신의 기본원리가 그림 4-5에 주어져 있다.

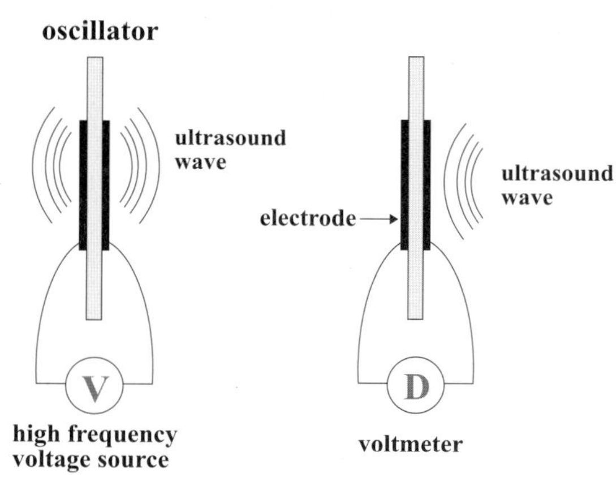

그림 4-5 초음파의 발생과 측정의 원리

4-6. 초음파 진단장비의 원리는 무엇인가?

초음파영상의 기본원리는 박쥐나 돌고래가 앞에 놓인 장애물을 탐지하는 원리와 동일하다. 박쥐나 돌고래는 초음파를 발사하고 장애물에서 반사되어 오는 초음파를 감지하여 물체와 떨어진 거리를 관측한다. 즉 초음파의 발사와 감지를 하는 사이의 시간차이를 통해 물체의 위치를 인식하는 것이다.

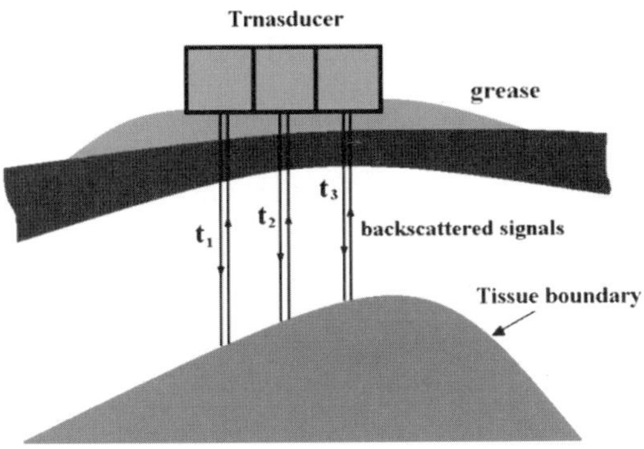

그림 4-6 초음파 진단장비의 원리

초음파영상에서는 진동자에 의해 짧은 초음파 펄스(대략 1~5 μsec)가 인체 내부로 발사된다. 이 초음파 펄스가 조직경계(tissue boundary)를 만나면 초음파의 일부가 반사법칙이 만족되는 여러 방향으로 반사되는데, 이렇게 반사되는 초음파 중에서 초음파가 발사된 방향으로 반사되는(후방반사, back-scattered)것이 진동자에 의해 감지된다. 이러한 반향신호(echo signal)가 한 지점에서 관측되면 진동자를 다른 곳들로 이동하여 동일한 과정을 반복함으로써 조직경계의 전체적인 영상을 재구성할 수 있다. 즉 초음파의 발사와 감지 사이의 시간차이를 이용하면 경계면의 깊이를 계산할 수 있어서 각 위치에서 계산한 값들을 통해 전체적인 경계면의 모양을 재구성할 수 있는 것이다(인체 내에서 초음파의 속도는 1,540m/sec). 수많은 진동자(그림 4-7)들을 조합(1~1.5mm 폭의 진동자를 수십에서 수백 개를 조합)한 스캐너를 통해 수많은 위치에서의 반향신호를 한꺼번에 얻을 수 있다.

그림 4-7에는 초음파 진동자(single crystal oscillator)의 구조가 주어져 있다. 초음파 스캐너(scanner, transducer)는 이와 같은 진동자의 조합으로 구성된다. 표 4-4에 여러 초음파 스캐너의 모양과 이 스캐너를 이용한 스캔방법 등이 요약되어 있다.

초음파는 인체내부로 전파되면서 각 조직에 의해 흡수되므로 그 세기가 줄어든다. 대략 −0.5dB/MHz · cm의 비율로 줄어든다고 한다. 따라서 3.5MHz의 진동수를 가진 초음파의 세기는 10cm 깊이의 인체내부를 진행하면서 원래 세기의 대략 1/56배로 줄어들게 된다. 진동자는 반향신호를 관측하므로 10cm 깊이에 있는 조직경계에서

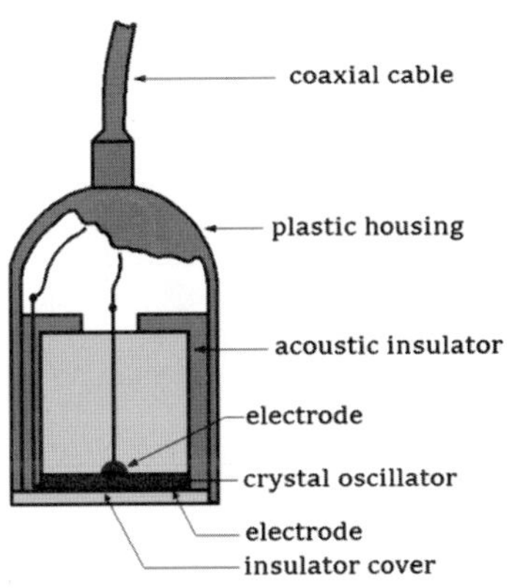

그림 4-7 초음파 진동자의 구조

표 4-4 초음파 스캐너의 구조와 스캔 방법

스캔 방법	스캐너 모양	응용 분야	진동수 영역
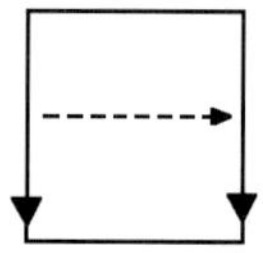	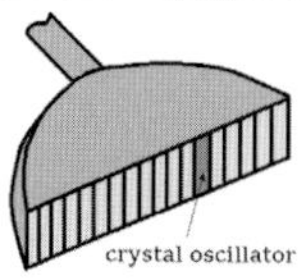	뇌동맥, 동맥경화, 유방, 갑상선, 힘줄, 금속과 콘크리트 결함 측정	2.5~12MHZ
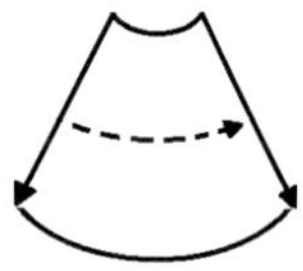	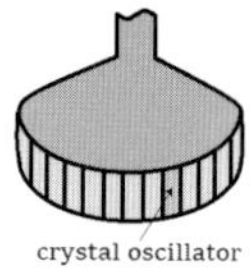	복부초음파	2.5~7.5MHz
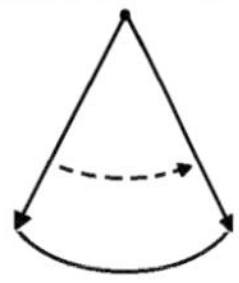	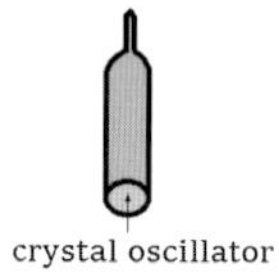	안과질환, 피의 속도 측정	2~22MHz
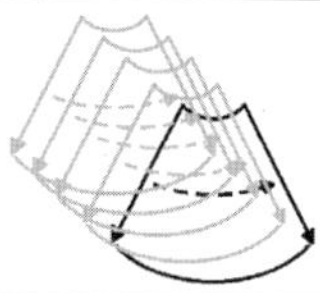	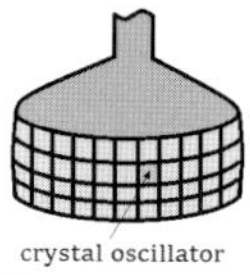	3D imaging, 복부초음파,	3.5~6.5MHz
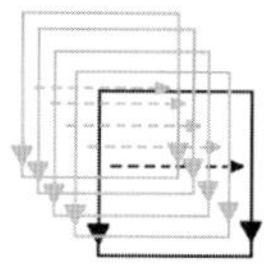	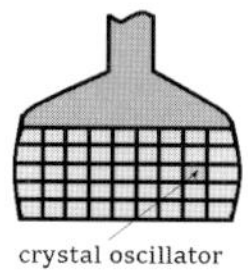	3D imaging, 유방, 갑상선, 동맥	7.5~11MHz

후방반사되는 초음파는 진동자에 의해 원래 세기 $\frac{1}{56} \times \frac{1}{56}$로 관측된다.

초음파의 흡수율은 진동수에 역(inversely)비례한다. 따라서 진동수가 커질수록 초음파는 인체의 내부로 진행하기 어렵다. 예를 들어 7.5MHz의 진동수를 가진 초음파의 경우 10cm 깊이의 조직 경계에서 후방반사되어 진동자로 감지될 때의 세기는 원래 세기의 1/5,000로 감소된 값이다. 따라서 피부표면 근방의 조직을 관찰하기 위해서는 7.5MHz의 초음파가 사용되고 깊은 조직을 관찰하기 위해서는 3.5MHz에서 5MHz의 초음파가 사용되고 있다.

표 4-5 초음파의 진동수에 따른 응용 분야

초음파의 진동수	응용 분야
2.5MHz	깊은 복부, 산과, 부인과
3.5MHz	일반적인 복부초음파, 산과, 부인과
5.0MHz	혈관, 유방, 산과
7.5MHz	유방, 갑상선
10MHz	유방, 갑상선, 얕은 혈관

초음파를 관찰하고자 하는 깊이에 초점을 맞추는 것은 더 선명한 영상을 얻기 위해서이다. 초음파는 인체내부로 진행하면서 만나는 모든 조직경계에서 반사되므로 어떤 깊이에 있는 동일한 조직경계에서 반사되는 반향신호들은 초음파가 반사되어 오는 시간에 의해 분간할 수밖에 없다. 따라서 초음파를 관찰하

고자 하는 깊이에 초점을 맞출 수 있다면 반향신호들을 쉽게 분간할 수 있어서 선명한 영상을 얻을 수 있을 것이다. 이러한 초음파의 초점 맞추기(focusing)는 두 가지 방법에 의해 주로 이루어진다. 첫째, 원형의 진동자 어레이(array)를 사용하거나 또는 초음파 스캐너 앞에 음향렌즈를 붙여 원하는 깊이에 초점을 맞출 수 있다. 둘째, 직선형 진동자 어레이에 시간지연(electronic time delay)을 줌으로써 초점을 맞출 수 있다. 그림 4-8에서와 같이 각 진동자에 시간지연을 줌으로써 진동자 어레이가 음향렌즈의 역할을 하도록 만들 수 있다. 만약 중앙의 진동자를 바깥쪽의 진동자보다 늦게 작동시키고 이러한 시간지연을 바깥쪽으로 가면서 줄여 나간다면 진동자 어레이에 의해 발사되는 초음파는 특정 초점에 집중하게 된다. 이러한 시간지연의 원리를 고리모양(annular)의 진동자 어레이에 적용하면 하나의 초점 또는 다중 초점에 초음파를 집중시킬 수 있을 것이다.

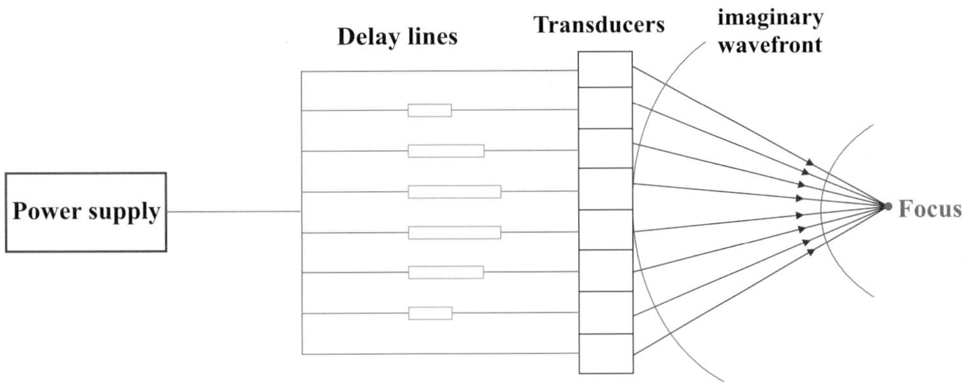

그림 4-8 시간지연을 이용한 초음파의 초점 맞추기

4-7. 초음파영상의 동작모드에는 어떤 것이 있나?

초음파영상에서 영상을 얻는 데 4가지 동작모드를 이용하고 있다. 이들을 각각 A-모드, B-모드, M-모드, 도플러(Doppler)-모드라 부른다.

첫째, A-모드에서는 진동자가 한 곳에 고정된다. 여러 조직경계에서 반사되어 오는 반향신호들이 진동자에 의해 관측된다. 즉 깊이에 따른 여

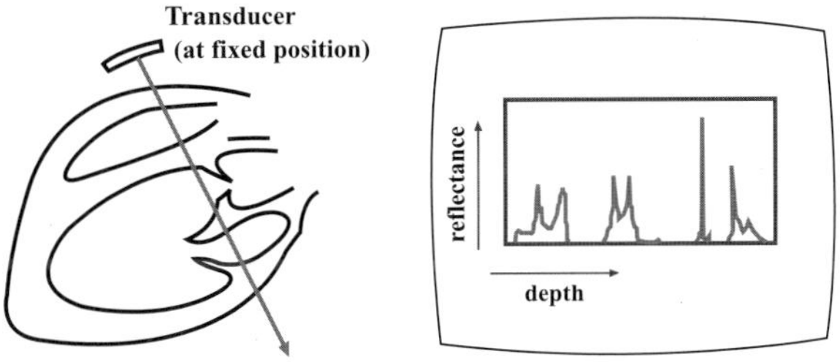

그림 4-9 A-모드의 개략적인 그림

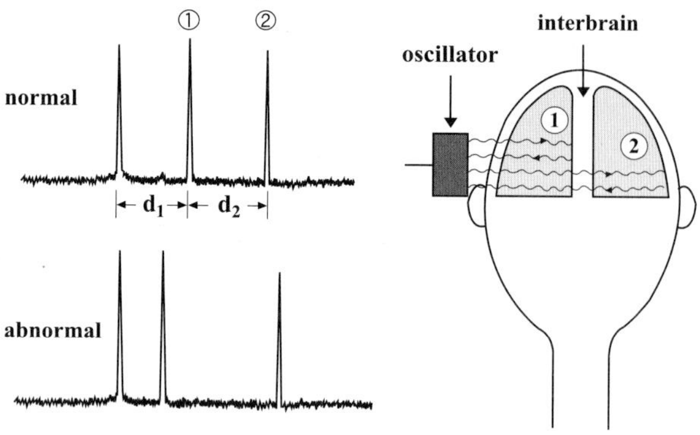

그림 4-10 제3뇌실에서의 반사에 의한 뇌종양 측정(A-모드)

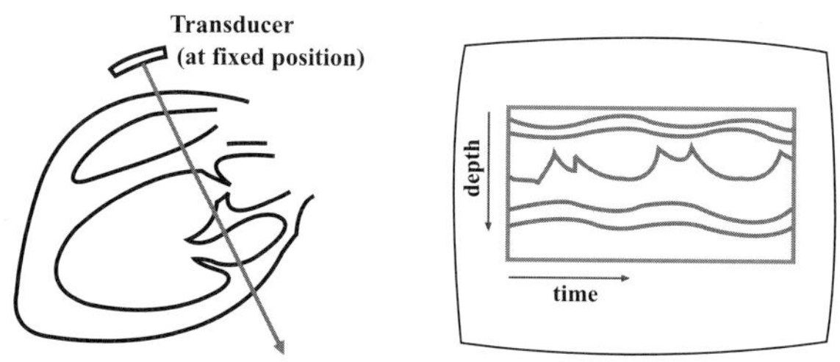

그림 4-11 M-모드의 개략적인 그림

러 반향신호들이 관측되며 영상은 신호의 세기(intensity, amplitude)에 의해 재구성된다. 따라서 영상이 세기(amplitude)에 의해 구성된다고 하여 A-모드라고 부른다. 그림 4-9에 A-모드에 의한 영상의 구성에 대한 개략적 그림이 주어져 있다.

A-모드를 이용한 뇌혈종 또는 종양의 측정에 대한 개략적인 그림이 그림 4-10에 주어져 있다. 귀의 밑 부분을 통해 초음파를 발사하면 제3뇌실(①)과 외곽(②)에서 반사되어 오는 초음파 신호가 각각 관측된다. 이 측정에서 정상인의 경우에는 두 신호 사이의 거리(실제로는 초음파의 진행시간) d_1과 d_2는 3mm 내에서 같아야 한다. 두 거리가 일치하지 않을 경우 뇌혈종이나 종양에 의해 거리의 차이가 생겼다고 결론지을 수 있다. 만약 제3뇌실에서 반사되어 오는 초음파의 거리가 짧아졌다면 왼쪽 뇌의 어느 부분에 종양이 있어서 초음파의 속도가 빨라졌다고 결론을 내릴 수 있다. 현재 A-모드는 직접적인 진단에는 거의 사용되고 있지 않고 B-모드나 M-모드의 보조용으로 이용되고 있다.

M-모드에 대한 개략적인 그림이 그림 4-11에 주어져 있다. 이 모드에서 진동자는 특정 위치에 고정되어 있고 시간에 따른 반향신호를 관측한다. 따라서 이 모드는 특정 조직경계의 시간에 따른 변화를 관측하는 데 유용하게 사용된다. 즉 심장판막(cardiac valve) 운동의 시간에 따른 변화를 관찰하는 데 이용되고 있다.

B-모드에 대한 개략적인 그림이 그림 4-12에 주어져 있다. B-모드에서는 진동자(스캐너)를 통해 특정단면이 초음파로 스캔된다. 영상은 반향신호들의 밝기(brightness)에 의해 재구성된다. 밝기에 의해 영상이 재구성된다고 하여 B-모드라 부른다. 초음파 진단이라고 하면 주로 이 B-모드를 가리키며 A-모드나 M-모드는 실제로 B-모드의 보조적인 역할을 한다.

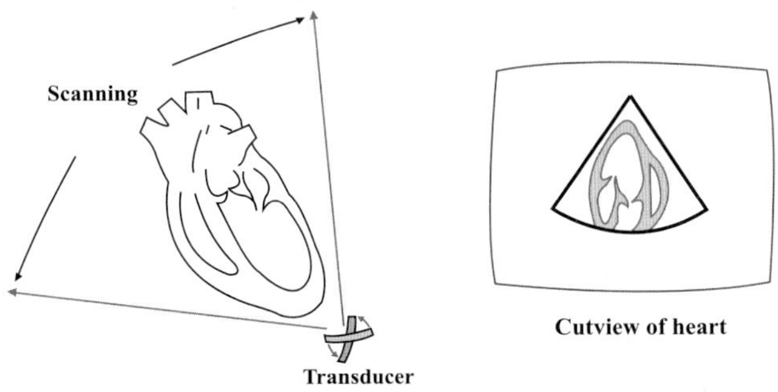

그림 4-12 B-모드의 개략적인 그림

도플러-모드는 피의 속도를 측정하는 데 많이 이용된다. 도플러 효과는 음파 발생자(음원, sound source)와 관측자의 상대적 운동에 따라 관측되는 음파의 진동수가 변하는 현상을 말한다(부록 F 참조).

그림 4-13에 도플러 효과를 이용한 혈류의 속도측정에 대한 개략도가 주어져 있다. 연속적으로 발사되는 초음파가 인체내부로 침투하여 피의 혈소판에 의해 반사된다. 그리고 혈소판에서 반사되는 반향신호가 진동자에 의해 관측된다. 피는 혈관 속에서 속도 v로 흐르며 혈관은 초음파의 진행방향과 각도 θ를 이룬다. 따라서 혈소판은 피부방향(진동자)으로 속도 $v\cos\theta$로 움직인다. 이에 따라 혈소판 위치에서 관찰되는 진동수는 $f_b = f_o \dfrac{c+v\sin\theta}{c}$이다. 이는 혈소판(관찰자)이 진동자 쪽으로 다가가기 때문이다. 이 진동수의 초음파가 반사되어 진동자 쪽으로 다가오므로(음원이 다가옴) 진동자에서 관찰되는 초음파의 진동수는

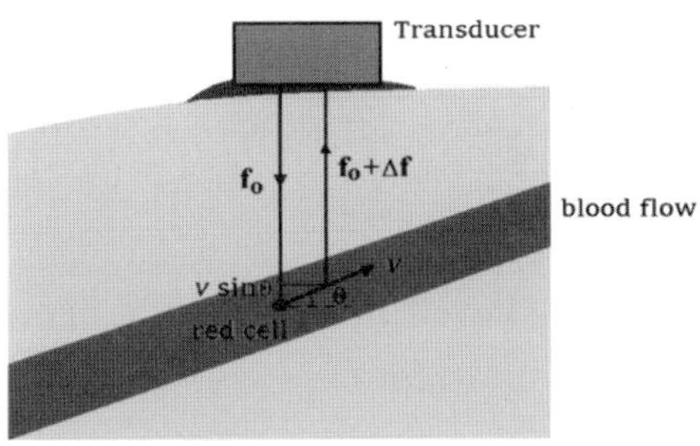

그림 4-13 도플러 효과를 이용한 피의 속도 측정

$$f' = f_b \frac{c}{c-v\sin\theta} = f_o \frac{c+v\sin\theta}{c-v\sin\theta} \qquad \textbf{(4-3)}$$

이다. 이에 따라 진동자에서는 진동수 f_o와 식 4-3으로 주어진 혈소판에서 반사되어 오는 진동수 f'을 동시에 관찰하게 된다. 따라서 진동자에서는 두 진동수 차이에 관련된 비트(beat)가 관측된다. 진동자에서 관측되는 비트 진동수 $\Delta f = |f - f'|$는

$$\Delta f = f_o \frac{2v\sin\theta}{c-v\sin\theta} \approx 2f_o \frac{v\sin\theta}{c} \qquad \textbf{(4-4)}$$

와 같이 주어진다. 여기서 c와 v는 음속 및 피의 속도를 나타내고, 마지막 근사식을 얻기 위해서 $c \gg v$를 이용하였다. 식 4-4에서 보듯이 관측된 비트 진동수 Δf를 이용하여 피의 속도 v를 결정할 수 있다.

도플러 효과를 이용하여 태아의 심장박동수를 측정할 수 있다. 태아의 심장이 수축하면 심장은 진동자에서 멀어지게 되며 이에 따라 원래보다 작은 진동수의 반향신호가 관측된다. 반대로 태아의 심장이 이완하여 진동자에 가까워지면 반향신호의 진동수는 원래의 진동수보다 약간 크게 된다. 따라서 두 신호의 진동수 차이를 통해 태아의 심장박동수를 알 수 있다.

[예제] 진동수 f_o=2MHz의 초음파를 인체 내부로 발사한다. 각도 θ=10° 인 혈관 속의 혈소판에서 반사되어 오는 초음파와 f_o파가 중첩되어 beat가 감지된다. 이 beat 수를 구하라. 혈류의 속도는 30cm/s이고 음파의 속도는 1,540m/s이다.

[답] 식 4-4의 Δf가 beat 수이다. Δf=135Hz로 구해진다.

도플러 효과는 관속을 흐르는 유체의 속도를 측정하는 유량계(flow meter)에도 응용되고 있다. 유체 안에 포함된 알갱이나 방울에서 반사되는 초음파와 입사 초음파 사이의 beat 수를 관측함으로써 유체의 유속을 결정할 수 있다. 직경 30 μm의 알갱이나 방울이면 도플러 효과를 관찰할 수 있고, 이때 사용하는 초음파의 진동수는 1MHz 이상이다. 그리고 유체 속에 25ppm 정도 섞여 있는 알갱이에 의해 위와 같은 원리를 이용하여 유속 및 유량(유속×단면적)을 결정할 수 있다. 그림 4-14의 위쪽 그림에서와 같이 유속이 v인 유체에 속도 방향과 각도 θ로 초음파를 입사한다고 하자. 이때 진동자 방향으로의 유체의 속도가 $v\cos\theta$이므로 유체 속에 있는 알갱이 위치에서 관찰되는 진동수는 $f_{ob}=f_o\,\dfrac{c+v\cos\theta}{c}$이다. 그리고 이 진동수의 초음파가 알갱이에서 반사되어 진동자에 의해 관찰된다. 따라서 알갱이의 진동자 쪽으로 속도 $v\cos\theta$(음원의 속도)로 이동하므로 알갱이에서 반사된 음파가 진동자에서 관찰될 때 진동수는

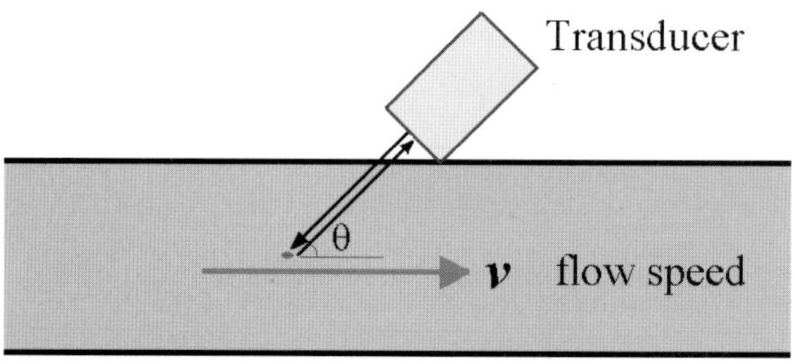

그림 4-14 Doppler 효과를 이용한 유량계의 개념도

$$f_{ob}' = f_{ob}\,\frac{c}{c-v\cos\theta} = f_0\,\frac{c+v\cos\theta}{c-v\cos\theta} \qquad \textbf{(4-5)}$$

이다. 그리고 beat 진동수는 $f_b=|f_0-f_{ob}'|$이므로

$$f_b = | f_0 - f'_{ob} | = \frac{2 f_0 v \cos\theta}{c - v} \quad \textbf{(4-6)}$$

이다. 따라서 유체의 속도 v는

$$v = \frac{f_b c}{2 f_0 \cos\theta + f_b} \quad \textbf{(4-7)}$$

와 같이 구할 수 있다. 유량은 식 4-7에 관의 단면적을 곱하면 된다.

제5장

레이저의 응용

제5장

레이저의 응용

5-1. 레이저란 무엇인가?

레이저(Laser)는 "자극방출에 의한 빛의 증폭" (Light Amplification by the Stimulated Emission of Radiation)에서 단어의 첫 글자들을 따온 것이다. 레이저는 그 이름에서도 볼 수 있듯이 빛을 증폭하는 것이며 그 방법이 자극방출에 의한다는 것이다. 자극방출 메커니즘은 Einstein에 의해 처음으로 제기되었다. Einstein이 이를 제안하기 전까지 빛의 방출(radiation) 메커니즘은 자발방출에 의한 것뿐이라고 인식되었다. 자발방출에 의한 빛의 방사란 그림 5-1에서 보듯이 높은 에너지 준위로 여기된 원자(분자)들이 "자발적" (원자나 분자는 되도록 낮은 에너지 상태를 선호함)으로 아래로 떨어지면서 전자기파를 내놓는 것이다. 이러한 메커니즘은 기체방전에 의한 빛의 방출과 동일한 것이다. 즉 고전압에 의해 발생한 전자들과 충돌함에 따라 높은 에너지 준위로 올라간 원자(분자)들은 높은 에너지 상태가 불안하므로 되도록 낮은 에너지 상태로 돌아가려고 하며 이렇게 낮은 상태로 돌아가면서 남는 에너지(두 에너지 준위 사이의 에너지 차)를 전자기파의 형태로 방출하게 되는 것이 기체방전에 의한 빛의 발생이다.

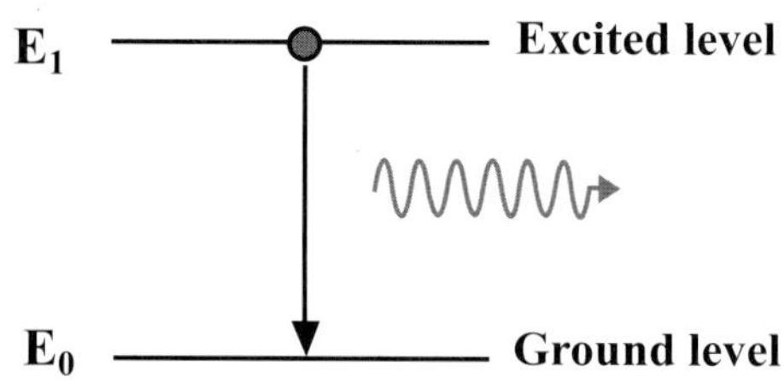

그림 5-1 자발방출 메커니즘

Einstein은 이러한 자발방출 외에도 자극방출에 의한 빛의 방출도 가능하다고 제안하였다. 자극방출에 의한 빛은 그림 5-2에서 보듯이 두 에너지 준위 사이의 차이에 해당하는 에너지를 갖고 있는 빛에 의해 자극을 받아(stimulated) 발생한다. 즉 여기준위로 올라가 있던 원자(분자)가 다른 빛에 의해 자극받아 기저준위로 떨어지면서 두 개의 빛(photon)을 발생하는 과정이 자극방출이다. 그림에서 보듯이 자극방출에 의한 빛은 하나의 빛에 의해 두 개의 빛이 발생하므로 빛의 증폭효과를 가진다.

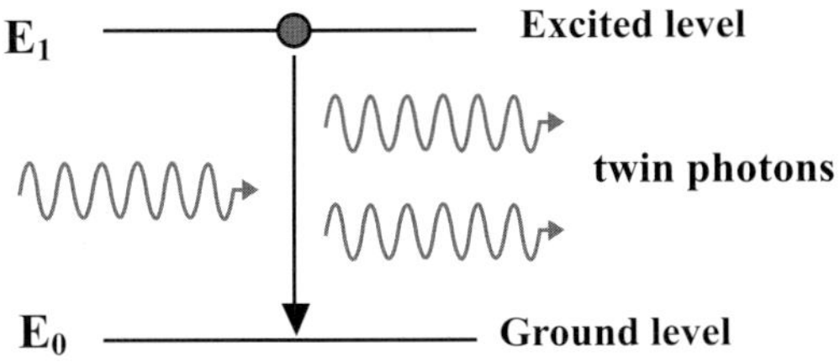

그림 5-2 자극방출 메커니즘

자발방출과 자극방출에 의한 빛의 커다란 차이점은 발생되는 빛의 특성에 있다. 자발방출에 의해 발생하는 빛은 각 원자에 따라 달라서 다양한 방향으로 방출된다. 따라서 자발방출에 의해 발생하는 빛은 사방으로 퍼지게 되므로 먼 거리까지 나아가지 못한다. 반면에 자극방출에 의해 방출되는 두 빛은 모든 면에서 동일한 빛이다. 빛의 진행방향이나 위상, 진폭 등 모든 면에서 동일해서 쌍둥이 빛(twin photon)이라 할 수 있다. 또한 각 원자들(레이저 물질을 이루는 원자)에서 나오는 빛들이 모든 면에서 동일하기 때문에 퍼지지 않고 멀리 전파되는 것이다.

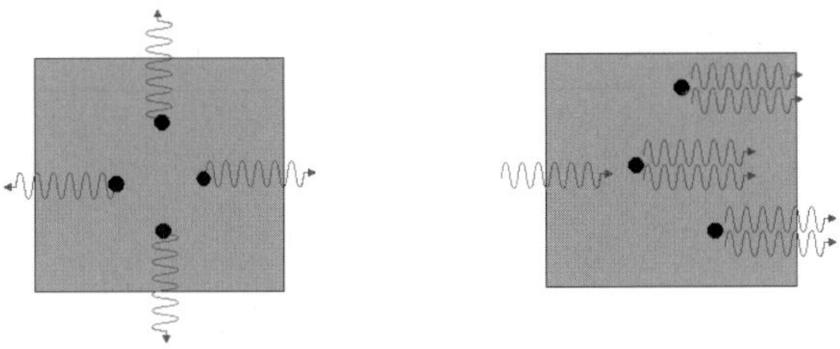

그림 5-3 자발방출과 자극방출에서 나오는 빛의 차이

레이저 빛이 형광등, 네온사인 등 자발방출(기체방전)에 의해 발생하는 빛보다 직진성과 단파장성이 비교할 수 없을 정도로 좋은 이유도 레이저가 자극방출에 의해 발생하는 빛이기 때문이다.

그러면 자극방출에 의해서만 빛이 발생하도록 하기 위한 조건은 무엇인가? 이 조건은 두 에너지 준위 사이에 "항상" 밀도반전(population inversion)이 이루어져 있어야 한다는 것이다. 밀도반전이란 낮은 에너지 준위보다 높은 에너지 준위에 보다 많은 원자(분자)가 존재하는 것이다. 그리고 이 밀도반전의 상태가 "항상" 유지되어야 한다. 보통의 조건에서는 낮은 에너지 준위가 안정하므로 대부분의 원자들은 이 준위에 머물러 있다. 기체방전의 경우 고전압에서 발생하는 전자가 기체분자를 때려 높은 에너지 상태로 올라가게 만드나 기체분자들은 자발방출에 의해 곧 아래 에너지 준위로 떨어지고 만다. 따라서 밀도반전이 "항상" 이루어져 있는 상태는 아니다.

밀도반전의 상태가 "항상" 유지될 경우 한번 자극방출이 발생하면 산사태와 같은 효과가 생겨 지속적으로 자극방출이 유도되어 자극방출에 의한 빛만 방출하게 된다.

5-2. 레이저는 어떻게 발생되나?

레이저는 3 또는 4준위 레이저로 구별된다. 이 절에서는 4준위 레이저에서 레이저 활동이 어떻게 일어나는지에 대해 설명하도록 하겠다. 여기서 4준위 레이저란 레이저 활동에 4개의 에너지 준위가 관여한다는 것을 나타낸다.

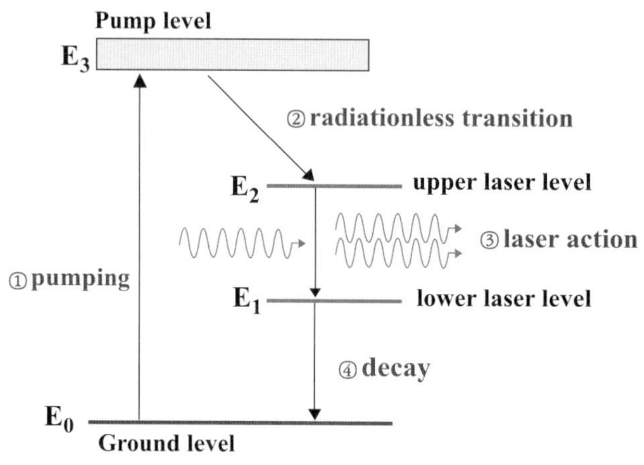

그림 5-4 4 준위 레이저의 발생 과정

그림 5-4에 4준위 레이저에서의 레이저 발생 과정을 나타내고 있다. 여기서 레이저 활동은 4가지 단계로 나누어 설명할 수 있다.

첫째는 펌핑(pumping) 과정이다. 펌핑 과정은 레이저 물질 내의 원자(분자)들을 기저준위에서 펌프준위로 여기시키는 것이다. 이러한 여기 과정은 기저준위와 펌프준위 사이의 에너지 차이에 해당하는 에너지를 외부에서 공급해 주면 된다. 펌핑 에너지의 형태는 레이저의 종류에 따라 다양하다. 빛에너지, 전기에너지, 화학에너지 등 레이저의 종류에 적합한 여러 형태의 에너지가 사용되고 있다. 여기서 특기할 만한 것으로는 펌프준위는 되도록 넓은 것일수록 좋다는 사실이다. 왜냐하면 펌프준위가 좁으면 펌핑을 위해서 아주 정확한 에너지를 공급해 주어야 하는데 펌프준위가 넓으면 그렇게 할 필요가 없기 때문이다.

둘째는 빠른 무방사 전이(radiationless transition) 과정이다. 펌프준위에 원자가 머무를 수 있는 시간은 아주 짧다(10^{-8}초, 일반적인 여기 에너지 준위의 특성). 따라서 펌핑된 원자들은 거의 순간적으로 펌프준위에서 위 레이저 준위(upper laser level)로 떨어진다. 이 과정에서는 빛이 나오지 않는다(무방사 전이). 위 레이저 준위의 특성은 그곳에 원자들이 상당히 오랜 시간 동안(10^{-3}초) 머무를 수 있다는 것이다. 이와 같이 이 준위에서 원자들이 머무를 수 있는 시간이 길므로 이 에너지 준위를 준(準)안정 준위(metastable state)라고 부른다. 반면에 아래 레이저 준위(lower laser level)에서 머무를 수 있는 시간은 아주 짧다(10^{-8}초). 따라서 두 레이저 준위의 상반된 특성 때문에 위 레이저 준위에 존재하는 원자(분자)의 수는 아래 레이저 준위에 존재하는 원자(분자)의 수보다 항상 많다. 이에 따라 위 레이저 준위와 아래 레이저 준위 사이에는 "항상" 밀도 반전이 형성되어 있다(레이저 활동, 즉 자극방출에 의한 빛의 생성의 기본 조건).

셋째는 레이저 활동 과정이다. 위에서 설명하였듯이 위 레이저 준위와 아래 레이저 준위 사이의 특성(원자들이 머무를 수 있는 시간) 때문에 두 레이저 준위 사이에는 항상 밀도반전이 형성되어 있다. 따라서 한 번의 자극방출이 발생하면 두 개의 빛이 나오고 이 두 개의 빛이 네 개, 여덟 개 등 기하급수적으로 자극방출이 유도되어 레이저 빛을 방출하는 것이다.

넷째는 붕괴과정이다. 레이저 활동을 마친 원자들은 아주 빠르게 (아래 레이저 준위에서 10^{-8}초 동안 머무를 수 있으므로) 기저준위로 떨어진다. 이렇게 빠른 시간 안에 기저준위로 떨어지므로 위 레이저 준위와 아래 레이저 준위 사이에는 항상 밀도반전이 이루어지게 되는 것이다. 이렇게 빠르게 기저준위로 떨어진 원자들은 다시 펌핑되어 레이저 활동의 순환 과정(1-2-3-4과정)을 반복하게 된다.

실제로 레이저 물질을 한 번 지나가면서 자극방출되는 빛의 양은 많지 않다(이를 증폭률이라 부르는데 대략 5% 미만). 따라서 계속적으로 자극방출을 일어나게 하기 위해서는 일종의 궤환 과정(feed back)이 필요하게 된다. 그림 5-5에 이에 대한 개념이 주어져 있다.

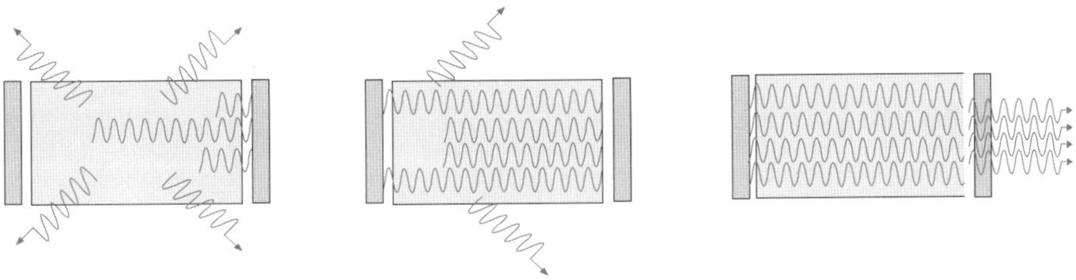

그림 5-5 궤환 과정에 의한 레이저의 증폭

궤환을 위해서는 레이저 물질의 양쪽 끝에 거울을 두면 된다. 그림 5-5에서 보듯이 왼쪽 끝에는 100% 반사율을 가진 거울을 두고 오른쪽 끝에는 95~99%의 반사율을 가진 거울을 둔다. 초기에 자극방출이 시작되면 발생한 빛이 레이저 물질을 지나가면서 다른 원자들에게 자극방출을 유도한다. 그러나 이렇게 발생하는 자극방출률(증폭률 대략 5% 정도)이 적으므로 이 빛을 다시 레이저 물질로 되돌려 보내는 것(feed back)이다. 되돌려 보내진 빛은 다시 레이저 물질을 지나면서 다른 원자들을 자극방출시켜 빛을 내게 만든다. 따라서 두 거울 사이를 왔다 갔다 하면서 결국 모든 빛이 자극방출에 의해 형성되도록 만든다. 오른쪽 거울이 95~99%의 반사율을 가져야 하는 것은 이쪽으로 레이저 빛이 빠져 나오게 하기 위해서이다.

5-3. 레이저는 어떻게 구성되어 있나?

레이저를 구성하는 기본요소는 펌핑 에너지, 레이저 물질, 공명기 등 세 가지이다.

첫째, 펌핑 에너지는 앞에서 설명했듯이 레이저 물질 내의 원자들을 기저준위에서 펌프준위까지 끌어올리는 데 사용하는 에너지이다. 이 펌핑 에너지는 레이저 물질의 종류에 따라 빛에너지, 전기에너지, 화학에너지 등 다양하다.

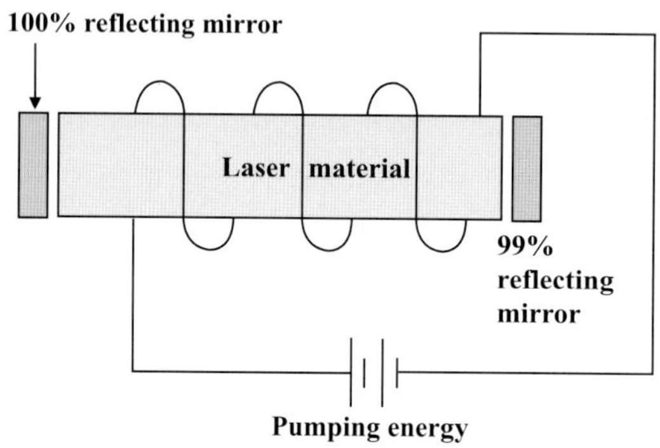

그림 5-6 레이저의 세 가지 구성요소

둘째, 레이저 물질은 밀도반전이 가능한 원자(분자)를 포함하는 물질을 말한다. 레이저 물질은 기체, 고체, 액체 등 아주 많이 개발되어 있다. 레이저는 주로 레이저 물질의 이름을 따서 명명한다

셋째, 공명기는 앞에서 설명했듯이 궤환장치이다. 자극방출에 의해 발생한 레이저 빛이 한 번 물질을 통과할 때 증폭되는 율이 낮기 때문에 물질 양쪽에 거울을 두어 레이저 빛을 레이저 물질 내로 왔다 갔다 하게 만들어 증폭률을 높이는 장치가 바로 공명기(resonator)이다. 레이저의 종류에 따라 구조는 약간씩 다르지만 기본적으로 한쪽은 반사율이 100%인 거울, 다른 쪽은 95~99%인 거울(레이저 빛을 빼내기 위해)로 되어 있다.

5-4. 레이저 빛의 특징은 무엇인가?

레이저 빛이 다른 빛과 비교할 수 없을 정도로 우수한 것은 단파장성과 직진성이다. 햇빛(열복사)이나 기체방전(자발방출)에 의한 빛들은 다양한 파장을 가지는 빛들의 합성이다. 반면에 레이저는 빛의 발생 메커니즘에서 보았듯이 레이저 활동에 관여하는 두 레이저 준위의 에너지 차이에 해당하는 파장의 빛만이 나오므로 그 단파장성이 우수할 수밖에 없다.

단파장성을 스펙트럼상의 FWHM(Full Width at Half Maximum, 반폭치)로써 비교한다. 그림 5-7에 기체방전에 의한 빛과 레이저 빛의 스펙트럼을 비교하였다. 이 그림에서 반폭치는 스펙트럼에서 빛의 최고 세기의 반이 되는 위치에서의 파장폭으로 정의한다. 기체방전에 의한 빛과 이 반폭

치를 비교하면 레이저 빛의 단파장성이 얼마나 우수한지를 알 수 있다. 예를 들어 Cd 기체 방전(Cd 램프)에서는 중심이 6,438Å인 빛(붉은빛)을 얻는데 그 반폭치는 대략 0.013Å이다. 이 반폭치에서 알 수 있듯이 Cd램프는 단파장성이 상당히 우수한 편이다. 그러나 이 값은 레이저 빛과는 비교할 수 없다. He-Ne 레이저는 6,328Å의 빛을 내는데 그 반폭치는 10^{-7}Å이다. 따라서 He-Ne 레이저 빛의 단파장성은 Cd램프와 비교하여 10^5배 좋다는 것을 알 수 있다. 이러한 레이저 빛의 우수한 단파장성 때문에 레이저가 정보통신 분야에 많이 사용되고 있는 것이다.

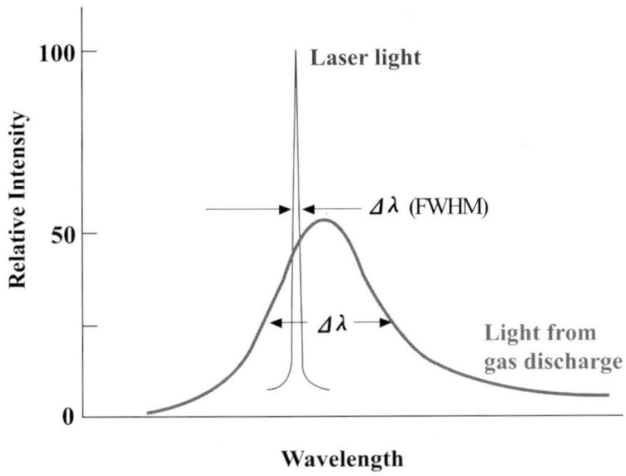

그림 5-7 레이저 빛의 특징인 단파장성

두 번째 레이저 빛의 우수한 특성은 직진성이다. 기체방전에 의한 빛은 자발방출 메커니즘에 의한 빛으로, 방향성이 제각각인데 반해서 레이저 빛은 자극방출에 의한 빛(쌍둥이 빛)으로, 모두 똑같은 빛이므로 방향성이 같다. 따라서 레이저 빛은 퍼지지 않고 멀리 전파될 수 있다. 지구에서 발사된 레이저 빛이 달까지 전파되어도 그 퍼짐의 직경이 1km를 넘지 않는 것은 레이저 빛의 직진성이 우수하기 때문이다. 이러한 우수한 직진성 때문에 에너지가 퍼지지 않으므로 한곳에 많은 에너지를 집중시킬 수 있다. 레이저의 직진성에 의한 에너지의 집중현상은 레이저가 여러 분야에 다양하게 응용될 수 있게 한다. 산업분야에서 금속의 절단, 용접 등에 사용되고 의료분야에서 레이저가 수술용 칼의 대용으로 사용되는 것도 모두 한곳에 에너지가 집중되는 레이저 빛의 직진성 때문이다.

5-5. 레이저에는 어떤 종류들이 있나?

레이저 발진용으로 수많은 물질이 개발되어 사용되고 있다. 고체, 액체, 기체의 레이저 물질이 모두 존재한다. 따라서 레이저를 기체 레이저, 고체 레이저, 액체 레이저로 다소 넓게 구분하고 있다. 그러나 좀 더 구체적으로는 이온(ion) 레이저, 분자 레이저, 반도체 레이저 등을 따로 구분하기도 한다.

고체 레이저에서는 전이원소와 희토류 원소들을 결정물질(host material, 주로 부도체)에 희박하게 섞은 것을 레이저 물질로 사용하고 있다. 이러한 원소들은 물질 내에 이온으로 존재하며 이 이온들을 레이저 발진에 이용하는 것이다.

반도체 레이저는 고체 레이저의 범주에 들지만 다른 고체 레이저와는 달리 전자와 정공의 결합에 의해 레이저 발진이 이루어진다. 따라서 반도체 레이저는 다른 고체 레이저와는 레이저 메커니즘이 다소 다르다.

액체 레이저의 대표적인 예는 색소(Dye) 레이저이다. 레이저 물질은 알코올, 메틸알코올 또는 물에 색소복합체가 함유되어 있는 것이다. 색소 복합체에는 polymethine dye(0.7~1μm), xanthene dye(0.5~0.7μm), coumarin dye(0.4~0.5μm), scintillator dye(〈0.4μm) 등이 있다.

기체 레이저에서는 기체들이 낮은 압력(대체로 수 Torr)에 있으므로 에너지 준위의 퍼짐이 고체 물질에서보다 훨씬 적다(즉 에너지 준위가 가는 선으로 표현된다). 따라서 기체레이저에서는 고체 레이저에서 사용되는 光 펌핑 방법에 의한 밀도반전이 어렵다. 즉 고체의 경우에는 레이저 준위의 퍼짐으로 에너지원이 정확한 에너지 준위 차이에 해당하는 에너지가 아니더라도 펌핑이 가능한 반면에 기체의 경우에는 에너지원이 에너지 준위 차이의 에너지에 어느 정도 일치해야 펌핑이 가능하기 때문이다. 따라서 기체 레이저의 펌핑은 에너지 준위가 비슷한 다른 기체를 섞어 전기 방전시키는 방법을 주로 사용하고 있다. 기체 레이저의 예로서는 He-Ne 레이저, CO_2 레이저 등이 있다.

아래에서는 고체 레이저, 기체 레이저, 액체 레이저 중의 대표적인 것에 대해 상세히 설명하도록 하겠다.

(1) 루비 레이저

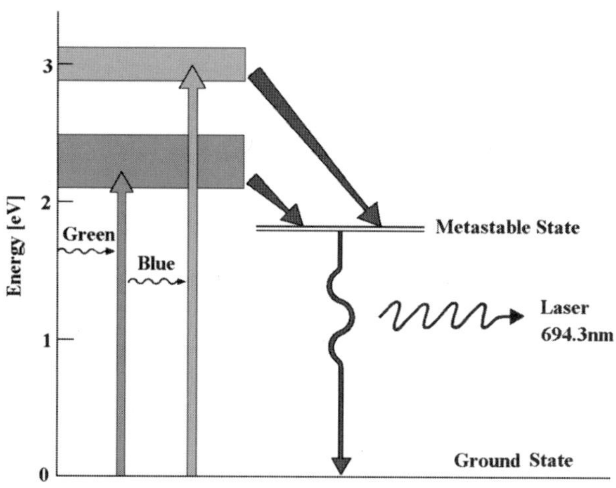

그림 5-8 루비의 에너지 준위 및 레이저 활동

루비 레이저는 1960년 Maiman에 의해 발진된 최초의 기시광선 레이저이다. 루비는 Al_2O_3(알루미나)결정에 Cr을 희박하게 Al 자리에 대치한 것이다. Al_2O_3결정은 원래 투명한 것이나 Cr이 들어 있는 정도에 따라 핑크 또는 붉은색을 띤다. Cr은 루비 안에 Cr^{3+} 이온으로 존재하므로 레이저 발진에 이용되는 것은 Cr^{3+} 이온의 에너지 준위이다. Cr^{3+} 이온은 청색과 녹색의 흡수띠를 가지고 있으며

이 준위들이 곧 펌프준위가 된다(그림 5-8).

루비는 결정을 만들기도 쉽고 막대모양의 양면에 공명기도 쉽게 만들 수 있어서 지금도 레이저 물질로 많이 이용되고 있다. 공명을 위해서 2mm 직경(직경이 너무 클 경우 펌핑용 빛이 막대 중앙으로 가기 전에 표면에서 흡수될 수 있으므로 좋지 않다)의 양면을 편편하게 갈아서 한쪽은 100% 반사율을 갖고 다른 면은 95% 정도의 반사율을 갖도록 은을 증착시키면 된다. 펌핑을 위해서는 기체방전 플래시 램프를 나선 모양으로 루비 주위에 감아서 사용한다(그림 5-9). 플래시 램프의 광 에너지를 루비 안의 Cr^{3+}이온이 흡수하여 흡수띠(펌프준위)의 에너지 준위로 여기된다. 여기된 이온들은 에너지를 주위의 원자들에게 주고 빠르게 준(準)안정준위로 비(非)방사 전이한다. 이 상태에서 준안정준위와 기저준위 사이에 밀도반전이 일어나고 자극방출이 한번 유도되면 이 빛이 루비의 양 끝을 오가면서 기하 급수적으로 자극방출이 일어난다. 발생하는 레이저 빛은 준안정준위와 기저준위의 에너지 차이에 해당되는 파장인 694.3㎚인 붉은색이다. 그림 5-8에서 보는 바와 같이 루비 레이저는 3준위 레이저 방출 메커니즘을 가지고 있다.

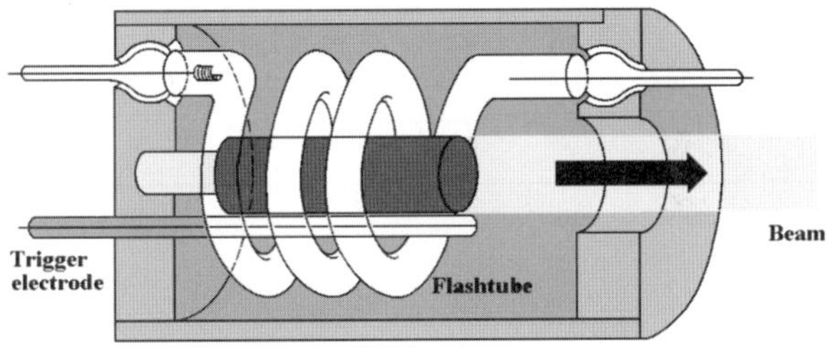

그림 5-9 루비 레이저의 주요부분

(2) 반도체 레이저

반도체 레이저는 p형 반도체와 n형 반도체를 접합시킨 다이오드 형태이다.

그 양단에 전압을 걸어줄 때 빛을 내는 다이오드를 LED(Light Emitting Diode)라 부른다. 기본적으로 반도체 레이저의 구조와 메커니즘은 LED와 동일하다. LED가 빛을 내는 메커니즘은 다이오드에 순 바이어스(forward bias) 전압을 걸었을 때 특정한 반도체에서 일어나는 투사 발광(injection luminescence)효과를 이용한 것이다. 투사발광 현상은 전압에 의해 접합 경계 면을 넘어간 전자나 정공이 그곳의 전자나 정공과 결합(재결합)함으로써 빛을 내는 것이다. 반도체 레이저는 LED와 원칙적으로 다른 것이 없으나 LED보다 더 필요한 조건이 밀도반전 구조를 가져야 한다는 것이다. 재결합에 의한 빛의 방출이 일어나기 위해서는 여기된 전자와 정공이 많이

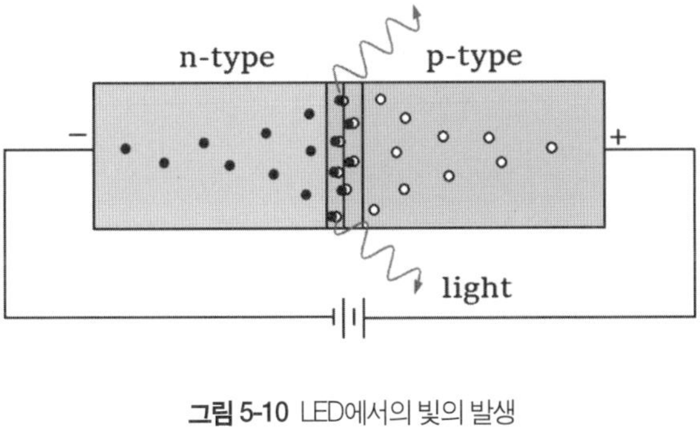

그림 5-10 LED에서의 빛의 발생

존재하는 영역이 필요한데 이 조건은 n과 p를 강하게 도핑(doping)시킨 pn접합을 만듦으로써 만족시킬 수 있다. 반도체 레이저의 경우 반도체 물질의 굴절률이 커서 반도체와 공기 면에서 반사되는 율이 광증폭을 위해 충분하기 때문에 공명기는 따로 필요 없다.

그림 5-11은 에너지 밴드 그림(energy band diagram)에서 순 바이어스를 걸어줄 때 밀도반전이 어떻게 일어나는지를 보여주고 있다. 활동 영역(active region) 안에서 전자와 정공의 결합에 의해 광자가 생성된다.

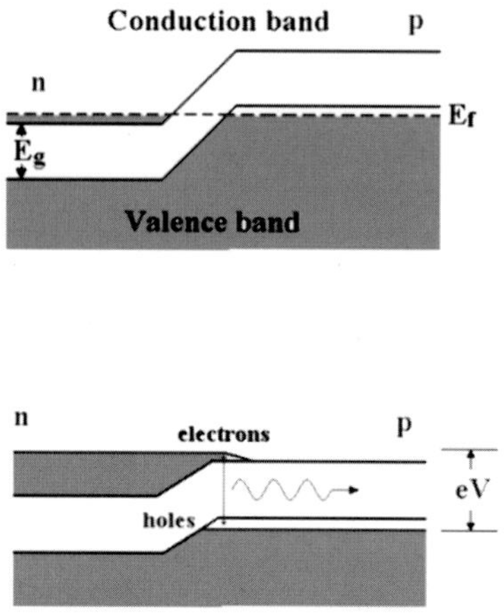

그림 5-11 에너지 밴드에서 보는 밀도반전의 형성과 광자의 발생 (순 바이어스 상태)

반도체 레이저에서 출력(output power)은 전류의 증가에 따라 증가한다. 그림 5-12는 다이오드 양단을 흐르는 전류와 레이저 출력 사이의 관계를 보여주고 있다. 문턱전류(threshold current)보다 낮은 전류에서는 빛이 자발방출에 의해 발생한다. 반면에 문턱전류 이상이 되면 자극방출이 자발방출을 압도하게 되고 레이저 활동에 의한 출력이 이루어진다. 그리고 문턱전류 이상에서는 전기에너지가 빛에너지로 전환되는 효율이 급격히 증가함을 볼 수 있다.

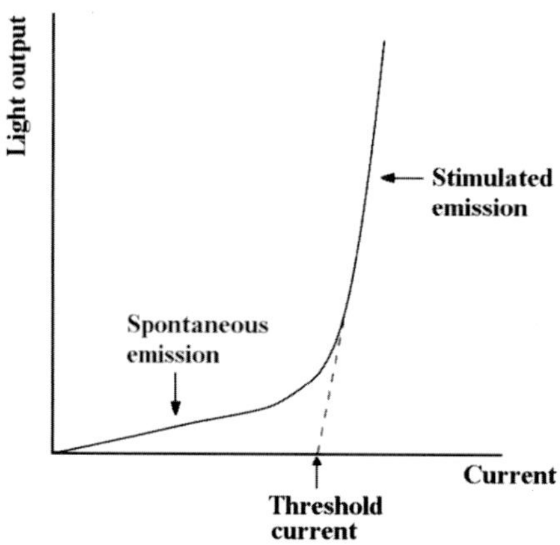

그림 5-12 반도체 레이저에서 전류와 광 출력 (light output) 사이의 관계

반도체 레이저는 1962년 GaAs를 이용하여 최초로 만들어졌다. GaAs를 적당히 도핑함으로써 p-n접합을 형성할 수 있다. 이와 같은 소위 동종 접합 레이저(homojunction laser)에서는 밀도반전을 위해서 센 전류를 유지해야 한다. 그러나 센 전류에 의해 열이 발생하므로 동종 접합레이저는 아주 낮은 온도에서 작동시켜야 하며 또한 펄스 형태의 레이저 빛만을 얻을 수 있다.

레이저 활동이 아주 좁은 영역에서 이루어지게 할 수 있다면 낮은 전류를 이용하더라도 면적이 작으므로 전류밀도를 크게 만들 수 있다. 즉 전류밀도가 아주 크므로 밀도반전은 유지되는 반면에 총 전류가 적으므로 열의 발생을 최소화할 수 있다. 좁은 영역에서의 전하밀도를 증가시키기 위해서 가는 띠 모양의 전극(narrow stripe electrode)을 사용한다. 가는 띠 모양의 전극은

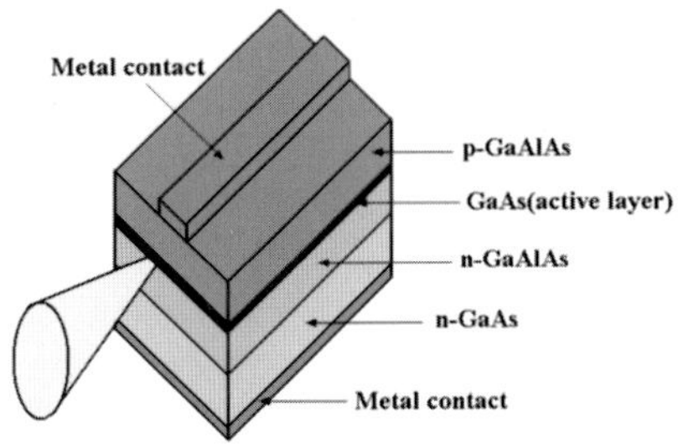

그림 5-13 반도체 레이저의 구조

전하를 가는 띠 영역으로만 흘려 보내기 때문에 그 영역 안에서 밀도반전이 유지하게 한다. 이 경우 전류밀도는 높지만 총 전류는 작아서 열의 발생이 최소화된다. 더욱이 이종 접합구조(heterojuction structure)를 이용함으로써 전류를 더욱 좁은 영역에 한정시킴으로써 레이저 효율을 극대화할 수 있다. 동종접합에서는 같은 물질의 p형 반도체와 n형 반도체의 접합이 한 개만 존재한다. 반면에 이종 접합은 종류가 다른 여러 물질의 접합들로 구성되어 있다(그림 5-13). 전자와 정공은 아주 좁은 활동영역(active layer) 안에서 재결합하여 빛을 방출한다. 활동영역의 물질은 아래와 위 물질보다 높은 굴절률을 가지고 있다. 따라서 활동영역에서 만들어진 빛은 아래와 위 물질의 경계면에서 전반사되어 활동영역의 옆면으로 방출된다. 이러한 이종 접합 레이저에 의해 상온에서 연속적인 레이저 빛의 발생이 가능하게 되었다.

표 5-1에 대표적인 반도체 레이저 물질과 그 레이저 빛의 파장이 주어져 있다. 반도체 레이저에서 나오는 레이저 빛의 파장은 레이저 물질의 에너지 갭에 관련되어 있다. 혼합물질(compound material)에서는 구성물질의 조성비를 바꾸면 에너지 갭이 달라진다. 따라서 표 5-1에서의 파장영역은 그 혼합물의 조성비를 달리했을 때 얻을 수 있는 레이저 빛의 파장영역을 나타내고 있다.

표 5-1 반도체 레이저 물질과 레이저 빛의 파장영역

혼합물질	GaAs	GaAlAs	AlGaInP	InGaAsP	InGaAsSb	GaN	PbSnTe	PbEuSeTe
파장영역	870nm	750~850nm	650~680nm	1.1~1.65μm	1.7~4.3μm	450~525nm	6~25μm	2~4μm

(3) 헬륨-네온(He-Ne) 레이저

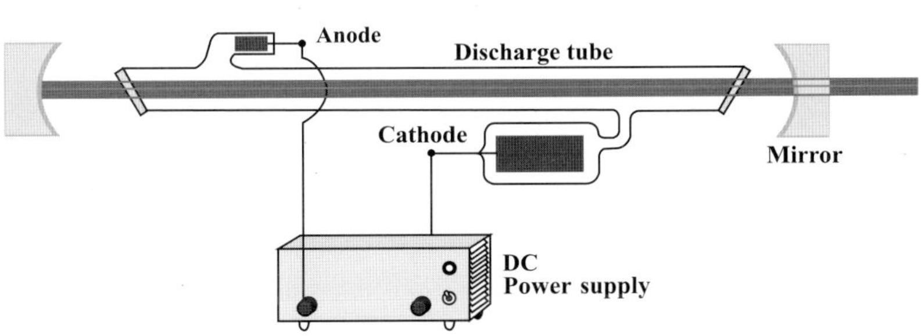

그림 5-14 헬륨-네온 레이저의 구조

헬륨-네온 레이저의 레이저 물질로는 헬륨과 네온을 10:1로 섞은 혼합기체를 사용한다. 이 혼합기체를 직경이 수 mm이고 길이가 0.1에서 1m인 관에 10Torr 정도의 압력이 되도록 넣고 밀봉한다. 혼합기체 중 헬륨과 네온의 역할은 각기 다른데 레이저 활동을 하는 것은 네온이고 헬륨은 네온을 여기시키는 역할을 한다.

펌핑을 위해서는 고전압을 관 양쪽에 걸어주는데 이 고전압에 의해 발생하는 전자가 헬륨과의 충돌에 의해 헬륨을 여기시키고 이렇게 여기된 헬륨원자가 네온과 충돌하여 네온을 여기시키게 된다. 그리고 여기된 네온원자가 기저상태로 떨어지면서 레이저가 발생하게 된다.

에너지 준위(그림 5-15)에서 보듯이 헬륨의 여기 에너지와 네온의 여기 에너지가 비슷하기 때문에 여기된 헬륨은 여기되지 않은 네온을 만나 쉽게 에너지를 전달하여 네온을 여기시킬 수 있다.

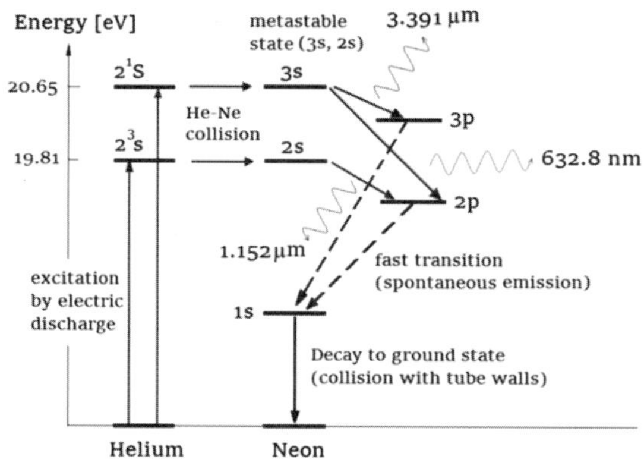

그림 5-15 헬륨-네온 레이저의 레이저 활동

방출하는 레이저의 파장은 4개(3.39μm, 1.15μm, 634.8nm, 543.5nm, 그림 5-15에서는 543.5μm는 표시되지 않았는데 이는 Ne원자가 3s에서 2p의 낮은 갈래 준위로 전이할 때 발생함)가 있는데 레이저 공명기의 각도(Brewster 거울의 각도)를 원하는 파장의 레이저 빛만이 증폭되도록 만듦으로써 원하는 파장의 레이저 빛을 뽑아낼 수 있다. 그러나 대부분 헬륨-네온 레이저는 634.8nm의 빛을 증폭하고 있다.

레이저 활동을 한 후 네온은 기저상태로 빨리 떨어져야 하는데 주로 벽면과의 충돌에 의해 에너지를 잃고 기저상태로 떨어진다. 따라서 관의 직경을 되도록 작게 만들어야만(앞에서 언급하였듯이 수 mm 정도) 레이저활동을 마친 네온이 빨리 기저상태로 떨어질 수 있다.

헬륨-네온 레이저는 출력이 다소 낮은 편(0.5~10mW)이나 레이저광의 파장이 아주 좁은 선폭(線幅)을 가지고 있어서 연구용 및 통신용으로 많이 사용되고 있으며 휴대용으로도 만들 수 있다는 장점이 있다.

(4) 색소 레이저

색소 레이저에서 사용하는 레이저 물질은 용매(solvent)에 유기 색소를 녹여 만든 것이다. 색소가 어떤 빛을 흡수하여 여기된 후에 발생하는 빛의 파장은 흡수한 빛의 파장보다 길다. 그리고 흡수한 빛과 방출하는 빛 사이의 에너지 차이는 열로서 방출된다. 이러한 형광성(fluorescence)이 그림 5-16에 주어져 있다.

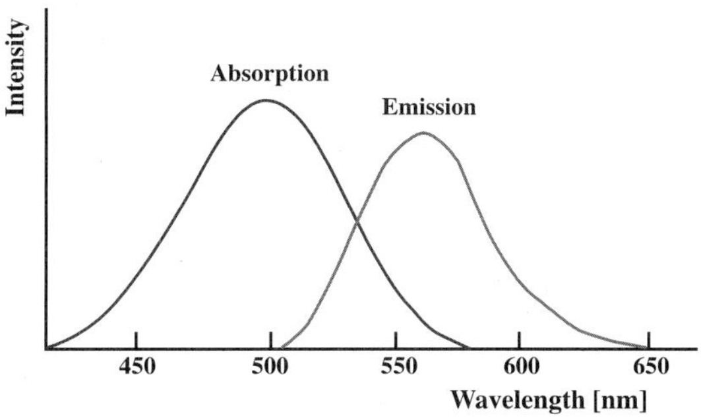

그림 5-16 색소의 형광 스펙트럼

그림 5-17에 대표적인 색소의 에너지 준위 그림이 주어져 있다. 색소 분자는 두 가지 종류의 에너지 준위를 가지고 있다. 하나는 단일상태(singlet)로서 그림에서 보듯이 S_0, S_1, S_2로 구성되어 있다. 단일상태는 색소를 구성하는 원자의 총 스핀양자수가 0인 상태를 의미한다. 또 다른 하나는 삼중상태(triplet)인데 이는 총 스핀양자수가 1인 상태를 나타내며 T_1, T_2로 구성되어 있다. 그리고 각 에너지 준위는 여러 갈래준위(sublevel)로 갈라져 있다. 이는 색소분자의 진동과 회전에 의한 것이며 또한 이러한 에너지 준위의 갈라짐에는 용매 분자의 영향도 존재한다.

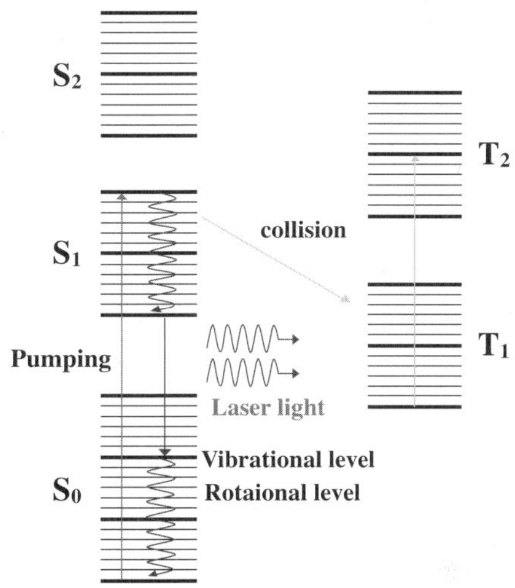

그림 5-17 색소의 에너지 준위와 레이저 활동

색소 레이저의 레이저 활동 과정이 그림 5-17에 주어져 있다. 기저상태(S_0)의 가장 낮은 갈래준위(sublevel)에 있는 색소분자는 광펌핑(optical pumping)에 의해 첫 번째 여기상태인 S_1의 가장 높은 갈래준위로 올라간다. 그 후 색소분자는 S_1의 가장 낮은 갈래준위로 비방사(non-radiative) 전이를 한다. 그리고 레이저 빛은 이 준위에서 S_0의 한 갈래준위로 전이할 때 발생한다. 레이저 활동을 마친 색소분자는 S_0의 가장 낮은 갈래준위로 붕괴된 후 위에 언급한 과정들을 반복한다.

위에서는 기저준위의 가장 낮은 갈래준위에서 시작하는 레이저 활동을 설명하였는데 실제로 기저준위 S_0에는 수많은 갈래준위가 존재하고 또한 여기상태인 S_1에도 수많은 갈래준위가 존재하므로 다양한 레이저 활동이 가능하다. 따라서 색소 레이저에서 출력되는 빛은 넓은 파장영역의 합성 빛으로 이루어져 있다.

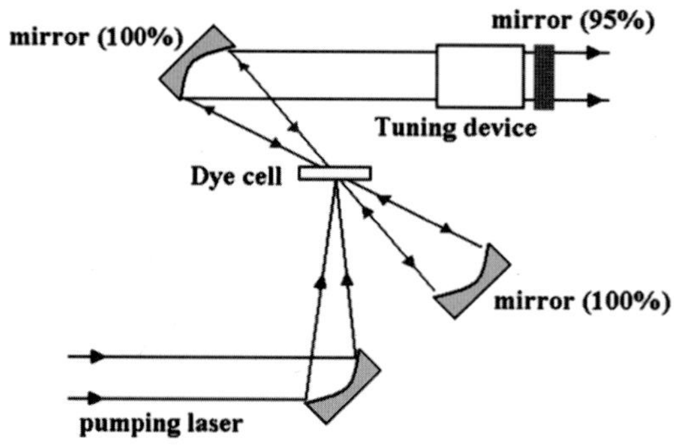

그림 5-18 색소 레이저의 개략적인 구조

양자역학적 선택률(selection rule)에 의하면 단일상태인 S_1에서 삼중상태인 T_1으로의 전이는 허용되지 않는다. 그러나 확률은 작지만 이러한 전이가 일어날 수 있다. 따라서 S_1으로 여기된 색소분자들이 레이저 활동을 하는 대신에 T_1으로 전이한다. T_1에서 S_0로의 전이가 허용되지 않으므로 T_1으로 전이한 색소분자들은 S_0와 S_1 사이의 에너지 차이가 T_1과 T_2 사이의 에너지 차이와 비슷하므로 펌핑 에너지를 받아 T_2로 전이한다. 결과적으로 S_0에서 S_1으로 전이시키는 데 사용되어야 할 광펌핑 에너지가 T_1에 있는 색소분자들을 T_2로 전이시키는 데 사용되므로 레이저 효율이 급격히 떨어지고 결국에는 레이저 활동이 멈추게 된다. 이러한 과정이 약 $1\mu s$에 일어나므로 색소 레이저로는 펄스 지속시간이 $1\mu s$보다 작은 펄스 형태의 빛만을 얻을 수 있다. 그러나 산소를 색소 용액에 섞으면 산소가 T_1에 있는 색소분자를 빠르게 S_0로 전이시키는 역할을 한다. 또한 색소용액을 순환시킴으로써 T_1에 있는 색소분자의 수를 크게 줄일 수 있다. 이러한 순환은 레이저 활동을 하는 색소분자에서 나오는 열을 방출시키는 데도 효과적이다. 또한 순환에 의해 연속적인 레이저 빛을 얻을 수도 있다. 색소 레이저의 레이저 빛은 다양한 빛의 혼합이므로 파장조정(tuning)을 통해 원하는 빛만을 뽑아 사용할 수도 있다. 그림 5-18에 색소 레이저의 개략적인 구조가 주어져 있다.

표 5-2에 대표적인 기체, 고체, 액체 레이저의 특성이 요약되어 있다.

표 5-2 여러 가지 레이저의 종류 및 특징

	형태	파장	출력	형태
기체	He-Ne	632.8nm(붉은색)	0.1~50mW	연속
	CO_2	10.6μm(원적외선)	3~100W	연속
	N_2	337nm(청색)	1~300mW	펄스
	Ar이온	488nm, 514.5nm	5mW~20W	연속
	ArF(excimer)	193nm(자외선)	10W(최고)펄스당 평균	펄스
액체	색소	400~900nm(색소종류에 따라)	20~800mW	연속/펄스(튜닝 가능)
고체	Nd:YAG	1.064μm	0.04~600W	연속
	Nd:glass	1.06μm	0.15~100J	펄스
	반도체(GaAs)	780~900nm	1~40mW	연속/펄스

5-6. 레이저는 어디에 응용되나?

레이저의 특성은 여러 가지가 있으나 그중에서 단파장성과 직진성은 다른 어떤 빛과 비교할 수 없을 정도로 좋다. 이러한 레이저의 성질을 이용하여 원하는 위치에 일시에 많은 에너지를 집중시킬 수 있고 아주 좁은 영역에 초점을 맞출 수도 있다. 레이저는 여러 분야에 응용되고 있는데 대체로 두 가지 영역으로 나누어 생각해 볼 수 있다. 즉 레이저의 에너지를 물질에 직접 작용하게 하는 경우와 정보를 실어(광케이블을 이용하여) 전달하는 데 레이저를 사용하는 경우이다. 아래에 이러한 레이저의 응용에 대해 알아보도록 하자.

(1) 레이저 에너지의 직접적 적용

레이저의 에너지를 한곳에 모아서 물체를 절단, 용접, 구멍을 뚫는 데 사용할 수 있다. 이 경우 열을 받는 부분이 국소적이어서 깨끗이 마무리된 표면을 얻을 수 있다. 또한 종류가 다른 물체 사이에는 용접이 어려운데 레이저를 사용하면 이러한 경우에도 용접이 가능하다. 공업적으로는 철, 스텐, 알루미늄 등의 금속을 절단하거나 이들을 서로 용접하는 데 사용하며 비행기 동체 및 엔진에 공기역학적 구조를 위한 구멍을 뚫는 데도 사용한다. 이러한 목적의 레이저로는 높은 출력의 CO_2 레이저나 Nd:YAG 레이저가 많이 이용되고 있다. 그리고 반도체 공정에는 아주 미세한 부분에 용접 또는 구멍을 뚫는 작업이 필요한데 레이저는 열에 민감한 다른 부분을 건드리지 않고 이러한 작업을 깨끗이 수행할 수 있다.

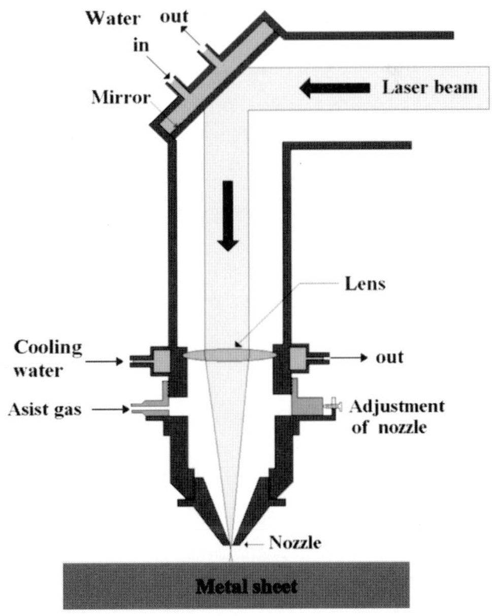

그림 5-19 레이저를 이용한 물체의 절단

레이저를 특히 많이 사용하는 의료분야로는 외과, 안과, 피부과 등이 있는데 이들 분야에서는 레이저를 절단용으로 사용한다. 절단용 레이저로는 CO_2 레이저와 Nd:YAG 레이저를 많이 사용하고 있다. CO_2 레이저는 10.6㎛의 적외선으로 조직 속의 물분자에 의해 잘 흡수되므로 나쁜 조직을 증발시키는 데 많이 사용된다. 수술용 칼 대신에 레이저를 사용할 경우 높은 정확도로 원하는 위치에 빛을 보낼 수 있고 초점을 맞추면 아주 좁은 영역만을 절단할 수 있으며 혈관을 마비시키는 효과가 있어서 출혈을 현저히 줄일 수 있다는 장점이 있다. 레이저를 한곳에서 다른 곳으로 보내는 데는 광섬유(광섬유에 대한 자세한 내용은 아

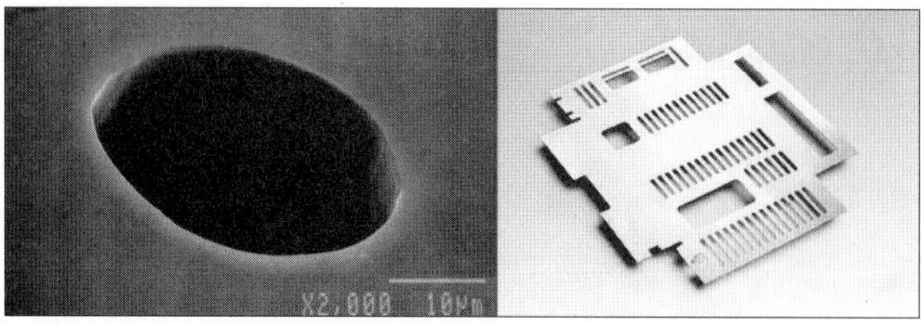

그림 5-20 레이저를 이용하여 만든 극미(직경 약 30μm)의 구멍(왼쪽)과 복잡한 구조

래를 참조)를 이용한다. 광섬유는 전반사 현상을 이용하여 빛을 에너지의 손실 없이 한 위치에서 다른 위치로 전달할 수 있다.

Nd:YAG 레이저는 광섬유를 사용할 수 있으나 원적외선인 CO_2 레이저는 광섬유의 사용이 불가능하므로 금속튜브 안에 원하는 위치로 광을 보낼 수 있게 거울을 부착한 팔 모양의 기구를 사용하여야 한다.

안과 분야에도 갈라진 망막의 접합에 Ar 이온 레이저를 사용한다. Ar 레이저는 488nm로 녹색계통이다. 이 빛은 적혈구에 의해 잘 흡수된다. 따라서 레이저 열에너지에 의해 갈라진 망막을 다시 붙이는 데 사용할 수 있다.

피부과 분야에서는 잘못된 피부조직을 태워 치료하는 데 특히 레이저를 많이 이용한다. 적색의 반점(port wine 반점)은 넓은 영역에 퍼져 있는 경우가 많으므로 제거하기 어렵다. 이 경우 Ar 레이저를 균일하게 비추면 레이저가 그 영역을 표백시켜 다른 피부조직과 동일하게 만들 수 있다. 이러한 효과는 문신을 지우는 데도 사용할 수 있다. 이와 같이 레이저는 의료용으로 아주 다양하게 사용되고 있고 그 사용영역도 점차 넓어지고 있다. 표 5-3에는 현재 의료용으로 많이 사용되고 있는 레이저에 대해 요약하여 놓았다.

표 5-3 의료용 레이저의 종류 및 응용분야

레이저의 종류	파장영역	출력	용도
엑시머류 Argon Fluoride Kripton Fluoride	 193nm(자외선) 248nm(자외선)	펄스형 펄스당 평균 10W까지	절단, 녹임 / 선택적 세포응결 기타 Ar레이저의 적용분야 / 근시교정
Argon-Ion	488nm(청록색)	연속형 10W까지	光응고(망막), 접합, 증발 / 안과수술(망막) 외과 수술용 레이저 메스 / 레이저 내시경, 응고장치 코의 연골절개 및 구멍 / 모반, 오점, 문신제거
색소(Dye) (Ar 레이저로 펌핑)	631nm(적색)	연속형 3~4W	光활성(종양치료) / 내시경을 사용한 선택적 응고
Nd:YAG	1.06μm(적외선)	연속형 60~100W까지	光응고, 증발, 절개, 구멍 외과 수술용 레이저 메스 / 레이저 내시경, 응고장치
CO_2	10.6μm(적외선)	연속형 80W까지	조직 증발, 절개 / 외과 수술용 레이저 메스 의료용으로 가장 널리 사용
Ruby	694.3nm(적색)	펄스형 펄스당 0.03~100J	충치, 치석제거 구강 종양 등 치과용으로 사용

(2) 통신에의 이용

통신의 용량은 통신에 사용하는 파의 진동수영역에 따라 다르다. 즉 파의 중심 진동수가 f_0이고 진동수 폭(band width)이 Δf인 경우 통신용량은 Δf에 비례한다. 레이저의 경우 단파장에 가깝지만(즉 Δf가 적지만) f_0가 커서 진동수 폭이 상대적으로 대단히 넓다.

예를 들어 전화통화의 경우를 보자. 인간의 목소리는 200Hz에서 4,000Hz 사이의 진동수를 가진다. 따라서 한 회선(목소리)의 진동수 영역은 3,800Hz이다. 진동수 10^6Hz의 라디오파 진동수를 사용하는 동축케이블의 경우 한 회선은 라디오파 진동수 폭 중에서 0.4%를 사용한다. 반면에 광케이블을 이용하여 빛(진동수; 4×10^{14}Hz)에 목소리를 실을 경우 한 회선이 사용하는 진동수 영역은 전체의 10^{-9}% 정도밖에 되지 않는다. 따라서 빛을 이용할 경우 동축케이블보다 훨씬 많은 회선을 사용할 수 있다. 예를 들어 중심 진동수 4×10^{14}Hz와 진동수 폭 10^{10}Hz의 레이저 통신에서 하나의 레이저 빔(beam)이 250만 통화를 가능하게 한다. 현재 손가락 굵기보다 가는 굵기의 광섬유 다발(약 144가닥)을 사용할 경우 2개의 가닥(송신, 수신)이 대략 672 회선의 용량이 가능하므로 전체적으로 약 50,000회선을 동시에 연결할 수 있다.

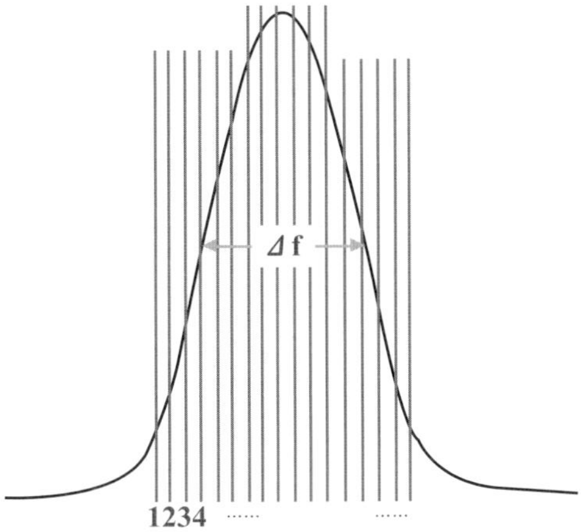

그림 5-21 진동수 영역에 따른 회선의 수

통신 이외에 정보를 전달 및 보관하는 데에도 레이저가 사용되고 있다. 즉 레이저 프린터, 홀로그래피, 광 자기(光 磁氣) 디스켓 등 여러 분야에 사용된다.

그리고 원거리 측정에도 레이저가 이용되는데 이는 바람의 속도, 지진의 예측 등 여러 용도에 응용된다. 인공위성에서 지구로 쏜 레이저 빛이 구름 등에 반사될 경우 발생하는 도플러 효과를 이용하면 바람의 방향을 측정 및 예측할 수 있고 이와 동일한 원리에 의해 지진으로 지각이 쪼개지는 방향을 측정하여 지진의 예측도 할 수 있다.

5-7. 광섬유란 무엇인가?

광섬유(Optical Fiber)는 유리로 만든 가는 실(fiber)이다. 영상 또는 음성(전기로 변환하여) 신호를 광섬유에 실어 전달할 경우 구리 동축케이블을 이용하는 것에 비해 여러 가지 장점이 있다. 앞

절에서 설명한 바와 같이 작은 광섬유를 통해 많은 신호를 한꺼번에 보낼 수 있기 때문에 부피를 크게 줄일 수 있다. 또한 빛의 경우 혼선(cross talk)이 거의 없다는 장점도 있다. 광섬유는 통신, 의료, 군사용 등 여러 분야에서 레이저와 함께 많이 사용되고 있다. 특히 광섬유를 이용하여 사람의 위나 장기를 보는 내시경이나, 레이저와 광섬유를 이용한 고속통신 등에 광섬유가 많이 이용되고 있다. 이러한 광섬유의 응용은 앞으로 계속 증가할 것으로 예상된다.

광섬유 응용의 기본적인 원리는 전반사 현상이다. 이 전반사 현상이 무엇인지 간단히 보도록 하자. 빛은 굴절률이 다른 물질을 만나면 일부는 반사되고 일부는 투과된다. 반사 또는 투과되는 빛의 양은 두 매질의 광학적 성질에 따라 다르다. 예를 들면 거울의 경우 대부분의 빛이 반사되고 유리의 경우 대부분의 빛이 투과된다.

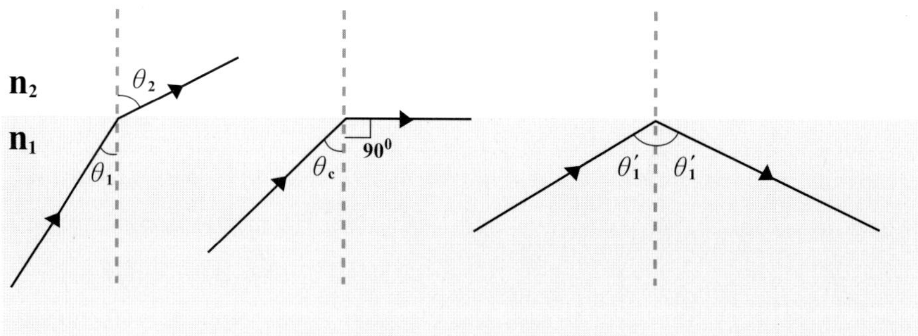

그림 5-22 전반사 현상

전반사 현상은 굴절률이 큰 매질에서 작은 매질로 이동할 때 발생한다. 그림 5-22와 같이 굴절률 n_1인 매질에서 n_2 $(<n_1)$인 매질로 빛이 진행한다고 하자. 한 예로서 빛이 물속에서 공기 중으로 나아가는 경우를 생각해 볼 수 있나. 빛은 매질들의 경계면에서 반사 및 투과되는데 입사각이 작은 경우(θ_1) 대부분의 빛은 $n_1 \rightarrow n_2$로 투과되어(굴절각 θ_2) 진행한다. 그러나 입사각이 임계각(θ_c)인 경우 빛은 경계면을 따라(굴절각 90°) 진행한다. 그리고 입사각이 θ_C보다 클 경우 빛은 경계면에서 전부 반사되어 굴절률 n_1인 매질로 되돌아온다. 이러한 현상을 전반사라 부른다. 전반사의 경우 빛의 모든 에너지가 소멸 없이 매질 n_1으로 반사되어 되돌아온다.

전반사가 시작되는 임계각 θ_C는 굴절의 법칙 $n_1 sin\,\theta_1 = n_2 sin\,\theta_2$에서 입사각 $\theta_1 = \theta_c$일 때 굴절각 θ_2= 90°인 경우이므로

$$\theta_c = sin^{-1}\frac{n_2}{n_1} \qquad \textbf{(5-1)}$$

로 주어진다.

전반사를 이용하여 광섬유의 한쪽 끝에서 다른 쪽 끝으로 에너지의 변화 없이 광 신호를 전달할 수 있다. 광섬유 안으로 광 신호를 보낼 때 전반사 조건이 만족되도록 하기 위한 입사각의 조건이 무엇인지를 알아보도록 하자. 광섬유의 중심부분은 굴절률이 n_1=1.5인 유리이고, 그 표면에 굴절률이 n_2=1.48인 물질로 cladding이 되어 있다고 하자. 그림 5-23에서 보듯이 ①과 같은 각도로 빛이 입사하면 외곽으로 투과되어 버린다. 반면에 광선 ②와 같은 경우에는 임계 전반사를 보인다. 즉, 이 경우 광선은 광섬유의 표면을 따라 이동한다. 광선 ③의 경우 전반사 조건을 만족하여 광섬유의 표면에서 계속적으로 전반사가 일어나서 광 신호가 광섬유의 한 끝에서 다른 끝으로 이동할 수 있다. 전반사의 조건이 만족되는 최대의 입사각 θ_m은 다음과 같이 구할 수 있다. 먼저 I 면에서 굴절의 법칙을 적용하면 $n_0\sin\theta_m=n_1\sin\theta_m'$ 이 되고 II 면에서의 굴절의 법칙은 $n_1\sin\theta_c=n_2\sin 90°$가 된다. 여기서 광섬유가 공기 중에 사용된다면 $n_0=1$이다. 그림에서 보듯이 θ_c와 θ_m'는 $\theta_c+\theta_m'=90°$의 관계가 있으므로 임계각은

$$\theta_m=\sin^{-1}\sqrt{n_1^2-n_2^2} \tag{5-2}$$

으로 표현된다. 위 식의 각도는 전반사 조건을 만족하는 입사각의 최대치이다. 즉, 이 각보다 작은 각으로 광 신호를 광섬유 안으로 입사시키면 그 신호는 광섬유의 경계면에서 연속적으로 전반사되어 광섬유의 한 끝에서 다른 끝으로 전달될 수 있다. 광 신호의 입사각의 임계치는 $n_1=1.5$, $n_2=1.48$인 경우 $\theta_m=14°$로 구해진다. 즉, 광섬유 단면의 임의의 위치에서 ±14°의 원뿔 모양 안으로 빛이 입사하는 경우 전반사 조건을 만족됨을 볼 수 있다.

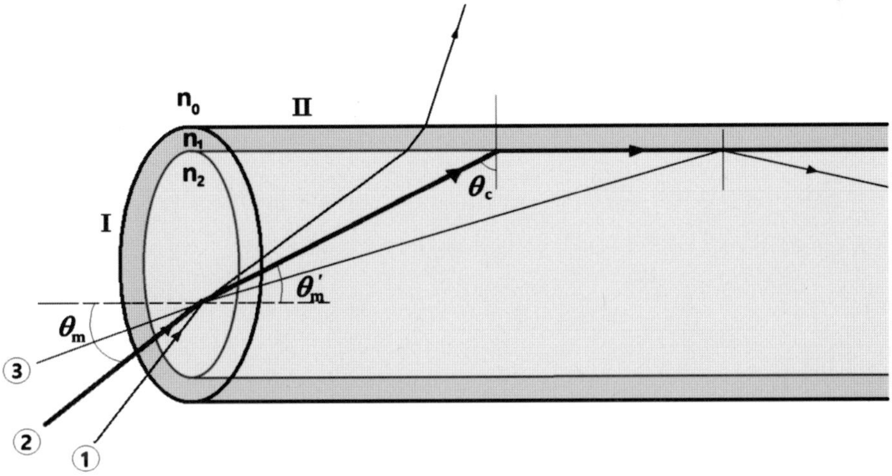

그림 5-23 광섬유에서의 전반사

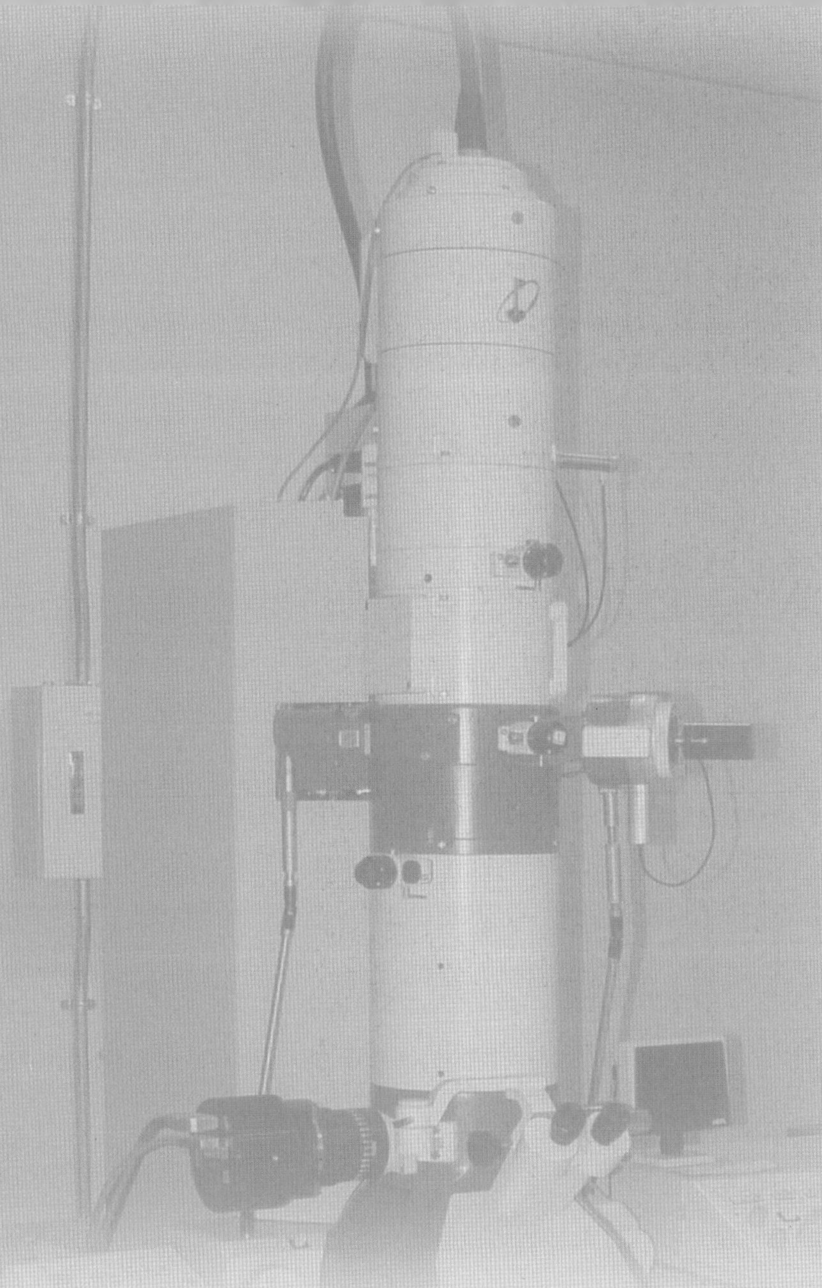

제6장

전자현미경의 구조

제6장

전자현미경의 구조

6-1. 렌즈의 역할은 무엇인가?

렌즈는 빛을 모으거나(볼록렌즈) 분산시키는(오목렌즈) 광학기구의 하나이다. 렌즈는 투명한 물질로 만들어지며 볼록 또는 오목한 구면에서 빛이 꺾이기 때문에 빛이 모이거나 퍼지게 된다(부록 G참조). 렌즈의 모양은 두 구면의 곡률에 따라 여러 가지 형태가 있을 수 있다. 그러나 그 기능은 빛을 모으거나 분산시키는 두 가지 기능을 하는 볼록렌즈와 오목렌즈로 대별할 수 있다.

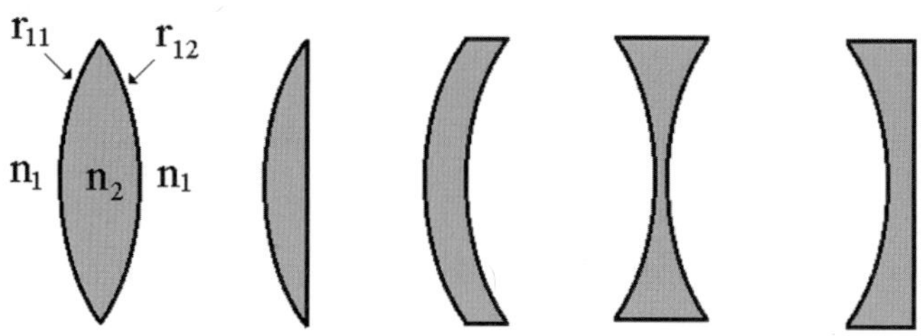

그림 6-1 여러 모양의 볼록 또는 오목렌즈

광학기구로 사용하고 있는 렌즈의 대부분은 얇은 렌즈로 간주할 수 있는 것들이다. 얇은 렌즈의 초점거리는

$$\frac{1}{f}=\frac{n_2-n_1}{n_1}\left(\frac{1}{r_{11}}-\frac{1}{r_{12}}\right) \tag{6-1}$$

로 구해진다. 여기서 n_1은 렌즈의 양쪽에 있는 물질의 굴절률이고 n_2는 렌즈를 만드는 데 사용한 물질인 유리나 플라스틱의 굴절률이다. 그리고 r_{11}과 r_{12}는 렌즈 양쪽면의 곡률반경을 나타낸다(그림 6-1). 렌즈는 대부분 공기 중에서 사용되는데 이 경우 n_1=1이라 두면 된다.

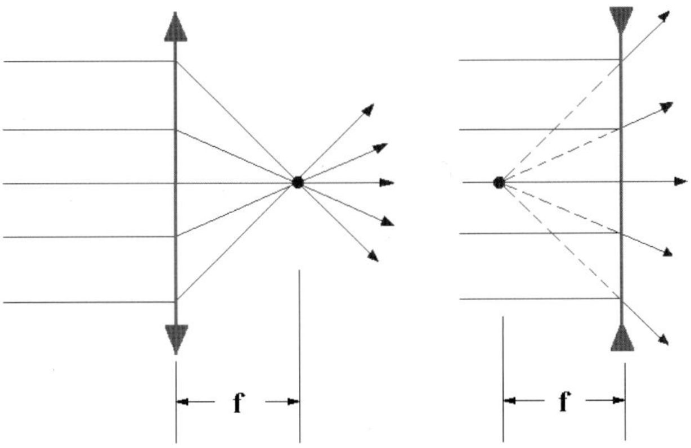

그림 6-2 볼록렌즈와 오목렌즈의 초점

얇은 렌즈에 의해 형성되는 상의 위치는

$$\frac{1}{s}+\frac{1}{s'}=\frac{1}{f} \qquad (6\text{-}2)$$

의 공식에 의해 구해진다. 여기서 s는 렌즈에서 물체까지의 거리이고 s'은 렌즈에서 상까지의 거리를 나타낸다. 즉 물체와 상이 렌즈에서 떨어진 거리는 렌즈의 초점거리와 관련되어 있음을 알 수 있다. 볼록렌즈에 의한 상은 물체가 렌즈의 초점거리 밖에 있을 때는 실상(실제로 빛이 모여서 형성된 상)이고 물체가 초점거리 안에 있을 때는 허상(빛이 그곳에 모인 것처럼 보이는 상)이다. 반면에 오목렌즈에서는 빛이 퍼지는 특성 때문에 물체의 위치에 관계없이 항상 허상만을 얻을 수 있다.

볼록렌즈는 물체를 크게 보기 위한 돋보기로 사용되며 오목렌즈는 빛을 퍼트리는 특성을 이용하여 근시교정에 이용되고 있다. 또한 오목렌즈와 볼록렌즈를 같이 사용함으로써 색수차를 없앨 수 있다. 색수차는 색에 따라 굴절이 달라지는 현상으로 사진기, 현미경 등 광학기구에서 깨끗한 상을 얻기 위해서는 반드시 이를 제거하여야 한다.

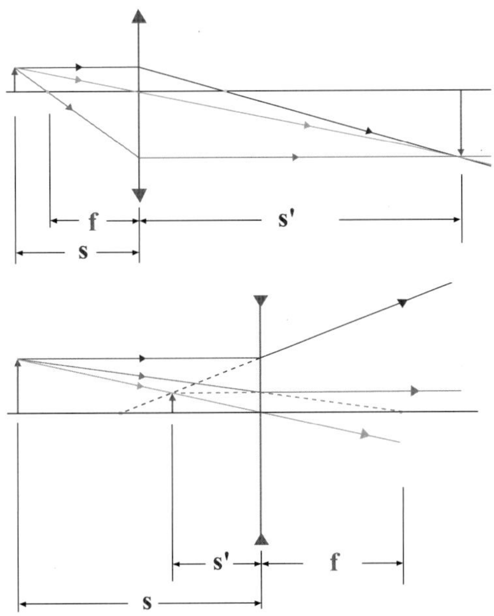

그림 6-3 렌즈에 의한 상의 형성

우리 눈의 렌즈는 보고자 하는 물체의 위치에 따라 렌즈에 붙은 근육에 의해 적당하게 두께가 조절된다. 이를 눈의 조절기능(accommodation)이라고 한다. 정상적인 눈의 경우 무한대에 있는 물체를 볼 때 근육이 풀린(relaxed) 상태에서 물체를 본다. 그러나 물체가 눈 가까이 접근하면 근육이 렌즈를 눌러 깨끗한 상이 망막에 맺히도록 한다. 물체가 너무 가까이에 오면 근육이 더 이상 렌즈를 누를 수 없는(fully accommodated) 상태가 되는데, 이때 눈에서 물체까지의 거리를 근점

(near point)이라고 부른다. 물체가 근점보다 더 가까이 접근하면 망막에 깨끗한 상이 형성되지 못하고 흐리게 보이게 된다. 따라서 근점이란 눈의 조절기능에 의해 깨끗한 상을 얻을 수 있는 물체와 눈 사이의 최소한의 짧은 거리이다. 근시는 이 근점이 짧아서 오목렌즈를 이용하여 빛을 분산시켜 주어야 망막에 깨끗한 상을 얻을 수 있다.

그림 6-4에 볼록렌즈(돋보기)의 작용이 주어져 있다. 맨눈으로 높이 h인 물체를 근점인 25cm에 두고 본다고 하자. 이 경우 눈이 물체를 보는 각도는 α_e라고 한다. 반면에 볼록렌즈를 통해서 물체를 볼 때는 볼록렌즈를 물체 가까이로 이동시켜서 본다(그림에서는 맨눈의 경우와 비교하기 위해 물체를 이동시켰음). 즉 물체를 볼록렌즈의 초점거리에 또는 초점거리 안에 두면 만들어지는 큰 허상을 보게 된다. 이 경우 눈이 상을 보는 각도를 α_m 이라고 한다. 그러면 볼록렌즈의 각배율(angular magnification)은

$$m = \frac{\alpha_m}{\alpha_e} = \frac{h/s}{h/25} = \frac{25}{s} \tag{6-3}$$

와 같이 구해진다. 만약 물체를 볼록렌즈의 초점거리에 두면 상은 무한대에 생기게 되며 이때의 배율은 $m=25/f$로 주어진다. 반면에 물체를 초점거리 안에 두고 근점에 상을 맺히게 한다면($s'=-$25cm) 렌즈의 공식(식 6-2)에서 s를 구하여 식 6-3에 대입해 $m=25/f+1$과 같이 배율을 구할 수 있다.

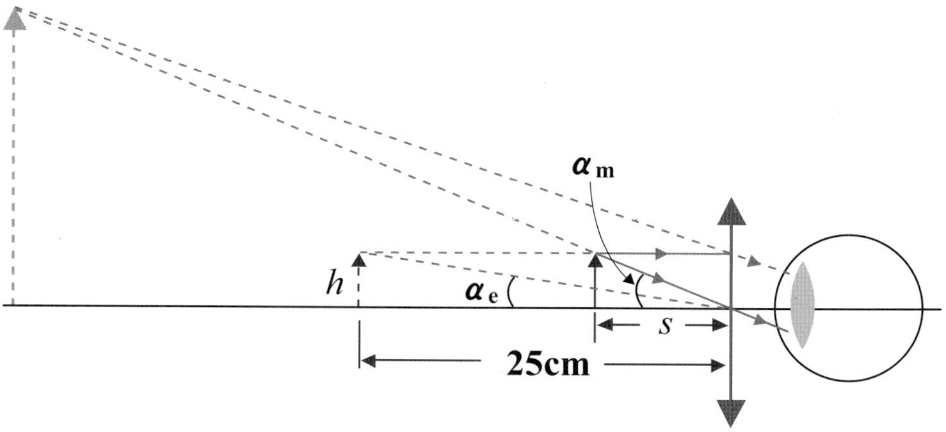

그림 6-4 볼록렌즈(돋보기)의 배율

초점거리 f_1과 f_2인 두 개의 렌즈가 거리 L만큼 떨어져 있는 경우 이를 하나의 렌즈로 간주할 수 있다. 이 경우 결과적인 렌즈의 초점거리는

$$\frac{1}{f} = \frac{1}{f_1} + \frac{1}{f_2} - \frac{L}{f_1 f_2} \tag{6-4}$$

로 주어진다. 따라서 여러 개의 렌즈로 구성된 복합렌즈도 위 공식에 의해 초점거리 f를 가진 한 개의 렌즈로 표현할 수 있다.

눈의 교정에서는 렌즈의 초점거리를 디옵터(Diopter, D로 표시) 단위로 표시한다. 디옵터는 초점거리의 역수를 미터 단위로 나타낸 것이다. 예를 들면 초점거리 20cm인 볼록렌즈는 5D가 된다. 반면에 같은 초점거리의 오목렌즈는 −5D이다. 눈을 교정할 때 상이 선명하게 보일 때까지 눈 앞에 여러 종류의 렌즈를 계속 겹쳐가면서 측정한다(안경점의 교정기구). 식 6-4를 이용하면(이 경우 $L=0$이므로) 교정 시력이 나올 때까지 이용한 렌즈의 초점거리로부터 교정용 렌즈의 초점거리는

$$\frac{1}{f}=\frac{1}{f_1}+\frac{1}{f_2}+\frac{1}{f_3}\cdots \tag{6-5}$$

와 같이 구해진다. 식 6-5는

$$P=P_1+P_2+P_3\cdots \tag{6-6}$$

로 고쳐 쓸 수 있다. 여기서 P는 초점거리의 역수로서 렌즈의 굴절력(또는 오목렌즈의 경우 분산력)이라 부르고 단위로는 디옵터를 사용한다. 식 6-6을 이용하여 상이 깨끗하게 될 때까지 사용한 렌즈의 굴절력 또는 분산력이 합산되며(예를 들어 근시의 경우 −4D 등) 이의 역수를 취함으로써 그 사람의 눈에 맞는 안경 렌즈의 초점거리가 결정되는 것이다.

[예제] 곡률반경이 $r_{11}=+5cm$, $r_{12}=+10cm$인 볼록렌즈의 초점거리를 구하라. 그리고 $r_{11}=-10cm$, $r_{12}=+5cm$인 오목렌즈의 초점거리를 구하라. 위 렌즈들은 공기 중에서 사용하고, 렌즈를 만든 물질의 굴절률은 1.52이다.

[답] 식 6-1에서 $n_1=1$이므로 볼록렌즈의 초점거리는 +19.23cm이고, 오목렌즈의 초점거리는 -6.41cm이다.

[예제] 초점거리가 3.125cm와 2.083cm인 두 개의 볼록렌즈가 2.604cm 떨어져 놓여 있다(현미경 또는 망원경의 대안렌즈의 구조). 이 렌즈계의 배율을 구하라. 최종상은 무한대에 맺히게 한다고 한다.

[답] 식 6-4에서 렌즈계의 초점거리는 $f=2.5cm$이다. 따라서 렌즈계의 배율은 $m=\frac{25}{f}=10$이다.

6-2. 렌즈 분해능의 한계는 어디까지인가?

렌즈에 의한 상은 회절에 의해 변형된 것이다. 즉 완전한 하나의 점으로 된 물체의 경우에도 렌즈에 의한 상은 점이 되는 것이 아니라 회절에 의해 퍼져 보인다. 따라서 두 물체가 아주 가까운 거리에 놓여있을 때 이를 렌즈로 분해할 수 있는 한계가 있다. 그림 6-5에서와 같이 두 물체 A와 B가 가까이 있을 경우 렌즈에 의한 상이 회절에 의해 분산된다. 이 경우 한 물체에 의한 상의 최고점이 다른 물체에 의한 상의 최저점보다 더 가까워지면 두 물체로 분간할 수 없게 된다. 이 조건은 두 물체에서 렌즈를 보는 각도(그림 6-5)가 최소한

$$\theta_{\min} = \frac{1.22\lambda}{D} \tag{6-7}$$

보다 커야 된다는 것을 의미한다(부록 E 참조). 여기서 D는 렌즈의 직경이고 λ는 사용한 빛의 파장을 나타낸다.

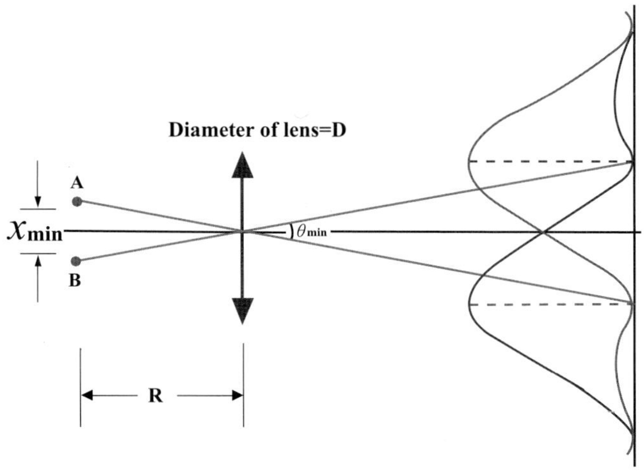

그림 6-5 분해 가능한 두 물체의 떨어진 거리

식 6-7을 이용하여 렌즈에 의해 두 물체를 분간할 수 있기 위해 두 물체가 떨어져야 하는 거리를 계산해 보도록 하자. 예를 들어 지상 500km에 있는 인공위성에서 직경 20cm의 렌즈로 지상을 관찰한다고 하자(그림 6-6). 이 경우 분간할 수 있는 두 물체 사이의 최소 각도는 식 6-7에서 3×10^{-6}rad로 구해진다. 따라서 두 개로 인식할 수 있는 두 물체의 떨어진 최소 거리는 1.5m로 계산된다($x_{\min} \approx s\theta_{\min}$). 이는 지상의 두 물체가 1.5m 이상 떨어져 있다면 인공위성에 탑재된 렌즈로 두 물체를 분간할 수 있다는 것을 나타낸다.

[예제] 렌즈의 직경이 35mm인 쌍안경으로 별을 관찰한다고 하자. 별이 떨어진 거리는 30,000광년이다. 이 거리에 있는 두 개의 별을 분간할 수 있기 위한 두 별이 떨어진 최소의 거리는 몇 광년인가?

[답] $\theta_{min} = \frac{1.22\lambda}{D} = 1.91\times10^{-5} rad$ 이므로 $s = d\theta_{\min} = 0.58$광년이다.

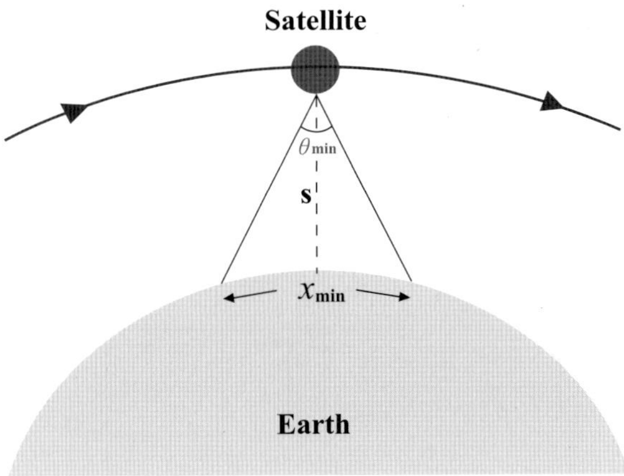

그림 6-6 인공위성에서 지상관측

6-3. 광학현미경의 최대 배율은 얼마인가?

작은 물체를 크게 보기 위해서 현미경을 이용한다. 현미경은 두 개의 렌즈로 구성되어 있다(그림 6-7). 즉 대안렌즈(eyepiece)와 대물렌즈(objective lens)로 구성되어 있는데 각 렌즈는 복합렌즈로 꾸며져 있다. 현미경의 기본적인 작동원리는 대물렌즈의 초점거리 약간 앞에 물체를 두어 일차 상을 대안렌즈 초점거리 안에 또는 초점거리에 맺히게 한다. 그러면 대안렌즈에 의해 이 일차 상에 대한 최종 상이 눈에서 25cm 떨어진 위치에 또는 무한대에 생기게 된다. 대물렌즈의 초점과 대안렌즈의 초점 사이의 거리 L은 국제 규격으로 18cm로 정해져 있다. 그리고 두 렌즈의 떨어진 거리 d는 그림에서 보듯이 $d=f_o+f_e+L$이다. 따라서 거리 d 떨어진 두 렌즈계의 초점거리는 식 6-4에서

$$\frac{1}{f}=\frac{1}{f_o}+\frac{1}{f_e}-\frac{d}{f_of_e} \tag{6-8}$$

로 구해진다. 이에 따라 대안렌즈에 의해 최종상이 근점에 맺힐 경우 현미경의 배율은

$$m=\frac{25}{f}+1=\frac{25(f_o+f_e-d)}{f_of_e}+1=\frac{L}{f_o}\frac{25}{f_e}+1 \tag{6-9}$$

와 같이 구할 수 있다. 여기서 마지막에는 $d=f_o+f_e+L$를 이용하였다. 만약 대물렌즈에 의한 1차상을 대안렌즈의 초점에 맺히게 할 경우 최종상은 무한대에 생긴다. 이 경우 현미경의 배율은 식 6-9 대신에 $m=\frac{L}{f_o}\frac{25}{f_e}$로 주어진다. 여기서 $\frac{L}{f_o}$는 대물렌즈에 의한 배율(Newton의 얇은 렌즈의 공식

을 사용하여 구함, 부록 G 참조)이고, $\frac{25}{f_e}$는 대안렌즈에 의한 배율이다. 즉, 현미경의 배율은 대안렌즈의 배율과 대물렌즈의 배율의 곱으로 주어진다.

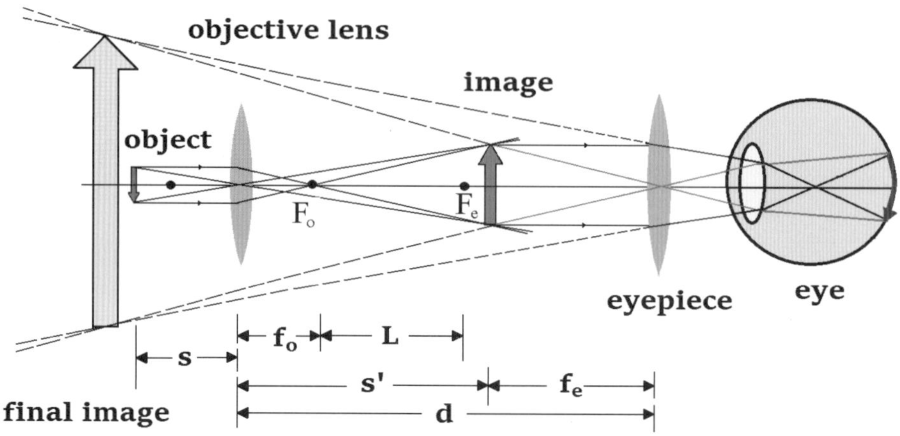

그림 6-7 현미경의 구조

현미경은 회절에 의해 그 최대배율이 제한된다. 현미경의 경우 일차 상이 대안렌즈의 초점근방에 맺히고(따라서 그림 6-5에서 $R=f_e$, f_e는 대안렌즈의 초점거리) 또한 렌즈직경과 초점거리의 비 D/f_e는 약 1.2이므로 분해 가능한 두 물체 사이의 거리 x_{min}은

$$x_{min}=R\theta_{min}=f_e\theta_{min}\approx\lambda \quad \textbf{(6-10)}$$

로 주어신다. 따라서 두 물체를 분산하기 위해서는 두 물체가 석어노 사용한 파상보다 더 떨어져 놓여 있어야 한다. 그리고 대안렌즈로 보는 최종 상의 크기가 1mm 이하일 경우 흐려 보이므로 광학현미경의 최대 배율은 배율의 공식에서

$$M=\frac{s'}{s}\cong\frac{1\text{mm}}{5{,}500\times10^{-8}\text{cm}}\approx2{,}000 \quad \textbf{(6-11)}$$

로 계산된다. 여기서 파장은 가시광선의 중간파장인 5,500Å을 사용하였다.

6-4. 전자현미경이란 무엇인가?

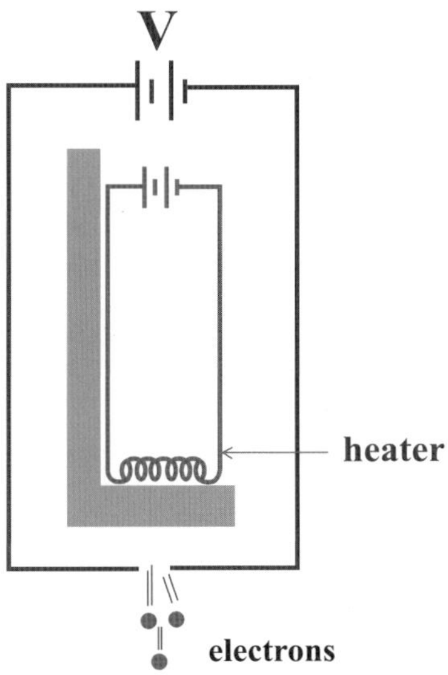

그림 6-8 전자총의 구조

현미경의 기본적인 작용은 시료에서 반사 또는 투과된 파동(빛)을 렌즈로 모아 시료보다 훨씬 큰 상을 얻는 것이다. 광학현미경의 경우에는 시료에서 반사되는 가시광선을 렌즈로 모아서 상을 만든다. 앞 절에서 보았듯이 현미경으로 어느 정도까지 정밀하게 시료를 관찰할 수 있는가 하는 것은 시료를 관찰하는 데 사용하는 빛의 파장이 어느 정도 짧으냐에 달려 있다. 즉 현미경의 최대 분해능은 사용한 빛의 파장 정도가 된다. 이보다 더 좋은 분해능을 얻기 위해서는 가시광선보다 짧은 파장의 빛을 사용하는 현미경을 만들어야 한다.

1930년대부터 가시광선 대신에 고속의 전자를 이용하여 광학현미경보다 분해능이 더 좋은 현미경을 만들기 시작했는데 이것이 곧 전자현미경이다. 전자현미경에서 시료를 비추는 것은 고속의 전자들이다. 즉 시료에서 반사 또는 투과되는 고속 전자를 자기 렌즈를 사용하여 모아 상을 만드는 것이 전자현미경이다. de Brogile의 물질파에 의하면 속도 v이고 질량 m인 물체의 파장은 $\frac{h}{mv}$이다. 그림 6-8에서와 같이 전자가 전압 V에 의해 가속되면 전자의 속도는 $eV=\frac{1}{2}mv^2$에서 구할 수 있다. 따라서 전자의 파장은

$$\lambda = \frac{12.3}{\sqrt{V}}\ [\text{Å}] \tag{6-12}$$

와 같이 주어짐을 알 수 있다. 따라서 10^3V로 가속된 전자의 파장은 약 0.4Å이고 이를 이용하여 물체를 관찰할 경우 분간 가능한 두 물체의 떨어진 거리는 이 정도의 값을 가지게 될 것이다. 그러나 전자현미경은 여러 가지 복잡한 문제 때문에 이론적인 이 값보다는 다소 낮은 분해능을 가진다.

전자현미경은 투과 전자현미경(transmission electron microscope, TEM), 주사 전자현미경(scanning electron microscope, SEM), 주사 터널링 전자현미경(scanning tunneling electron microscope, STM), AFM(afomic fore microscope) 등으로 대별된다.

[예제] 전자총에서 전자를 가속시키는 데 50V를 사용할 경우 발생하는 전자의 파장을 구하라.

[답] 식 6-12에 V=50V를 대입하면 λ=1.74Å이다.

6-5. 투과 전자현미경은 어떻게 작동되나?

투과 전자현미경(앞으로 TEM이라 부르기로 함, 그림 6-9)의 구조는 광학현미경의 기본적인 구조와 동일하다. 광학현미경에서는 가시광선을 물체에 조사하는데 TEM에서는 고속전자(파동)를 물체에 조사하는 것이 다르다. 광학현미경에서는 집광렌즈를 통해 가시광선을 시료에 집중시키고 이렇게 가시광선이 시료에 비쳐진 후 반사되어 오는 것을 대물 및 대안렌즈를 통해 모아 물체의 상을 만든다. 반면에 TEM에서는 전자총에서 나온 고속 전자를 시료(대체로 얇은 박막형태)에 조사한다. 그리고 시료를 투과하여 나오는 전자를 렌즈(전기 또는 자기적인 힘을 이용하여 전자를 모으는 장치)를 이용하여 모아 상을 맺는다. 투과 전자현미경의 최대배율은 대략 500,000배이다.

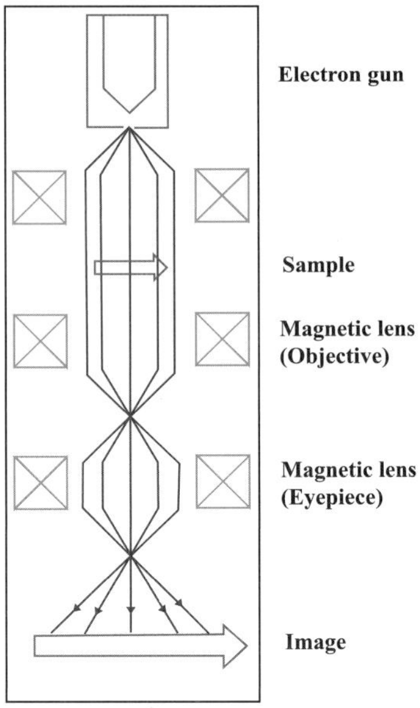

그림 6-9 투과 전자현미경(TEM)의 구조

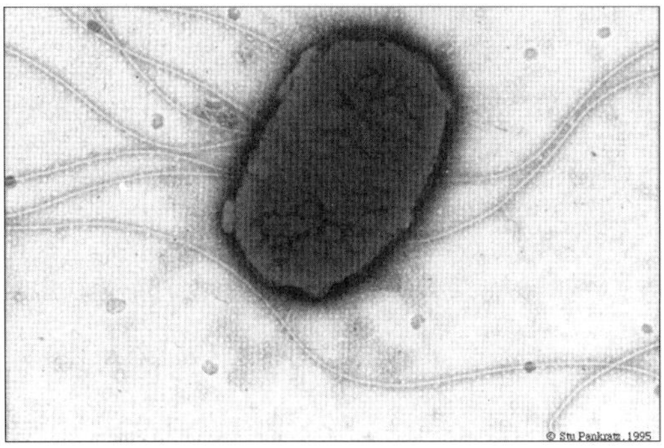

그림 6-10 박테리아의 TEM 사진

6-6. 주사 전자현미경은 어떻게 작동되나?

주사 전자현미경(앞으로 SEM이라 부르기로 함, 그림 6-11)에서는 고속 전자빔의 방향을 주사코일을 이용하여 이동시키면서 물체 표면을 따라 주사(scanning)한다. 이렇게 주사된 전자들이 물체를 때리고 이에 따라 물체의 표면으로부터 2차전자가 발생하는데 이를 측정함으로써 물체의 표면상태를 관찰하는 것이다. SEM의 분해능은 대략 50~100Å 정도로 TEM의 분해능인 2~5Å보다는 좋지 않다. 그러나 SEM은 TEM에서보다 시료준비가 간단하고 또한 전자 디스플레이로 관찰하면서 조사하고자 하는 위치를 결정할 수 있다는 장점을 가지고 있다(그러나 현재는 STEM이라 하여 주사투과 전자현미경도 있음). 대표적인 SEM의 최대 배율은 대략 50,000배이다.

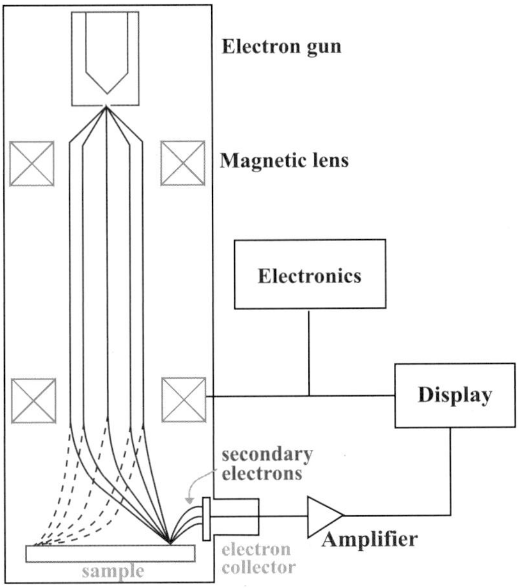

그림 6-11 SEM의 구조

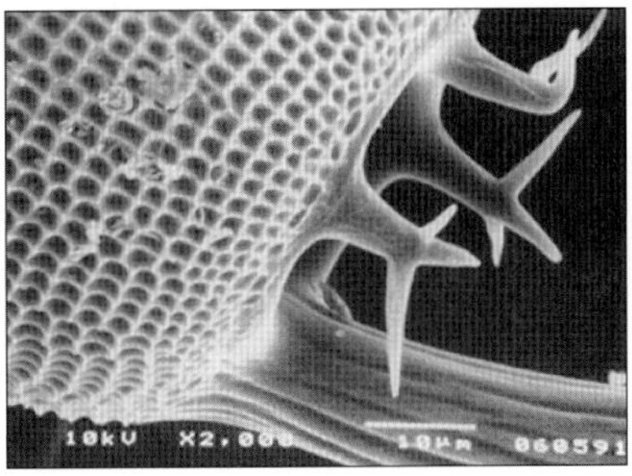

그림 6-12 방산충(放散蟲)의 SEM 사진(2,000배)

6-7. 주사 터널링 전자현미경이란 무엇인가?

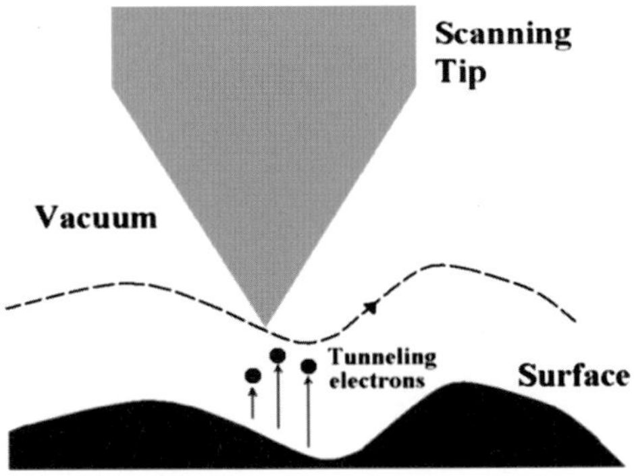

그림 6-13 터널링 효과

주사 터널링 전자현미경(앞으로 STM이라 부르기로 함)은 양자역학적인 터널링 효과(tunneling effect)를 이용한 것이다.

그림 6-13에 있는 탐침자(probe)의 끝(팁, tip)은 직경이 원자 크기(Å단위) 정도이다. 이 탐침자가 관측하고자 하는 시료 표면의 10Å 위에서 이리저리 옮겨 다니면서 표면을 조사한다. 이렇게 시료 표면 가까이에 탐침자의 팁이 위치해 있을 때 팁과 표면 사이에 약한 전기장을 가하면 시료 표면의 전자들이 탈출하여 팁과 표면 사이의 진공을 거쳐 팁으로 이동하는 터널링 현상이 일어난다. 이러한 터널링 현상은 팁과 표면 사이의 거리에 아주 민감하다(실제로 10Å이상 떨어져 있으면 터널링 현상이 일어나지 않는다). 따라서 궤환회로를 통해 일정한 전류가 팁과 시료 표면 사이에 흐르도록 거리를 조절할 수 있다. 즉 표면의 요철(凹凸)에 따라 팁이 아래와 위로 이동(팁과 시료 표면사이의 거리를 일정하게 유지하도록)하게 된다. 따라서 팁이 상하로 이동한 정보를 이용하여 표면의 상태를 재구

그림 6-14 구리 (111) 표면의 STM사진

성할 수 있다. 그리고 팁이 시료의 전체 면적을 주사하면서 관찰함으로써 시료 표면의 3차원적인 영상을 얻을 수 있다. 분해능이 시료 좌우 평면 방향으로는 1Å 정도이고 상하 방향으로는 0.1~0.01Å이므로 원자 크기 이하로 관찰할 수도 있다. 이러한 STM은 기본적으로 팁과 표면 사이의 전기전도를 이용하는 것이므로 시료가 도체가 아닌 경우에는 사용할 수 없다는 단점이 있다. 그러나 시료가 도체가 아닌 경우 팁과 표면 사이의 힘을 측정하는 AFM(atomic force microscope)을 사용하여 표면상태를 관찰할 수 있다.

6-8. 원자 사이의 힘을 이용하는 AFM이란 무엇인가?

앞 절에서 설명한 주사 터널링 전자현미경(STM)은 시료가 도체여야 한다는 제한이 있다. 이 문제를 극복하기 위해 고안된 것이 AFM(atomic force microscope)이다. AFM에서는 팁(tip)과 시료 표면 원자 사이의 힘(force)을 측정함으로써 표면의 상태를 관찰한다. 전자현미경에서는 고속전자를 이용하여 시료를 관찰하거나(TEM 또는 SEM), 터널링하는 전자를 관찰하여 도체 시료의 표면을 관찰하는(STM) 등 전자가 시료를 관찰하는 역할을 한다. 이러한 관점에서 볼 때 AFM은 전자현미경은 아니다. 1981년 Binnig와 Rohrer에 의해 STM이 개발되었다. 이후 1986년 Binnig은 도체, 부도체와 관계없이 모든 시료의 표면을 관찰할 수 있는 AFM을 만들었다.

AFM에서는 캔틸레버(cantilever, 한쪽 끝은 고정되고 다른 쪽 끝은 받쳐지지 아니한 상태로 있는 보)를 사용하여 시료의 표면을 관찰한다. 캔틸레버의 한쪽 끝은 고정되어 있고, 다른 쪽 끝에는 실리콘이나 질화 실리콘(silicon nitride)으로 만든 아주 뾰쪽한 팁(직경이 100Å보다 작음)이 만들어져 있다. 이 팁과 시료의 표면 원자 사이에는 그 떨어진 거리나 시료의 종류에 따라 여러 가지의 원자 사이에

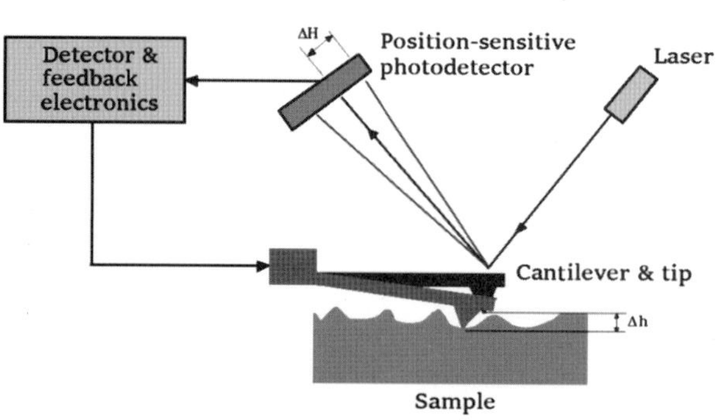

그림 6-15 AFM의 기본원리에 대한 개략도

작용하는 힘이 존재한다. 즉, 팁과 시료의 접촉에 의한 반발력이 존재하고, 조금 떨어지게 되면 인력인 van der Waals 힘이 존재한다. 그 외에도 시료의 종류에 따라 표면장력, 자기력, Casimir 힘, 정전기력, 용매화 힘(solvation force) 등이 존재한다. 팁이 시료 표면에 아주 가까이 접근하게 되면 원자 사이에 작용하는 힘에 의해 캔틸레버가 휘게 되는데, 이 휘는 정도를 레이저와 위치에 따라 민감한 광 관측기(position sensitive photodetector)를 통해 관찰한다. 그림 6-15에서와 같이 표면의 굴곡 변화 Δh에 의해 캔틸레버가 휘어지면 캔틸레버의 윗면에 쏘아진 레이저 빛이 변위된다. 그리고 이 변위가 광 관측기로 ΔH로 관측된다.

시료 면에서의 팁의 주사(scanning)를 위해 전왜(piezoelectric, 초음파에도 사용)소재를 캔터레버에 붙이거나 또는 전왜소재를 시료에 붙인다. 전왜소재는 시료 면을 따라(xy면) 주사하기 위한 것과 시료 면의 아래위로(z축) 주사하기 위한 두 가지가 있다. 각 전왜소재에 전압을 인가함으로써 팁의 위치 이동이 가능하다.

팁과 시료면 사이의 접촉 여부에 따라 세 가지의 모드가 가능하다. 즉, 접촉(contact), 비접촉(noncontact), 두드림(tapping) 모드가 있다. 접촉 모드에서는 팁이 시료 면을 끌며(drag) 시료 면의 요철을 관찰한다. 이에 따라 시료 면에 손상을 줄 수 있으므로 현재는 많이 사용하지 않는 방법이다. 비접촉 모드에서는 팁이 캔틸레버의 고유진동수로 진동하면서 시료 면을 주사한다. 이때 팁은 시료 면과 접촉하지 않는다.

팁과 시료 원자들 간의 van der Waals 인력(1~10nm에서 최대)에 의해 캔틸레버의 진동수가 감소하고, 이 변화가 광 관측기를 통해 관측된다. 고체 시료 면의 관찰에서는 접촉과 비접촉 모드를 통한 영상(image)은 동일하게 관찰된다. 그러나 시료 표면에 단층의 유체(fluid)가 흡착된 경우 비접촉 모드에서는 유체 아래의 표면을 관찰할 수 없다. 이와 같은 문제를 극복하기 위해 고안된 것이 두드림 모드이다. 두드림 모드에서는 팁이 캔틸레버의 고유진동수로 진동하면서 시료 면을 두드리면서 주사한다. 이에 따라 시료 면에 흡착된 유체 아래의 시료 면을 관찰할 수 있다.

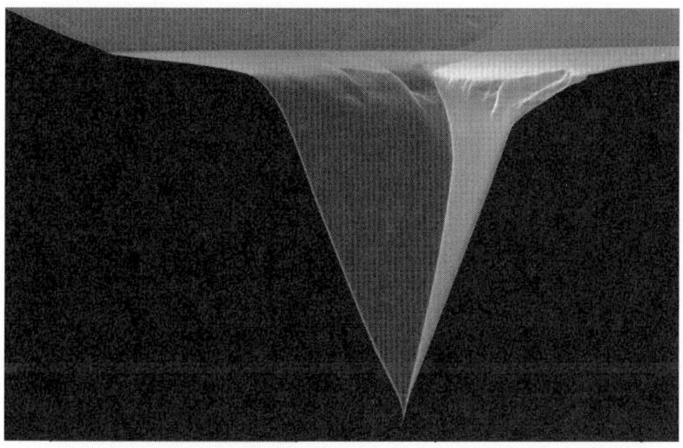

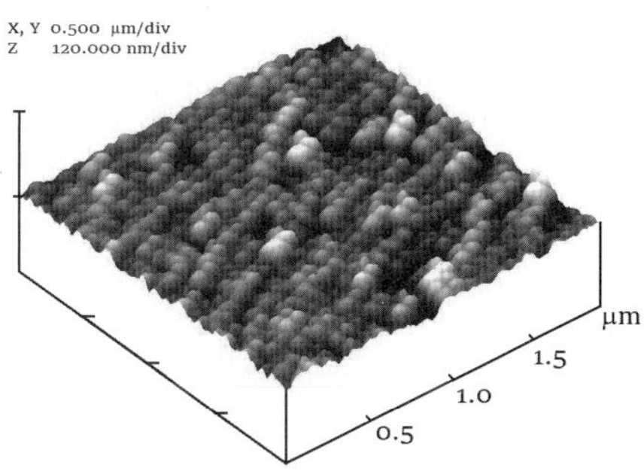

그림 6-16 AFM에 사용하는 실리콘 tip(왼쪽 그림)과 AFM으로 관찰한 운모(mica)위에 얹은 조직 트랜스글루타미나아제(tissue transglutaminase)의 표면사진(오른쪽 그림)

제7장

X-선의 응용

제7장
X-선의 응용

7-1. X-선은 어떻게 발생하는가?

X-선은 파장이 0.01~10Å 영역인 전자기파를 말한다. 고체 내 원자 사이의 거리는 Å 정도이다. 따라서 X-선은 물체를 쉽게 투과하기 때문에 물체 내부를 관찰하는 데 많이 응용되고 있다. 현재 X-선은 공항의 짐 검사, 비파괴 검사, X-선 단층촬영(CT), DNA의 구조 분석, 결정 구조 분석 등 여러 분야에 사용되고 있다. X-선은 수만 V의 전압에 의해 가속된 전자가 갑자기 감속될 때 발생한다. X-선 발생장치의 개략도가 그림 7-1에 주어져 있다.

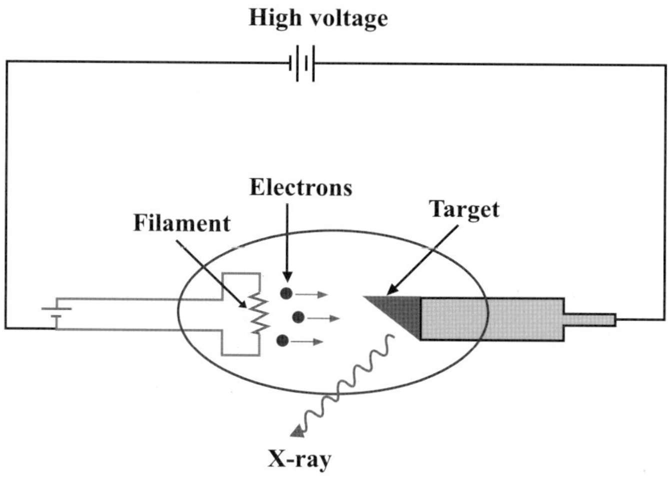

그림 7-1 X-선 발생장치의 개념도

필라멘트에 전류가 흐르면 열이 발생하고 이 열에 의해 필라멘트 표면에서 열전자들이 튀어나온다. 이 열전자들은 표적금속(target metal)에 걸려 있는 높은 전압에 의해 표적금속 쪽으로 가속된다. 이렇게 가속된 전자가 금속 표면을 만나 급격히 감속하면 X-선이 발생하는 것이다.

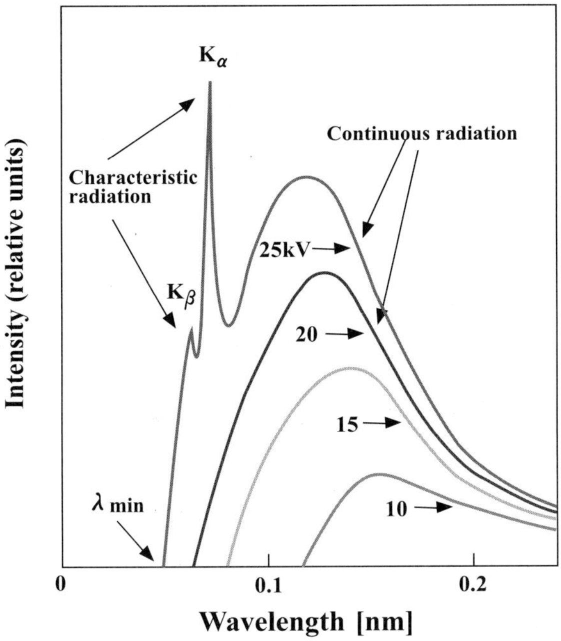

그림 7-2 몰리브덴을 금속표적으로 사용한 X-선의 스펙트럼

그림 7-2는 표적금속에 걸어주는 전압의 세기에 따라 발생하는 X-선 스펙트럼의 변화를 보여주고 있다. 충분히 높은 전압이 걸릴 경우(그림에서 25kV) X-선 스펙트럼은 넓은 영역의 스펙트럼(연속 X-선)에 뾰족한 스펙트럼(고유 X-선)이 중첩되어 있음을 볼 수 있다. 이렇게 합쳐진 두 종류의 스펙트럼은 각기 다른 메커니즘에 의해 발생한 것이다.

첫째, 넓게 퍼진 스펙트럼인 연속 X-선은 "정지에 의한 방사"(Bremsstrahlung)라는 메커니즘에 의해 발생한 것이다.

이 메커니즘에서는(그림 7-3) 가속된 전자가 금속 면을 구성하는 원자의 핵에 끌려 그 에너지를 잃는 과정에서 X선이 발생한다. 즉 전자들은 핵에 의해 진로를 변경하며 이러한 과정에서 에너지의 일부를 잃게 된다. 이렇게 잃은 에너지가 전자기파의 형태로 방사되는데 이것이 곧 연속 X-선인 것이다. 전자들은 금속 원자핵들과 다양하게 충돌한다. 즉 어떤 전자들은 정면충돌하여 모든 에너지를 잃기도 하고 어떤 전자들은 그냥 스쳐 지나감으로써 에너지를 거의 잃지 않는 경우도 있다. 따라서 전자가 핵과의 상호작용에 의해 잃는 에너지가 다양하므로 그에 따라 다양한 파장의 X-선이 발생하는 것이다. 그중에서 가속된 전자가 금속원자핵과 정면충돌하여 멈추게 될 경우 발생하는 전자기파의 에너지가 가장 큰데, 이는 그때의 X-선의 파장이 가장 짧다는 것을 의미한다. 따라서 연속 X-선은 정면충돌하여 발생하는 가장 짧은 파장(그림 7-2에서 λ_{min})으로부터 다양한 상호작용에 의해 발생하는 여러 파장의 X-선이 복합적으로 나타나서 그림 7-2에서와 같은 넓은 파장의 X-선이 나오는 것이다.

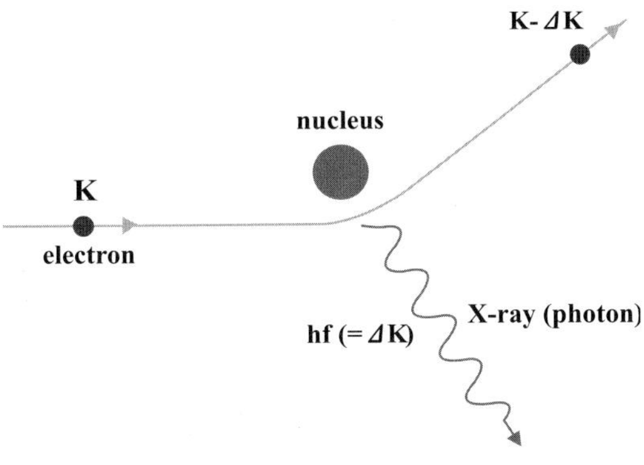

그림 7-3 연속 X-선 발생의 원리

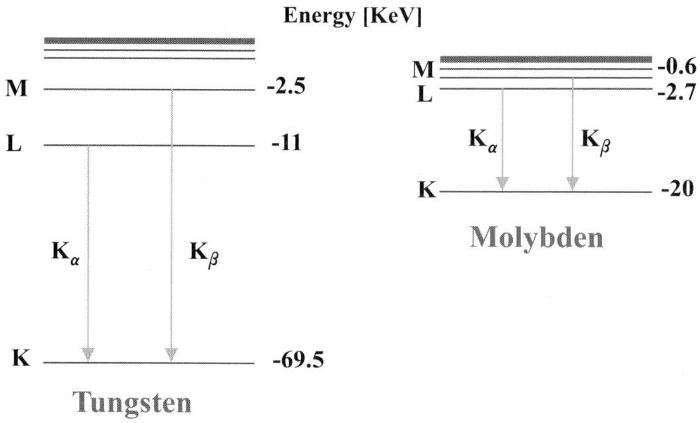

그림 7-4 고유 X-선의 발생원리

둘째, 그림 7-2에서 뾰족한 스펙트럼은 고유 X-선(characteristic X-ray)이라 부르며 이는 표적 금속의 종류에 따라 다르다. 이 고유 X-선은 메커니즘에서도 연속 X-선과 차이가 있다. 고유 X-선은 가속된 전자들이 금속원자의 내부구각(K 구각)의 전자들과 충돌할 때 발생한다. 즉 가속된 전자들이 표적금속 원자의 내부 구각의 전자들과 충돌하여 내부구각 전자들이 원자를 탈출하면 그 빈 공간을 높은 구각(L 또는 M 구각)에 있던 전자들이 채우게 된다. 이 과정에서 높은 구각과 낮은 구각 사이의 에너지 차이에 해당하는 전자기파가 발생하는데 이것이 바로 고유 X-선이다. 이러한 에너지 준위 사이로의 전이에 의해 발생하는 X-선은 표적금속의 에너지 준위에 따라 다르다. 즉 표적금속에 따라 다른 "고유한" X-선이 발생하는 것이다. 그림 7-4에 텅스텐과 몰리브덴의 고유 X-선의 차이가 주어져 있다. 그림에서 보듯이 텅스텐의 에너지 준위 차이가 몰리브덴의 경우보다 크므로 텅스텐이 몰리브덴보다 높은 에너지의 고유 X-선(짧은 파장의 X-선)을 방출함을 볼 수 있다. 그리고 필라멘트에서 발생한 전자들이 표적금속의 내부구각에 있는 전자와 충돌하기 위해서는 표적금속에 충분히 높은 전압을 걸어주어야 한다. 그렇지 않을 경우(즉 낮은 전압) 고유 X-선은 발생하지 않고 연속 X-선만 발생하게 된다(그림 7-2 참조).

7-2. 연속X-선의 가장 짧은 파장은 어떻게 계산되나?

그림 7-1에서 전하량이 e인 전자가 전압 V에 의해 가속되므로 전자가 전압 V에 의해 얻는 에너지는 eV이다. 따라서 eV의 에너지를 가진 전자들이 표적금속을 만나 충돌하게 된다. 전자가 정면충돌에 의해 멈추게 되는 경우 잃는 에너지는 eV이고 이때 최대의 에너지를 가지는 X-선이 발생한다. 이 경우 발생하는 X-선의 진동수는 $eV=hf_{max}$에서

$$f_{\max}=\frac{eV}{h} \tag{7-1}$$

와 같이 구해진다. 진동수와 파장의 관계는 $f\lambda=c$이다. 여기서 c는 전자기파의 속도(즉 빛의 속도)이다. 따라서 최소파장의 X-선은 식 7-1에서 f를 $\frac{c}{\lambda}$로 치환하면

$$\lambda_{\min}=\frac{hc}{eV}=\frac{12.4}{V} \tag{7-2}$$

를 얻는다. 여기서 $\lambda_{\min}$의 단위는 Å이고 V의 단위는 10^3V이다. 식 7-2에서 보듯이 X-선의 최소파장은 표적금속의 종류와 무관함을 알 수 있고, 단지 사용한 전압의 세기에만 관련되어 있음을 볼 수 있다.

[예제] 5,000V를 사용하여 X-선을 발생시켰을 경우 연속 X-선의 최소파장은 얼마인가?

[답] 식 7-2에 V=5를 대입하면 $\lambda_{\min}$=2.48Å이다.

7-3. X-선관은 어떻게 생겼나?

그림 7-5에 X-선관의 구조가 주어져 있다. X-선관의 핵심 부분은 열전자를 방출하는 필라멘트와 열전자들이 부딪히는 표적금속이다. 그리고 필라멘트에서 발생한 열전자가 쉽게 가속하기 위해서 모든 부분이 高 진공이 유지되는 파이렉스(pyrex) 유리관 안에 놓여 있다. X-선관은 두 가지로 대별되는데 표적금속이 고정되어 있는 고정 양극(陽極)관과 표적금속이 회전할 수 있도록 되어 있는 회전 양극관의 두 종류가 있다. 그림 7-5에 보여준 것은 회전 양극관(rotating anode)인데 표적금속이 붙어 있는 양극이 회전자(rotator)에 연결되어 있어서 고속(매분 9,000회전)으로 회전하게 되어 있다. 회전 양극관은 표적금속이 회전하므로 열전자들이 같은 곳을 계속 때리지 않게 되어 고정 양극관보다 수명이 길다. 또한 회전 양극관은 고정 양극관보다 대체로 용량이 크다. 따라서 휴대용의 소용량 X-선관을 제외하고 현재 사용하고 있는 X-선관은 거의 대부분이 회전 양극관이다.

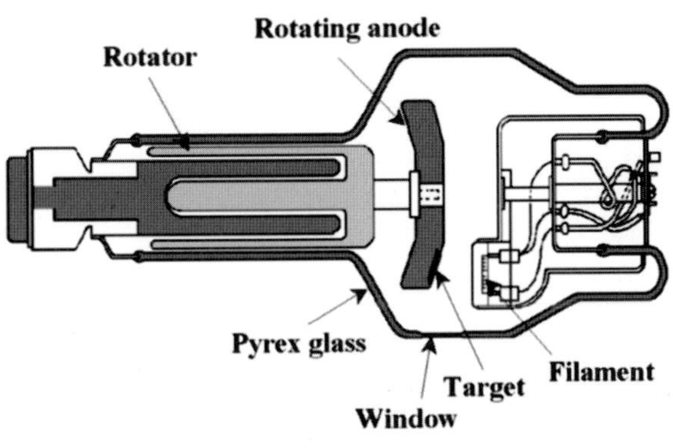

그림 7-5 회전 양극 X-선관의 구조

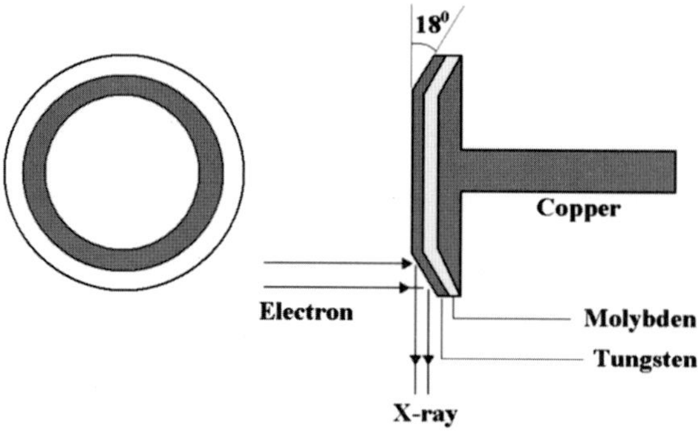

그림 7-6 양극(텅스텐 표적금속)의 구조

표적금속으로 여러 금속들이 사용되고 있다(7-4절의 표 7-1 참조). 그림 7-6에 텅스텐을 이용한 표적금속의 구조가 주어져 있다. 텅스텐 금속 뒤에 몰리브덴을 접합하고 그 아래에 구리를 두어 전극으로 사용하고 있다. 표적 단면의 각도는 18°, 16°, 12° 등이 있는데 이 각도에 의해 X선의 방출방향으로의 퍼지는 정도가 결정된다.

필라멘트에서 나오는 열전자는 회전하는 표적금속의 외곽 부분을 표적으로 하기 때문에 그림 7-7에서 보듯이 필라멘트는 회전 양극의 축에서 벗어난 지점에 위치해 있다. 그리고 필라멘트에서 나오는 전자들을 집속시키기 위해 집속 장치가 필라멘트를 감싸고 있다. 집속 장치 홈의 크기나 폭에 따라 X선의 초점이 결정된다. 필라멘트는 한 개이나 집속 장치는 일반적으로 큰 것과 작은 것 두 개가 있어서 대 초점용과 소 초점용으로 치환하여 사용할 수 있도록 구성되어 있다.

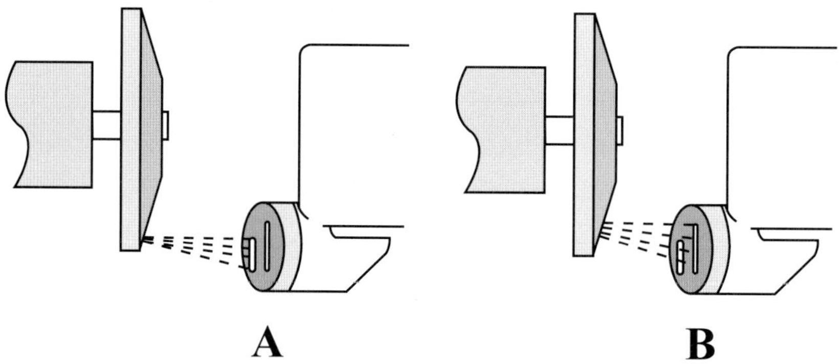

그림 7-7 전자들을 집속시키기 위한 장치의 구조(큰 홈과 작은 홈)

X선 발생장치의 주요부분은 10^{-7}~10^{-8}Torr 진공도의 유리 용기 안에 장착하는데, 이는 전자의 효과적인 가속과 절연을 위해서이다. X선관의 유리 용기는 내부에 고전압이 가해지고 온도가 높아지기 때문에 이러한 조건에서 견딜 수 있는 pyrex유리 용기를 주로 사용하고 있다.

X-선의 대부분은 그림 7-5의 창문방향(window)으로 나오지만 다른 방향으로도 X-선이 나올 수 있다. 따라서 이러한 누설 X-선에 의한 피해를 방지하기 위해 X-선은 납으로 만든 차폐장치에 고정시킨다. 차폐장치는 X-선관이 유리로 되어 있기 때문에 X-선관을 보호하는 역할도 하고 있다. 그림 7-8에 차폐장치의 개략도가 주어져 있다.

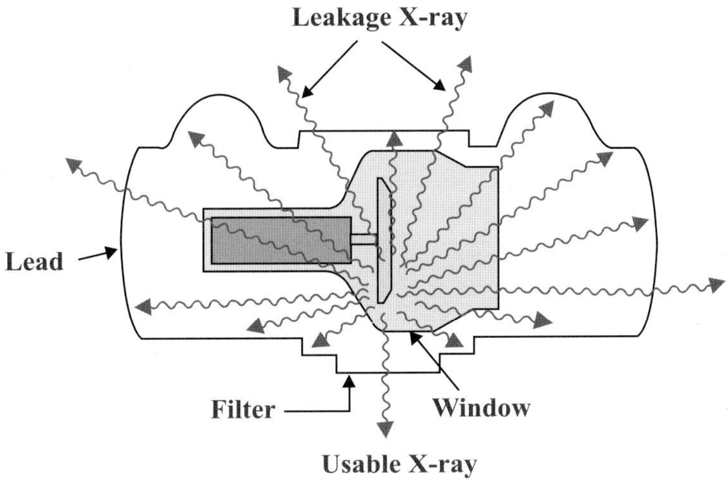

그림 7-8 누설 X-선의 영향을 차단하기 위한 차폐장치

7-4. X-선 파장선택은 어떻게 하나?

X-선 회절(다음 절 참조)에서 결정 격자 간의 간격을 계산하기 위해서는 X-선의 정확한 파장을 알아야 한다. 따라서 X-선관에서 나오는 스펙트럼 중에서 특정 X-선 파장만을 선택하는 파장선택(filtering)을 하여야 한다. 고유 X-선 중에서 K-계열의 X-선을 주로 선택하여 사용하고 있다. K-계열 중에서 $K_{\alpha1}$, $K_{\alpha2}$, $K_{\beta1}$선들이 X-선 세기가 가장 강하다. 여기서 $K_{\alpha1}$과 $K_{\alpha2}$선의 파장은 거의 차이가 나지 않아서 항상 분리 가능하지는 않다(그림 7-9 참조). 표적금속에 따라 다르지만 $K_{\alpha1}$선이 $K_{\alpha2}$선보다 두 배 정도 강하다. 반면에 $K_{\alpha1}$선은 $K_{\beta1}$선보다는 다섯 배 정도 강하다. 따라서 X-선 응용에서는 주로 K_α선이 사용되고 있다.

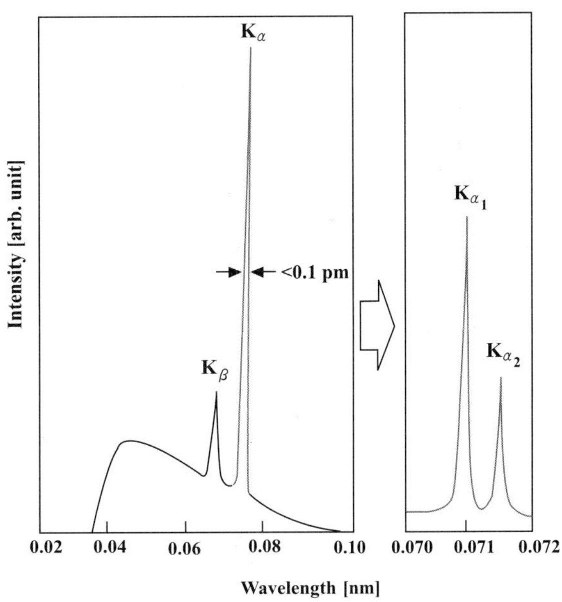

그림 7-9 몰리브덴을 표적으로 하는 X-선 스펙트럼에서의 고유 X-선 $K_{\alpha1}$선과 $K_{\alpha2}$선의 갈라짐

표적금속에 따라 고유 X-선의 파장은 다르다. 각 표적금속에 대한 고유 X-선의 파장이 표 7-1에 주어져 있다. 이 표에서 파장의 단위는 Å이다. 표적금속의 원자번호가 큼에 따라 K구각의 전자방출을 위해선 외부에서 걸어주어야 하는 전압도 크고 이에 따라 방출되는 고유 X-선의 파장도 짧아진다.

표 7-1 여러 표적금속에서의 고유 X-선 파장

Target	K_α(average)	$K_{\alpha 1}$	$K_{\alpha 2}$	$K_{\beta 1}$
Cr	2.29100	2.28970	2.29361	2.08487
Fe	1.93736	1.93604	1.93998	1.75661
Co	1.79026	1.78897	1.79285	1.62079
Cu	1.54184	1.54056	1.54439	1.39222
Mo	0.71073	0.70930	0.71359	0.63229
W	0.021060	0.020899	0.021381	0.018436

물질의 X-선 흡수계수(absorption coefficient)는 X-선의 파장에 따라 다르다. 입사 X-선 에너지에 의해 필터물질의 K-구각에 있는 전자가 이탈할 경우 에너지 준위 사이의 전이에 의해 동일한 X-선이 다시 방출되므로 결과적으로 필터물질은 그 특정 X-선 파장에 대해 투명(transparent)하다고 할 수 있다. 위의 투명현상과 흡수를 가르는 파장을 흡수경계(absorption edge) 파장이라고 부른다. 결과적으로 흡수경계 파장이 고유 X-선의 K_α선 가까이에 있는 물질을 선택하면 K_α선만이 필터물질에 흡수되지 않고 방출되고 나머지 파장대의 X-선들은 필디물질에 흡수된다. 그림 7-10에 니켈의 입사 X-선 파장에 따른 흡수계수의 변화를 보여주고 있다. 이 그림에서 니켈의 흡수경계 파장은 1.5 Å임을 볼 수 있다. 표 7-1에서 보듯이 구리의 K_α선이 이 파장에 가깝기 때문에 니켈은 구리가 표적금속인 X-선 발생장치의 필터로 사용할 수 있음을 알 수 있다. 그림 7-11은 구리가 표적금속인 X-선 발생장치에서 방출되는 X-선을 니켈 필터를 사용하여 $K_{\alpha 1}$선만을 방출하게 만드는 것을 보여주고 있다.

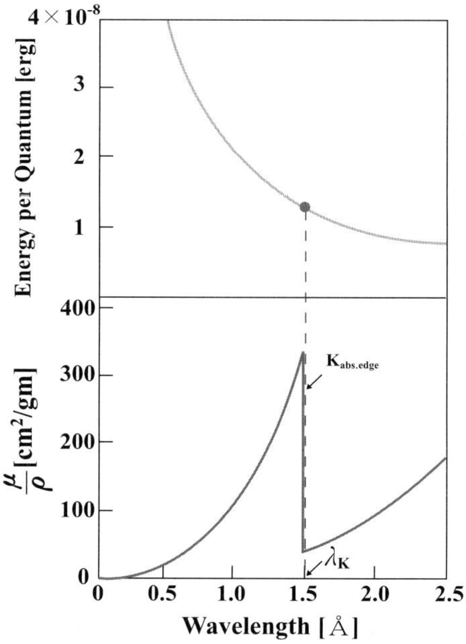

그림 7-10 입사 X-선 파장에 따른 니켈의 흡수계수 변화

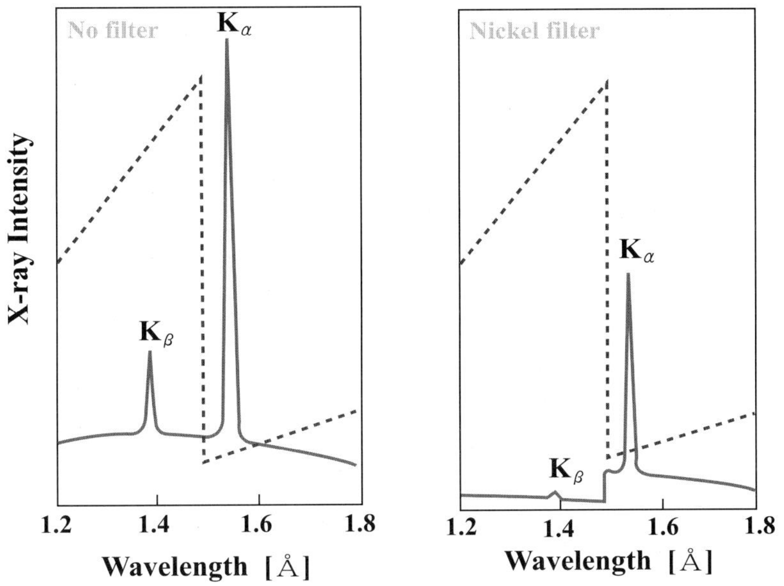

그림 7-11 구리(Cu)가 표적금속인 X-선 장치에서 방출되는 X-선 스펙트럼(왼쪽)과 필터물질인 니켈을 통과한 후의 X-선 스펙트럼(오른쪽)

표 7-2에 여러 표적금속에 대해 K_α선만을 방출하게 만드는 필터물질이 주어져 있다. 필터를 사용하지 않은 경우 각 표적금속에서 K_α선과 K_β선의 강도에 대한 비는 대략 5에서 9 사이임을 알 수 있다. K_β선의 강도를 K_α선의 강도에 대해 1/500로 현저히 줄이는 데 필요한 필터물질의 두께가 주어져 있다. K_β선을 더욱 줄이기 위해서는 두꺼운 필터물질을 사용해야 되나 이렇게 할 경우 K_β선의 강도가 줄어듦과 동시에 K_α선의 강도도 함께 줄기 때문에 필터물질의 두께는 여러 요소를 고려하여 적당한 선에서 결정하여야 한다. 표에서 보듯이 각 필터물질에 따라 K_β선은 K_α/K_β=500과 같이 현저히 줄어드나 동시에 K_α선의 강도도 50%에서 70%까지 줄어듦을 알 수 있다.

표 7-2 표적금속에서 나오는 K_α만을 선택하기 위해 사용되는 필터물질의 특성

Target	Filter	Incident beam $I(K_\alpha)$ / $I(K_\beta)$	Filter thickness for $I(K_\alpha)$ / $I(K_\beta)$=500 [mm]	$I(K_\alpha)_{trans}$ / $I(K_\beta)_{incident}$
Mo	Zr	5.4	0.12	0.29
Cu	Ni	7.5	0.02	0.42
Co	Fe	9.4	0.018	0.46
Fe	Mn	9.0	0.018	0.48
Cr	V	8.5	0.015	0.49

7-5. X-선의 측정은 어떻게 하나?

X-선과 방사선을 측정하는 데는 동일한 측정장비가 사용된다. 이는 X-선이나 방사선 측정의 원리는 모두 고속 입자 또는 고에너지의 전자기파가 물질과 상호작용하는 과정에서 발생하는 전자기파를 관찰하기 때문이다. 현재 X-선 CT 등의 장비에서 X-선 측정에 가장 널리 사용하고 있는 것이 신틸레이터(scintillator)이다. 신틸레이터는 외부에서 들어오는 고에너지 입자나 전자기파에 의해 물질이 이온화되면 에너지 준위 사이의 전이에 의해 가시광선 또는 자외선의 빛을 발생하는 물질이다. NaI(Sodium iodine)가 대표적인 신틸레이터로 많이 사용되어 왔으나 현재는 세라믹 물질인 $Bi_4Ge_3O_{12}$(주로 BGO라 부름)도 많이 이용되고 있다. 신틸레이터의 뒤에는 PM(photomultiplier) 튜브가 붙어 있다. PM 튜브는 신틸레이터에 의해 발생된 빛(가시광선 또는 자외선)을 증폭하는 역할을 한다. 신틸레이터에 고속입자나 고에너지 전자기파가 들어와서 신틸레이터를 구성하는 원자들과 상호작용을 하게 되면 빛이 발생한다. 이 빛 중의 일부가 PM 튜브의 첫 번째 전극에 부딪히게 되고 이때 광전효과에 의해 전자가 방출된다. 이 전자들은 첫 번째 전극보다 높은 전압이 걸려 있는 두 번째 전극으로 가속한다. 두 번째 전극에 부딪히는 전자들이 2차 전자를 발생시키는데 한 개의 전자에 의해 보통 2~10개(전극의 물질에 따라 다름)의 2차 전자가 나온다. 이와 같이 단계적으로 높은 전압이 걸려 있는 각 전극에서 전자들이 충돌하는 과정 중 하나의 입사전자는 2~10배로 증가되므로 결과적으로 아주 많은 2차 전자가 발생하는 것이다. 예를 들어 한 전극에서 2배로 전자의 수가 증가한다면 그림 7-12와 같이 10개의 전극이 있을 경우(3번째 전극부터 증폭이 시작) 1개의 입사전자가 2^8=256개의 전자로 증폭되어 마지막 전극(output)에서 관찰된다.

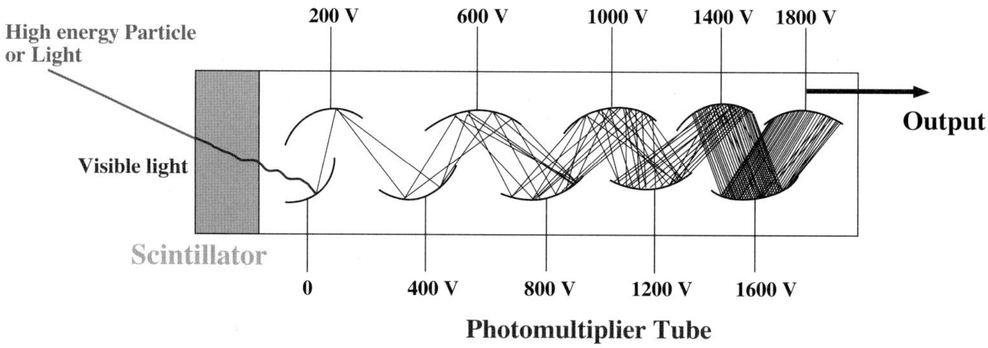

그림 7-12 신틸레이터와 PM 튜브

7-6. X-선 회절은 어디에 이용되는가?

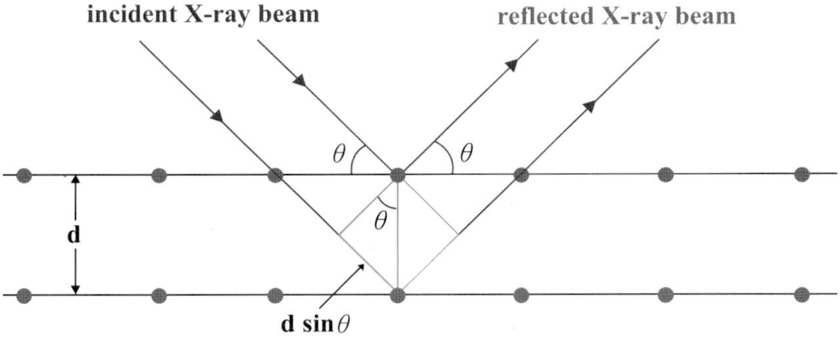

그림 7-13 X-선 회절의 개념도

X-선은 Å 영역의 파장을 가지고 있다. 이는 고체 내의 원자나 분자 상호간의 거리와 동일하다. 따라서 X-선을 이용하면 고체의 내부 구조를 관찰할 수 있다. 즉 물체에 X-선을 조사(照射)하면 각 격자 층에서 X-선이 반사되어 나오는데 이 X-선들이 서로 간섭하여 간섭무늬를 만든다. 이 간섭무늬를 통해 물체 내부의 격자구조를 계산해 낼 수 있다.

그림 7-13은 각 θ로 X-선을 입사시킬 경우 거리가 d만큼 떨어진 두 격자 층에서 반사되어 나오는 X-선의 간섭을 보여주고 있다. 표면에서 반사되는 X-선과 표면에서 d만큼 떨어진 위치의 격자 층에서 반사되는 X-선의 경로차는 $2d\sin\theta$이다. 이 경로차가 X-선 파장의 정수배가 될 때 보강간섭이 일어난다. 즉 보강간섭의 조건은

$$2d\sin\theta = m\lambda \ (m=1, 2, 3\cdots) \qquad \textbf{(7-3)}$$

와 같이 주어진다. 이 보강간섭이 일어나는 조건을 Bragg조건이라 부른다.

X-선 회절무늬의 신호 예가 그림 7-14에 주어져 있다. 회절 실험에서는 입사각 θ를 바꾸면서 반사되는 X-선 신호를 관측하는데 식 7-3의 조건이 만족되는 각도 θ들에서 보강간섭이 일어나서 큰 신호가 관측되는 것을 볼 수 있다. 따라서 이 실험치 θ와 사용한 X-선의 파장을 식 7-3에 적용하면 격자 층 사이의 거리 d를 구할 수 있다.

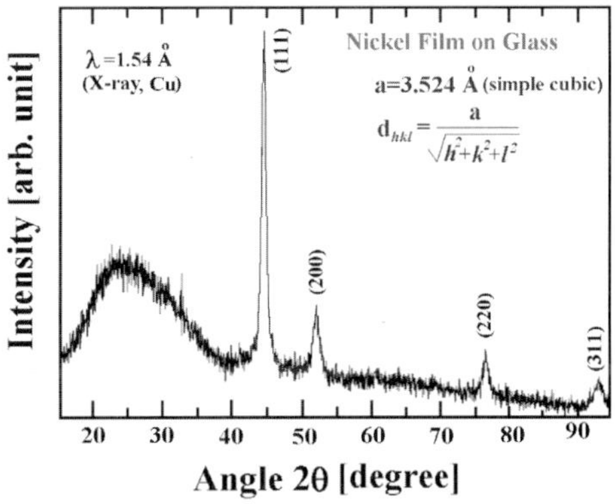

그림 7-14 X-선 회절무늬의 예, 니켈 박막의 회절무늬

이와 같은 과정을 통해 X-선 회절은 결정체의 구조 관찰에 사용되는데 특히 DNA 등 규칙적인 구조를 갖는 생체물질의 구조해석에도 널리 사용되고 있다.

7-7. X-선 CT의 원리는 무엇인가?

물체를 투과하여 나오는 X-선의 세기를 관찰하면 입사한 X-선의 세기보다 줄어든 것을 볼 수 있다. 이는 X-선이 물체 내에서 흡수되기 때문이다. 입사한 X-선의 세기를 I_0라 할 때 두께 x인 물체를 통과하여 나오는 X-선의 세기 I는

$$I=I_0 e^{-\mu x} \tag{7-4}$$

로 주어진다. 여기서 μ는 물체의 종류에 따라 다른 물체 고유의 흡수계수이다. 식 7-4는

$$\mu = -\frac{\ln(I/I_0)}{x} \tag{7-5}$$

와 같이 고쳐 쓸 수 있다. 따라서 물체를 투과하여 나오는 X-선의 세기를 입사한 X-선의 세기와 비교함으로써 X-선이 통과한 물체의 흡수계수를 결정할 수 있다. 만약 인체 각 부분의 X-선 흡수계수를 알 수 있다면 흡수계수의 값을 명암(gray scale)으로 표시함으로써 영상을 구성할 수 있을 것이다. X-선 CT(Computerized Tomography, 단층영상)는 이 원리를 이용한 것이다.

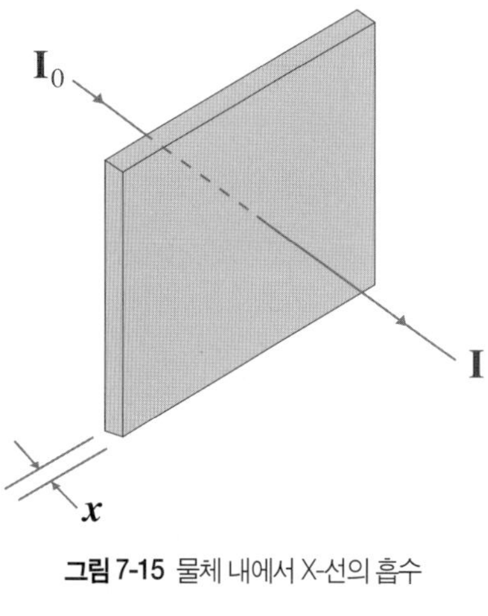

그림 7-15 물체 내에서 X-선의 흡수

그림 7-16에서와 같이 X-신이 인체의 한 단면(slice)에 투사되고 그 단면을 $m \times n$복셀(voxel, volume element)로 나누는 경우를 생각해 보자. 각 복셀의 단면은 동일하다고 가정하고 길이는 Δx라고 하자. 그림에서 i-번째 줄(row)에 횡축 방향으로 X-선이 투사된다고 할 때 I_0의 세기를 가진 X-선은 단면을 통과하면서 만나는 각 복셀 부분에 흡수된 후 X-선 측정기(detector)에서 I_i의 세기로 관측된다. 그림과 같이 X-선이 m복셀을 통과한 후 관측되는 세기는

$$I_i=I_0 e^{-(\sum_{k=1}^{m} \mu_{ik})\Delta x} \tag{7-6}$$

와 같이 주어진다. 위 식은

$$P_i = \ln\frac{I_i}{I_o} = -[\mu_{11} + \mu_{12} + \mu_{13} + \cdots + \mu_{1m}]\Delta x \tag{7-7}$$

처럼 고쳐 쓸 수 있다.

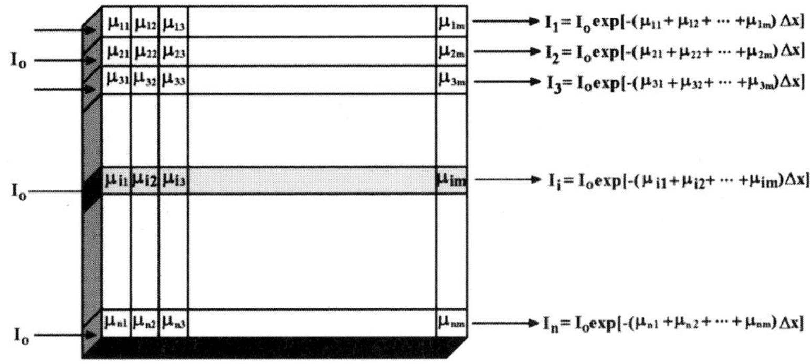

그림 7-16 단면에서의 X-선의 투과

그림 7-16에서 보듯이 한 번의 X-선 투사에 의해 n개의 실험치 P_i가 얻어진다. 그러나 위 그림과 같은 한 단면의 영상을 얻기 위해서는 $m \times n$개 복셀의 흡수계수가 결정되어야 한다. 즉 $m \times n$개의 미지수(흡수계수, μ_{ij})를 구하기 위해서는 그만큼의 실험치 P_i가 요구된다. 이를 위해 X-선 소스(source)를 회전시키면서 X-선을 투사함으로써 더 많은 실험치를 얻는다. 한 번에 n개의 실험치가 얻어지므로 $m \times n$개의 실험치를 얻기 위해서 m번 회전이 필요하게 된다.

X-선 소스(source)와 X-선 측정기(detector)의 구조 및 상대적 운동에 따라 CT의 다양한 형태가 가능하다. 그림 7-17은 CT구조의 변천사를 보여주고 있다.

1세대 CT(Hounsfield)에서는 1개의 미세 X-선 소스(pencil beam source)와 1개의 측정기가 병진운동을 하면서 물체를 스캔한다. 한 방향에서 물체의 스캔이 끝나면 X-선 소스를 회전시키면서 스캔하는데 원하는 만큼의 실험치가 얻어질 때까지 이 과정을 계속하게 된다. 이 구조는 실험치를 얻는 데 많은 시간이 소비된다는 단점이 있다.

2세대 CT에서는 작은 각의 부채 모양의 X-선 소스(a small fan beam source)와 직선형 X-선 측정기(linear detector)로 구성되어 있다. 이 CT에서는 1세대 CT와 마찬가지로 X-선 소스와 X-선 측정기의 병진 및 회전운동으로 실험치가 구해진다.

3세대 CT에서는 넓은 각의 부채 모양의 X-선 소스(a wider fan beam source, 30° 정도)와 부채 모양의 X-선 측정기 열(fan beam detector array)로 구성되어 있다. 이 구조는 병진운동은 없고 회전만 하면서 실험치를 구하게 되어 있다.

4세대 CT에서는 넓은 각의 부채 모양의 X-선 소스와 고정된 원형 X-선 측정기(circular ring detector)로 구성되어 있다. 따라서 X-선 소스의 회전운동에 의해 실험치가 구해진다. 이 장치는 실험치 획득시간이 짧고 한 단면을 단번에 스캔할 수 있다는 장점을 가지고 있다. 현재 사용하고 있는 CT는 주로 4세대의 구조를 가진다. 그림 7-18은 4세대 CT에서 X-선 소스와 원형 X-선 측정기의 구조 및 작동원리를 보여주고 있다.

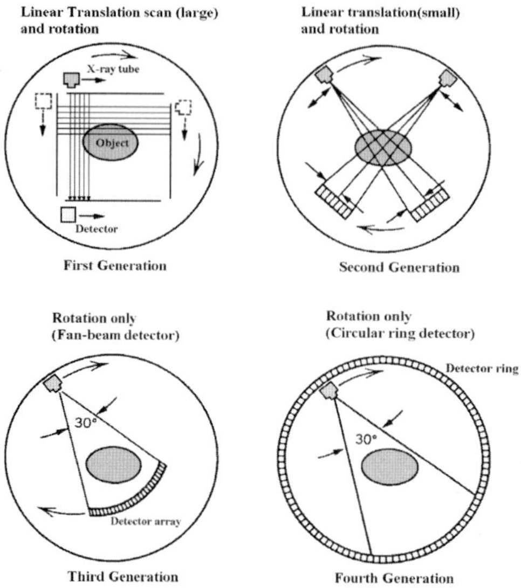

그림 7-17 X-선 CT의 변천과정

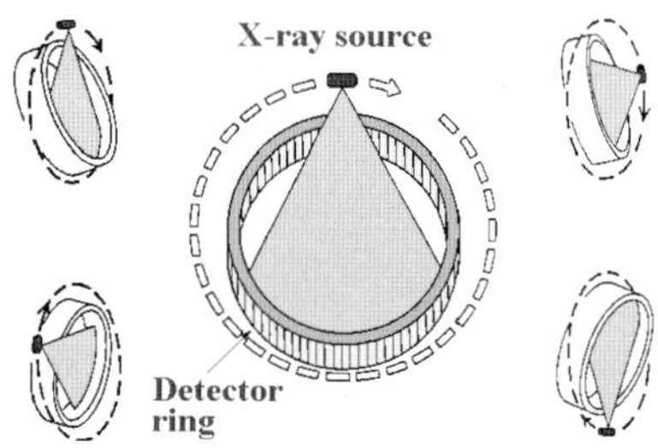

그림 7-18 4세대 CT에서 X-선 소스의 회전운동과 X-선 측정기의 구조

다음에는 실험치를 이용하여 각 복셀의 흡수계수가 어떻게 구해지는지 4개의 픽셀(두께가 얇다고 가정했을 경우, pixel=picture element)로 된 단면을 통해 알아보도록 하자. 그림 7-19의 왼쪽 그림은 X-선원을 회전하면서 4번의 측정을 통해 얻은 실험치를 보여주고 있다. 즉 X-선이 아래에서 위로 투사될 때 각각 실험치 7과 8을 얻고 좌측에서 우측으로 투사될 때 실험치 4와 11을 얻는다. 그리고 좌측 위에서 우측 아래로 비스듬히 투사하여 실험치 6을 얻고 우측 위에서 좌측 아래로 투사하여 실험치 9를 얻었다. 이 실험치들을 식 7-7에 적용함으로써 각 픽셀의 흡수계수를 결정할 수 있다. 즉 위 실험치들을 이용하면

$$\mu_1 + \mu_2 = 4 \quad \textbf{(7-8)}$$

$$\mu_3 + \mu_4 = 11 \quad \textbf{(7-9)}$$

$$\mu_2 + \mu_3 = 9 \quad \textbf{(7-10)}$$

$$\mu_1 + \mu_4 = 6 \quad \textbf{(7-11)}$$

와 같은 4개의 식을 얻을 수 있다. 위 식에서 하나의 흡수계수인 μ_1을 임의의 값인 1이라고 두면 나머지 흡수계수들은 각각 μ_2= 3, μ_3= 6, μ_4= 5로 결정된다. 각 픽셀에서의 흡수계수가 결정되었으므로 이 흡수계수의 값에 따라 각 픽셀을 명암으로 표시함으로써 영상을 얻을 수 있다. 그림 7-19의 오른쪽 그림이 이렇게 결정된 흡수계수를 이용하여 각 픽셀을 명암으로 표시한 것이다.

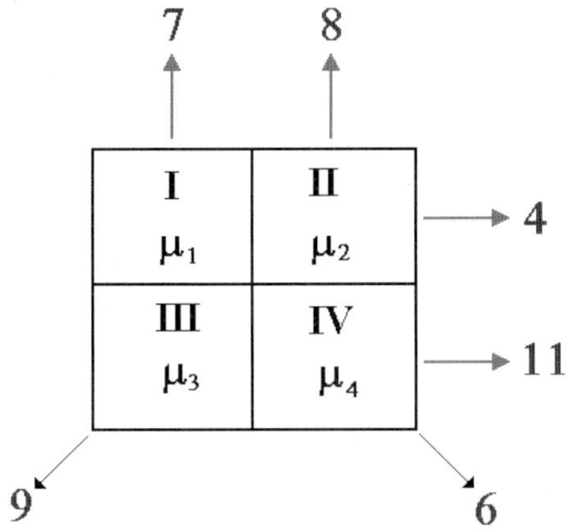

그림 7-19 4개의 픽셀에서의 실험치를 이용한 영상의 구성

[예제] 어떤 물질로 만든 두께 1mm인 얇은 판에 X-선을 투과시켰을 때 세기가 1/100로 감소하는 것이 관찰되었다. 이 물질의 흡수계수는 얼마인가?

[답] $I=I_o e^{-\mu x}$에서 $\frac{I}{I_o}=\frac{1}{100}=e^{-\mu x}$이므로 μ=4.605m^{-1}이다.

제8장

방사선의 이용

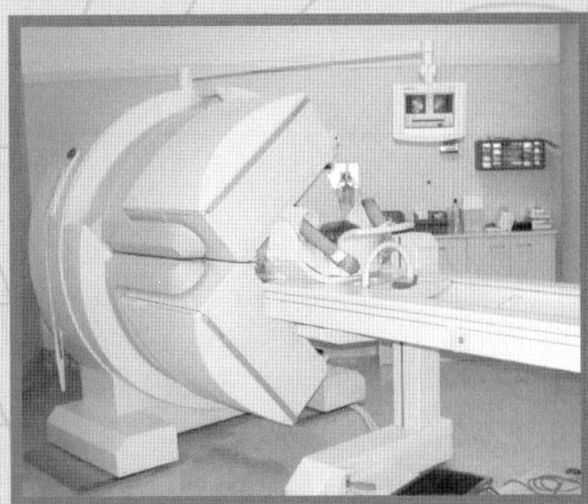

제8장

방사선의 이용

8-1. 방사선이란 무엇인가?

방사선이란 불안정한 핵이 안정한 핵으로 바뀌면서 외부로 방출하는 입자(α, β입자, 중성자, 양성자) 또는 전자기파(γ-선)를 말한다. 그리고 방사선을 낼 수 있는 물질을 방사능 물질이라고 부른다.

원자는 핵과 전자로 구성되어 있다. 핵은 양의 전기를 띠고 있는 양성자와 전기적으로 중성인 중성자로 구성되어 있고 이들을 합쳐서 핵자(nucleon)라 부른다. 핵자들은 아주 좁은 영역(~10^{-15}m)에 핵력에 의해 뭉쳐져 있고 핵의 외각(~10^{-8}m)에는 전자들이 돌고 있다. 원소는 전체적으로 중성이므로 양성자의 수와 전자의 수는 같다. 그리고 원소의 질량은 양성자와 중성자의 질량 합에 가깝다(전자의 질량은 양성자 질량의 1/2,000 정도이므로 무시할 수 있음). 양성자와 중성자의 질량은 서로 비슷하고 따라서 양성자와 중성자 수의 합을 질량수(mass number)라 부르며 이 값이 원소의 질량을 비교하는 양으로 사용된다.

원소는 양성자의 수에 따라 구별된다. 따라서 양성자의 수에 따라 특정한 원소의 이름이 붙는다. 예를 들어 양성자의 수가 6개인 탄소는 C(carbon), 8개인 산소는 O(oxygen), 92개인 우라늄은

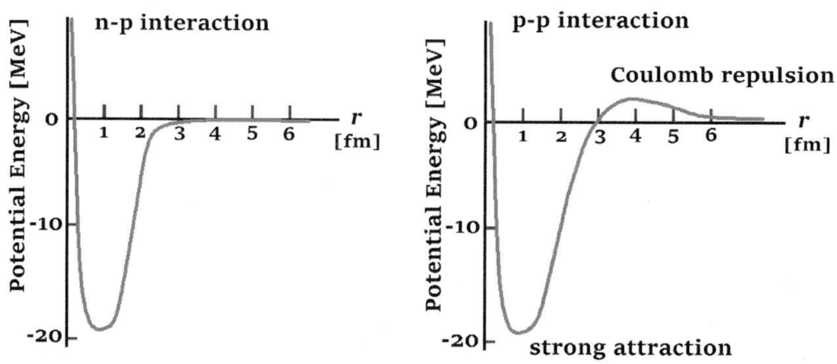

그림 8-1 각 핵자 사이에 작용하는 핵력의 크기

U(uranium) 등으로 표기된다. 원소 중에는 양성자의 수는 같으나(이는 같은 원소라는 의미) 중성자의 수가 달라서 질량이 다른 원소들이 있을 수 있다. 이를 동위원소(isotope)라고 부른다.

핵자들은 좁은 영역(~10^{-15}m) 안에 모여 있다. 이들을 뭉치게 하는 힘이 무엇인지에 대한 것이 핵에 대한 연구가 시작될 때부터 의문이었다. 핵력(그림 8-1)에 대한 의문을 해결한 사람은 일본의 핵물리학자 Yugawa였다. 그는 핵자들이 파이온(π)이라는 입자를 서로 주고받으면서 상호작용을 한다는 것을 제안하였고 이 제안이 실험적으로 입증되었다. 그러나 현재 핵자는 하드론으로서 쿼크들로 구성되어 있고(부록 J 참조), 쿼크들은 글루온의 작용에 의해 좁은 공간에 갇혀 있을 수 있다고 알려져 있다. 즉, 핵력은 글루온의 작용에 의한 것이다.

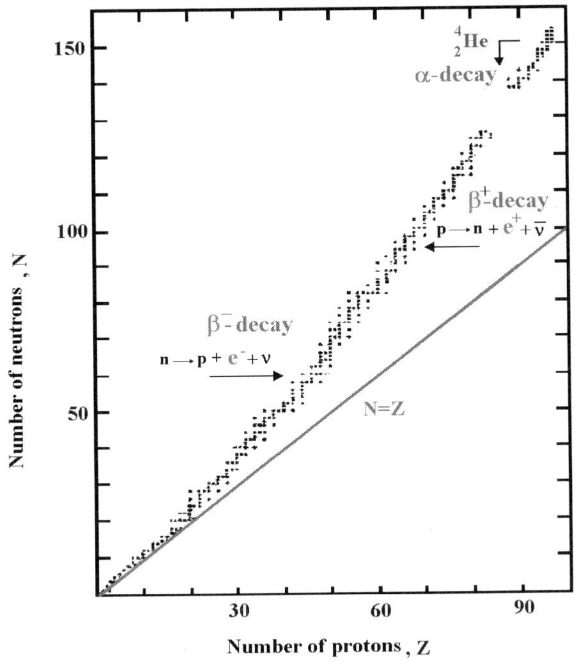

그림 8-2 자연에서 존재하는 안정한 원소들의 핵자의 구성

핵 안에는 많은 수의 양성자와 중성자가 존재하므로 이들의 상호작용에 따라 안정한 양성자와 중성자 수의 비가 결정된다. Pauli 배타율 때문에 양성자와 중성자가 반씩 섞여 있는 것이 에너지적으로 안정하다. 그러나 원자 번호가 커지게 되면 양성자 사이의 전기적 반발력이 커지므로 양성자 수보다 중성자 수가 많은 것이 에너지적으로 유리하다.

그림 8-2에서 보듯이 안정한 원소에서는 질량 수 40까지는 중성자 수(20)와 양성자 수(20)가 같으나 이보다 큰 질량수의 원소에서는 중성자의 수가 더 많아지게 된다. 방사선은 안정한 원소보다 중성자 또는 양성자가 많은 원소들이 안정한 원소로 변환하는 과정에서 외부로 입자 또는 에너지를 방출한 것이다.

8-2. 방사선에는 어떤 것이 있나?

방사선은 불안정한 핵이 에너지(입자 또는 전자기파)를 방출하면서 안정한 핵으로 전이하는 과정에서 발생된다. 이때 방출되는 것이 α-선, β-선, γ-선 등이며 이들을 방사선이라 부르며 방사선을 방출하는 물질을 방사능(radioactivity)을 가졌다고 말한다.

첫째, α-선은 α-붕괴에서 발생하는데 주로 질량수가 큰 원소의 동위원소($Z \geq 78$)에서 일어난다. 즉 $Z \geq 78$ 이상의 동위원소들이 안정한 핵으로 변하면서 발생하는 방사선이 α-선이다. α-선은 헬륨의 핵이다. 따라서 양성자 두 개와 중성자 두 개로 구성되어 있다.

둘째, β-선은 β붕괴에서 발생하는데 두 가지 종류가 있다. 그림 8-2에서 안정한 핵보다 중성자가 많은 경우(왼쪽)와 안정한 핵보다 양성자가 많은 경우(오른쪽)가 있을 수 있다. 안정한 핵보다 중성자가 많은 경우 여분의 중성자가 양성자로 바뀌면서($n \rightarrow p+e^- +\nu$, 식의 좌우의 전하량이 보존, ν는 뉴트리노라는 입자) 전자를 방출한다. 이 전자가 곧 β-선이다. 반면에 안정한 핵보다 양성자가 많은 경우 여분의 양성자가 중성자로 바뀌면서($p \rightarrow n+e^+ +\overline{\nu}$, 이 경우에도 좌우의 전하가 보존됨) 양전자가 발생하게 된다. 이때에는 β-선은 양전자이다. 양전자는 전자와는 달리 양의 전하를 가지는 입자로서 이 외의 성질은 전자와 동일하다.

셋째, γ-선은 아주 짧은 파장의 전자기파이다. γ-붕괴는 α-붕괴 또는 β-붕괴에 연이어 발생한다. 즉 α-붕괴 또는 β-붕괴 후 여기된 핵이 기저상태로 떨어지면서 γ-선을 방출하는 것이다. 따라서 γ-선은 에너지 준위 사이의 전이에 의해 발생하는 전자기파와 동일한 메커니즘에 의해 발생된다. 그런데 핵의 에너지 준위 사이의 에너지 차이가 커서 γ-선의 에너지가 아주 큰 것(파장은 아주 짧다)이다.

8-3. 왜 α-입자를 방출하는가?

원자의 질량(핵의 질량)은 핵을 이루는 중성자, 양성자의 개수에 그들의 질량을 곱해 합한 값보다 항상 작다. 이 질량의 차이 Δm을 질량결손(mass defect)이라 부른다. Einstein의 상대성이론에 의하면 질량도 에너지에 해당되므로 질량결손은

$$E=\Delta mc^2 \tag{8-1}$$

의 에너지에 해당한다. 이 질량결손에 의한 에너지는 핵을 이루는 데 사용한 결합에너지(binding

energy)이다. 이 결합에너지는 핵을 핵자들로 완전히 분열시키는 데 필요한 에너지이기도 하다. 결합에너지를 핵자의 수로 나눈 값을 핵자당 평균결합에너지라고 부른다.

원자질량은 원자질량단위 u로 측정되는데 1u는 $^{12}_{6}C$원자 질량의 1/12로 정의된다. 즉 1u=1.6605×$10^{-27}kg$이다. 이 값은 양성자의 질량 m_p=1.6726×$10^{-27}kg$ 및 중성자의 질량 m_n=1.6749×$10^{-27}kg$과 비슷한 값이다. 즉 양성자와 중성자의 질량을 u 단위로 표시하면 각각 1.00727u와 1.008665u이다. 반면에 전자는 0.00054858u로서 양성자와 중성자의 질량에 비해 무시할 수 있을 정도로 작은 값이다.

α-입자인 ^4He의 결합에너지를 계산해 보자. ^4He의 핵은 2개의 양성자와 2개의 중성자로 이루어져 있으므로 핵자들의 질량의 합은 $m=2m_n+2m_p$=4.0319182u이다. 반면에 ^4He원소의 질량은 4.002602u로 측정된다. 결과적으로 질량결손은 0.029316u이다. 이를 MeV 단위로 계산하면 27.31 MeV이다. 여기서 M은 백만(10^6)을 나타내고 1eV의 에너지는 1V의 전위차로 전자가 얻는 에너지를 말한다. 전자의 전하량이 1.6×$10^{-19}C$이므로 1eV는 1.6×$10^{-19}J$의 에너지에 해당된다. 따라서 질량 1u는 식 8-1과 1eV의 정의에서 931MeV의 에너지에 해당한다는 것을 알 수 있다. 따라서 위 ^4He의 질량결손 0.029316u는 27.31MeV로 계산된다. ^4He핵의 핵자당 평균 결합에너지는 위 값을 핵자의 수 4로 나눈 6.828 MeV가 됨을 알 수 있다.

그림 8-3에 질량수에 따른 핵자당 평균 결합에너지의 변화가 주어져 있다. 이 그림은 중간 질량수(50~80)의 핵들이 9MeV 가까이의 결합에너지로서 가장 안정한 상태임을 나타내고 이보다 낮거나 높은 질량수의 핵들은 결합에너지가 이보다 작다는 것을 보여준다. 여기서 결합에너지가 작다는 것은 덜 안정되어 있다는 것을 의미한다. 작은 질량수의 핵들은 서로 결합하는 형태로(핵융합-태양 및 항성의 에너지의 원천) 안정한 상태가 되려고 하는 데 반해서 큰 질량수의 핵들은 핵분열(우라늄 등을 이용한 핵발전소)하는 형태로 외부로 에너지를 방출함으로써 안정한 상태로 전이하려 한다. 특히 그림 8-3에서 주목할 것은 ^4He핵은 질량수가 작음에도 불구하고 큰 결합에너지를 가진다는 것이다. 결국 ^4He핵은 상당히 안정하다는 것을 뜻한다. 이는 위에 설명한 α-붕괴에서 ^4He의 형태로 핵이 입자를 방출하는 이유이다. 즉 α-붕괴를 하는 무거운 원소가 양성자 2개, 중성자 2개를 따로 방출하는 것보다 결합에너지가 큰 ^4He핵의 형태로 에너지를 방출하는 것이 에너지적으로 더 유리하다는 것을 뜻한다.

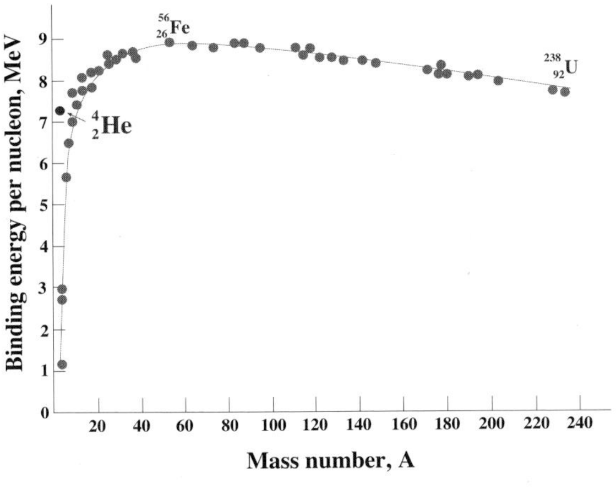

그림 8-3 핵자당 평균 결합에너지

핵자 사이의 결합에너지는 전자의 원자에 대한 결합에너지(이온화 에너지)에 대비된다. 전자의 경우 eV 단위 영역이나 핵의 경우에는 MeV 영역임에 유의하자.

[예제] 중수소의 핵자 당 결합에너지를 구하라. 중수소의 질량은 2.014102u이다.

[답] 중수소의 핵은 양성자 1개와 중성자 1개로 구성되어 있으므로 $m_p+m_n=2.01594u$이다. 따라서 질량결손은 $\Delta m=0.001839u$이고 $E_b=1.71MeV$이다. 핵자 당 결합에너지는 $0.86MeV$이다.

8-4. 방사능 동위원소의 반감기란 무엇인가?

방사능 동위원소는 붕괴를 통해 안정한 원소가 되려고 한다. 여기서 붕괴하는 속도가 반감기라는 양으로 특정지어진다. 반감기는 방사능 원소의 수가 반으로 줄어드는 데 걸리는 시간으로 정의한다. $N(t)$를 시간 t에서 방사능 동위원소의 수라 하면 dt 동안에 붕괴하는 원소의 수는

$$-dN(t)=\lambda Ndt \tag{8-2}$$

와 같이 표현된다. 여기서 λ는 방사능 원소에 따라 다른 붕괴상수이다. 식 8-2는

$$N(t)=N_0e^{-\lambda t} \tag{8-3}$$

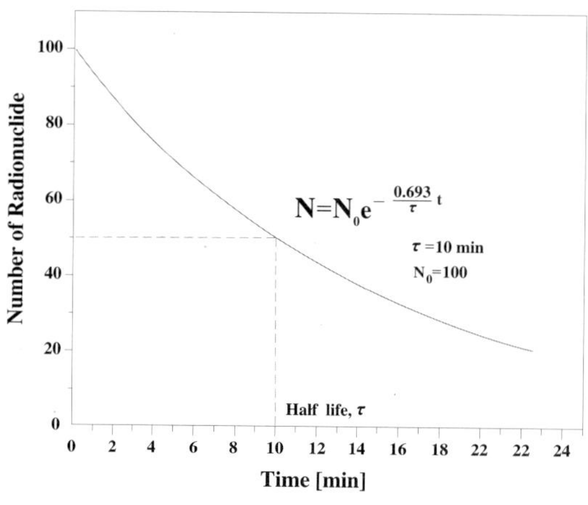

그림 8-4 반감기의 정의(τ=10분의 반감기를 가진 방사능 원소)

와 같이 직분된다. 여기서 N_0는 $t=0$(처음)에서의 방사능 원소의 수이다.

임의의 시간 t에서 방사능 동위원소의 붕괴율은

$$R=\frac{dN}{dt}=-\lambda N_0e^{-\lambda t}\equiv R_0e^{-\lambda t} \tag{8-4}$$

으로 정의된다. 여기서 $R_0=-\lambda N_0$로서 초기의 붕괴율을 나타낸다. 반감기 τ는 식 8-3에서 $N=N_0/2$가 되는 데 걸리는 시간이므로

$$\tau = \frac{ln2}{\lambda} = \frac{0.693}{\lambda} \tag{8-5}$$

과 같이 표현된다. 식 8-5는 방사능 원소의 반감기에 의해 붕괴상수 λ가 결정된다는 것을 보여주고 있다.

[예제] ^{14}C는 우주에서 날아오는 양성자에 의해 형성된 이차 중성자가 질소와 핵반응하여 발생한다. 이렇게 형성된 ^{14}C는 산소와 결합하여 CO_2가 되고, 이것이 생물의 호흡으로 흡수된다. 생물이 살아있을 때는 생물체 안의 ^{14}C의 양과 공기 중의 ^{14}C의 양이 동일하다. 그러나 생물이 죽으면 생물이 호흡하지 않으므로 공기에서부터 생물체로 ^{14}C의 유입이 없다. 따라서 죽은 생물체 안의 ^{14}C의 양은 ^{14}C의 붕괴로 줄어들게 된다. 이에 따라 ^{14}C의 붕괴율을 측정함으로써 생물체의 죽은 연대를 측정할 수 있다. 공기 중의 ^{14}C와 의 ^{12}C비는 1.3×10^{-12}이고, ^{14}C의 반감기는 5730년이다. 오래된 목탄(charcoal) 30g이 발견되었다. 이 시료의 ^{14}C의 붕괴율을 측정해 보니 100붕괴/분이 관찰되었다. 이 목탄의 나무가 죽은 연도는 얼마인가?

[답] 살아있는 나무에서 채취한 탄소 1mole에서의 ^{14}C의 붕괴율을 계산해 보자. $N_A=6.022 \times 10^{23}$이므로 탄소 1mole안에 존재하는 ^{14}C의 수는 $N=xN_A=7.8 \times 10^{11}$개다. 따라서 살아있는 나무에서 채취한 탄소 1mole에서의 ^{14}C의 붕괴율은 $R_o= \lambda N=181$붕괴/분이다. 문제에서 주어진 오래된 목탄의 mole 수를 계산해 보면 $n=30/12=2.5mole$이다. $2.5mole$의 붕괴율이 100붕괴/분이므로 $1mole$의 붕괴율은 40붕괴/분이다. $R=R_oe^{-\lambda t}$에서 t는 12,400년으로 계산된다. 즉, 목탄은 12,400년 전에 죽은 나무에서 형성된 것이다.

[예제] 암석에서 발견된 ^{40}Ar와 ^{40}K의 비가 11임이 관찰되었다. ^{40}K의 반감기는 12.5억년이고, 붕괴한 ^{40}K은 모두 ^{40}Ar이 된다고 가정한다. 이 암석의 연대를 구하라.

[답] 암석이 형성될 때 ^{40}K이 N_0개 있었다고 하자. 그러면 현재 남아있는 ^{40}K의 개수는 $N_K=N_0e^{-\lambda t}$로 주어진다. 따라서 붕괴한 ^{40}K의 수는 N_0-N_K이고, ^{40}K은 모두 ^{40}Ar이 된다고 했으므로 $N_{Ar}=N_0-N_K$이다. 위 두 식에서 N_0를 소거하면 $N_K=(N_{Ar}+N_K)e^{-\lambda t}$을 구할 수 있다. 이 식은 $\lambda t=1n(1+N_{Ar}/N_K)$가 되고, $N_{Ar}/N_K=11$이고 $\lambda=0.693/\tau$이므로 $t=44.8$억년이다. 즉 44.8억 년 전에 만들어진 암석이다.

8-5. 인공방사능 동위원소는 어떻게 만드는가?

핵은 안정한 핵과 불안정한 핵으로 구별되는데 불안정한 핵들이 방사선을 낸다. 대략 1,850개의 핵종(nuclide)이 알려져 있다. 이 중에서 280개가 안정한 핵이고 나머지는 방사능 핵종들이다.

방사능 핵종은 자연방사능 핵종과 인공방사능 핵종으로 구분된다. 자연에서 발견되는 원소 중 원자번호 83(Bismuth) 이상의 원소들은 모두 방사능 핵종들이다. 이 핵종들은 모두 ^{235}U, ^{238}U, ^{232}Th를 어미(parent) 방사능 핵종으로 하는 세 개의 방사능 계열에 속하는 원소들이다. 첫째, ^{235}U를 어미 방사능 핵종으로 하는 ^{235}U계열은 붕괴하여 최종적으로 안정한 핵인 ^{207}Pb가 될 때까지 발생하는 방사능 핵종들(질량 수 4n+3)이다. 이 계열을 actino-uranium 계열이라고 부른다. 둘째, ^{238}U를 어미 방사능 핵종으로 하는 방사능 계열은 uranium 계열(질량 수 4n+2)이라고 부르며 14번의 붕괴(8번의 α-붕괴와 6번의 β붕괴)에 의해 최종적으로 안정한 원소인 ^{206}Pb가 된다. 셋째, ^{232}Th을 어미 방사능 핵종으로 하는 thorium 계열(질량 수 4n)인데 최종적인 안정한 원소는 ^{208}Pb이다.

인공방사능 핵종들은 중성자, 양성자, 중수소, α-입자, γ-선 또는 다른 핵 등을 안정한 핵과 충돌시켜 핵반응을 유도함으로써 만들어진다. 원자로, 입자가속기(van der Graaf, 사이클로트론, 선형가속기 등)가 방사능 핵종을 만드는 장치들이다.

화학반응을 표시할 때 화살표를 중심으로 왼쪽은 반응물질, 오른쪽은 생성물질을 나타내는데 핵반응도 이와 유사하게 표현한다. 예를 들어 ^{18}O에 양성자가 충돌하여 ^{18}F와 중성자가 생성되는 핵반응은

$$^{18}_{8}O+^{1}_{1}H \rightarrow ^{18}_{9}F+^{1}_{0}n \tag{8-6}$$

으로 표현된다. 그러나 위와 같은 표현보다는 좀 더 간략한 표현을 많이 사용하는데 충돌(입사)하는 입자와 방출되는 입자를 괄호 안에 넣어 괄호 왼쪽은 표적핵을 나타내고 오른쪽은 생성핵을 표시한다. 따라서 위 핵반응은 $^{18}O(p, n)^{18}F$와 같이 나타낸다. 여기서 p는 양성자를 가리킨다.

아래부터는 인공방사능 핵종이 원자로와 입자가속기를 통해 어떻게 생성되는지를 알아보기로 한다. 우선 표 8-1에 핵의약으로 많이 사용되고 있는 원소들이 이떤 방법에 의해 생성되는지를 요약해 두었다.

표 8-1 여러 방법에 의해 만들어지는 인공 방사능 원소

방법 / 특성	방사능 핵종 제조방법			
	사이클로트론	원자로(핵분열)	원자로(중성자 활성화)	방사능 핵종발생기
충돌입자	양성자, 중수소, 삼중수소, α입자	중성자	중성자	어미 방사능 핵종의 붕괴
제조 방사능 핵종	중성자 결핍핵종	중성자 과다핵종	중성자 과다핵종	중성자 과다 또는 결핍핵종
붕괴 형태	양전자(β^+)방출 전자 포획	전자(β^-)방출	전자(β^-)방출	여러 형태
의료에 이용되는 핵종의 종류	^{18}F, ^{15}O, ^{57}Co, ^{201}Tl, ^{123}I, ^{67}Ga, ^{111}In	^{99}Mo, ^{131}I, ^{133}Xe	^{32}P, ^{51}Cr, ^{125}I, ^{89}Sr, ^{153}Sm	$^{99}Tc^{m}$, $^{81}Kr^{m}$, ^{68}Ga, ^{82}Rb

(1) 핵분열 원자로에 의한 인공방사능 핵종의 생성

^{235}U의 핵분열 때 나오는 열을 발전에 이용한 것이 원자력 발전이다. 이에 대한 상세한 내용은 8-13절에 다룰 것이다. 여기에서는 원자로(연구용)에서 어떻게 방사능 핵종이 만들어지는지에 대해서만 보기로 한다.

원자로에서 발생하는 핵반응은 3가지 형태로 나눌 수 있다. 첫째, 중성자 포획이다. 핵반응은 (n, γ)로 표현할 수 있다. 둘째, 중성자 포획 후 붕괴하는 것이다. 셋째, 핵분열(fission)이다. 이 중에서 가장 많이 이용하는 것이 열중성자(에너지가 낮은 중성자)에 의한 중성자 포획인 (n, γ) 핵반응에 의한 방사능 핵종의 생성이다. 표 8-2는 위에 설명한 세 가지 형태의 반응에 의해 발생하는 방사능 핵종을 보여주고 있다.

(n, γ) 핵반응에 의한 방사능 핵종의 생성은 가장 간편한 방법이고 수율(yield)도 높다. 단순히 표적원소를 원자로에서 중성자와 핵반응시키면 되고 화학적인 분리도 할 필요가 없다. 그러나 이 반응의 가장 큰 단점은 화학적 분리가 불가능하기 때문에 불순물이 많이 생길 수 있다는 것이다. 불순물에 대한 문제를 해결하기 위해서는 표적 물질의 순도를 높여야 한다. (n, γ) 핵반응 방법으로 생성되는 방사능 핵종에는 ^{99}Mo, ^{51}Cr, ^{89}Sr 등 여러 핵종들이 있다.

다음에는 (n, γ) 핵반응 후 최종 생성 핵종으로 붕괴하는 경우가 있다. ^{131}I, ^{125}I가 대표적인 예이다. $^{124}Xe(n, \gamma)^{125}Xe$으로 핵반응을 한 후 전자포획 또는 β^-붕괴 후 ^{125}I가 되는 것이다. 최종 방사능 핵종이 화학적으로 분리가 가능한 점이 이 방법의 장점이다.

마지막으로 ^{235}U가 중성자에 의해 핵 분열할 때 발생하는 Z=30에서 66까지의 방사능 핵종들이 있다. 방사능 핵종을 만들기 위해서 약 25g의 아주 농축된 ^{235}U을 표적으로 사용하고 있다. 이러한 방식으로 발생되는 방사능 핵종 중 핵의약으로 많이 사용되는 것으로는 ^{131}I, ^{133}Xe, ^{99}Mo 등이 있다.

표 8-2 원자로에서 만들어지는 인공방사능 원소

핵종	반감기	핵반응	표적원소
^{99}Mo	66시간	$^{98}Mo(n, \gamma)^{99}Mo$	농축 ^{99}Mo
		$^{235}U(n, f)^{99}Mo$	농축 ^{235}U
^{131}I	8일	$^{130}Te(n, \gamma)^{131}Te \rightarrow ^{131}I$	농축 ^{130}Te
		$^{235}U(n, f)^{131}I$	농축 ^{235}U
^{133}Xe	5.3일	$^{132}Xe(n, \gamma)^{133}Xe$	농축 ^{132}Xe
		$^{235}U(n, f)^{133}Xe$	농축 ^{235}U
^{32}P	14.3일	$^{31}P(n, \gamma)^{32}P$	KH_2PO_4
		$^{32}S(n, p)^{32}P$	황(sulfur)
^{51}Cr	27.7일	$^{50}Cr(n, \gamma)^{51}Cr$	농축 ^{50}Cr
^{125}I	60일	$^{124}Xe(n, \gamma)^{125}Xe \rightarrow ^{125}I$	농축 ^{124}Xe
^{89}Sr	50.5일	$^{88}Sr(n, \gamma)^{89}Sr$	농축 $^{88}Sr_2O_3$
^{153}Sm	1.9일	$^{152}Sm(n, \gamma)^{153}Sm$	농축 ^{152}Sm

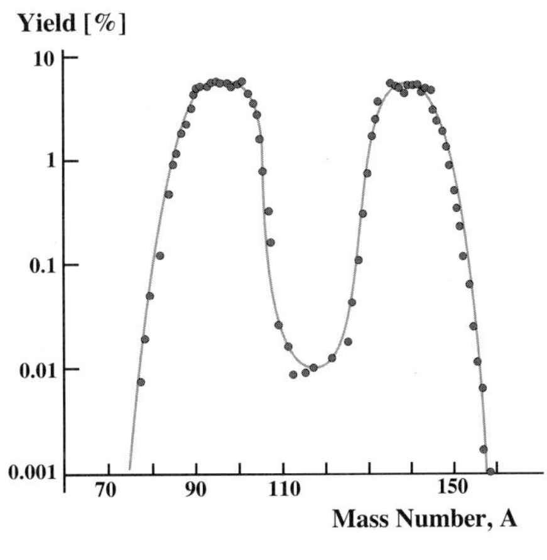

그림 8-5 ^{235}U가 중성자에 의해 핵분열될 때 발생하는 방사능 원소들

(2) 사이클로트론(Cyclotron)에 의한 인공방사능 핵종의 생성

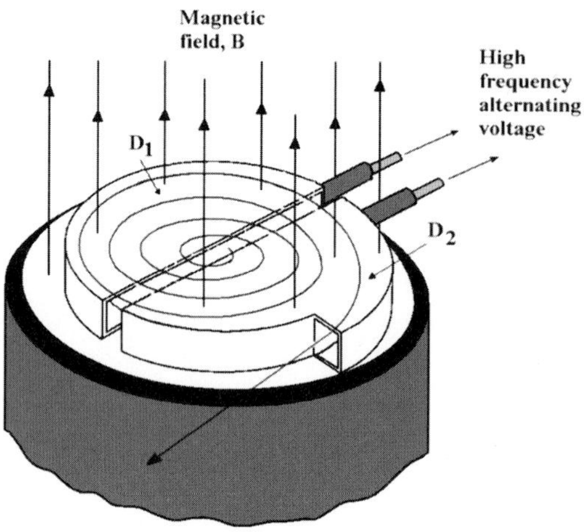

그림 8-6 사이클로트론의 구조

사이클로트론은 방사능 핵종을 만드는 데 가장 많이 사용하는 입자가속기이다. 1930년에 처음 발명된 후 3MeV에서부터 700MeV까지의 입자에너지를 만들 수 있는 사이클로트론이 현재 전 세계적으로 100여 개가 사용되고 있다.

사이클로트론의 기본적인 작동원리는 그림 8-6과 같다. 이 장치의 가장 중요한 부분은 Dee라고 부르는 두 개의 D자 형태의 장치인데 이것은 반원인 금속통 구조를 하고 있다. 그리고 두 개의 Dee 사이에는 빈 공간이 있다. Dee의 안쪽 및 빈 공간, 즉 장비의 안쪽은 모두 진공으로 유지되고 있다.

입자의 가속과정은 다음과 같다. 먼저 이온발생기에서부터 이온이 만들어져서 두 Dee 사이의 중간 빈 공간(gap)에 투입된다. 그리고 한쪽 Dee의 전극에 입사한 이온(양성자라고 하자)이 그쪽으로 가속하도록 음의 전압을 걸어준다. 그런데 Dee에는 수직하게 강한 자기장이 걸려 있다. 따라서 양성자가 Dee 안에 들어오면 더 이상 전압차이를 느끼지 못하나 수직하게 걸린 자기장에 의해 원운동을 하게 된다. Dee에 걸어주는 전압은 라디오파 전압으로서 주기적으로 양과 음이 바뀐다. 양성자가 한쪽 Dee의 안쪽을 원운동 하여 두 Dee 사이의 공간을 빠져나오기 전에 다른 쪽 Dee의 전압이 음으로 바뀌어 양성자를 끌어들이게 되고 자기장에 의해 그곳에서 다시 가속한다. 양성자가 Dee의 공간을 지나갈 때마다 걸어주는 전압 V에 의해 $+eV$의 운동에너지가 증가한다.

자기장 B 안에서 양성자가 받는 자기력은 $+evB$이고 원운동을 하기 때문에 이 에너지는 원심력인 mv^2/r과 같아야 한다. 즉

$$evB = \frac{mv^2}{r} \tag{8-7}$$

을 만족한다. 위 식에서 양성자의 속도를 구할 수 있고 $\omega = v/r$에서 각 운동량 ω는

$$\omega = \frac{eB}{m} \tag{8-8}$$

을 얻는다. 위 식에서 각진동수는 양성자의 운동 반경이나 속도와 무관함을 볼 수 있다. 따라서 양

성자가 에너지를 얻어 점점 더 큰 궤도를 돌게 된다고 할지라도 양성자가 두 Dee 사이의 공간에 도달하는 시간간격에는 변함이 없다. 다시 말하면 두 Dee 사이에 걸어주는 전압의 진동수를 변화시키지 않더라도 양성자는 정확하게 전압의 +/-값이 바뀌는 시점에 두 Dee 사이의 공간을 통과하게 된다.

두 Dee 사이를 넘나들며 가속된 양성자는 외부(exit)로 나와 표적 물질을 때림으로써 핵반응을 하게 된다. 사이클로트론으로 얻을 수 있는 양성자의 최대 에너지는

표 8-3 사이클로트론에 의해 생성되는 방사능 동위원소

핵종	반감기	핵반응
^{18}F	110분	$^{18}O(p,n)^{18}F$
^{15}O	2분	$^{14}N(d,n)^{15}O$
^{57}Co	270일	$^{56}Fe(d,n)^{57}Fe$
^{201}Tl	73시간	$^{203}Tl(p,3n)^{201}Pb \rightarrow ^{201}Tl$
^{131}I	13.2시간	$^{124}Xe(p,2n)^{123}Cs^{*} \rightarrow ^{123}I$ $^{127}I(p,5n)^{123}Xe \rightarrow ^{123}I$
^{67}Ga	78시간	$^{67}Zn(d,2n)^{67}Ga$ $^{68}Zn(d,3n)^{67}Ga$
^{111}In	2.8일	$^{111}Cd(p,n)^{111}In$ $^{109}Ag(\alpha,2n)^{111}In$

$$E = \frac{1}{2}mv^2 = \frac{r^2e^2B^2}{2m} \tag{8-9}$$

으로 주어진다. 위에서는 양성자의 가속에 대해서 언급하였지만 중수소, α-입자 등도 가속시킬 수 있다. 표 8-3에 사이클로트론으로 만들어지는 방사능 핵종의 종류가 주어져 있다.

사이클로트론 이외에도 선형가속기를 이용하여 방사능 핵종을 만들 수 있다. 선형가속기는 고주파의 전기장에 의해 이온을 가속시키는 장치로서 사이클로트론보다 에너지가 더 큰 이온을 만들 수 있다. 그러나 장치의 길이가 길고 비싸기 때문에 고에너지 물리의 연구에 주로 사용하고 있다.

(3) 방사능 핵종발생기(generator)에 의한 인공방사능 핵종의 생성

방사능 핵종발생기는 반감기가 짧은 방사능 핵종이 필요할 때 그 자리에서 만들어 사용할 수 있는 장치이다. 이것은 반감기가 상대적으로 긴 어미 방사능 핵종으로부터 만들어진 딸(daughter) 방사능 핵종을 어미 방사능 핵종으로부터 분리하여 사용할 수 있는 장치이다. 핵의약에서 주로 사용하는 $^{99}Tc^{m}$이 이 발생기를 통해 만들어져 병의 진단에 사용되고 있다. 방사능 핵종발생기에 대한 내용은 $^{99}Tc^{m}$을 설명하는 절에서 상세히 다루고자 한다.

표 8-4 핵의약용으로 사용되고 있는 방사능 핵종발생기의 종류

parent/daughter	반감기	기둥(column)	Eluant
$^{99}Mo/^{99}Tc^{m}$	2.75일/6시간	Al_2O_3	0.9% NaCl
$^{81}Rb/^{81}Kr^{m}$	4.57시간/13초	Dowex 50X8	공기
$^{68}Ge/^{68}Ga$	270.8일/1.13시간	Al_2O_3	0.005M EDTA
$^{82}Sr/^{82}Rb$	25.4일/75초	SnO_2 Al_2O_3	0.9% NaCl 0.9% NaCl

8-6. 방사능 동위원소는 의학적으로 어떻게 이용되나?

방사능 동위원소의 의학적 이용은 두 가지 영역으로 나누어 생각해 볼 수 있다.

첫째, 방사능 물질을 이용하여 병을 진단하는 분야이다. 방사능 원소 또는 방사능 원소를 포함한 화합물을 인체에 투여하면 방사능 물질이 특정 장기에 선택적으로 흡수된다. 흡수된 방사능 물질에서 나오는 방사선을 인체 외부에서 방사선 측정장치를 이용하여 측정한다. 측정된 방사선 양의 시간에 따른 변화, 위치에 따른 변화 등을 통하여 장기 부분에서 일어나는 비정상적인 대사작용을 관찰함으로써 병을 진단할 수 있다. 이러한 방사능 물질을 이용한 진단에서는 방사선 측정을 통해 장기의 모양은 물론이고 장기의 대사기능 등 활동상황도 관찰할 수 있다. 따라서 X-선 영상, MRI영상 등에서는 장기의 해부학적인 구조만을 볼 수 있는 데 반하여 방사능 진단에서는 대사작용을 하는 과정까지도 관찰할 수 있다는 이점이 있다. 방사능 진단장비로는 SPECT(Single Photon Emission Computed Tomography)와 PET(Positron Emission Tomography)가 있다. 이들 장비에 대한 상세한 설명은 아래 절에서 따로 다룰 것이다. 그러나 방사능 진단장비들은 해부학적 구조를 관찰하는 진단장비인 X-선 CT, MRI 등에 비해 분해능이 좋지 않기 때문에 선명하지 못하다는 단점도 있다.

둘째, 방사능 물질에서 나오는 방사선 에너지를 이용하여 종양을 파괴함으로써 병을 치료하는 분야이다. 방사선 에너지를 이용한 치료도 두 가지 분야로 대별된다. 첫번째 치료방법으로는 납으로 만든 통 안에 방사능 물질을 넣고 한쪽 방향으로 방사선을 나오게 한 다음 이를 집속시켜 인체 내의 종양에 집중시킴으로써 방사선 에너지로 종양을 파괴하는 방식으로 병을 치료하는 것이다. 이 경우 주로 ^{60}Co를 많이 사용하고 있다. 그리고 암이 인체의 여러 곳에 퍼지게 된 경우에는 방사선을 집속시키지 않고 인체의 전체 면에 투사하는 방법도 사용하고 있다. 두 번째 치료 방법으로는 방사능 원소 또는 방사능 원소를 포함한 화합물을 인체에 직접 투여하는 방법이다. 투여된 방사능 물질이 특정 장기부분에 흡수되고 이때 방사하는 방사선에 의해 종양이 파괴되는 것이다. 이렇게 치료를 위해 투여하는 방사능 물질의 양은 SPECT 또는 PET 등 진단용 장비를 사용할 때 투여하는 방사능 물질의 양에 비해서 많은 편이다.

인체에 투여하여 병을 진단 또는 치료할 때 사용하는 방사능 물질에는 몇 가지 제한이 따른다. 첫째, 방사능 물질의 반감기가 짧은 것일수록 좋다. 인체 밖에서 조사되는 방사선에 비하여 인체내에 들어온 방사능 물질은 인체에 더 큰 해를 입힌다. 따라서 방사선 피폭을 줄이기 위하여 가능한 한 방사능 물질의 반감기가 짧은 것이 유리하다. 그러나 반감기가 지나치게 짧으면 측정을 하는 동안 방사선 양이 급격히 줄어들므로 측정이 용이치 않게 되고 또한 치료용일 경우에도 반감기가 너무 짧으면 치료가 완전히 이루어지지 않는다. 둘째, 인체에 무해한 화합물이 합성될 수 있어야 하며 또한 정맥주사에 의해 투여가 가능한 형태로 정제될 수 있어야 한다. 방사능 원소를 그대로 투여하는 경우도 있지만 주로 화합물 형태로 만들어 인체에 투여하기 때문에 인체에 무해한 화합물이 합성될 수 있어야 한다. 셋째, 병의 진단이나 치료를 위해서는 방사능 물질이 원하는 장기에만 선택적으로 흡수되어야 한다. 따라서 원하는 장기 부분에 방사능 물질이 흡수될 수 있도록 하는 화합물을 만들 필요가 있다. 특정 병의 진단 및 치료를 위한 방사능 물질을 만들고 개발하는 분야가 핵의약 분야(nuclear medicine)이다. 현재 많은 핵의약(radiopharmaceutical)이 개발되어 사용되고 있고 새로운 핵의약이 만들어지고 있다.

(1) 병의 진단

위에서 언급하였듯이 병의 진단은 핵의약을 인체에 투입하고 투여된 방사능 물질이 방사하는 방사선을 인체 외부에서 방사능 측정장비로 관찰하는 것이다. 진단에 사용하는 방사능 물질과 이를 이용한 핵의약 및 진단부위 등에 대한 내용이 표 8-5에 주어져 있다. 표에서 보듯이 여러 장기 부분에 가장 보편적으로 사용되고 있는 방사능 원소는 $^{99}Tc^{m}$이다. 여기서 m은 준안정상태(metastable state)를 나타낸다. 현재 SPECT에 사용하고 있는 핵의약 중 80% 이상이 $^{99}Tc^{m}$이다. $^{99}Tc^{m}$에 대한 상세한 내용은 아래 절에서 따로 다루기로 한다. 반면에 PET에서는 85% 이상이 ^{18}F을 설탕에 붙인 F-18 FDG를 사용하고 있다.

표 8-5 병의 진단분야에 이용되는 방사능 원소들

응용분야	방사능 핵종	제조방법	방사능 약물	에너지[keV]	반감기[시간]
뼈	$^{99}Tc^{m}$	핵종발생기	MDP	140	6
심장	$^{99}Tc^{m}$	핵종발생기	SestaMibi	140	6
	^{201}Tl	사이클로트론		70	73
뇌	$^{99}Tc^{m}$	핵종발생기	HPPAO	140	6
갑상선	^{131}I	핵분열(^{235}U)		364	8 days
콩팥	^{131}I	핵분열(^{235}U)	Hippuran	364	8 days
	$^{99}Tc^{m}$	핵종발생기	Mag-3	140	6
허파	$^{99}Tc^{m}$	핵종발생기	MAA	140	6
	^{133}Xe	핵분열(^{235}U)	(Gas)	71	62
종양	^{67}Ga	사이클로트론	Citrate	90	78
	^{19}F	사이클로트론	FDG	511 (양전자)	2
간	$^{99}Tc^{m}$	핵종발생기	Sulfur	140	6

(2) 병의 치료

방사능 물질에서 나오는 방사선의 에너지에 의해 종양세포가 파괴됨으로써 종양이 치료될 수 있다. 악성종양(암)의 치료에 주로 ^{60}Co과 같은 방사능 핵종이 사용되고 있다. 납으로 된 용기에 담긴 ^{60}Co에서 나오는 γ-선을 적당한 집속기를 이용하여, 뇌하수체에 생긴 강낭콩만 한 종양에 집중시

킬 수 있다. 또한 신체의 반을 조사(half body irradiation)하는 방식으로, 국소화할 수 없는 전신에 퍼진 암세포를 치료할 수도 있다.

1930년 후반에 ^{131}I이 갑상선에 어느 정도 국소적으로 흡수되는지, 얼마나 흡수되는지 등에 관한 연구가 시작된 이래로 방사능 핵종인 ^{131}I은 갑상선 비대증의 진단과 치료에 널리 사용되고 있다. 갑상선에 대해 수술을 하거나 장기적으로 약물을 투여하는 것은 부작용을 유발할 수 있는 데 반해 방사능 치료는 한 번의 투여로 큰 치료 효과를 거둘 수 있기 때문에 많이 이용되고 있다. 또한 ^{131}I의 투여량을 증가시킴으로써 갑상선암을 치료하기도 한다. 그리고 ^{131}I-Lipidol은 간세포 종양 치료에도 이용되고 있다.

^{90}Sr과 ^{153}Sm-EDTMP는 전립선암이나 유방암에 의한 전이 때문에 생기는 뼈의 통증을 완화시키는 데 사용되고 있다. 특히 Sr은 Ca과 비슷하게 행동하여 주로 뼈에 흡수된다. 주사를 통해 피에 투여된 Sr은 뼈에 선택적으로 흡수되어 통증을 완화시키고 암의 전이를 멈추게도 한다. 대략 80% 이상의 환자들에게서 통증의 완화가 관찰되었고, 그중에서 20%는 통증이 완전히 사라지는 효과를 보이고 있다. 그리고 한 번의 투여로 6개월간 통증 완화 효과가 지속되며 그 후 필요한 경우 다시 투여할 수 있다. ^{32}P는 골수를 추적하는 특징을 가지고 있다. 따라서 골수이상 증식을 치료하는 데 이용된다. ^{90}Y-DOTA는 최근에 악성종양 치료에 사용되고 있는 핵의약이다. 위, 췌장, 신경내분비계, 허파 등의 종양 치료에 효과를 보이고 있다. 그리고 ^{90}Y-silicate는 류마티스성 무릎통증 완화에 탁월한 효과를 보이고 있다.

최근에는 방사능 핵종을 심는(implanting) 방법도 많이 사용하고 있다. 실제로 이 방법은 1930년대 후반부터 라듐 침(needle)을 종양 부위에 심음으로써 종양치료에 사용되어 온 것이다. 바늘 위에 쌀알보다 작은 ^{125}I 덩어리를 초음파 진단기로 위치를 잡아가면서 전립선에 심는 방법이다. 이렇게 함으로써 외부에서 방사선을 쬐어주는 기존의 방법보다 2~3배 이상의 에너지를 종양에 가할 수 있다.

표 8-6 병의 치료에 사용되는 방사능 원소들

응용분야	방사능 핵종	제조방법	방출입자	에너지(keV)	화합물	반감기
갑상선 종양, 갑상선 기능항진증	^{131}I	핵분열(^{235}U)	β^-, γ	188		8일
뼈의 통증 완화	^{90}Sr ^{153}Sm	원자로	β^- β^-	200 103	^{90}Sr 또는 ^{153}Sm EDTMP	28년 1.93일
골수 이상 증식증	^{32}P	원자로	β^-	700		14.26일
간세포 악성종양	^{131}I	핵분열(^{235}U)	β^-, γ	188	^{131}I-Lipiodal	8일
위암, 허파암	^{90}Y	원자로	β^-	930	^{90}Y-DOTA Octreother	64.6일
무릎 통증 (류마티스)	^{90}Y	원자로	β^-	930	^{90}Y-silicate	64.6일

8-7. 방사능 핵종발생기는 무엇인가?

1930년대 후반, 방사능 요오드(I)가 갑상선에 어느 정도 국소적으로 흡수되는가를 연구한 것이 방사능 물질을 의학에 응용한 시초이다. 투여된 요오드가 갑상선에 의해 흡수된 후 방사하는 방사선을 갑상선이 있는 목 주위에 Geiger 계수기를 대고 측정하였다. 그 후 1948년에 γ-선이 신틸레이터와 PM tube에 의해 측정이 된다는 사실이 발견되었다. 이에 따라 갑상선 주위 400여 점의 방사선 세기의 차이를 관찰할 수 있게 되었다. 1950년대에는 방사능 물질이 포함된 핵의약들이 개발되어 심장, 간, 신장, 뼈 등의 장기가 방사능 측정을 통해 관찰되었다. 1970년 중반에 새로운 형태의 방사능 물질인 $^{99}Tc^{m}$이 개발되었는데 이 물질의 개발에 의해 핵의약 분야에 획기적인 발전이 이루어졌다.

$^{99}Tc^{m}$은 $^{99}Tc^{m}$-핵종발생기(generator)에 의해 만들어진다. 기존의 방사능 물질들은 원자로에서 만들어져서 필요한 병원으로 운반해야 하기 때문에 짧은 반감기의 방사능 물질을 의학적으로 응용하는 데 한계가 있었다. 그러나 $^{99}Tc^{m}$-핵종발생기는 소형으로 휴대가 가능하여 언제 어디서나 사용할 수 있다. 또한 $^{99}Tc^{m}$은 6시간이라는 짧은 반감기를 가지고 있고, 적은 양을 복용하더라도 측정하기에 충분한 γ-선을 방출하며 γ-카메라(Anger 카메라라고도 함, 아래 절을 참조)로 쉽게 측정할 수 있기 때문에 환자에게 방사능 피폭을 최소화하는 장점을 가지고 있다.

측정장치 분야에서도 그동안 괄목할 만한 발전을 이루었다. 1949년 Ben Cassen에 의해 사각형 모양의 주사기(rectilinear scanner)가 개발된 이래로 1957년 Hal Anger에 의해 γ-카메라가 개발되기에 이르렀다. 이에 따라 방사능 동위원소를 이용한 단층촬영이 X-선 CT가 나오기 전인 1960년에 시작되었다. 그 후 1970년 PET가 개발되었고 SPECT도 1977년 출현하였다. 방사선 진단장비는 X-선 CT와 MRI에 비해 상대적으로 분해능이 낮다. 그러나 방사선진단장비는 대사작용까지 관찰할 수 있는 이점이 있다. 즉 시간에 따른 장기의 방사선에 대한 대사작용까지 관찰함으로써 병의 진단을 더욱 쉽게 할 수 있다. 현재 방사선 진단장비와 X-선 CT를 결합한 장비도 나오고 있다.

표 8-7 $^{99}Tc^{m}$의 의료분야에의 응용

방사선 약물	임상에 사용하는 분야
Tc-Phytate	간의 촬영
Tc-Sulphur Colloid	간 또는 비장의 촬영
Tc-Mebrofenin	간, 담즙 작용 관찰
Tc-Methylene Phosphonate	뼈 정밀 촬영(bone scan)
Tc-Red Blood Cells	심장 작동 정밀촬영
Tc-Mibi	심근 촬영
Tc-Diethylene Triamine Penta Acetic Acid	신장 작동
Tc-Ethylene Cysteine	신장 모세관 작동
Tc-Glucoheptonate	신장 정밀촬영
Tc-Ethyl Cystienate Dimer	뇌의 정밀촬영

병의 진단과 치료에 있어서 방사능 물질의 이용 비율은 약 80%가 진단용이고 20%가 치료용이다. 따라서 아직까지 방사능 물질은 주로 진단용으로 많이 사용

되고 있다. 진단용에서 $^{99}Tc^{m}$의 사용(SPECT장비)이 80%나 된다. $^{99}Tc^{m}$을 이용한 화합물이 여러 장기의 진단에 이용되고 있다. 표 8-7은 $^{99}Tc^{m}$ 화합물 및 용도를 보여주고 있다.

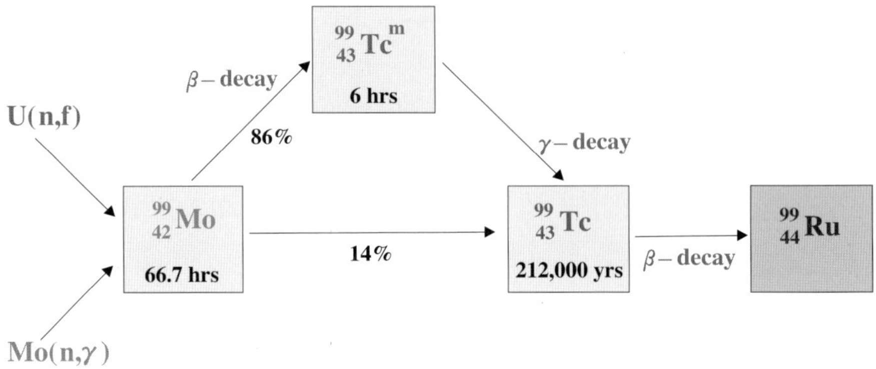

그림 8-7 $^{99}Tc^{m}$의 계열 및 붕괴도

Technetium-99는 화학기호로 ^{99}Tc로 표현된다. 은회색(silver-gray)이고 방사능 물질이다. 지각에는 아주 소량이 존재하기 때문에 대부분 원자로에서 인공적으로 만들어 사용한다. 1937년 Segre와 Perrier에 의해 처음으로 ^{99}Tc가 발견되었다. 그리고 현재 핵의약으로 가장 많이 사용하고 있는 $^{99}Tc^{m}$은 Seaberg와 Segre에 의해 개발되었다. ^{99}Tc는 반감기가 212,000년인 방사능 물질이다. 반면에 $^{99}Tc^{m}$은 ^{99}Tc의 준안정상태(metastable state)이며 반감기가 6시간밖에 되지 않는 방사능 물질이다. $^{99}Tc^{m}$은 γ-선을 방출하면서 ^{99}Tc로 변하며(반감기 6시간) ^{99}Tc는 β-선을 방출하면서 안정한 원소인 ^{99}Ru으로 붕괴한다(반감기 212,000년).

핵의약을 이용한 진단에서 SPECT는 측정에 대략 한 시간 이내의 시간이 소요된다. 따라서 투여하는 핵의약의 방사능 핵종 반감기도 몇 시간(SPECT) 이내가 적당하다. 이렇게 반감기가 짧아야 진단이 끝난 시점에 대부분의 방사능 물질들이 인체에서 빠져나올 수 있기 때문이다. 그러나 이렇게 반감기가 짧은 방사능 핵종을 필요한 때, 필요한 곳에 어떻게 공급할 수 있는가? 방사능 핵종을 원자로에서 생산한다면 이동하는 데 몇 시간이 소요되는 곳까지 운반해야 하는 경우 짧은 반감기의 방사능 핵종의 수가 현저히 줄어들게 된다. 이러한 경우 방사능 핵종발생기가 이 문제를 해결해주고 있다. 반감기가 긴 방사능 핵종(어미 방사능 핵종)이 반감기가 짧은 방사능 핵종(딸 방사능 핵종)으로 붕괴하고 두 방사능 핵종을 쉽게 분리할 수 있다면 반감기가 짧은 방사능 핵종을 방사능 진단 때에 분리하여 사용할 수 있다. 두 방사능 핵종의 분리에는 물리적인 상태(하나는 액체 다른 하나는 기체)의 차이나 화학적인 차이(휘발성의 차이에 따른 승화, 녹는 정도에 따른 용제 추출, 이온에 대한 친화도에 따른 색층 분석 등)가 이용되고 있다.

반감기가 긴 방사능 핵종을 p(어미 핵종)라 하고 반감기가 짧은 핵종을 d(딸 핵종)라고 하자. 방사능 핵종 p가 d로 붕괴하고 d는 안정한 원소로 붕괴한다. 방사능 핵종 p의 반감기를 τ_p라 하면 임의의 시간 t에서 핵종 p의 방사능 활동률(activity)은

$$R_p(t)=R_p(0)e^{-\frac{0.693}{\tau_p}t} \tag{8-10}$$

로 표현된다. 여기서 $R_p(0)$와 $R_p(t)$는 각각 처음과 시간 t에서의 방사능 활동률을 나타낸다.

반면에 방사능 핵종 d의 활동률은 어미 방사능 핵종인 p의 활동률 및 핵종 d 자체의 활동률과 모두 연관되어 있다. 따라서 핵종 d의 반감기를 τ_d라 하면 방사능 핵종 d의 활동률은

$$R_d(t)=R_p(0)\left[\frac{\tau_p}{\tau_p-\tau_d}\right]\left(e^{-\frac{0.693}{\tau_p}t}-e^{-\frac{0.693}{\tau_d}t}\right) \tag{8-11}$$

와 같이 표현된다. 핵종 d는 핵종 p에 의해 생성되므로 위 식과 같이 서로 연관됨을 볼 수 있다. 식 8-10에서 보듯이 핵종 p는 핵종 d로 붕괴하기 때문에 시간에 따라 감소한다. 반면에 식 8-11에서 보듯이 핵종 d는 처음에는 0에서 시작하여 갑자기 증가하며 최고치에 달한 후 감소하게 된다. 최고치에 달하는 시간 T_{max} 전에는 p의 활동률이 d의 활동률보다 크다가 T_{max} 후에는 d의 활동률이 더 커지게 되며 두 핵종의 활동률은 평행하게(transient equilibrium) 된다. 그림 8-8은 핵종 p(^{99}Mo; 반감기 66시간)와 핵종 d(^{99}Tc^{m}; 반감기 6시간)에 대해서 위 두 식이 나타내는 방사능 핵종들의 시간에 따른 활동률의 변화를 보여주고 있다. 여기서 T_{max}는 23시간이다.

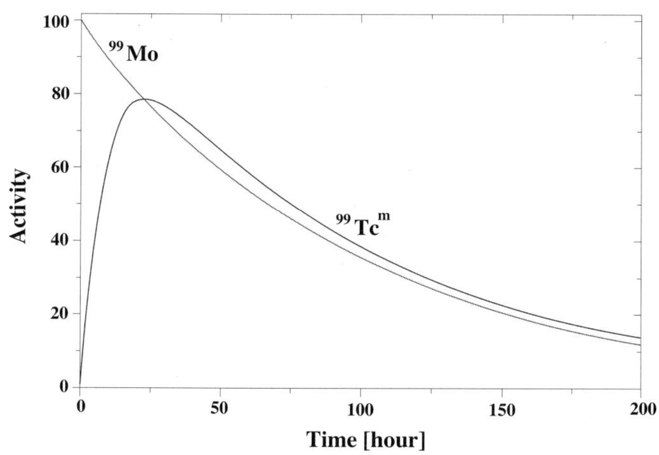

그림 8-8 어미 방사능 핵종(Mo)과 딸 방사능 핵종(Tc)의 붕괴율의 변화

^{99}Tc^{m}-핵종발생기에서는 ^{99}Mo이 화학적으로 알루미나(Al_2O_3) 기둥에 흡착되어 있다. ^{99}Mo의 붕괴에 의해 형성된 ^{99}Tc^{m}은 소금용액(saline solution)으로 알루미늄 기둥을 씻어 내림으로써 분리된다. 이렇게 씻어 내려진 ^{99}Tc^{m}은 용기(vial)에 축적되며 이를 이용하여 화합물을 만들어 인체에 투여한다. 그림 8-9에 ^{99}Tc^{m}-핵종발생기의 대략적인 구조가 주어져 있다.

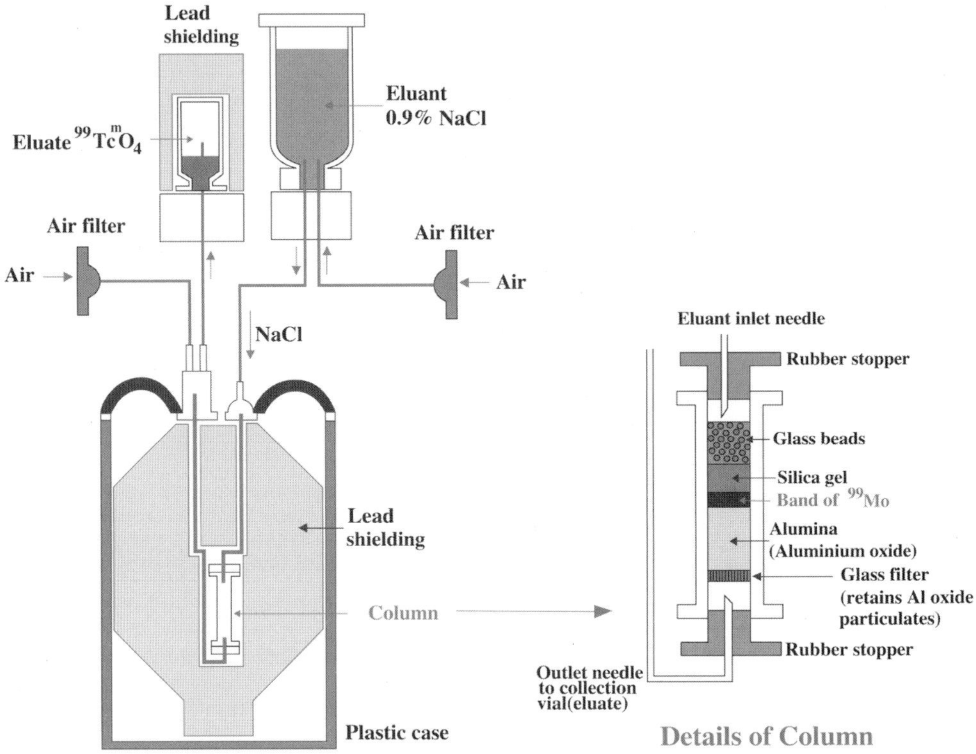

그림 8-9 $^{99}Tc^{m}$-핵종발생기의 구조

소금용액(eluant, 0.9% Nacl)에 의해 알루미늄 기둥(column)이 씻겨지면(milked or eluded) $^{99}Tc^{m}$이 알루미늄에 흡착된 ^{99}Mo과 분리되어 시험관에 $Tc^{m}O_4$형태로 모이는 것을 볼 수 있다. 이렇게 한번 씻겨지면 알루미늄 기둥에 있는 $^{99}Tc^{m}$ 중 대략 80%가 줄어든다. 이후 $^{99}Tc^{m}$의 활동이 증가하여 새로운 최대치에 (23시간 후) 도달한다. 그러나 이때 방사능 활동의 최대값은 ^{99}Mo이 붕괴했기 때문에 처음의 최대 방사능 활동보다는 줄어들어 있다. 이렇게 매일 소금용액으로 씻어냄으로써 필요한 $^{99}Tc^{m}$이 공급될 수 있다. 그림 8-10은 $^{99}Tc^{m}$-핵종발생기를 매일 사용하는 경우 시간에 따른 방사능 활동의 변화를 보여주고 있다. 방사능 활동이 실용적이지 못하게 될 경우(^{99}Mo의 반감기 때문에 대략 1주일) $^{99}Tc^{m}$-핵종발생기를 공장에 보내 재충전한 후 다시 사용할 수 있다.

현재 3가지 형태의 방사능 핵종발생기가 상업적으로 사용되고 있다. 이 중에서 $^{99}Mo/^{99}Tc^{m}$-핵종발생기가 가장 널리 사용되고 다른 두 가지인 $^{82}Sr/^{82}Rb$와 $^{81}Rb/^{81}Kr^{m}$-핵종발생기는 특별한 용도 이외에는 사용되지 않고 있다.

^{92}Rb는 반감기가 75초로 아주 짧고 양전자를 방출하는 방사능 핵종이다. 따라서 PET에 사용하여 심근의 관류(myocardinal perfusion)를 관찰하는 데 많이 사용되고 있다. 이 방사능 핵종은 반감기가 짧아 핵종발생기에서 생산됨과 동시에 환자에게 투여하여야 하므로 어려운 점이 있다. 그

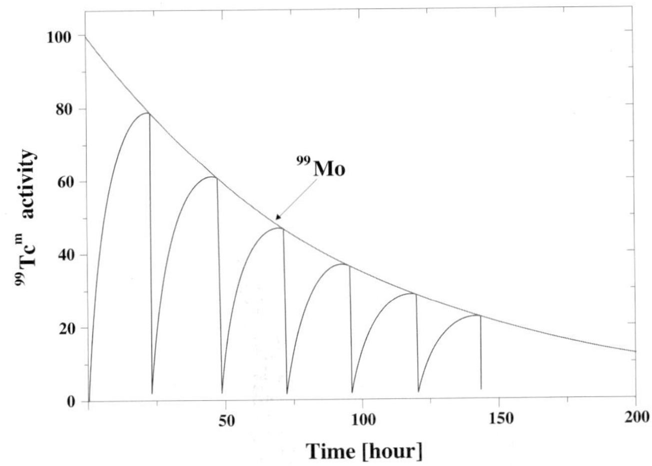

그림 8-10 방사능 활동의 시간에 따른 변화

러나 반감기가 워낙 짧아서 방사능의 영향이 적기 때문에 반복하여 여러 번 투여하면서 진단할 수 있다는 장점도 있다. $^{82}Sr/^{82}Rb$-핵종발생기에서 어미 방사능 핵종인 Sr은 가속기에서 만들어지며 반감기는 25일이다.

$^{81}Kr^m$은 기체상태이고 폐의 환기(pulmonary ventilation)에 대한 병을 진단하는 데 사용된다. 반감기가 13초로 아주 짧고 방사하는 γ-선의 에너지는 190keV이다. 어미 방사능 핵종인 ^{81}Rb의 반감기는 4.58시간이다. 수지(resin) 스폰지에 ^{81}Rb 핵종이 포함되어 있으며 습한 산소나 공기를 통과시킴으로써 $^{81}Kr^m$이 분리된다. 핵종발생기에서 만들어진 $^{81}Kr^m$을 환자가 계속적으로 호흡하는 사이에 영상을 얻는다.

8-8. 방사선은 어떻게 측정되나?

방사선은 고에너지 입자 또는 전자기파이기 때문에 물질과의 상호작용을 할 때 물질을 이온화시킨다. 방사선의 이러한 특징을 방사선의 측정에 이용하고 있다. 방사선의 궤적을 측정하기 위해 안개상자(cloud chamber)와 방울 상자(bubble chamber) 등을 사용하는데 이들은 고에너지 입자가 지나갈 때 이온화된 방울(bubble)이 형성되므로 이를 육안으로 관찰하는 것이다.

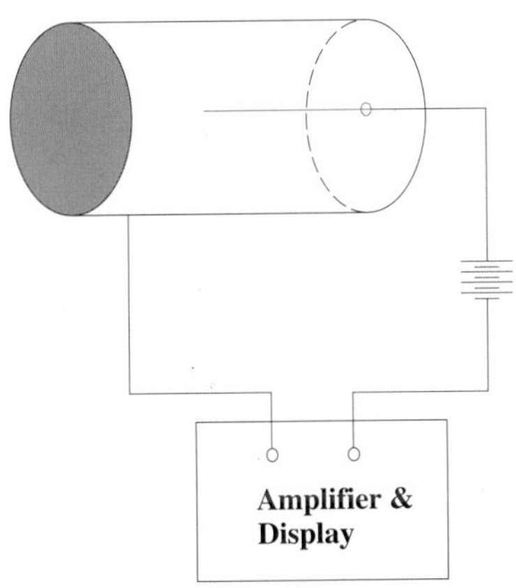

그림 8-11 가이거 계수기의 개략적인 구조

방사능의 궤적보다는 방사능의 강도를 측정하기 위해서 사용되는 계측기로는 가이거 계수기(Geiger counter)와 신틸레이션 계수기(scintillation counter)

가 있다. 아래에서 이들에 대해 알아보도록 하자.

그림 8-11에 가이거 계수기의 개략적인 구조가 주어져 있다. 기체로 채워진 금속통 안의 중심에 도선이 놓여 있다. 도선에는 금속통보다 수백에서 천 V 정도의 높은 전위차가 주어져 있다. 이 전위차는 통 안의 기체가 이온화되는 데 필요한 전위차보다 약간 낮은 값이다. 하전입자가 계수기 안으로 들어오면 기체 원자를 이온화시키며 이온화된 입자가 도선(+전극) 쪽으로 가속하면서 다른 기체 원자들도 이온화시키는 과정이 되풀이된다(산사태 효과, avalanche). 이렇게 이온화된 기체원자들이 도선에 도착하면 펄스전압으로 관측된다. 이 펄스전압은 증폭되어 계수기에서 숫자로(또는 스피커에 연결되어 소리로) 나타난다. 가이거 계수기는 적당한 물질로 통을 싸면 중성자도 측정이 가능하나 원칙적으로는 하전입자만을 측정할 수 있다. 즉 γ-선은 측정하지 못한다. 가이거 계수기는 값이 싸고 작동하기 쉬우나 입사하는 하전 입자의 에너지를 측정할 수 없고 죽은 시간(dead time)이 길다는 단점이 있다. 여기서 죽은 시간이란 계수기가 한 입자를 측정하고 다음에 다시 입자를 측정할 수 있는 시간간격을 말한다. 가이거 계수기의 죽은 시간은 10^{-3}초 정도로서 초당 측정 가능한 입자의 수가 수백 개 정도이다. 따라서 많은 입자가 빠르게 들어오면 측정하기 어렵다.

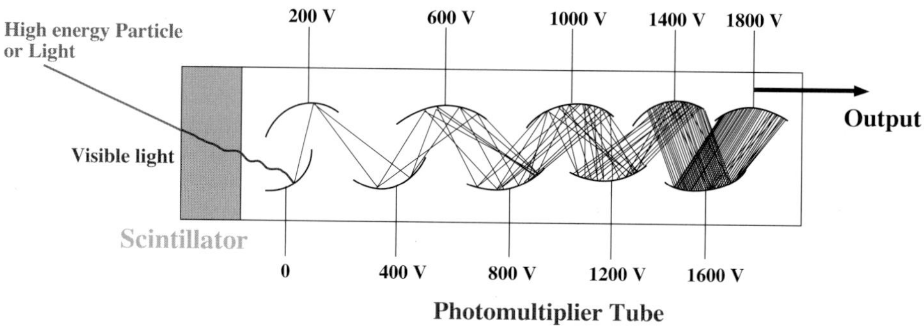

그림 8-12 신틸레이션 계수기의 개략적인 구조

위와 같은 가이거 계수기의 단점을 극복할 수 있는 것이 신틸레이션 계수기이다. 신틸레이션 계수기는 정확히 보정하였을 경우 입사입자의 에너지를 정확히 측정할 수 있고 죽은 시간도 10^{-6}초 정도여서 빠르게 입사하는 입자도 측정이 가능하다. 6-4절의 X-선 측정장치에서 이미 설명한 바 있는 신틸레이터+PM tube의 구조가 그림 8-12에 주어져 있다. 가이거 계수기가 기체를 사용하는 데 반해 신틸레이션 계수기는 고체를 사용하므로 효율이 좋아서 특히 γ-선에 대해 효과적이다.

[예제] ^{238}U의 시료 0.1g에 대해 초당 1,240붕괴가 관측되었다. 즉 붕괴율이 1,240Bq이었다. ^{238}U의 반감기는 얼마인가?

[답] $N=N_oe^{-\lambda t}=N_oe^{-0.693t/\tau}$이고 $N=N_o-\Delta N$이다. 여기서 ΔN은 t초 동안 붕괴하는 원자의 수이다. 따

라서 $e^{-0.693t/\tau}=(N_o-\Delta N)/N$로 표현된다. 그런데 ^{238}U은 반감기가 아주 긴 방사능 원소이므로 $e^{-0.693t/\tau}\approx 1-0.693t/\tau$ 로 근사된다. 이를 위 식에 대입하면 $0.693t/\tau=\Delta N/N_o$를 얻는다. 여기서 $t=1s$, $\Delta N=1{,}240$이다. 그런데 반감기 τ를 구하려면 N_o를 알아야 한다. ^{238}U의 분자량은 $M=238g/mole$이므로 $N_o=(0.1g/M)N_A$이고 $N_o=2.53\times 10^{20}$이다. 여기서 N_A는 Avogadro수이다. $0.693t/\tau=\Delta N/N_o$에 이 값들을 대입하면 $\tau=4.48\times 10^9 yr$로 계산된다.

8-9. 방사능의 세기는 어떻게 구별하나?

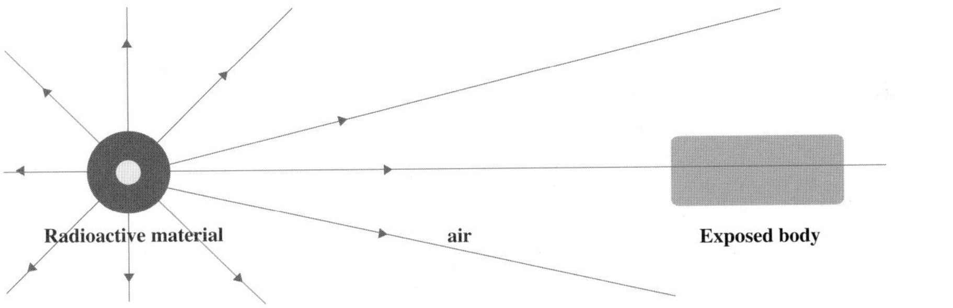

그림 8-13 방사능의 단위

방사능의 단위는 측정대상에 따라 몇 가지 다른 정의를 가진다. 그림 8-13에 개략적인 개념이 주어져 있다.

첫째, 방사능 물질의 활동률(activity)을 나타내는 경우이다. 이는 방사능 물질이 어느 정도의 세기를 가지느냐를 표현하는 데 사용한다. 단위는 Ci(큐리)로서

$$1[\text{Ci}]=3.7\times 10^{10}[\text{붕괴/초}] \tag{8-12}$$

와 같이 정의된다. 이 정의는 방사능의 종류에 관계없이 방사능 물질이 내는 방사선의 총량을 표시하고 있다. 근래에는 becquerel 단위도 많이 사용하고 있는데 1 Bq=1 붕괴/초를 나타낸다.

둘째, 방사능이 지나가는 동안 주위물질에 어느 정도의 에너지(영향)를 주느냐를 나타내는 경우이다. 단위는 R(뢴트겐)으로서

$$1[R]=8.78[mJ/kg] \tag{8-13}$$

와 같이 정의된다. 즉 STP(온도=0 ℃, 1 기압상태)상태의 공기 1kg에 8.78 mJ의 에너지를 전달할 때 1R이라 부른다. 이 단위는 실제로 얼마의 방사능이 어떤 물질에 도달되었다는 것을 표시하기보다는 그만큼의 에너지를 가진 방사능에 노출(exposure)된다는 의미를 지닌다.

셋째, 방사능을 물체가 어느 정도 흡수했느냐를 나타내는 경우이다. 단위는 rad(radiation absorbed dose)이며 이는

$$1[rad]=10[mJ/kg] \tag{8-14}$$

로 정의된다. 사람이 방사능에 노출되었을 경우 전신에 영향을 받을 수도 있고 또는 몸의 일부분만 영향을 받을 수도 있다. 그리고 방사능의 흡수는 실제로 흡수된 경우만 생각하므로 몸을 통과한 γ-선 등은 포함되지 않는다. SI 단위로 Gray(Gy)도 많이 사용되는데 1Gy=1J/kg이다. 따라서 1Gy=100rad와 같다.

넷째, 같은 에너지(rad)의 방사능이라 하더라도 방사선의 종류에 따라 인체에 미치는 영향이 다르다. 이러한 효과를 고려한 단위가 rem(rad equivalent in man)이다. X-선과 γ-선이 인체에 미치는 효과는 비슷한데 이를 1.0으로 잡을 경우 다른 방사선의 X-선과 γ-선에 대비한 효과를 RBE(relative biological effectiveness)라 부른다. β-선도 X-선과 γ-선의 효과와 비슷하여 RBE가 1.0이다. 반면에 빠른 중성자나 양성자는 RBE가 10 정도이고, 느린 중성자는 5 정도이며 양성자는 10~20 정도의 값을 가진다. 결국 rem 단위는

$$[rem]=RBE \times [rad] \tag{8-15}$$

과 같이 표현된다. SI단위로는 Sievert(Sv)를 사용하고 있다. 1Sv=100rem에 해당한다. 미국 방사능 보호위원회에서는 1년 동안의 최대 방사선 피폭 허용치를 5mSv/year로 정해 놓고 있다. 표 8-9에 핵의약에 사용되는 방사능 동위원소의 방사능의 세기가 주어져 있다.

표 8-8 핵의약에 사용되는 방사능 동위원소의 방사능의 세기

용도	핵의약	주사되는 양[mCi]
뼈 영상(bone imaging)	$^{99}Tc^{m}$ MDP	15~25
뇌의 혈류(brain perfusion)	$^{99}Tc^{m}$ HMPAO	10~20
유방의 종양(breast tumor)	$^{99}Tc^{m}$ sestamibi	20~30
콩팥	$^{99}Tc^{m}$ DTPA	10~15
간	$^{99}Tc^{m}$ MIAA	5~10
폐(lung ventilation)	$^{99}Tc^{m}$ DTPA aerosol	5
	^{127}Xe gas	15~25

[예제] 어떤 방사능 핵종의 반감기는 2시간이다. 이 방사능 핵종을 병원에 보내기 전에 붕괴율을

측정해보니 4mCi였다. 3시간이 지난 후 병원에 도착하여 사용하기 전에 붕괴율을 측정해보면 얼마이겠는가?

[답] $R = R_o e^{-\frac{0.693}{\tau}t}$이고 $\lambda = \dfrac{0.693}{\tau}$이므로 R=1.41mCi이다.

[예제] 10mCi의 ^{124}I(반감기:4일)과 6mCi의 ^{131}I(반감기:8일)이 섞여 있다. 이 혼합물의 16일 후의 붕괴율은 얼마인가?

[답] ^{124}I에 대해서는 $\dfrac{R_1}{R_o} = \left(\dfrac{1}{2}\right)^4$이므로 $R_1 = \dfrac{5}{8}mCi$이고, ^{131}I에 대해서는 $\dfrac{R_2}{R_o} = \left(\dfrac{1}{2}\right)^2$에서 R_2= 1.5mCi을 얻는다. 따라서 총 붕괴율은 R=R_1+R_2=2.13mCi이다.

8-10. 방사선은 인체에 어떤 영향을 주는가?

방사선은 에너지가 크기 때문에 물질을 쉽게 투과하며 물질을 지나가는 동안에 원자를 이온화시키거나 분자의 결합을 해체하기도 한다. 이러한 효과는 세포 조직에 영향을 주어 인체에 치명적일 수도 있다. 그러나 동시에 나쁜 세포조직에 방사선을 집중시켜 종양 등을 치료할 수도 있다.

방사선 중에서 입자의 경우에는 물질을 투과한 후 계속되는 충돌에 의해 멈출 때까지의 거리를 투과거리(range)라 정의한다. 그러나 전자기파인 γ-선의 경우에는 물질과의 상호작용의 영역을 정확히 예측하기 어렵다. 따라서 γ-선의 경우 물질과의 상호작용 거리의 척도로서 반값층(half value layer)을 사용한다. 여기서 반값층은 상호작용을 할 확률이 50%가 될 때까지 이동한 거리로 정의한다. 이는 방사능 물질의 반감기와 비슷한 의미를 지닌다. 즉 반값층의 3배 되는 거리를 이동한 후 γ-선의 양은 처음의 1/8로 감소한다. 아래에서 방사선 입자 또는 γ-선의 물질과의 상호작용에 대해 알아보도록 하자.

첫째, α-입자는 헬륨 핵으로서 β-입자인 전자에 비해서 상당히 무겁고 원자를 쉽게 이온화시키거나 분자를 해체하므로 멈출 때까지 물체에게 상당한 영향을 준다. α-입자가 한 원자를 이온화시키는 데 대략 33eV의 에너지를 소비한다고 알려져 있다. α-입자의 투과거리는 에너지에 비례하고 물질의 밀도에 반비례한다. 그러나 α-입자의 투과거리는 대체로 아주 짧다. 3MeV의 α-입자도 피부 속으로 약 0.1mm 침투한 후 멈추며 두께 약 0.02mm의 알루미늄 박막으로도 완전히 차폐시킬 수 있다. 그러나 α-입자를 방출하는 물질을 삼킬 경우 몸의 각 부

표 8-9 핵의약에 사용되는 방사능 핵종의 반값층

핵종	γ-선 에너지 [keV]	반값층(피부) [cm]	반값층(납) [mm]
^{125}I	28	1.39	0.02
^{131}I	364	5.8	1.6
$^{99}Tc^m$	140	4.5	0.25
^{99}Mo	740	8.3	0.7
^{18}F	511	7.5	0.5

분에 퍼져 아주 위험할 수 있다.

둘째, β-입자는 고속의 전자이므로 α-입자보다 원자 내의 전자들에 의해 쉽게 이동방향이 바뀐다. 그러나 α-입자와 마찬가지로 지나가는 도중에 원자를 이온화시키면서 궁극적으로는 멈추게 된다. β-입자의 투과거리는 같은 에너지의 α-입자보다 훨씬 길다. 예를 들면 3MeV의 β-입자는 피부 속을 1.5cm 투과할 수 있어서 α-입자의 투과거리의 150배나 된다. 그리고 β-입자는 전자이므로 갑자기 감속될 때 X-선을 방출한다. X-선은 투과거리가 길기 때문에 β-입자가 멈춘 후에도 X-선에 의해서 계속 방사능의 영향을 받는다. 따라서 β-입자의 차폐에는 X-선의 영향도 고려하여 충분한 차폐물질(주로 납)을 사용하여야 한다.

셋째, γ-선은 고에너지 전자기파로서 방사선 입자의 경우와 달리 한 번의 충돌로도 상당한 에너지를 잃거나 모든 에너지를 잃을 수도 있다. γ-선의 물질과의 상호작용은 대체로 3가지 형태로 나누어지는데 광전효과, 콤턴(Compton)산란, 쌍 생성(pair production) 등이 그것이다. 첫째, 광전효과는 광자(빛)의 에너지에 의해 전자가 방출되는 현상이다. 이 경우 광자는 완전히 없어지고 그 에너지는 방출되는 전자에 주어진다. 둘째, 콤턴산란은 광자가 전자에 의해 산란되어 많은 에너지를 잃게 되나 광자 자체가 없어지지는 않는 경우이다. 셋째, 쌍생성은 광자의 에너지가 1.02MeV보다 큰 경우에 일어나는 현상이다. $2\gamma \rightarrow e^- + e^+$와 같이 광자가 소멸되고 전자와 양전자가 방출된다. 여기서 1.02MeV는 전자 두 개(전자와 양전자)의 질량에 해당되는 에너지이다. 앞에서 언급하였듯이 γ-선의 경우 상호작용의 거리는 반값층으로 정의한다. 표 8-9에는 핵의약에 사용되는 방사능 핵종에서 발생하는 γ-선의 반값층이 주어져 있다.

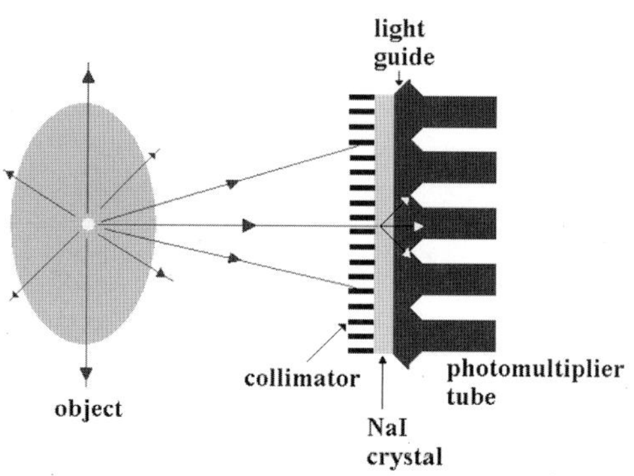

그림 8-14 γ-카메라의 작동에 대한 기본적 개념

8-11. γ-카메라는 무엇인가?

Anger 카메라로도 불리는 γ-카메라는 1958년 Hal Anger에 의해 개발되었다. γ-카메라는 1960년 중반부터 방사능 동위원소를 이용한 병의 진단에 없어서는 안 될 중요한 장비로 사용되고 있다.

γ-카메라 전에는 하나의 γ-선 측정기가 TV의 주사선과 같이 사각형을 그리면서 주사하는 사각형 모양의 주사(rectilinear scanning) 방법을 사용하였다. 그러나 이 방법은 관찰하고자 하는 장기

주위를 주사하는 데 많은 시간이 소요되므로 전체적으로 영상을 얻는 데 오랜 시간이 걸렸다. 따라서 계속적으로 변하는 장기들의 대사작용을 충분히 관찰할 수 없다는 단점이 있었다.

Anger는 γ-선에 반응하는 신틸레이터(NaI) 결정판(1/4인치의 두께, 직경 5인치) 뒤에 여러 개(7개)의 PM tube를 두는 형태의 카메라를 개발하였다. 특정한 방향에서 오는 γ-선만이 신틸레이터에 반응할 수 있도록 집속기(collimator)가 제한함으로써 γ-선이 장기의 어느 부분에서 나오는가에 대한 결정이 가능하다. 이와 같은 γ-카메라는 여러 개의 PM tube에 의해 정지상태(scan을 하지 않아도)에서도 넓은 범위의 장기를 한번에 관찰할 수 있다. 따라서 γ-카메라를 이용함으로써 인체에 주입된 방사능 동위원소에 의해 특정 장기에서 일어나는 대사작용을 실시간으로 관측할 수 있다. γ-카메라는 방사능 동위원소를 이용한 병의 진단분야가 활성화되는 데 크게 기여하였다.

그림 8-14는 γ-카메라의 기본적인 개념을 보여주고 있다. 인체의 특정 장기 부분에 흡수된 방사능 원소가 내는 γ-선이 사방으로 퍼지는데 이 γ-선들 중에 집속기를 통과하는 γ-선만이 신틸레이터인 NaI와 반응하게 된다. 따라서 집속기에 의해 γ-선이 나오는 위치(방향)를 특정할 수 있게 된다. 집속기는 납에 구멍을 뚫어 만든 것이다. 따라서 집속기의 구멍과 일치하게 들어오는 γ-선만이 집속기를 통과하게 되고 나머지는 납에 의해 흡수된다.

집속기를 통과한 γ-선은 NaI 결정과 만나게 된다. 이때 γ-선의 에너지에 의해 NaI에서 빛(가시광선 또는 자외선)이 발생한다. 이렇게 발생한 빛은 PM tube로 들어가서 첫 번째 전극에서 광전효과에 의해 전자를 발생시키고, 이 전자가 나머지 전극들에서 2차 전자들로 증폭되어 전류로 관찰된다. 그런데 NaI에 의해 발생하는 빛은 γ-선이 NaI 결정과 작용한 위치에서 퍼지게 되어 바로 위쪽에 있는 PM tube 외 여러 PM tube에서도 감지된다. 따라서 γ-선이 들어온 위치를 정확하게 결정하기 위해서는 신호를 평균하여 위치를 결정하는 방식을 택해야 한다.

집속기는 여러 가지 형태가 있을 수 있다. 주로 많이 사용되는 것이 평행 집속기인데 납에 평행한 구멍을 뚫어 만든 것이다. 이때 구멍의 수를 최대로 하기 위해 육각형(벌집) 모양으로 구멍을 뚫는다.

평행 집속기에서는 집속기에 의해 상(NaI의 작용하는 범위)이 커지거나 작아지지 않는다. 반면에 바늘구멍 집속기 또는 수렴 집속기를 사용하면 상이 커지게 된다. 따라서 물체(인체의 장기부분, 주로 뇌나 심장의 촬영) 가까이에 집속기를 둘 경우 분해능(resolution)과 감도(sensitivity)를 크게 할 수 있다는 장점이 있다. 그러나 이 경우 상의 왜곡현상이 커지는 것이 단점이다. 발산 집속기에서는 상이 작아지는 효과가 있다. 주로 시야각(FOV, field of view)이 작은 카메라인 경우 이 집속기가 많이 사용된다. 그림 8-15는 여러 모양의 집속기 및 NaI와 반응하는 지점의 모양(상의 모양)을 보여주고 있다.

집속기의 분해능이 γ-카메라의 위치 분해능을 결정한다. 점으로 된 γ-선의 원천(point source)이라도 집속기에 의해 가우션(gaussian) 형태로 관찰된다. 이 경우 가우션 형태의 선폭(FWHM)이 작을수록 분해능이 좋은 집속기이다. 분해능이 좋은 집속기를 설계하기 위해서는 구멍의 조밀도에 따른 효과, 집속기의 두께, 비스듬히 들어오는 γ-선의 집속기 측면에서의 흡수하는 정도 등 여러 가지 관점에서 집속기의 작용을 검토하여야 한다.

물체와 카메라 사이의 거리에 따라서도 분해능이 달라진다. 평행집속기의 경우 물체 가까이에 카메라를 둠으로써 분해능이 높아진다는 것을 그림 8-16에서 볼 수 있다.

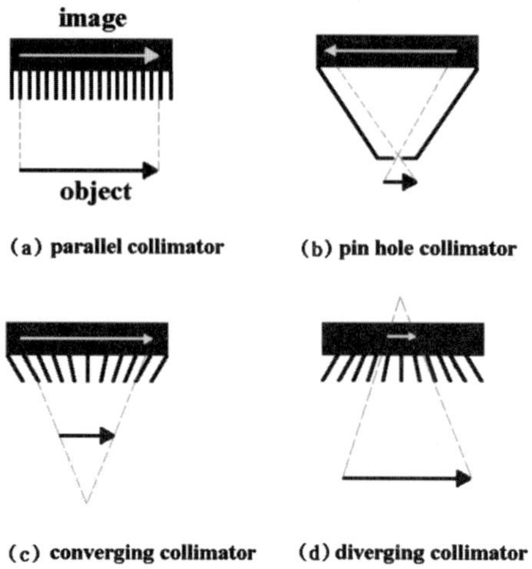

그림 8-15 여러 가지 형태의 집속기의 모양

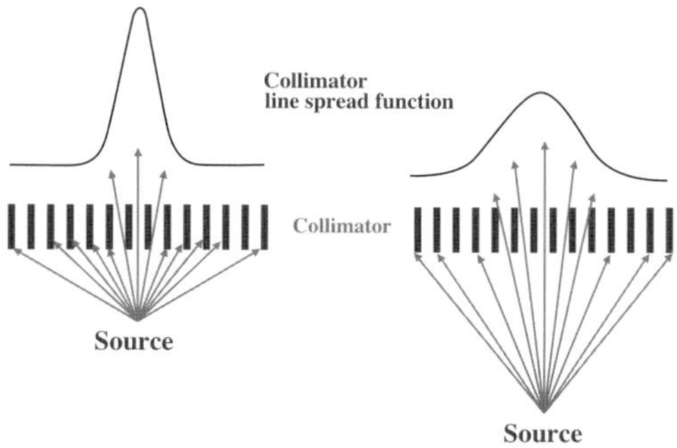

그림 8-16 평행 집속기를 사용한 경우 물체의 위치에 따른 분해능의 변화

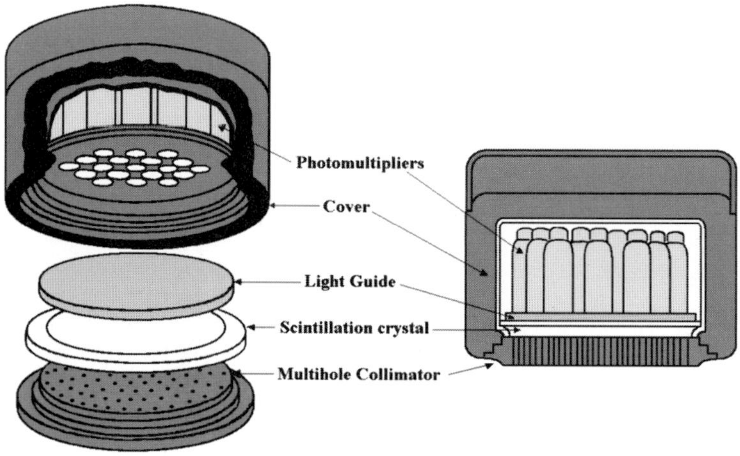

그림 8-17 γ-카메라의 개략적인 구조

그림 8-17은 대표적인 γ-카메라의 구조를 보여주고 있다. 집속기 뒤에 NaI 결정이 놓여 있고 그 뒤에는 NaI에서 발생한 빛이 PM tube에 잘 들어갈 수 있도록 빛 가이드(light guide)가 놓여 있다. 그리고 PM tube의 열(array)이 NaI에서 나오는 빛을 증폭시켜 전류신호로 관측하게 한다.

Anger가 만든 최초의 카메라에는 두께가 6mm(1/4인치)이고 직경이 13cm(5인치)의 NaI 단결정을 사용하였다. 그리고 7개의 PM tube를 배치하였다.

1960년 최초의 상업적 γ-카메라가 생산되었는데 이 카메라에는 두께가 1.3cm(1/2인치)이고 직경이 18cm(7인치)의 NaI 단결정과 7개의 PM tube를 사용하였다. 그 후 1963년 두께 1.3cm, 직경 29cm(11.5인치)의 NaI 단결정에 19개의 PM tube를 장착한 카메라가 등장하였다. 현재 진단에 사용되는 γ-카메라는 두께가 1/4인치에서 3/4인치 사이이고 직경이 최대 61cm(24인치)의 NaI 단결정에 최대 91개의 PM tube를 장착한 것이다.

8-12. 방사능 동위원소를 이용한 진단 장비에는 어떤 것이 있는가?

방사능 동위원소를 이용한 병의 진단장비로 SPECT와 PET 장비가 많이 사용되고 있다. 방사능 동위원소를 인체에 필요한 물질에 붙여(label) 주사 등의 방법으로 인체 내에 투입한다. 투여된 물질은 그 물질을 잘 흡수하는 장기에 모이게 되고 대사작용을 통해 그 물질이 소비된다. 대사작용 동안 흡수되는 물질에 붙어 있는 방사능 동위원소에서 방사선이 방출되며 인체의 외부에서 측정장치로 방사선의 양이 측정된다. 방사능 동위원소가 흡수되는 위치 및 흡수량을 관측함으로써 병의 유무를 확인할 수 있다.

X-선 CT나 MRI는 병 때문에 발생하는 장기의 해부학적인 변형을 통해 병의 유무를 관찰한다. 따라서 초기 암의 경우 해부학적인 변형이 크지 않아 X-선 CT나 MRI로는 관찰되지 않을 수 있다. 그러나 방사능 동위원소를 이용한 진단장비에서는 대사작용을 관찰하기 때문에 병에 의한 해부학적인 변형이 크지 않는 경우에도 병의 유무를 판별할 수 있다는 장점을 가지고 있다. 특히 해부학적인 변형이 전혀 없는 병, 예를 들면 알츠하이머병(Alzheimers's disease)의 경우에도 PET을 이용하여 생화학적인 변화를 관찰함으로써 병을 진단할 수 있다.

방사능 동위원소를 이용하는 진단에서는 병의 시간에 따른 진척상황도 관찰할 수 있다. 방사능 동위원소의 시간에 따른 흡수행태 변화를 관측함으로써 대사작용의 활발성을 알 수 있고 이를 통해 병의 시간적 변화를 볼 수 있다.

SPECT와 PET 장비에서도 방사선 측정기를 회전함으로써 X-선 CT나 MRI에서와 같이 단층촬영을 할 수 있다. 또한 측정기를 이동하거나 복합 측정기를 사용함으로써 3차원적인 영상을 얻을 수도 있다. SPECT와 PET는 분해능면에서는 아직 X-선 CT나 MRI보다 뒤지지만 방사선 측정기의 개선 및 영상 재구성 방법에 대한 기술 개발을 통해 분해능이 좋아질 여지가 많다. 높은 분해능을 가진 X-선 CT의 장점과 대사작용을 관측할 수 있는 PET의 장점을 모두 살릴 수 있는 두 장비를 결합한 장비인 CT/PET 장비가 현재 병의 진단에 이용되고 있다.

SPECT에서는 특정 장기에 흡수가 잘 되는 화합물에 방사능 동위원소를 붙인 핵의약을 주사를 통해 인체에 투여한다. 여기서 화합물에 붙이는 방사능 동위원소는 방사선 측정기로 관찰할 수 있는 에너지를 가진 γ-선을 방출한다. 이 γ-선을 인체의 외부에 놓인 γ-카메라를 통해 관찰함으로써 병의 유무를 판별할 수 있다.

PET에서도 SPECT에서와 마찬가지로 특정 화합물에 방사능 동위원소를 붙인 핵의약을 사용한다. 그러나 PET는 기본적으로 양전자와 전자가 만나 소멸하면서 발생하는 두 개의 γ-선을 관찰하고 있다. 따라서 사용하는 방사능 동위원소는 양전자를 발생하는 방사능 동위원소라야 한다. SPECT와 마찬가지로 흡수된 방사능 동위원소에 의해 생성되는 γ-선을 외부에 놓인 방사능 측정기로 관찰한다.

SPECT와 PET는 방사능 동위원소를 인체에 투입하여 방사능 동위원소가 내는 방사선을 인체의 외부에서 관찰하여 병의 유무를 판별하는 기본적인 원리는 동일하다. 그러나 SPECT에서는 γ-선을 내는 방사능 동위원소를 이용하고 PET에서는 양전자를 발생하는, 즉 β^+-붕괴를 하는 방사능 동위원소를 사용한다는 점이 다르다. SPECT에서 사용하는 방사능 동위원소들은 반감기가 어느 정도 길기 때문에 원자로나 핵종발생기 등을 통해서 시간적 여유를 가지고 공급할 수 있다. 그러나 PET에서 사용하는 β^+-붕괴를 하는 방사능 동위원소들의 반감기는 길게는 수 분에서 짧게는 수 초로 아주 짧다. 따라서 PET에서 사용하는 방사능 동위원소와 이를 이용한 핵의약은 PET장비 가까이에 두어야 한다. PET에 이용하는 방사능 동위원소는 주로 사이클로트론으로 만들어지고 있기 때문에 PET장비는 사이클로트론과 함께 구입해야 한다. 따라서 PET 장비가 SPECT 장비에 비해 훨씬 비싼 편이다.

SPECT에서는 인체에 흡수된 방사능 동위원소에서 나오는 γ-선이 사방으로 퍼지기 때문에 일정 방향으로 나오는 방사선만 측정하여 방사선이 나오는 위치를 정확히 결정하여야 한다. 따라서 집속기(collimator)가 SPECT의 분해능에 중요한 역할을 하게 된다. 반면에 PET에서는 쌍소멸에서 나오는 두 개의 γ-선이 서로 정확하게 180° 방향으로 나오므로 집속기가 필요 없다. 따라서 분해능면에서 PET가 SPECT보다 훨씬 좋은 편이다. 그러나 PET의 경우 β^+-붕괴를 하는 방사능 동위원소를 사용해야 된다는 점에서 사용 범위가 제한적이다.

아래에서는 SPECT와 PET 장비의 원리 및 응용에 대해 상세히 다루고자 한다.

(1) SPECT 장비

1940년에 뇌 속에 흡수된 방사능 물질에서 나오는 방사선을 한 개의 측정장치를 머리 주위로 이동하면서 측정하여 방사선의 분포에 대한 정보를 얻고자 하는 시도가 있었다. 그 후 Ben Classen은 1950년대에 이 방법을 개선하여 측정장치를 횡으로 이동하면서 특정부분을 주사(scanning)하는 방식을 개발하였다. 그러나 이 방법은 영상을 얻는 데 오랜 시간이 요구되었다. 1953년 Hal Anger는 바늘구멍 집속기를 이용하여 환자의 몸에서 나오는 γ-선을 집속시켜 신틸레이터 뒤에 사진건판을 둠으로써 영상을 얻었다. 그러나 이 방법은 방사선의 외부 손실이 커서 사진건판에 영상을 얻기 위해선 긴 감광시간이 요구되었다. 따라서 환자에게 과도한 방사능 물질을 투여할 필요가 있어 환자의 방사능 피폭 위험이 컸다. 1950년 후반 Anger는 신틸레이터 물질로 단결정 NaI를 사용하고 그 뒤에 PM tube의 열(array)을 배치하는 γ-카메라를 개발하였다. 현재 SPECT에 사용하는 γ-카메라는 기본적인 구조에 있어서 최초의 γ-카메라와 별반 차이가 없다. 단지 NaI 단결정의 직경이 커지고 PM tube의 개수가 많아졌을 뿐이다. 1963년 Kuhl과 Edwards는 γ-카메라를 이용하여 최초로 단층 영상을 얻는 데 성공하였다. 이후 SPECT에 관련된 여러 기술이 발달하여 새로운 첨단 진단장비로 자리를 잡게 되었다.

SPECT는 단백질 또는 유기물질에 방사능 동위원소를 부착하여 인체에 투여한 후, 방사능 측정 장비를 이용하여 방사능 동위원소가 특정장기에 흡수되는 과정을 봄으로써 병을 진단하는 것이다. 핵의약은 관측하고자 하는 장기에 선택적으로 많이 흡수되는 것으로 정해야 한다. 심장의 근육, 폐, 뇌 등 각 장기에 선택적으로 흡수되는 물질을 그 부분의 진단에 핵의약으로 사용한다. 정상적인 심장, 폐, 뇌에 흡수되는 핵의약(단백질 또는 유기물질)의 양보다 많이 흡수되는 것이 방사선 측정에서 나타나면 그 부분은 병이 있기 때문이라고 판단할 수 있다. 따라서 SPECT에서는 특정장기에 흡수되는 핵의약 농도의 시간적인 변화를 방사능 동위원소가 내는 γ-선을 γ-카메라로 관찰하여 결정하는 것이다.

특정장기에 흡수된 방사능 동위원소에서 나오는 γ-선은 사방으로 퍼지고, 세포들에 흡수되어 세기가 감소(attenuation)하기도 하고, 산란(scattering)되어 방향을 바꾸기도 한다. γ-카메라의 집속기에 의해 한 방향으로 진행하는 γ-선이 관측되는데, 그 신호는 여러 효과에 따라 변질된 신호일 수 있기 때문에 컴퓨터를 이용한 수학적인 계산에 의해 영상이 재구성되어야 한다. SPECT의 영상 재구성 방법은 X-선 CT에서의 영상의 재구성 과정과 비슷하다. 따라서 SPECT를 병의 진단에 실질적으로 사용할 수 있게 된 것은 X-선 CT의 개발 후이다.

그림 8-18은 SPECT 장치에서 인체 내에 흡수된 방사능 동위원소가 방출하는 방사선을 측정하여 영상을 구성하는 방법을 개략적으로 설명하고 있다. 그림에서는 2개의 γ-카메라가 있는 SPECT 시스템을 보여주고 있다. 인체의 특정장기 부분에 흡수된 방사능 동위원소(그림에서 점으로 표시)가 방출하는 γ-선은 인체를 빠져 나오기 전에 인체 내의 분자들과 상호작용을 한다. 이때 인체 내에서 완전 흡수되어 인체를 빠져 나오지 못하는 γ-선이나 산란(Compton scattering)되어 파장이 많이 바뀐 γ-선들은 γ-카메라에 의해 관측되지 않는다. 또한 직선으로 나오는 γ-선 이외에 사방

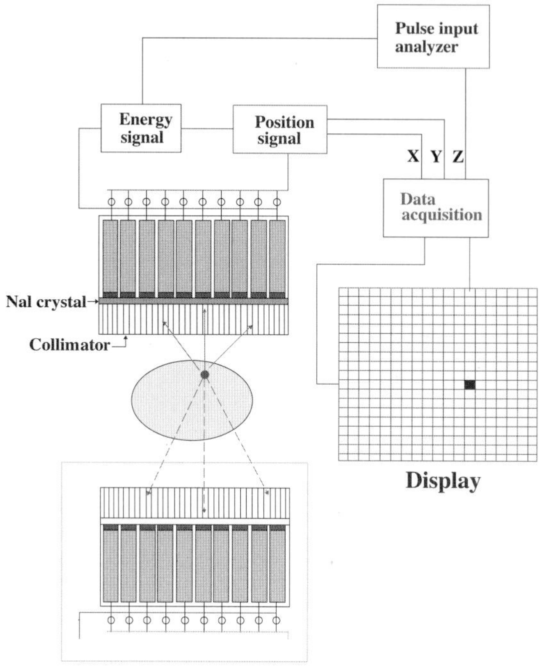

그림 8-18 SPECT 장치에 의한 방사선이 나오는 위치 결정

으로 퍼지는 γ-선들도 γ-카메라의 집속기에 의해 차단되어 관측되지 않는다. 그러나 이 경우 약간 퍼지는 γ-선들이 관측될 수 있기 때문에 평균하여 γ-선이 나오는 위치를 결정하는 위치회로(position circuitary)에 의해 γ-선이 나오는 위치(X, Y 좌표)가 정해진다. 또한 신호의 세기를 합함으로써 방사선의 세기(Z)가 결정되어 하나의 실험치(X, Y, Z)가 정해진다. 이 실험치를 컴퓨터에 저장하거나 또는 디스플레이를 통해 보이게 할 수 있다.

방사선 측정장치인 γ-카메라를 한 번에 3~6°씩 180°를 회전하면서 얻는 실험치를 이용하여 단층영상이 재구성된다. 이러한 단층영상의 재구성 방법은 X-선 CT에서 단층영상을 구성하는 방법과 유사하다. 또한 위 과정을 위치를 변경하여 반복함으로써 3차원 영상을 얻을 수도 있다.

그림 8-19는 2개의 γ-카메라가 장착된 SPECT 장비의 사진을 보여주고 있다. 그리고 그림 8-20은 폐암(lung cancer)에 걸린 환자의 전신을 촬영한 SPECT 사진이다. 폐에서 관찰되는 방사선의 양이 시간에 따라 변하는 것을 볼 수 있다.

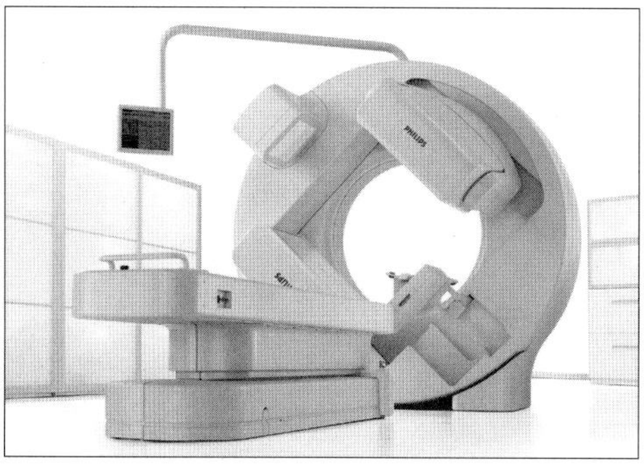

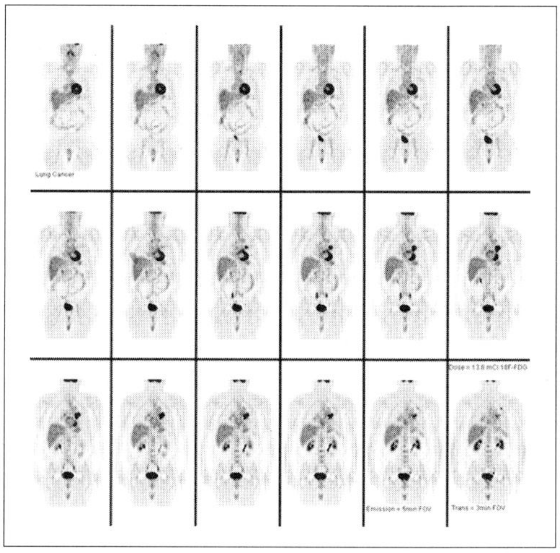

▲**그림 8-19** 두 개의 γ-카메라가 장착된 SPECT의 사진

▶**그림 8-20** 폐암에 걸린 환자의 SPECT 사진으로, 시간에 따른 방사선 양의 변화를 보여준다.

(2) PET 장비

방사능 동위원소 중에 양전자를 방출하는 원소(β^+붕괴를 하는 방사능 원소)를 인체에 필요한 물질(organic compound)에 부착하여 투여하면 그것은 그 물질을 많이 흡수하는 장기에 모이게 된다. 그리고 흡수된 물질 안에서 방사능 동위원소가 붕괴하면서 양전자가 방출된다. 붕괴과정에서 남는 에너지는 양전자의 운동에너지가 된다. 양전자의 운동에너지는 주위의 원자들과의 충돌에 의해 줄어들며 결국 양전자는 멈추게 된다. 이렇게 정지된 양전자가 주위의 전자를 만나게 되면 소멸하게 되는데 이때 양전자–전자의 질량에 해당되는 에너지($E=mc^2$)를 가진 두 개의 γ–선을 방출한다. 이를 쌍소멸(pair annihilation)이라 부르며

$$e^+ + e^- \rightarrow 2\gamma \tag{8-16}$$

와 같이 표현된다. 방사능 동위원소에서 붕괴된 양전자가 멈출 때까지 이동할 수 있는 거리는 대략 1mm 정도이다. 따라서 쌍소멸은 투여된 물질(방사능 동위원소가 부착된)이 흡수된 위치에서 일어난다고 할 수 있다.

쌍소멸에서 발생하는 두 γ–선의 에너지는 에너지 보존법칙에 따라 양전자–전자계의 에너지와 동일해야 한다. 쌍소멸 전에 양전자와 전자는 모두 정지된 상태이기 때문에 운동에너지는 없다. 따라서 양전자와 전자가 가지는 에너지는 그 질량에너지이며 이는 mc^2으로 표현된다. 이 에너지가 511keV이기 때문에 방출되는 두 γ–선의 에너지는 511keV이다.

쌍소멸에서 발생되는 두 γ–선은 반대 방향으로(180° 방향) 방출된다. 이는 운동량 보존법칙에 따른 것이다. 즉 정지한 양전자와 전자계의 총 운동량은 영(零)이기 때문에 방출되는 두 γ–선이 가지는 운동량의 합도 영(零)이어야 된다. 따라서 두 γ–선은 180° 방향으로 방출하게 된다.

두 개의 γ–선이 정확하게 180° 방향으로 방출되기 때문에 원형으로 된 검출기 링(detector ring)에 의해 γ–선을 측정함으로써 γ–선이 방출되는 지점을 정확히 결정할 수 있다. 그림 8-21에 PET의 기본적인 원리가 주어져 있다. 투여된 방사능 동위원소가 뇌의 종양에 흡수되어 두 γ–선을 방출하는데 정확하게 180° 방향으로 진행한다. 이때 환자의 외곽에 놓인 원

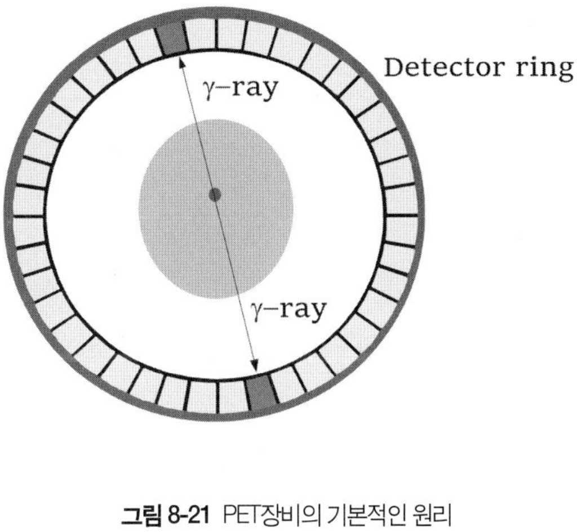

그림 8-21 PET장비의 기본적인 원리

형의 검출기 링의 두 신틸레이션 계수기에 동시에 관측(coincidence detection)되면 γ-선은 두 계수기의 연결선상의 어느 곳에서 방출된다는 것을 알 수 있다. 그리고 측정장치를 회전시키면서 측정함으로써 γ-선이 나오는 위치가 결정되며, 또한 방사능 원소를 흡수한 부분의 단층영상을 얻을 수 있다.

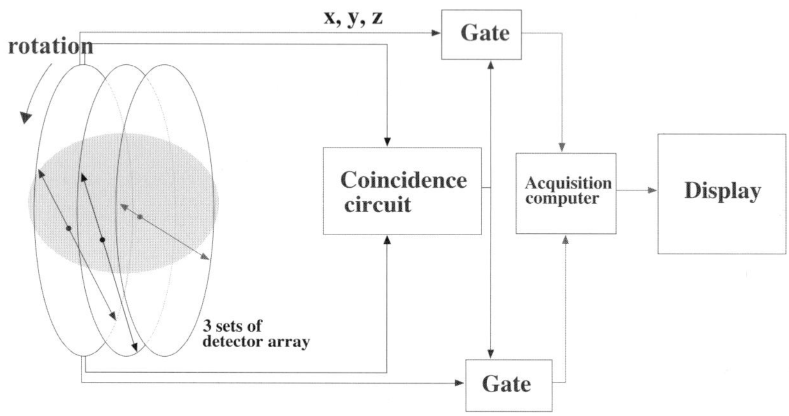

그림 8-22 다층 촬영이 가능한 PET 장비의 개략적인 그림

그림 8-22에 한 번에 여러 층을 동시에 촬영할 수 있는 PET장비의 개략적인 그림이 주어져 있다. 그림에 주어진 장비를 이용하면 세 개의 방사선 측정장치(검출기 링)를 통해 한꺼번에 세 개의 단층영상을 얻을 수 있다. 동시발생 측정회로(coincidence circuit)에 의해 γ-선의 발생위치가 결정되며 방사선 측정장치를 회전하면서 관측함으로써 단층영상을 얻을 수 있다.

PET에 사용하는 방사능 동위원소로는 ^{11}C, ^{13}N, ^{15}O, ^{18}F 등이 있다. 이 동위원소들은 유기(organic)원소들로서 인체에 친근한 유기물질에 쉽게 붙일(label) 수 있는 특징을 가지고 있다. 표 8-10에 PET에 많이 사용되고 있는 방사능 동위원소와 용도에 대해 요약해 놓았다.

이 외에도 여러 종류의 방사능 동위원소가 PET에 사용되고 있지만 PET진단의 85%가 F-18 FDG를 이용한 것이다. F-18 FDG는 동위원소 ^{18}F을 설탕(deoxyglucose)에 붙인 것이다. 포도당(glucose)은 에너지원이므로 정상적인 세포에서 흡수되는 이상의 포도당이 흡수되는 부분이 있으면 그 부분을 종양(암)으로 판단할 수 있다.

^{15}O-water(물)는 뇌와 심장의 혈류를 관찰하는 데 사용되고 있다. 주사된 물은 피에 침투하므로 방사능 산소 ^{15}O가 많이 발견되는 부분은 혈류가 활발한 영역임을 나타낸다. 뇌에 필요한 에너지원인 포도당은 피에 의해 전달된다. 따라서 에너지가 필요한 부분에는 포도당이 많이 흡수되고 이와 함께 포도당을 전달하는 피의 흐름도 많아지며 동시에 주사된 방사능 산소 ^{15}O도 많이 흡수된다. 동맥을 흐르는 전체 피의 양을 방사능 산소 ^{15}O의 흡수량으로 환산할 수 있으므로 ^{15}O-

표 8-10 PET에 사용되는 대표적인 방사능 동위원소와 핵의약

핵종	반감기	생성	화합물
^{11}C	20.4분	사이클로트론 $^{14}N(p,\alpha)^{11}C$ $^{10}B(d,n)^{11}C$	^{11}CO(피의 체적) ^{11}C-methionine(뇌종양의 대사작용)
^{13}N	10분	사이클로트론 $^{16}O(p,\alpha)^{13}N$ $^{10}B(\alpha,n)^{13}N$	$^{13}NH_3$(심근의 관류)
^{15}O	122초	사이클로트론 $^{14}N(d,n)^{15}O$ $^{15}N(p,n)^{15}O$ $^{16}O(p,pn)^{15}O$	^{15}O-water (뇌 및 심장의 관류) ^{15}O-butanol (뇌의 혈류)
^{18}F	110분	사이클로트론 $^{16}O(\alpha,np)^{18}F$ $^{20}Ne(d,\alpha)^{18}F$	F-18 FDG (포도당 대사작용, 뇌 스캔, 심근의 대사작용, 전신 스캔) DOPA (횡문근의 변형) ^{18}F(뼈의 스캔)
^{82}Rb	1.2분	$^{82}Sr/^{82}Rb$ 발생기	심근의 관류(myocardial perfusion)

water에 의해 특정 뇌영역의 피의 흐름을 관찰할 수 있고, 이에 따라 종양의 대사작용을 판별할 수 있다.

방사능 원소 ^{82}Rb는 핵종발생기로 만들 수 있기 때문에 사이클로트론이 딸린 PET를 살 여력이 없는 곳에서 많이 이용되고 있는 방사능 원소이다.

PET 장비는 뇌, 유방, 폐 등에 발생하는 종양을 진단하는 데 주로 많이 사용하고 있다. 또한 심장 근육의 신진대사를 관찰함으로써 관상동맥의 이상을 진단하는 데도 사용되고, 신경수용체(neuroreceptor)의 활동에 대한 영상을 통해 간질이나 알츠하이머씨 병의 진행도 진단할 수 있다. 신경수용체의 활동에 관여하는 신경 화합물의 양이 너무 적기(μM) 때문에 MRI로는 볼 수 없는데도 PET으로는 관측이 가능하다. PET은 한 번에 15cm를 스캔할 수 있기 때문에 대략 8번의 스캔에 의해 전신영상을 얻을 수 있다. 예를 들면 유방암의 전이를 관찰하기 위해 전신에 대한 F-18 FDG의 분포 영상을 얻는 데 대략 40분이 소요되는 정도이다.

PET에서는 신틸레이션 계수기를 원형으로 배열한 형태의 γ-선 측정장치를 사용하고 있다. 현재 많이 사용하고 있는 신틸레이터의 종류에는 BGO(Bismuth germanate), BaF_2(Barium Fluoride), CsF(Cesium Fluoride), NaI(Sodium Iodine) 등이 있다.

SPECT의 분해능은 대략 7~10mm인 데 반해서 PET는 SPECT보다 2~3배 정도 분해능이 좋다. 그러나 사용하는 방사능 동위원소들의 반감기가 짧기 때문에 방사능 동위원소와 핵의약을 만드는 장비들이 PET장비 바로 옆에 있어야 한다. 따라서 방사능 동위원소를 생산하는 사이클로트론이 필요하다. 사이클로트론의 가격이 비싸기 때문에 PET장비의 가격이 아주 비싸다. 현재 세계적으로 대략 150개의 PET장비가 운용되고 있다.

그림 8-23에 PET장비의 구성도가 주어져 있다. 사이클로트론과 핵의약을 만드는 실험실(work area)이 PET실에 붙어 있는 것을 볼 수 있다. 그리고 그림 8-25에는 대표적인 사이클로트론의 사진이 주어져 있다. 그러나 현재 PET에 F-18 FDG를 주로 사용하기 때문에 사이클로트론이 필요 없는

경우도 많다. 이는 F-18 FDG에 사용되는 방사능 핵종인 ${}^{18}F$는 반감기가 2시간이므로 가까운 곳에 원자로나 사이클로트론이 있으면 그곳에서 공급받아 사용할 수 있기 때문이다.

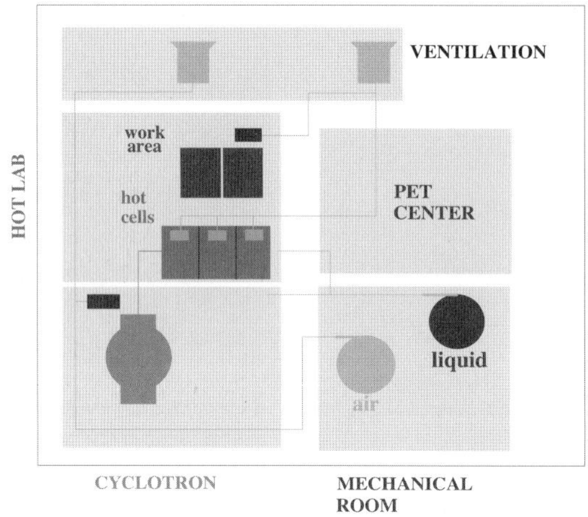

그림 8-23 PET 장비의 구성도

그림 8-24 사이클로트론의 사진

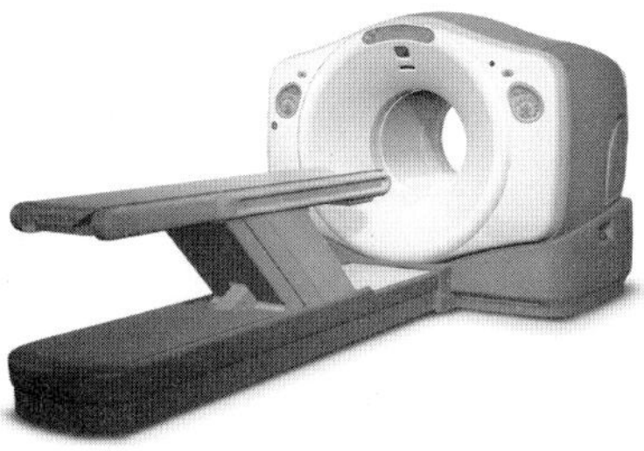

그림 8-25 CT/PET 복합장비

X-선 CT가 분해능이 좋은 장점과 PET가 신진대사를 관찰할 수 있는 장점을 합친 CT/PET 복합장비가 병의 진단에 사용되고 있다. 그림 8-26에 CT/PET 복합장비와 이를 이용하여 얻은 영상이 그림 8-27에 주어져 있다.

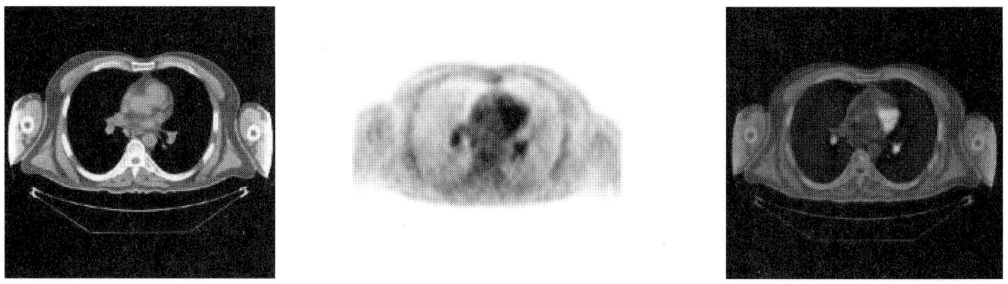

그림 8-26 CT/PET 복합장비로 얻은 영상

8-13. 핵에너지는 어디에 이용되고 있나?

방사능 동위원소가 어떻게 얻어지고, 이들이 의료분야에 어떻게 사용되고 있는지에 대해 알아보았다. 8-5절에서는 많은 방사능 동위원소(그림 8-5 참조)가 핵분열(nuclear fission)로부터 얻어진다는 것을 보았다. 그런데 앞에서 보았듯이 핵분열이 일어나면 질량의 감소 때문에 결합에너지(핵에너지)가 방출된다. 이 장에서는 이렇게 방출되는 핵에너지가 어디에 사용되는지에 대해 알아보도록 한다.

핵에너지라고 하면 가장 먼저 떠오르는 것이 핵무기(nuclear weapon)이다. 핵무기에는 핵분열에서 발생하는 핵에너지를 이용하는 것과 핵융합(nuclear fusion)으로 발생하는 핵에너지를 이용하는 것 등 두 가지가 있을 수 있다. 앞에 언급한 것을 핵분열 폭탄(nuclear fission bomb, '원자폭탄'이라고도 함)이라고 한다. 그리고 핵융합을 이용하는 경우 핵융합만을 이용하는 것이 아니고 핵분열도 동시에 이용한다. 이러한 핵폭탄을 열핵폭탄(thermonuclear bomb, '수소폭탄'이라고도 함)이라고 부른다. 2차 세계대전 중에 미국에서 처음 만들어진 핵무기는 일본에 처음이자 마지막으로 사용되었고, 전후 냉전 시대에 미소 군비경쟁과정에서 열핵 폭탄도 만들어졌다. 이 핵무기들은 소련이 없어진 지금에도 로켓에 의한 대륙간탄도탄(ICBM)으로서 각 적국의 도시를 조준하고 있으며, 이는 인류멸망의 실마리를 제공하고 있다. 현재 미국, 러시아, 영국, 프랑스, 중국, 인도, 파키스탄 등이 핵보유국으로 알려져 있으며, 이스라엘, 북한도 핵무기를 보유하고 있는 것으로 파악되고 있다.

항성의 내부에서는 핵융합으로 에너지가 생산된다고 알려져 있다. 태양의 에너지도 이와 같은 핵융합으로 발생한 것이다. 작은 항성에서는 수소-수소 핵융합이 일어나고, 더욱 큰 항성에서는 탄소-탄소 핵융합으로 에너지가 발생한다.

핵분열에서 나오는 열에너지를 이용하는 원자력발전소가 가능해졌고, 이는 핵에너지의 평화적 이용에 해당한다. 현재 한국을 포함한 31개국에서 원자력발전소가 가동되고 있다. 그리고 핵융합을 이용하여 전력을 생산하려는 연구가 계속되고 있다.

이장에서는 위와 같은 핵에너지의 이용에 대한 내용을 알아보기로 한다.

(1) 연쇄반응

1938년 Hahn과 Strassmann은 우라늄에 중성자를 충돌시킬 때 바륨(Barium, 원자번호 56), 란타넘(Lanthanum, 원자번호 57), 세륨(Cerium, 원자번호 58) 등이 발생하는 것을 관찰하였다. 그 후 1939년 Meitner와 Frisch는 이 현상을 중성자에 의해 우라늄의 핵이 분열된 것으로 설명하고, 이를 핵분열(nuclear fission)이라고 명명하였다. 이러한 핵분열에서는 중성자, γ선 및 많은 양의 에너지가 방출된다.

자발적으로 핵분열하는 것은 없고(붕괴는 제외) 모두 중성자에 의해 유도분열 된다. 유도분열이 가능한 물질을 핵분열(fissionable)물질이라고 한다. 특히, 속도가 늦은 중성자(slow neutron)에 의해 핵분열하는 물질로는 $^{233}_{92}U$, $^{235}_{92}U$, $^{239}_{94}Pu$ 등 3가지가 있으며, 이 중에서 핵무기와 원자로에서 중요하게 사용하고 있는 것은 $^{235}_{92}U$와 $^{239}_{94}Pu$이다. 그런데 천연우라늄에서 $^{235}_{92}U$의 분율은 0.7% 정도이고, 나머지는 $^{238}_{92}U$이다. $^{235}_{92}U$과 달리 $^{238}_{92}U$은 속도가 빠른 중성자(fast neutron)에 의해 핵분열이 가능하나, 핵분열에서 발생하는 중성자의 속도가 느려서 $^{238}_{92}U$은 연쇄반응(chain reaction)을 일으키지는 못한다.

$^{238}_{92}U$가 느린 중성자에 의해 핵분열하면 질량수 90~100 사이의 핵과 질량수 135~145 사이의 핵으로 분열하는 수율(yield)이 제일 크다(그림 8-5 참조). 그리고 각 분열에서 평균적으로 2.5개의 중성자가 방출된다. 즉, 느린 중성자에 의한 $^{235}_{92}U$의 핵분열은

$$^{1}_{0}n + ^{235}_{92}U \rightarrow ^{236}_{92}U^{*} \rightarrow X+Y+a\,^{1}_{0}n \qquad \textbf{(8-17)}$$

와 같이 표현된다. 여기서 X, Y는 분열되는 핵을 나타내며, a는 방출되는 중성자의 수이다. 핵분열은 그림 8-5에서 주어진 바와 같이 다양하게 이루어질 수 있다. 그중에서 수율이 큰 것이 핵분열의 확률이 높은 것이다. 수율이 큰 핵분열 중에서 예를 들면

$$^{1}_{0}n + ^{235}_{92}U \rightarrow ^{141}_{56}Ba \rightarrow ^{92}_{36}Kr+3\,^{1}_{0}n \qquad \textbf{(8-18)}$$

와 같은 핵분열이 있다.

무거운 핵(우라늄)이 핵분열하면 가벼운 두 개의 핵으로 분열되는데, 이때 분열 전의 질량에너지가 분열 후의 질량에너지보다 크다. 즉, 핵분열로 질량에너지가 감소하고, 그 감소한 질량에너지가 방출된다. 이를 다르게 말하면 분열 후의 결합에너지가 증가하였다고도 할 수 있다. 즉, 질량에너지가 감소하는 대신에 분열된 핵의 결합에너지가 더 증가했음을 나타낸다. 그림 8-3에서 보듯이 무거운 핵의 결합에너지가 가벼운 핵의 결합에너지보다 작다. 질량수가 240인 핵들의 경우 핵자 당 결합에너지는 대략 7.6MeV이다. 이들이 질량수 120인 두 개의 핵(핵자 당 결합에너지는 대략 8.5MeV)으로 분열된다고 가정할 경우 방출되는 에너지는 $Q=\Delta E_f - \Delta E_i \approx 200MeV$로 계산된다. 여기서 ΔE_f는 분열 후의 총 결합에너지로서 핵자 당 결합에너지 8.5MeV에 질량수 120을 곱하고, 두 개의 핵이 발생하므로 다시 2를 곱하면 얻을 수 있다. 반면에 ΔE_i는 분열 전의 총 결합에너지로서 핵자 당 결합에너지 7.6MeV에 질량수 240을 곱하면 얻을 수 있다. 위와 같이 핵분열의 경우 각 분열 당 대략 200MeV의 에너지가 방출됨을 볼 수 있다. 핵분열이 고체덩어리(핵연료) 속에서 일어난다면 위의 에너지는 분열된 핵의 운동에너지가 되므로, 이에 따라 고체덩어리의 온도가 올라가게 된다. 그 외에 일부에너지 (5~6%)는 분열된 핵의 β붕괴에서 나오는 중성미자의 에너지로 방출되며 이는 소실되는 에너지에 해당한다.

식 8-18에 주어진 핵분열에서 방출되는 에너지를 핵분열 전후의 질량에너지의 감소를 이용하여 계산해 보도록 하자. 핵들의 질량은 $m(^{235}U)$ = 235.0439u, $m(^{141}Ba)$ = 140.9144u, $m(^{92}Kr)$ = 91.9262u, $m(^{1}n)$ = 1.00866u이므로 분열 전후의 질량 감소는

$$\Delta m = [m(^{235}U)+m(^{1}n)]-[m(^{141}Ba)+m(^{92}Kr)+3m(^{1}n)] \tag{8-19}$$

와 같이 구할 수 있다. 따라서 $\Delta m = 0.1860u$가 구해지고, $1u = 931MeV$를 이용하면 식 8-18의 핵분열에서 방출되는 에너지는 $Q = 173MeV$임을 알 수 있다.

각 핵분열로부터 최소한 평균적으로 하나 이상의 중성자가 발생할 경우 핵분열이 연쇄적으로 일어날 수 있다. 이를 연쇄반응(chain reaction)이라고 한다. $^{235}_{92}U$의 핵붕열에서 평균적으로 2.5개의 중성자가 나온다고 하였는데, 이때 모든 중성자가 핵을 분열시키지도 않으며, 또한, 모든 $^{235}_{92}U$의 핵이 2.5개(평균)의 중성자를 내지는 않는다. 따라서 연쇄반응을 가능하게 하기 위해서는 핵분열 물질의 임계질량(critical mass)이 요구된다. $^{235}_{92}U$의 임계질량은 15kg이고, $^{239}_{94}Pu$의 임계질량은 대략 5kg이다. 여기서 $^{239}_{94}Pu$ 은 반감기가 24,110년인 방사능 물질이고, 원자로의 부산물로 추출된다. 즉,

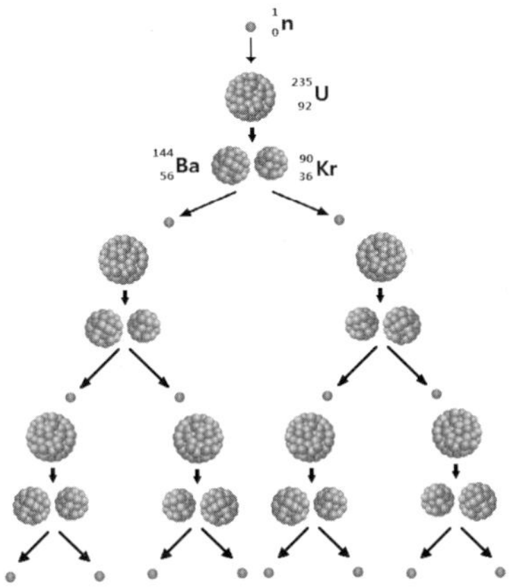

그림 8-27 연쇄반응의 예

$$^{1}_{0}n + ^{238}_{92}U \rightarrow ^{239}_{92}U \rightarrow ^{239}_{93}Np + e^{-} + \overline{\nu} \rightarrow ^{239}_{94}Pu + e^{-} + \overline{\nu} \tag{8-20}$$

와 같은 반응에서 만들어진다. 인도, 파키스탄, 북한 등에서 핵무기를 만든 원료도 원자로에서 만들어진 $^{239}_{94}Pu$ 이다.

증식률(multiplication factor, k)은 핵분열로 발생하는 중성자 중에서 분열을 일으키는 중성자의 수로 정의된다. 임계이하에서는 $k < 1$, 임계상태에서는 $k = 1$, 초임계 상태에서는 $k > 1$이다. 즉, 연쇄반응이 일어나기 위한 최소의 조건이 $k = 1$인 셈이다.

(2) 핵무기

핵분열 물질의 연쇄반응에서 나오는 에너지를 인명 살상용으로 사용하는 것이 핵분열 폭탄이다. 핵분열 물질로서 $^{235}_{92}U$와 $^{239}_{94}Pu$이 사용되고 있다. 이 물질들을 핵분열 폭탄에 사용하기 위해서는 농축하는 과정(90% 이상)이 필요하다. 앞에서 언급하였듯이 연쇄반응을 위해서는 초임계 상태로 만들어야 한다. 그런데 임계질량에서 분열성 물질이 불안정하므로 폭발할 때에 초임계 상태에 도달하

도록 만들어야 한다. $^{235}_{92}U$을 이용한 핵분열 폭탄에서는 총알식(gun-typed) 방법이 이용되고 있다. 임계질량 이하의 두 $^{235}_{92}U$덩어리가 떨어져 있다가 재래식 폭탄(conventional explosive)의 폭발로 합쳐져서 초임계 상태가 되어 연쇄반응이 일어나게 된다. 폭탄의 외벽에는 중성자를 반사하는 재료를 사용하고 있다. 히로시마에 사용한 핵폭탄이 이러한 형태였다.

[예제] 히로시마에 떨어진 핵폭탄의 경우 우라늄 50kg을 사용하였다. 그 폭발력은 TNT 12,500ton의 위력이었다. 여기서 1kt의 TNT의 에너지는 $4.18\times10^{12}J$에 해당한다. 폭발에 관여한 우라늄의 %를 구하라.

[답] 위 핵폭탄이 방출한 에너지는 $5.23\times10^{13}J$이고, 이 에너지를 MeV 단위로 바꾸면 $3.27\times10^{26}MeV$이다. 분열 시 핵 하나당 200MeV의 에너지가 방출되므로, 위 에너지는 1.63×10^{24}의 핵분열에 해당한다. $^{235}_{92}U$의 질량은 250u이므로 위 값에 250u를 곱하고, $1u=1.67\times10^{-27}kg$이므로 폭발에 관련한 $^{235}_{92}U$의 질량은 0.64kg로 계산된다. 이는 사용한 우라늄 50kg의 1%도 안 되는 양이다. 즉, 히로시마에 떨어진 핵폭탄의 효율은 1% 이하임을 볼 수 있다. 현재는 효율이 30% 정도이다.

$^{239}_{94}Pu$을 이용한 핵분열 폭탄에서는 내파형(implosion) 방법이 이용되고 있다. 임계 이하인 구형의 $^{239}_{94}Pu$ 바깥에 대칭형(lens)으로 폭약이 둘러싸고 있다. 폭약의 폭발로 $^{239}_{94}Pu$이 압축되어 초임계 상태에 도달하게 된다. 연쇄반응을 확실하게 하려고 $^{239}_{94}Pu$ 안에 중성자를 방출하는 재료를 첨가하기도 한다. 그리고 이 경우에도 폭탄의 외벽에는 중성자를 반사하는 재료를 사용하고 있다.

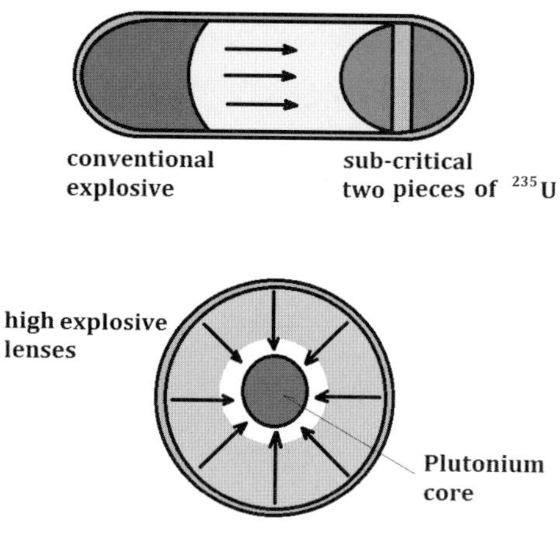

그림 8-28 탄환형(gun-typed) 핵폭탄(위)과 내파(內破, implosion)형 핵폭탄(아래)의 구조

그림 8-3에서 가벼운 핵인 수소 핵 등의 결합에너지가 그보다 무거운 핵들의 결합에너지보다 현저히 작음을 볼 수 있다. 이에 따라 가벼운 핵들이 핵융합을 통해서 결합하여 무거운 핵이 되는 경우 많은 에너지가 방출될 수 있음을 보여준다.

항성에서는 핵융합으로 그 에너지가 방출된다고 알려져 있다. 소위 양성자-양성자 순환과정(proton-proton cycle)을 거침으로써 에너지가 생산된다. 이 과정에서 수소가 연료로 사용되고 헬륨이 부산물로 나온다. 첫 번째 과정에서는 수소 핵 두 개가 결합하여 중수소 핵이 되는 과정이다($^{1}H+^{1}H \rightarrow ^{2}H+e^{+}+\nu$). 이 과정에서 0.42MeV의 에너지가 방출된다. 이 과정은 아주 드물게 일어난다. 대략 10^{26}번의 충돌에 한번 발생한다. 그러나 항성 내부에는 수많은 양성자가 존재하므로 이 과정이 순환과정이 유지될 정도로 충분히 많이 발생한다. 그리고 이 과정에서 방출된 양전자는 곧 전자를 만나 두 개의 γ선을 내면서 소멸한다. 즉, $e^{+}+e^{-} \rightarrow 2\gamma$ 과정이다. 이때 1.02MeV의 에너지가 나온다. 두 번째 과정에서는 첫 번째 과정에서 생성된 중수소 핵이 수소 핵을 만나서 ^{3}He을 형성하는 과정이다. 즉, $^{2}H+^{1}H \rightarrow ^{3}He+\gamma$로 표현된다. 이 과정에서 5.49MeV의 에너지가 나온다. 마지막인 세 번째 과정은 두 ^{3}He가 만나서 ^{4}He를 형성하는 것이다. 이는 $^{3}He+^{3}He \rightarrow ^{4}He+2^{1}H$로 표현된다. 이 과정에서 12.86MeV의 에너지가 발생한다. 이 과정도 아주 천천히 일어난다(10^{5}년). 전체적인 순환과정에서 세 번째 과정이 한번 일어나기 위해서는 첫 번째와 두 번째 과정이 두 번 일어나야 한다. 그리고 첫 번째 과정에서 전자-양전자 소멸과정이 있으므로 두 개의 전자가 이 과정에서 소모된다. 따라서 전체적인 알짜 과정은 4개의 수소 핵과 2개의 전자에 의해 ^{4}He핵이 생성되는 과정이다. 즉, 이 순환과정은

$$4^{1}H+2e^{-} \rightarrow ^{4}He+2\nu+6\gamma \quad \textbf{(8-21)}$$

와 같이 요약된다. 이 과정에서 방출되는 에너지는

$$Q=2\times 0.42+2\times 1.02+2\times 5.49+12.86=26.7MeV \quad \textbf{(8-22)}$$

와 같이 26.7MeV임을 알 수 있다. 이 에너지 방출은 식 8-21에서의 질량 감소에서부터 동일한 값을 구할 수 있다.

위와 같은 양성자-양성자 순환과정을 지구에서 실현하는 것은 불가능하다. 이 과정은 너무 느리다. 그런데 항성에서 이 과정이 가능한 것은 항성 내부에 양성자의 밀도가 이 과정이 가능할 정도로 엄청나게 많기 때문이다. 따라서 지구에서는 수소 핵 보다 무거운 중수소와 삼중수소를 이용한 핵융합이 시도되었다. 이때 가능한 반응들은

$$\begin{aligned} &{}^{2}_{1}H+^{2}_{1}H \rightarrow ^{3}_{2}He+^{1}_{0}n\,(Q=3.27MeV) \\ &{}^{2}_{1}H+^{2}_{1}H \rightarrow ^{3}_{2}He+^{1}_{1}H\,(Q=4.03MeV) \\ &{}^{2}_{1}H+^{3}_{1}H \rightarrow ^{4}_{2}He+^{1}_{0}n\,(Q=17.59MeV) \end{aligned} \quad \textbf{(8-23)}$$

와 같이 표현된다. 식 8-23의 위 두 반응은 중수소 핵들의 핵융합이고, 마지막 것은 중수소-삼중수소 핵융합을 나타낸다.

핵융합을 이용하는 핵무기는 열핵무기(thermonuclear weapon)라고 한다. 이는 핵융합이 발생하기 위해서는 아주 높은 온도가 필요하기 때문이다. 이러한 높은 온도는 핵분열에서 나오는 에너지

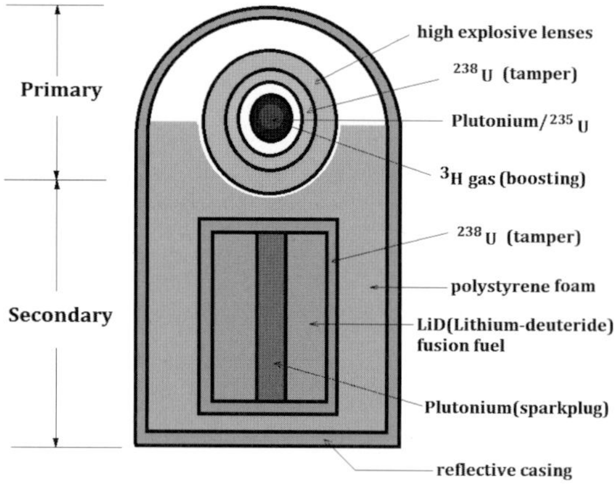

그림 8-29 Teller-Ulam 구조의 열핵폭탄(수소폭탄)의 구조

에 의해서만 가능하다. 따라서 핵융합 폭탄에는 핵분열도 수반되어야 한다. 처음 핵융합이 핵무기에 사용하게 된 것은 핵분열 폭탄에서 핵분열의 수율을 높이기 위해서였다. 식 8-23에서 보듯이 중수소-중수소나 중수소-삼중수소의 핵융합에서 중성자가 방출된다. 따라서 내파형 핵분열 폭탄의 중앙에 중수소-삼중수소 혼합물을 두면 핵분열에서 발생하는 에너지에 의해 핵융합이 일어날 수 있고, 이때 방출되는 중성자들이 우라늄이나 플루토늄의 핵분열을 증대시켜 핵분열의 수율을 높인다.

핵융합 무기가 가능하게 된 것은 1950년에 고안된 'Teller-Ulam 구조'에 의해서이다. 그림 8-29에서와 같이 핵융합 물질은 고체인 LiD(lithium Deuteride)이다. 이 물질의 안쪽에 ${}^{239}_{94}Pu$이 놓여 있다. 그리고 외곽에 ${}^{238}_{92}U$이 이들을 둘러싸고 있다. 열핵폭탄은 1차(primary)와 2차(secondary) 폭탄으로 나누어진다. 1차 폭탄에서 재래식 폭탄의 폭발로 ${}^{239}_{94}Pu$의 연쇄반응이 일어난다. 1차 폭탄의 중심에 있는 ${}^{3}H$는 중성자의 발생으로 핵분열의 수율을 높이는 역할을 한다. 핵폭발에 의한 다량의 X-선이 발생하고, 이 에너지가 폴리스티렌(polystyrene)에 전달되어 폴리스티렌은 플라즈마 상태가 된다. 이 플라즈마의 에너지에 의해(복사 내파, radiation implosion) 2차 폭탄의 ${}^{239}_{94}Pu$에서 핵폭발이 일어나고, 이때 발생되는 에너지에 의해 LiD에서 삼중수소가 만들어진다(${}^{6}_{3}Li+{}^{1}_{0}n \rightarrow {}^{4}_{2}He+{}^{3}_{1}H$). 이에 따라 중수소(LiD)-삼중수소의 핵융합이 일어나고, 이때 발생하는 중성자에 의해 ${}^{238}_{92}U$의 핵분열이 일어난다. 핵융합 폭탄에서 핵융합은 에너지의 반을 차지하고, 나머지 반은 ${}^{238}_{92}U$의 핵분열에서 발생한다. ${}^{238}_{92}U$은 연쇄반응은 하지 않지만, 핵융합에서 발생하는 빠른 중성자에 의해 핵분열이 가능하다. 따라서 핵융합 폭탄은 핵분열(1차)-핵융합(2차)-핵분열(2차)이 연달아 일어나는 구조를 하고 있다.

(3) 핵분열을 이용한 전기의 생산

핵분열을 천천히 유지하면서 핵분열에서 발생하는 에너지를 발전에 사용하는 원자력 발전소가 한국을 포함한 31개국에서 가동되고 있다. ${}^{235}_{92}U$의 핵분열에서 평균적으로 2.5개의 중성자가 방출된다(k=2.5). 원자력 발전을 위해서는 이를 1로(k=1) 유지해야 한다. 이를 위해서 핵연료에서 ${}^{235}_{92}U$의 농도를 수 %로 낮추어 사용한다. 천연우라늄에서 ${}^{235}_{92}U$의 농도는 0.7%이므로 핵연료로 사용하기 위해서는 농축과정이 필요하다. 그리고 중성자를 흡수하는 제어봉(카드뮴이나 붕소, control rod)과 핵연료의 거리를 조절함으로써 빠른 연쇄반응을 방지한다.

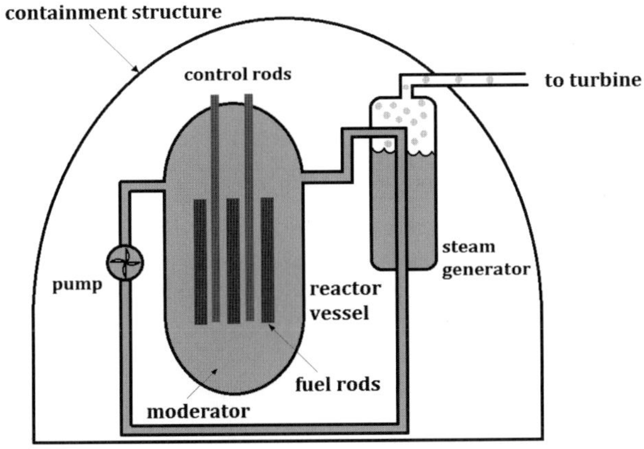

그림 8-30 원자력 발전소에서 원자로(reactor)의 개략적 구조

표 8-11 원자력 발전소에서 사용하고 있는 감속재와 냉각수 또는 가스

감속재	유형	특징
경수, H_2O(water)	沸騰水형 원자로(BWR)	Boiling Water Reactor, 냉각수: 7.6MPa, 285oC에서 물이 끓음, 농축우라늄 사용
	加壓水형 원자로(PWR)	Pressurized Water Reactor, 냉각수: 16MPa, 물이 끓지 않음, 한국표준형 원자로, 농축우라늄 사용, 스리마일 아일랜드 원자로
	러시아형 가압수형 원자로	Water-Water Energetic Reactor, 15MPa 가압 냉각수
중수, D_2O(heavy water)	CANDU 원자로 (캐나다형 원자로)	CANada Deuterium Uranium, 월성원자력, 천연우라늄, 농축우라늄, MOX(mixed oxide fuel, 우라늄 산화물 95%+Pu산화물 5%)도 사용가능
	가스냉각형 중수로	냉각수 대신에 가스를 사용
흑연	MAGNOX	핵무기용 Pu 생산 및 전력용(영국) 연료봉의 피복제가 마그네슘 합금, 천연우라늄, 냉각제는 가압 이산화탄소
	개량가스 냉각로(AGR)	Advanced Gas-cooled Reactor, MAGNOX의 개량형, 스테인레스 스틸 피복제를 사용, 농축우라늄
	고온가스 냉각로	고온 가스를 냉각제로 사용
	비등경수압력관형 원자로	체르노빌 원자로, 천연우라늄, Pu 생산 및 전력용, 냉각제는 경수를 사용

핵분열에서 나오는 빠른 중성자는 핵분열에 유효하지 않다. 느린 중성자(열 중성자, thermal neutron)들이 $^{235}_{92}U$의 핵분열에 유효하다. 이에 따라 핵분열에서 발생하는 빠른 중성자들의 속도를 떨어뜨리기 위해서 감속재(moderator)를 사용한다. 감속재로는 경수(water, H_2O), 중수(D_2O), 흑연 등이 사용되고 있다. 경수를 사용하는 경우 중성자가 수소 핵과 충돌하여 중수를 형성하는 것이 단점이다. 이에 따라 중성자의 감속 반응이 약화될 수 있다. 반면에 중수를 감속재로 사용할 경우 이러한 문제가 발생하지 않는다. 그리고 이 경우 $^{235}_{92}U$의 농도가 낮은 천연우라늄을 핵연료로 사용할 수도 있다.

감속재는 핵반응을 억제하는 것이 아니라 빠른 중성자를 느린 중성자로 바꾸어 핵반응을 증가시키는 역할을 한다. 만약 감속재를 사용하지 않을 경우 k는 1보다 작게 되어 핵분열이 중단된다.

원자력 발전소에서는 원자로(nuclear reactor)에서 핵분열에 의해 발생한 에너지를 이용하여 증기(냉각수, steam generator) 또는 고온가스를 발생시키고, 이를 이용하여 터빈(turbine)을 돌려 전기를 생산한다. 표 8-12에 현재 가동되고 있는 여러 형태의 원자력발전을 요약해 두었다.

(4) 핵융합을 이용한 전기의 생산

핵융합을 조절할 수 있다면(controlled fusion) 핵융합에서 나오는 에너지를 발전에 이용할 수 있을 것이다. 핵융합을 위해서는 2가지의 조건이 맞아야 한다. 첫째, 융합하는 핵들이 충돌하여 핵융합하기 위해서는 아주 가까이 존재해야 하므로 밀도가 높아야 한다. 둘째, 핵융합하는 핵들이 빈번히 충돌하여 핵융합 되게 하기 위해서는 핵들의 운동에너지를 키워야 하는데 이를 위해서는 온도(수천만 도)를 높여야 한다. 그런데 고온에서 물질은 이온과 전자로 분리되어 존재하는 플라즈마 상태가 된다(Tokamak의 경우에 해당한다. 관성 가둠에서는 레이저로 순간적으로 핵융합 물질을 고온으로 만든다. 아래에 나오는 내용을 참조). 중수소를 이용하는 경우 중수소는 중수소 핵과 전자로 분리되어 플라즈마 상태에 존재하게 된다. 이 플라즈마의 밀도를 핵융합이 될 정도로 압축하여 임계밀도가 되도록 가두어야 하는 문제가 있다. 즉, 위 두 조건에서 보듯이 핵융합을 위해서는 높은 온도에서 높은 밀도의 플라즈마를 아주 좁은 공간에 가두어야 한다. 그런데 수천만 도의 고온을 견딜 수 있는 통(container, 진공 chamber)을 위한 물질은 존재하지 않는다. 따라서 고온의 플라즈마를 가두는 특수한 기술이 필요하다.

중수소-삼중수소 핵융합에서 핵융합이 가능하기 위해서는 $n\tau \geq 10^{20} s/m^3$의 조건이 만족하여야 한다고 알려져 있다. 이를 Lawson의 조건(criterion)이라고 부른다. 위 조건은 아주 높은 밀도의 핵융합 물질을 짧은 시간 동안 가두든지, 아니면 밀도가 조금 낮은 핵융합 물질을 오랫동안 가두든지 해야 함을 나타낸다. 그러나 핵융합물질이 아주 고온에 존재해야 한다는 것은 두 경우 모두 여전히 만족해야 하는 공통된 조건이다.

조절이 가능한 핵융합을 위해서 핵융합 물질을 가두는 데 두 가지의 방법이 연구되고 있다. 그러

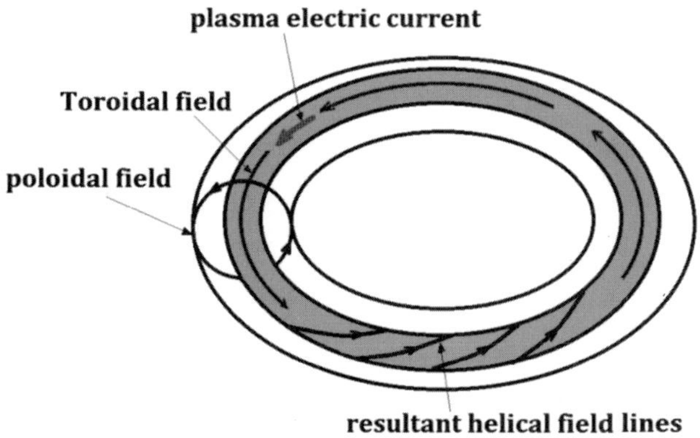

그림 8-31 Tokmak에서 플라즈마의 가둠(confinement)

나 아직 실용적인 조절 가능한 핵융합에는 다가가지 못하고 있다.

첫 번째 방법은 관성 가둠(inertial confinement)이라는 방법이다. 핵융합 물질이 들어 있는 작은 펠릿(pellet)의 표면에 모든 방향으로 균일하게 레이저를 이용하여 강력한 에너지를 주면, 표면물질이 끓으면서 안쪽방향으로 충격파를 발생한다. 이에 따라 펠릿 안의 핵융합 물질을 안쪽으로 집중시켜 핵융합 물질의 밀도와 온도를 높여 핵융합을 유발하게 한다.

두 번째 방법은 융합물질의 고온 플라즈마를 자기장 속에 가두는(magnetic confinement) 것이다. 뜨거운 플라즈마가 체임버(chamber)의 표면에 닿지 않게 하기 위해 자기장을 이용하여 가두는 것이다. 주로 도넛모양의 진공 체임버를 이용하는데, 이를 토카막(Tokamak)이라고 부른다. 토로이드(toroid)의 구조를 이용하여 도넛의 중심방향의 자기장을 만들면(그림 8-31) 플라즈마 안의 이온과 전자는 서로 반대 방향으로 자기력선을 중심으로 나선으로 움직이면서 도넛의 중심부에 갇히게 된다. 그러나 도넛의 중심부에서 멀어질수록 자기장이 불균일하여 플라즈마가 탈출하려고 한다. 이를 방지하기 위해 폴로이드(poloidal) 자기장을 걸어준다. 이에 따라 두 자기장이 합쳐져서 그림에서와 같이 꼬인 나선 모양의 자기장이 형성되고, 이 자기력선을 따라 플라즈마가 갇히게 된다. 그리고 플라즈마의 온도를 높이기 위해 전자기파의 에너지를 플라즈마에 주거나(공명), 고속의 중성입자를 플라즈마에 주는 방법을 사용하고 있다.

[예제] ${}^{1}_{1}H+{}^{1}_{1}H \rightarrow {}^{2}_{1}H+{}^{0}_{-1}e+v$와 같은 핵융합에서 방출되는 에너지는 얼마인가? 중수소의 질량은 2.014102u이다.

[답] 핵융합 전과 후의 질량결손은 Δm=0.001081973u이다. 따라서 1.06MeV의 에너지가 핵융합에 의해 방출된다.

제9장

진공의 이용

제9장
진공의 이용

9-1. 진공이란 무엇인가?

진공기술은 현대과학의 발달과 밀접한 관계가 있다. 현재와 같은 전자시대의 시발점이 바로 진공관을 이용한 전자의 발견이다. TV나 컴퓨터의 디스플레이(CRT관 또는 PDP 등)도 진공관의 형태이며 전구나 형광등의 생산에도 진공기술이 필수적으로 사용되고 있다. 그리고 공업용, 가정용 전자부품에 집적회로(Integrated circuits)가 쓰이지 않는 곳이 없는데 이 모두 진공기술의 산물이다.

진공이란 무엇인가? 진공(眞空)은 한자어로 "완전히 빈 공간"을 의미하고 영어로는 vacuum인데 이는 라틴어에서 유래되었으며 "빈(empty)"의 뜻을 가진다. 그러나 진공은 완전히 빈 공간이라는 의미보다는 압력이 대기압보다 낮은 공간을 통칭하는 말이다.

압력은 기체분자들이 벽면에 충돌하여 미치는 힘으로 정의된다. 1기압에서는(온도는 섭씨 25°C) 1cm^{3}의 부피에 대략 2.5×10^{19}개의 기체분자들이 존재한다. 기체분자들이 존재하는 공간의 가상벽면을 생각할 때 그 벽면에 기체분자들이 충돌하여 힘을 미친다. 이러한 기체분자들의 충돌에 의해 단위면적에 미치는 힘이 곧 압력으로 정의된다. 따라서 기체분자들의 수가 1기압에서보다 줄어들게 되면 이에 따라 압력이 감소한다. 결국 어떤 공간을 진공 상태로 만든다는 것은 그 공간에 존재하는 기체분자의 수를 줄이는 것이다. 공기 중에는 여러 종류의 기체분자들이 존재한다. 표 9-1에는 공기 중에 존재하는 기체분자들의 구성비가 주어져 있다. 여기서 물 분자의 구성비는 습도에 따라 변한다.

표 9-1 공기 중에 있는 기체분자의 구성비

기체	구성비(%)
질소	78
산소	21
아르곤	0.93
이산화탄소	0.03
네온	0.0018
헬륨	0.0005
클립톤	0.0001
수소	0.00005
제논	0.0000087
물	변함

기체들의 운동에 의해, 공기 중에 놓인 물체들은 압력을 받는다. 그러나 기체들에 의한 압력은 모든 방향에서 동일하다. 따라서 사람이 서 있을 경우 모든 방향에서 똑같은 압력을 받기 때문에 공기압력을 느끼지 못한다.

공기의 압력을 측정하기 위해서는 한 방향으로 작용하는

힘만을 고려해야 하는데 이를 위해 고안된 것이 압력계이다. 압력계의 원리가 그림 9-1에 주어져 있는데, 이것은 진공으로 만든 가는 관을 액체 속에 거꾸로 담아 놓은 형태를 하고 있다. 이렇게 함으로써 공기에 의한 압력이 액체의 한쪽 방향에만 미치고 이 압력에 의해 가는 관 속으로 액체가 올라가게 된다. 이때 액체는 그것의 무게에 의한 힘이 공기 압력에 의한 힘과 동일하게 되는 높이까지 올라간다. 물을 사용할 경우 1기압에서 10m 높이로 올라가고 수은을 쓸 경우 760mm까지 올라간다. 수은압력계는 17세기 중엽 토리첼리(Torricelli)에 의해 고안되었다. 따라서 1기압을 760Torr라 부른다.

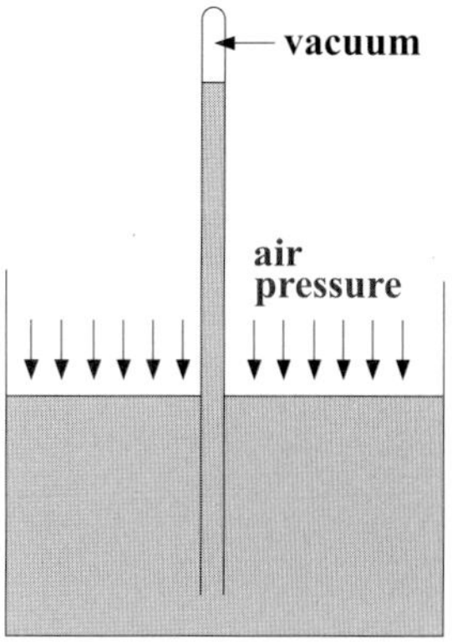

그림 9-1 대기압의 측정

공기의 압력은 위치에 따라 다른데 위치에 따른 압력차 때문에 바람이 발생하게 된다. 기상예보에서는 고기압, 저기압 등으로 공기집단의 압력의 변화를 나타낸다. 이는 상대적인 압력차이를 나타내고 있다. 기상학에서는 Torr보다는 밀리바(millibar, 1기압은 1013밀리바)를 많이 사용하여 왔으나 현재는 미터 단위계의 단위인 헥토파스칼(hectopascal, 1기압은 1013헥토파스칼)을 많이 사용하고 있다. 그러나 과학분야에서 압력의 단위는 주로 Torr를 사용한다.

표 9-2 진공도와 분자의 수

진공도(압력, Torr)	분자수/cm³	충돌거리(cm)
760(1기압)	2.5×10^{19}	7×10^{-6}
1	3×10^{16}	5×10^{-3}
10^{-3}	3×10^{13}	5
10^{-6}	3×10^{10}	5×10^{3}
10^{-9}	3×10^{7}	5×10^{6}
10^{-12}	3×10^{4}	5×10^{9}
10^{-15}	30	5×10^{12}

앞에서 언급하였듯이 진공도는 기체분자의 수와 관련되어 있다. 기체분자들은 서로 충돌하기도 하는데 진공도가 높을수록 분자수가 적으므로 진공도가 높아짐에 따라 분자 간의 충돌할 확률도 줄어든다. 표 9-2에 진공도(압력)에 따른 기체분자의 수와 이때 기체분자가 충돌하지 않고 이동할 수 있는 거리인 충돌거리가 주어져 있다. 1기압일 때 기체분자들은 머리카락 굵기의 거리를 이동할 때마다 서로 충돌하는 것을 볼 수 있다. 그러나 진공도가 높아질수록 충돌하지 않고 이동할 수 있는 평균거리도 커진다. 우주 공간의 진공도가 대략 10^{-15}Torr이므로 1cm³ 안에는 기체분자가 고작 30개 정도 존재하고 이 분자들은 다른 분자와의 충돌 없이 5천만 km 이상을 이동할 수 있다.

표 9-3 지표상의 높이에 따른 압력의 변화

위치	압력(Torr)
수평선	760
90km	10^{-3}
1000km	10^{-10}
10,000km	10^{-13}

대기압은 지표에서 멀어지면 기체분자의 수가 줄어들어 감소한다. 지표에서 100km까지 대기압은 15km마다 1/10씩 줄어들어 90km에서 압력은 10^{-3}Torr로 떨어진다. 그러나 100~400km(전리층) 공간에서는 이온화되어 있는 분자

들이 많아서 100~200km마다 압력이 대략 1/10씩 감소한다. 이러한 결과로 1,000km에서는 압력이 10^{-10}Torr가 되고 10,000km 이상에서는 10^{-13}Torr 이하로 떨어진다.

9-2. 진공은 어떻게 만드는가?

인공적인 진공은 진공을 만들 공간을 밀폐하고 이 공간을 진공펌프에 연결하여 기체분자들을 뽑아냄으로써 만들 수 있다. 진공펌프는 여러 종류가 있는데 진공도에 따라 저진공, 중진공, 고진공, 초고진공용 진공펌프 등으로 구별한다. 대기압에서부터 시작하여 저진공(10^{-3}Torr까지)을 얻기 위한 펌프로는 기계식 진공펌프(rotary vane oil-sealed mechanical vacuum pump), 드라이 펌프(dry pump), 흡착 펌프(sorption pump), 벤트리 펌프(ventri pump), 부스터 펌프(booster pump) 등이 있다. 그리고 10^{-3}Torr에서 10^{-8}Torr까지의 중, 고진공을 얻기 위한 것으로는 유확산식 펌프(oil diffusion pump), 냉동 펌프(cryopump), 터보 펌프(turbo pump) 등이 있다. 초고진공(10^{-8}Torr 이하)의 진공을 얻기 위해서는 승화 펌프(titanium sublimation pump), 이온 펌프(ion pump) 등이 이용되고 있다.

이 절에서는 가장 많이 사용되고 있는 기계식 펌프와 터보 펌프에 대해 알아보도록 하자.

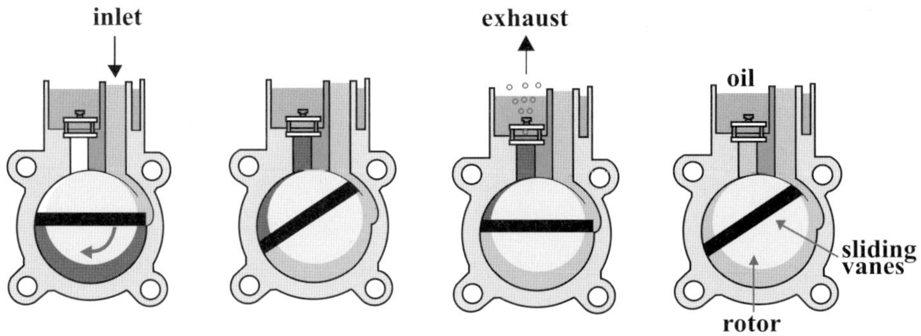

그림 9-2 기계식 진공펌프의 내부구조

기계식 진공펌프에는 몸체의 중심에서 약간 어긋난 지점에 중심을 가진 회전판(rotor)이 있다. 그리고 회전판에는 스프링에 의해 조절되는 미끄러지는 날개판(sliding vanes)이 부착되어 있다. 회전판이 외부 모터에 의해 회전하면 중심축이 몸체의 중심과 어긋나 있기 때문에 미끄러지는 날개판이 회전함에 따라 기체 유입구(inlet)에서 들어오는 기체를 기체 유출구(exhaust)로 밀어낼 수 있다. 즉 날개판이 회전하면서 이 기체를 압축하기 때문에 대기압보다 높아서 스프링으로 작동하는 기체 유출구가 이 압력에 의해 열려져 기체가 빠져나가게 되는 것이다. 회전판을 돌리는 모터는 벨트형을 사용할 경우 분당 250~400회전을 하고 회전판에 직접 연결된 직결식 모터에 의해서는 분당 1,725회전을 한다. 몸체 바깥에는 오일(윤활유)이 있다. 이 오일은 마찰 등에 의해 발생하는 열을 식히는 역할도 하고 또한 날개판과 몸체 안쪽면과의 윤활 작용 및 진공막음 역할도 한다. 기계식 진공펌프는 오일을 사용하기 때문에 이 펌프로 얻을 수 있는 최저의 진공도는 오일의 기체분압(vapor pressure)까지이다. 액체 오일 위에 오일 기체분자가 존재하며 이 기체분자들의 압력이 곧 오일의 기체 분압이다. 기계식 진공펌프에 사용하는 오일의 기체분압은 10^{-3}Torr이다. 따라서 이 펌프로 얻을 수 있는 진공의 최저 한계도 10^{-3}Torr 정도이다.

터보 펌프는 회전날개의 빠른 회전에 의해 기체를 뽑아내는 기계식 진공펌프에 속한다. 터보 펌프는 낮은 진공도인 1Torr에서 펌핑를 시작할 수 있고 최저 진공도도 10^{-8}Torr까지 내릴 수 있다. 또한 오일도 전혀 사용하지 않아 진공통(vacuum chamber)의 오염도 걱정할 필요가 없다. 그리고 최고 진공도에 도달하는 시간도 다른 진공펌프보다 빠르다. 터보 펌프의 동작을 시작할 수 있는 진공도는 1Torr이므로 기계식 저진공 펌프를 작동한 후 터보 펌프를 사용해야 한다.

그림 9-3 기계식 진공펌프의 모양

터보 펌프는 하나의 축에 여러 개의 회전자들이 연결되어 있다. 각 회전자들에는 20~60개의 회전날개가 있다. 그림 9-5의 터보 펌프는 회전자가 11개 있는 것을 볼 수 있다. 회전자의 수는 펌프에 따라 10개에서 40개가 있을 수 있다. 회전자의 수, 회전날개의 크기, 회전날개의 숫자 등이 터보 펌프의 펌프용량과 속도를 결정한다. 회전자들은 하나의 축에 연결되어 있고 이 축은 모터에 의해 분당 9,000에서 90,000회 돌 수 있도록 되어 있다. 터보 펌프에서 중요한 것은 회전자가 붙어 있는 축이 좌우 진동이 없어야 한다는 것이다. 그리고 아주 빠른 속도로 축이 회전하기 때문에 마찰을 방지하기 위해 윤활유를 쓰거나 또는 자기장을 이용하여 축이 일정하게 뜬 상태에서 회전하도록 되어 있다.

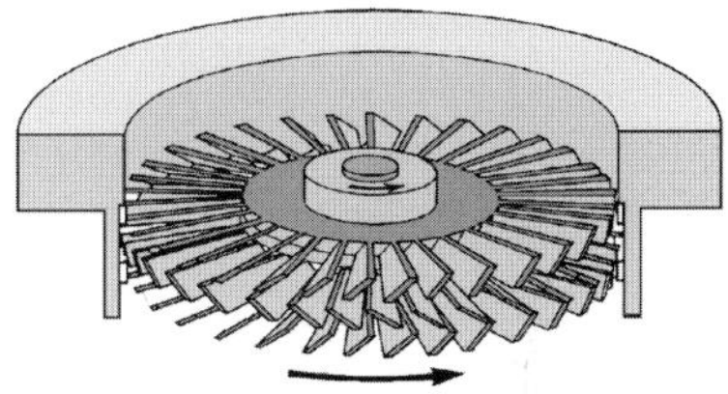

그림 9-4 터보 펌프의 날개 구조(회전자)

터보 펌프는 기체분자가 움직이는 면(회전날개)을 때리면 기체분자의 속도가 증가하고 또한 움직이는 방향도 변한다는 원리를 이용한 것이다. 회전날개를 특수하게 설계함으로써 회전날개에 충돌한 기체분자들을 회전자 아래로 이동시켜 터보 펌프에 연결된 기계식 저진공 펌프로 뽑아내도록 할 수 있는 것이다. 터보 펌프로 얻을 수 있는 진공도의 한계는 10^{-8}Torr 정도이다. 이보다 높은 진공도를 얻기 위해 이온(ion) 펌프, 승화 펌프 등이 사용되고 있으며 현재 10^{-13}Torr 정도를 실험실에서

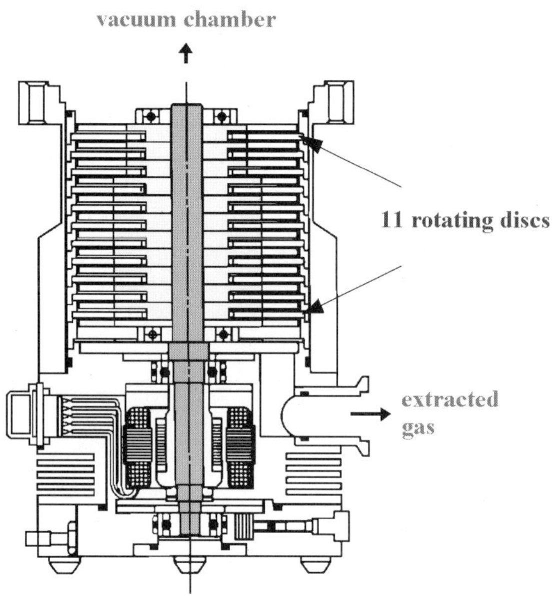

그림 9-5 터보 펌프의 구조

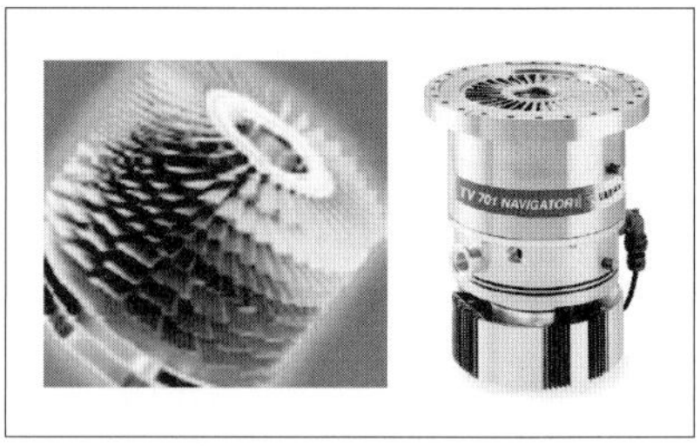

그림 9-6 터보 펌프의 날개 및 모양

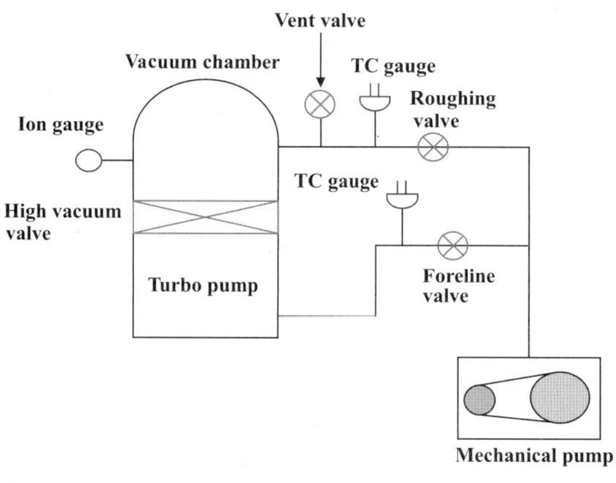

그림 9-7 터보 펌프를 이용한 진공 시스템

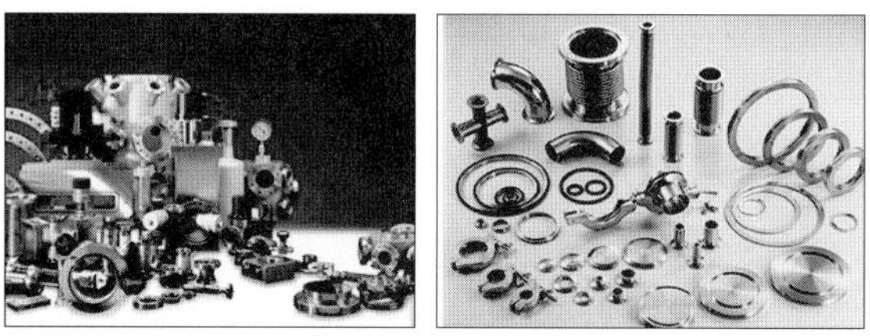

그림 9-8 여러 가지 진공 부품들의 모양

실현하고 있다.

터보 펌프를 이용한 진공펌프 시스템의 구조가 그림 9-7에 주어져 있다. 터보 펌프가 고진공 밸브(high vacuum valve)를 통해 진공통(vacuum chamber)에 연결되어 있다. 그리고 터보 펌프에서 방출되는 기체를 뽑아내는 펌프(backup pump)로, 기계식 펌프가 전방밸브(foreline valve)를 통해 터보 펌프에 연결되어 있다.

진공통 안을 진공으로 만드는 과정은 다음과 같다. 먼저 모든 밸브를 잠근 상태에서 기계식 진공펌프를 작동한다. 다음에는 전방밸브와 러핑밸브(roughing valve)를 연다. 그러면 진공통과 터보 펌프 안의 압력이 떨어진다. 진공통 안의 진공상태는 열전대 진공계(TC gauge, 다음 절 참조)를 통해 확인할 수 있다. 진공통 안의 압력이 1Torr 이하로 떨어지면 러핑밸브를 잠그고 터보 펌프를 작동한다. 터보 펌프의 작동으로 진공통 안의 압력은 급격히 떨어진다. 진공통의 압력은 이온 진공계(ion gauge)를 통해 확인된다.

진공 시스템에는 밸브, 파이프, 플렌

지(flange) 등 많은 진공 부품들이 필요하다. 그림 9-8에 여러 종류의 진공 부품들을 보여주고 있다.

9-3. 진공도는 어떻게 재는가?

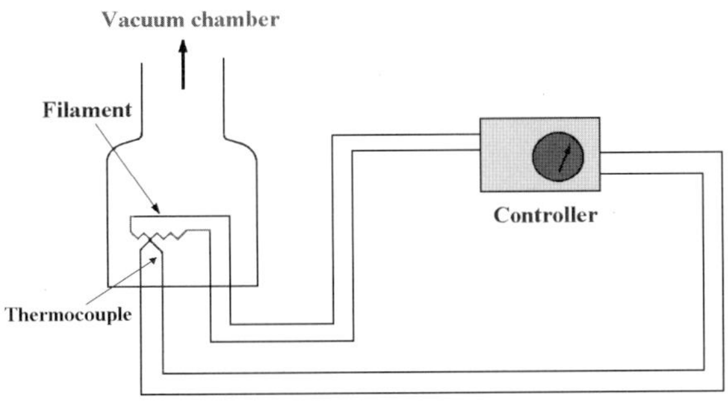

그림 9-9 열전대 진공계의 구성(왼쪽)과 센서튜브(오른쪽)

대기압과 크게 차이가 나지 않는 진공도는 압력계로 측정이 가능하다. 그러나 진공도가 높은 경우 특수한 진공계(vacuum gauge)를 사용하여야 한다. 10^{-3}Torr까지의 진공도를 재는 데는 열전대 진공계가 많이 이용되고 있다. 열전대 진공계는 센서튜브와 조절장치로 구성되어 있다. 센서튜브는 진공도를 측정하려는 위치에 놓여 있다. 센서튜브 안에는 전류가 흐르는 필라멘트와 필라멘트에 용접된 열전대가 있다. 필라멘트에는 외부에서 공급된 전원에 의해 일정한 전류가 흐르며 따라서 일정온도가 유지된다. 진공도가 낮으면 많은 분자들이 진공통 안에 있고 이들이 필라멘트와 충돌하여 필라멘트의 열을 빼앗아간다. 따라서 필라멘트의 온도가 내려간다. 반면에 진공도가 높아지면 진공통 내에는 기체분자가 적어지므로 필라멘트의 온도가 올라간다. 결국 열전대는 기체분자들이 필라멘트와 충돌하여 열을 빼앗아감으로써 변하는 필라멘트의 온도를 재는 것이다. 이 온도변화는 진공통 안의 기체분자와 관련되므로 진공도의 값으로 변환할 수 있다.

진공도가 10^{-3}Torr 이하가 되면 복사에 의해 달아나는 열로 인한 온도변화가 기체분자의 충돌에 의한 온도변화보다 커져서 열전대를 더 이상 진공도의 측정에 사용할 수 없게 된다. 이 경우 이온진공계가 사용된다. 이온 진공계는 넓은 영역(10^{-2}Torr에서 10^{-12}Torr)의 진공도를 재는 데 사용하고 있다. 이온 진공계의 원리는 진공통 안에 있는 기체분자들을 센 전기로 이온화시킨 다음 전기적 힘으로 끌어당겨 그 이온의 수를 측정함으로써 진공도를 재는 것이다. 이온 진공계는 필라멘트, 그리드(grid), 이온 집속기(ion collector)로 구성되어 있다. 필라멘트에 열을 가하면 열에 의해 필라멘트(금속) 안에서 열전자가 튀어나온다. 필라멘트에서 나온 열전자(음의 전하)는 양의 전압으로 유지

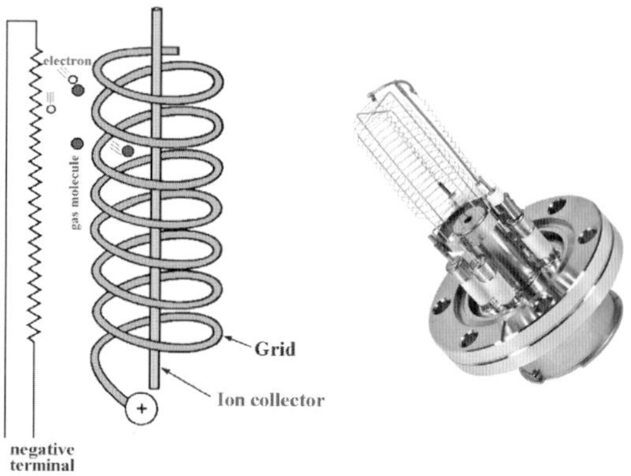

그림 9-10 이온 진공계의 모양과 구조

되는 그리드(grid)로 끌려가서 그 주위를 떠돌아다닌다. 열전자가 상당히 많이 방출되므로 그리드 주변에는 전자들의 구름이 형성되어 있다. 이러한 전자구름들은 주위에 있는 기체분자들과 충돌하게 되고 이 충돌에 의해 기체분자들은 양의 전기를 띠게 된다. 이렇게 양의 전기를 띠는 이온(기체분자)들은 음의 전압의 이온 집속기로 모여들게 되고 이온집속기에 전류로 감지된다. 전류의 세기는 이온 진공통 내에 있는 기체분자의 수에 비례하므로 진공도가 측정된다.

9-4. 진공을 이용한 코팅기술에는 어떤 것이 있는가?

진공코팅(coating) 기술은 장식용(decorative) 또는 기능성(functional) 코팅으로 구별할 수 있다. 장식용 코팅은 시계, 안경, 가정용품, 가짜 보석 등의 표면 색상이 오래가도록 하기 위해 코팅을 하는 것이고, 기능성 코팅은 공구나 기계부품 등의 표면에 기능적인 면을 강화하기 위해 코팅을 하는 것이다. 코팅을 함으로써 아름답고 깨끗한 색조가 오래 유지되고 내부식성, 내마모성, 내열성, 윤활성 등의 물리적 성질이 강화된다. 표 9-4에 표면코팅의 종류 및 이용분야에 대한 내용이 요약되어 있다. 다양한 코팅물질이 여러 분야에 이용되고 있음을 볼 수 있다.

진공코팅 기술의 종류도 다양한데 대략 진공증착(evaporation), 스퍼터링(sputtering), 이온 플레이팅(ion plating) 등으로 대별할 수 있다. 아래에서는 이 방법들에 대해 간략히 설명하고자 한다.

진공증착은 코팅하고자 하는 물질을 진공 속에서 녹이면 녹은 원자들이 날아가 기판(substrate)에 흡착되는데, 이로써 기판의 표면이 코팅된다. 코팅물질을 녹이는 방법에 따라 열(thermal) 증착, e-beam 증착, 레이저 증착 등으로 나눌 수 있다.

그림 9-12는 스퍼터링에 의한 표면 코팅 방법을 보여주고 있다. 투입된 Ar기체가 외부에서 걸어준 전압에 의해 이온화되어 코팅물질(target material)을 때리게 된다. 충돌에 의해 기체 이온들의 운동량이 코팅물질의 원자들에 전달되어 코팅물질의 원자들이 튀어나온다. 이 원자들이 날아가 기판에 달라붙어 코팅이 형성된다.

스퍼터링에 관여하는 불활성 기체(inert gas, Ar) 외의 다른 기체(산소, 질소, 아세틸렌 등)도 함

표 9-4 표면 코팅기술의 이용분야

응용	코팅막	기판과의 조합	목적/용도
내식	Al, Zn, Cd	Zn, Al/고강력강	항공기, 선박
		Al/연강 볼트류	일반구조용 재료, 영구자석
내열	Al, W, Ta	Al/강, 스테인레스강	배기가스관, 내화재료, 자동차, 항공기엔진
장식	Au, Ag	Au/스테인레스강, Ag/황동	장신구, 시계 등
	TiC	TiC/스테인레스강	장신구, 시계 등 표면경화
	TiN	TiN/스테인레스강	장신구, 시계 등 표면경화
	Al	Al/황동, 연강판	착색코팅
	유리	유리/플라스틱	유리코팅, 플라스틱렌즈
표면경화	Cr, CrN, CrC	Cr, CrN/연강	금형 기계 부품
	TiN, TaN	TiC, TiN/초경질 공구	초경질 공구 표면경화
	TiC	TiC 강재	표면경화, 착색
전자산업	Cu	Cu/세라믹스, 수지	프린트판, 박막 IC기판
	SiO_2, Al_2O_3	S_iO_2, Al_2O_3/금속	콘덴서, 다이오드
	Fe, Co, Ni	Fe,Co,Ni/플라스틱 테이프	자기테이프
	Nb산화물, Ag/석영	산화물, Ag/석영	세라믹-금속 blazing
광학	SiO_2, T_iO_2	산화물/유리	렌즈의 무반사, 내마모성
	유리	유리/투명 플라스틱	안경용 렌즈
원자력	Al	Al/우라늄	원자로
	Mo, Nb	Mo, Nb/Zr-Al 합금	핵융합 실험조
	Au	Au/Cu cell	가속기

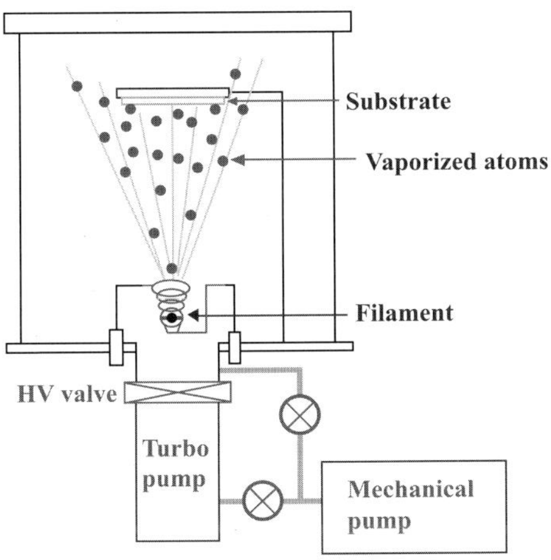

그림 9-11 진공증착(열 증착)의 구조

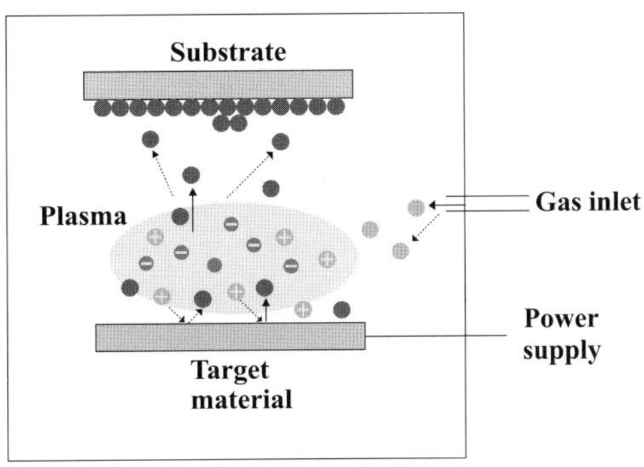

그림 9-12 스퍼터링의 메커니즘

께 투입함으로써 이들 기체들과 스퍼터된(sputtered) 코팅원자들과의 반응(reactive sputtering)에 의해 여러 가지 복합물질(compound)의 코팅막을 형성할 수 있다. 산소 기체에 의해 Al_2O_3, SiO_2, Ta_2O_5 등의 산화막(oxide)을 형성할 수 있다. 또한, 질소와 NH_3기체에 의해 Nitrides(TaN, TiN, Si_3N_4 등)막이 형성되고 CH_4, C_2H_4, C_3H_8 등을 이용함으로써 Carbides(TiC, SiC 등) 코팅막을 형성할 수 있다. 이들 코팅막들은 내마모성, 초경질, 내부식성, 윤활성이 좋은 물리적 특성을 가지고 있다.

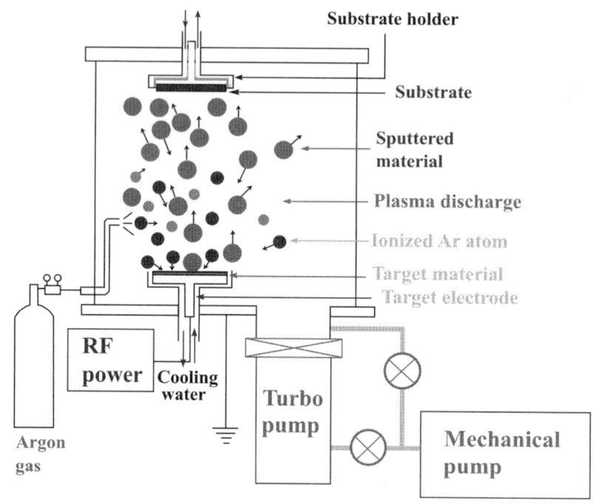

그림 9-13 스퍼터링 장치의 구조

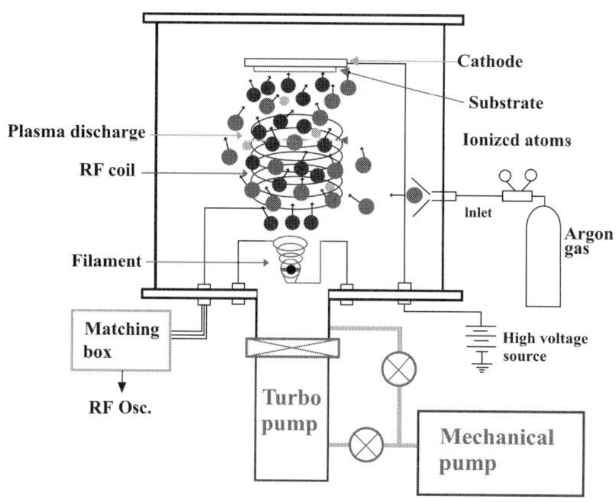

그림 9-14 이온 플레이팅의 구조

이온 플레이팅(ion plating)은 진공증착과 스퍼터링의 장점을 이용한 코팅 방법이다. 진공증착 방법은 막의 형성 속도가 빠르다는 장점을 가지고 있고 스퍼터링은 코팅 원자들의 운동성이 좋아 막의 부착력이 큰 장점이 있다. 이온 플레이팅에서는 코팅물질에 열을 가함으로써 코팅물질을 증발시킨다. 증발을 위해서 필라멘트, e-beam, 고주파 에너지 등 다양한 방법이 이용되고 있다. 이렇게 증발된 코팅 원자들은 플라즈마 속에서 이온화된다. 이온화된 코팅 원자들은 기판에 걸린 전기장(음극)에 의해 가속되어 기판에 흡착된다. 스퍼터링 방법에서와 같이 불활성 기체(Ar) 외에 산소, 질소 등을 투입함으로써 화합물 막을 형성할 수 있다. 이온 플레이팅은 대량의 물품을 단시간에 코팅할 수 있기 때문에 공업적으로 많이 응용되고 있다.

표 9-4에 전기 도금과 진공 코팅기술의 차이점을 요약해 두었다. 이 표에서 보듯이 진공기술을 이용한 코팅이 여러 면에서 전기도금에 비해 우수하다는 것을 알 수 있다.

표 9-5 전기도금과 진공 코팅기술과의 차이

특성	전기도금	진공증착	스퍼터링	이온 플레이팅
공정원리	전기 화학적 코팅	열에너지에 의한 진공증착	진공 플라즈마	진공 플라즈마
코팅 물질	금속	금속, 일부 화합물	금속, 합금, 화합물, 세라믹, 중합제	금속, 합금, 일부 화합물
증착률	조절 가능	0.1~75 μm/min	0.1~2 μm/min	0.1~25 μm/min
막의 부착력	다소 좋음	다소 좋음	좋음	아주 좋음
막의 균일성	평면에는 좋으나 모서리 부분은 좋지 않음	다소 좋음	상당히 좋음	좋음
막의 두께 조절	상당히 좋음	나쁨	매우 좋음	매우 좋음
환경적인 문제	화학적인 처리 필요	없음	없음	없음

제10장

MRI란 무엇인가?

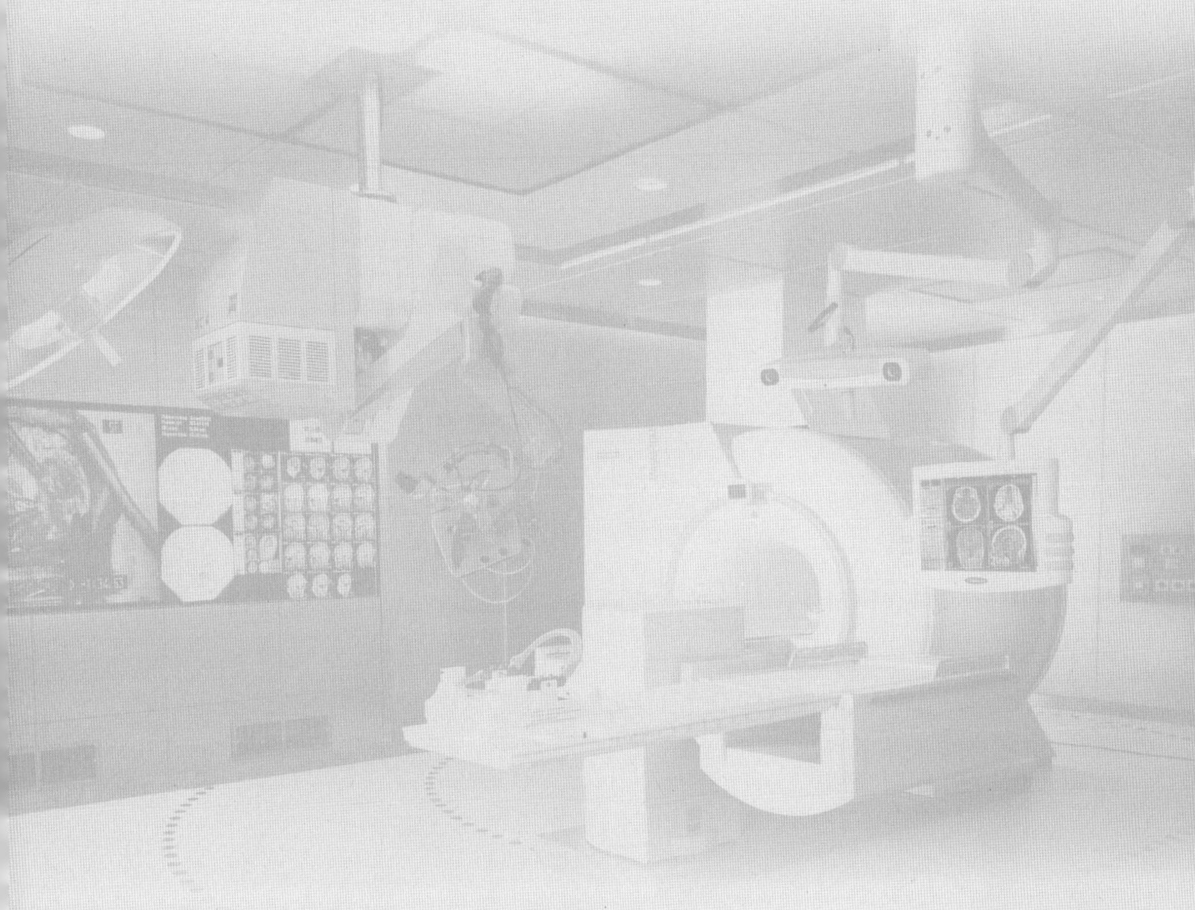

제10장

MRI란 무엇인가?

10-1. 핵스핀이란 무엇인가?

MRI에서 이용하는 것은 수소 핵의 자기적 성질이다. 수소원자의 핵은 한 개의 양성자로 이루어져 있다. 이 양성자의 자전운동(스핀 운동이라 함)에 의해 수소는 핵자석이 된다. 수소 핵자석을 핵스핀(nuclear spin)이라 부른다.

핵스핀들은 외부 자기장이 없는 경우에는 무작위 방향을 가리킨다. 그러나 핵스핀이 자기장 속에 놓이게 되면 그것의 운동방향은 자기양자수의 값에 의해 제한된다. 수소핵의 경우 각운동량 ($\vec{I}$)의 크기가 $\frac{1}{2}$이므로 두 가지 자기양자수의 값, 즉 $m_I=\frac{1}{2}$과 $-\frac{1}{2}$만을 가질 수 있다. 이 값들은 핵스핀들이 자기장 방향으로 정렬하거나($m_I=\frac{1}{2}$) 또는 자기장 반대방향으로 정렬하는($m_I=-\frac{1}{2}$) 두 가지 에너지 상태를 나타낸다.

핵스핀의 자기모멘트($\vec{\mu}$)는 핵자석의 세기를 나타내며 각운동량($\vec{I}$)과는

$$\vec{\mu}=\gamma\vec{I} \tag{10-1}$$

와 같은 관계가 있다. 여기서 γ는 핵의 자기회전 비율인데 수소 핵스핀의 경우 $42.6\times2\pi$ MHz/T의 값을 가진다.

핵스핀(핵자석)들은 자기장 속에 놓이면 자기장에 의해 토오크를 받는다. 즉 자기장 내에서 핵스핀들은 $\vec{\tau}=\vec{\mu}\times\vec{B}$의 토오크를 받는데, 토오크를 받는 물체의 운동은 뉴턴의 운동 제2법칙인 $\frac{d\vec{L}}{dt}=\frac{d(\vec{I})}{dt}=\vec{\tau}$에서

$$\frac{d\vec{\mu}}{dt}=\gamma\vec{\mu}\times\vec{B} \tag{10-2}$$

와 같이 주어진다. 이 식은 자기 모멘트 $\vec{\mu}$가 자기장 방향을 축으로 하여

$$\omega=\gamma B \tag{10-3}$$

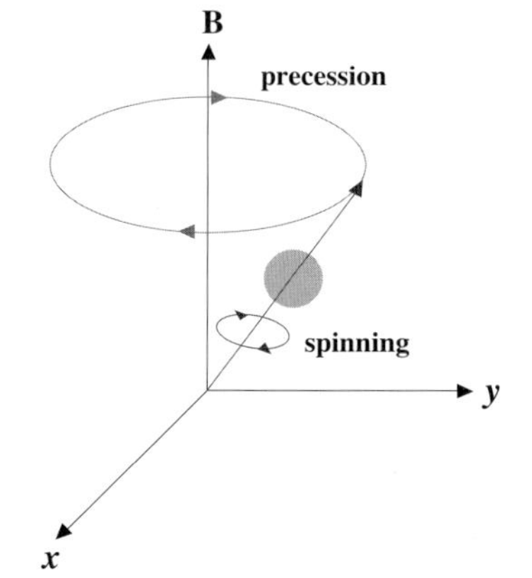

그림 10-1 핵스핀들의 자기장 안에서의 세차운동

의 각진동수로 세차운동함을 보여준다. 이 각진동수를 Larmour진동수라 부른다. 핵스핀의 세차운동 진동수는 외부 자기장의 세기에 비례함을 볼 수 있다. 즉 외부 자기장의 세기가 증가하면 할수록 핵스핀들은 빠르게 회전(세차운동)하게 된다.

자기장 안에서 핵스핀의 에너지는

$$E=-\vec{\mu}\cdot\vec{B}=-m_I\gamma\hbar B \qquad \textbf{(10-4)}$$

로 주어진다. 즉 낮은 에너지 준위의 핵스핀은 $-\frac{1}{2}\gamma\hbar B$, 높은 에너지 준위의 핵스핀은 $+\frac{1}{2}\gamma\hbar B$의 에너지를 가진다. 위 에너지 값을 핵스핀의 세차운동 진동수 ω로 나타내면 각각 $-\frac{1}{2}\hbar\omega$와 $+\frac{1}{2}\hbar\omega$로 표현됨을 알 수 있다. 그리고 두 에너지 준위 사이의 에너지 차이는 $\Delta E=\gamma\hbar B=\hbar\omega$임을 알 수 있다.

자기장 속에서의 핵스핀의 정렬을 에너지 준위 그림을 사용하여 표현한 것이 그림 10-2에 주어져 있다. 그림에서 볼 수 있듯이 자기장 방향으로 정렬하는 것이 에너지적으로 안정하기 때문에 자기장 방향으로 정렬하는 핵스핀의 수가 자기장 반대방향으로 정렬하는 핵스핀의 수보다 많다. 그리고 이러한 경향은 자기장의 세기가 커짐에 따라 더욱 두드러진다(그림 10-3).

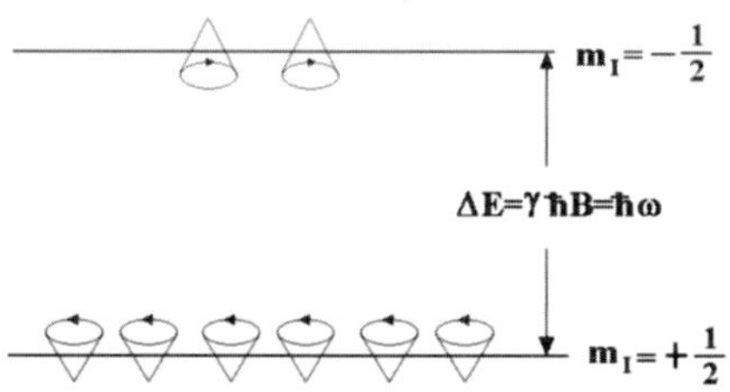

그림 10-2 수소 핵스핀의 자기장 내에서의 정렬

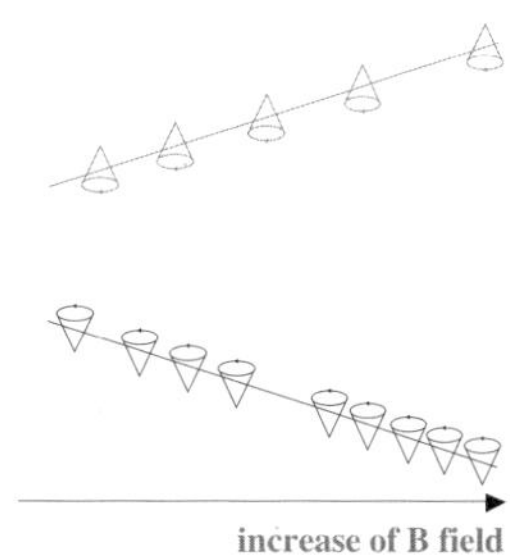

그림 10-3 자기장의 증가에 따른 핵스핀들의 에너지 준위의 변화

10-2. 핵자기공명이란 무엇인가?

자기장 안에서의 핵스핀들은 세차운동을 하면서 자기장 방향으로 정렬하거나 또는 자기장 반대방향으로 정렬해 있다. 그림 10-4의 (a)는 이러한 핵스핀들을 보여주고 있다. 그림 10-4(a)의 핵스핀들을 에너지 준위에 배열한 것이 그림 10-4(b)이다.

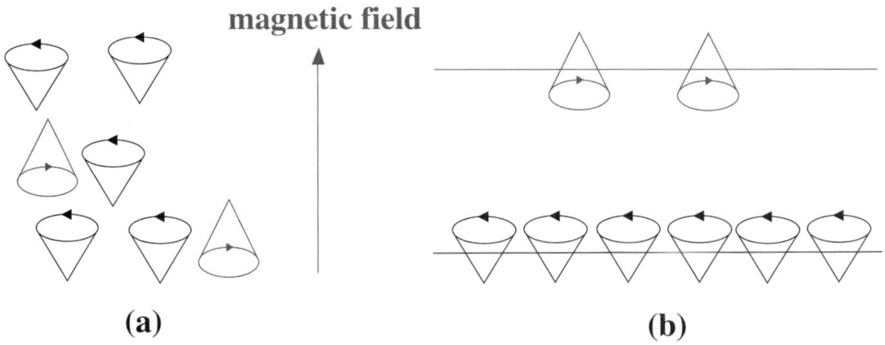

그림 10-4 핵스핀들의 정렬

핵자기공명(NMR, Nuclear Magnetic Resonance)에서는 핵스핀들에 두 에너지 준위의 에너지 차이에 해당하는 에너지를 외부에서 공급하여 핵스핀을 여기(excite)시킨다. 이때 두 에너지 준위의 차이에 해당하는 전자기파를 공급하게 되는데 이 전자기파의 진동수는 $\Delta E = \gamma \hbar B = \hbar \omega$에서

$$f = \frac{\Delta E}{h} = \frac{\gamma B}{2\pi} = 42.6B\ [MHz] \qquad \textbf{(10-5)}$$

와 같이 구해진다. 여기서 γ는 수소 핵의 자기회전 비율인 $42.6 \times 2\pi$ MHz/T를 사용하였다. 이 전자기파 진동수는 핵스핀의 세차운동 진동수($\omega = 2\pi f$)와 동일함을 볼 수 있다(식 10-3). MRI에서는 1~3T의 자기장을 사용하므로 식 10-5의 전자기파는 라디오파의 영역임을 알 수 있다.

자기공명은 외부에서 공급하는 라디오파의 에너지가 핵스핀들의 에너지 준위 차이와 정확히 일치하여야만 일어날 수 있다. 따라서 수소 핵스핀의 자기공명에서 공급하는 라디오파의 진동수는 식 10-5에 주어진 값을 만족하여야 한다. 그렇지 않을 경우 수소 핵스핀들은 반응하지 않고 자기공명도 일어나지 않는다.

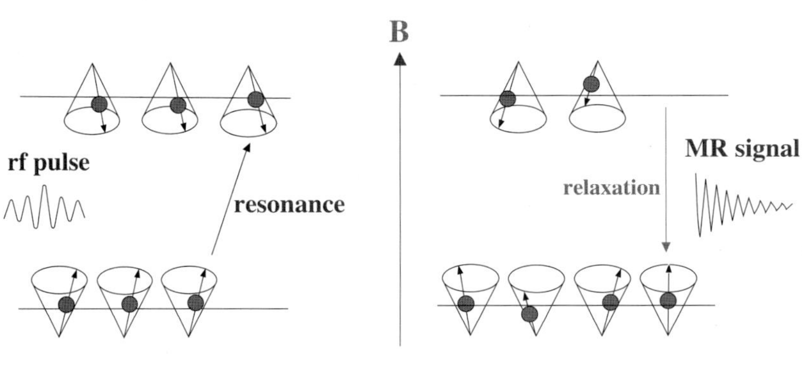

그림 10-5 NMR의 과정

외부에서 공급하는 라디오파에 의해 낮은 에너지 상태(자기장 방향으로 정렬된)에 있는 수소 핵스핀의 일부가 이 에너지를 받아 높은 에너지 상태(자기장 반대방향으로 정렬된)로 전이(공명)하게 된다. 그런데 외부에서 걸어주는 라디오파는 순간적으로 걸어준다. 이를 라디오파 펄스(pulse)라고 부른다. 이렇게 순간적으로 라디오파를 걸어줄 경우 라디오파가 없어진 후 높은 에너지 상태로 여기된 핵스핀들은 더 이상 그들을 구속하는 원인이 없어졌으므로 다시 원래의 상태인 낮은 에너지 상태로 돌아가게 된다. 원래의 에너지 상태로 돌아가면서 남는 에너지를 외부로 방출하게 되는데 이것이 바로 MR(magnetic resonance)신호이다. 그런데 핵스핀의 MR신호는 그 핵스핀이 어떤 환경에 놓여 있는가에 따라 달라진다. 즉 주위에 어떤 물체가 있는가에 따라 MR신호의 특성이 다르게 나타나는 것이다. 이 MR신호의 특성을 나타내는 데 이완시간(relaxation time)이라는 물리량을 사용한다. 이는 핵스핀이 원래의 상태로 돌아가는 데 걸리는 시간을 말한다. 핵스핀이 놓인 주위환경에 따라 이완시간이 다르므로 이 이완시간을 영상을 구현하는 데 사용할 수 있다.

10-3. 자화도란 무엇인가?

그림 10-6과 같이 자기장이 없을 때는 핵스핀들이 무작위 방향을 가리키다가 외부 자기장 안에 놓이면 두 가지 방향으로 정렬된다. MRI에서 측정하는 것은 핵스핀들의 외부 전자기파에 의한 공명현상이다. 그런데 각각의 핵스핀들의 행동을 측정할 방법은 없다. 따라서 어떤 영역 안에 있는 핵스핀들의 종합적인 행동을 관찰하게 된다. 즉 자화도를 측정하는 것이다. 자화도란 단위 체적 안에 있는 핵스핀들의 자기모멘트의 벡터합으로 정의된다.

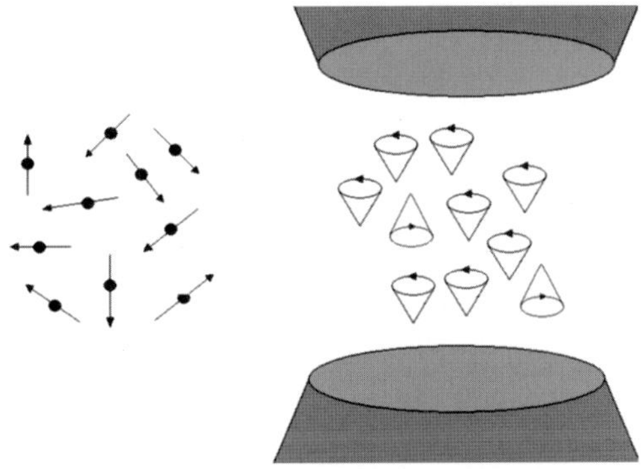

그림 10-6 자기장 내에서 핵스핀들의 정렬

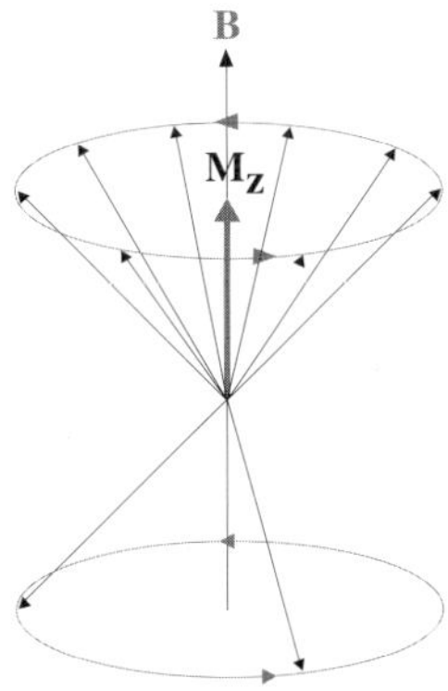

그림 10-7 자기장 내에서 핵스핀의 자기 모멘트 합산과 자화도

예를 들어 그림 10-7에서와 같이 단위 체적 안에 10개의 핵스핀이 있다고 하자. 그림에서와 같이 8개는 자기장 방향으로 정렬되어 있고 2개는 자기장 반대방향으로 정렬되어 있다. 이를 벡터적으로 합산한 M_Z가 자화도가 되는 것이다. 실제로 핵스핀의 수는 m^3당 10^{26}개 정도로 아주 많다. 그림 10-7에서와 같이 각 핵스핀들의 위상이 다르므로 자기모멘트의 벡터 합을 구하면 자기장 방향(*z*-축)의 자화도 M_Z(종축자화도, longitudinal magnetization)만 존재하게 된다. 자기장에 수직한 평면(*xy*평면)에서의 자화도(횡축자화도, transverse magnetization)는 각 핵스핀의 벡터 합이 0이 되기 때문에 존재하지 않는다.

10-4. 라디오파 펄스는 무엇인가?

핵스핀이 정자기장 B에 놓이게 되면 자기장 방향을 중심으로 하여 각진동수 $\omega = \gamma B$로 세차운동을 한다(그림 10-1). 그리고 위에서 보았듯이 전체적으로 자기장 방향의 종축자화도를 가진다. z축 방향(자기장 방향)의 종축자화도 벡터에 그림 10-8에서와 같이 *x*축 방향에서 라디오파(rf파)를 걸어줄 경우를 생각해 보자. 라디오파는 전자기파이므로 전기장 및 자기장 부분이 있으며 전기장 부분은 열 효과만을 주지만 자기장 부분은 자석인 핵스핀(종축자화도 벡터)의 운동에 영향을 미친다. 그런데 라디오파가 핵스핀에 자기공명을 일으키기 위해서는 진동수가 정자기장 B에 의해 세차운동을 하는 진동수 ω와 일치하여야 한다. 라디오파의 자기장 부분의 세기를 B_1이라고 하자. 여기서 B_1(수십 mT 정도)은 정자기장 B(1~3T)보다 훨씬 작은 값이다.

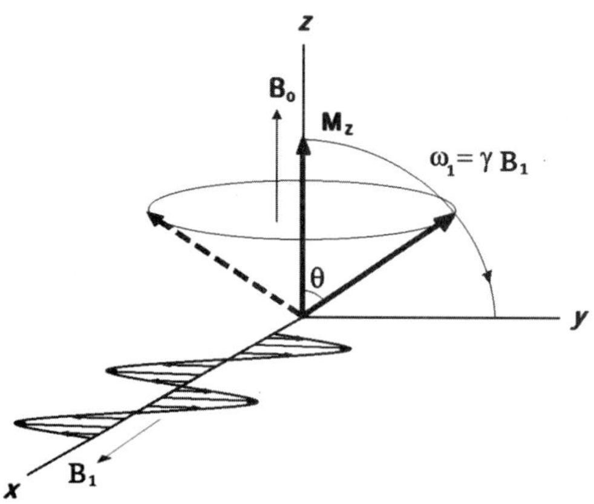

그림 10-8 라디오파의 효과

라디오파가 공명조건을 만족하면 종축자화도 벡터는 *x*축 방향의 자기장(B_1)에 의해 토오크를 받아 *xy*평면을 따라 *y*축 방향으로 회전하게 된다. 즉 종축자화도 벡터 $\vec{M_Z}$는

$$\frac{d\vec{M_Z}}{dt} = \gamma \vec{M_Z} \times \vec{B_1} \qquad \textbf{(10-6)}$$

와 같이 움직인다. 위 식은 자기장 $\vec{B_1}$에 의해 종축자화도 벡터 $\vec{M_Z}$가 단위시간당

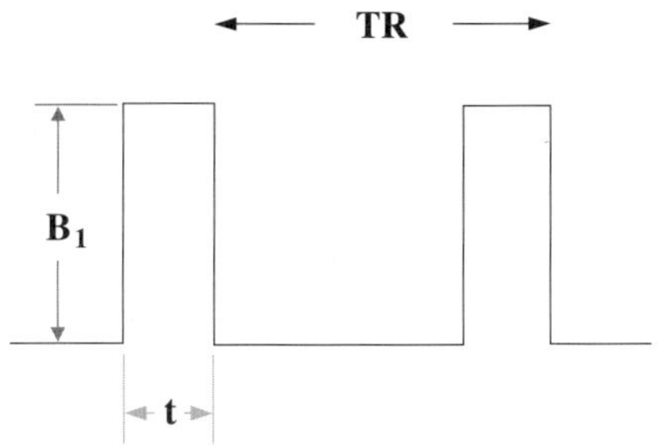

그림 10-9 펄스파의 모양

$\omega_1 = \gamma B_1$의 각속도로 x축을 중심으로 zy평면을 따라 y축 방향으로 회전함을 나타내고 있다(그림 10-8).

MRI과정에서 걸어주는 라디오파는 펄스의 형태이다. 라디오파 펄스는 짧은 시간 동안만 지속되는 라디오파를 말한다. 그림 10-9에서와 같이 라디오파 펄스는 자기장 부분의 세기 B_1과 펄스 지속시간 t로 특징지어진다. 그리고 연속으로 걸어주는 펄스의 경우 펄스 사이의 시간간격을 반복시간(time of repetition) TR이라고 한다.

그림 10-9와 같이 펄스 지속시간이 t인 라디오파 펄스에 의해 M_Z가 y축 방향으로 눕는 각도는

$$\theta = \gamma B_1 t \qquad \textbf{(10-7)}$$

로 주어진다. 여기서 각도 θ의 단위는 라디언(radian)이다. 식 10-7에서 보듯이 자화도 벡터를 눕히는 각도는 입사 라디오파 펄스의 자기장 부분의 세기와 펄스의 지속시간에 비례함을 알 수 있다. 따라서 임의의 각도로 눕히기 위해서는 펄스의 크기(자기장 부분의 세기 B_1과 펄스의 지속시간 t)를 조절하면 된다. 특히 종축자화도 M_Z를 자기장에 90°방향이 되도록 바꾸는 90°펄스와 자기장의 반대방향으로 바꾸는 180°펄스는 MRI영상을 얻는 데(아래의 펄스연결 부분을 참조) 많이 사용되고 있다. 또한 90°보다 작은 각도로 자화도 벡터를 눕히는 펄스는 보다 빠른 영상을 얻는 급속 촬영에 많이 이용되고 있다.

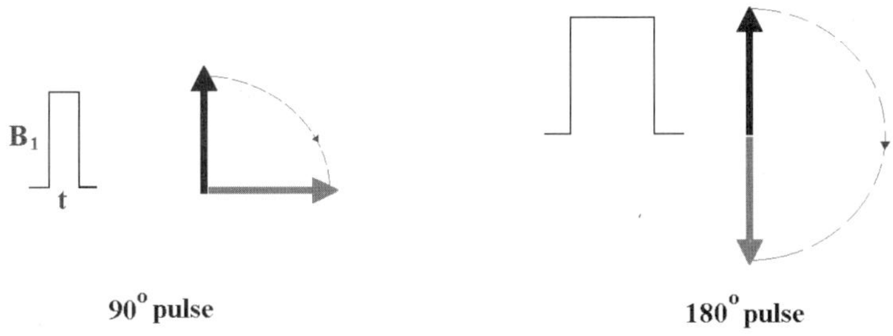

그림 10-10 90° 펄스와 180° 펄스

[예제] 자기장의 세기가 $3mT$인 rf(라디오)파를 이용하여 90° 펄스파를 만들 경우 rf파의 지속시간은 얼마여야 하나?

[답] $\theta = \gamma Bt$이므로 $t = \dfrac{\theta}{\gamma B} = 1.96\mu s$ 이다.

10-5. T_1과 T_2 이완시간이란 무엇인가?

자기장 B 내에서 핵스핀들에 의한 자기모멘트의 벡터 합은 자기장 방향으로의 자화도 M_Z를 준다(그림 10-7). 이 자화도 벡터를 90°펄스를 이용하여 모두 횡축자화도로 바꿀 수 있다. 이렇게 방향이 바뀐 횡축자화도 M_{xy}는 xy평면에서 진동수 $\boldsymbol{\omega}$로 회전하게 된다. 이때 모든 핵스핀들은 뭉쳐서 회전하는데 이를 동위상(phasing)이라고 부른다.

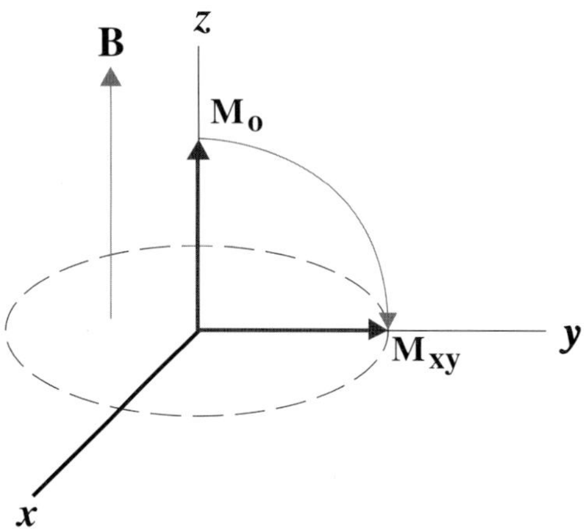

그림 10-11 90° 펄스에 의한 종축자화도의 횡축자화도로의 전환

이렇게 종축자화도를 횡축자화도로 만든 후 라디오파 펄스를 끊었다고 하자. 이 경우 두 가지 현상이 발생한다. 첫째, 라디오파 펄스에 의해 높은 에너지 상태(자기장 반대 방향으로 정렬)로 올라갔던 핵스핀들은 낮은 에너지 상태(자기장 방향으로 정렬)로 돌아간다. 둘째, 핵스핀들 사이에 존재했던 동위상이 깨어진다(dephasing). 이 두 현상은 라디오파 펄스가 없어지게 되면 동시에 일어나지만 서로 독립적이다. 첫째 현상의 효과는 없어졌던 종축자화도 M_0가 회복하는 것이다. 이는 핵스핀들이 점차로 자기장 방향으로 정렬하기 때문이다. 둘째 현상의 효과는 횡축자화도 M_{xy}가 빠르게 사라지는 것이다. 이는 핵스핀들 사이에 존재했던 동위상이 빠르게 깨어지게 되기 때문이다.

M_0의 회복과 M_{xy}의 소멸에는 시간이 걸린다. 첫째, M_0가 회복되는 시간을 T_1이완시간(relaxation time)이라고 부른다. 이 T_1이완시간은 스핀-격자(spin-lattice)이완시간이라고도 하는데 그 이유는 다음과 같다. 핵스핀들은 라디오파 펄스로부터 받은 에너지를 외부로 방출한 후에야 안정한 낮은 에너지상태로 떨어질 수 있다. 이때 에너지를 주위의 격자들과의 상호작용(격자들에게 에너지를 줌)으로 소비하기 때문에 이와 같은 이름으로 불린다. 이와 같이 핵스핀들이 자기장 방향으로 회복됨으로써 M_0가 원래의 값으로 회복하게 된다. 둘째, M_{xy}가 소멸하는 데 걸리는 시간을 T_2이완시간이라고 부른다. M_0의 회복과 M_{xy}의 소멸은 같은 시간 안에 이루지는 것처럼 보이지만 그러하지는 않다. 대체로 T_2이완시간이 T_1이완시간보다 훨씬 짧다. T_2이완시간 즉, 동위상이 깨어지는 데 걸리는 시간은 주위의 핵스핀과의 상호작용 및 자기장의 불균일에 의해 영향을 받는다. 정자기장 B에 평행하게 정렬된 핵스핀은 핵스핀 자신에 의해 작은 자기장 ΔB가 형성되기 때문에 주위 핵스핀들에게 B+ΔB의 영향을 주게 된다. 반면에 정자기장 B의 반대방향으로 정렬된 핵스핀들은 핵스핀

자신에 의해 정자기장 B에 반대되는 방향의 작은 자기장 $-\Delta B$가 형성되어 주위 핵스핀에 B$-\Delta B$의 영향을 주게 된다. 이와 같이 주위 핵스핀들이 만드는 자기장의 미소한 차이에 의해 핵스핀들의 세차운동 진동수가 약간씩 차이가 나기 때문에 동위상이 깨어지게 된다. 이러한 상호작용을 스핀-스핀 상호작용(spin-spin interaction)이라고 부른다.

동위상이 깨어지는 또 다른 요인은 외부자기장(정자기장)의 불균일이다. 아무리 안정한 자기장이라도 위치에 따른 약간의(ppm 정도) 불균일이 존재할 수 있다. 이러한 위치에 따른 자기장의 변화에 의해서도 핵스핀들의 세차운동 진동수가 조금씩 달라진다. 동위상의 소멸은 위 두 효과에 의해 빠르게 진행되기 때문에 T_2이완은 T_1이완보다 훨씬 빠르게 진행하게 된다. 그림 10-12에 3개의 핵스핀으로 구성된 자화도 벡터가 90°펄스에 의해 종축자화도에서 횡축자화도가 된 후 스핀-스핀 상호작용 및 정자기장의 불균일에 의해 동위상이 깨어지는 과정을 보여주고 있다. 이와 같은 동위상의 깨어짐에 따라 횡축자화도 M_{xy}가 소멸하게 된다.

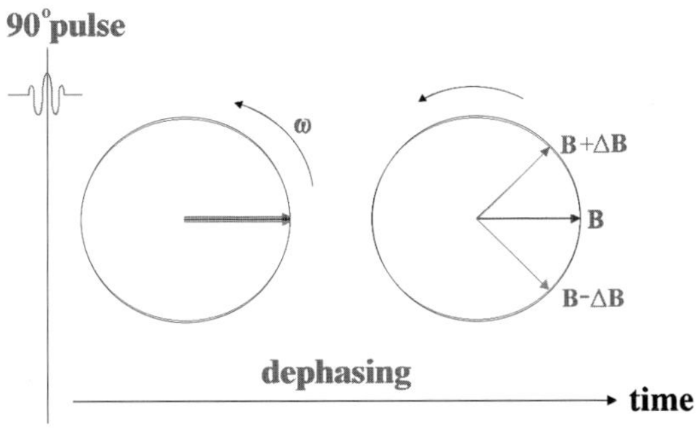

그림 10-12 동위상의 깨어짐

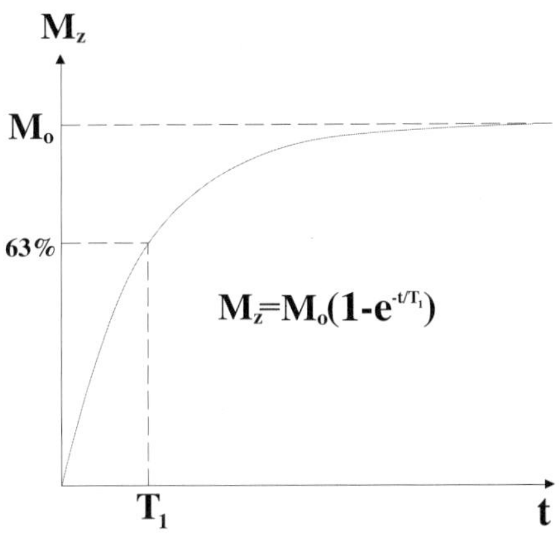

그림 10-13 T_1이완시간의 정의

T_1이완에서 주위의 격자와의 에너지 전달에 걸리는 시간, 즉 T_1이완시간은

$$M_Z = M_0(1-e^{-\frac{t}{T_1}}) \quad \textbf{(10-8)}$$

로 주어진다. 그림 10-13에 시간에 따라 변하는 종축자화도가 그려져 있다. T_1이완시간은 자화도가 완전히 회복하는 데 걸리는 시간이 아니라 63% 회복하는 데 걸리는 시간으로 정의된다.

T_1이완시간은 에너지의 전달에 관련되어 있으므로 주위의 조직구조에 영향을 받는다. 핵스핀의 진동수에 가까운 진동수로 진동하는 물체에게 에너지의 전달이 가장 용이하다. 순수한 물의 경우 물분자의 빠른 진동에 의해 에너지의 전달이 용이치 않으므로 물이 많이 포함된 조직에서 T_1이완시간은 길다. 반면에 탄소의 경우 에너지 전달이 용이하므로 탄소를 많이 포함하는 지방질(fat)의 경우 T_1이완시간이 짧다. 또한 핵스핀의 진동수는 정자기장의 크기에 따라 달라지므로 이완시간은

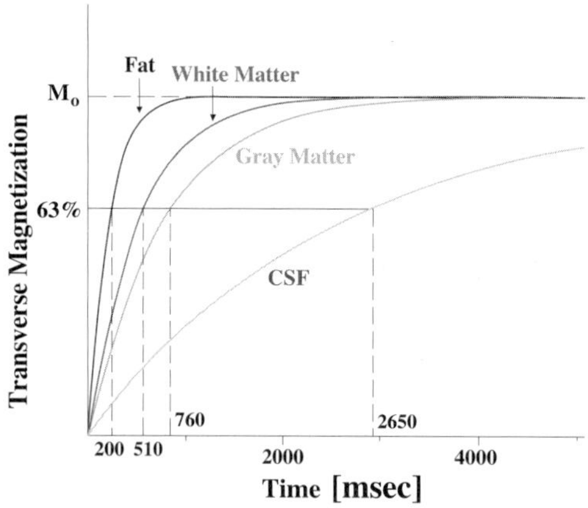

그림 10-14 뇌를 구성하는 여러 물질의 T_1이완시간

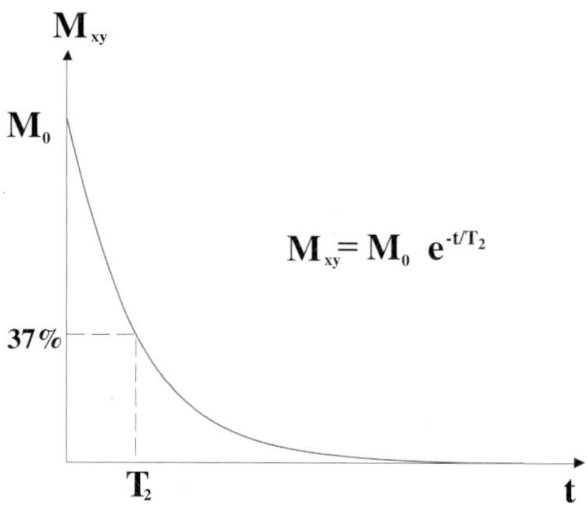

그림 10-15 T_2이완시간의 정의

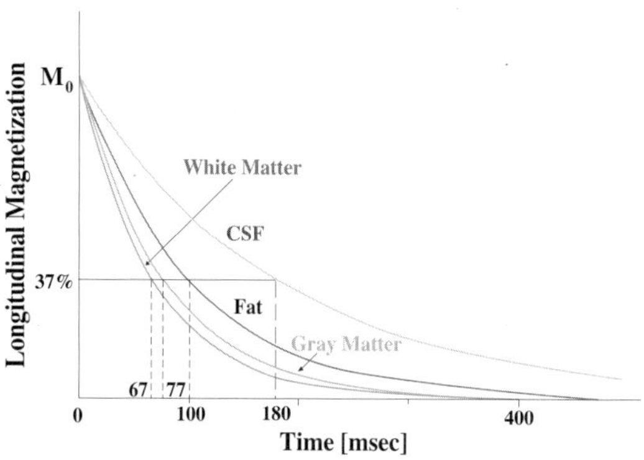

그림 10-16 뇌를 구성하는 여러 물질들의 T_2이완시간

정자기장의 크기에 따라서도 달라진다. 정자기장이 커짐에 따라 T_1이완시간은 길어진다. 이는 강한 자기장 속에서는 핵스핀의 진동수가 더욱 빨라지므로 느린 격자의 진동수가 이를 따라가기 힘들어지기 때문이다. 뇌를 이루는 조직이 T_1이완시간이 그림 10-14에 주어져 있다.

동위상이 깨어지는 데 걸리는 시간인 T_2 이완시간은

$$M_{xy}=M_0 e^{-\frac{t}{T_2}} \qquad \textbf{(10-9)}$$

로 표현된다. 그림 10-15는 식 10-9로 표현되는 M_{xy}의 시간에 따른 변화를 보여주고 있다.

T_2이완시간은 횡축자화도 M_{xy}가 완전히 없어지는 데 걸리는 시간이 아니라 M_{xy}가 37%까지 감소하는 데 걸리는 시간으로 정의한다. T_2이완시간은 주위에서 만드는 자기장의 변화에 의해 가장 크게 영향을 받는다. 즉 주위 자기모멘트(수소 핵 또는 여러 물질)들이 만드는 자기장의 공간변화에 민감하다. 순수한 물의 경우 국소자기장의 변화가 크지 않으므로 T_2이완시간이 길다. 그러나 순수하지 않은 액체의 경우 위치에 따른 국소자기장의 변화가 크다. 이에 따라 T_2 이완시간은 짧아진다. 그림 10-16에는 뇌를 구성하는 물질의 T_2이완시간의 차이가 주어져 있다. T_1이완시간이 T_2이완시간보다 대체로 길다. 이는 회복이 감쇠보다 시간이 많이 걸린다는 뜻이다. 생체조직에서의 T_1 이완시간은 200~2,000ms이고 T_2이완시간

은 30~300ms 정도이다.

[예제] 어떤 조직의 T_1이완시간은 1,000ms이고, T_2이완시간은 200ms이다. 90° 펄스에 의해 종축자화도가 모두 횡축자화도로 변하였다. 90° 펄스가 없어진 후 500ms가 경과한 후 종축자화도는 몇 % 회복되고, 횡축자화도는 몇 % 소멸되는가?

[답] 종축자화도의 회복은 $M_z=M_o(1-e^{-t/T_1})=0.3935M_o$이므로 39.35% 회복된다. 반면에 횡축자화도의 소멸은 $M_{xy}=M_oe^{-t/T_2}=0.0821M_o$이므로 91.79% 소멸된다.

10-6. MR신호를 측정하는 기본 원리는 무엇인가?

MR신호는 기본적으로 핵스핀들이 만드는 자화도를 측정하는 것이다. 자화도를 측정하는 기본 원리는 Faraday법칙이며

$$\varepsilon=-\frac{d\phi}{dt}=-\frac{d}{dt}(\vec{B}(t)\cdot\vec{A}) \tag{10-10}$$

와 같이 표현된다. 위 식에서 $\vec{B}(t)$는 수신 코일로 관측되는 외부의 자기적 원천인데, 핵스핀들에 의해 만들어지는 자화도 벡터 $\vec{M}(t)$가 이에 해당된다. 그리고 $\vec{A}$는 수신코일의 면적 벡터를 나타내며 면에 수직한 방향이다. 따라서 $\vec{B}(t)\cdot\vec{A}=\vec{M}(t)\cdot\vec{A}$로 표현되며, 이 항이 0이 되지 않는 자화도는 M_{xy}이므로 신호로 측정되는 자화도는 횡축자화도인 M_{xy}임을 알 수 있다.

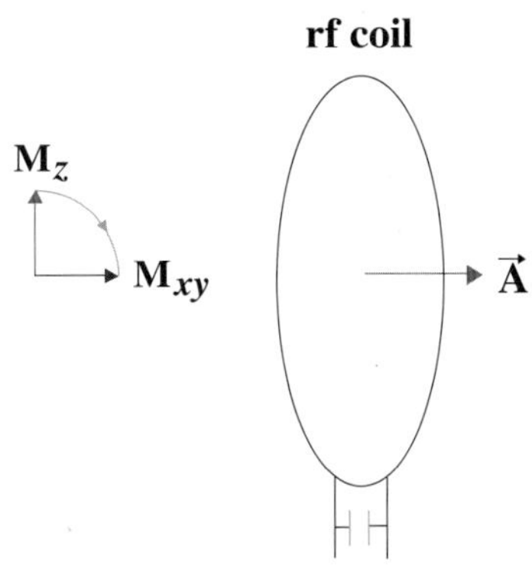

그림 10-17 MR신호의 측정

그림 10-18에서 볼 수 있듯이 90°펄스에 의해 횡축자화도로 변한 자화도 벡터 $\vec{M}$은 라디오파 펄스가 없어진 후 종축자화도로 회복되는데 이때 세차운동을 하면서 자기장 방향으로 회복하게 된다. 따라서 자화도 벡터 $\vec{M}$은 그림 10-18에서와 같이 나선운동을 하게 된다. 이 경우 M_{xy}가 최대인 지점(x축 위에 있을 경우)에서 신호가 가장 크며 $-x$축과 $+x$축을 이동함으로써 신호의 부호가 바뀐다. 그리고 자기장 방향으로 이완되면서 신호가 점차적으로 작아지며 평형상태로 가면 신호가 없어진다. 수신코일에 의해 관측되는 신호의 시간에 따른 변화가 그림 10-19에 주어져 있다. 이를 자유유도감쇠 신호(Free Induction Decay Signal)라 부른다.

자유유도감쇠 신호는

$$S = M_0 e^{-\frac{t}{T_2}} \cos \omega_0 t \qquad \textbf{(10-11)}$$

와 같이 표현된다. 횡축자화도로 변한 자화도 벡터 $\vec{M}$은 진동수 ω_0로 진동하고($\cos\omega_0 t$), 또한 동위상이 깨어짐에 따라 측정되는 자화도의 크기도 $e^{-\frac{t}{T_2}}$로 줄어들기 때문에 위 두 양의 곱으로(식 10-11) 신호의 세기가 관측되는 것이다. 그림 10-18은 T_2=100ms이고 ω_0=42.6MHz의 경우 자유유도감쇠의 신호모양을 보여주고 있다.

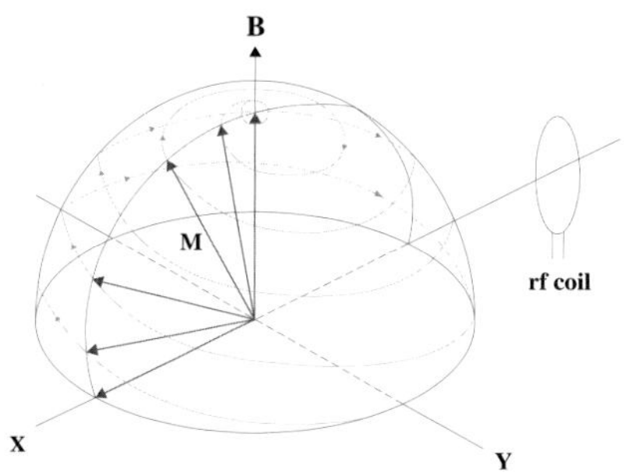

그림 10-18 자화도 벡터 $\vec{M}$의 이완과정

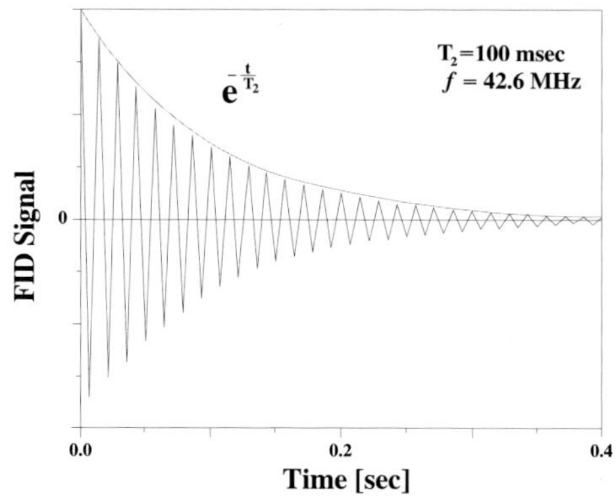

그림 10-19 FID신호 모양

10-7. 펄스연결이란 무엇인가?

펄스연결이란 몇 개의 펄스를 시간차를 두고 핵스핀들에 걸어줌으로써 MR신호를 관측하는 과정을 말한다. 여러 가지 펄스연결이 개발되어 사용되고 있고 지금도 펄스연결에 대한 연구가 계속되고 있다. 아래에 대표적인 세 가지 펄스연결을 통해 펄스연결이 어떻게 MR신호를 관측하는지를 보기로 한다.

(1) 90°−90°펄스연결

두 가지 다른 조직 A, B를 생각해 보자. A조직이 B조직보다 T_1이완시간이 짧다고 하자. 90°펄스를 주면 종축자화도가 모두 횡축자화도가 된다(①). 그리고 펄스가 없어진 후 시간이 지남에 따라 종축자화도는 회복되고 횡축자화도는 감소한다(②, ③, ④, ⑤). TR 시간 후에 90°펄스를 다시 걸어준다고 하자(그림 10-20과 10-21). 이로써 지금까지 회복된 종축자화도는 모두 횡축자화도가 되며 이때 MR신호가 관측된다. 관측되는 신호의 세기 S는 TR시간 동안 회복된 종축자화도인 $M_Z(\mathrm{TR})$에 비례하므로

$$S \sim M_Z = M_0(1-e^{-\frac{TR}{T_1}}) \quad \textbf{(10-12)}$$

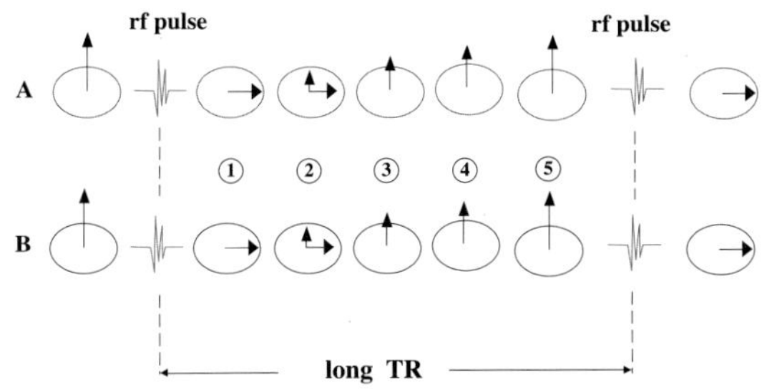

그림 10-20 TR이 긴 경우 자기모멘트의 회복

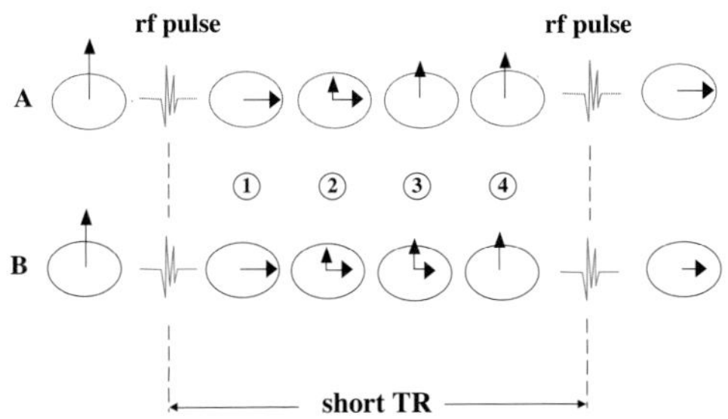

그림 10-21 TR이 짧을 경우 자기모멘트의 회복

로 주어진다. 여기서 M_0와 T_1은 조직의 평형 종축자화도(양성자밀도에 비례)와 T_1이완시간을 나타낸다. 식 10-12에서 보듯이 90°펄스의 반복시간 TR에 따라 두 조직 A와 B의 신호대비가 달라진다. 아래에서 이에 대해 알아보도록 하자.

먼저 TR을 충분히 길게 잡을 경우 A와 B조직의 종축자화도는 모두 원래의 상태로 돌아간다. 이때의 신호의 세기는 식 10-12에서 볼 수 있듯이 A와 B조직 모두 $(1-e^{-\frac{TR}{T_1}}) \approx 1$이 만족되므로 각각의 M_0에 비례하게 된다. 여기서 M_0는 단위 체적당 자기모멘트이므로 양성자(핵스핀)의 밀도에 비례한다. 따라서 신호는 양성자밀도에 관련된 것이고 두 조직의 대비는 두 조직 안에 있는 양성자밀도의 차이에 의해 이루어진다. 즉 이 경우 양성자밀도 강조영상을 얻을 수 있다. 이때의 펄스연결은 종축자화도가 완전히 회복되었다고 하여 포화 회복 펄스연결(saturation recovery pulse sequence)이라고 부른다.

반면에 TR을 짧게 할 경우 A조직의 이완시간이 짧으므로 A조직의 종축자화도는 원래의 상태로 회복되었으나 B 조직의 종축자화도는 아직 회복되지 않았다. 따라서 신호의 세기는 식 10-12에서 볼 수 있듯이 $(1-e^{-\frac{TR}{T_1}})$항에 의존하게 되고, 이에 따라 신호 대비는 두 조직의 T_1이완시간에 의해 이루어진다. 결국 T_1이 조직대비인자로 사용되었으며 이때의 영상을 T_1강조영상이라 부른다. 그리고 이때의 펄스연결을 종축자화도가 완전히 회복되지 않았다고 하여 부분 포화 펄스연결(partial saturation pulse sequence)이라고 부른다.

90°-90°펄스연결은 TR시간 후 90°펄스에 의해 눕혀지는 횡축자화도를 즉각적으로 측정하여야

한다. 그렇지 않을 경우 측정신호는 외부 정자기장의 불균일에 의해 급격히 감소하는 경향이 있다. 그러나 실제로 즉각적으로 측정 가능한 전자장비는 없기 때문에 이 펄스연결은 실제로는 MRI에서 사용하지는 못한다. MRI에서는 아래에 설명할 스핀-에코 펄스연결을 주로 많이 사용하고 있다. 스핀-에코 펄스연결은 정자기장의 불균일에 의한 문제와 위에서 언급한 측정상의 문제가 없다.

[예제] A조직의 T_1이완시간은 1,000ms이고, B조직의 T_1이완시간은 500ms이다. A조직의 양성자 밀도를 1이라고 할 때 B조직의 양성자 밀도는 0.5이다. 90°−90° 펄스연결에서 TR=1,000ms인 경우 두 조직의 신호의 비 S_A/S_B는 얼마인가? 그리고 TR=100ms인 경우 두 조직의 신호의 비 S_A/S_B를 구하라.

[답] 90°-90° 펄스연결에서 신호의 세기는 $S \sim M_o(1-e^{-TR/T_1})$이다. 따라서 두 조직의 신호의 비는 $\frac{S_A}{S_B}=\frac{M_o^A(1-e^{-TR/T_1^A})}{M_o^B(1-e^{-TR/T_1^B})}$이다. 따라서 TR=1,000ms인 경우 S_A/S_B=1.46이고, TR=100ms인 경우 S_A/S_B=1.05이다. 여기서 M_o^A/M_o^B=2를 이용하였다.

(2) 역회복 펄스연결

역회복 펄스연결(inversion recovery)에서는 처음에 180°펄스를 준다. 이렇게 할 경우 자기장 방향의 종축자화도는 자기장 반대방향으로 바뀌게 된다. 180°펄스가 없어지면 종축자화도는 T_1이완시간에 의해 원래의 방향(정자기장)으로 돌아간다. 펄스가 끊긴 t초 후 종축자화도의 크기는

$$M_Z = M_0(1-2e^{-\frac{t}{T_1}}) \quad \textbf{(10-13)}$$

와 같이 주어진다. 위 식은 t=0에서 $M_Z=-M_0$의 조건을 만족한다. TI(Time of Inversion) 후에 90°펄스를 걸어주면 그때까지 자기장 방향으로 회복된 종축자화도가 횡축자화도로 변하여 신호로 감지된다. 그림 10-22는 이 과정을 보여주고 있다. 90°펄스 대신에 뒤에 언급할 스핀-에코 펄스연결을 걸어줄 수도 있다. 이를 스핀-에코 역회복 펄스연결(spin echo inversion recovery pulse sequence)이라고 부른다.

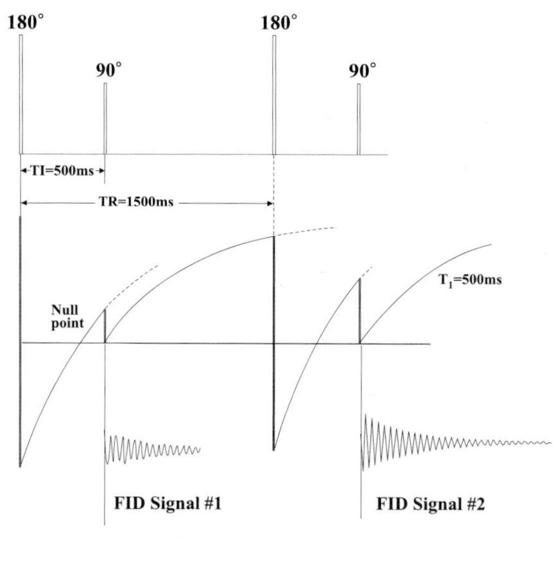

그림 10-22 역회복 펄스연결

180°펄스에 의해 정자기장의 반

대방향으로 방향이 변한 종축자화도는 펄스가 없어진 후 자기장 방향으로 돌아가게 되는데 이때 종축자화도가 영이 되는 지점을 통과해야만 한다. 종축자화도가 영이 될 때까지 걸리는 시간을 영점(null point)이라고 한다. 만약 TI를 영점에 맞추게 되면 종축자화도가 영이므로 90°펄스에 의해 관측되는 신호는 영이 된다. 영점은 식 10-13에서 TI(null point)=T_1ln2와 같이 구해진다. 이러한 영점의 특성을 이용하면 특정 조직(tissue)에서 나오는 신호를 없앨 수 있다. 이러한 기술은 지방 신호의 억제(fat suppression)에 광범위하게 이용하고 있다. 예를 들면 정자기장이 1.5T인 경우 지방의 영점은 150ms이다. 따라서 TI를 150ms에 맞춤으로써 지방에서 나오는 신호를 모두 제거할 수 있다. 이러한 기술을 STIR(Short TI inversion recovery)이라고 하는데 이렇게 부르는 이유는 지방의 T_1이완시간이 짧기 때문이다.

[예제] $T_1=300ms$인 조직의 신호를 없애기 위한 역회복 펄스연결에서의 TI는 얼마인가?
[답] $TI=T_1\ln2=207.94ms$이다.

(3) 스핀-에코 펄스연결

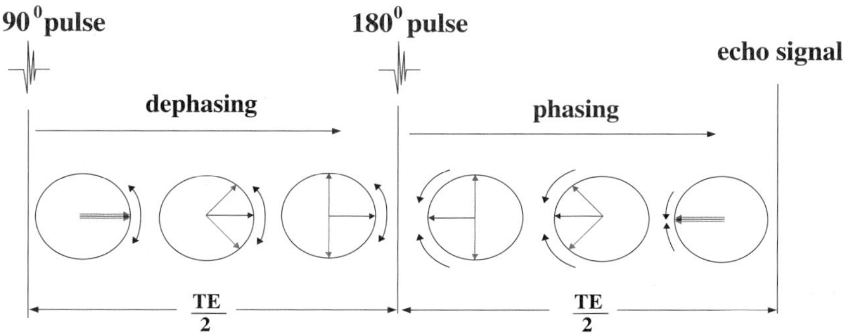

그림 10-23 스핀-에코 펄스연결의 효과

90°펄스가 지나간 후 핵스핀들은 자기장의 불균일에 의해 동위상을 잃게 되고 결과적으로 횡축자화도는 없어지게 된다. 이렇게 동위상을 잃어가고 있는 어떤 시점에 180°펄스를 보낼 경우를 생각해 보자. 180°펄스는 핵스핀의 세차운동의 방향을 바꾸는 효과를 가지고 있다. 이에 따라 그림 10-23에서와 같이 동위상이 깨어지고 있는 핵스핀들은 180°펄스에 의해 거꾸로 회전하여 어떤 시점에서 다시 뭉쳐져서 동위상으로 된다. 동위상이 될 때 핵스핀들은 횡축자화도 M_{xy}성분을 다시 가지게 되므로 MR신호를 내게 되는데 이를 스핀-에코(spin echo) 신호라 부른다. 스핀-에코 신호는 90°펄스를 보낸 후 TE(Time of Echo)시간 후에 발생한다. 즉 90°펄스 후 TE/2시간 후에 180°펄스를 주게 되면 이때부터 TE/2시간 후에 에코신호가 관찰된다. 이와 같이 에코신호는 메아리(echo)와 같다고 하여 이러한 이름으로 불리게 되었다.

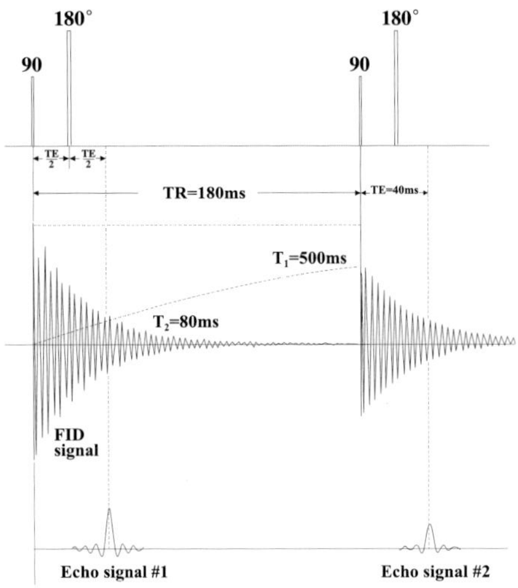

그림 10-24 스핀-에코 펄스연결의 계속됨에 따른 신호의 감소

시간 TE는 조절이 가능하다. 그리고 스핀-에코 신호는 여러 번 반복적으로 180° 펄스를 보냄으로써 계속적으로 얻을 수 있다. 그러나 T_2이완 때문에 그 신호의 크기는 감소함을 볼 수 있다(그림 10-24).

실제로 스핀-에코 펄스연결은 90°-180°펄스를 그림 10-24와 같이 두 번(이상) 반복한다. 펄스연결의 반복시간은 TR이고 신호의 측정은 펄스연결 후 TE시간이 지난 때에 이루어진다. 따라서 에코신호의 세기는 T_1과 T_2이완곡선의 연결에서 구할 수 있다. 즉 시간 TR까지 회복되던 종축자화도가 90°펄스에 의해 다시 횡축자화도가 되고 이후 TE시간이 지난 다음에 에코신호로 관측된다. 그림 10-25에 두 이완곡선의 연결이 주어져 있다. 이 그림에서 두 이완곡선의 시간 축이 다름에 유의하자. TR시간 동안 $M_0(1-e^{-\frac{TR}{T_1}})$로 회복된 종축자화도가 90°펄스에 의해 다시 횡축자화도가 되고 TE시간 후 에코신호가 관측되므로 측정되는 신호는

$$S \sim M_0(1-e^{-\frac{TR}{T_1}})e^{-\frac{TE}{T_2}} \qquad \textbf{(10-14)}$$

와 같이 표현된다. 위 표현에서 M_0에 양성자의 밀도 n이 포함되어 있음에 유의하자.

스핀-에코 펄스연결은 MRI에서 가장 많이 사용하는 펄스연결로서, TR시간과 TE시간의 길이에 따라 T_1, T_2, 양성자밀도 강조영상들을 얻을 수 있다. 앞 절에서 설명한 90°-90°펄스연결에서는 영상대비를 위한 인자(물리량)가 양성자밀도와 T_1인 반면에 스핀-에코 펄스연결에서는 이에 덧붙여 T_2도 영상대비 인자로 사용할 수 있다는 장점이 있다. 아래에 스핀-에코 펄스연결에서 TR과 TE에 따른 다양한 영상대비에 대해 알아보도록 하자.

그림 10-26은 긴 TR인 경우를 보여주고 있다. TR이 매우 긴 경우에는 모든 조직의 종축자화도가 거의 완전히 회복한다(그림에서는 두 조직의 T_1 차이가 너무 커서 TR을 적당히 잡음으로 해서 이 효과가 완전하지 않은 것처럼 보인다). 따라서 각 조직의 T_1 차이는 각 조직의 영상대비에 크게 기여치 못한다. 즉 식 10-14에서 앞의 항은 $M_0(1-e^{-\frac{TR}{T_1}}) \approx M_0$와 같이 되기 때문이다. 따라서 긴 TR인 경우에는 각 조직의 T_1 차이는 영상대비인자로 사용할 수 없음을 알 수 있다.

긴 TR인 경우 신호 측정시간 TE를 길게 잡을 경우와 짧게 잡을 경우 등 두 가지가 있을 수 있다.

먼저 TE를 짧게 잡을 경우, 즉 TE≪T_1일 때 식 10-14에서 $e^{-\frac{TE}{T_2}} \approx 1$이 된다. 따라서 조직들의 횡축

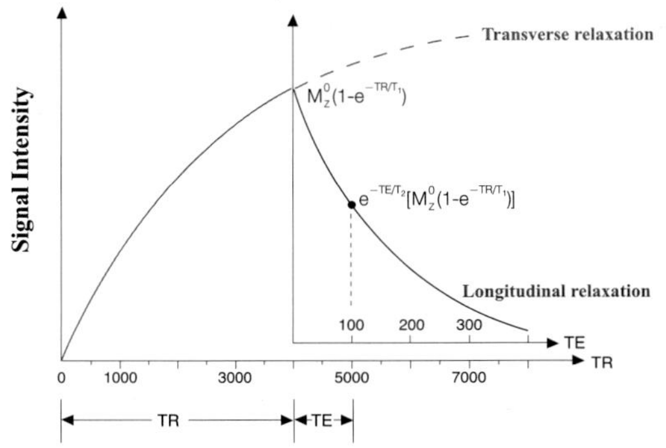

그림 10-25 스핀-에코 펄스에 의한 MR신호의 크기

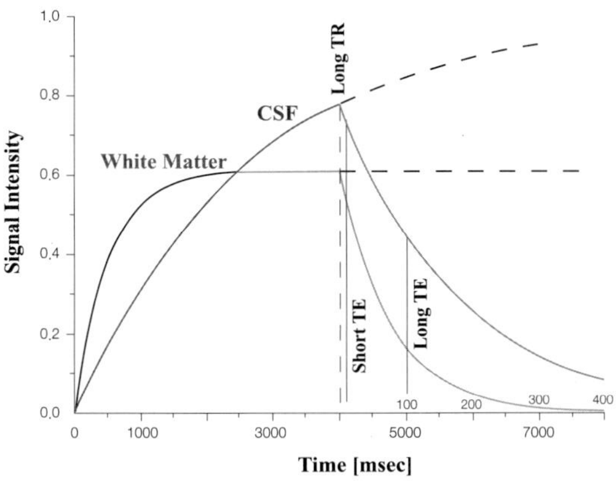

그림 10-26 긴 TR인 경우 신호 세기의 비

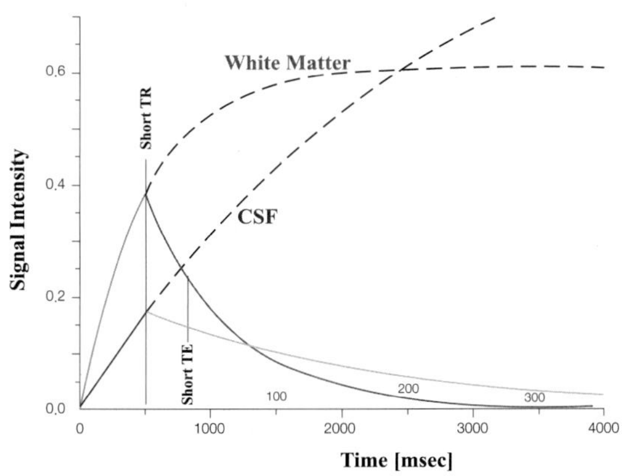

그림 10-27 짧은 TR과 짧은 TE의 경우 신호의 크기

자화도의 차이가 크지 않다. 결과적으로 식 10-14에서 긴 TR과 짧은 TE의 경우는 신호의 세기가 M_0, 즉 양성자밀도에 비례하므로 양성자밀도 강조영상을 얻는다.

반면에 긴 TR에서 TE도 긴 경우 신호의 세기는 주로 $e^{-\frac{TE}{T_2}}$에 비례하여 T_2의 차이에 따른 신호차이가 생기며 따라서 이 경우에는 T_2강조영상을 얻는다.

그림 10-27은 짧은 TR의 경우를 보여주고 있다. 짧은 TR인 경우 종축자화도가 회복되지 않은 상태이므로 T_1 차이가 신호강도의 차이로 나타난다. 이때 TE가 짧을 경우 T_2는 조직대비에 영향을 미치지 못한다. 따라서 신호의 세기는 $M_0(1-e^{-\frac{TR}{T_1}})$에 비례하여 결국 이 경우에는 T_1강조영상을 얻는다. 반면에 TE가 긴 경우에는 신호자체가 작아지므로 적당한 영상을 얻을 수 없다.

그림 10-28은 뇌를 찍은 영상이 TR과 TE에 따라 어떻게 달라지는가를 보여주고 있다. 일반적으로 액체가 희게 보이면(신호의 세기가 큼) T_2강조영상이다. 그림 10-26의 T_2강조영상의 조건(long TR, long TE)에서 뇌척수액(액체)의 신호가 백질의 신호보다 크다는 것으로 이를 알 수 있다. 따라서 T_2강조영상의 경우 뇌척수액은 백질이나 회백질보다 신호강도가 크므로 보다 희게 표현된다. 반면에 액체가 고체보다 검으면(신호의 세기가 작음) T_1 혹은 양성자밀도 강조영상이라 생각하면 된

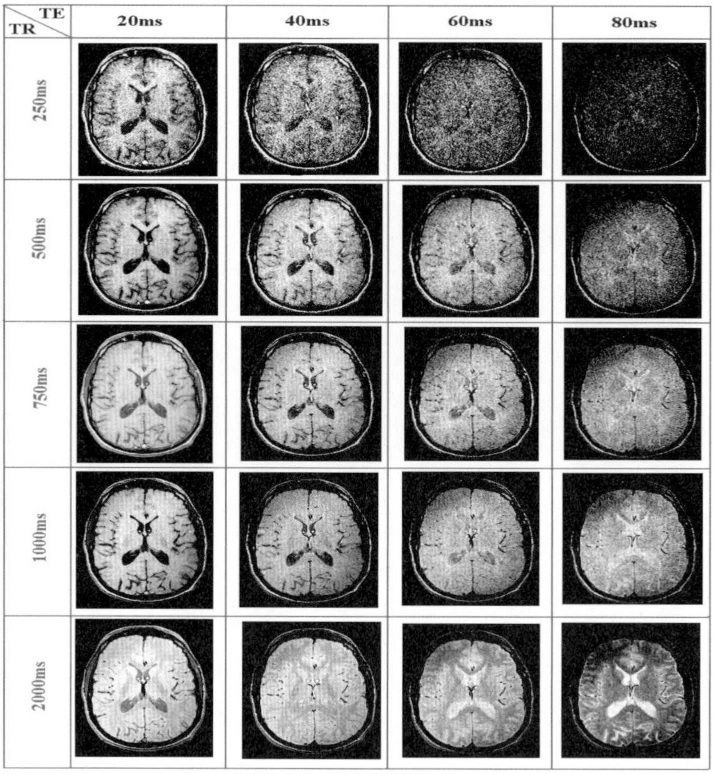

그림 10-28 TR과 TE에 따른 영상의 비교

다. 그림 10-27의 T_1강조영상의 조건(short TR, short TE)에서 백질의 신호가 뇌척수액의 신호보다 크다는 것을 통해 이를 알 수 있다. 이 경우 뇌척수액이 검고 회백질은 백질보다 좀 더 어둡다. 양성자밀도 강조영상에서는 뇌척수액이 T_1강조영상보다 약간 밝으나 여전히 어둡고 회백질과 백질의 대조가 반대로 되어 있다. 이는 회백질의 물의 함량이 많아서 너 많은 양성자를 포함하고 있으므로 백질보다 신호강도가 크기 때문이다.

[예제] A조직의 T_1, T_2이완시간은 각각 1,000ms, 300ms이고, B조직의 T_1, T_2이완시간은 각각 500ms, 150ms이다. A조직의 양성자 밀도를 1이라고 할 때 B조직의 양성자 밀도는 0.6이다. 스핀-에코 펄스연결에서 TR=2,000ms, TE=500ms인 경우 두 조직의 신호의 비 S_A/S_B는 얼마인가? 반면에 TR=200ms, TE=50ms인 경우 두 조직의 신호의 비 S_A/S_B는 얼마인가?

[답] 스핀-에코 펄스연결에서 신호의 세기는 $S \sim M_o(1-e^{-TR/T_1})e^{-TE/T_2}$로 주어진다. 따라서 두 조직의 신호의 비는 $\frac{S_A}{S_B} = \frac{M_o^A(1-e^{-TR/T_1^A})e^{-TE/T_2^A}}{M_o^B(1-e^{-TR/T_1^B})e^{-TE/T_2^B}}$이다. 따라서 TR=2,000ms, TE=500ms인 경우 S_A/S_B=7.77이고, TR=200ms, TE=50ms인 경우 S_A/S_B=1.08이다. 여기서 $M_o^A/M_o^B = 1/0.6$를 이용하였다.

(4) 급속 영상

펄스연결에서 TR이 길어지고 위상인식의 과정(10-8절 참조)이 많아짐에 따라 영상을 얻는 데 시간이 많이 걸린다. 영상시간이 길어지면 피사체가 움직임으로써 영상의 질이 떨어지게 된다. 이러한 문제를 해결하기 위해 시간이 적게 걸리는 여러 가지 종류의 펄스연결이 개발되어 사용되고 있다. 이 급속영상(fast scanning)기술로는 FSE(Fast Spin Echo 또는 Turbo Spin Echo라고도 함), GRE(Gradient Echo 또는 Gradient Recalled Echo), EPI(Echo Planar Imaging) 등이 있다.

FSE에서는 첫 번째 스핀-에코 펄스연결 후 연속적인 180°펄스를 작용하여 계속적인 에코신호를 관측함으로써 영상신호 획득시간을 단축하고 있다.

GRE에서는 90°펄스보다 작은 각(partial flip angle)의 펄스를 사용하여 TR을 줄임으로써 영상획득시간을 단축하는 기술을 사용하고 있다. GRE는 3차원 MRI(3D Imaging)를 얻는 데도 이용된다. 얇은 단면영상을 얻는 보통의 2D MRI와 달리 3D MRI에서는 라디오파로 두꺼운 단면을 여기시켜 MR 신호를 얻는다. 따라서 핵스핀의 수가 많으므로 MR 신호강도가 크고 2D의 경우보다 라디오파로 단면을 여기시키는 과정이 쉬울 뿐만 아니라 또한 각 영상단면 사이에 갭(gap)을 둘 필요도 없다. 그러나 신호획득 시간 동안 피사체의 움직임이 문제가 될 수 있다.

EPI에서는 읽기 경사자기장(진동수 인식 경사자기장)에 연속적인 사인파 형태의 펄스(series of sinusoidal shaped pulse sequence)들을 사용함으로써 한꺼번에 많은 MR신호를 얻어 영상시간을 단축하고 있다. 그러나 이러한 연속적인 펄스를 공급하기 위해서는 하드웨어적으로 "on"과 "off"가 빠른 시간에 바뀔 수 있는 급속 경사자기장 장치(high performance gradients)가 필요하다. 따라서 다른 급속 영상에서는 펄스연결의 소프트웨어적인 개선을 통해 영상시간의 단축이 이루어지는데 반해 EPI는 하드웨어적인 개선이 요구된다. EPI는 가장 빠른 급속영상 기술로서 비디오 정도로 빠르게 단면영상을 주고 있다. 특히 EPI는 fMRI(functional MRI)에도 응용되고 있다. fMRI는 뇌의 연구에 사용되는 MRI기술이다. 뇌가 활동할 때는 순간적으로 활동하는 영역에 피의 흐름이 증가한다. 피의 흐름의 증가는 산소의 유입을 의미하고 산소의 상자성적인(paramagnetic) 성질에 의해 T_1과 T_2이완시간이 달라짐으로써 주위의 조직과의 대비를 영상으로 획득할 수 있다. 예를 들어 엄지손가락에 자극을 주었을 경우 이 자극을 관장하는 뇌의 부분에 산소 유입이 많아져서 그것이 MRI영상으로 관찰된다. 이로써 그곳이 엄지손가락의 자극을 관장하는 뇌의 부분을 알 수 있다.

MRI기술은 피의 흐름을 영상으로 관찰하는 데도 이용된다. 이를 MRA(Magnetic Resonance Angioprаphy)라고 부른다. MRA에는 TOF(Time Of Flight), Phase Contrast, Contrast Enhanced 방법 등이 있다. TOF의 경우만 살펴보도록 하자. TOF에도 몇 가지 방법이 있으나 스핀-에코 펄스연결을 이용할 경우에 단면결정을 하는 90°펄스와 180°펄스의 진동수를 달리한다. 이렇게 할 경우 피 흐름의 유무에 따라 한 단면에서 90°펄스로 여기된 핵스핀들이 다른 단면에서 180°펄스에 의해 여기되어 MR신호를 줄 수도 있고 주지 않을 수도 있다. 즉 피의 흐름이 없으면 90°펄스와 180°펄스 모두에 의해 여기되는 핵스핀이 없으므로 에코신호가 발생하지 않는다. 그러나 피의 흐름이 있을 경우 한 단면에서 90°펄스에 의해 여기된 피 속의 핵스핀들이 피의 흐름에 따라 다른 단면에서 180°펄스에 의해 여기되어 에코신호를 냄으로써 신호가 관찰되는 것이다.

이 외에도 MRI에서는 여러 가지 기술이 계속 개발되고 있어서 앞으로 MRI의 의료진단영역의 확대를 예견해 볼 수 있다.

10-8. 경사 자기장은 각 부분의 MR신호를 어떻게 구별하게 하는가?

피사체를 정자기장 안에 놓고 라디오파 펄스를 가하여 MR신호를 얻는다. 그러나 MR신호가 피사체의 어느 부분에서 나오는가를 결정하여야만 전체적인 영상을 구성할 수 있다. 정자기장 B_0만 걸려 있을 경우 양성자의 세차운동 진동수 ω는 피사체의 모든 부분에서 동일하다. 따라서 피사체의 모든 부분에서 똑같은 진동수의 신호를 얻게 되어 피사체의 어느 부분에서 발생한 신호인가를 분간하지 못한다. 이러한 문제를 해결하기 위하여 정자기장 이외에 위치에 따라 자기장의 세기가 변하는 경사자기장을 겹쳐 걸어 준다. 경사자기장은 그 작용에 따라 세 가지 종류(x, y, z축 방향)로 나누어진다. 즉 단면 결정 경사자기장(Slice-select gradient, 경사자기장의 기울기를 G_z로 표시), 진동수 인식 경사자기장(Frequency encoding gradient, G_x), 위상 인식 경사자기장(Phase encoding gradient, G_y)이 있다. 이러한 경사자기장들은 위치에 따라 직선적으로 변하도록 만든다.

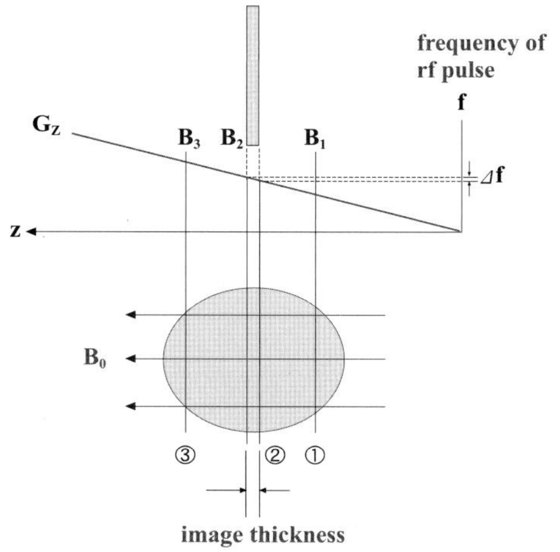

그림 10-29 단면 결정 경사자기장

세 가지 경사자기장 중에 먼저 단면 결정 경사자기장에 대해 알아보도록 하자. MRI에서 한 번에 얻는 영상은 한 단면인데 이 영상 단면이 단면 결정 경사자기장에 의해 결정된다. 즉 z축 방향으로 위치에 따라 변하는 자기장을 걸어준다. 이렇게 경사자기장을 걸어준 후 특정 라디오파를 보내면 이 라디오파의 진동수에 공명하는 위치의 핵스핀만이 반응하여 공명신호를 발생한다. 그림 10-29와 같이 z축 방향으로 정자기장 B_0가 걸려 있고 위치에 따라 직선적으로 변하는 경사자기장 G_z(기울기를 표시)가 걸려 있다고 하자. 이렇게 할 경우 z축 방향의 자기장(정자기장과 경사자기장의 합)은 위치에 따라 달라진다. 예를 들어 그림 10-29에서 ①지점의 자기장은 B_1이 되고, 이 단면의 양성자들은 $\omega = \gamma B_1$의 진동수를 가진 라디오파에 의해서만 여기되어 MR신호를 낸다. 그리고 ②, ③ 지점에서는 라디오파의 진동수가 각각 γB_2, γB_3에 해당되어야 그 단면에 있는 핵스핀들이 반응하게 된다. 따라서 경사자기장이 특정한 단면을 선택하게 한다. 이러한 작용 때문에 이 자기장을 단면 결정 경사자기장이라고 부른다.

외부에서 주는 라디오파는 진동수폭(bandwidth)을 가지므로 단면은 일정한 영상폭(slice thickness)을 가진다. 즉 입사하는 라디오파가 정확히 하나의 진동수를 가지는 것이 아니라 어떤 진동수 영역 안의 라디오파를 포함하고 있으므로 경사자기장에 의해 결정되는 특정 단면은 얼마간의 두께를 가지게 된다. 그런데 이 영상폭은 라디오파 진동수폭뿐만 아니라 경사자기장의 기울기에 따라서도 달라진다. 즉 그림 10-30에서와 같이 일정한 진동수 폭을 가진 라디오파를 사용하더라도 경사자기장의 기울기가 클수록 영상폭은 좁아진다는 것을 알 수 있다. 라디오파의 진동수 폭은 전자장비의 한계 때문에 최소값의 제한이 있을 수 있다. 이 경우 단면 결정 경사자기장의 기울기를 크게 함으로써 얇은 단면의 영상을 얻을 수 있는 것이다.

정자기장 B_0일 때 기울기 G_z의 단면 결정 경사자기장을 걸었을 경우 임의의 위치 z에서의 자기장은

$$B = B_0 + G_z z \tag{10-15}$$

으로 표현된다. 이 자기장에 의해 z위치에 있는 핵스핀은

$$\omega = \gamma B = \gamma B_0 + G_z \gamma z \tag{10-16}$$

와 같은 Larmour진동수로 세차운동을 한다. 위에서 언급하였듯이 입사하는 라디오파는 일정한 진동수 폭 $\Delta\omega$를 가지므로 식 10-16에서 이의 미소한 변화를 구하면 $\Delta\omega = G_z \gamma \Delta z$를 얻을 수 있으며 따라서 단면의 두께는

$$\Delta z = \frac{\Delta\omega}{\gamma G_z} = \frac{2\pi\Delta f}{\gamma G_z} \tag{10-17}$$

와 같이 구해진다. 식 10-17에서 보듯이 단면 결정 경사자기장의 기울기를 조절함으로써 단면의 두께를 결정할 수 있음을 알 수 있다.

그림 10-29와 같이 한 단면을 결정하더라도 MR신호가 단면의 어떤 부분에서 오는 것인지 알 수 없다. 단면의 MRI영상을 구성하려면 각 픽셀(pixel, picture element)에서 발생하는 신호를 구별할 수 있어야 한다. 이를 위해서 사용하는 것이 진동수 인식 경사자기장과 위상 인식 경사자기장이다. 아래에 이들에 대해 알아보도록 하자. 이 경사자기장들을 이해하기 위해서는 먼저 픽셀의 개념을 알 필요가 있는데 그 개념도가 그림 10-31에 주어져 있다. 위에서 라디오파의 진동수폭과 경사자기

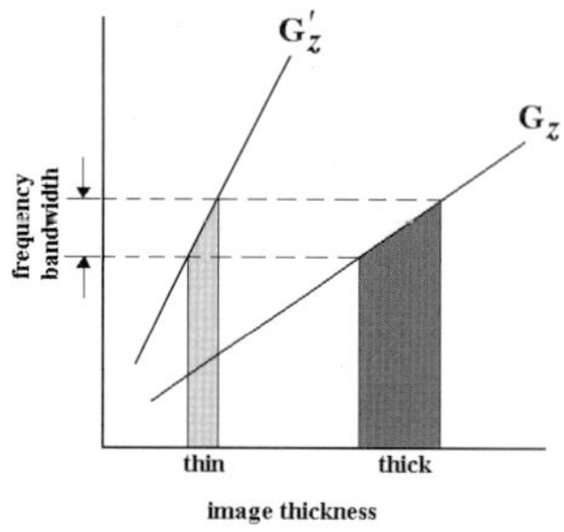

그림 10-30 경사자기장의 기울기와 영상폭과의 상관관계

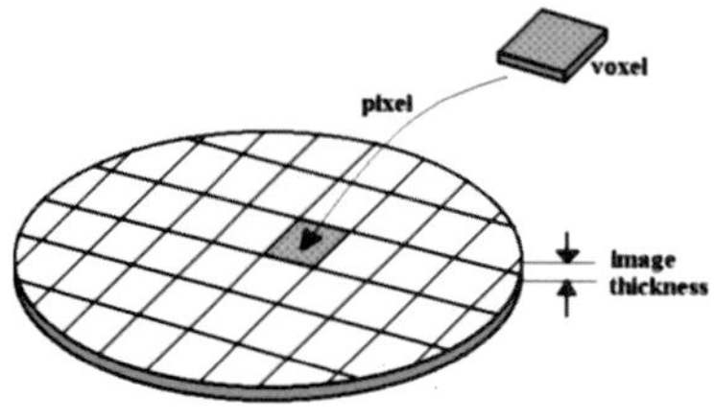

그림 10-31 단면의 그림(픽셀)

장의 기울기에 의해 영상폭이 결정된다고 하였다. 이렇게 결정된 단면을 여러 개의 조각으로 나누어서 각 조각에서 발생하는 MR신호를 결정하여 전체적인 MRI 영상이 구성된다. 위와 같이 단면을 여러 개로 쪼개고 이렇게 쪼개어진 각 조각에서 나오는 MR신호를 구분하게 하여 주는 것이 진동수 인식 경사자기장과 위상 인식 경사자기장이다. 그림 10-32는 이렇게 쪼개어진 조각들을 보여주고 있는데, 각 조각들을 복셀(voxel, volume element)이라 부른다. 픽셀은 폭이 없는 단면 조각을 이르는 말인데 편의상 아래부터는 복셀을 픽셀로 부르기로 한다. 픽셀의 크기(가로와 세로)는 영상폭이 단면 결정 경사자기장에 의해 결정되는 것과 마찬가지로 진동수 인식 경사자기장과 위상 인식 경사자기장의 기울기로부터 결정된다.

다음에는 위상 인식 경사자기장과 진동수 인식 경사자기장이 어떻게 각 픽셀에서 발생하는 MR신호를 구분해 내는가를 알아보도록 하자. 이에 대한 설명이 그림 10-32에 주어져 있다. 이 그림은 3×3, 즉 9개의 픽셀로 된 단면을 보여주고 있다. 그림 10-32의 왼쪽 그림은 G_x, G_y가 걸려 있지 않고 G_z만 걸린 상태에서 결정된 단면이다. 따라서 단면의 모든 픽셀 내의 핵스핀들은 모두 동일한 진동수 ω로 회전하고 있다. 그리고 그 아래쪽 그림에는 각 픽셀에서 얻는 MR신호에 대한 식이 주어져 있다. 편의상 MR 신호를 cos파로 나타내었다(실제 신호는 sinc함수, 즉 $\frac{\sin\omega t}{\omega t}$에 가깝다). ω는 자기장(단면 결정 경사자기장과 정자기장과의 합)에 의해 결정된 핵스핀의 Larmour 진동수 $\omega=\gamma B$를 나타내고 cos파의 계수(a, b, d…등)들은 그 픽셀 안에 있는 양성자(핵스핀)의 밀도에 관련된 상수들이다. 따라서 양성자밀도가 높으면 이 계수값들은 커진다. 왼쪽 그림에서는 모든 픽셀 안의 핵스핀들(실제로는 자화도 벡터)이 같은 진동수의 MR신호를 내기 때문에 각 픽셀에서 발생하는 신호를 구분할 수 없다. 각 픽셀이 발생하는 MR신호의 차이를 주기 위해서는 먼저 위상 인식 경사자기장 G_y를 걸어준다. 그림 10-32의 중간 그림이 이를 보여주고 있다. 그림에서와 같은 경사자기장을 걸어주면 중간 줄(row)에 있는 픽셀들에는 경사자기장이 걸리지 않으므로 핵스핀들의 회전 진동수에는 변함이 없다. 반면에 위쪽 줄에 있는 픽셀들은 경사자기장 때문에 자기장이 증가하여 그 픽셀 안의 핵스핀들의 회전진동수가 커져서 회전이 빨라진다. 그리고 아래쪽 줄에 있는 픽셀 안의 핵스핀들은 경사자기장에 의해 자기장이 감소함으로써 핵스핀들의 회전진동수가 감소하여 회전이 늦어지게 된다. 이러한 상태에서 G_y를 끄게 되면 각 픽셀 내 핵스핀들의 회전속도(회전 진동수)는 원래의 상태로 되돌아가서 동일하게 되지만 경사자기장 G_y에 의해 형성된 각 줄 사이의 위상차가 남아있게 된다. 따라서 중간 줄의 픽셀들은 위상이 없고 위쪽 줄의 픽셀은 $+\theta$, 아래쪽 줄의 픽셀은 $-\theta$의 위상이 생기게 되어 각 줄에 있는 픽셀에서 발생하는 신호는 위상차를 가지게 되어 MR신호가 구별된다. 그러나 위상 인식 경사자기장을 통해서 다른 줄의 신호는 구별되지만 여전히 같은 줄에 있는 픽셀들은 구별이 되지 않는다. 이를 완전히 구별하기 위해서 진동수 인식 경사자기장 G_x를 사용한다. 이 경사자기장은 에코신호가 발생하는 시점에 걸어주어 MR신호를 측정하도록 하기 때문에 읽기 경사자기장(read-out gradient)이라고도 부른다. 이 경사자기장의 효과를 그림 10-32의 오른쪽 그림이 보여주고 있다. 경사자기장 G_x에 의해 중간 기둥(column)에 있는 픽셀들은 영향을 받지 않는다. 즉 이 기둥의 픽셀들 안에 있는 핵스핀들의 회전진동수에는 변함이 없다. 반면에 왼쪽 기둥의 픽셀들은 자기장이 감소하여 진동수가 줄어들고(ω^-)오른쪽 기둥의 픽셀들은 자기장이 증가하여 진동수가 증가하게(ω^+) 된다. 위상 인식 경사자기장에 의해 이미 같은 줄에 있는 픽셀들은 같은 위상을 가지게 되고 다른 줄(row)에 있는 픽셀들은 다른 위상을 가지게 된 상태에서, 이번에는 다른 기둥에 있는 픽셀들의 진동수가 다르게 되어 전체적으로 각 픽셀들에서 나오는 MR신호는 진동수와 위상 면에서 모두 다르게 된다. 이것을 오른쪽 밑에 있는 그림이 보여주고 있다. 이 그림에서 각 픽셀에서 발생하는 신호의 모양이 모두 다르다는 것을 알 수 있다.

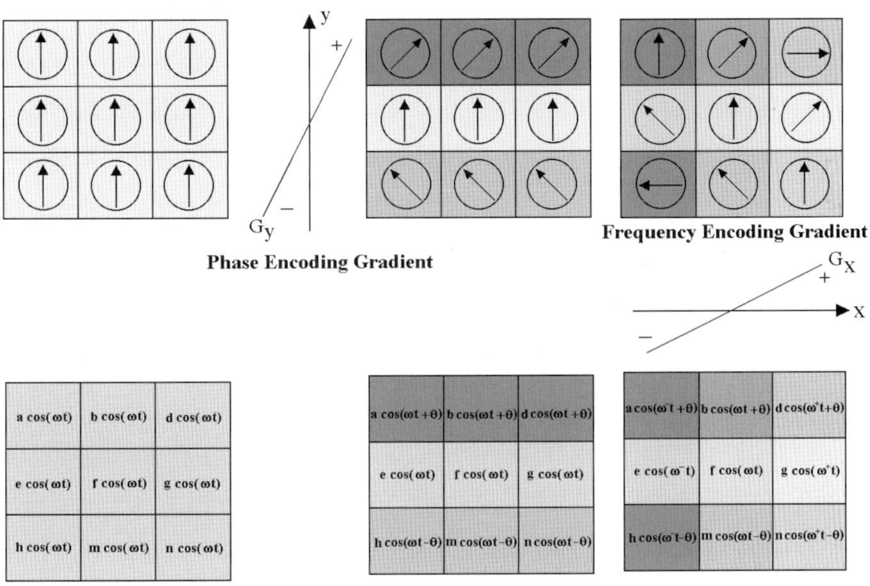

그림 10-32 경사자기장에 의한 위치 선정

다음에는 MR신호를 얻는 과정이 어떤 순서로 이루어지는가를 보도록 하자. 그림 10-33은 이 과

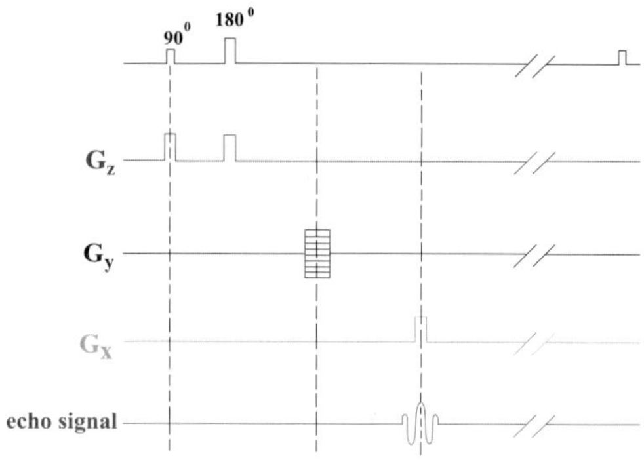

그림 10-33 MR 신호의 측정과정 중 경사자기장의 순서

정을 보여준다. 먼저 라디오파 펄스(90°와 180°펄스)를 인가하는 시점에 단면 결정 경사자기장 G_z를 걸어 단면을 결정한다. 다음에 180°펄스와 에코신호가 나오는 시간 사이에 위상 인식 경사자기장 G_y를 걸어 각 줄에 다른 위상을 부여하고 마지막으로 에코(MR)신호가 나오는 시점에 진동수 인식 경사자기장 G_x를 걸어 MR신호를 측정한다.

그림 10-33에서 설명한 과정을 한 번 실행할 경우 하나의 MR신호가 측정된다. 이 신호는 각 픽셀에서 나오는 신호들의 합이다. 따라서 이 신호 하나를 가지고 각 픽셀의 위치에서 발생하는 신호를 계산해 낼 수는 없다. 위와 같은 사실은 CT에서 한 번의 촬영에 의해 영상을 구성하지 못하고 X-선원을 회전시켜서 여러 방향에서의 신호를 얻은 후 이 신호에 의해 얻어지는 연립방정식을 풀어 각 위치의 신호(흡수계수)를 결정하는 것과 동일하다. MRI에서도 CT와 동일한 과정을 거치는데 CT에서는 X-선원을 회전시키는 데 반하여 MRI에서는 위상 인식과정에서 위상각도를 변화시키면서 신호를 측정한다.

그림 10-32에서와 같은 3×3단면일 경우 세 줄의 위상차를 달리 줄 수 있는 방법은 각 줄의 위상차가 $\Delta\theta = \frac{360^\circ}{3} = 120^\circ$가 되도록 하는 것이다. 따라서 세 번의 과정, 즉 G_y를 각 줄의 위상차가 0°, 120°, 240°가 되도록 경사자기장의 기울기 G_y를 조절함으로써 3개의 MR신호를 얻는다(그림 10-34). 각 과정에서 전체적으로 하나의 신호가 측정됨에 유의하자. 이 세 신호를 푸리에 변환(Fourier transformation, 부록 참조)이라는 과정을 거쳐 진동수 및 위상차 별로 분리하여 결과적으로 9개 픽셀 각각에서 나오는 신호의 세기가 결정되는 것이다. 이 신호의 세기를 명암으로 표시하면 MRI 영상이 얻어진다.

그림 10-35에 푸리에 변환과정을 거쳐 구한 각 픽셀의 신호 세기의 값과 이를 명암으로 표시한 MRI 영상이 주어져 있다.

그림 10-33에 주어진 한 과정을 수행하는 데 TR의 시간이 걸리므로 3×3단면의 촬영을 위해서는 3번의 과정(0°, 120°, 240°)을 거쳐야 한다. 따라서 총 3TR의 시간이 걸린다. 이러한 독립된 여러 과정을 거쳐야 하기에 실제 MRI의 촬영을 위해서는 많은 시간이 소요된다. 그림 10-32의 예는 3×3단면의 간단한 경우이므로 3TR의 시간이 소모되나 단면이 커짐에 따라 픽셀수도 많아져서 영상을 얻는 데 많은 시간이 필요하게 된다. 예를 들어 360×360의 경우 360줄(row)이 있으므로 각 과정당 줄 사이의 위상차는 360°/360°=1°씩 변화시키면서 360번의 측정이 필요하다. 즉 첫 번째는 각 줄의 위상차가 없도록(위상 인식 경사자기장을 걸지 않고) 한 후 측정하고 두 번째는 각 줄 사이의 위상차

를 1°가 되도록 위상인식 경사자기장을 걸고 측정하고…, 마지막에는 각 줄의 위상차를 359°가 되도록 한 후 측정하는 등 360번의 측정을 하여야 한다. 따라서 전체에 걸리는 시간은 360TR이 된다. 하나의 신호에 진동수 인식 경사자기장에 의한 360가지의 다른 진동수에 해당하는 신호가 합쳐져 있으므로 이를 푸리에 변환을 통해 분석함으로써 각 픽셀에서 발생하는 신호의 세기를 결정할 수 있다. 위 과정은 컴퓨터에 의해 수행된다. 영상을 얻는 위 과정에서 볼 수 있듯이 영상의 분해능은 경사자기장의 기울기를 증가시켜 되도록 많은 신호를 얻어 픽셀의 수를 증가(픽셀의 면적은 감소) 시킴으로써 가능하다는 것을 알 수 있다.

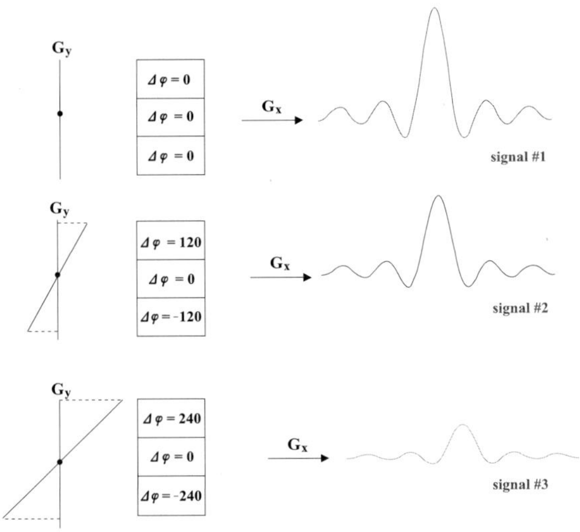

그림 10-34 신호측정의 과정

0	6	3
3	2	1
1	0	6

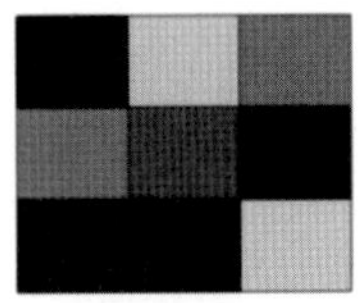

그림 10-35 각 픽셀의 신호세기와 이를 명암으로 표시한 MRI 영상

[예제] MRI에서 단면 결정 경사자기장의 기울기로 $10mT/mm$를 사용하였다. rf파의 진동수폭은 $\Delta f = 2kHz$이다. 이 경우 영상폭은 얼마인가?

[답] $\Delta\omega = \gamma G_z \Delta_z$이므로 $\Delta z = \dfrac{\Delta\omega}{\gamma G_z} = \dfrac{2\pi\Delta f}{\gamma G_z} = 4.70mm$ 이다.

10-9. MRI 장비는 어떻게 구성되나?

MRI장비는 대략 네 부분으로 구분할 수 있다. 즉 정자기장을 위한 자석, 경사자기장을 위한 자석 구조, 공명을 위한 라디오파의 송신장비와 MR신호의 측정을 위한 수신장비, MR신호를 처리하는 컴퓨터 등 네 가지로 대별된다. 이들 중에서 정자기장을 위한 자석(주로 초전도체 자석), 경사자기장을 위한 자석의 구조, rf 송수신장비(coil)에 대해 상세히 알아보도록 하자.

(1) 정자기장

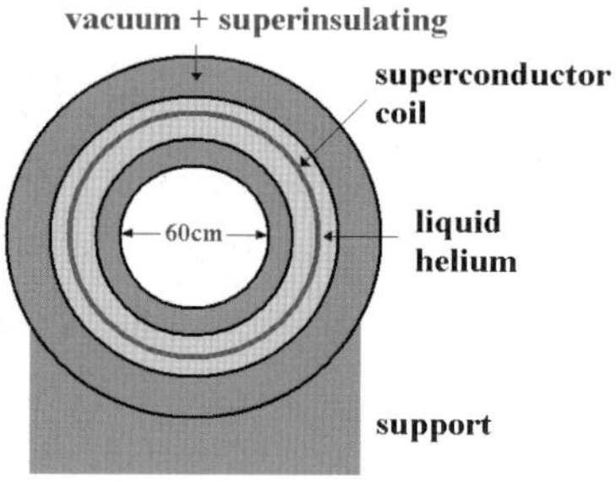

그림 10-36 초전도체 자석의 개략도

인공적으로 자기장을 만드는 데 솔레노이드(solenoid)를 이용한다. 솔레노이드는 도선을 원통형으로 여러 겹 감아서 전류를 흘리는 것이다. 그러면 원통의 안쪽 공간에는 아주 균일한 자기장이 형성된다. 솔레노이드에 의해 만들어지는 자기장의 세기는 도선을 감는 회수와 도선에 흘리는 전류의 세기에 비례한다. 따라서 센 자기장을 얻기 위해서는 여러 층으로 많은 도선을 감아야 하고 또한 아주 센 전류를 흘려주어야 한다. 그러나 전기 저항이 적은 구리를 사용한다 하더라도 여러 층으로 감게 되면 전기 저항이 상당히 커지게 된다. 따라서 전류를 흘릴 경우 저항에 의해 많은 열(Joule 열)이 발생한다. 이때 발생하는 열의 양은 저항에 비례하고 전류의 제곱에 비례한다. 따라서 센 자기장을 원할 경우 센 전류를 흘려야 하며 이 경우 발생하는 열은 냉각수로도 효과적으로 식힐 수 없게 된다. MRI에서는 자기장의 균일성이 대단히 중요한데 냉각수의 흐름이 자기장의 불균일을 만들 수 있다. 따라서 이러한 문제점을 없애기 위해 MRI의 경우 주로 초전도체 자석을 사용하고 있다.

초전도체 자석은 솔레노이드의 도선을 초전도체 도선을 사용한 것이다. 초전도체는 특정 온도 이하에서 전기저항이 없어지는 물질이다. 따라서 전류를 흘릴 때 열이 발생하지 않으므로 센 전류를 흘려서 아주 센 자기장을 만들 수 있다. 그런데 도선을 초전도체로 만들기 위해서는 도선의 온도를 내려야 한다. 이를 위해서 냉동액체가 사용되고 있다. 현재 많이 사용하고 있는 초전도체 도선은 niobium과 titanium의 합금이다. 이 도선이 초전도체가 되는 온도는 절대온도 9K 정도이므로 냉동액체로는 액체헬륨을 사용하여야 한다. 상용MRI의 대부분이 1~3T의 정자기장의 세기를 사용하고 있다. 지구자기장의 세기가 50μT이므로 1T는 지구자기장의 세기보다 2만 배나 센 자기장에 해당된다. 그리고 초전도체에 전류를 한 번 흘리면 전기저항이 없으므로 그 전류는 영원히(아주 오래) 흐르게 된다. 따라서 전류를 유지하기 위해 외부에서 전원을 계속 공급할 필요가 없다. 즉, 초전도체 자석에서는 전원이 없어도 한 번 흐른 전류에 의해 형성된 자기장이 없어지지 않는다.

(2) 경사자기장

경사자기장 장비는 정자기장에 덧붙여 위치에 따라 변하는 자기장을 만들기 위한 것이다. 그림 10-37에 *x, y, z*축 세 방향의 자기장을 변화시키는 장비의 구조(그림에서는 각각 따로 그려 놓았으나 실제로는 이 세 장치가 합쳐져 있음)가 주어져 있다. 수직인 단면(Transverse(x-y 면), Coronal(x-z 면), Sagittal(y-z 면)) 또는 경사진(oblique) 단면에 대한 MR사진은 세 방향(x, y, z) 경사자기장의 적당한 조합에 의해 얻어질 수 있다.

(3) rf 송수신 장비

rf 코일(coil)은 펄스연결(spin echo pulse sequence 등)의 펄스(90°, 180° 펄스 등)를 발생시키는 데 필요하다. 이 펄스에 의해 종축자화도가 횡축자화도로 변하여 MR신호가 관측되는 것이다. 또한 이때 발생하는 MR신호를 관측하는 것도 rf 코일이다.

rf 코일은 3가지로 대별된다. 즉 라디오파 펄스의 발생 및 MR신호 관측에 모두 사용할 수 있는 rf 코일, 라디오파 펄스를 발생시키는 용도로만 사용하는 rf 코일, MR신호를 관측하는 용도로만 사용하는 코일 등 3가지 종류가 있다. 그리고 영상을 얻는 인체의 각 부분에 적합한 다양한 형태의 rf 코일이 개발되어 사용하고 있다.

rf 코일은 기본적으로 인덕터(inductor, 코일)와 축전기의 조합이다. 인덕터의 인덕턴스가 L이고 축전기의 정전용량이 C일 경우 코일의 공명 진동수는

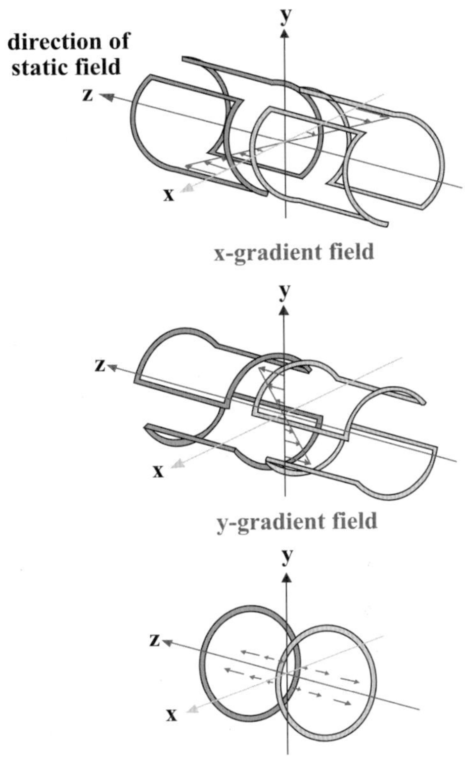

그림 10-37 경사자기장의 구조

$$f=\frac{1}{2\pi\sqrt{LC}} \tag{10-18}$$

로 표현된다. 축전기의 용량 C를 조절함으로써 원하는 공명진동수를 정할 수 있다. 이러한 rf 코일은 라디오에서 공진회로(방송국의 선택)의 기능과 동일하다고 할 수 있다.

rf 코일은 체적 코일(volume coil)과 면 코일(surface coil)로 대별할 수 있다. 체적 코일은 영상을 얻을 부위를 둘러싸는 형태이고, 면 코일은 영상을 얻을 부위 가까이에 둘 수 있는 구조를 하고 있다. 그림 10-38은 몇 가지 종류의 체적 rf코일을 보여주고 있다. 그림에서 보듯이 이러한 종류의 rf 코일은 영상을 얻을 부위를 둘러싸기 편리하도록 설계되어 있다. 또한 이 rf 코일들은 라디오파 펄스의 발생 및 MR신호 관측에 모두 사용할 수 있는 rf 코일들이다. 그림에서 보듯이 라디오파 펄스의 발생 방향(자기장 B_1의 방향)은 모두 정자기장 방향(B_0)에 대해 수직임을 볼 수 있다. 그림 10-38의 saddle coil과 single-turn solenoid는 손목, 발목 등 인체의 사지부분(extremities)의 영상을 얻는 데 많이 사용하는 rf 코일이다. 그리고 bird cage coil은 뇌의 촬영에 주로 사용된다.

그림 10-39는 면 코일의 전형적인 모양을 보여주고 있는데 이는 원형 코일의 양단에 축전기가 연

결된 구조를 하고 있다. 면 코일은 MR신호를 관측하는 용도로만 사용하는 코일이다. 면 코일은 신호 대비 잡음비(signal-to-noise ratio)가 좋아서 여러 부위의 MR신호 관측용으로 많이 이용된다. 면 코일은 측정하고자 하는 부위 주위에 두고 사용한다. 예를 들어 무릎 밑의 영상을 얻기 위해서는 면 코일을 무릎 밑에 두면 된다.

그림 10-40에 여러 종류의 rf 코일의 사진이 주어져 있다. 촬영 부위에 따라 그에 맞는 rf 코일이 개발되어 사용되고 있다.

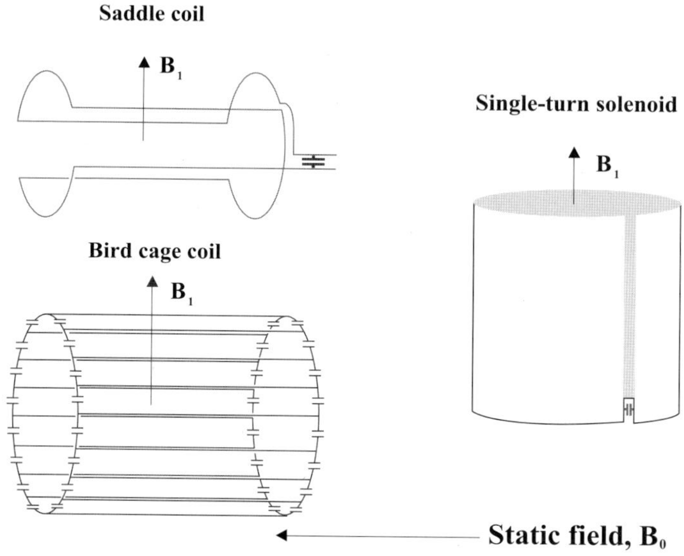

그림 10-38 체적 rf 코일의 구조

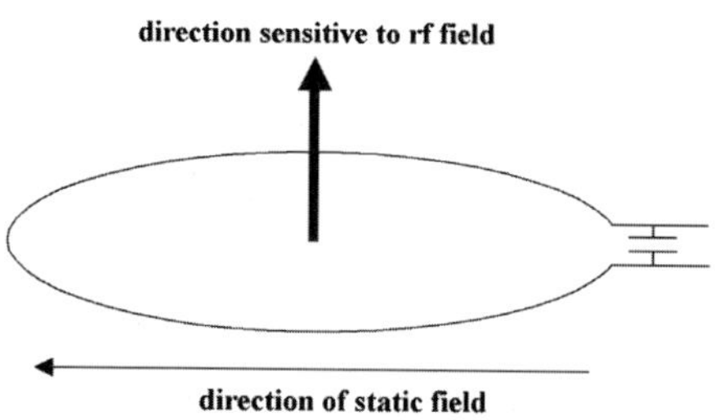

그림 10-39 면 코일의 구조

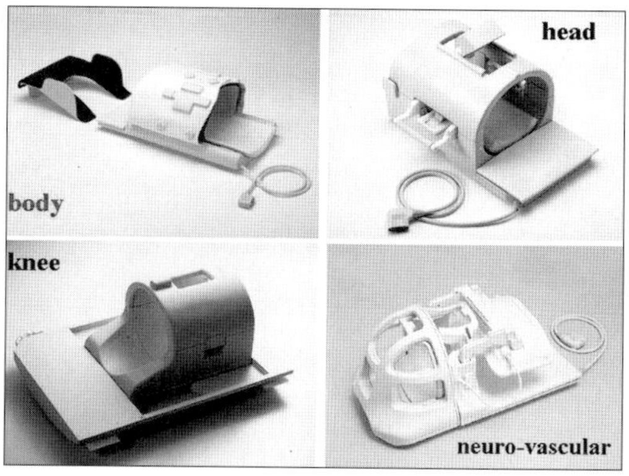

그림 10-40 여러 종류의 rf 코일

[예제] 위에서 보았듯이 정자기장과 경사자기장을 만드는 코일들은 고정되어 있다. 그런데 MRI에서는 다양한 방향의 단면 영상을 얻고 있다. 이러한 다양한 방향의 단면 영상은 어떻게 얻을 수 있는가? 그리고 기울어진 단면 영상은 어떻게 만드는가?

[답] 좌표축에 수직한 단면 영상으로는 axial, coronal, sagittal축에 대한 단면 영상이 있다(그림 10-41). 이 단면 영상들은 단면 결정 경사자기장으로서 x, y, z축 경사자기장을 이용할 경우 각각 얻을 수 있다. 첫째, axial축의 단면영상은 xz면으로의 단면 결정 경사자기장에 의해 만들어진다. 둘째, coronal축의 단면영상은 yz면으로의 단면 결정 경사자기장에 의해 만들어진다. 셋째, sagittal축의 단면영상은 xy면으로의 단면 결정 경사자기장에 의해 만들어진다. 그림에서 slice로 표시된 방향의 영상이 얻어진다.

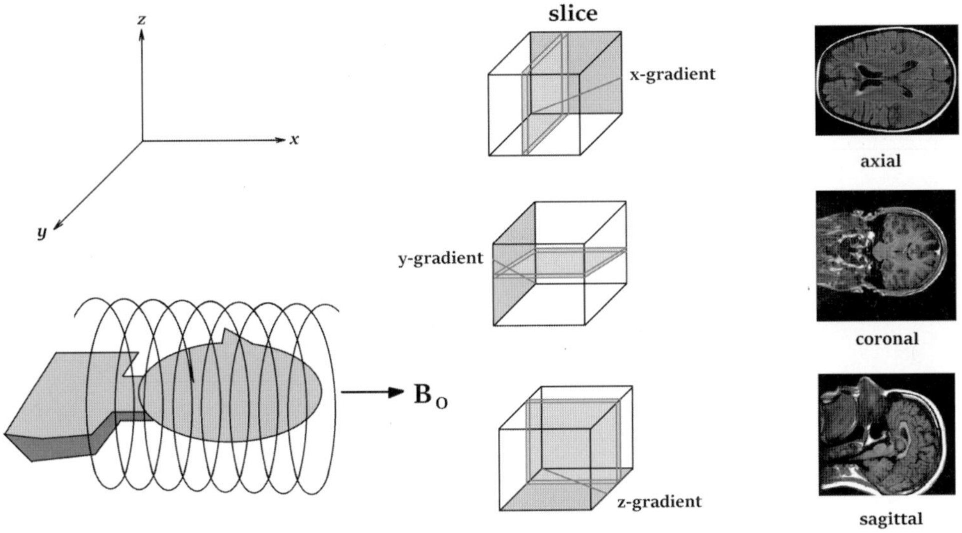

그림 10-41 Axial, coronal, sagittal축의 단면 영상을 얻는 방법

기울어진 단면 영상(oblique slice image)은 기울어진 축에 대응하는 x, y, z축으로의 성분을 가진 경사자기장을 걸어줌으로써 얻어진다. xy평면에 대해 각 θ로 경사진 단면에 대해 고려해 보자. 이 단면에 수직한 방향으로의 단면 결정 경사자기장을 G_s라 하고, 위상 인식과 진동수 인식 경사자기장을 각각 G_ϕ, G_f라고 하자. 이 값들은 이 단면을 선택하는 데 필요한 임의의 경사자기장이다. 이 경사자기장을 x, y, z축에 고정된 경사자기장 코일로 만족시켜야 한다. 단면 결정 경사자기장의 성분은 $G_z=G_\phi\cos\theta$, $G_z=G_\phi\sin\theta$이다. 반면에 위상 인식 경사자기장의 성분은 G_θ가 y축에 평행이므로 $G_y=G_\theta$이다. 그리고 진동수 인식 경사자기장의 성분은 $G_x=G_\phi\cos\theta$, $G_z=G_\phi\sin\theta$이다. 따라서 xy평면에 대해 각 θ로 기울어진 단면 영상을 위해서는 x축 방향으로의

경사자기장은 $G_x=G_\phi\cos\theta$, y축 방향으로의 경사자기장은 $G_y=G_\theta-G_s\sin\theta$, z축 방향으로의 경사자기장은 $G_z=G_s\cos\theta+G_\phi\sin\theta$을 걸어주면 된다.

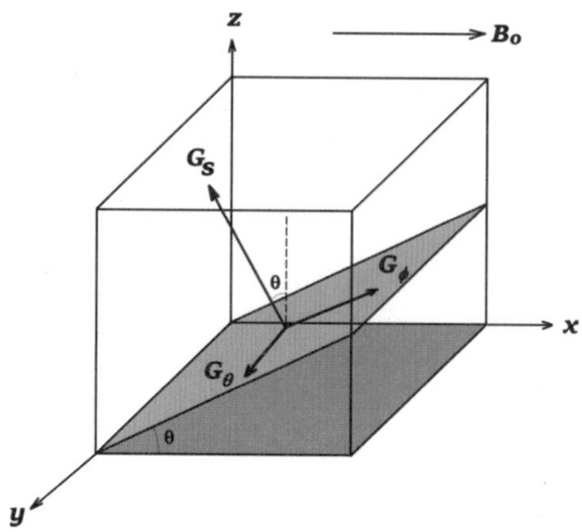

그림 10-42 xy평면에 각θ로 기울어진 단면 영상을 얻기 위한 경사자기장

제11장

냉동액체와 극저온

제11장

냉동액체와 극저온

11-1. 온도체계에는 어떤 것이 있나?

온도는 물체의 뜨겁고 차가운 정도를 숫자로 표시한 것이다. 온도를 숫자로 표시하는 방법에 따라 온도를 표현하는 체계가 다르다. 일상생활에 사용하는 온도체계로는 섭씨(°C)와 화씨(°F) 온도체계가 있다. 반면에 과학적인 용도로는 절대온도(K) 체계가 많이 사용되고 있다.

온도를 표현하기 위해서는 기준점이 있어야 한다. 여러 가지 기준점이 있는데 가장 많이 사용하는 기준점이 물의 어는 온도와 끓는 온도이다. 물의 상태를 온도의 기준점으로 사용하는 것은 물이 인간 생활에 가장 많이 쓰이기 때문이다.

섭씨와 화씨온도는 물의 어는 온도와 끓는 온도를 두 개의 정해진 온도로 삼아 그 사이를 일정한 간격으로 끊어 온도를 표시한다. 즉 섭씨온도는 물이 어는 온도를 0°C로 하고 끓는 온도를 100°C로 한 다음 그 사이를 균일하게 100등분하여 온도를 표시한다. 반면에 화씨온도는 어는 온도를 32°F로 하고 끓는 온도를 212°F로 하여 그 사이를 균일하게 180등분하여 온도를 나타낸다. 섭씨와 화씨온도 모두 어는 온도 이하와 끓는 온도 이상의 온도는 끓는 온도와 어는 온도사이의 등분을 확장하여 사용한다.

인간생활에 가장 밀접한 관계가 있는 온도가 기온(공기의 온도)인데 지금까지 기록으로 보아 최저와 최고 기온은 각각 −30°C와 40°C 정도이다. 섭씨온도에서는 기온이 영상과 영하로 나뉘어 있어서 불편하고 혼동할 수도 있다. 따라서 화씨온도에서는 물의 어는 온도를 32°F로 함으로써 기온에 관해 언급할 경우 모두 양의 값을 가질 수 있게 하였다. 그러나 이러한 이로운 점에도 불구하고 미국을 제외한 대부분의 나라에서는 섭씨온도를 사용하고 있다. 이는 양과 음에 대한 불편함보다는 물의 어는 온도를 중심으로 영상, 영하로 가르는 것이 더욱 편리하기 때문이다.

섭씨와 화씨온도는 일상적 · 공업적 용도로 사용되는 데 반해 절대온도(또는 Kelvin 온도, 앞으로 K로 표기)는 주로 과학적인 용도로 사용되고 있다. 절대온도는 분자 운동의 관점에서 온도를 정의한다. 즉 분자들의 운동이 전혀 없는 절대영도를 온도 매김의 출발점으로 정하고 그 이상은 분자운동이 어느 정도로 활발한가에 따라 온도를 매긴다. 분자 운동의 관점에서 볼 때 운동이 활발하면 분자들 상호간의 작용이 많아지게 되고 또한 분자들의 충돌도 빈번하게 되므로 이에 따라 열이 발생하여 온도가 높아지게 된다. 절대영도 이상에는 기준이 되는 몇 개의 고정된 온도를 두고 있다. 이 중의 하나가 물의 어는 온도인데 이때의 온도를 273K로 정한다. 그리고 온도간격은 섭씨온도와 같은 간격을 사용한다. 이렇게 함으로써 섭씨온도에 273을 더한 온도가 절대온도가 되도록 하였다. 거꾸로 말하면 절대온도에서 273을 뺀 온도가 섭씨온도가 된다. 상온(27°C)은 절대온도에서는 300K가 된다. 그리고 절대영도는 섭씨온도에서는 −273°C이다.

[예제] 화씨로 10°F인 온도는 절대온도로는 몇 K인가?

[답] $C=\frac{5}{9}(F\text{-}32)$를 이용하면 화씨로 10°F인 온도는 섭씨로는 -12.22°C이다. 절대온도로는 $K=C+273$이므로 260.8K이다.

11-2. 온도는 어떻게 측정하나?

온도를 재기 위해서 온도계를 사용한다. 온도를 잰다는 것은 물리량이 온도에 따라 어떻게 변하는가를 보는 것이다. 따라서 기본적으로는 온도에 따라 변하는 물리량들이 모두 온도를 측정하는 데 이용될 수 있다. 즉 온도에 따라 부피가 변하는 것, 전기저항이 변하는 것, 색이 변하는 것 등을 온도를 재는 데 이용할 수 있다. 그러나 어떤 물리량을 온도측정에 사용할 수 있기 위해서는 측정하고자 하는 온도범위에서 그 물리량이 측정 가능할 정도로 크게 변해야 되고, 또한 물리량의 온도에 따른 변화가 간단한 물리법칙에 의해 설명될 수 있어야 한다.

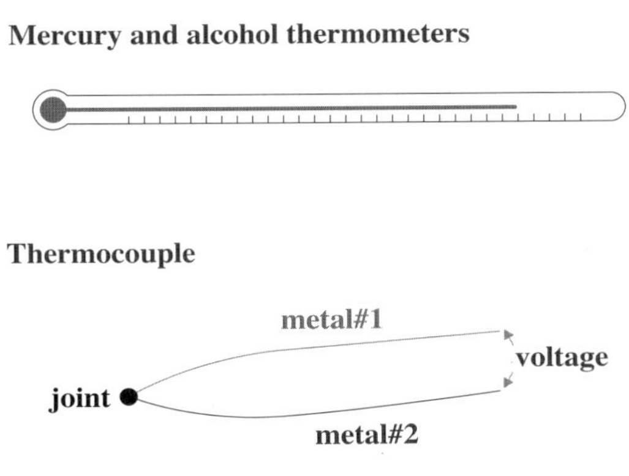

그림 11-1 수은온도계와 열전대

상온 근방의 온도를 측정하기 위해서 수은 또는 알코올 온도계가 이용되고 있다. 이들 온도계는 액체의 부피가 온도에 따라 변하는 것을 이용한 것이다. 즉 온도가 높아지면 액체의 부피가 커지고 반대로 온도가 낮아지면 부피가 줄어드는 물리법칙을 사용한다. 밀봉된 가는 유리관 속에 수은 또는 알코올을 넣고 물의 어는 온도와 끓는 온도에서의 부피에 해당하는 위치를 표시한 다음 그 사

표 11-1 여러 열전대의 온도 측정 영역

접점 물질(A/B)	온도 측정영역(섭씨)	전압 변화[mV]
Chromel/Alumel	0~982	75
Iron/Constantan	-184~760	50
Tungsten(5%Rhenium)/ Tungsten(26%Rhenium)	38~1,800	13.6
Copper/Constantan	-184~400	26
Platinum/Platinum(10%Rhodium)	0~1,538	16

이를 100등분(섭씨의 경우)하여 온도계를 만든 것이다. 수은은 은회색을 띠고 있어서 식별이 용이하나 알코올은 무색이므로 주로 붉은 색소를 넣어 식별이 용이하게 만든다. 이러한 온도계는 기온을 재거나 사람의 체온을 재는 데 많이 이용된다.

석유난로, 전열기, 냉장고 등에서 온도를 측정하기 위해서는 기기의 작동온도에서 파손되지 않는 온도계를 사용하여야 한다. 또한 온도를 조절해야 하는 기기의 경우 설정된 온도보다 온도가 높거나 낮으면 전기신호를 주어 온도를 조절해야 하는 때가 많다. 냉장고, 온풍기, 에어컨 등이 그 대표적인 경우이다. 이러한 기기에서는 온도에 따라 변하는 전기적인 신호를 측정할 수 있는 온도계를 사용하는 것이 좋다. 이러한 경우에 많이 사용하는 온도계가 열전대(thermocouple)이다. 열전대는 두 개의 다른 도체를 접합시켰을 때 두 도체 사이에 전압 차이가 생기는데 이 전압차가 온도에 따라 변하는 성질을 온도측정에 이용한 것이다. 열전대로 측정 가능한 온도영역은 상당히 넓다. 여러 종류의 열전대가 개발되어 -180°C에서 2,000°C까지의 온도를 측정하는 데 사용되고 있다. 표 11-1에 여러 열전대의 온도 측정영역이 주어져 있다.

11-3. 냉동액체란 무엇이며 어떻게 만드는가?

액체화된 기체(액화기체 또는 냉동액체라 부르며 액체임)는 가정용, 공업용, 연구용 등으로 많이 사용되고 있다. 냉동액체 중 일부는 결국에는 기체로 사용되지만, 좁은 공간에 많은 양을 보관하거나 한꺼번에 많은 양을 운반하기 위해 액체화시키는 경우가 있고 또는 액체인 그대로 다른 물질을 냉동시키는 데 사용되는 경우도 있다. 가정용으로 많이 사용되는 액화 천연가스(LNG, 메탄이 90% 이상 함유, -162°C), 액화 석유가스(LPG, 프로판이 95% 이상 함유, -42°C) 등은 결국은 기체로 사용되지만 대량으로 운반 및 보관하기 위해 액체화시킨다. 또한 병원에서 의료용으로 쓰이는 산소는 궁극적으로는 기체 상태로 사용된다. 하지만 이들을 대량으로 보관하기 위해 대형 액체산소 저장탱크를 사용하고 있다. 액체연료 추진 로켓의 연료인 수소-산소 등의 혼합액체도 로켓을 지구궤도로 올리는 데 많은 양의 연료가 필요하기 때문에 이를 액체 상태로 만들어 사용하고 있다. 반면에 액체질소를 수정란 또는 혈액의 보관, 채소의 신선도를 유지하기 위한 냉동, 폐타이어의 재생 등에

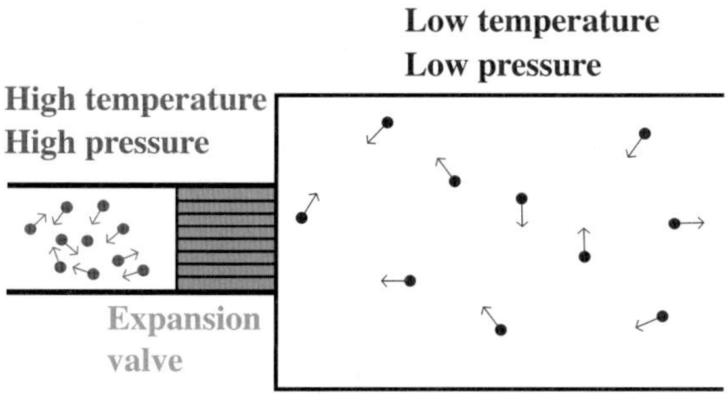

그림 11-2 팽창에 의한 기체 온도의 감소

사용할 경우 액체질소는 다른 물질을 냉동시키는 데 직접(또는 증발된 차가운 기체를 이용) 사용된다. 물리학 분야에서는 액체질소와 액체헬륨이 물체의 온도를 내리는 데 많이 사용된다. 물체의 온도를 내림으로써 낮은 온도에서 발생하는 새로운 물리현상을 관찰할 수 있고 상온에서 생기는 여러 종류의 원하지 않는 잡다한 신호를 없앨 수 있다.

기체의 액체화는 팽창엔진에 의한 단열팽창 과정과 Joule-Thompson 효과를 이용한 J-T밸브(팽창밸브)에 의한 팽창과정에 의해 이루어진다. 헬륨, 수소, 네온을 액화시킬 때는 팽창엔진에 의한 냉동이 이루어진 후 최종적인 과정은 J-T밸브에 의해 마무리된다(그러나 헬륨, 수소, 네온을 제외한 기체를 액화시킬 때는 J-T밸브만 사용해도 된다).

온도는 기체의 운동과 밀접한 관련이 있다. 높은 압력의 기체는 아주 빠른 속도로 좁은 공간에서 움직이는데 갑자기 팽창하면 운동할 수 있는 공간이 넓어짐으로써 속도가 감소하여 온도가 떨어진다. 냉동액체를 만드는 데 사용하는 팽창엔진이나 J-T밸브는 수백 기압의 고압과 몇 K 또는 몇 십 K의 낮은 온도에서 사용된다. 따라서 이러한 조건에서 견딜 수 있기 위해서 팽창엔진이나 J-T밸브는 특수한 재료를 사용하여 만들어야 한다. 현재도 수명이 길고 효율이 좋은 팽창엔진과 J-T밸브의 개선이 꾸준히 이루어지고 있다.

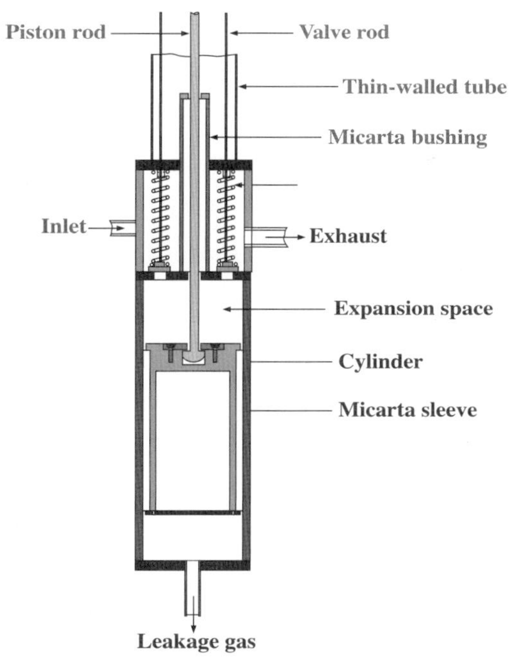

그림 11-3 냉동액체 생산에 사용되고 있는 팽창엔진의 모양

가정용이나 공업용으로 많이 쓰이는 냉장고, 에어컨 등은 모두 냉동액체를 만드는 원리와 동일한 원리를 사용하고 있다. 그림 11-4에 냉장 또는 냉동장치의 기본개념도가 주어져 있다. 압축기(compressor)에 의해 고압 상태로 만들어진 기체가 팽창밸브(J-T valve)에 의

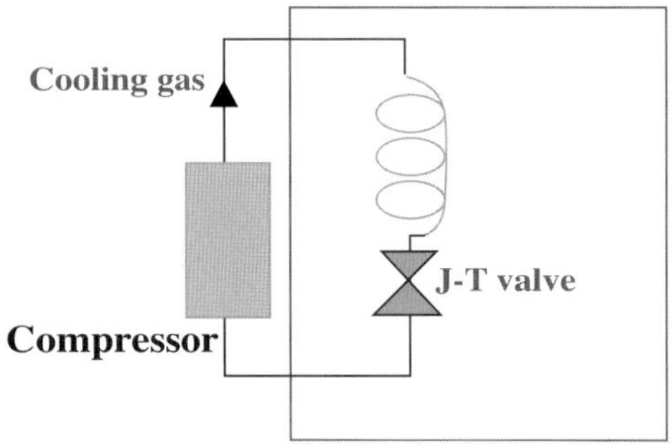

그림 11-4 냉장 또는 냉동장치의 개념도

해 팽창하면서 기체의 온도가 내려간다. 한 번의 팽창에 의한 온도감소의 효과는 작으나 여러 번의 팽창으로 원하는 온도까지 온도를 내릴 수 있다. 이러한 냉장 및 냉동장치의 기체(냉매)는 팽창에 의해 온도감소 효과가 큰 기체를 사용하는 것이 좋다. 지금까지 주로 프레온이 사용되다가 프레온이 오존층 파괴의 주범이라는 이유로 현재는 대체기체 연구에 의해 여러 종류의 기체가 개발되어 사용되고 있다.

기체의 액체화는 1840년대에 미국의 Gorrie라는 의사가 말라리아에 걸린 환자를 위해 팽창엔진을 이용하여 소량의 공기를 액체화시킨 것이 그 시초이다. 그 후 Joule-Thompson(1853년)이 개발한 J-T밸브에 의해 많은 양의 공기를 한꺼번에 액체화시킬 수 있게 되었고 공기의 액체화 기술도 발달하였다.

산소의 액체화는 1877년 프랑스 광산 기술자인 Cailletet가 300기압의 산소를 갑자기 팽창시킴으로써 액체산소의 방울을 관찰한 것이 처음이다. 또한 이것이 순수 원소에 대한 액체화의 시작이다. 같은 시대에 스위스 물리학자인 Pictet는 팽창엔진을 여러 개 사용한 장비를 이용하여 산소의 액체화를 시도하였다. 그러나 충분한 양의 산소가 액체화된 것은 1883년 폴란드의 Wroblewski와 Olszewski에 의해서였다. 이들은 질소도 액체화하는 데 성공하였으며, 수소를 100기압에서 대기압으로 팽창시킴으로써 액체수소 방울을 만드는 데 성공하였으나 충분한 양을 얻지는 못하였다.

1892년 영국의 Dewar는 냉동액체를 담아 오래 보관할 수 있는, 단열이 잘되는 용기를 개발

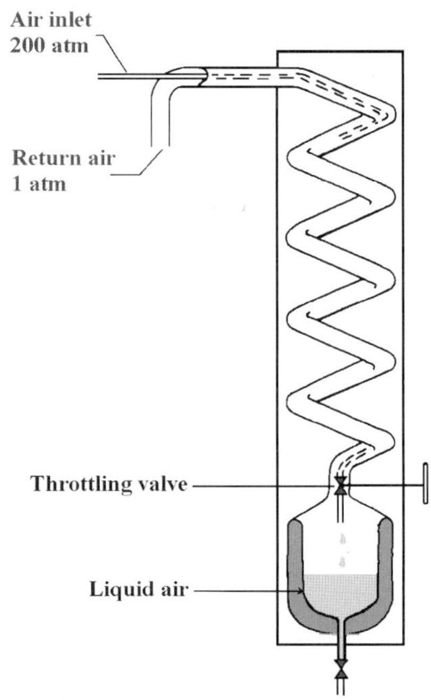

그림 11-5 초기의 액체화 시도에 이용된 기구의 개념도

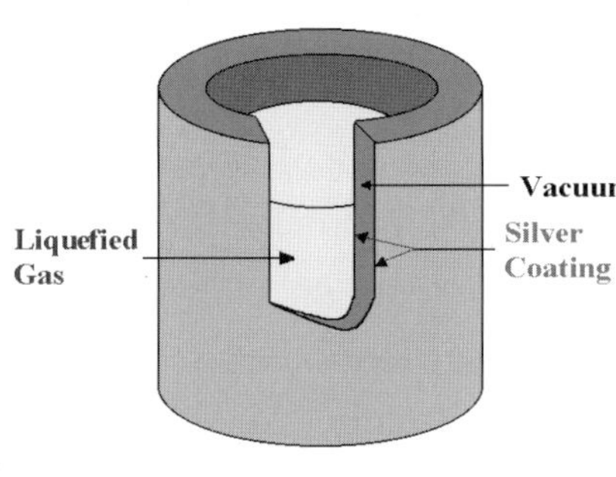

그림 11-6 Dewar가 고안한 냉동액체를 담는 통

하였다. 이 용기는 내벽과 외벽 사이를 진공으로 만들어 외부에서의 열전도를 차단하고 또한 안쪽 벽을 은으로 칠하여 열복사를 차단해 단열이 잘 되게 만들었다. 이 용기에 의해 냉동액체의 보관시간이 그 전에 사용하던 용기보다 30배 이상 증가되어, 끓는 온도가 아주 낮은 수소, 헬륨에 대한 액체화의 시도가 가속화되었다. 마침내 1898년 Dewar는 자신이 고안한 용기를 사용하여 20cc의 액체수소를 만드는 데 성공하였다.

1879년 독일의 Linde는 액체공기를 양산하는 공장을 설립하였다. Linde는 상업적으로 냉동액체의 중요성을 인식한 최초의 사람이다. Linde는 1907년 미국에 액체공기를 대량으로 생산하는 공장을 건립하기 시작하여 1912년 완성하였다. 이때부터 미국에서도 액체공기의 대량생산이 이루어지기 시작하였다. 오늘날에도 Linde社는 세계적인 냉동액체 생산업체의 하나이다. 프랑스의 Claude도 액체공기의 대량생산 업체인 l'Air Liquide社를 설립하였다.

1908년 네델란드의 Onnes는 그때까지 액체화가 되지 않던 헬륨을 60cc가량 액체화시키는 데 성공하였다. 액체헬륨의 끓는 온도는 냉동액체 중 가장 낮은 4K이다. 또한, 그는 액체헬륨을 이용하여 낮은 온도에서 여러 도체의 전기 전도도를 측정하는 과정에서 1911년 수은의 초전도성을 발견하여 초전도체 물리학이라는 새로운 학문 분야를 열기도 하였다.

1926년 미국의 Goddard는 액체산소와 가솔린을 혼합한 액체 추진제를 이용하여 로켓발사에 성공하였는데 이는 냉동액체의 군사적 이용에 대한 중요성을 일깨운

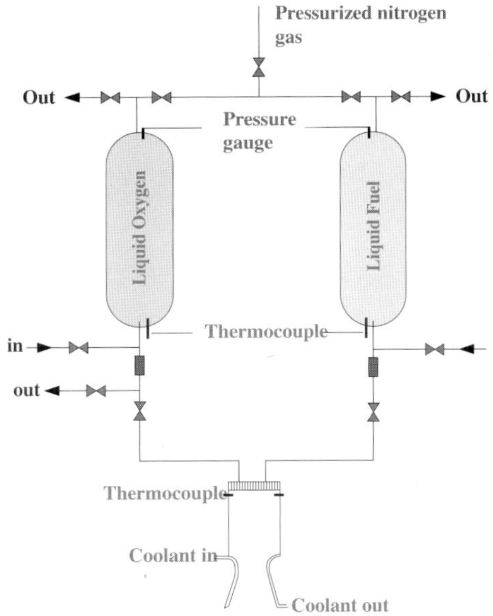

그림 11-7 액체 연료 추진 로켓의 개략적 구조

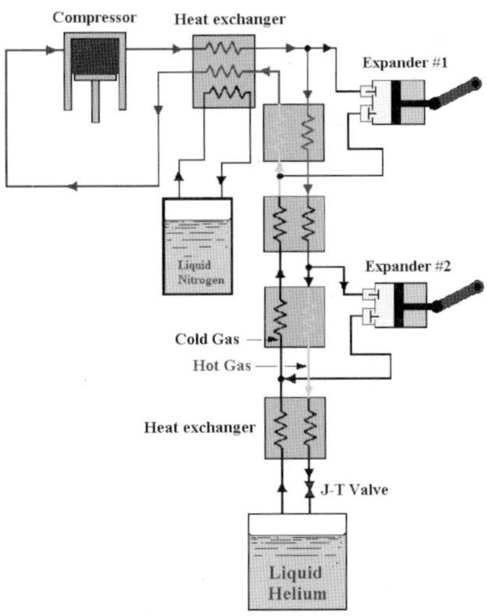

그림 11-8 헬륨액화기의 개념도

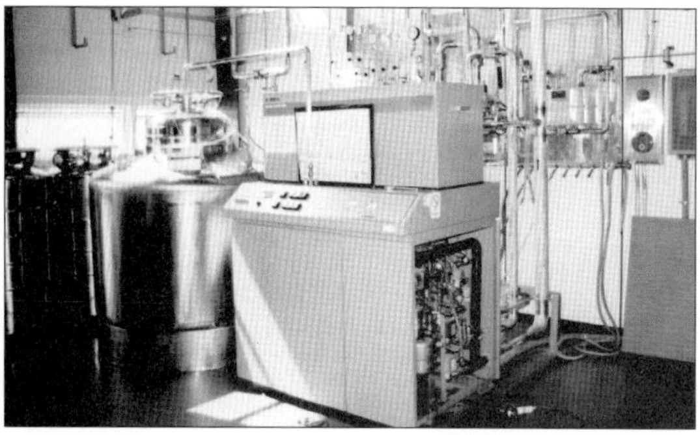

그림 11-9 헬륨액화기의 모양

사건이었다. 또한, 이것은 이후 독일의 V-2 로켓(1942년 Dornbergar), 2차대전 후 냉전시대의 대륙 간 탄도탄 및 우주시대의 여러 로켓 등장의 신호탄이 되었다. 상업적 · 군사적인 목적으로 냉동액체의 이용도가 높아짐에 따라 냉동액체의 수송차량 및 저장탱크 등이 곳곳에 설치되기 시작하였다. 산소의 경우 1949년 하루에 300톤의 생산이 가능한 공장이 가동하기 시작하였다. 그리고 2차대전 후 본격적인 로켓개발이 시작되었다. 로켓은 핵탄두를 실어 나르기 위한 군사적인 목적과 우주개발에서 우주선의 지구궤도 진입을 위한 목적 등 두 가지의 목적으로 개발되기 시작하였다. 1956년 액체수소 추진제를 사용한 아틀라스 대륙 간 탄도미사일(Atlas ICBM)이 개발되었으며 1961년에는 처음으로 액체수소-액체산소 추진제를 사용한 Saturn V 로켓의 개발이 이루어지고 이를 이용한 인간의 달 착륙이 1969년 성공하였다. 이후 냉동액체를 이용한 군사적인 목적 및 우주산업용 로켓이 개발되어 오늘에 이르렀다.

1934년 Kapitza는 헬륨액화기에 처음으로 팽창엔진을 설계하여 사용함으로써 액체헬륨을 대량으로 생산하는 데 크게 이바지하였다. 이후 액체헬륨액화기는 대학 등 연구기관에도 많이 보급되어 저온물리학을 본격적으로 시작하는 계기를 만들었다. 그림 11-8에 헬륨액화기의 개념도가 주어져 있다. 압축기(compressor)로 압축된 기체가 액체질소(77K)에 의해 온도가 내려간 후 몇 개의 팽창엔진(expander)과 J-T밸브에 의해 온도가 내려가 액체화된다. 액체화된 액체헬륨은 저장탱크에 보관된다. 그림 11-9에는 현재 사용하고 있는 헬륨액화기의 사진이 주어져 있다.

[예제] 질소와 CO_2의 J-T계수는 각각 $2.5\times10^{-6}K/Pa$, $1.2\times10^{-5}K/Pa$이다. J-T밸브 양단의 압력 차이가 $-200atm$일 경우 J-T과정에서 변하는 온도는 질소의 경우 몇 K이고, CO_2의 경우 몇 K인가?

[답] $\mu_{JT}=\left(\frac{\Delta T}{\Delta P}\right)_H$ 이므로 $\Delta T=\Delta\mu_{JT}\,\Delta P$이다. 따라서 $\Delta T_{질소}=-50K$, $\Delta T_{CO_2}=-240K$이다.

11-4. 냉동액체는 어떤 분야에 이용되는가?

냉동액체는 산업 및 의료분야에 많이 이용되고 있다. 앞에서 언급하였듯이 LPG, LNG, 로켓발사의 액체연료, 병원의 액체산소 등이 사용되고 있다. 또한 인공수정을 위한 정액 및 수정란의 보관,

혈액의 보관, 냉동수술 등에 냉동액체가 이용된다. 앞으로는 이식할 장기를 냉동시켜 오래 보관할 수 있는 기술이 개발되리라 예상된다.

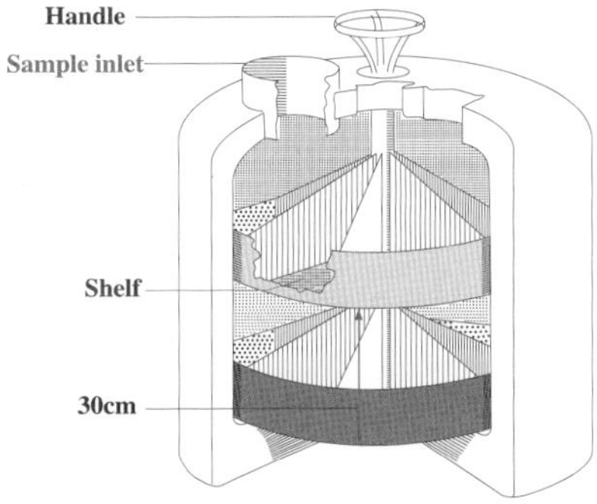

그림 11-10 냉동액체를 이용한 냉동 보관장치

사마귀 등 피부에 난 종양을 없애는 데 냉동수술이 많이 이용되고 있다. 액체질소를 이용하여 사마귀 부분을 급속 냉동하여 떼어내는 것이다. 이러한 냉동수술은 수술 부위에서 피가 많이 나지 않는다는 장점이 있다.

또 수술을 할 때 체온을 떨어뜨림으로써 피의 순환을 줄일 수 있다. 체온을 20°C에서 30°C 사이로 낮출 경우 피의 순환이 현저히 줄어들어 8분 동안 뇌에 피가 잘 돌지 않더라도 생명을 유지할 수 있다. 이러한 냉동수술에도 냉동액체가 이용될 수 있다.

냉동액체는 채소를 급속 냉동시켜 신선함을 유지하는 냉동보관에도 이용된다. 액체질소의 증기를 이용하여 채소를 급속 냉동시켰을 때 영양소 파괴 없이 오랫동안 저장할 수 있다.

냉동액체는 폐타이어의 재생에도 이용된다. 폐타이어를 액체질소로 급속 냉동시킨 후 상온으로 갑자기 끄집어내면 쉽게 부스러져서 고무 부분과 철로 된 심을 분리할 수 있다.

MRI에는 초전도체 자석을 사용하며 초전도체 자석의 온도를 내리는 데 액체헬륨이 사용되고 있다. 초전도체 자석으로는 Nb-Ti 합금이 쓰이는데 이 물질은 9K 근방에서 초전도체가 된다. 따라서 끓는 온도가 4K인 액체헬륨으로 온도를 내려 초전도체로 만든다. 초전도체에는 전기저항이 없으므로 아주 센 전류를 흘릴 수 있어서 센 자기장을 만들 수 있다.

초전도체로 센 자기장을 만들어 자기부상열차를 만들 수 있다. 그림 11-11에 자기부상현상과 자기부상열차의 사진이 주어져 있다. 초전도체 자기부상열차는 액체헬륨을 이용하여 센 자기장을 만들어 금속으로 된 철로에 와류전류(eddy current)를 발생시켜 열차가 공중에 뜬 상태에서 운행한다. 따라서 열차의 속도를 아주 빠르게 할 수 있다. 자기부상열차는 상업용으로 곧 운행될 것으로 전망된다.

그림 11-11 자기부상현상과 자기부상열차

이 외에도 냉동액체를 사용하는 분야가 많고 앞으로 그 활용분야도 급속히 증가하리라 예상된다.

냉동액체의 종류는 아주 많다. 기본적으로 상온에서 기체상태로 존재하는 모든 기체를 액체화시킬 수 있다. 이 중에서 액체의 온도가 상온 근방인 경우에는 보관에 크게 신경을 쓸 필요가 없다. 보통의 용기에 담아서 마개만 잘 막아두면 되기 때문이다. 그러나 온도(끓는 온도)가 상온과 차이가 많이 나는 액체를 보관하기 위해서는 특수한 용기가 필요하다. 액체질소는 끓는 온도가 −196°C이어서 보통 용기에 담을 경우 기온이 27°C라고 가정하면 기온과 액체질소의 온도 차이가 엄청나서 액체질소는 순식간에 기화되어 공기 중으로 달아나 버리고 말 것이다. 기체액화의 역사에서 언급하였듯이 Dewar의 냉동액체를 담는 통(그림 11-6)의 고안은 끓는 온도가 낮은 수소, 헬륨을 액체화시키는 데 결정적인 공헌을 하였다. 그리고 현재 이 dewar의 구조는 보온병에도 응용되어 널리 사용되고 있다. 액체헬륨을 보관하기 위해서는 초단열 dewar를 사용하고 있다. 초단열 dewar는 기본적으로 Dewar의 용기와 구조상 비슷하나 진공으로 만든 내벽과 외벽 사이의 공간에 여러 종류의 단열재료를 넣어 외부의 열이 용기 내부에 들어가는 것을 최대한 차단되도록 설계되어 있다. MRI나 자기부상열차에도 액체헬륨이 쓰이므로 이 경우에도 초단열 dewar 안에 액체헬륨을 넣어 헬륨의 증발에 의한 손실을 최대한 억제하고 있다. 표 11-2에는 여러 종류의 냉동액체의 끓는 온도가 주어져 있다. 이 끓는 온도는 대기압에서 끓는 온도를 나타낸다.

표 11-2 냉동액체의 (끓는) 온도

액체(액체화된 기체)	1기압에서 끓는 온도
헬륨	4.2K
수소	20K
네온	27K
질소	77K
공기	79K
일산화탄소	82K
아르곤	87K
산소	90K
메탄	112K
암모니아	240K

냉동액체의 보관에는 특수하게 단열이 잘 된 탱크를 사용하고 있다. 기본적인 아이디어는 Dewar가 고안한 형태를 사용한다. 그림 11-12는 냉동액체 저장용 탱크의 개략적 구조를 보여 주고 있다.

냉동액체를 운반할 때도 이러한 구조의 dewar를 짐칸에 올려 만든 트럭을 사용한다(그림 11-13).

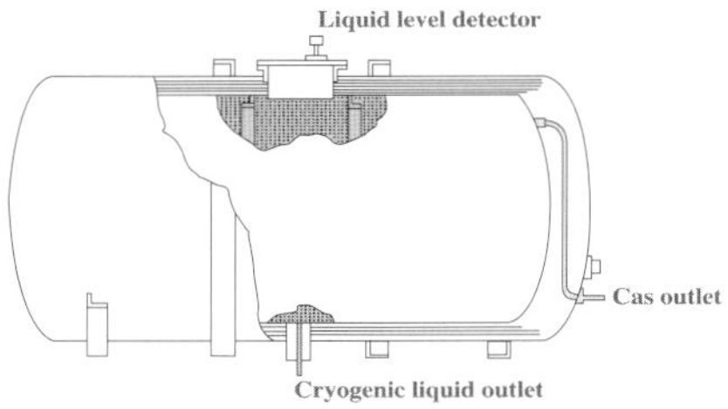

그림 11-12 냉동액체의 보관용 탱크

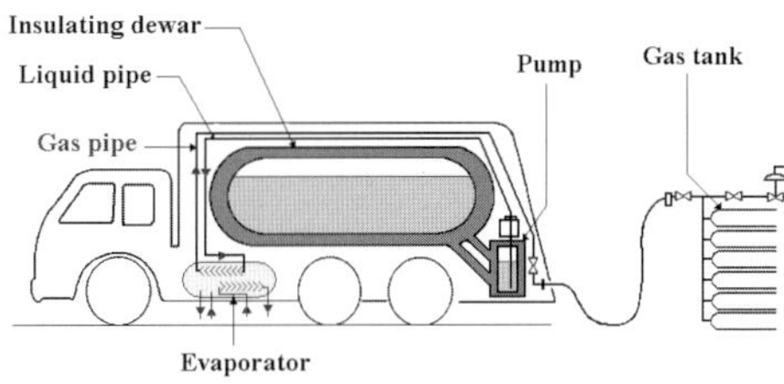

그림 11-13 냉동액체 운반차의 구조

11-5. 초유체란 무엇인가?

액체헬륨은 다른 냉동액체들이 갖지 않는 특이한 성질을 가지고 있는데 이는 절대영도까지도 액체로 존재한다는 것이다. 모든 기체들은 온도가 낮아짐에 따라 기체→ 액체→ 고체의 과정을 거친다. 즉 온도를 계속 내리면 언젠가는 고체가 된다. 그러나 헬륨은 절대영도에서도 액체 상태를 유지한다. 액체헬륨은 절대영도에서 25기압의 큰 압력을 주어야만 고체헬륨이 된다. 이러한 특이성은 헬륨의 두 가지 독특한 성질에서 기인한다. 첫째, 헬륨은 불활성 기체로서 원자 사이에 작용하는 힘이 작아 서로 독립적이다. 둘째, 헬륨은 질량이 작기 때문에 양자역학적인 영점에너지가 커서 절대영도 가까이에서도 운동이 매우 활발하다. 따라서 헬륨원자들을 주어진 위치에 묶어두기(고체로 만드는 것)는 아주 어렵다. 이를 위해서는 외부에서 아주 센 압력(25기압)을 가해 주어야 한다.

헬륨이 보이는 또 다른 놀라운 현상은 2.7K 이하에서 초유체가 된다는 것이다. 초유체는 점성이 없는 액체를 말한다. 보통 유체를 관 속에 흘리면 점성 때문에 어느 정도 흐르다가 멈춘다. 유체를 계속 관 속에서 흐르게 하려면 외부에서 힘(압력)을 주어야 한다. 그러나 초유체는 점성이 없으므로 관 속을 영원히 흐를 수 있다. 이러한 초유체의 성질은 초전도체 도선에는 전기저항이 없어서 전류가 영원히 흐르는 성질과 일맥상통한다. 이 초유체의 성질은 그림 11-14에서와 같은 실험을 통해 관찰할 수 있다. 비어 있는 비커를 초유체에 넣기 시작하면 비커가 완전히 잠기지 않은 상태에서도 비커 면에 초유체의 흐름이 형성되어 비커 안에 초유체가 차기 시작한다. 이러한 현상은 비커 안에 있는 초유체의 면이 바깥쪽 초유체 면과 같은 높이가 될 때까지 계속된다. 다음에 비커를 서서히 초유체 면 위쪽으로 올리면 초유체의 흐름 때문에 액체 스스로가 비커를 비우는 현상을 볼 수 있다. 이는 비커의 높이를 액체면보다 훨씬 높일 경우 액체방울이 떨어지는 현상에서 명백히 관찰할 수 있다.

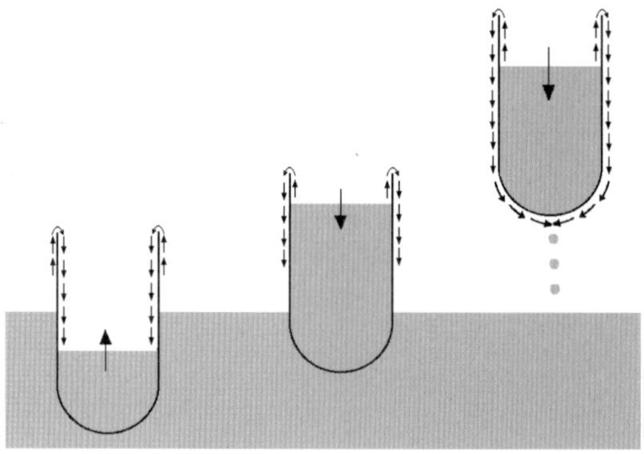

그림 11-14 초유체의 특성

11-7. 액체헬륨을 이용하여 극저온 환경을 어떻게 만드는가?

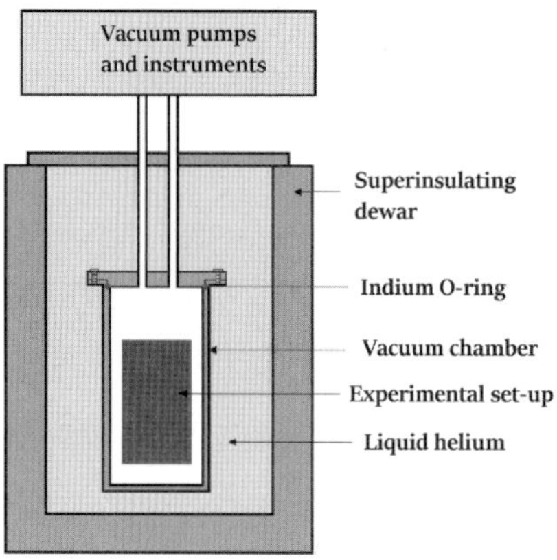

그림 11-15 극저온 장치의 기본적인 개념도

극저온(low temperature)이란 액체헬륨 온도인 4K보다 낮은 온도를 말한다. 물체의 온도를 4K로 내리려면 그 물체를 액체헬륨 속에 담그면 된다. 그러나 이보다 낮은 온도를 얻기 위해서는 다른 방법을 사용해야 한다. 액체헬륨을 이용하여 극저온을 만드는 몇 가지 방법이 고안되었는데 이 절에서는 이에 대해 알아보도록 한다.

극저온 장치의 기본적인 개념도가 그림 11-15에 주어져 있다. 극저온을 만들려는 공간(cryostat)은 액체헬륨에 둘러싸인 진공통(vacuum chamber) 안이다. 이 진공통 안에 극저온을 만드는 장치 및 실험장치가 들어간다. 액체헬륨은 액체이기 때문에 진공통 안으로 액체가 흘러들어가지 않게 하기 위하여 인듐(indium)으로 봉인(sealing)을 하여야 한다. 인듐은 고체인데도 상당히 무르기 때문에 진공통의 뚜껑과 밑판 사이에 눌러지면 액체헬륨을 진공통 안으로 들어가지 못하게 할 수 있다.

(1) 증발냉동 방법

액체헬륨 온도인 4K보다 낮은 온도를 얻기 위해 사용하는 가장 간단한 방법은 액체헬륨을 강제로 증발시키는 것이다. 이는 액체가 증발하여 기체가 될 때 주위로부터 열을 빼앗아 가는 원리를 이용한 것이다. 여름날 더울 때 부채질을 하면 피부에 있는 땀(수분)이 증발하여 시원함을 느끼는 것도 증발에 의한 온도 감소효과 때문이다.

헬륨에는 두 가지 종류의 안정된 동위원소, 즉 헬륨3(^{3}He)과 헬륨4(^{4}He)가 있다. 헬륨4는 헬륨3보다 핵 안에 중성자가 하나 더 많다. 이 중에서 액체헬륨3의 휘발성이 액체헬륨4보다 훨씬 좋아서 액체헬륨3을 이용한 증발냉동에 의해 더 낮은 온도를 얻을 수 있다. 액체헬륨4를 이용한 증발에서는 1K의 온도를 얻을 수 있는 데 반해 액체헬륨3을 이용한 냉동에서는 최저 0.3K까지 얻을 수 있다. 그러나 헬륨은 공기 중에 대략 0.00013% 존재하는데 이 중에서 헬륨3의 양은 11^{-5}%밖에 되지 않는다. 따라서 헬륨3은 가격이 아주 비싸서 공기 중으로 달아나지 않도록 주의하여야 한다.

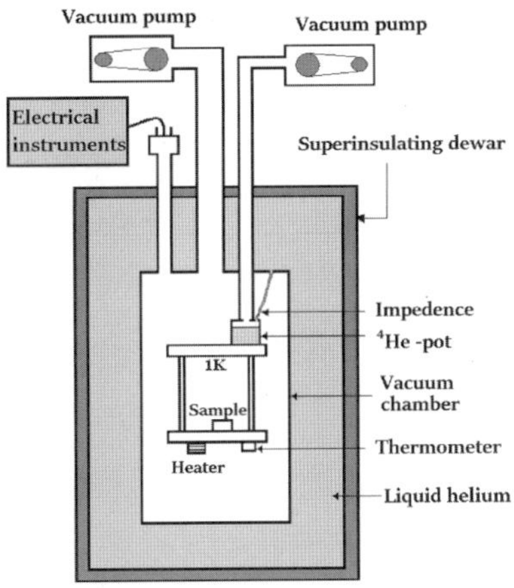

그림 11-16 헬륨4 증발냉동기의 개념도

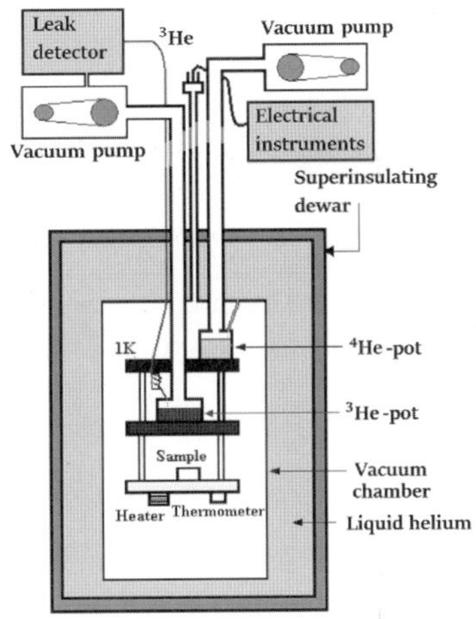

그림 11-17 헬륨3 증발냉동기

그림 11-16에 액체헬륨4를 이용한 증발냉동기의 개념도가 주어져 있다. 액체헬륨을 담은 작은 통인 증발통(^{4}He-pot)을 만들고 이를 진공펌프에 연결하여 펌핑한다. 이렇게 할 경우 펌핑에 의해 증발통 안의 헬륨4가 강제로 증발됨으로써 온도가 내려가는 것이다. 증발통 안의 액체헬륨이 계속 증발하면 액체헬륨이 고갈되기 때문에 외부에서 액체헬륨을 공급해 줄 필요가 있다. 이를 위해 증발통은 dewar 안에 채워져 있는 액체헬륨과 임피던스(impedence) 관으로 연결되어 있다. 임피던스 관은 펌핑에 의해 헬륨 증발통이 고갈되지 않도록 액체헬륨을 계속 채우는 역할을 한다. 액체헬륨을 진공펌프로 펌핑할 경우 대략 1K 가까이로 온도를 떨어뜨릴 수 있다. 이보다 낮은 온도에서는 액체헬륨 위에 떠 있는 기체의 양이 워낙 적어서 더 이상 펌핑이 되지 않아 온도를 더 떨어뜨리지 못하게 된다. 따라서 액체헬륨4를 증발시킴으로써 온도를 내리는 증발냉동의 한계는 대략 1K가 된다.

헬륨3을 이용한 냉동기의 구조가 그림 11-17에 주어져 있다. 이 증발기와 헬륨4 증발기와의 차이는 액체헬륨3을 증발시키기 위한 증발통(^{3}He pot)이 하나 더 있다는 것뿐이다. 헬륨3은 순환하면서 증발냉동에 이용되는데 펌프에 의해 기체로 된 헬륨3은 헬륨4 증발통을 지나면서 액체로 되어 헬륨3 증발통에 다시 투입되고 그곳에서 다시 증발되는 과정을 되풀이한다. 이때 샘(leak) 측정장비에 의해 헬륨3이 여러 관을 통과하면서 새지 않는지가 측정된다. 헬륨3을 이용한 증발냉동에서는 최저 0.3K까지의 온도를 얻을 수 있다.

(2) 희석냉동기

적은 양의 헬륨3이 액체헬륨4에 섞이면 여러 가지 독특한 성질이 나타난다. 1951년 London은 헬륨3-헬륨4 혼합액체를 사용하여 증발냉동과 동일한 방법으로 온도를 내릴 수 있을 것이라는 제안을 하였다. 그러나 당시에는 상분리(相分離, phase separation) 현상이 발견되지 않아서 냉동기 제작은 이루어지지 못했다. 상분리 현상이란 헬륨3-헬륨4 혼합액체의 온도를 0.8K 이하로 내리면 무게가 가벼운 액체헬륨3이 위에 뜨고 아래에는 헬륨4가 대부분인 액체로 구분되는 현상이다. 즉 위는 100%가 헬륨3인 액체이고 아래는 대부분이 헬륨4인 액체로 나누어지는 것이다. 따라서 위 액체를 헬륨3으로 농축되어 있다고 하여 농축액체(concentrated liquid)라 부르고 아래 액체는 헬륨4에 헬륨3이 소량 포함되어 있다고 희석액체(dilute liquid)라 부른다. 1956년 Walters와 Fairbanks는 상분리 현상을 실험적으로 발견하였다. 이에 따라 헬륨3-헬륨4 혼합액체를 이용한 냉동이 가능해졌다.

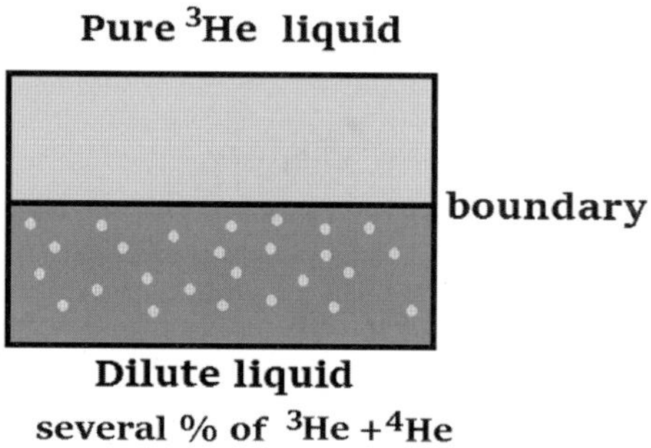

그림 11-18 상분리 현상

헬륨3-헬륨4 혼합액체를 이용한 냉동방법을 희석냉동(dilution cooling)이라 부른다. 희석냉동은 상분리된 헬륨3-헬륨4 혼합액체에서 희석액체 쪽을 진공펌프로 펌핑하는 것이다. 이렇게 펌핑하면 희석액체 위에 떠 있는 농축액체 안의 헬륨3이 희석액체 쪽으로 넘어오게 된다(일종의 증발). 희석액체는 대부분 헬륨4로 되어 있기 때문에 초유체이다. 초유체는 움직임이 없고 아주 고요한 상태이다. 따라서 희석액체 쪽으로 증발되는 헬륨3은 진공으로 증발되는 것과 같다고 할 수 있다. 이러한 헬륨3의 증발에 의해 주위의 열이 빼앗기기 때문에 온도가 내려간다. 따라서 희석냉동의 원리는 증발냉동과 유사하다.

상분리 현상 외에도 헬륨3-헬륨4 혼합액체에는 또 다른 특성이 있다. 이는 절대영도에서도 희석액체에는 헬륨3이 6% 포함될 수 있다는 것이다. 만약 절대영도에서 희석액체에 헬륨3이 전혀 포함될 수 없다고 한다면 헬륨3을 희석액체 쪽으로 강제 증발시킬 수 없으므로 냉동과정을 계속할 수 없다. 그러나 다행히 희석액체에는 절대영도에서도 헬륨3이 6% 섞일 수 있으므로 헬륨3을 희석액체 쪽으로 강제로 증발시키는 냉동과정을 절대영도에서도 계속할 수 있다. 실제로 진공펌프의 성능한계, 외부에서의 열의 유입 등 여러 요인에 의해 희석냉동기로 내릴 수 있는 온도에는 한계가 있다. 이 한계온도가 대략 0.002K이다. 희석냉동기는 영국의 Oxford社 또는 미국의 Cryovac社 등에

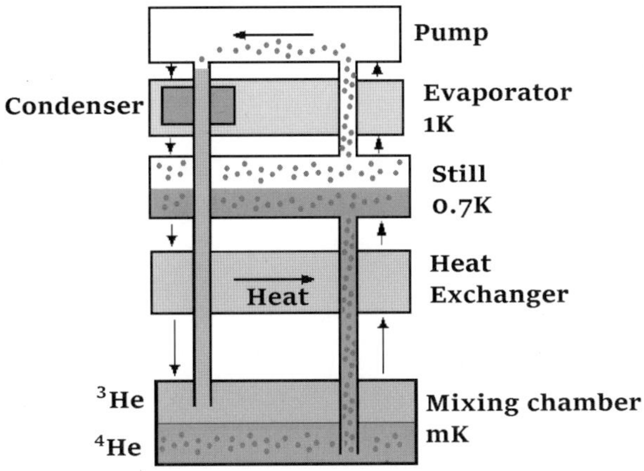

그림 11-19 희석냉동기 작동의 기본 개념도

서 여러 가지 모델을 생산하여 판매하고 있다. 이들 상업적 희석냉동기의 모델은 최저로 얻을 수 있는 온도와 냉동시킬 수 있는 열량(power)에 따라 구별되어 판매되고 있다.

희석냉동기의 작동에 관한 기본 개념도가 그림 11-19에 주어져 있다. 혼합실(mixing chamber)은 헬륨3-헬륨4 혼합액체가 있는 곳이다. 혼합실에는 두 개의 관이 연결되어 있다. 하나는 혼합실의 밑바닥까지 연결된 관인데 펌핑을 위한 것이고 다른 하나는 헬륨3을 재투입하기 위한 것이다. 펌핑하는 관이 밑바닥까지 연결되어 있는 이유는 앞에서 언급하였듯이 상분리 현상이 일어나면 희석액체가 밑에 놓이기 때문이다. 이 펌핑용 관은 증류기(still)의 아랫부분과 연결되어 있다. 증류기 윗부분은 관을 통해 외부에 있는 진공펌프와 연결되어 있다. 따라서 혼합실 안에서 일어나는 헬륨3의 증발은 증류기 위쪽을 펌핑함으로써 유도된다는 것을 알 수 있다.

진공펌프에 의해 증발된 기체 헬륨3은 냉동기의 여러 부분을 거쳐 혼합실로 재투입된다. 즉, 헬륨3은 액화기(condenser), 증류기, 열교환기(heat exchanger)를 거쳐 혼합실에 재투입된다. 기체 헬륨3은 액화기를 거치면서 다시 액화된다. 그리고 액화된 헬륨3은 증류기를 거치면서 온도가 0.7K가 된다. 그러나 이 액체헬륨3을 그대로 혼합실로 투입할 수는 없다. 혼합실의 온도는 mK이고 재투입되는 액체헬륨3의 온도는 0.7K로 온도차이가 너무 크다(수백 배). 높은 온도의 액체헬륨3을 그대로 혼합실에 재투입하면 작동이 바로 멈추게 된다. 이러한 문제점을 해결하기 위해서 열교환기를 사용한다. 열교환기의 기본적인 원리는 혼합실에서 증류기를 따라 펌핑되어 올라오는 낮은 온도의 액체를 이용하여 혼합실로 내려오는 높은 온도의 액체헬륨3의 온도를 내리는 것이다. 즉 두 액체를 열적으로 접촉하게 함으로써 두 액체의 온도를 비슷하게 만드는 것이다. 열교환기에는 연속적 열교환기(continuous heat exchanger)와 단계적 열교환기(step heat exchanger)가 있는데 희석냉동기에서는 여러 개의 연속적 · 단계적 열교환기를 사용함으로써 혼합실로 재투입되는 액체헬륨3의 온도를 혼합실의 온도와 비슷하게 만들고 있다.

희석냉동기의 출현은 저온물리학과 이와 관련된 물리학의 발전에 획기적인 계기를 마련해 주었다. 희석냉동기를 통해서 안정적으로 mK영역의 온도를 얻을 수 있게 되었으며 따라서 희석냉동기는 이 온도 영역에서 일어나는 여러 가지 물리 현상을 발견하는 데 커다란 공헌을 하였다. 또한 아래에 설명할 자기(磁氣)를 이용한 냉동기의 개발 및 발전에도 영향을 끼쳐 온도를 절대영도 근처까지 내릴 수 있게 하였다.

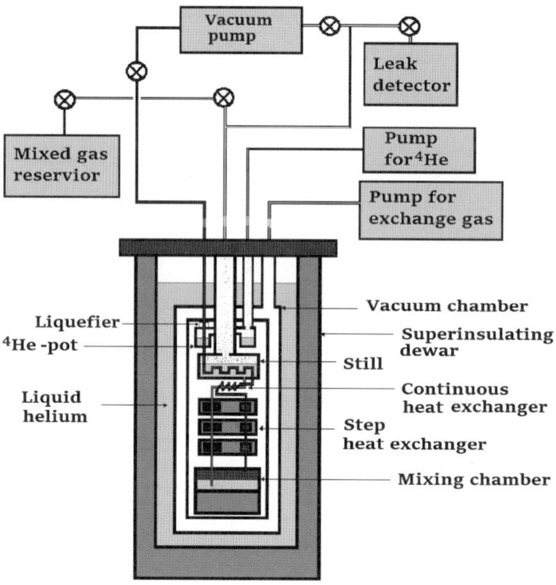

그림 11-20 희석냉동기의 구조와 주변장치

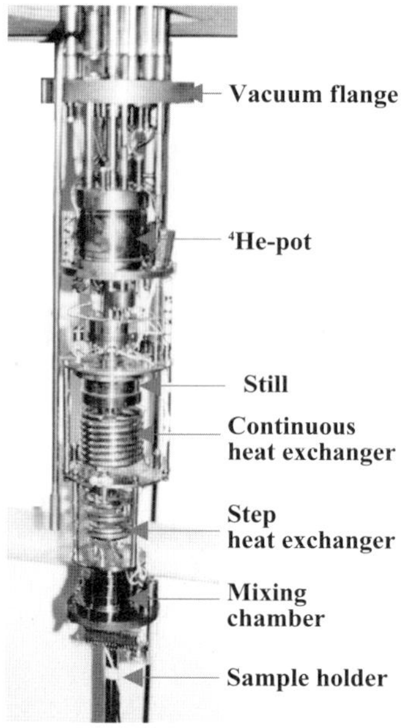

그림 11-21 희석냉동기의 주요부분에 대한 사진

11-7. 소자화 냉동이란 무엇인가?

상자성 소금(paramagnetic salt) 안의 상자성 원소들이 만드는 (원자)자석들의 정렬상태를 이용하여 온도를 내리는 "전자 소자화 냉동법(electronic demagnetization cooling)" 이 1926년 Debye와 Giaque에 의해 제안되었다. 온도가 1K 이하로 내려가면 고체를 이루는 격자의 운동이 없어지므로 상자성 소금의 엔트로피(즉 온도)에 영향을 주는 요소는 원자자석의 정렬 상태뿐이다. 결과적으로 이 온도영역에서는 상자성 소금 안에 있는 원자자석들의 정렬 상태가 온도를 결정하게 된다. 즉 원자자석들이 정렬되어 있는 상태가 낮은 온도에 해당하고 무질서한 상태가 높은 온도에 해당한다. 따라서 원자자석들의 정렬상태를 이용함으로써 온도를 내릴 수 있는데 이를 이용한 것이 "전자 소자화 냉동법" 이다.

핵에 의해 만들어지는 "핵자석" 을 "전자 소자화 냉동" 의 원자자석과 같이 온도를 내리는 데 이용하면 "전자 소자화 냉동" 보다 훨씬 낮은 온도로 내릴 수 있지 않을까 하는 제안이 있었다. 실제로 이는 "전자 소자화 냉동"이 성공한 때인 1934년 Gorter에 의해 제안되었다. 그러나 기술적인 어려움 때문에 이십 년 후인 1956년 Kurti에 의해 "핵 소자화 냉동(nuclear demagnetization cooling)"이 실현되었다.

소자화 냉동은 등온자화과정과 단열소자화과정으로 이루어진다.

첫째, 등온자화과정은 원자 또는 핵자석의 정렬상태가 온도를 결정하는 온도에 온도를 고정시킨 후(등온) 외부자기장을 이용해서 자석들을 정렬(자화)시키는 과정이다.

자석의 정렬상태가 온도를 결정하는 온도에서는 자석만이 무질서하게 되어 있고 물체를 구성하는 나머지 구성요소들은 모두 운동을 멈춘 상태이다. 핵자석의 세기는 원자자석의 세기보다 2,000배 가까이 작다. 자석의 세기가 작으면 약간의 열에너지에 의해서도 자석들이 무질서하게 정렬된다. 따라서 온도가 자석의 정렬상태에만 의존하게 되는 온도가 핵자석의 경우 mK영역으로 원자자석의 경우인 1K보다 훨씬 낮다. 결과적으로 전자 소자화 냉동의 등온자화과정은 1K에서 이루어지는 데 반해서 핵 소자화 냉동의 등온자화과정은 mK에서 이루어진다. 온도를 1K로 내리는 데는 헬륨4 증발 냉동기를 사용하면 된다. 그러나 mK의 온도를 얻기 위해서는 희석냉동기를 사용하여야 한다.

외부자기장에 의해 냉동 물체가 자화될 때 열이 발생하는데 이 열은 냉동 물체와 열적으로 연결된 전조냉동기(precooling)에 의해 흡수되어 냉동 물체는 일정한 온도를 유지한 채(등온) 자화되는 것이다.

냉동 물체를 자화시키는 데 필요한 외부자기장도 핵 소자화 냉동에서는 7~9T가 필요하다. 이 값은 전자 소자화 냉동의 1T와 비교하면 훨씬 센 자기장이다. 이렇게 핵 소자화 냉동에서 자석을 자화(정렬)시키는 데 센 자기장이 필요한 것은 핵자석의 세기가 원자자석의 세기보다 훨씬 작기 때문이다.

둘째, 단열소자화과정은 외부와 열을 교환하지 못하도록 한 후(단열 상태) 외부에서 걸어준 자

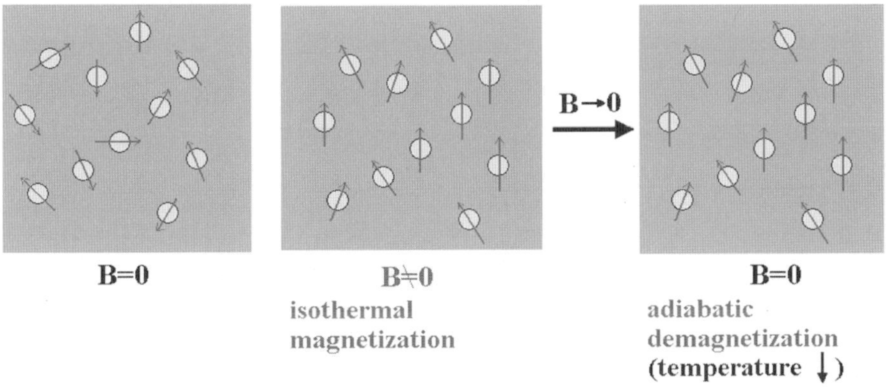

그림 11-22 소자화 냉동의 등온자화와 단열소자화 과정

기장을 없애는 과정이다. 만약 단열이 되지 않은 상태에서 외부자기장을 없애면 억지로 정렬되어 있는 자석들은 외부에서 들어오는 열에 의해 원래의 무질서한 상태로 돌아갈 것이다. 반면에 단열이 된 상태에서 외부자기장을 없애면 원래의 무질서한(엔트로피가 높은) 상태로 돌아갈 수 없다. 엔트로피는 열의 유입과 유출에 따라 변하는 양이다. 따라서 열의 유입과 유출이 없는 단열 상태에서 생긴 상태변화의 전과 후의 엔트로피는 같아야 한다. 결과적으로 단열 상태에서 외부자기장을 없앤 후의 정렬 상태는 외부자기장을 없애기 전의 정렬 상태와 같아야 한다는 결론에 도달한다. 그러나 자석들을 억지로 정렬시켰던 외부자기장은 이미 없어졌기 때문에 자석들이 정렬 상태를 바꾸지 않기 위해서 자신의 내부에너지를 소비하면서 온도를 내리게 된다. 즉, 단열 상태에서 만족해야 하는 엔트로피가 변하지 않는다는 조건을 온도를 낮춤으로써(내부에너지의 소비) 충족시킨다.

(1) 전자 소자화 냉동

전자 소자화 냉동기의 구조가 그림 11-23에 주어져 있다. 전조냉동(precooling)으로는 헬륨4 증발냉동기를 사용한다. 냉동물질(refrigerant)로는 상자성 소금을 사용하는데, 많이 쓰이는 것들로는 CMN, CPA, FAA, MAS 등이 있다. 이들은 각각 세슘, 크롬, 철, 망간이 원자자석으로 섞여 있다. 전자 소자화 냉동으로 얻을 수 있는 최저온도는 mK영역이다. 이는 희석냉동기로 얻을 수 있는 온도 영역과 겹친다. 희석냉동기는 연속적으로 mK온도영역을 주며 그 용량도 쉽게 조절할 수 있는 등 전자 소자화 냉동과는 비교할 수 없는 많은 장점이 있다. 따라서 현재 전자 소자화 냉동기는 거의 냉동기로는 사용되지 않는다. 반면에 상자성 소금은 mK영역에서 온도를 재는 자기온도계로 많이 이용되고 있다.

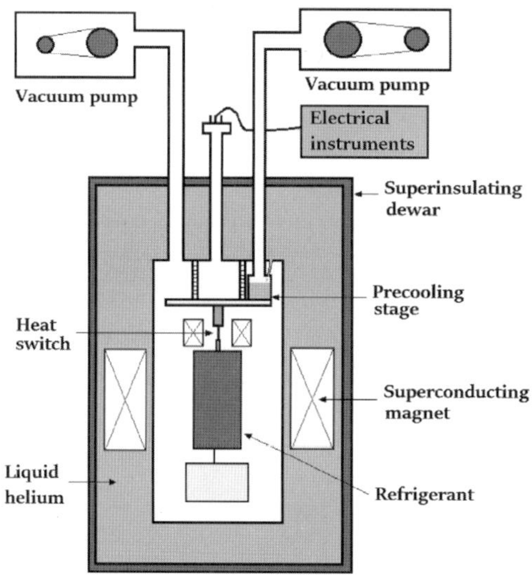

그림 11-23 전자 소자화 냉동기의 개략적인 구조

(2) 핵 소자화 냉동

상자성 소금을 이용한 전자 소자화 냉동으로 얻을 수 있는 최저 온도는 원자자석들이 외부자기장이 없는 상태에서도 서로간의 자기적인 힘에 의해 자발적으로 정렬해 버리는 온도(자발질서온도)까지이다. 원자자석들이 자발적으로 정렬되므로 더 이상 정렬할 원자자석들이 없기 때문에 냉동과정을 계속할 수 없다. 자발질서온도는 상자성 소금의 종류에 따라 차이가 있지만 대체로 mK영

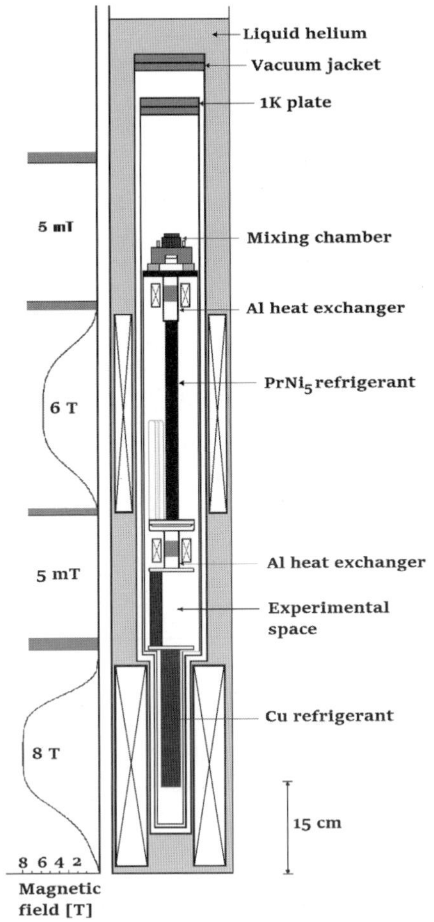

그림 11-24 핵 소자화 자기냉동기의 예

역이다. 따라서 mK 이하의 온도를 얻기 위해 이 온도에서 아직까지 정렬되지 않은 핵자석을 이용하자는 것이 Gorter의 제안이었다. 핵자석들은 μK 이하에서도 자발적으로 정렬되지 않는다. 이는 핵자석 사이에 작용하는 자기적인 힘이 그 만큼 작다는 것을 뜻한다. 실제로 핵자석들 사이에 작용하는 자기적인 힘은 원자자석 사이에 작용하는 힘의 1/2,000 정도이다. 따라서 온도를 내릴 수 있는 최저온도도 "전자 소자화 냉동"에서보다 2,000배가량 낮다.

핵 소자화 냉동에서 사용할 수 있는 냉동물질은 여러 가지 이유로 상당히 제한적인데, 주로 구리, 은, 금, 플레티늄 등이 여러 조건에 합당한 것들이다. 이 중에서도 구리가 "핵 소자화 냉동"에 주로 쓰인다. 구리 핵은 다른 원소에 비해 큰 자석의 세기를 가지는 핵자석이 된다. 반면에 은이나 금 등은 제한적으로 사용하고 있으며 플레티늄은 핵자기온도계의 센서물질로 많이 쓰이고 있다.

핵의 냉동과정이 끝난 후 핵의 온도는 급격히 떨어져 μK영역으로 내려간다. 그러나 이 냉동과정에서 온도가 내려간 부분은 핵뿐이다. 물체의 다른 부분은 아직 높은 온도상태에 있다. 따라서 핵의 냉기에 의해 물체 전체의 온도가 평형에 도달하는 데는 시간이 걸린다. 그러나 구리의 경우 도체이므로 자유전자가 열전달에 관여하여 빠른 시간 안에 열평형이 이루어진다.

표 11-3 핵자기 소자화 냉동기로 내린 최저온도

물체	냉동온도	극저온 그룹
헬륨3-헬륨4	0.97μK	Kotama(1994) / 오사카 시립대
헬륨3 액체	0.1 mK	Spencer(1989), Pobell(1992) / Bayreuth Univ.
헬륨3 고체	38μK	Inoue(1990)
도체 (구리)	12μK	Pobell(1988) / Bayreuth Univ.
핵 (은)	0.28nK	KLounasmaa(1995) / Helsinki Univ.

그림 11-24에 핵 소자화 냉동기의 예가 주어져 있다. 이 냉동기는 구리와 $PrNi_5$로 구성된 2단 핵 소자화 냉동기이다.

핵 소자화 냉동기는 1956년에 Kurti에 의해 처

음 만들어진 후 세계 여러 나라의 극저온 그룹에서 자체적으로 냉동기를 만들어 연구하고 있다. 세계에서 극저온의 중요한 연구기관으로는 Lancaster, Bayreuth, Jülich, Helsinki, Cornell, 오사카 시립대학 등이 있다. 이들에 의해 이루어진 온도의 내림에 대한 기록이 표 11-3에 주어져 있다.

11-8. 레이저 냉동이란 무엇인가?

원자들의 집단을 공간에 가둔 후 레이저를 이용하여 온도를 내리는 레이저 냉동법이 개발되었다. 레이저 냉동은 고체나 액체의 온도를 내리는, 지금까지 설명한 냉동과는 구별된다. 레이저 냉동은 냉동시키는 대상이 기체들이고 냉동시키는 대상의 크기도 지금까지 설명한 냉동방법들과는 비교할 수 없을 정도로 작다.

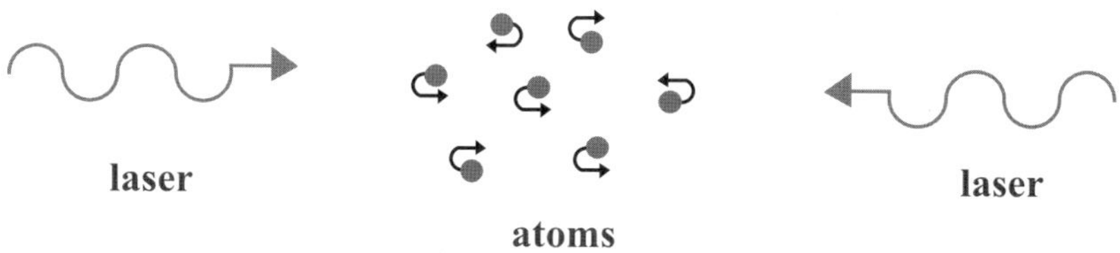

그림 11-25 레이저 냉동의 원리

빛은 광자로 구성되어 있다. 따라서 빛을 이루는 광자들과 원자들이 계속적으로 충돌하면 원자들의 속도는 떨어지게 된다. 레이저 빛을 이용하여 원자를 냉동시키는 레이저 냉동방법은 1975년 Hänsh와 Schawlow에 의해 제안되었다. 그들은 원자들이 가지는 에너지 상태와 연관된 레이저 빛을 양쪽에서 쏘아 줌으로써 원자들의 온도를 내릴 수 있다고 제안하였다. 이를 도플러 냉동이라 부른다. 이 냉동에서는 반대방향으로 진행하는 레이저를 기체 원자들에게 쏘게 된다. 이렇게 하면 두 개의 레이저 빛과의 계속적인 충돌에 의해 원자들의 속도가 떨어지고 따라서 원자들의 온도는 내려간다. 그림 11-25에서와 같이 두 방향으로 진행하는 레이저 빛은 각각 그쪽 방향으로 진행하는 원자들과 부딪혀 그 원자들의 속도를 떨어뜨린다. 위 그림은 한 축만을 고려하였는데 삼차원적으로 세 개의 축이 있으므로 반대 방향으로 진행하는 세 쌍의 레이저 빛을 이용하면 공간적으로 완벽히 한 지점에 원자들을 멈추게 할 수 있다. 1985년 벨 연구소의 Chu 등은 세 쌍의 레이저(즉 6개의 레이저)를 이용하여 도플러 냉동법으로 염소(Na)원자들의 온도를 240 μK까지 내리는 데 성공하였다. 그리고 1988년 미국 표준연구소의 Phillips는 자기장을 이용하여 원자들을 더욱 좁은 공간에 가둠으로써 도플러 냉동에서 얻은 것보다 훨씬 낮은 43 μK로 내리는 데 성공하였다. 이후 1990년 프랑스 파리 대학의 Cohen-Tannondji 등은 원자들을 더 이상 빛(광자)을 흡수할 수 없는 상태(검은 상태라고 부름)로 만드는 과정을 개발하여 헬륨원자의 온도를 180nK까지 떨어뜨리는 데 성공하였다. 이러한 온도는 원자들의 평균속도가 2cm/sec에 해당한다. 이는 상온에서 기체들이 빛의 속도의 1/1,000 정도의 아주 빠른 속도로 움직이는 것과 대조된다. 레이저 냉동에 대한 공헌을 인정받아 위 세 사람(Chu, Phillips, Cohen-Tannondji)은 1997년 노벨상을 수상하였다.

이러한 레이저 냉동을 이용하면 현재 사용하고 있는 원자시계보다 100배 이상 정확한 시계를 만들 수 있으며 중력장도 더욱 세밀히 측정할 수 있다. 앞으로 레이저 냉동이 여러 분야에 응용할 수 있으리라 예측된다.

11-9. 극저온에서 온도는 어떻게 측정되는가?

온도측정의 기본 원리는 온도에 따라 변하는 물리량을 측정하는 것이다. 따라서 원리적으로는 온도에 따라 변하는 물리량은 어느 것이나 온도측정에 이용될 수 있다. 그러나 그 물리량이 온도에 따라 너무 작게 변하거나 또는 너무 크게 변하는 경우에는 온도측정에 이용할 수 없다. 이는 전자장비가 측정할 수 없을 정도로 범위가 좁거나 또는 넓기 때문이다.

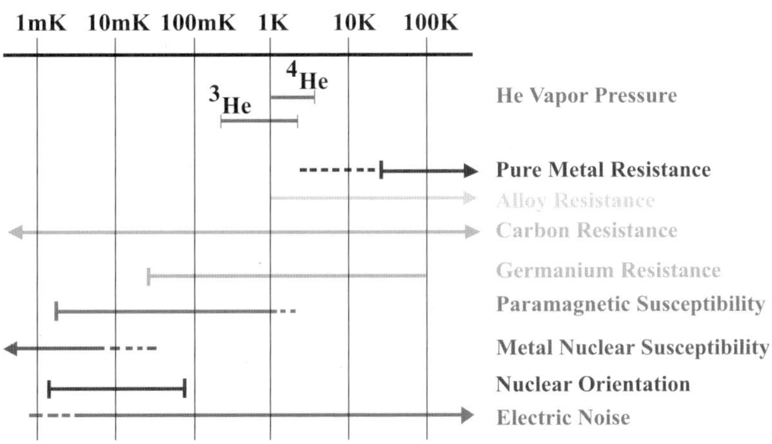

그림 11-26 극저온 온도계의 종류

그림 11-26은 극저온 온도계와 측정영역을 보여주고 있는데, 극저온에서는 온도영역에 따라 사용할 수 있는 고유한 온도계들이 정해져 있음을 알 수 있다. 이는 극저온에서는 온도 범위에 따라

나타나는 물리적인 현상이 현격히 달라지기 때문이다.

온도계는 일차 온도계(primary thermometer)와 이차 온도계(secondary thermometer)로 구별된다. 일차 온도계는 측정된 물리량을 물리법칙에 대입하면 바로 온도가 계산되어 나온다. 증기압을 재는 온도계나 저항의 잡음을 재는 온도계가 일차 온도계에 속한다. 이 경우에는 기체 상태방정식에서 주어지는 증기압에 관련된 식과 저항의 Johnson잡음에 관련된 식을 각각 사용한다. 이러한 일차 온도계는 온도를 재는 데 직접 사용하는 경우도 있으나 대체로 이차 온도계의 눈금을 조정(calibration)하는 데 사용한다. 여기서 눈금의 조정이란 온도계의 눈금을 정하는 것이다. 즉 이차 온도계에서 측정하는 물리량은 온도에 따라 규칙적으로 변하기는 하나 여러 가지 효과가 복합적으로 작용하기 때문에 명백한 물리법칙에 연관된 간단한 식으로 표시할 수 없는 경우가 대부분이다. 따라서 측정 가능한 온도영역 안에 몇 개의 기준이 되는 온도를 설정할 필요가 있다. 이처럼 정해지는 기준온도는 명백한 온도를 표시하여야 하므로 일차 온도계를 이용하여 결정한다. 몇 개의 기준이 되는 온도가 정해지면 그 사이의 온도는 균일하게 끊어 표시할 수 있게 된다. 이러한 온도표시의 과정을 온도계의 눈금 조정이라 부른다. 예를 들어 저항온도계의 경우 몇 개의 기준온도에서 측정한 저항이 각각 몇 도에 해당되는지를 일차 온도계를 이용하여 결정한다. 몇 개의 기준점이 정해지면 전체적인 온도에서 만족하는 실험식을 구할 수 있다. 즉 이렇게 하여 저항과 온도에 관련된 실험식이 구해졌으므로 저항이 측정되면 이 저항을 실험식에 대입함으로써 바로 그때의 온도가 결정되는 것이다. 아래에서는 널리 사용되는 온도계 중에 저항온도계와 자기온도계에 대해 설명하기로 한다.

(1) 저항온도계

0.01K 이상의 온도를 측정할 때는 대체로 저항온도계가 많이 이용된다. 저항온도계는 도체나 반도체의 전기저항이 온도에 따라 변한다는 사실을 온도측정에 이용한 것이다. 저항온도계는 온도측정 영역이 넓고 재현성(reproducibility)이 좋으면서도 측정이 용이하다. 여기서 재현성이 좋다는 것은 온도계를 상온에서 저온으로 몇 번을 왔다 갔다 하여도 같은 온도에서 항상 같은 저항을 나타냄을 의미한다. 또한 저항온도계는 크기 또한 트랜지스터 정도로 아주 작아서 공간을 크게 차지하지 않는다. 저항온도계로 측정할 수 있는 최저온도는 센서물질의 종류에 따라 다르다. 현재 상용으로 나와 있는 것 중 0.001K까지 측정 가능한 것도 있다.

저항온도계용으로는 도체, 반도체 및 합금 등이 사용되고 있다. 이들의 온도에 따른 저항의 변화는 각각 독특한 특성을 보인다. 먼저 도체의 저항이 온도에 따라 어떻게 변하는지를 보도록 하자. 도체 내 자유전자들이 격자와의 충돌에 의해 생기는 저항은 대체로 온도에 직선적인 관계를 나타낸다. 그러나 온도가 10K 이하인 경우에는 격자의 운동이 활발하지 않기 때문에 격자와의 충돌에 의해 생기는 저항보다 불순물에 의한 저항이 더 중요해진다. 따라서 10K 이하에서 저항은 불순물에 의해서만 생긴다고 할 수 있다. 그런데 불순물의 수는 온도에 따라 변하지 않으므로 10K 이하에서의 저항은 온도에 무관하게 일정하다. 결과적으로 10K 이하에서는 도체의 저항 측정을 통해서 온도를 결정할 수 없게 된다. 그러나 도체에 자기(磁氣) 불순물을 넣으면 더 낮은 온도에서도 사용이 가능하다. 이는 10K 이하에서 격자에 의한 저항이 없어져도 자유전자가 자기 불순물과의 충돌에 의해 저항이 생기고 이 저항이 온도에 따라 변하기 때문이다. 자기이온인 철을 도체인 로듐에 0.5% 정도 넣은 저항온도계의 하한온도는 대략 0.1K이다.

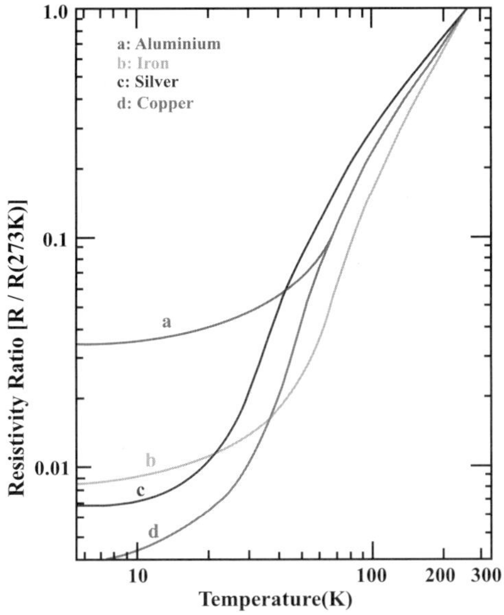

그림 11-27 도체 저항온도계의 저항 특성

반도체에서 저항이 온도에 따라 변하는 양상은 도체에서와는 다르다. 주로 고의로 불순물을 넣은 반도체를 온도계로 사용하는데 이 경우 반도체의 저항은 온도가 내려감에 따라 커진다. 이러한 행동은 도체의 경우와 반대이다. 도체에서 전류가 흐르는 것은 자유전자가 이동하기 때문이다. 그러나 반도체에는 이러한 자유전자들이 없다. 반면에 반도체에서는 고의로 넣은 불순물들이 이온으로 변하면 그곳으로 전자가 이동할 수 있기 때문에 전류가 흐를 수 있다. 그런데 불순물은 열에너지에 의해

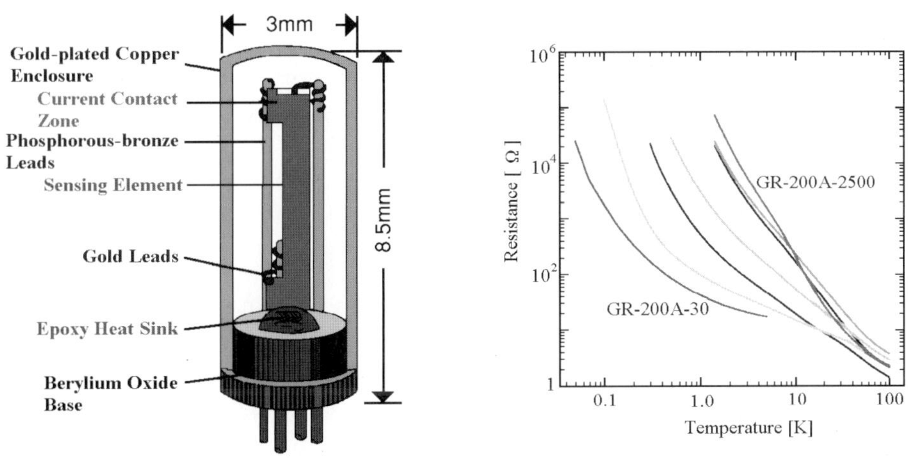

그림 11-28 Germanium 반도체 저항온도계의 모양과 온도에 따른 저항의 특성

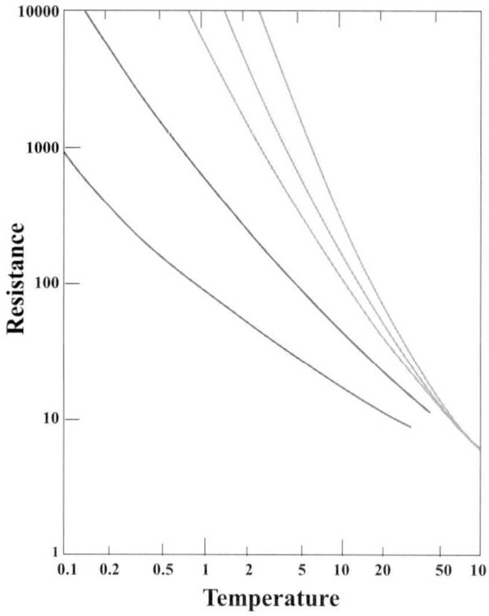

그림 11-29 탄소 저항온도계에서 온도에 따른 저항의 특성

이온화된다. 따라서 이온화는 온도가 낮을수록 잘 되지 않는다. 즉, 낮은 온도에서 불순물이 이온화가 잘 되지 않기 때문에 전류가 잘 흐르지 못한다. 이에 따라 반도체에서의 저항은 낮은 온도로 갈수록 커지게 된다. 10K 이하의 온도영역에서 반도체의 저항은 온도가 내려감에 따라 지수적으로 증가한다. 따라서 반도체 저항온도계는 10K 이하에서의 온도측정용으로 아주 적합하다. 그러나 반도체의 저항이 너무 커지는 영역에서는 더 이상 온도계로 사용할 수 없는데 이 온도는 대체로 0.03K 정도이다.

반도체 저항온도계 중에서는 게르마늄(Ge) 저항온도계와 탄소저항온도계가 가장 많이 사용되고 있다. 게르마늄 저항온도계는 게르마늄에 비소(As)를 불순물로 섞어 만든다. 반면에 탄소 저항온도계는 탄소를 사용하는데 실제로 탄소는 반도체가 아니다. 그러나 아주 가는 입자의 탄소를 접착제를 넣어 눌러 원하는 모양으로 만들고 열처리를 하면 탄소는 반도체에 가까운 성질을 띠게 된다. 탄소 저항온도계는 게르마늄 저항온도계에 비해 정확도가 다소 떨어지지만 가격이 아주 싸기 때문에 많이 쓰이고 있다. 특히 탄소 저항온도계의 저항은 극저온에서 급격히 올라가므로 온도를 정확히 측정할 수 있다는 장점이 있다. 그러나 탄소 저항온도계는 저항특성이 온도계를 만드는 과정에 따라 천차만별이어서 균일한 제품을 만들기 어렵다. 그리고 극저온에서 상온으로 올라온 후 다시 극저온에 사용할 경우 지난번과 다른 온도특성을 줄 수도 있다. 따라서 이 경우에는 온도특성을 다시 구해야 한다. 이러한 단점에도 불구하고 탄소 저항온도계는 가격이 싸고 온도범위도 0.01K에서 10K까지로 넓으며 분해능도 좋아 극저온에서 널리 애용되고 있다.

(2) 자기온도계

자기온도계의 기본적 아이디어는 외부에서 자기장을 걸어 자석들을 정렬시키고 온도에 따라 이 정렬상태가 어떻게 변하는가를 보는 것이다. 온도가 낮을수록 같은 방향으로 정렬하는 자석들의 수가 많아진다. 실제로 자석 하나하나가 외부자기장에 어떻게 정렬되는가를 보기란 불가능하다. 따라서 실험적으로 측정하는 것은 시료 전체의 평균적인 정렬상태를 관찰하는 것이다. 이를 자화도라 부른다. 즉 자화도는 단위체적 안에 있는 자석들의 평균 정렬상태를 나타낸다. 자기장 방향으로 정렬하는 자석들이 많을수록 자화도는 커진다. 따라서 온도가 낮아질수록 자기장 방향으로 정렬하는 자석의 수가 많아지므로 자화도는 커진다. 반대로 온도가 높아지면 온도에 따른 열에너지에 의해 자석들이 흐트러지므로 자화도가 작아진다. 따라서 자화도는 온도에 반비례함을 볼 수 있다. 자화도의 이러한 온도에 따른 변화를 측정함으로써 온도를 결정할 수 있다.

자기온도계는 원자자석을 이용하는 전자 자기온도계와 핵자석을 이용하는 핵 자기온도계로 나뉜다. 전자 자기온도계의 온도 측정영역은 mK영역이고 핵자기온도계는 μK영역이다.

전자 자기온도계의 센서물질로는 상자성 소금을 많이 사용한다. 상자성 소금은 부도체이므로 전류를 흐르게 하는 자유전자가 없다. 도체의 경우에는 자유전자가 많아서 이들이 열의 전달에 큰 역할을 한다. 즉 도체에 열이 주어지면 자유전자가 이를 도체 전체에 빠르게 전달하여 신속한 열평형을 이룬다. 그러나 상자성 소금을 이용한 온도계의 경우 센서물질이 부도체인 관계로 온도평형에 도달하는 데 오랜 시간이 걸린다. 온도계는 변하는 온도를 빠르게 측정할 수 있어야 하는데 상자성 소금을 센서물질로 이용할 경우 반응 속도가 늦다는 것이 큰 장애가 된다. 이러한 상자성 소금의 단점을 보완하기 위해서 상자성 소금 내에 금으로 된 선(wire)이나 구리선 등 열을 잘 전달하는 금속들을 넣는다. 이렇게 하면 상자성 소금 내에는 보다 빠르게 열평형이 이루어져 온도 측정을 빠르게 진행할 수 있다.

자화도의 측정에 여러 종류의 장치가 사용되고 있는데, 그림 11-30에 미소 자기(상자성 소금 자기온도계에 사용)를 측정할 수 있는 SQUID(Superconducting Quantum Interference Device)를 이용한 측정장치의 개념도가 주어져 있다.

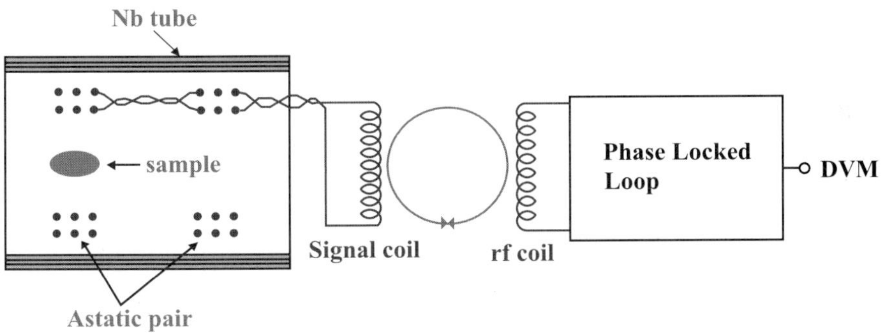

그림 11-30 SQUID를 이용한 전자 자기온도계

핵 자기온도계의 원리는 전자 자기온도계의 원리와 동일하다. 즉 외부자기장에 의해 핵자석들을 정렬시키고 온도에 따라 정렬이 흐트러지는 것을 관찰하는 것이다. 현재 μK영역의 온도를 재는 온도계는 핵 자기온도계뿐이다. 그러나 핵자석의 자석 세기가 워낙 작으므로 이를 정렬시키는 데 센 자기장이 필요하고 또한 신호가 작으므로 좀 더 복잡한 전자 장비도 필요하다. 온도의 측정 방법은 외부자기장으로 핵자석을 정렬시킨 후 외부자기장을 끄고 상태를 관찰하는 것이 아니라 외부자기

장은 항상 켜 두고 순간적으로 라디오파 신호를 주고 난 후 핵자석들의 행동을 관찰하는 것이다. 이는 핵자기 공명에서 사용하는 방법과 동일하다.

핵자석 온도계의 센서물질로는 플레티늄(Pt)을 많이 사용한다. 플레티늄은 순도가 높은 것을 쉽게 구할 수 있고 신호가 크기 때문에 널리 애용되고 있다. 그림 11-31에는 NMR기법을 이용하여 핵자기모멘트를 측정하기 위한 핵 자기온도계의 개략도가 주어져 있다.

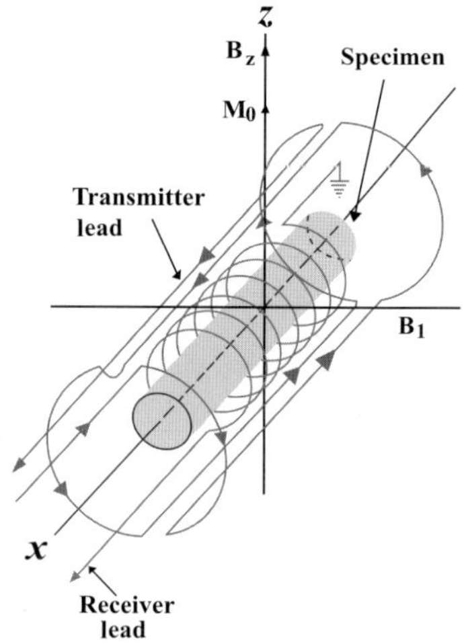

그림 11-31 NMR기법을 이용하여 자기모멘트를 측정하기 위한 핵 자기온도계의 구조

제12장

전자 디스플레이

제12장
전자 디스플레이

전자 디스플레이는 전기적 영상 신호를 인간의 시각기관인 눈으로 볼 수 있게 만드는 장치이다. 여러 종류의 전자 디스플레이가 다양한 분야에서 사용되고 있다. 전자 디스플레이로는 브라운관(Cathode Ray Tube, CRT), 액정 디스플레이(Liquid Crystal Display, LCD), 플라즈마 디스플레이(Plasma Display Panel, PDP), 발광 다이오드 디스플레이(Light Emitting Diode, LED) 등이 있다. 또한 전계방출 디스플레이(Field Emission Display, FED), 전계발광 디스플레이(Electroluminescence), 유기발광 다이오드 디스플레이(Organic Light Emitting Diode, OLED) 등 다양한 방식의 전자 디스플레이가 사용되고 있으며 이들의 개선을 위한 연구가 계속되고 있다. 이 장에서는 이들 전자 디스플레이들의 물리적 원리를 알아보고 각 디스플레이들의 사용 분야 및 연구 방향을 알아보도록 한다.

12-1. CRT란 무엇인가?

1897년 독일의 Braun이 음극선관(Cathode ray tube, CRT)을 발명하여 전자 디스플레이로 CRT를 사용하게 되었다. 1920년대에 들어서 CRT를 이용한 TV수상장치의 구체적인 실험 연구가 시작되었고, 1926년에는 독일의 통신 전람회에서 간단한 도형의 송수신 실험이 행하여졌다. 이후 CRT기술이 급격히 발달하여 TV, 컴퓨터 모니터 등에 많이 사용되었다.

CRT의 최대 장점은 디스플레이로서의 필요한 기능이나 성능을 상대적으로 저가로 얻을 수 있다는 점이다. 또 큰 화면에 고밀도로 표시가 가능하고, 컬러 CRT의 경우에는 full color 표시가 가능하다. 다른 전자 디스플레이에서는 matrix address방식으로 스크린에 영상을 표시하기 때문에 접속 접점의 전극수가 많은 데 반하여 CRT는 전자빔을 주사하는 방식을 사용하기 때문에 접속 접점의 전극수가 극히 적다는 이점도 가지고 있다. 휘도나 명암대비(contrast)에 있어서도 다른 디스플레이와 비교해서 우수한 성능을 가지고 있다. 또 TV용 CRT, 초고밀도 표시용 CRT에서 관측용 CRT까지 그 목적에 맞추어서 설계가 가능하고 응용범위가 넓은 것도 특징이라고 할 수 있다.

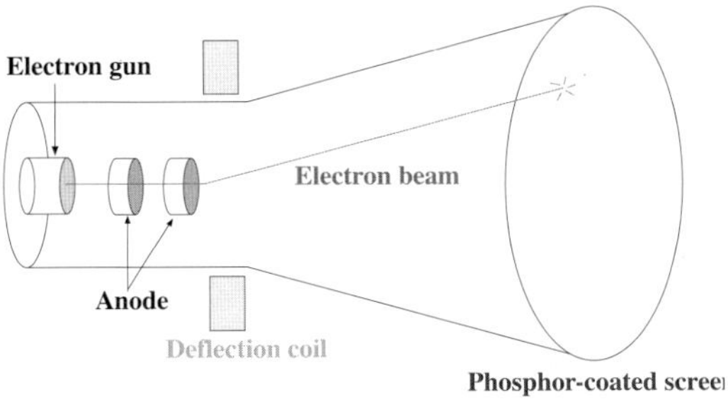

그림 12-1 CRT의 개략적 구조

CRT는 위와 같은 장점을 갖고 있지만 경량화가 어렵다는 단점이 있다. 또한 비교적 높은 구동전압을 필요로 하는 것도 회로 설계면에서 보면 마이너스 요인이다. 더욱이 어드레스(address)방식이 matrix address가 아니기 때문에 스크린에서 도형 왜곡 등 외부변수에 따른 영향을 받기 쉬운 것도 단점의 하나로 들 수 있다. 그러나 화면의 대형화, 선명한 화질, 완전 평면화, 슬림(slim)화, 에너지 절약형 등의 방향으로 뚜렷한 발전을 이루었다. 그러나 그동안 평판디스플레이(특히 LCD)의 기술이 빠르게 발전하여 CRT는 거의 사용되지 않고 있다.

CRT는 진공관(眞空管)인데 전자총에서 발생된 전자가 외부입력신호에 의해 굽어져 인(燐)으로 코팅된 스크린을 때려(빛을 발생하여) 상을 형성하는 디스플레이이다. CRT는 몇 가지 필수적인 부분으로 이루어져 있다. 즉 전자총, 양극(anode), 편향(偏向)코일(deflecting coil 또는 yoke), 형광스크린(phosphor-coated screen) 등이다. 전자총은 좁은 전자빔(electron beam)을 만드는 장치이고 양극은 전자빔을 가속시키고(accelerating anode) 집속시키는(focusing anode) 역할을 한다. 편향코일은 저주파(extremely low frequency) 자기장을 형성하여 전자빔의 방향을 조절하는 장치이다. 전자빔을 좌우(horizontal)와 상하(vertical)로 조절하는 두 개의 편향코일 세트가 있다. 전자빔이 형광스크린을 때리면 밝게 빛나는 아주 작은 점(spot)이 형성된다.

세 가지 정보의 조합(color의 경우 색채(chrominance)정보가 덧붙여짐)으로 이루어진 입력신호가 전자빔의 세기(intensity)를 조절하는 장치와 편향코일에 입력된다. 이 세 가지 정보의 역할은 다음과 같다.

첫 번째 정보는 좌우 되돌아감 신호(horizontal-retrace signals)로서 전자빔이 스크린의 좌에서 우로 주사할 때 전자빔이 스크린의 오른쪽 끝에 도달한 순간 원위치(왼쪽)로 되돌아가게 하는 시간에 대한 정보를 가지고 있다.

두 번째 정보는 상하 되돌아감 신호(vertical-retrace signals)로서 전자빔이 스크린의 오른쪽 하단에서 왼쪽 상단으로 초당 60번 이동(progressive scanning의 경우)하도록 만든다(60Hz 신호).

세 번째 정보는 강도정보(intensity information)인데, 이는 영상정보로서 전자빔의 강도를 조절하여 스크린의 각 위치를 때리는 전자빔의 강도를 조절함으로써 스크린에 상의 형태를 형성하게 하는 신호이다.

스크린에 상을 형성시키기 위해 전자빔은 편향코일에 의해 그림 12-2에서와 같이 수평으로 한 줄

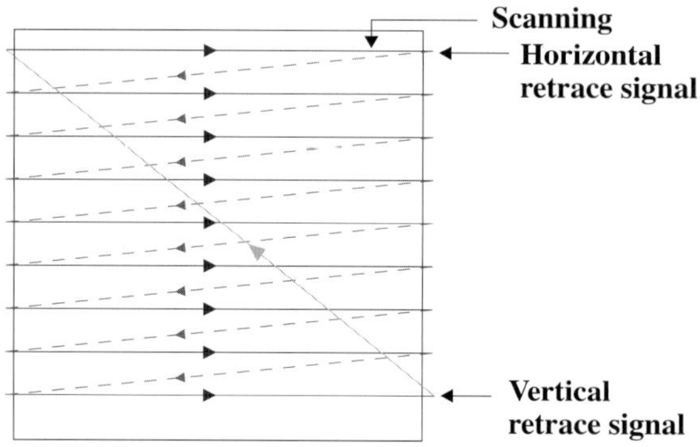

그림 12-2 스크린에서 상 만들기(走査)

(line)씩 왼쪽에서 오른쪽으로 이동한다(scanning). 이렇게 전자빔이 이동하는 중에 입력되는 강도정보에 따라 스크린에 한 줄의 영상이 나타난다. 그리고 계속해서 또 다른 줄(아래)의 상을 형성하기 위해서 전자빔은 오른쪽 끝에 도달하는 즉시 왼쪽 끝으로 돌아가야 한다. 이러한 작동이 좌우 되돌아감 신호에 의해 제어된다.

전자빔이 이러한 과정(走査, raster scan)을 거치면서 스크린의 오른쪽 하단에 도달하면 하나의 화면 형성이 완료된다. 또 다른 화면을 형성하기 위해서 전자빔은 시작점인 스크린의 왼쪽 상단으로 되돌아가서 위 과정을 반복해야 된다. 전자빔이 오른쪽 하단에서 왼쪽 상단으로 이동하는 것을 상하 되돌아감 신호가 제어한다.

주사선 사이의 간격이 아주 가깝기 때문에 시각기관은 연속적인 그림으로 인식한다. TV는 보통 480개의 주사선(576개 주사선 중 실제로 사용되는 주사선의 수)으로 하나의 화면을 형성한다. TV에서는 전자빔이 스크린을 주사할 때 주로 교환 주사방식(interlacing scanning)을 이용한다. 교환 주사방식에서는 홀수주사선와 짝수주사선으로 이루어지는 화면을 각각 1초에 30번씩 교차적으로(alternatively) 주사함으로써 동영상을 구현한다. 따라서 이 방식에서는 홀수주사선과 짝수주사선으로 구성된 화면이 빠르게 움직일 때 왜곡현상(distortion)이나 깜빡이는 현상(flickering)이 나타날 수 있다.

반면에 컴퓨터나 HDTV의 경우 연속주사방식(progressive scanning)이 사용되고 있다. 연속주사방식에서는 모든 주사선이 연속적으로 주사되어 하나의 화면이 구성되며 따라서 1초에 60번씩 화면이 바뀐다. 이와 같이 한꺼번에 화면이 교체(refreshing)됨으로써 영상이 깜빡이는 현상이 해소된다.

컬러 CRT에서는 흑백 CRT와 비교하여 세 가지 다른 점이 있다.

첫째, 컬러 CRT에서는 스크린에 도포(塗布)된 형광체가 백색뿐만이 아니라 적색, 청색, 녹색이며 dot 또는 stripe 형태로 스크린 전면에 깔려있다. 각 dot 또는 stripe는 하나의 픽셀을 형성하는 셈이다.

둘째, 컬러 CRT에는 3개의 전자총이 있다. 각 전자총에서 나온 전자빔은 스크린 상(上)에 하나의 픽셀을 구성하는 Red, Blue, Green 형광체 셀을 각각 때려 다양한 색을 만든다. 예를 들어 붉은색은 Red 전자빔 전자총만 작동하도록 하면 되고 백색(white)은 Red, Blue, Green 전자빔의 강도를

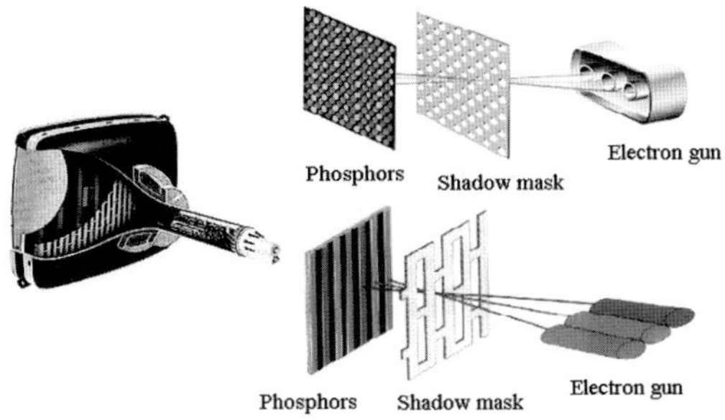

그림 12-3 컬러 CRT의 전체적인 구조

똑같이 하면 된다. 검은색은 세 전자총 모두에서 전자빔이 나오지 않도록 하면 될 것이다. 이와 같이 세 개의 전자총에서 나오는 전자빔의 강도를 조절함으로써(이는 위에서 언급한 intensity information signal에 의해 조절) 다양한 색을 얻을 수 있다.

셋째, 컬러 CRT에는 스크린 가까이에 shadow mask가 붙어 있다. Shadow mask는 전자총에서 발사된 세 개의 전자빔이 스크린의 각 픽셀에 정확하게 도달할 수 있도록(align) 하는 역할을 한다. 그 구조는 얇은 금속판(Invar, 니켈과 철의 합금)에 전자빔이 통과할 수 있도록 수많은 구멍이 뚫려 있는 형태이다.

12-2. 평판 디스플레이에는 어떤 것이 있나?

디스플레이는 Braun관이라 불리는 CRT가 주종을 이루어왔다. CRT는 다양한 색을 표시할 수 있고, 화면의 밝기도 매우 우수하며 또한 픽셀의 크기도 작게 하여 정밀한 화면을 나타낼 수 있는 등의 장점들을 많이 가지고 있다. 그러나 대형 디스플레이 및 고해상도 TV에 대한 요구가 커지게 되면서 무게와 부피가 매우 큰 CRT보다 얇고 가볍고 고해상도인 평판 디스플레이(Flat Panel Display: FPD)의 개발이 촉진되었다.

평판 디스플레이로는 액정 디스플레이(Liquid Crystal Display: LCD), 전계발광 디스플레이(Electroluminescence Display: ELD), 전계방출 디스플레이(Field Emission Display: FED), 플라즈마 디스플레이(Plasma Display Panel: PDP) 및 유기발광 다이오드 디스플레이(Organic Light Emitting Diode: OLED) 등이 있다. 아래에서 이들에 대한 물리적인 원리 및 구조에 대해 설명하기로 하겠다.

(1) TFT-LCD(Liquid Crystal Display)

LCD는 전자시계, TV, 컴퓨터의 모니터 등에 널리 사용되고 있다. LCD에서는 한 개의 픽셀마다 액정(Liquid Crystal)의 구동을 위한 TFT(Thin Film Transistor)를 성장시켜야 한다. 따라서 TFT-LCD는 화면의 크기가 커질수록 수율(收率, yield)이 급격히 감소한다. 그러나 연구개발에 의하여 수율도 향상되었고, 시야각도 커져서 CRT보다 우수한 성능을 보임으로써 LCD는 모든 영역의 디스플레이 분야에 널리 사용되고 있다. 반면에 LCD는 동작온도 범위가 좁고 응답시간이 수십 msec로 길기 때문에 빠르게 움직이는 동화상의 처리에 문제가 있어 이에 대한 연구가 계속되고 있다.

액정은 액체의 유동성 및 고체의 결정과 같은 규칙적인 분자 배열을 동시에 갖는다. 또한 광학적 이방성을 가지면서 전압이 가해지면 전기장의 방향에 따라 액정의 분자 배열이 바뀌는 특성이 있다.

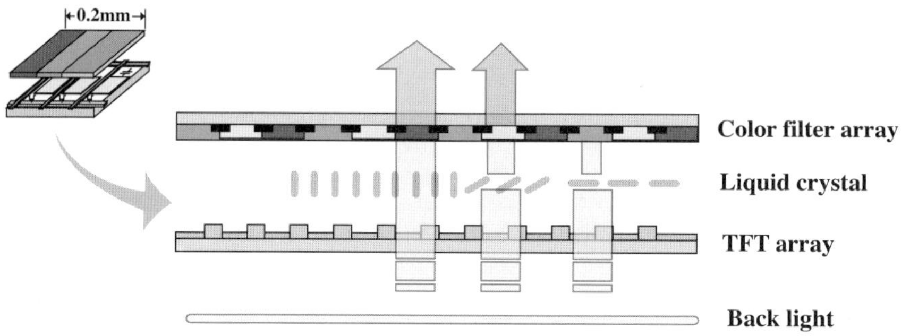

그림 12-4 LCD 디스플레이의 기본원리

LCD의 기본적인 원리를 그림 12-4를 통해 이해할 수 있다. TFT에 의해 액정에 전기장이 가해지면 전기장의 세기에 따라 액정의 배열방향이 달라진다. 그림에서와 같이 액정의 배열방향에 따라 통과할 수 있는 빛의 양이 조절된다. 즉 왼쪽의 빛은 전부 통과하고 중간의 빛은 부분적으로 통과하며 오른쪽의 빛은 완전히 차단됨을 볼 수 있다. 이와 같이 액정은 빛을 선택적으로 통과시키는 역할을 한다.

CRT, PDP, LED, ELD 등 다른 디스플레이에서는 빛이 만들어지는 과정, 즉 발광 과정을 수반하는 데 반하여 LCD에서는 그러한 과정이 없다. 따라서 그림 12-4에서 보듯이 아래에서 빛을 공급하는 장치(back light)가 반드시 필요하다.

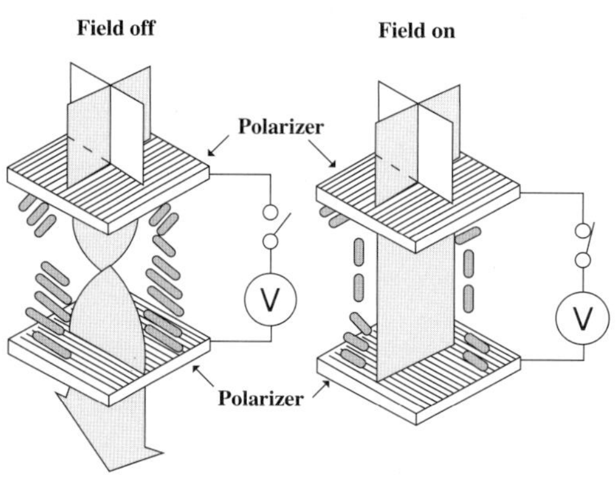

그림 12-5 LCD에서 전기장에 따른 빛의 통과 및 차단

그림 12-5는 TN(Twisted Nematic) LCD에서 전기장에 따른 빛의 통과 및 차단 현상을 보여주고 있다. LCD에서는 액정이 두 개의 편광판(polarizer) 사이에 놓인다. 그런데 두 편광판은 편광각도가 90° 엇갈리게 놓여 있다. 그림

12-5의 왼쪽 그림은 전기장이 가해지지 않은 상태(off 상태, twisted state)에서는 빛이 통과한다는 것을 보여준다. 반면에 그림 12-5의 오른쪽 그림은 전기장이 가해진 상태(on 상태, aligned state)를 나타내며 빛은 90°로 엇갈려 놓여 있는 편광판을 통과하지 못한다. 따라서 전기장의 인가 여부 및 전기장의 세기에 따라 빛을 통과, 차단, 부분 통과 시키는 것이 가능하여 입력신호를 영상으로 처리(display)할 수 있다.

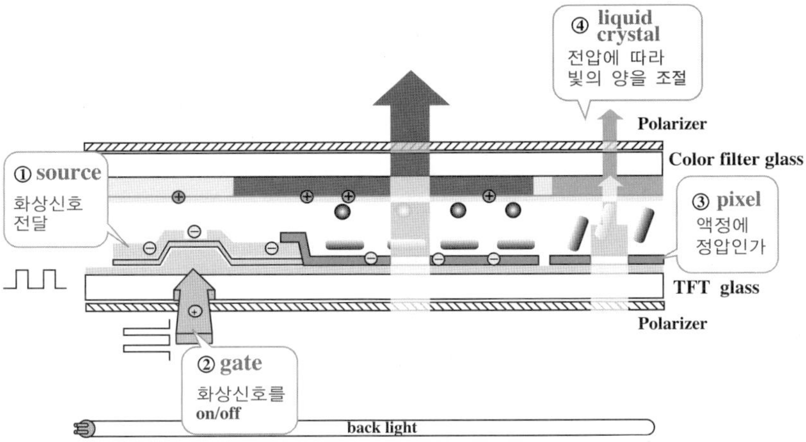

그림 12-6 TFT와 색의 표현

액정에 전기장을 걸어주는 것이 TFT이다. TFT는 주로 비정질 실리콘(amorphous silicon)에 반도체 공정을 이용하여 MOSFET를 형성한 것이다. 그림 12-7은 RGB 세트로 구성된 하나의 픽셀과 그 구동 TFT를 보여준다.

TFT-LCD의 주요부는 panel과 back light unit으로 나눌 수 있다. Panel을 위에서부터 보면 보호유리(protection glass), 편광판(polarizer), color filter가 형성되어 있는 유리기판, 공통 전극(ITO, Indium Tin Oxide), 액정(5㎛), TFT가 형성되어 있는 유리기판, 편광판 등으로 구성되어 있다. 반면에 back light unit는 빛을 내는 램프와 램프에서 발생한 빛이 균일하고 배향성이 좋게 LCD panel에 입사하도록

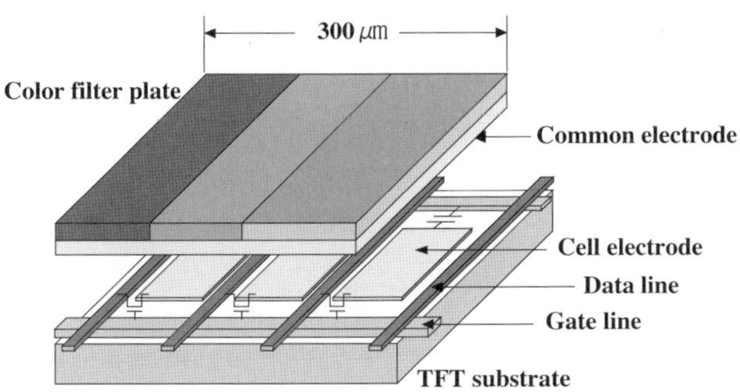

그림 12-7 하나의 픽셀(RGB로 구성)의 구조

하는 여러 장치로 구성되었으나, 현재는 발광다이오드(LED)로 대체되었다. 발광다이오드를 사용함으로써 빛의 밝기 및 균일성이 개선되어 훨씬 밝고 또한 얇은 LCD가 가능해졌다.

(2) PDP(Plasma Display Panel)

PDP는 상판과 하판 사이의 공간에 채워진 기체에서 방출된 자외선이 Red, Green, Blue 형광체와 부딪힐 때 나오는 가시광선을 이용하여 컬러 영상을 구현하는 디스플레이이다. 전극을 갖는 두 장의 유리 기판이 있고 그 사이에 수많은 낮은 벽(100㎛ 정도)이 일정한 간격을 유지하며 포개어져 있다. 그리고 벽 사이의 공간 안에 수백 Torr의 압력으로 방전기체(Ne 또는 Xe)가 채워져 밀봉되어 있다.

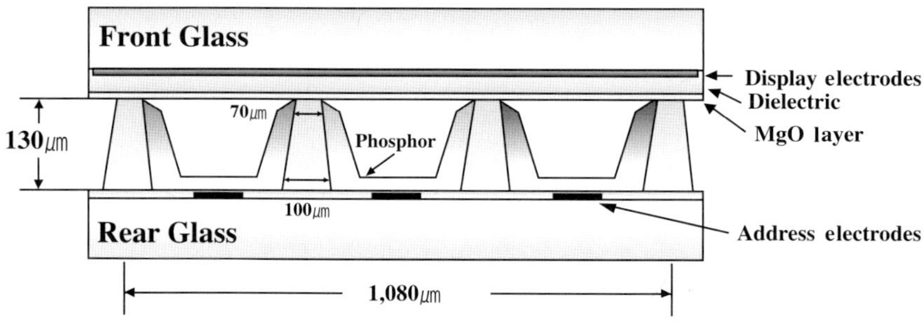

그림 12-8 PDP의 구조

두 전극 사이에 전압이 걸리면 전극에서 나오는 자유전자들이 기체원자들과 충돌한다. 충돌에 의해 원자들은 전자를 잃어 이온이 된다. 이에 따라 벽 사이의 공간은 이온들과 전자들이 함께 존재하는 플라즈마 상태가 된다. 플라즈마 상태에서 이온과 전자들은 서로 충돌하고 이렇게 여기된 기체 원자들이 낮은 에너지 상태로 떨어지면서 전자기파를 발생하게 된다. PDP에서 많이 사용되는 기체원자인 Xe이나 Ne은 자외선을 발생한다. 이렇게 발생한 자외선은 각 셀(cell) 안에 칠해져 있는 인(phosphor)을 때리고 인 원자의 에너지 준위 사이의 전이에 의해 가시광선이 발생하게 된다. 하나의 픽셀은 Red, Green, Blue의 형광체(인)가 각각 칠해져 있는 3개의 셀로 구성되어 있다. 각 셀에 흐르는 전류의 양을 조절(전압조절)함으로써 각 셀의 색 강도가 조절된다. 그리고 RGB 셀의 혼합에 따라 특정 픽셀의 색이 결정된다.

PDP의 구조가 그림 12-9에 주어져 있다. 기본적으로 Xe과 Ne이 차 있는 셀들이 두 유리판 사이에 끼여 있는 구조이다. 그리고 두 개의 긴 전극(address electrode와 display electrode)이 유리판 사이에 끼워져 놓여 있다. 이 두 전극에 의해 셀 안의 기체들이 방전한다. 어드레스 전극(address electrode)은 뒤쪽(rear) 유리판에 붙어 있어 셀의 밑에 놓이게 된다. 반면에 투명한 디스플레이 전

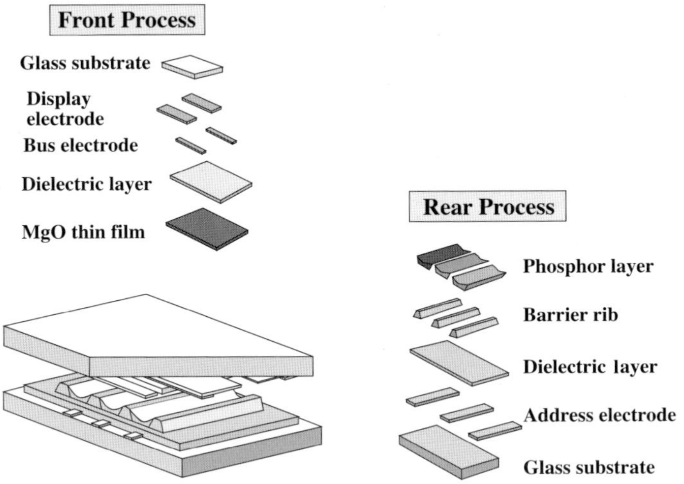

그림 12-9 PDP의 구조 및 공정

극(display electrode)은 유전체 막과 MgO막에 둘러싸여 셀의 위쪽에 놓여 있다. 두 전극 모두 스크린 전체 면에 깔려 있는데 디스플레이 전극은 스크린의 수평방향으로 놓이고 어드레스 전극은 수직방향으로 놓인다. 따라서 두 전극이 스크린 면 전체에 그물(grid)을 형성하게 된다.

특정 셀 안의 기체를 방전시키기 위해서 그 셀과 교차하는 전극들을 충전시킨다. 교차하는 전극이 충전되면 셀 안에 전류가 발생되며 이 전류에 의해 기체가 플라즈마 상태가 된다. 그리고 기체원자의 에너지 준위 사이의 전이에 의해 자외선이 발생한다. 이렇게 발생한 자외선이 셀 벽에 칠해져 있는 형광체를 때림으로써 가시광선이 발생하게 된다. 각 픽셀은 3개(Red, Green, Blue)의 셀로 구성된다. 이 3개의 셀에서 나온 빛이 섞여서 한 픽셀의 색깔이 결정되는 것이다. 각 셀을 흐르는 전류 펄스의 폭(width)을 조절함으로써(256개 단계) 발생하는 빛의 세기를 조절할 수 있다. 따라서 색은 256×256×256=16,777,216종류를 표현할 수 있다. 이렇게 펄스 폭을 조절하여 빛을 조합하는 것을 PCM(pulse code modulation)이라고 한다.

PDP의 가장 큰 장점은 넓은 화면이 가능하고 두께도 매우 얇게(10cm 미만) 만들 수 있다는 점이다. 또한 각 픽셀이 독자적으로 빛을 냄으로써 영상이 밝고 어느 방향(시야각이 160° 이상)에서도 잘 보인다. 플라즈마 방전현상에 의한 셀 안의 스퍼터링(이온의 충돌) 때문에 PDP의 수명에 문제가 있었으나 MgO막을 이용함으로써 이 문제는 해결되었다(그림 12-9).

반면에 PDP의 가장 큰 단점은 공정이 다소 복잡하다는 것이다. 그러나 PDP는 TFT-LCD와 비교하여 공정 환경이 그렇게 까다롭지는 않다. TFT-LCD는 고청정실(clean room)에서 리소그래픽(lithographic)공정과 높은 온도의 공정이 있는 데 반하여 PDP는 상대적으로 낮은 청정도의 공정실에서 가격이 적게 드는 인쇄(printing)방법을 사용한다. 그러나 현재 LCD의 공정과정이 개선되었고, LCD의 해상도가 PDP보다 월등하여 PDP는 LCD에 밀려 더는 사용하지 않고 있다.

(3) LED(Light Emitting Diode)

다이오드는 p-n 접합으로서 정류작용이 있으므로 전기신호의 정류에 많이 이용되는 반도체 소자이다. LED는 다이오드 중에서 빛을 내는 다이오드를 말한다. 순(順)바이어스(forward bias)상태에서 p형 반도체의 정공들과 n형 반도체의 전자들이 공간전하영역을 넘어가서 서로 재결합함으로써 빛을 내는 원리로 LED가 작동된다(그림 12-10).

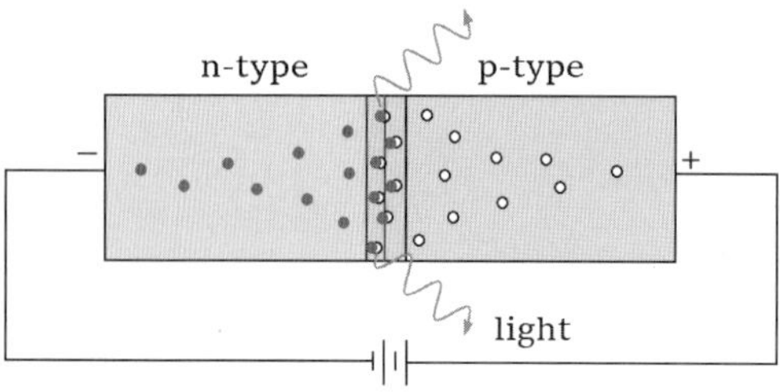

그림 12-10 LED작동의 원리

LED는 반도체 소자로서 구동전압이 낮고(수 Volt) 흐르는 전류도 수십 mA로 작다. 또한 크기도 트랜지스터 정도로 작게 만들 수 있고 다른 열변환 발광소자에 비해 안정적이며 신뢰성이 있다. 빛의 삼원색인 Red, Green, Blue색 다이오드가 각각 있으며 이를 조합함으로써 여러 가지 다양한 색상을 표현할 수 있다. 그리고 반도체 소자로서 수명도 10만 시간 이상으로 길다. 현재 LED는 가전제품의 표시소자로부터 가정용 조명, 신호등, 대형 전광판에 이르기까지 아주 다양한 분야에 응용되고 있다.

1970년경부터 GaP계통의 Red LED와 Green LED가 공업화되어 사용되었으나 옥외(특히 신호등)의 표시소자로 응용될 정도의 밝은 빛을 내는 LED는 GaAlAs를 이용한 LED가 개발되고 나서부터였다. 이 붉은 빛을 내는 LED의 출현에 의해 신호등이나 출구(Exit)를 표시하는 기존의 발광소자는 LED로 완전히 대체되었다. 이후 InGaAlP를 이용한 LED의 출현으로 도로의 모든 표시판, 여러 가지의 간판들도 대부분 LED로 바뀌었다. 그리고 기술의 발달로 인해 기존의 GaAlAs LED보다 더욱 밝은 InGaAlP와 InGaN LED로 대체되어 갔다. 그러나 Red LED와 Green LED는 충분히 밝아 표시소자로서 손색이 없었으나 Blue LED는 표시소자로 이용하기에 충분히 밝지 못했다. 다양한 색을 표현하기 위해서는 빛의 3원색인 RGB LED가 모두 필요한데 Blue LED 문제 때문에 LED를 이용한 디스플레이는 완전하지가 못했다. 이러한 Blue LED의 밝기 문제는 1993년 일본의 Nichia Chemical Company가 InGaN를 이용하여 기존의 Blue LED의 밝기보다 100배나 밝은 Blue LED를 개발함으로써 해결되었다. 이후 InGaN를 이용한 백색(white)광 LED도 만들어져서 LED는 단순한 표시(indicator)소자에서부터 대형 화면의

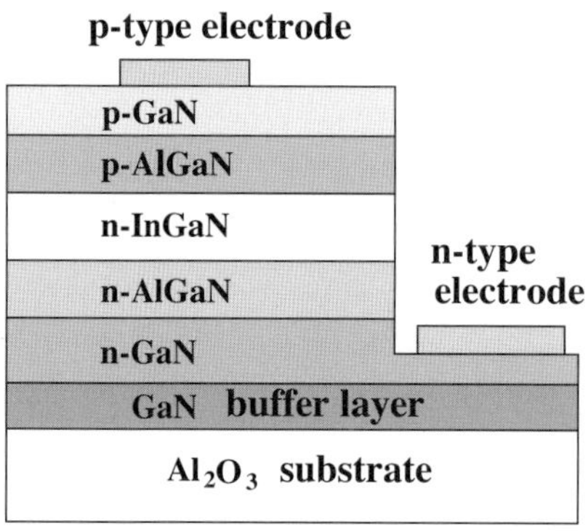

그림 12-11 InGaN/AlGaN double hetero LED 단면

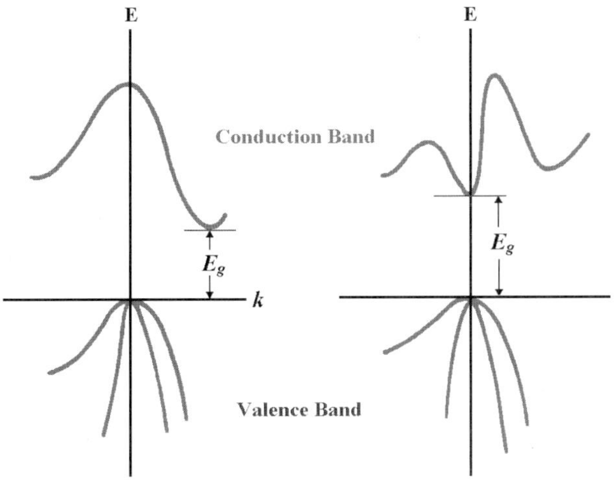

그림 12-12 실리콘(왼쪽)과 GaAs(오른쪽)의 에너지 밴드의 차이

영상 표시소자로서 발전할 수 있게 되었다.

그림 12-12에 실리콘과 GaAs의 에너지 밴드가 주어져 있다. 전도대에 있는 전자가 가전대에 있는 정공을 채우게 되면 에너지가 광자(전자기파)의 형태로 방출된다. 이는 LED(레이저에서도 동일)에서 전자와 정공들이 pn접합의 경계를 넘어가서 재결합하는 형태로 이루어진다. LED에서 방출하는 광자의 에너지는 에너지 갭의 값과 동일하다. 즉 $hf=E_g$를 만족한다. 따라서 LED에서 발생하는 빛의 파장은 $\lambda=hc/E_g$이다. 이 관계식은 LED에서 나오는 빛의 파장은 활동영역(active region)에 사용한 반도체의 에너지 갭에 따라 결정된다는 것을 보여주고 있다.

모든 반도체를 LED의 물질(활동영역)로 사용할 수 없다. 고체의 에너지 밴드는 일반적으로 복잡하고 어떤 물질의 경우에는 알아내기도 어렵다. 직접 밴드 갭(direct band gap)을 가지는 반도체만이 LED의 물질로 사용할 수 있다. 실리콘은 그림 12-12에서 보듯이 간접 밴드 갭(indirect band gap)을 가지고 있으므로 LED에는 사용할 수 없다.

전도대의 전자가 가전대로 떨어져서 정공과 재결합할 때 에너지는 물론이고 운동량도 보존되어야 한다. 간접 밴드 갭 물질에서는 전도대의 가장 아래에 있는 전자가 가전대의 가장 위쪽으로 떨어질 때 상당한 운동량의 변화를 겪게 된다. 즉, 에너지와 운동량의 보존을 위해서 주위의 격자들을 진동시킨다. 이는 전도대에서 가전대로 떨어지는 전자의 에너지는 물질 내에서 열(격자의 진동)로 모두 소비됨을 나타내고, 이에 따라 빛은 방출하지 못한다. 따라서 간접 밴드 갭의 물질에서는 빛의 방출을 기대할 수 없다. 반면에 직접 밴

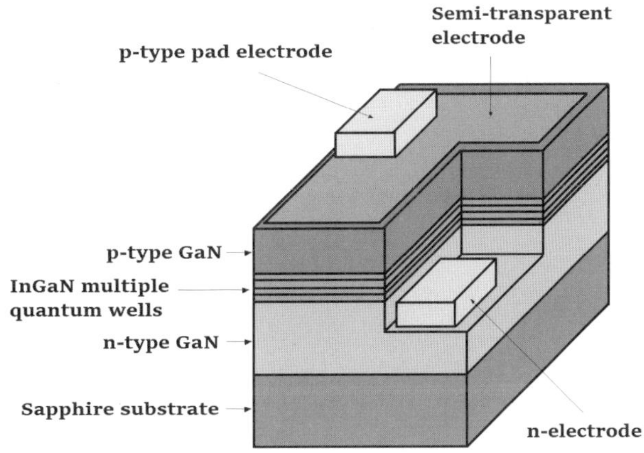

그림 12-13 양자우물을 이용한 LED의 개략적인 구조

드 갭 물질(GaAs계열)에서는 전자의 전도대에서 가전대로의 전이에서 운동량의 변화가 없다. 따라서 직접 밴드 갭의 물질에서의 전자-정공의 재결합은 에너지와 운동량을 보존하면서 빛(광자)을 방출할 수 있게 된다.

실제로는 에너지 밴드가 복잡하고 또한 빛을 방출하는 메커니즘도 위에서와 같이 간단하게 설명할 수 있는 것은 아니므로 얻고자 하는 빛을 방출하는 다이오드를 구성하는 것은 쉬운 일이 아니다. 현재 양자우물 구조를 이용하여 LED를 구현하고 있다. 그림 12-13에 양자우물 구조의 활동영역(active region)을 가진 LED의 구조를 보여주고 있다.

LED의 packaging이 그림 12-14에 주어져 있다. 빛의 방향성을 좋게 하기 위해 렌즈구조를 이용하고 있다. 그림 12-14-(c)에는 백색 LED를 구현하는 방법의 하나를 보여주고 있다. 청색 LED와 황색의 인(phosphor)을 이용하여 백색 LED 빛을 얻을 수 있다. 백색 LED를 조명으로 사용하는 가정의 수가 증가하고 있다. 앞으로 전구나 형광등이 백색 LED로 모두 교체될 날이 머지않았다.

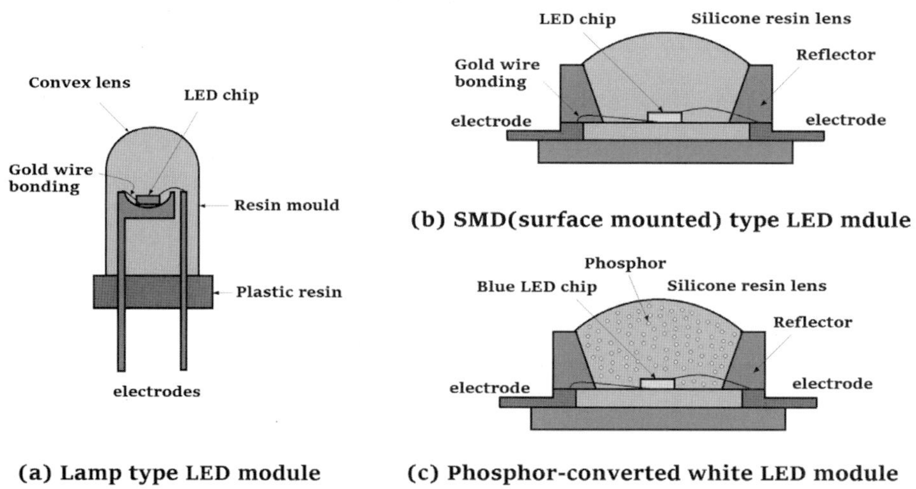

그림 12-14 LED의 packaging 방법(a, b)와 백색 LED를 구현하는 방법(c)

LED 종류가 표 12-1에 주어져 있다. 초기의 Red LED와 Green LED는 주로 GaP를 이용하였다. 그 후 GaAlAs계열의 LED가 나오고 나서 Red LED의 밝기가 크게 개선되었다. 그리고 InGaAlP를 이용하여 Orange 및 Green LED의 밝기도 크게 나아지게 되었다. 1990년대에 와서 InGaN를 기본으로 하는 강력한 Blue LED가 출현하여 LED를 이용한 full color 디스플레이가 가능하게 되었다.

표 12-1 여러 LED의 반도체 물질 및 발생하는 빛의 파장

Color	Active layer	Substrate	Wavelength(nm)	Intensity(mcd) (diameter; 5mm, current; 20mA)
Red	GaP	GaP	700	30
	$Ga_{0.65}Al_{0.45}As$	GaAlAs	660	3,000
	$GaAs_{0.45}P_{0.55}(N)$	GaP	650	100
Orange	$GaAs_{0.35}P_{0.65}(N)$	GaP	630	300
	InGaAlP	GaAs	620	3,000
Yellow Green	InGaAlP	GaAs	566	800
	GaP	GaP	555	200
	GaP(N)	GaP	565	500
Blue	$In_{0.23}Ga_{0.77}N(Si, Zn)$	Al_2O_3	500	2,000
	SiC(N, Al)	SiC	470	30
	$In_{0.06}Ga_{0.94}N(Si, Zn)$	Al_2O_3	450	2,500

(4) FED(Field Emission Display)

FED는 강한 전기장(5kV/μm)에 의해 금속 또는 반도체 표면으로부터 방출하는 터널링(tunneling) 전자(cold electron)가 수백 μm 떨어진 형광체를 때림으로써 빛을 내는 원리를 이용한다. FED는 빛이 발생되는 원리가 CRT와 동일함에도 두께가 아주 얇으므로 차세대 평판 디스플레이로 각광을 받았다. 그러나 FED 자체의 문제점도 있고, 또한 LCD와 LED의 비약적인 발전으로 FED는 디스플레이로 빛을 보지 못하고 있다.

전자의 방출에 있어서 CRT는 열에 의해 전자가 방출하는 과정을 이용하지만 FED에서는 상온에서 전기장에 의한 전자의 양자역학적 터널링 현상을 이용한다. FED에서 전자의 발생은 전기장에 의한 것이므로 이를 전계방출(field emission)이라고 부른다. 그리고 CRT의 전자총에서 방출되는 전자를 열전자(hot electron)라 하고 FED에서 발생하는 전자를 냉전자(cold electron)라고 부른다. 그림 12-15에서와 같이 진공 중에서 금속표면에 약 0.5V/Å의 전압을 걸면 포텐셜 장벽이 낮아져서 금속표면의 전자들이 터널링을 통해 그 장벽을 빠져 나올 수 있다. 금속의 표면을

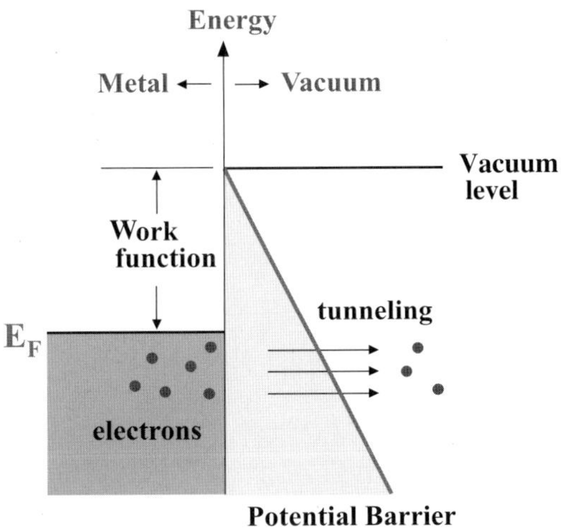

그림 12-15 전계방출 메커니즘

아주 뾰족하게 할 경우 전자 발생 효율을 극대화할 수 있다.

전계방출 현상은 1897년 Wood가 진공 중에서 두 백금 전극 사이의 아크 현상을 관찰한 것이 그 시초이다. 1960년대 중반부터 FED연구가 시작되었으나 전계방출용 tip의 과도한 손실과 형광체 문제로 연구가 크게 진전되지 못하였다. 그러다가 1968년 Spindt에 의해 몰리브덴을 이용한 FEA(Field Emitter Array)가 개발되면서 새로운 전기를 맞이하게 되었다. 그 후 1985년 프랑스의 LETI 연구소의 Meyer가 완전히 작동이 되는 FED 시제품을 내어 놓았다. 그리고 1993년에 컬러 FED 시제품이 발표되고 미국, 일본 등 각 나라에서는 대형화면 FED 연구에 주력하고 있는 중이다.

그림 12-16에 FED의 개략적인 구조가 주어져 있다. 전자가 방출되는 음극판(tip 부분)과 형광체로 도포된 양극(anode)판이 spacer에 의해 수백 ㎛의 균일한 간격으로 떨어져 있다. 그리고 두 판 사이의 공간은 고진공(〈10^{-6} Torr)으로 유지되어 있다. Tip에 걸리는 고전압에 의해 터널링 전자가 방출되고 이 전자들이 형광판을 때림으로써 빛이 발생한다.

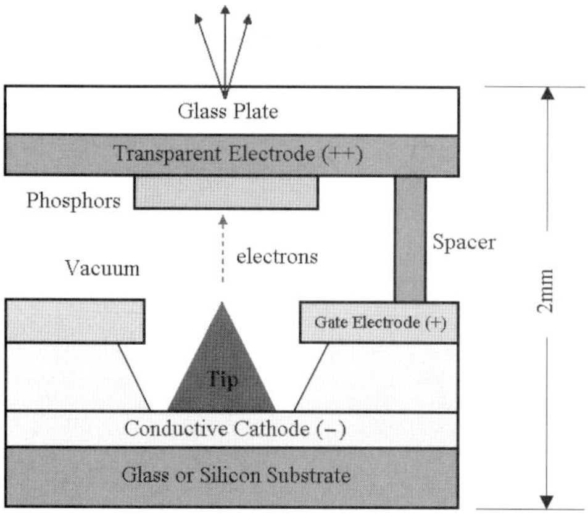

그림 12-16 FED의 기본적인 구조 및 발광원리

전계방출용 tip은 금속으로는 몰리브덴이나 텅스텐 등이 있고 반도체로는 단결정 실리콘이 주종을 이루고 있다. 다이아몬드 또는 DLC(diamond-like carbon) 등은 전자 친화력, 화학적 안정성, 물리적 강도, 뛰어난 열전도 등의 좋은 특징 때문에 많이 연구되고 있다. 또한 최근에는 탄소 나노튜브(nano-tube)가 FED tip용으로 많이 연구되고 있다.

Tip의 제조공정은 금속의 경우 Spindt 방법이 사용되고 실리콘 tip의 형성을 위해 반도체 공정이 응용되고 있다. 그림 12-17에 반도체 공정을 이용하여 실리콘 tip을 형성하는 과정이 나타나 있다.

그림 12-18에 실리콘 tip array의 SEM 사진이 주어져 있다. 실리콘 tip의 경우 대표적인 tip의 직경은 1~10nm이고 emitter hole의 지름은 0.15 μm이며 hole 사이의 간격은 0.32 μm이다.

그림 12-19는 구동 FET와 함께 형성된 실리콘 tip의 구조를 보여주고 있다. 그런데 FED는 tip의 수명 문제가 해결되지 않아서 제한적인 소형분야의 디스플레이로 사용되었다. 그러나 OLED(유기발광다이오드)의 발전으로 소형분야에도 OLED에 그 자리를 내어 주고 있다.

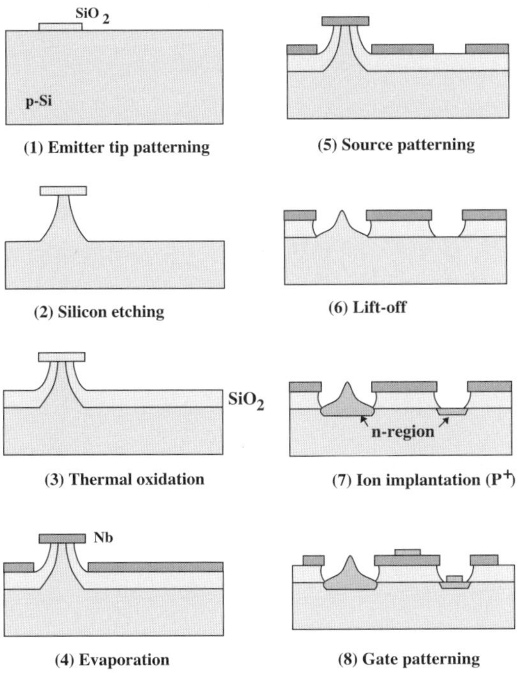

그림 12-17 실리콘 tip의 형성과정

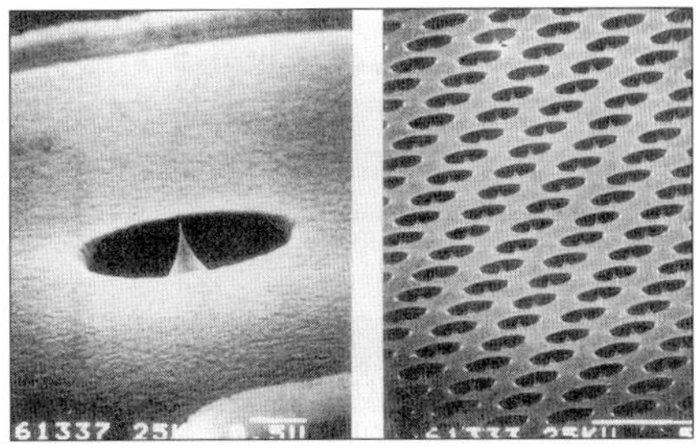

그림 12-18 실리콘 tip array의 SEM 사진

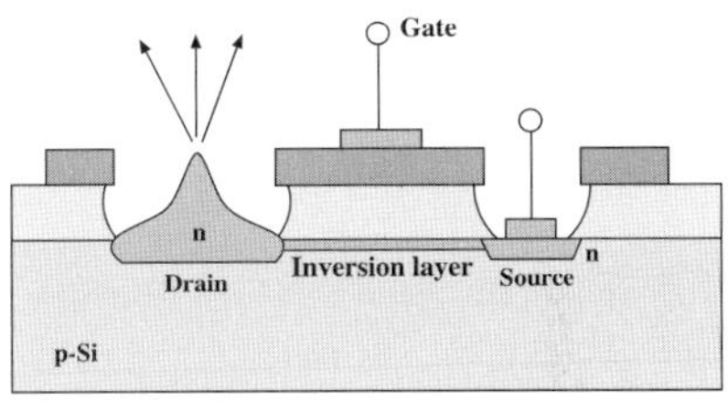

그림 12-19 구동 FET와 실리콘 tip

(5) EL(Electroluminescence)

EL(전계발광)은 전류나 강한 전기장에 의해 특정 물체에서 빛이 나오는 현상이다. EL현상은 1936년 Destriau에 의해 처음 발견되었지만 투명전극이 개발되기 전까지는 실제 응용에 이르지 못하였다. 1950년 SnO_2를 주성분으로 투명도체막이 발명되어 EL의 평면 광원으로서의 가능성 때문에 EL에 대한 연구개발이 활발히 시작되었다. 그러나 휘도가 낮고 수명이 짧은 문제가 해결되지 않아 사용 분야는 극히 제한적이었다.

그러다가 1974년 일본의 Sharp社가 이중 절연층 구조의 ZnS:Mn 박막 EL소자 개발을 발표하면서 디스플레이로서의 적용 가능성이 제시되었다. EL을 이용하는 디스플레이는 수광(受光)형태의 LCD에 비해 응답속도가 빠르고 자체 발광 형태이므로 휘도가 우수하다. 그리고 구조가 간단하여 제조가 용이하고 경량의 장점을 가지고 있어서 차세대 평판 디스플레이로 각광을 받고 있다.

EL은 발광층으로 사용하는 물질의 종류에 따라 무기 EL과 유기 EL로 분류된다. 그리고 무기 EL은 박막의 두께와 구동 방식에 따라 교류 박막 EL, 교류 후막 EL, 직류 후막 EL 등으로 분류된다. 유기 EL은 발광층의 유기물질에 따라 저분자 유기 EL과 고분자 유기 EL로 분류된다.

무기 EL에서 발광은 높은 전기장에 의하여 가속된 전자와 형광 원자(희토류)와의 충돌에 의해 이루어진다. 반면에 유기 EL에서는 음극과 양극을 통해 주입된 전자와 정공이 재결합함으로써 발광

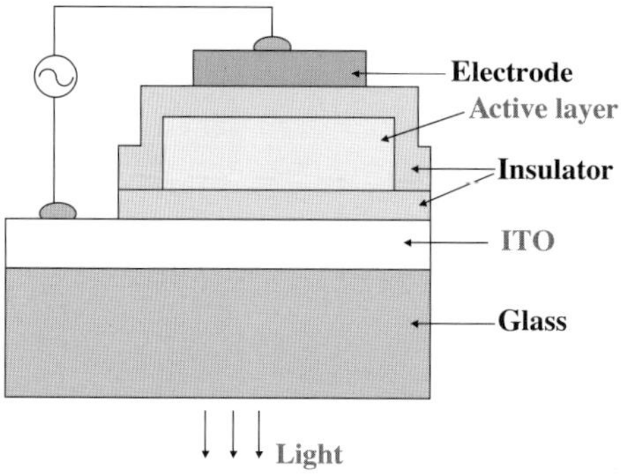

그림 12-20 무기 EL의 개략적인 구조

이 일어난다.

그림 12-20에 박막 ELD(EL Display)의 기본 구조가 주어져 있다. 빛을 내는 발광층(active layer)이 절연층 사이에 끼여 있는 구조를 하고 있다. 그리고 화면 역할을 하는 유리 위에 형성된 투명전극(ITO)과 상부 절연층 위에 형성된 전극 사이에 가해지는 교류 전압에 의해 발광하게 된다. 이때 발생하는 빛의 파장은 발광층의 재료와 여기에 첨가된 첨가물(발광 중심)에 따라 다르게 된다.

ELD의 양단 전극(투명전극 및 전극)에 교류전압을 걸면 절연층 사이에 MV/cm 이상의 강한 전기장이 형성되고 이에 따라 전극에서 전자가 방출된다. 방출된 전자는 전기장에 의해 가속하고 발광 중심원자의 최외각 전자와 충돌하여 원자를 여기시킨다. 이후 발광 중심원자가 여기상태에서 기저상태로 떨어지면서 빛을 방출하게 된다. 외부전압의 극성이 바뀌면서 위 과정이 반대 방향으로 다시 진행되면서 계속적으로 빛이 발생하게 된다.

박막 EL용 발광체는 발광층 물질에 인위적으로 첨가한 발광 중심으로부터 발광이 가능해야 하고 MV/cm 이상의 고전기장에 견딜 수 있어야 한다. ZnS, CaS, SrS 등의 화합물이 발광체로 많이 사용되어 왔다. 여기서 희토류 이온 Zn^{+2}, Ca^{+2}, Sr^{+2}가 발광 중심원자의 역할을 한다. 이 외에 발광층 물질과 안정된 결합이 가능하고 발광 효율이 우수한 Mn, Tb, Ce, Eu, Sm, Tm 등이 적절한 발광중심이 될 수 있다. Tb^{+3}(녹색), Sm^{+3}(적색), Tm^{+3}(청색) Eu^{+2}(적색), Ce^{+3}(청색) 등에서 여러 가지 색의 발광이 관찰된다.

그림 12-21에 유기 ELD의 구조가 주어져 있다. 유기 LED는 유기 발광다이오드(OLED)라고 부르며, 휴대전화의 화면으로 널리 사용되고 있으며, 화면의 대형화가 진행되고 있다. 앞으로 TV등 대형화면에 OLED가 이용되리라 예측할 수 있다. 그림 12-22에 OLED에서 빛이 발생하는 메커니즘이 주어져 있다. 금속전극에 −전압이 걸리고 투명전극(ITO)에 ＋전압이 주어지면 유기 발광층으로 음

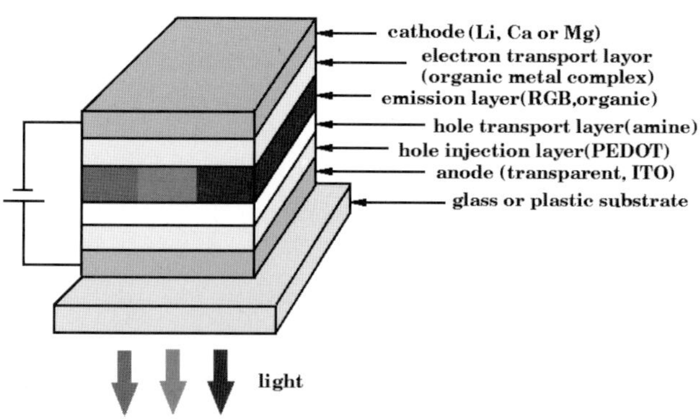

그림 12-21 유기 ELD의 구조

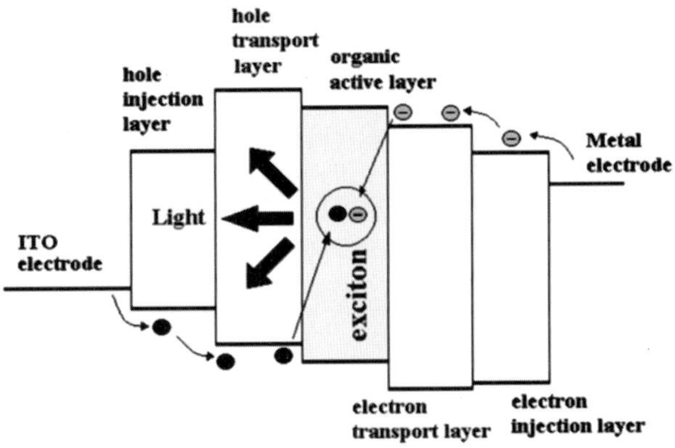

그림 12-22 유기 EL의 기본구조

극에서는 전자가 주입되고 양극에서는 정공이 주입된다. 이렇게 발광층으로 주입된 전자와 정공이 재결합하여 엑사이톤(exciton)을 형성한다. 여기된 엑사이톤이 기저상태로 떨어지면서 빛을 발생한다. 유기 발광층과 전자 주입층 사이에 에너지 장벽을 줄여 전자의 이동을 쉽게 하기 위해 전자 수송층을 둔다. 마찬가지 이유로 정공 주입층과 유기 발광층 사이에 정공 수송층을 둔다.

EL물질의 특성이 표 12-2에 주어져 있다. 무기EL 물질은 견고성(rigidity)이 좋고 동작온도가 넓다는 장점을 가지고 있다. 그러나 구동전압(operating voltage)이 높은 단점이 있다.

유기EL은 구동전압이 낮고 박막의 형태로 만들 수 있다. 그러나 단분자 유기EL 물질(single molecule organic material)의 경우 Joule열에 의해 구조가 변하는 단점이 있다. 반면에 고분자 유기EL 물질(macro-molecule organic material)은 열적 안정성은 좋으나 수명이 짧다. 그러나 고분자 유기EL 물질은 낮은 구동전압과 간단한 제작공정 등의 실용적인 장점을 가지고 있어서 평판 디스플레이와 LCD의 back light에의 응용 가능성으로 많이 연구되고 있다.

표 12-2 EL물질의 특성

	무기 EL	단분자 유기EL	고분자 유기EL
대표적인 물질	ZnS, GaN, SiC	Alq_3 (green) Anthracene (blue) Perylene (red)	PPV(poly-phenetlenevinylene) PPP (poly-phenylene) PT (poly-thiophene)
장점	- 견고성 - 긴 수명 - 넓은 작동온도 - 대형화면	- 낮은 구동전압 (5~10 V) - 다층구조 - 박막 - 대형화면	- 낮은 구동전압 (2~3 V) - 간단한 제작공정 - 휨(flexible) - 박막
단점	- 높은 구동전압 - 청색구현의 어려움	- Joule열 - 견고성이 약함	- 짧은 수명 - 청색의 낮은 효율
공정	- 단결정	- 진공 코팅	- 스핀 코팅 - dipping - roll to roll

EL디스플레이에서 색(full color)의 표현을 위해 주로 세 가지 방법이 사용되고 있다(그림 12-23). 첫 번째 방법은 RGB셀을 모두 따로 만드는 것이다. 이 방법은 NEC와 Pioneer에서 이용되고 있다. 이 방법은 제작공정은 복잡하지만 RGB EL에서 색의 구현이 뛰어나다. 두 번째 방법은 백색광원(white luminescent active layer)과 컬러필터(color filter)를 사용하는 것이다. 이 방법은 제작공정이 간단하여 현재 큰 관심을 끌고 있다. 세 번째 방법은 청색광원(blue luminescent active layer)과 색변조 물질(color changing material)을 이용하는 것이다. 이는 TDK에서 이용하고 있는 방법이다. 그러나 이 방법을 이용할 경우 색변조 물질에서 색의 뒤틀림(distortion)현상이 일어날 수 있다는 단점이 있다.

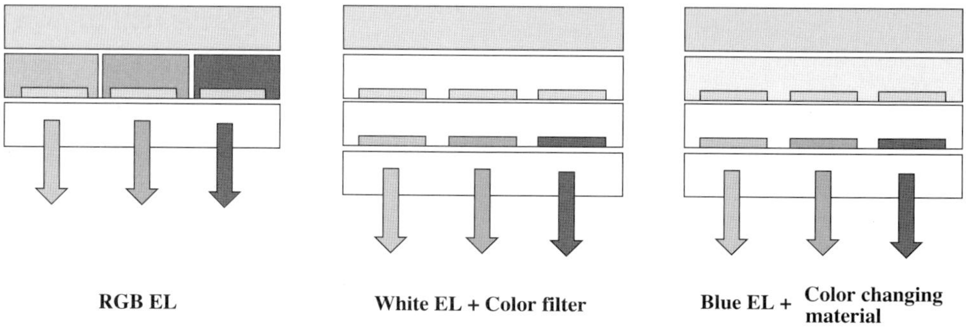

그림 12-23 ELD에서 색의 구현

(6) QD-LED(양자점 LED)

그림 12-21에 주어진 OLED의 구조에서 발광층(emission layer)으로 유기층(organic layer) 대신에 양자점(QD, quantum dot)으로 만든 발광층을 이용하는 것이 QD-LED이다. 양자점은 모든 방향의 크기가 나노(nano)크기이다. 따라서 그 안에 있는 전자는 공간에 완전히 갇히게 된다. x, y, z축 방향의 크기가 각각 L_x, L_y, L_z인 양자점 안에서 전자가 가질 수 있는 에너지는

$$E_{kln} = \frac{h^2}{8m^*}\left(\frac{k^2}{L_x^2} + \frac{l^2}{L_y^2} + \frac{n^2}{L_z^2}\right) \quad \textbf{(12-1)}$$

와 같이 주어진다. 여기서 k, l, n은 양자수이다. 그리고 m^*는 물체 속에서 전자의 효과질량(effective mass)을 나타낸다. 위와 같이 양자점에서 전자의 에너지는 불연속적이고, 이는 원자 내에서의 전자의 에너지준위와 동일한 형태이다. 또한 에너지준위는 양자점을 만드는 물질의 종류와 관계없고 양자점의 크기에만 관계됨을 보여주고 있다. 따라서 양자점의 크기를 조절함으로써 양자점에 의해 발생하는 빛의 파장을 조절할 수 있다. 양자점의 크기가 작으면 (2nm) 청색을 발산하다가 크

기가 커지면(6nm) 붉은색을 나타낸다.

양자점 물질로는 CdSe, PbS, PbSe, CdTe 등이 있다. 이 중에서 가시광선을 위해서는 CdSe를 사용하고 나머지는 근적외선을 위한 것이다. 그리고 양자점을 표면에 균일하게 분포시켜 박막을 형성해야 되는데 이를 위해서 CdSe의 경우 표면을 CdS, ZnS 등으로 표면개질(코팅)을 하기도 한다.

QD-LED의 상용화를 위해서는 아직 해결해야 할 문제가 많다. 첫째, CdSe, PbS 등에는 환경에 해로운 카드뮴(Cd)이나 납(Pb)을 포함하고 있다. 이 물질들이 다른 물질보다 발광효율이 높다. 앞으로 환경에 유해하지 않고 발광효율과 안정성이 좋은 물질의 개발이 필요하다. 둘째, 양자점이 균일하게 분포하는 박막을 제조하는 기술이 필요하다. 발광층을 만들기 위해서는 고분자 매트릭스에 양자점을 균일하게 분포시켜야 한다. 이때 서로 엉겨 붙지 않도록 하기 위해서 표면개질을 하는데 이에 대한 기술개발이 필요하다. 셋째, 효율은 상당히 높아졌으나 아직 수명이 짧은 것(1,000시간 정도)에 대한 해결책이 필요하다. 위와 같이 양자점을 LED에 이용하기 위해서는 해결되어야 할 문제가 많다. 그러나 앞으로 연구를 통해 위의 문제들이 해결되리라 전망된다. 이에 따라 QD-LED가 OLED를 대체할 날이 오리라 예상해 볼 수 있다.

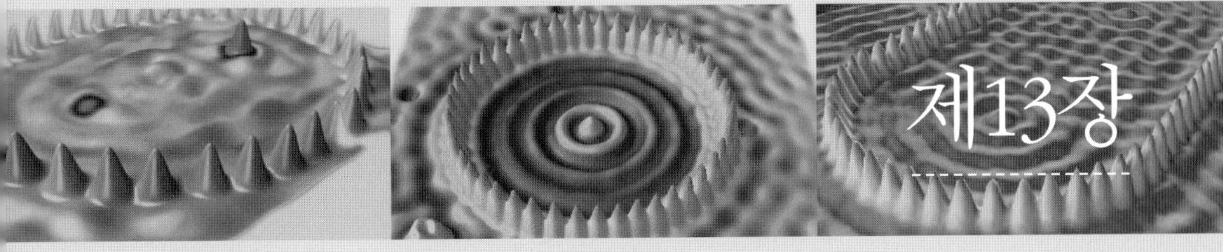

제13장

나노기술

제13장
나노기술

13-1. 나노기술이란 무엇인가?

반도체 공정기술의 발달로 반도체 소자의 집적률이 점차 증가하고 있다. 전자소자는 여전히 실리콘을 기반으로 하고 있고 "더 작게, 더 빠르게, 더 좋게(smaller, faster, better)" 라는 요구는 계속되고 있다. 그러나 현재의 반도체 소자 작동원리를 계속 사용할 경우 선폭의 굵기를 10nm 이하로 줄일 수 없다는 것은 명백한 사실이다. 그러면 어떤 기술적인 도약이 이 한계를 뛰어넘게 할 수 있겠는가?

반도체 공정기술을 이용한 MEMS(Micro Electromechanical System) 연구가 활발히 진행 중이다. 실리콘 식각(etching)기술과 접합(bonding)기술을 통해 크기가 마이크로미터(μm=10^{-6}m)인 미소기계를 구성한 것이 MEMS이다. 현재 MEMS기술은 압력센서, 광 스윗치, 관성센서, 바이오 및 유체관련 분야 등 많은 분야에서 이용되고 있다.

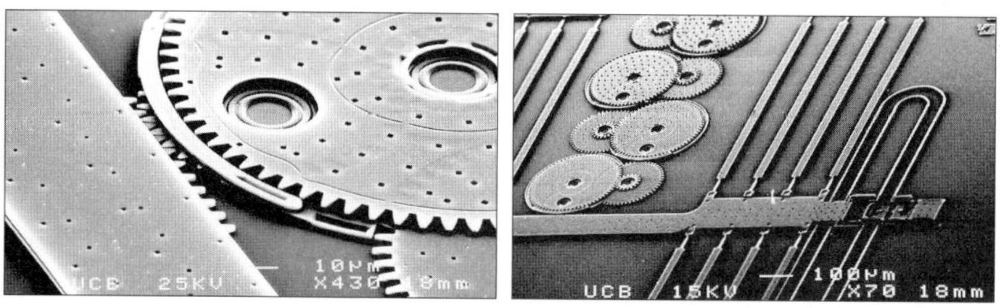

그림 13-1 실리콘 식각기술을 이용하여 만든 마이크로 모터의 모양

그림 13-1은 실리콘 식각기술을 이용하여 형성한 마이크로 모터의 모양을 보여주고 있다. 식각은 건식과 습식 기술이 있는데, 식각이 방향에 무관하게 동일한 등방성 식각(isotropic etching), 방향에 따라 다른 결정방향 의존성 식각(orientation dependent etching), 비등방성 식각(anisotropic etching) 등으로 구분된다. 이러한 여러 식각방법을 이용하여 복잡한 기능을 할 수 있는 마이크로 시스템을 구성할 수 있다.

마이크로 시스템은 기판 접합기술을 통하여 합칠 수도 있다. 접합에는 정전 열접합(electrostatic bonding), 실리콘 웨이퍼 직접접합(Si-wafer direct bonding) 등이 많이 사용되고 있다. 별도의 기판에 미세 가공된 구조물들을 이와 같은 접합기술을 이용하여 서로 결합시켜 다양하고 복잡한 3차원 구조물을 구성할 수 있다. 그림 13-2에서 MEMS구조가 오른쪽으로 갈수록 복잡해짐을 볼 수 있다.

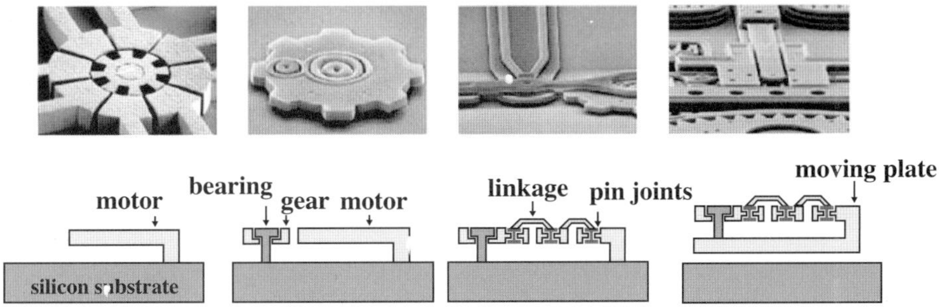

그림 13-2 MEMS의 발전단계

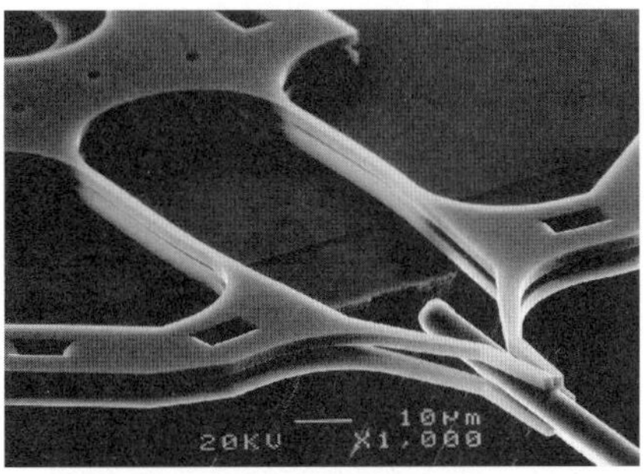

그림 13-3 마이크로 핀셋(tweezer)이 직경 5μm인 봉(rod)을 잡고 있는 모양

그림 13-3은 마이크로 핀셋(tweezer)이 직경이 약 5μm인 봉(rod)을 잡고 있는 모양을 보여주고 있다. 앞으로 MEMS기술을 통해 느끼고(센서) 기억하고(메모리) 전달하고(통신) 구동하는(actuator) 마이크로 단위의 다양한 기계적인 시스템을 구축할 수 있을 것이다.

MEMS는 실리콘 기판에 반도체 공정기술을 이용하여 미세 구조를 형성하는 것이므로 동일한 기판에 MEMS구성과 동시에 MEMS를 움직이는 구동장치도 함께 만들 수 있다. 그림 13-4에 구동장치(그림에서 Standard CMOS electronics 부분)와 MEMS(Mechanical Devices 부분)가 동일 기판에 함께 형성되어 있음을 볼 수 있다.

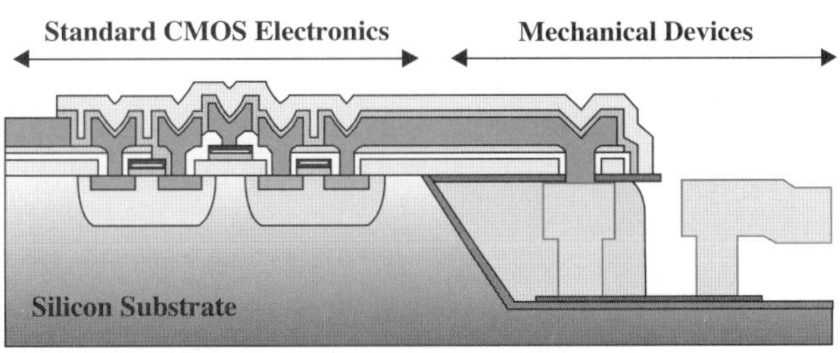

그림 13-4 구동장치와 함께 형성되는 MEMS

MEMS기술은 마이크로 기술이므로 그 한계가 마이크로미터이다. 따라서 마이크로미터 이하에 관련된 문제를 해결하기 위해서는 MEMS기술이 더 이상 유용하게 사용될 수 없다. 예를 들어 세포 단위까지 조절하여 질병을 치료할 수 있기 위해서는 MEMS기술을 뛰어 넘는 새로운 기술이 필요하다. 이러한 마이크로미터의 한계를 뛰어넘을 수 있는 것이 나노기술이다. 그러나 현재 나노기술은 "현실"이기보다는 "비전 또는 아이디어" 측면이 강하다. 나노기술의 궁극적인 목표는 개개의 원자를 제어하여 우리가 원하는 형태의 구조물을 만드는 것이다.

나노기술을 위해서는 하나의 원자를 제어할 수 있어야 한다. 이는 원자를 핀셋으로 집어 원하는 위치에 가져다 둘 수 있는 기술이 필요하다는 의미이다. 1990년 IBM은 AFM(atomic force microscopy)을 이용하여 개개의 원자를 제어하는 데 성공했다. 35개의 Xe원자를 니켈표면에 배열하여 IBM이라는 글자를 쓰는 데 성공한 것이다.

그림 13-5 AFM을 이용하여 Xe원자를 니켈 표면에 배치

이후 AFM 또는 MFM(magnetic force microscopy) 등의 기술에 의해 원자 단위의 제어가 가능하다는 것을 보여주었다.

그리고 AFM을 이용한 DPN(Dip Pen Nanolithography)기술이 개발되어 앞으로 나노 크기의 다양한 리소그래피(lithography)의 가능성을 보여주고 있다.

그림 13-6 철(iron)원자를 구리의 (111)면에 배치한 모양

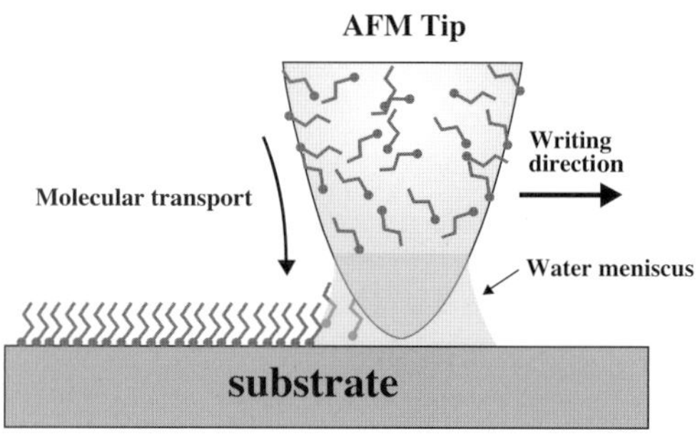

그림 13-7 Mirkin에 의해 개발된 DPN기술

이와 같이 개개의 원자를 제어할 수 있는 기술이 가능하게 되었다. 그러나 한 번에 하나의 원자를 제어한다면 물질을 만드는 데는 수천 년이 걸릴 것이다. 따라서 다음에 할 일은 나노크기의 기계인 결합기계(assembler)를 만드는 일이다. 이 결합기계는 원자나 분자를 마음대로 움직일 수 있도록 프로그램 될 수 있어야 한다. 그러나 짧은 시간에 하나의 물질을 만들려면 수십억 개의 결합기계가 필요하게 된다. 따라서 물질을 만들기 위해서는 복제기계(replicator)라는 나노기계가 필요하다. 이 기계는 결합기계를 복제하여 기하급수적으로 많은 수의 원자나 분자를 한꺼번에 제어하여 적당한 시간 내에 우리가 원하는 물질을 만들 수 있게 한다. 따라서 위와 같은 시나리오의 나노기술이 발전하려면 어느 정도의 시간이 필요할 것이다. 그림 13-8은 원자를 제어할 수 있을 경우 만들 수 있는 나노기어(gear)의 개념도를 보여 주고 있다.

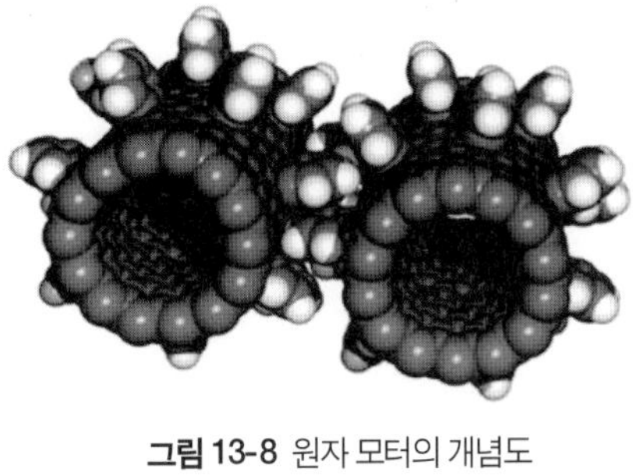

그림 13-8 원자 모터의 개념도

13-2. 현재 연구 중인 나노 시스템에는 어떤 것이 있나?

여러 나노 시스템에 대한 연구가 진행되고 있다. 그중에서 가장 활발히 진행되고 있는 세 가지 분야에 대해 알아보도록 한다. 즉, 탄소나노튜브(carbon nano tube), 양자우물, 양자선(線) 및 양자점(點) (quantum well, wire, and dot), 나노입자 등에 대해 간략히 설명하도록 한다.

(1) 탄소나노튜브, 그래핀(graphene)

1991년 일본 NEC社의 Iijima는 전기 방전법을 사용하여 형성한 탄소 덩어리의 TEM사진에서 가늘고 긴 대롱 모양의 탄소나노튜브를 관찰하였다. 탄소나노튜브의 길이는 수십 nm~수 m이고 직경은 2.5~30nm이었다. 이 튜브의 직경이 수 nm 정도로 극히 작았기 때문에 나노튜브라고 부르게 되었다. 이후 1992년 Ebbesen, Ajayan 등은 탄소나노튜브를 합성할 때 체임버(chamber) 내의 헬륨 압력을 높일 경우 탄소나노튜브의 합성 수율(yield)이 매우 증가한다는 사실을 발견하였다. 그리고 1998년에는 Ren 등이 플라즈마 화학 기상 증착법(plasma chemical vapor deposition)을 사용하여 유리기판 위에 수직으로 배향된 高 순도의 탄소나노튜

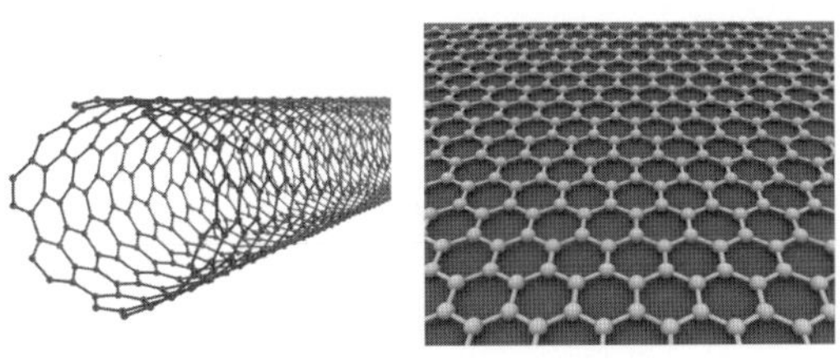

그림 13-9 탄소나노튜브(왼쪽)와 흑연(오른쪽)의 구조

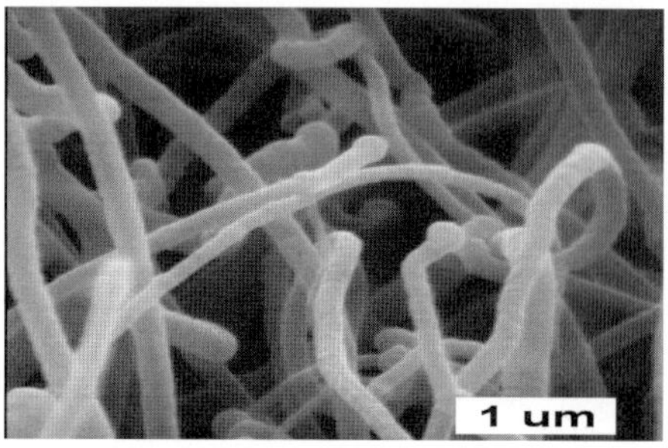

그림 13-10 탄소나노튜브의 SEM 사진

브를 합성함으로써 탄소나노튜브의 합성과 응용기술 면에서 획기적인 진전을 이루었다.

그림 13-9에 탄소나노튜브의 구조를 보여주고 있다. 탄소나노튜브의 탄소 원자 결합구조는 흑연과 같은 육각 구조이나 튜브 모양을 하고 있다. 즉, 흑연박막을 통 모양으로 둥글게 말은 형태를 취하고 있음을 볼 수 있다.

탄소나노튜브는 다른 어떠한 재료보다도 우수한 역학적, 전기적, 열적 특성을 가진다. 첫째, 역학적인 특성에서 다른 물질과 비교할 수 없을 정도로 높은 강도를 보이는 것은 탄소-탄소 결합이 전체적인 네트워크 형태로 되어 있기 때문이다. 즉, 말린 원통 모양으로 탄소들이 유기적인 네트워크로 연결되어 우수한 역학적인 특성을 보이는 것이다. 둘째, 탄소나노튜브가 금속과 같은 전도성을 가지는 이유는 각 원자에서 나오는 π-전자(delocalized electrons)들이 도너(donor)원자들에게 구속되어 있지 않고 자유롭게 움직일 수 있기 때문이다. 셋째, 탄소-탄소 결합이 아주 높은 진동수로 진동하여 열에너지를 빠르게 전달할 수 있으므로 높은 열적 전도성을 보인다. 위와 같이 탄소나노튜브는 여러 가지 우수한 재료적 성질을 가지고 있으므로 이러한 우수한 물리적 특성이 요구되는 여러 분야에 응용할 수 있다.

우수한 전기적 특성 때문에 탄소나노튜브는 FED에 응용되고 있다. 나노미터 직경의 뾰쪽함 때문에 낮은 전압으로도 tip부분에 높은 전기장이 만들어져서 냉전자(cold electron)가 쉽게 방출된다. 이러한 냉전자 방출에 탄소나노튜브가 이용되고 있으며, 이를 이용한 상업적인 FED가 출시되고 있다. 그리고 탄소나노튜브의 우수한 전기적 특성을 이용하면 플라스틱과 같은 부도체에 탄소나노튜브를 소량 주입함으로써 전도성이 좋은 플라스틱을 만들 수 있다. 또한, 탄소나노튜브는 분자 전자공학(molecular electronics)에도 응용되고 있다. 즉, 나노 크기의 소자들 사이를 전기적으로 연결해 주는 데 탄소나노튜브가 응용되고 있다. 그리고 탄소나노튜브를 얇게 코팅함으로써 전자기파를 차단할 수도 있다. 또한 탄소나노튜브의 높은 열적 전도성은 반도체 칩에서 발생하는 열을 밖으로 방출하는 데 응용될 수 있다.

탄소나노튜브는 아주 큰 표면적을 가지고 있다. 원통으로 말린 모양이므로 안과 밖의 표면적이 모두 있으므로 1g의 표면적이 약 1,000m²나 된다. 이러한 높은 표면적에 많은 전해질(electrolyte)을 축적할 수 있으므로 전지에도 응용할 수 있다. 또한

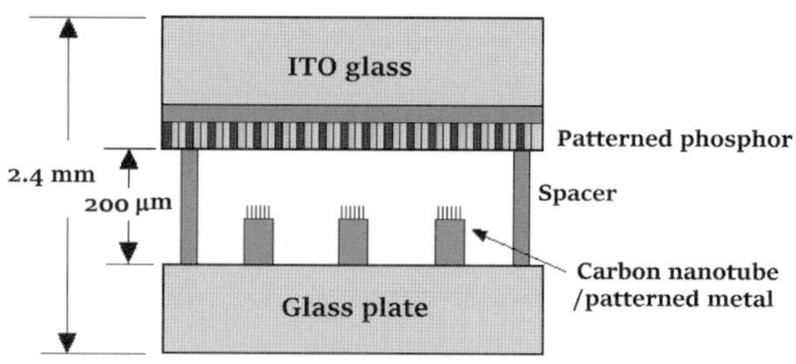

그림 13-11 탄소나노튜브를 이용한 FED 구조

표면적이 크므로 촉매(catalyst)에도 이용할 수 있다.

그림 13-11에 탄소나노튜브를 FED에 이용한 개념도가 주어져 있다. 탄소나노튜브에서 발생한 냉전자가 인(phosphor)을 때림으로써 빛을 내는 구조이다.

그림 13-12에 탄소나노튜브를 FET소자에 이용한 것을 보여 주고 있다. 이 구조에서 탄소나노튜브는 게이트의 전극으로 사용되고 있다.

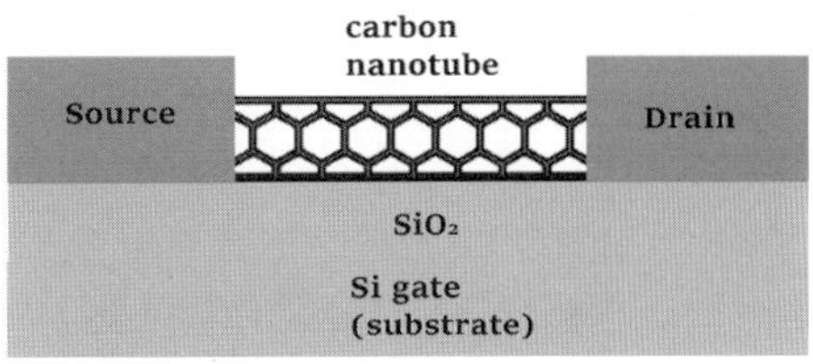

그림 13-12 탄소나노 튜브의 도선으로의 역할

그림 13-13 그래핀의 탄소육각구조의 개념도

2004년 2차원 탄소구조인 그래핀(graphene)이 발견되었다. 그래핀은 3차원 흑연과 같이 sp^2 궤도로 결합한 탄소의 육각구조를 하고 있다(그림 13-13 참조). 그래핀을 원통으로 말은 구조가 바로 탄소나노튜브이다. 그래핀은 원자로 만들 수 있는 가장 얇은 물질이다. 얇음에도 불구하고 부서지는 부분인 결정경계가 없고, 탄소 사이의 결합 때문에 아주 강한 역학적 특성을 가진다. 이 특성을 이용하면 TEM에서 마이크로 또는 나노 물체를 그 위에 얹는 데 사용할 수 있다. 그래핀은 탄소결합체이므로 산이나 알칼리 물질에도 강하다. 이 성질을 이용하면 물질에 그래핀 코팅을 함으로써 그 물질을 산이나 알칼리에 영향을 받지 않게 할 수 있다. 또한 그래핀은 전기전도성이 좋으므로 트랜지스터 등에 응용될 수 있다.

(2) 양자우물, 양자선, 양자점

물체가 원자 크기로 줄어들면 양자효과를 나타내는데, 이 양자효과에 대한 연구가 양자우물(quantum well), 양자線(quantum wire), 양자點(quantum dot)을 이용하여 계속되고 있다. 선(wire)의 직경을 줄여나가면 아주 좁은 양자선을 만들 수 있다. 이 양자선에서 전자의 밀도는 아주 작아서 전자의 파장은 10nm밖에 되지 않는다. 이 경우 전자는 1차원적인 운동을 함으로써 광섬유에서 빛의 전파와 유사하게 이동할 수 있다. 양사선의 길이 방향을 줄이면 양자점을 얻을 수 있다. 양자점은 레이저에 응용될 수 있기 때문에 특히 주목을 받았다. 양자점 레이저(quantum dot laser)는 하나의 양자점(single dot)으로 실현되고 있으며, 앞으로 아주 작은 LED 및 빛 측정기(light detector)로 유망할 것이다. 그림 13-14에 양자점의 예를 보여주고 있다.

반도체를 이용한 양자우물, 양자선, 양자점의 개략적인 차이가 그림 13-15에 주어져 있다. 양자우물은 3차원에서 한 방향을 줄인 2차원 구조이고, 양자선은 다시 한 방향이 줄어든 1차원 구조이고, 양자점은 0차원 구조이다.

그림 13-14 피라미드 모양의 양자점(quantum dot)의 모양

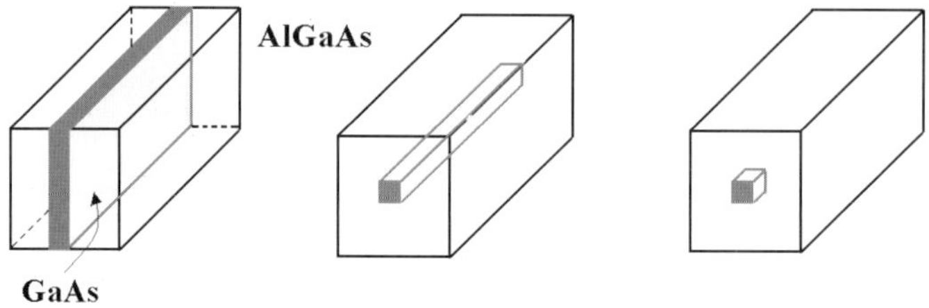

그림 13-15 반도체를 이용한 양자우물, 양자선, 양자점의 구조

양자우물 구조는 MBE(molecular beam epitaxy)를 이용하여 구성할 수 있다. GaAs와 AlGaAs의 밴드갭은 각각 1.5와 3.1eV이다. 따라서 양자우물은 낮은 밴드갭 물질인 GaAs의 얇은 층(0.2*mm*)이 상대적으로 큰 밴드갭을 가진 AlGaAs에 끼어 있는 구조이다. 이러한 양자우물은 양자우물 레이저, 광측정기(photodetector), 고효율 레이저(high efficiency laser) 등에 응용되고 있다.

양자우물이 어떻게 레이저에 응용되는지를 그림 13-16에 보여주고 있다. 중간의 에너지준위는 GaAs의 준위이다. AlGaAs의 밴드갭보다 에너지가 큰 광자에 의해 전자와 정공이 만들어지면, 이 전자와 정공이 GaAs의 에너지준위로 떨어지고 이곳에서 합쳐져서 빛을 발생한다.

그림 13-17(a)에 양자우물을 이용한 레이저의 구조를 보여주고 있다. 레이저의 활동층(active layer)의 역할을 하는 양자우물 구조가 굴절률이 낮은 물질 사이에 끼워져 있다. 이에 따라 레이저 활동에 의해 만들어지는 빛은 외곽물질에 의해 전반사되어 그 사이에 갇히게 된다. 이때 외곽물질은 도파관

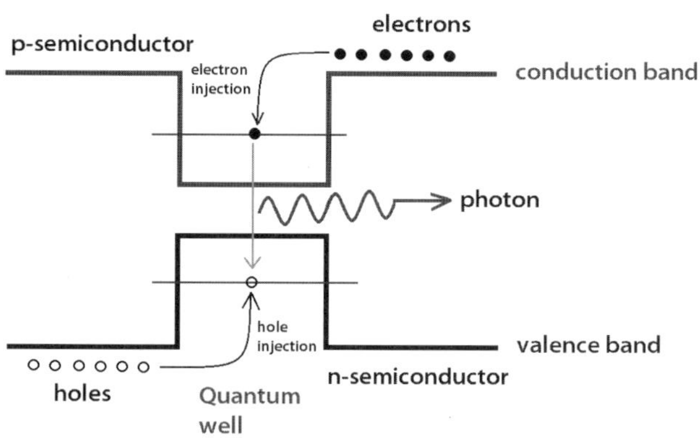

그림 13-16 양자우물에서의 빛의 생성

(waveguide)의 역할을 한다.

그림 13-17(b)에는 양자점을 이용한 레이저 구조가 주어져 있다. 식 12-1에서 보듯이 양자점의 크기가 감소하면 밴드갭이 증가한다. 이에 따라 양자점의 크기가 감소함에 따라 발생하는 빛은 청색 쪽으로 이동한다. 이와 같이 양자점 레이저에서는 양자점의 크기를 조절함으로써 발생하는 레이저 빛의 파장을 조절할 수 있는 이점이 있다.

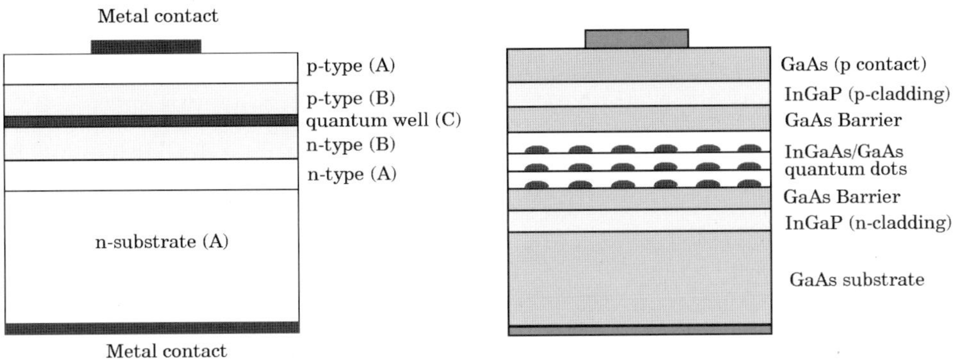

그림 13-17 양자우물과 양자점을 이용한 레이저의 구조

(3) 나노입자를 이용한 나노약물전달시스템

나노입자는 구형, 막대형 등 다양한 형태를 보이는 크기가 수 nm에서 수백 nm의 입자를 말한다. 광촉매, 연료전지, 전자공학, 의료 등에 나노입자가 광범위하게 응용되고 있다.

아래에는 의료분야에서 나노입자들이 어떻게 이용되는지에 대해서만 살펴보기로 한다. 나노입자는 여러 물질로 만들 수 있다. 금속 나노입자의 경우 페라이트(ferrite)와 같은 자성나노입자가 많이 이용된다. 이 입자들은 자성을 가지고 있으므로 MRI 조영제로 사용하고 있다. 인체에 이 입자들을 투여해야 하므로 그 표면에 인체적합성이 좋은 물질로 코팅하여야 한다. 금, 탄소, 폴리머(polymer) 등이 코팅물질로 사용되고 있다. 그림 13-18에 탄소로 코팅된 산화철 나노입자의 TEM 사진을 보여주고 있다.

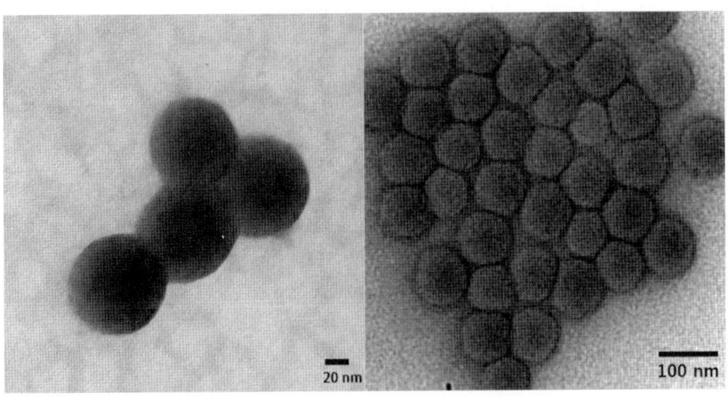

그림 13-18 탄소로 코팅된 산화철 나노입자의 TEM 사진

실리콘 등 반도체 나노입

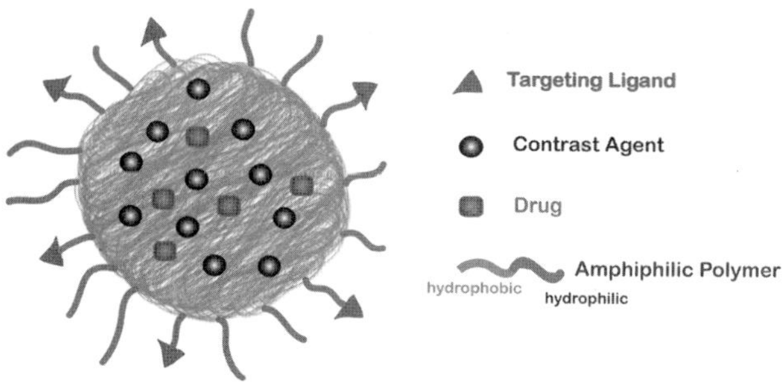

그림 13-19 폴리머를 이용한 다용도 나노약물전달시스템의 개략도

자를 인체 내부에 투입하여 근적외선에 의해 반응하는 형광을 관측함으로써 영상처리를 하는 데 응용할 수 있다. 그리고 금 나노입자나 금으로 코팅된 나노입자는 병의 치료에서 "나노총알(nanobullet) 또는 나노폭탄"으로 사용할 수 있다. 금은 비활성, 비독성이고, 그 표면에 항체 등을 붙일 수 있다. 금 나노구조가 종양세포에 선택적으로 흡수된 후 근적외선(near infrared)을 외부에서 쪼여주면 금이 이를 흡수하여 열을 발생한다. 이 열에 의해 종양세포가 제거된다. 이러한 방식을 발열요법(hyperthermia)이라고 부른다.

폴리머 나노입자는 나노약물전달시스템(nano drug delivery system)에 사용할 수 있다. 여기서 나노약물전달시스템은 약물을 특정 종양세포에 투입하는 데 사용하는 나노시스템이다. 폴리머로 만든 나노입자의 경우 입자의 크기조절이 쉽고, 표면의 특징도 코팅으로 조절이 가능하다. 또한, 약물의 방출과 폴리머 입자의 분해 특성을 코팅으로 조절할 수 있고, 표면에 리간드(ligand)를 붙임으로써 특정조직에의 표적화(targeting)도 가능하다. 따라서 폴리머 나노입자를 나노약물전달시스템에 많이 이용하고 있다. 그림 13-19에 폴리머를 이용한 나노약물전달시스템의 구조를 보여주고 있다. 이 나노시스템에서 리간드는 특정 종양세포와 작용하여 그 세포에 나노시스템을 붙게 하는 역할을 한다. 그리고 조영제는 MRI를 통해 나노시스템의 위치를 관찰할 수 있도록 한다. 종양세포에 붙은 나노시스템 안의 약물이 투여되어 종양세포를 제거한다. 약물로는 암 조직을 없애는 암 치료약(Doxorubicin, Fumagillin(새로운 혈관의 형성을 억제하는 약) 등), 방사선을 내어 암 조직을 없애는 방사능 핵종, 유전자 치료를 위한 유전자 등이 있다.

그림 13-20에는 다목적용으로 사용할 수 있는 자성 나노약물전달시스템에 대한 개략도가 주어져 있다. 자성 나노입자를 실리카로 코팅하고, 그 위에 양자점을 붙이고, 고분자 전해질과 생체분자나

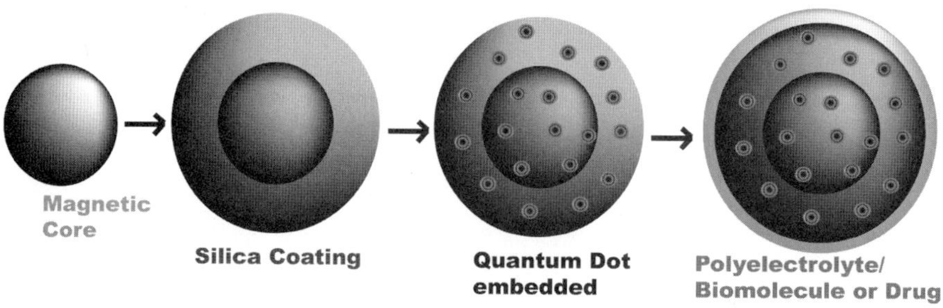

그림 13-20 자성 나노입자를 이용한 다용도 나노약물전달시스템의 개략도

약물의 다중 층을 입힌다. 자성나노입자는 나노운반자로서 외부자기장에 의해 나노시스템을 종양의 위치로 이동시키는 데 사용되고, 양자점은 그곳에서 나오는 빛을 측정함으로써 위치 추적용으로 사용할 수 있다. 그리고 고분자 전해질은 외부자극에 민감하게 만들 수 있다. 즉, pH나 온도에 민감하게 만들어 약물의 방출을 조절할 수 있다.

나노약물전달시스템이 특정 세포를 능동적으로 추적하게 하기 위해서는 리간드가 특정한 세포, 조직, 장기를 인식하고, 특별한 친밀성(affinity)을 가지고 상호작용을 하는 성질을 이용한다. 즉, 리간드와 수용기(receptor) 사이의 작용, 항원과 항체반응, 당과 렉틴(lectin)과의 상호작용 등이 표적 추적에 사용된다. 암세포나 병든 세포는 표면에 정상세포와는 다른 특이한 수용기, 항원, 단백질 등을 발현하거나, 정상세포보다 이들을 과도하게 발현하는 경우가 많다. 따라서 이에 맞는 리간드나 단백질을 이용하면 암세포나 병든 세포만을 표적으로 추적할 수 있다. 세포막에 발현되는 수용기를 이용하면 나노시스템이 특정 세포에 선택적으로 도달하게 하고, 또한, 수용기에 의한 함입작용(receptor mediated endocytosis)에 의해 나노시스템이 세포 안으로 쉽게 침투하게 만든다. 이렇게 쉽게 특정 세포 안으로 침투한 후 나노시스템 안의 약물이 방출되어 종양세포를 제거하게 된다.

표 13-1 여러 종류의 리간드와 그에 대응되는 수용기 및 표적 추적 세포

리간드(Ligand)	수용기(Receptor)	표적 추적세포(Target tissue)
Antibody Herceptin	Antigen HER2 receptor	Breast cancer cells
Folate	Folate receptor	cancer cells
Transferrin	Transferrin receptor	Infected red blood cells
Galactose	Asialoglycoprotein receptor	Hepatocyte cells
Hormone EGF	EGF receptor	Cancer cells
Tuftsin	Tuftsin receptor	Macrophages of RES
Anti-B-FN Antibody	B-FN(Fibronectin Isoform)	Neovascular tissues
Arg-Gly-Asp (RGD) protein	$\alpha_v\beta_3$ integrin	Newly formed capillaries

표 13-1에서 Folate는 물에 녹는 비타민 B9이다. 이는 세포의 정상적인 작동을 위해 필요한 비타민이다. 암세포들은 빠른 세포분열을 하므로 많은 양의 엽산이 필요하다. 폐, 뇌, 유방, 난소암의 세포 표면에 엽산 수용기가 과도하게 발현되어 있다. 따라서 이러한 암세포의 능동 표적화에서 엽산이 엽산수용기를 추적하는 데 사용하고 있다. 그리고 Transferrin은 철 이온의 전달에 관련되는 당단백질(glycoprotein)이고, galactose는 뇌당(brain sugar)라고도 부르는데 당류(glucose)보다 덜 단 설탕의 일종이다. 또한, Hormone EGF는 EGF (epidermal growth factor, 세포의 성장, 증식, 분열을 조절하는 인자)를 조정하는 호르몬이다. 또한, antigen HER2는 유방암에 적극성을 가지는 단백질이고, Tuftsin은 비장(spleen)에서 만들어지는 면역 관련 물질이다. Intergrin은 세포 내외의 신호 출납

을 담당하는 단백질이라는 점에서 다른 세포막의 단백질들과 구별된다. $\alpha_v\beta_3$ integrin은 새로운 모세혈관의 생성에 관련된 수용기이다. 암세포에는 세포를 증식하기 위해 새로운 혈관을 계속 형성하는데, 혈관생성 억제제(angiogenesis inhibitor)를 통해 이를 억제하여 암의 증식을 막을 수 있다. 이러한 목적에서 $\alpha_v\beta_3$ integrin 수용기를 표적 추적하는 리간드로서 RGD based protein이 사용되고 있다. 앞으로 생명공학(특히, 단백질 유전정보학)의 빠른 발전에 따라 특정 세포에서 발현되는 수용기들이 계속 발견됨으로써 나노약물전달시스템이 다양한 장기를 능동추적 할 수 있을 것으로 예상한다.

(4) MRI 조영제

제10장에서 보았듯이 MRI에서는 영상 단면의 각 부분에 있는 수소 핵스핀의 이완시간을 측정하여 이를 명암으로 나타냄으로써 영상을 얻는다. 이때 조직 사이의 이완시간의 차이가 크게 나는 경우 명암대비(contrast)가 좋아지고 영상이 명확해진다. 암의 진단에서 암 부분이 명확히 보이기 위해서는 암과 정상조직의 이완시간의 차이가 크게 나야 한다. 보통 종양 조직에서는 핵스핀의 이완시간이 정상조직과 달라지기 때문에(일반적으로 길어짐) MRI 영상에서 종양 조직과 정상조직의 구별이 가능하다. 그러나 어떤 종양 조직은 형태적으로 정상조직과 크게 다르지 않고, 이에 따라 이완시간의 변화(특히 T_2이완시간은 그 값이 작으므로 변화량도 작음)도 미미하여, MRI 영상에서 정상조직과 종양 조직의 구별이 쉽지 않다. 이 경우 조영제(contrast agent)를 통해 종양 또는 정상조직에 이완시간의 변화를 줌으로써 종양과 정상조직의 영상대비를 좋게 할 수 있다. 이때 정상조직과 종양 조직 사이에서 조영제의 흡수율의 차이가 이용된다. 일반적으로 암 조직에서는 조직이 급속히 커지고 있으므로 조영제의 흡수율이 높다. 반면에 인체 방어시스템의 암 조직은 이(異)물질을 포획하는 기능이 떨어지므로 조영제를 인식하지 못함으로써 조영제를 흡수하지 못한다. 이에 따라 정상조직에서만 조영제를 흡수함으로써 암 조직과 정상조직 사이의 영상대비가 좋게 된다.

조영제는 T_1과 T_2조영제로 구분되는데, T_1과 T_2조영제는 모두 이완과정을 빠르게 진행하게 한다. 그림 13-21에 T_1과 T_2조영제의 역할을 보여주고 있다. 그림 13-21의 왼쪽에는 T_1조영제가 T_1이완을 빠르게 만드는 것을 보여주고 있다. 즉, T_1조영제에 의해 종축자화도의 회복이 빨라지는 것이다. 이에 따라 펄스연결 과정(T_1강조영상)에서 측정하는 신호의 세기는 증가한다. 즉, T_1조영제를 흡수한 조직이 MRI영상에서 조영제를 흡수하지 않은 조직과 비교하여 더 밝게 되어 영상대비가 좋아지는 것이다. 따라서 T_1조영제는 신호를 증가시키는(enhancing) 조영제이다. 반면에 그림 13-21의 오른쪽에는 T_2조영제의 역할을 보여주고 있다. 조영제를 흡수한 조직의 T_2이완이 빨라지게 된다. 즉, T_2조영제에 의해 횡축자화도의 소멸이 빨라진다. 이에 따라 관찰되는 신호의 세기가 줄어든다. 이때 조영제를 흡수한 조직에서의 신호가 감소하고 조영제를 흡수하지 않은 조직의 신호는 변하지 않았으므로 T_2강조영상에서 두 조직의 대비가 명확하게 되는 것이다. 이와 같이 T_2조영제는 신호를 감소시키는(reducing) 조영제이다.

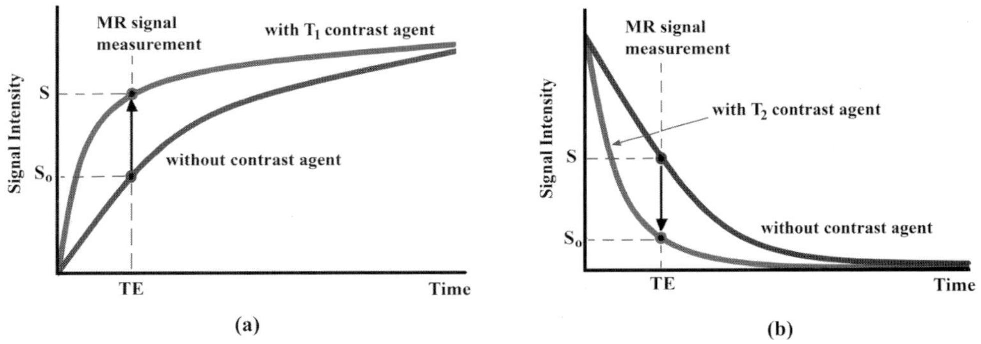

그림 13-21 T_1과 T_2 조영제의 효과

1980년대부터 MRI가 임상으로 사용되기 시작하였다. 그리고 1988년에 MRI 조영제로는 최초로 Gd-DTPA가 출현하였다. 이 조영제에서는 상자성인 가돌리늄(Gd)이 이완을 가속하는 물질로 사용되고 있는데, 가돌리늄에는 독성이 있으므로 DTPA로 킬레이트(chelate)화 시킨 것이다. 킬레이트화한 Gd 분자들이 회전하면서 조직을 돌아다니면서 Gd에 구속된 물 분자와 외부의 자유로운 물 분자와 상호작용을 한다. 즉, 그림 12-22에서와 같이 가돌리늄에 구속된 물 분자와 외부의 자유 물 분자와의 에너지 교환 때문에 T_1이완이 가속된다. 그림에서 τ_R, k_{ex}와 $1/T_{1,2e}$는 각각 킬레이트화한 Gd 분자의 회전시간, 물과 양성자 교환율, Gd의 전자 이완율 등을 나타낸다. Gd-DTPA의 출현 이후 여러 종류의 가돌리늄을 기반으로 하는 조영제가 출현하였다. 이들은 신경계 및 전신(whole body) MRI 영상에 사용되었다. 그 중에서 Eovist는 30%가 간세포에 흡수되며 신장과 쓸개로 배출된다. 따라서 이 조영제는 간 및 쓸개 촬영에 이용되고 있다. 앞에서 언급하였듯이 인체 방어시스템의 암 조직에서는 이(異)물질을 잡아먹는 대식세포가 없거나 그 기능이 떨어진 상태이다. 특히 간세포에는 이(異)물질을 잡아먹는 Kupffer세포가 있는데, 간의 암 조직에는 이 Kupffer세포가 없거나 그 기능이 완전치 못하다. 따라서 이 조영제는 간의 정상세포에는 흡수되고 암세포에는 흡수되지 않아서 T_1강조영상에서 정상세포부분의 영상이 상대적으로 밝게 되므로 정상조직과 암 조직 사이의 영상대비를 좋게 만든다. 가돌리늄 대신에 상자성인 망간(Mn)을 이용한 T_1조영제로는 Mn-DPDP와 Mn-EDTA-PP 등이 있다. 망간도 독성이 강하므로 킬레이트화 시키거나(Mn-DPDP), 리포솜 안에 넣어 만든다(Mn-EDTA-PP). 이 조영제들은 간의 Kupffer세포에 흡수되어 암 조직과 정상조직의 영상대비를 좋게 만든다.

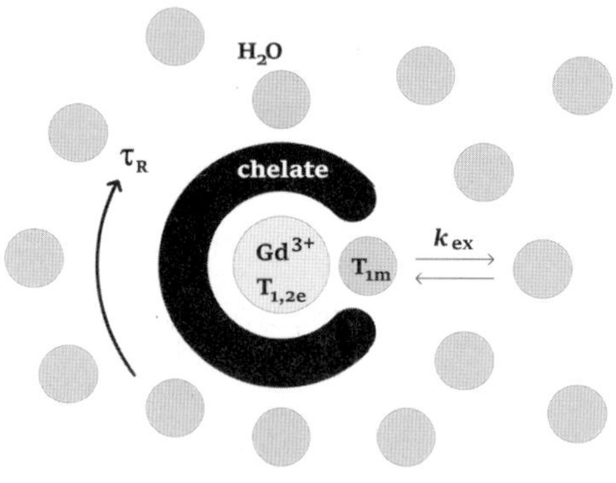

그림 13-22 Gd를 기반으로 하는 조영제의 활동

위에 언급한 조영제들은 T_1조영제로서 정상조직에 흡수되어 그곳의 신호를 크게 만듦으로써 T_1강조영상에서 암 조직과 정상조직의 영상대비를 좋게 만드는 조영제이다. 반면에 1990년대 후반부터 출현하기 시작한 산화철 나노입자를 기반으로 하는 자성나노입자 조영제들은 T_2조영제이다. 따라서 정상세포에 흡수되면 그곳의 T_2이완을 빠르게 함으로(자기장의 불균일을 만듦으로써) 신호를 감소시킨다. 이에 따라 조영제를 흡수한 정상조직의 신호는 감소하고 조영제를 흡수하지 못한 암 조직의 신호는 변하지 않으므로 T_2강조영상에서 정상조직과 암 조직 사이의 영상대비가 좋게 된다. 이와 같은 T_2조영제들에서 사용하는 산화철 나노입자의 크기는 대략 5~10nm 정도이다. 그리고 산화철의 독성 때문에 그 표면을 생체적합성 물질로 코팅한다. 이 코팅물질로는 덱스트란(Feridex, Resovist, Sinerem, Feraheme), PEG(Clariscan), 실리콘(GastroMARK) 등이 있다. 그리고 코팅에 의해 전체적인 입자의 크기는 대체로 수십 nm가 된다. 이 조영제들이 많이 사용되는 부분은 주로 이(異)물질을 배출하는 작용을 하는 간, 비장, 림프샘(lymph nodes) 등이다. 반면에 GastroMARK와 Abdoscan은 소화기관의 영상을 얻는 데 사용하고 있다. 이 조영제들은 구강으로 투입되므로 입자의 크기도 300nm로 큰 편이다.

산화철 나노입자 이외의 자성나노입자(여러 페라이트 또는 자성합금)와 다양한 코팅물질을 사용한 조영제에 대한 연구가 현재 활발히 진행 중이다. 이에 따라 자성나노입자 조영제의 경우 새로운 조영제들이 계속 나오고 있고, 기존에 사용되던 조영제들이 사라지곤 한다. 이런 추세에 따라 Feridex, Sinerem, Clariscan, Abdoscan 등이 새로운 조영제의 출현으로 판매가 중단된 상태이다. 근래에는 CEST(chemical exchange saturation transfer) 조영제에 대한 연구가 활발히 진행 중이다. 이 조영제에는 교환할 수 있는 양성자(exchangeable proton)를 공급하는 물질을 포함한다. 따라서 MRI 과정에서 이 양성자가 흡수할 수 있는 특정 rf파를 공급함으로써 그 자화도(saturation magnetization)를 주위 물 분자에게 이전(transfer)하게 된다. 이에 따라 T_2이완이 가속된다. PARACEST에서는 상자성과 CEST 물질의 결합으로 구성된다. 여기서 란탄나이드 계열의 상자성(PARAmagnetic) 물질이 화학적 이동(chemical shift)을 만들고, CEST물질은 교환할 수 있는 양성자를 공급한다. CEST로는 설탕 또는 아미노산 등이 사용되고 있다. 이 조영제의 장점은 외부 rf파로 CEST 양성자의 교환을 유도하기 때문에 조영제에 대한 on-off기능이 있다는 것과 여러 상자성과 CEST 물질을 이용함으로써 흡수 rf파(화학적 이동에 의해 변함)의 파장을 조절할 수 있다는 것이다.

(5) 자성나노입자를 이용한 발열요법

자성나노입자는 발열요법(hyperthermia therapy)에도 이용되고 있다. 발열요법은 암세포가 높은 온도에 노출되면 파괴되거나 손상되는 것을 이용한 암 치료의 한 방법이다. 암세포에는 혈관이 엉성하다. 이에 따라 암세포에 열을 가하면 열을 효과적으로 방출하지 못한다. 암세포는 42℃의 높은 온도에 30분간 노출되면 파괴되는 것이 관찰된다. 반면에 정상세포는 46℃의 온도까지 견딜 수 있다. 이 온도 이상에서는 화상을 입을 수 있다. 이와 같은 암세포와 정상세포의 열에 대한 저항력의 차이를 이용한 것이 발열요법이다.

발열요법은 외부 발열요법과 내부 발열요법으로 대별된다. 외부 발열요법에서는 마이크로파, 라디오파, 초음파 등의 에너지를 외부에서 암세포에 주는 방법이다. 반면에 내부 발열요법에서는 내부로 열원을 투입하는 방법이다. 자성나노입자를 이용한 발열요법은 내부 발열요법에 해당한다. 즉, 자성나노입자 용액(magnetic fluid)을 혈관을 통해 주입한 후 MRI 등을 이용하여 자성나노입자가 암 조직에 도달한 것을 확인한다. 그리고 외부에서 전자기파를 줌으로써 자성나노입자에 의해 열이 발생하여 암세포를 제거한다. 자성나노입자를 표적(target)장기에 선택적으로 흡수하게 하기 위해서 위에서 언급한 추적리간드를 자성나노입자의 표면에 붙이기도 한다. 외부발열요법은 임상적으로 광범위하게 이용되고 있다. 그러나 내부발열요법은 임상적으로 사용한 예는 아직 없다. 내부발열요법에 대한 동물실험이나 기초연구가 계속되고 있다.

자성나노입자는 열을 발생하는 열원으로 작용한다. 즉, 자성나노입자는 외부에서 공급하는 자기에너지(전자기파)를 열에너지로 변환하는 역할을 한다. 자성나노입자는 외부 교류자기장에 반응하여 몇 가지 메커니즘을 통해서 열을 발생한다. 이들 메커니즘에는 eddy전류 손실, 강자성 공명손실(ferromagnetic resonance loss), 자기이력 손실(hysteresis loss), 이완손실(relaxation loss), 점성유체에서의 점성손실(frictional loss) 등이 있다. 이 중에서 이완손실에는 Brown이력손실, Neel이력손실이 있다.

Eddy 전류는 외부의 교류 자기장에 의해 도체 내에 발생하는 와류(맴돌이)전류이다. 이 전류에 의해 Joule열이 발생한다. 그러나 자성나노입자의 경우 나노 크기이고, 또한 발열요법에서 사용하는 교류자기장의 진동수가 작으므로 대부분의 경우 eddy전류 손실은 무시할 수 있는 수준이다. 그리고 강자성 공명 손실도 공명진동수가 발열요법에서 사용하는 교류자기장의 진동수보다 훨씬 크므로 이 또한 무시할 수 있다.

자기이력은 강자성(ferromagnetic)이나 페리자성(ferrimagnetic) 물질에서 나타나는 현상이다. 이들 물질의 내부는 자구(magnetic domain)들로 이루어져 있다. 각 자구 안의 원자들의 자기모멘트는 한쪽 방향으로 정렬되어 있다. 그리고 자기장이 걸려 있지 않을 경우 각 자구의 자기모멘트의 방향은 무작위 방향이다. 따라서 전체적인 겉보기 자화도는 0이다. 이러한 물질에 자기장이 걸릴 경우 자기모멘트가 자기장 방향인 자구들의 영역이 증가함으로써 전체적인 자화현상이 나타난다. 이와 같은 자구의 변화는 자구들 사이에 존재하는 자구벽(domain wall)의 이동에 의해 가능하다. 즉, 자기장의 세기가 계속 증가하면 종래에는 자구벽의 이동에 의해 자기장 방향으로 정렬된 자구만 존재하게 되고 이를 포화자화(saturation)라고 부른다. 이렇게 포화자화된 상태에서 자기장을 없애면 자화도가 0이 되지 않고 일정한 값을 가진다. 이 값을 잔류자화(remnant magnetization)라고 부른다. 이 잔류자화를 없애기 위해서는 자화된 방향과 반대방향으로 자기장을 걸어주어야 한다. 잔류자화를 없애는 데 필요한 자기장을 보자력(coercive force)이라고 부른다. 계속 자기장의 세기를 증가시키면 반대방향으로 포화자화에 도달한다. 다시 자기장의 방향을 바꾸어 세기를 증가시키면 보자력과 포화자화에 도달하여 한 번의 순환과정을 마치게 된다. 위와 같이 자화도는 자기이력(magnetic hysteresis)을 보인다. 자기장의 세기를 포화에 이르지 않을 정도로 걸 경우에도 동일한 형태의 자기이력을 관찰할 수 있다. 그림 13-23의 왼쪽 그림에 위에 설명한 바와 같은 자기이력 현상을 보여주고 있다.

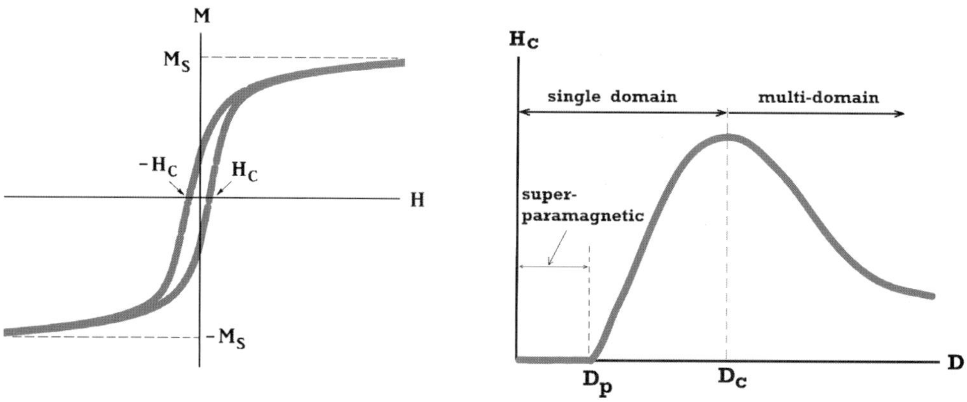

그림 13-23 자기이력 현상(왼쪽)과 입자의 크기에 따른 보자력(coercive force)(오른쪽)

자성나노입자의 크기가 감소하면 그 안에 단자구(single domain)가 형성된다. 즉, 자성나노입자의 크기가 점점 줄어들면 자구벽의 표면에너지가 중요해지고, 자구벽을 유지하는 것이 단자구 상태를 유지하는 것보다 에너지보다 더 들게 된다. 이에 따라 특정 크기(임계크기)이하의 나노입자는 단자구 상태로 된다. 이러한 단자구의 자성나노입자에서의 자기모멘트는 자기이방성(magnetic anisotropy)과 입자의 모양에 크게 의존한다.

자성나노입자의 크기가 감소하면 보자력은 점차 증가하고 단자구가 되는 임계직경(D_c)에서 보자력은 최대가 된다. 그리고 임계직경보다 입자의 크기가 더 감소하면 보자력은 점차 감소하여 특정 임계직경(D_p)보다 작아지면 보자력이 0이 되는 초상자성을 나타낸다(그림 13-23의 오른쪽 그림). 산화철 나노입자의 경우 단자구가 되는 임계직경은 130nm이고, 초상자성이 되는 직경은 20nm 정도임이 관찰되었다.

자성나노입자에서 이방성이 존재한다. 여기서 이방성이란 자성나노입자에서 자기모멘트가 선호하는 방향(easy axis)이 존재하는 것을 뜻한다. 그리고 이방성 에너지(anisotropy energy)는 자기모멘트를 선호하는 방향으로 유지하는 데 필요한 에너지이다. 이방성 에너지는 $E(\theta)=KV\sin^2\theta$로 표현된다. 이 식에서 θ는 자기모멘트와 자기모멘트가 선호하는 방향 사이의 각도를 나타낸다. 즉, 자기모멘트는 에너지의 관점에서 자기모멘트가 선호하는 방향(θ=0°)이나 또는 그 반대방향(θ=180°)으로 정렬할 때 에너지가 0으로 가장 낮음을 볼 수 있다. 그리고 위 식에서 KV는 자기모멘트가 선호하는 방향에서부터 그 반대로 반전(flip)하는 데 필요한 에너지 장벽(energy barrier)과 같다. 만약 열에너지(k_BT)가 에너지 장벽(KV)보다 클 경우 자기모멘트는 열에너지에 의해 쉽게 반전된다.

자성나노입자에 자기장이 주어지면 자기모멘트는 자기장 방향으로 정렬한다. 자기장이 꺼진 후 원래의 상태로 돌아가는 데 걸리는 시간이 이완시간(relaxation time)이다. 이는 $\tau=\tau_o e^{KV/k_BT}$로 주어진다. 여기서 $\tau_o \approx 10^{-9}s$의 값을 가진다. 자화도를 측정하는 시간이 위 이완시간보다 클 경우 자기모멘트의 반전이 측정되고, 이때 자성나노입자는 초상자성 상태에 있다. 이와 반대로 이완시간이 측정시간보다 길면 자기모멘트의 반전을 측정할 수 없다. 이때를 초상자성 차단(blocking) 상태라고 한다. 그리고 온도가 두 상태를 가르므로 이때의 온도를 차단온도(blocking temperature)라고 부른다.

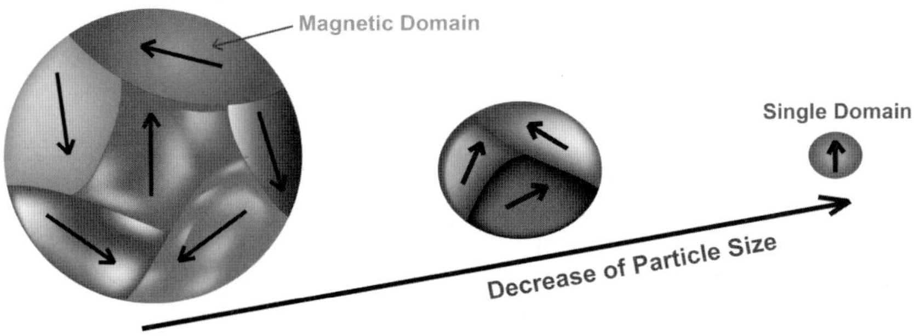

그림 13-24 자성나노입자에서 단자구의 형성

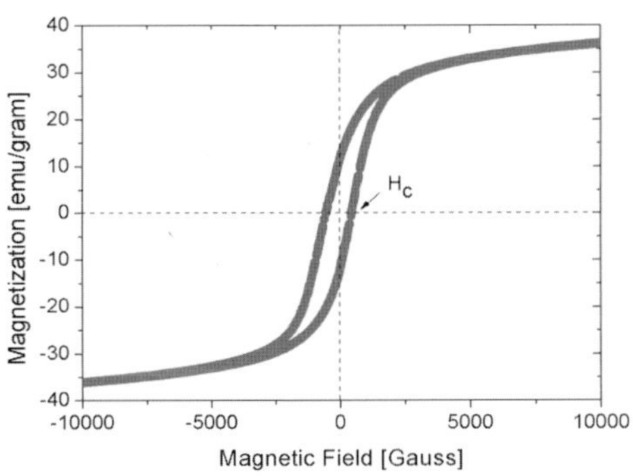

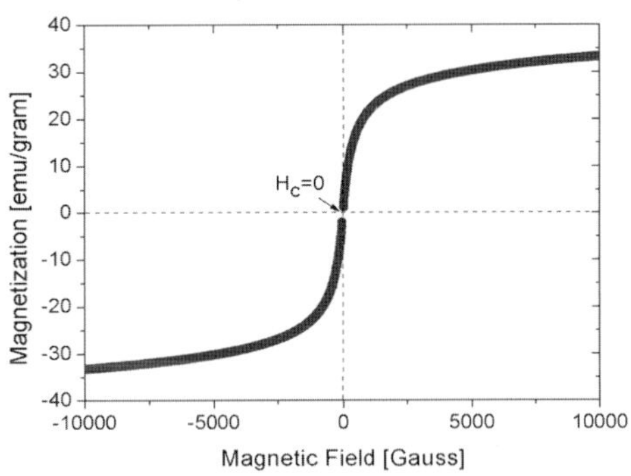

그림 13-25 산화철 나노입자의 온도에 따른 이력곡선, 4K(왼쪽)와 300K(오른쪽)에서의 이력곡선

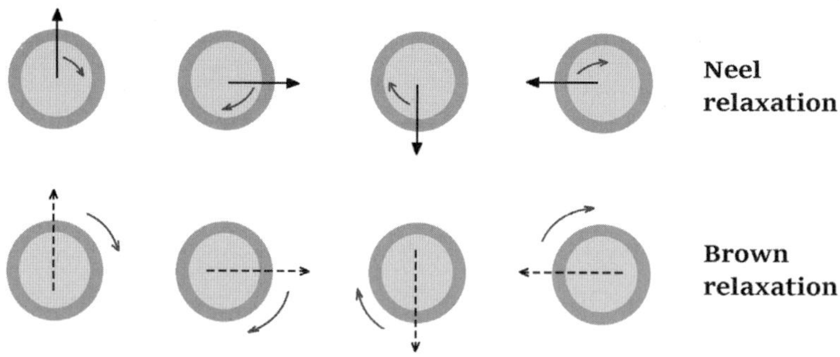

그림 13-26 초상자성 나노입자 유체에서 열이 발생하는 메커니즘

산화철 나노입자(20nm정도)의 차단온도는 250K 정도의 값을 가진다. 자성나노입자를 응용하는 온도가 사람의 체온(310K)이고 이는 차단온도보다 훨씬 크다. 따라서 이때 자성나노입자는 초상자성 상태에 존재한다.

초상자성 유체에서 열을 발생하는 메커니즘은 크게 두 가지로 나누어 볼 수 있다. 즉, Neel과 Brown이완에 의해 열이 발생하게 된다. 여기서 자성나노입자가 초상자성 상태이므로 자기이력이 없으므로 자기이력 손실에 의한 열의 발생은 없다. 첫째, Neel이완은 시간에 따라 변하는 자기장 속에 있는 초상자성 나노입자에서 발생하는 자기모멘트의 반전(reversal)에 의해 자기에너지가 열로 방출되는 것이다. 이때 자기모멘트의 반전에 관련된 이완시간은 앞에서 보았듯이 이방성에너지와 열에너지의 상대적 비에 의존한다. 둘째, Brown이완은 유체 속에서 나노입자의 물리적 회전(physical rotation)에 의한 마찰열이 발생하는 것이다. 여기서 나노입자의 회전은 나노입자와 유체 분자 사이의 상호작용 때문에 발생한다. 이에 따라 Brown운동에 관련된 이완시간은 나노입자가 존재하는 유체의 유체역학적(hydrodynamic) 특성에 의존한다. 즉, 이완시간은 $\tau_B=4\pi\eta r_h^3/(k_BT)$로 주어진다. 여기서 η는 유체의 점성계수이고, r_h는 나노입자가 유체 속에서 움직일 때의 유체역학적 반경이므로 입자의 반경보다는 큰 값이다. 위 식은 구의 체적이 $V=4\pi r_h^3/3$이므로 $\tau_B=3\eta V/(k_BT)$로도 표현할 수 있다.

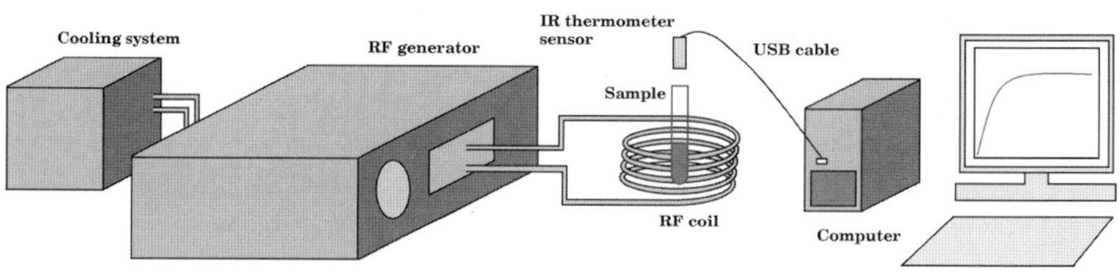

그림 13-27 유도 히팅(heating) 시스템의 개략적 구성

그림 13-27에 발열효과를 관찰하기 위한 유도 히팅(heating) 시스템의 구성을 보여주고 있다. rf 코일의 안에 자성나노입자의 수용액 시료가 놓인다. rf 전원을 통해 rf 코일에 ac전원이 주어지면 rf 자기장이 코일 안에 형성된다. 이 시간에 따라 변하는 자기장에 의해 수용액 안에 있는 자성나노입자의 Brown 및 Neel이완에 의해 열이 발생하여 수용액의 온도를 높인다.

아래에는 이 유도 히팅 시스템을 이용하여 실리카로 코팅된 코발트 페라이트 나노입자 수용액에서 나타나는 발열 효과를 관찰한 결과를 보여주고 있다. 여기서 자기장은 260kHz의 1.03kA/m (13Oe)이고, 자성나노입자의 직경은 17nm이었다. 이 나노입자 20, 15, 10 mg를 물(deionized water) 1ml에 녹인 시료를 사용하였다. 수용액에 포함된 코발트와 철의 양은 유도결합 플라즈마 장치(ICP, inductively coupled plasma)를 이용하여 각각 구하였다. 시료의 온도측정을 위해 적외선 센서를 시료 위 10cm 떨어진 위치에 수직으로 놓았으며, 이 경우 시료의 위치에서 온도 측정의 spot 직경은 0.5cm이다. 이는 시료를 담은 통의 직경과 같고, 이에 따라 시료에 대한 평균온도가 측정된다.

그림 13-28에 히팅 시간에 따른 수용액의 온도 변화를 보여주고 있다. 세 시료 모두 600~800초의 시간 경과 후에는 세포가 죽는 온도인 42℃에 도달함을 보여주고 있다. 자성나노입자에 의해 발생한 열은 시료의 각 부분의 온도를 높인다. 이 열에 의해 시료의 전체적인 온도변화가 ΔT 라면

$$\Delta Q = m_w c_w \Delta T + m_{si} c_{si} \Delta T + m_{co} c_{co} \Delta T + m_{Fe} c_{Fe} \Delta T \qquad \textbf{(13-1)}$$

와 같이 표현된다. 여기서 c_w, c_{si}, c_{co}, c_{Fe}는 각각 물, 실리카, 코발트, 철의 비열이고, m_w, m_{si}, m_{co}, m_{Fe}는 시료에 포함된 물(1ml), 실리카, 코발트, 철 의 질량이다. 그리고 자성나노입자의 발열효과를 나타내는 SAR(specific absorption rate)은 자성나노입자 수용액에 포함된 자성나노입자의 단위 질량 당 열 발생률 (dissipation heat)로 정의되므로, 식 13-1을 이용하면

$$SAR = \frac{\Delta Q / \Delta T}{m_{co} + m_{Fe}} = \frac{\Delta T / \Delta t}{m_{co} + m_{Fe}} [m_w c_w + m_{si} c_{si} + m_{co} c_{co} + m_{Fe} c_{Fe}] \cong \frac{m_w c_w}{m_{co} + m_{Fe}} \frac{\Delta T}{\Delta t} \qquad \textbf{(13-2)}$$

와 같이 정의된다. 위 식에서 마지막 근사식을 사용한 것은 $c_w = 4.2 J/g℃$ 는 $c_{si} = 0.7 J/g℃$, $c_w = 0.42 J/g℃$, $c_{Fe} = 0.45 J/g℃$ 등과 비교하면 큰 값이고, 또한, 물의 질량(1g)은 수용액에 존재하는 실리카, 코발트, 철 등을 합한 총 질량(20mg)에 비해 아주 크기 때문이다. 따라서 자성나노입자에 의해 발생되는 열의 대부분은 물의 온도를 올리는 데 사용했다고 할 수 있다. 세 시료에 대한 SAR은 각각 72, 51, 41 W/g으로 계산된다. 여기서 $\Delta T / \Delta t$는 처음 60초 동안의 온도변화를 이용하였다. 위의 결과는 실리카로 코팅된 코발트 나노입자가 자성 발열효과를 나타냄을 보여준다.

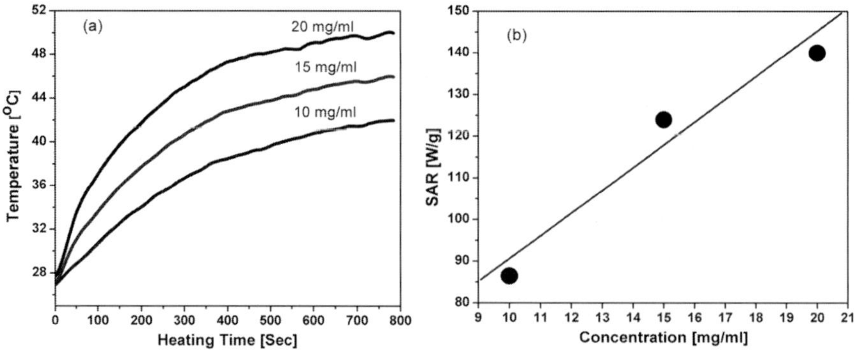

그림 13-28 실리카로 코팅된 코발트 페라이트 나노입자의 발열효과

부록

부록

부록 A. Bohr의 수소원자 모형

수소의 선스펙트럼에 대한 실험식은

$$\frac{1}{\lambda}=R\left(\frac{1}{n_f^2}-\frac{1}{n_i^2}\right);\ n_i>n_f \qquad \text{(A-1)}$$

로 표현되었다. 여기서 R은 Rydberg의 상수로서 $1.097\times10^7\mathrm{m}^{-1}$의 값이다. 그리고 선스펙트럼에서 $n_f=1$인 경우 Lyman계열, 2인 경우 Balmer계열, 3인 경우 Paschen계열, 4인 경우 Brackett계열, 5인 경우 Pfund계열이라 부른다. 그러나 위 실험식에 대한 정확한 이론적 해석은 내릴 수 없었다. 그러다가 1911년 Rutherford는 금박에 α입자를 산란시킨 실험을 통해 원자의 개략적 모양을 제시하였다. 즉 원자는 중앙에 양의 전하를 가진 무거운 핵과 그 주위를 돌고 있는 전자들로 이루어져 있다는 모형이 제시되었다. Bohr는 양의 전하를 가진 양성자 주위를 한 개의 전자가 원운동하는 모형을 사용하여 수소의 선스펙트럼을 설명하였다. 이러한 수소원자의 모형은 전자기학의 원리에 정면으로 배치되는 것이다. 전자기학에 의하면 가속하는 하전입자는 전자기파를 방출한다. 따라서 원운동하는 전자도 가속운동을 하고 있으므로 원운동의 진동수와 일치하는 전자기파를 방출하여야 한다. 결과적으로 전자기학의 원리에 따르면 전자는 계속적으로 전자기파를 발생함으로써 에너지를 잃고 나선궤도를 그리면서 핵 쪽으로 끌려가 마침내 원소 자체가 붕괴하여 없어져야 한다. 이는 원소들이 안정하게 존재하는 현실에 맞지 않지만 전자기학적으로는 명확한 설명이다. 이러한 문제점을 해결하기 위해 Bohr는 정상궤도라 불리는 안정한 궤도를 운동하는 전자는 전자기파를 발생하지 않는다는 가정을 세웠다. 그리고 전자는 한 정상상태에서 다른 정상상태로 전이할 경우에만 전자기파를 내고, 방출되는 전자기파의 진동수는

$$f=\frac{E_f-E_i}{h} \qquad \text{(A-2)}$$

으로 표현된다고 하였다. 여기서 h는 Planck상수이고 E_i와 E_f는 각각 처음 상태와 나중 상태의 총

에너지를 나타낸다. 결과적으로 전자가 한 상태에서 다른 상태로 전이할 때 두 상태의 에너지 차이 $(E_f - E_i)$에 해당되는 전자기파(에너지 hf)를 낸다(에너지 보존칙).

다음에 Bohr가 위의 가정을 이용하여 수소 선스펙트럼을 해석하는 과정을 알아보도록 하자. 수소의 모형은 그림 A-1과 같이 생각할 수 있다. 속도 v로 원운동하는 전자의 총 에너지는

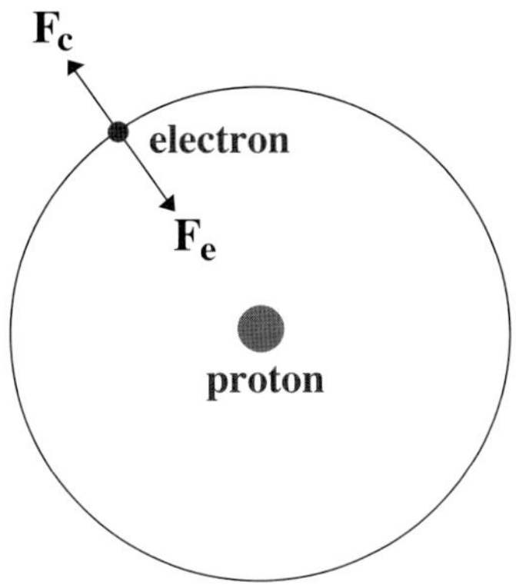

그림 A-1 수소원자의 모형

$$E = \frac{1}{2}mv^2 + U = \frac{1}{2}mv^2 - \frac{e^2}{4\pi\varepsilon_0 r} \quad \textbf{(A-3)}$$

와 같이 주어진다. 여기서 전자의 위치에너지는

$$U = -\frac{e^2}{4\pi\varepsilon_0 r} \quad \textbf{(A-4)}$$

의 관계식을 사용하였다. 그리고 전자가 양성자 주위를 원운동할 때 평형상태는 전기적 Coulomb힘이 원심력과 같아지는 경우이므로

$$\frac{e^2}{4\pi\varepsilon_0 r^2} = \frac{mv^2}{r} \quad \textbf{(A-5)}$$

로 표현된다. 이 관계에서부터

$$\frac{1}{2}mv^2 = \frac{e^2}{8\pi\varepsilon_0 r} \quad \textbf{(A-6)}$$

을 얻을 수 있고 이를 식 A-3에 대입하면 전자의 총 에너지는

$$E = -\frac{e^2}{8\pi\varepsilon_0 r} \quad \textbf{(A-7)}$$

로 주어진다. 전자가 반지름 r_i인 궤도에서 r_f인 궤도로 전이할 때 방출하는 전자기파의 진동수는 식 A-2로부터

$$f = \frac{E_f - E_i}{h} = \frac{e^2}{8\pi\varepsilon_0 h}\left(\frac{1}{r_i} - \frac{1}{r_f}\right) \quad \textbf{(A-8)}$$

와 같이 구해진다. 식 A-8이 수소 선스펙트럼과 같은 표현으로 되도록 하기 위해서 Bohr는 두 번째

가정인 각운동량의 양자화를 제안하였다. 즉 전자의 각운동량은

$$mvr = n\frac{h}{2\pi} \equiv n\hbar\,;\ n: \text{정수} \tag{A-9}$$

와 같이 $\hbar = \frac{h}{2\pi}$의 정수배의 값만을 가질 수 있다는 것이다. 이 가정은 전자기파를 발생하지 않는 안정한 궤도의 조건을 제시한다. 식 A-9에서 속도 v의 관계식을 얻어 식 A-6에 대입하면 $mv^2 = \frac{n^2\hbar^2}{mr^2}$을 얻고 이를 식 A-5에 대입하면 전자의 안정궤도는

$$r_n = \frac{4\pi\varepsilon_0\hbar^2 n^2}{me^2};\ n = 1, 2, 3\cdots \tag{A-10}$$

로 주어짐을 알 수 있다. 여기서 n번째 정상궤도를 나타내기 위하여 r_n으로 표시하였다. 또한 r_n궤도에서의 전자의 총 에너지는 식 A-7에서

$$E_n = -\frac{me^4}{32\pi^2\varepsilon^2\hbar^2}\frac{1}{n^2} \tag{A-11}$$

와 같이 구해진다. 여기서 허용된 에너지 E_n을 에너지 준위(energy level)라고 한다. 식 A-10 또는 식 A-11을 식 A-8에 대입하면 전이하는 전자에 의해 발생되는 전자기파의 진동수는

$$f = \frac{me^4}{64\pi^3\varepsilon_0^2\hbar^3}\left(\frac{1}{n_f^2} - \frac{1}{n_i^2}\right) \tag{A-12}$$

와 같이 표현된다. 그리고 파장과 진동수의 관계인 $c = f\lambda$에서 위 식을 λ에 대한 식으로 고치면

$$\frac{1}{\lambda} = \frac{me^4}{64\pi^3\varepsilon_0^2\hbar^3 c}\left(\frac{1}{n_f^2} - \frac{1}{n_i^2}\right) \tag{A-13}$$

를 얻는다. 여기서 계수인 $\frac{me^4}{64\pi^3\varepsilon_0^2\hbar^3 c}$은 Rydberg상수의 값과 일치한다. 결과적으로 두 가지의 가정하에 유도된 Bohr의 식 A-13은 수소의 선스펙트럼을 나타내는 실험식 A-1과 동일함을 볼 수 있다.

식 A-11에 알려진 상수 값을 대입하면

$$E_n = -\frac{13.6}{n^2}\ [\text{eV}] \tag{A-14}$$

을 얻고 마찬가지로 식 A-10도

$$r_n = 0.53n^2 \text{ [Å]} \tag{A-15}$$

로 표현된다. 여기서 0.53 Å은 n=1에 해당하는 전자의 궤도를 나타내며 이를 Bohr반경이라 부른다. 전자가 Bohr반경의 궤도를 운동할 때 가장 에너지가 낮은데, 이를 기저상태(ground state)라 부르고 이때의 에너지 −13.6eV를 기저상태 에너지라 부른다.

요약하면 수소원자는 허용된 에너지 상태(식 A-11)에만 존재할 수 있으며 이에 해당하는 궤도(식 A-10)에서 원운동을 한다. 이렇게 허용된 궤도에서 운동하는 전자는 전자기파를 방출하지 않으며 궤도를 변경할 때만 두 궤도의 에너지 차이에 해당하는 전자기파를 발생한다(Bohr의 제1가설). 그리고 원운동하는 전자의 각운동량은 양자화($\hbar$의 정수배)되어 있다(Bohr의 제2가설, 허용되는 궤도반경의 조건).

Bohr가 가정한 안정궤도는 정상파의 개념으로 설명된다. 즉 수소의 전자가 정상파 궤도에서 운동할 때에는 가속도 운동을 하더라도 전자기파를 내지 않는다는 것이다. 반경 r의 원궤도에서 정상파가 되기 위해서는

$$2\pi r_n = n\lambda \tag{A-16}$$

의 조건을 만족하여야 한다. 여기서 λ는 파장이고 n은 궤도를 결정하는 양자수이며 r_n은 양자수 n에 대응되는 궤도 반경이다. de Brogile의 물질파 개념에 따르면 속도를 가지는 모든 움직이는 물체는 파동으로 행동하고 그 파장은

$$\lambda = \frac{h}{mv} \tag{A-17}$$

로 주어진다. 따라서 식 A-16에 식 A-17을 대입하면

$$mvr_n = n\frac{h}{2\pi} \equiv n\hbar \tag{A-18}$$

와 같은 Bohr가 사용한 각운동량의 양자화 조건을 얻는다.

부록 B. 양자수들

Bohr의 이론에서는 1개의 양자수 n으로 하나의 에너지 상태가 정의되었으나 양자역학에서는 4개의 양자수에 의해 하나의 에너지 상태가 결정된다. Bohr이론에서 주어진 양자수 n을 주양자수(principal quantum number)라 부르며 이는 1에서 ∞의 값을 가질 수 있다.

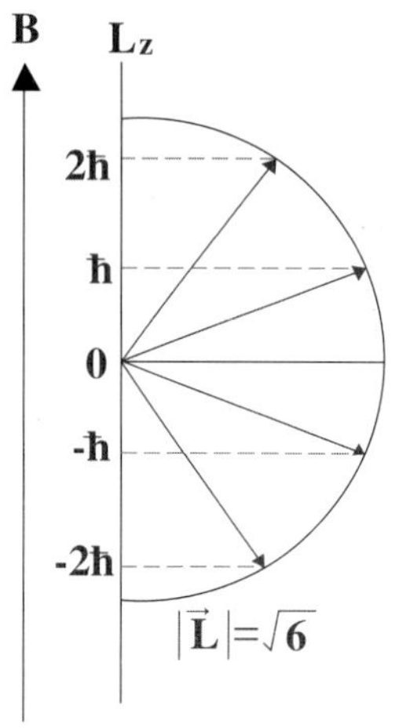

그림 B-1 궤도양자수와 자기양자수

궤도양자수(azimuthal quantum number) l은 전자의 각운동량의 크기에 관련되어 있으며 0에서부터 $n-1$까지의 값을 가질 수 있다. 예를 들어 기저상태(n=1)인 경우 l은 0의 값만을 가지나 n=3인 경우 l은 0, 1, 2의 값을 가질 수 있다. 궤도양자수 l은 수소원자에서는 에너지에 관련되어 있지 않으나 전자의 수가 많은 원소의 경우 주양자수와 함께 에너지에 영향을 준다.

자기양자수(magnetic quantum number) m_l은 각운동량의 방향에 관련되어 있다. 그 값은 $-l$과 l 사이의 정수 값을 가질 수 있다. 각운동량은 벡터양이므로 그 크기(l)와 방향(m_l)도 양자화 되는 것은 당연한 일이다. 즉 그림 B-1과 같이 각운동량의 크기는 $L=\sqrt{l(l+l)}\hbar$의 값이고 자기장 방향으로 각운동량의 사영(projection)값이 궤도양자수 값을 준다는 것을 볼 수 있다. 자기장 방향을 z축으로 잡을 때 이 방향으로 각운동량의 사영값은 $L_z=m_l\,\hbar$와 같이 주어진다. 따라서 각운동량의 방향에 관련된 양자수가 자기양자수 m_l이다.

자기양자수는 Zeeman효과라는 실험을 통해 관찰되었다. Zeeman효과는 여기된 기체를 외부자기장 내에 놓았을 때 선스펙트럼이 여러 선으로 분리되는 현상이다. 이 현상은 에너지 준위가 자기장 내에서 자기양자수에 따라 분리되기 때문에 일어난다. 원자 내에서 자기장은 전자의 운동에 의해 만들어지고 이 자기장에 의해 에너지 준위가 갈라짐으로써 Zeeman효과가 관찰되는 것이다.

면적 $\vec{A}$를 그리는 반경 r인 환선에 전류 I가 흐르면 이 환선 형태는 자기모멘트 $\vec{\mu}=I\vec{A}$를 가진 자기쌍극자가 된다. 이러한 자기모멘트를 가진 자기쌍극자가 자기장 내에 놓이면 토오크 $\vec{\tau}=\vec{\mu}\times\vec{B}$를 받으며 또한 자기장과의 상호작용에 의해 포텐셜 에너지 $U=-\vec{\mu}\cdot\vec{B}$를 갖는다.

위와 같은 자기쌍극자 형태는 원형궤도를 도는 전자의 경우에 똑같이 적용할 수 있다. 즉 전자가 반경 r의 원형궤도를 속도 v로 돌고 있을 때 전자는 전류 $I=\dfrac{ev}{2\pi r}$를 형성한다. 이때 면적이 πr^2이므로 전자의 자기모멘트 크기는 $\mu=IA=\dfrac{evr}{2\pi}$이다. 그리고 각운동량은 $L=mvr$이므로 자기 쌍극자 모멘트는 $\mu=\dfrac{e}{2m}L$로 쓸 수 있다. Bohr 모형에서 각운동량은 $L=n\hbar$와 같이 양자화되므로 n=1인 수소의 기저상태의 경우 전자는 $\mu_B=\frac{e\hbar}{2m}=9.274\times10^{-24}$ [A·m²]의 자기모멘트를 가진다. 이 값을 Bohr 마그네톤이라 부른다.

자기모멘트를 가진 쌍극자가 z축 방향의 자기장 내에 놓이면 자기장과의 상호작용에 의해 $U=-\mu_z B$의 에너지를 갖게 된다. 여기서 μ_z는 z축 방향의 자기모멘트로서 $-\frac{e}{2m}L_z$ 이다. 그리고 전자의 전하가 마이너스이므로 -부호가 추가되었다. z축 방향으로의 각운동량은 $L_z=m_l\hbar$와 같이 양자화되므로

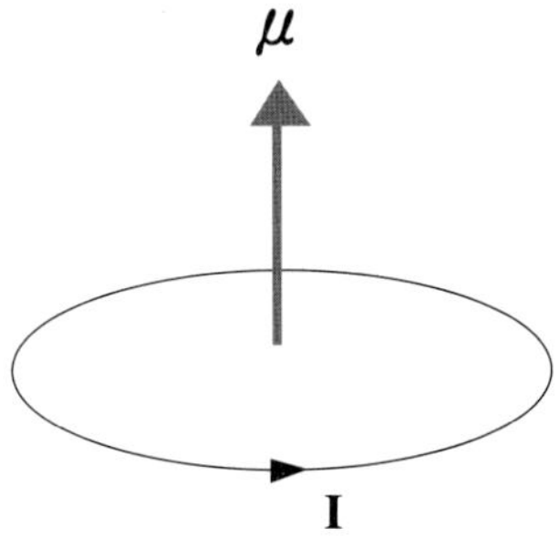

그림 B-2 자기모멘트(쌍극자)의 구조

$$\mu_z=-\frac{e\hbar}{2m}m_l,\ m_l=-l,\ -l+1,\cdots,0,\ 1,\cdots l \qquad \textbf{(B-1)}$$

로 표현된다. 그리고 각 에너지 상태(m_l에 대응되는)에서 전자가 가지는 포텐셜 에너지는

$$U=-\mu_z B=\frac{e\hbar B}{2m}m_l\equiv m_l\,\mu_B B,\ m_l=-l,\ -l+1,\cdots,0,\ 1,\cdots l \qquad \textbf{(B-2)}$$

로 된다. 결과적으로 외부자기장의 효과는 원래 하나인 에너지 준위(특정 l값)가 식 B-2로 주어지는 에너지만큼씩 다른 에너지 준위($2l+1$개의 m_l 값)로 분리되는 것이다. 이 에너지 준위의 분리는 자기양자수의 값에 의존하며 이는 각운동량의 방향에 의해 결정된다. 각운동량 l인 에너지 준위는 자기장이 없으면 하나의 에너지 상태를 나타내나 자기장 내에서는 $2l+1$개의 에너지 상태로 분리된다. 그리고 식 B-2에서 보듯이 각에너지 상태의 에너지 차이는 $\mu_B B$임을 볼 수 있다. 그림 B-3에 몇 가지 양자수에서 자기장 내에서의 에너지 준위의 갈라짐을 그려 놓았다. 예를 들어 $n=2\rightarrow n=1$인 상태로의 전이는 자기양자수의 갈라짐으로 3개의 전이로 나타남을 볼 수 있다. 이 경우 전이가 가능하기 위해서는 $\Delta l=1$, $\Delta m_l=0,\pm1$의 조건을 만족하여야 한다. 이를 선택률

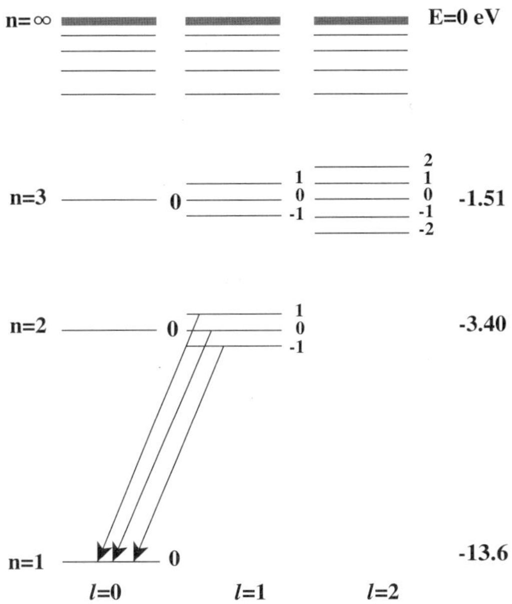

그림 B-3 자기장 내에서 에너지 준위의 갈라짐과 전이

(selection rule)이라 부른다.

위에 언급한 3개의 양자수 외에도 스핀양자수(spin quantum number) m_s가 있다. 스핀양자수는 Schrödinger 방정식에서는 나타나지 않는 것이다. 이 양자수는 Stern-Gerlach의 실험에서 관찰되었는데 전자의 스핀운동에 의한 스핀각운동량에 기인한 양이다. 스핀각운동량도 양자화되며 z축으로의 값은 $S_z = \pm \frac{1}{2}$의 값을 가진다. 각운동량과 마찬가지로(그림 B-1) 스핀각운동량의 크기는 $S = \sqrt{s(s+1)}\hbar = \sqrt{\frac{3}{4}}\hbar$ 이다. 스핀운동에 의한 자기모멘트의 z축방향으로의 값은 $\mu_z = -\frac{e}{m} S_z$이며 외부자기장과의 상호작용에너지는

$$U = -\vec{\mu} \cdot \vec{B} = \frac{e\hbar}{m} m_s ;\ m_s = \frac{1}{2}, -\frac{1}{2} \qquad \textbf{(B-3)}$$

를 가진다. 결과적으로 스핀각운동량에 의해 에너지 준위는 다시 2개의 상태로 갈라짐을 볼 수 있다. 이를 미세 구조(fine structure)라고 부르며 선스펙트럼에서 볼 수 있다.

이와 같이 양자역학에서 수소원자의 에너지 상태는 4개의 양자수(n, l, m_l, m_s)로 나타낸다. 4개의 양자수 중 어느 하나라도 다르면 이는 다른 에너지 상태를 뜻한다. 이와 같은 수소원자에 대한 내용을 전자 수가 1보다 큰 원소에도 적용할 수 있다. 그러나 실제로는 전자의 수가 1보다 큰 원소에 Schrödinger 방정식을 적용하여 에너지 상태와 에너지 준위를 구하는 것은 불가능하다. 이는 수소의 경우 한 개의 전자와 한 개의 핵 사이에 작용하는 Coulomb힘을 고려하면 되었으나 전자와 핵의 수가 많아지면 여러 요소들간의 상호 작용이 매우 복잡해진다. 그러나 각 원소들의 기저상태는 전자들의 각 에너지 준위에의 분배를 통해 쉽게 구할 수 있다. 각 원소의 기저상태에서 전자들이 에너지 준위에 어떻게 배치되는가에 대한 내용은 1-9절에서 이미 설명하였다.

부록 C. Schrödinger 파동방정식

de Brogile의 물질파 개념은 물질도 빛과 같이 파동과 입자의 성질을 모두 가진다는 것을 보여준다. 원자세계에서 물체의 파동성은 매우 중요하며 따라서 원자세계는 파동적인 기술이 필수적이다. 반면에 거시세계에서는 파동성이 물체의 크기에 비해 무시할 수 있을 정도로 작으므로 Newton 역학에 의해 물체의 운동상태를 정확하게 기술할 수 있다.

Schrödinger는 물질파를 기술할 수 있는 방정식을 구하였으며 이 방정식은 물질파의 공간적 · 시간적 변화를 완벽하게 설명해 주었다. 물질파가 1차원에서 공간적 변화만 있는 간단한 경우 Schrödinger의 파동방정식은

$$-\frac{\hbar^2}{2m}\frac{d^2u(x)}{dx^2}+U(x)u(x)=Eu(x) \qquad \textbf{(C-1)}$$

로 기술된다. 여기서 $H\equiv\frac{p^2}{2m}+U=-\frac{\hbar^2}{2m}\frac{d^2}{dx^2}+U$는 에너지 함수인 하밀토니안(Hamiltonian)을 나타내는데 식 C-1은 에너지 관계식 $Hu=Eu$의 표현이다.

식 C-1에서 파동함수 $u(x)$의 물리적 의미는 무엇인가? $u(x)$ 자체는 실측 가능한 물리량은 아니다. 단지 $|u(x)|^2$이 위치 x의 확률밀도(probability density)로서 단위체적당 입자를 발견할 확률을 준다. 1차원적으로 움직이는 입자의 경우 확률밀도는 단위길이당 확률이다. 따라서 어떤 위치 x 주위의 작은 구간 dx에서 입자를 발견할 확률은 $|u(x)|^2dx$로 표현된다.

1차원적으로 움직이는 입자의 경우 운동하는 공간 내에서는 발견되어야 하므로 그 공간 내의 확률밀도의 적분값은 1(100%)이어야 한다. 즉,

$$\int_{-\infty}^{+\infty}|u(x)|^2dx=1 \qquad \textbf{(C-2)}$$

의 조건이 만족되어야 한다. 이를 규격화 조건(normalization condition)이라 부르며 이에 따라 파동함수의 진폭이 결정된다.

Schroedinger방정식을 길이 L인 일차원 상자 속에 갇혀 있는 입자에 대해 적용해 보자. 상자의 벽면에서 포텐셜 U는 무한대로서 어떤 입자도 뚫고 나갈 수 없다고 가정한다. 상자 내에서 포텐셜 U는 0이므로 식 C-1은

$$-\frac{\hbar^2}{2m}\frac{d^2u(x)}{dx^2}=Eu(x) \qquad \textbf{(C-3)}$$

와 같이 된다. 위 식을 파동함수의 경계조건(정상파 조건)과 함께 풀면 상자 내에서 운동하고 있는 입자의 파동함수와 에너지 상태를 구할 수 있다. 식 C-3은

$$\frac{d^2u(x)}{dx^2}+k^2u(x)=0 \qquad \textbf{(C-4)}$$

와 같이 고쳐 쓸 수 있다. 여기서 $k^2=\frac{2mE}{\hbar^2}$이다. 위 식 C-4는 단진자의 운동방정식과 유사하며 따라서 그 해는 $\sin kx$와 $\cos kx$의 조합이다. 그러나 $u(x)$는 $x=0$과 $x=L$에서 0이 되어야 하는 경계조건을 만족해야 하므로 $\cos kx$는 해가 될 수 없다. 따라서 식 C-4의 해는

$$u(x)=A\sin kx \qquad \textbf{(C-5)}$$

이다. $x=L$에서 $u(L)=0$인 조건에서 입자의 에너지 상태를 구할 수 있다. 즉 $k_nL=n\pi$를 만족해야 하므로 입자의 에너지는

$$E=\frac{n^2\pi^2\hbar^2}{2mL^2}=\frac{n^2h^2}{8mL^2} \quad \textbf{(C-6)}$$

와 같이 구해진다. 여기서 $\hbar=\frac{h}{2\pi}$를 사용했다. 식 C-6에서 n을 양자수(quantum number)라고 부르며 이는 입자의 양자(에너지)상태(quantum state)를 나타낸다. 따라서 k_n은 경계조건을 만족하는 양자수 n에 대응되는 k값이다. 양자수 n이 양이냐 음이냐는 물리적으로 의미가 없다. 왜냐하면 어떤 부호에 대해서도 입자의 확률밀도 $|u(x)|^2$은 동일하기 때문이다. 따라서 n이 음이 되는 경우는 고려할 필요가 없다. $n=0$이 되는 경우는 물리적으로 맞지 않다. $n=0$이라는 것은 어느 곳에서나 $u(x)=0$임을 나타내는데 이는 사실과 배치된다. 왜냐하면 상자 속의 어느 위치에 입자가 존재하기 때문이다. 따라서 양자수 n은 자연수인 1, 2, 3 …의 값을 가진다.

양자계에서는 입자의 에너지가 가장 낮은 기저상태의 에너지도 0이 되지 않음에 유의하자. 고전적인 관점에서 가장 낮은 에너지 상태는 물체가 정지한 것을 나타낸다. 그러나 양자계에서는 기저상태에서도 0이 아닌 에너지 값인 $\frac{\hbar^2}{8mL^2}$을 가진다. 이러한 원자세계에서의 현상은 불확실성 원리에 의해 이해된다. 입자는 길이 L인 상자 속에 갇혀 있으므로 그 위치의 불확정성 Δx는 L이다. 그리고 에너지가 0이라는 것은 물체가 정지한 상태이므로 운동량의 불확정성인 Δp는 0이라는 것을 뜻한다. 따라서 Δp_x가 0이 되면 $\Delta p_x \Delta x$는 0이 되는데 이는 불확정성 원리에 위배된다. 결과적으로 $\Delta p_x \neq 0$이어야 하고 따라서 물체는 기저상태에서도 정지할 수 없다.

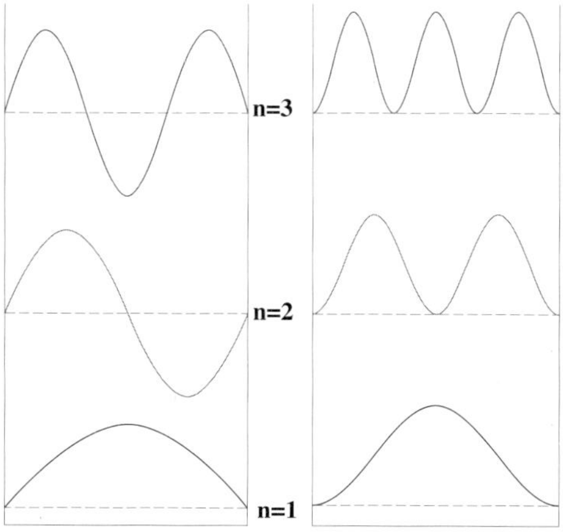

그림 C-1 상자 속에 갇힌 입자의 파동함수 u(x)(왼쪽)와 확률밀도 $|u(x)|^2$(오른쪽)

파동함수의 진폭 A는 규격화 조건에서 구할 수 있다. 즉,

$$\int_0^L A^2 \sin^2 k_n x\,dx=\frac{A^2L}{2}=1 \quad \textbf{(C-7)}$$

에서 $A=\sqrt{\frac{2}{L}}$를 구할 수 있다. 따라서 파동함수는

$$u(x)=\sqrt{\frac{2}{L}}\sin k_n x \quad \textbf{(C-8)}$$

이며 위치 x 주위에서 입자를 발견할 수 있는 확률밀도는 $|u(x)|^2$으로 주어진다.

부록 D. 음파의 반사 및 투과

평면파가 각도 θ_i로 한 매질에서 다른 매질로 입사한다고 하자. 이 경우 두 매질의 경계면에서 반사 또는 투과하는 파의 양이 입사각에 따라 어떻게 달라지는가를 알아보자.

각 영역에서의 파동(압력)은 각각

$$\vec{P}_i=\vec{P}_i^0 e^{i(\vec{k}_i\cdot\vec{x}-\omega t)} \tag{D-1}$$

$$\vec{P}_r=\vec{P}_r^0 e^{i(\vec{k}_r\cdot\vec{x}-\omega t)} \tag{D-2}$$

$$\vec{P}_t=\vec{P}_t^0 e^{i(\vec{k}_t\cdot\vec{x}-\omega t)} \tag{D-3}$$

로 표현된다. 음파의 방향을 나타내는 벡터 $\vec{k}$의 방향을 고려하면 위 식은

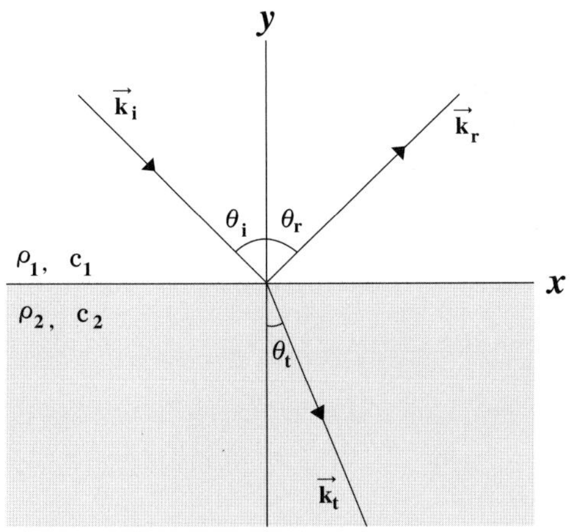

그림 D-1 경계면에서의 반사와 굴절

$$\vec{P}_i=\vec{P}_i^0 e^{i(k_i x\sin\theta_i-k_i y\cos\theta_i-\omega t)} \tag{D-4}$$

$$\vec{P}_r=\vec{P}_r^0 e^{i(k_r x\sin\theta_r+k_r y\cos\theta_r-\omega t)} \tag{D-5}$$

$$\vec{P}_t=\vec{P}_t^0 e^{i(k_t x\sin\theta_t-k_t y\cos\theta_t-\omega t)} \tag{D-6}$$

와 같이 고쳐 쓸 수 있다. 한 매질에서 다른 매질로 음파가 전파할 때 경계면에서 만족하여야 하는 두 가지 조건이 있다. 첫째, 경계면의 움직임이 없으므로 경계면 양쪽에서의 수직압력은 동일하여야 한다. 둘째, 두 매질이 항상 접촉하고 있으므로 경계면에 수직 방향으로의 매질 입자의 속도는 경계면 양쪽에서 동일하여야 한다(입자들의 움직임이 없으므로).

첫째 조건을 경계면(y=0)에 적용하면 식 D-4, D-5, D-6에서

$$\vec{P}_i^0 e^{ik_i x\sin\theta_i}+\vec{P}_r^0 e^{ik_r x\sin\theta_r}=\vec{P}_t^0 e^{ik_t x\sin\theta_t} \tag{D-7}$$

의 관계를 얻을 수 있다. 위 관계는 모든 x좌표에 대해 만족하여야 하므로 지수들은 모두 같아야 한다. 즉,

$$k_i\sin\theta_i=k_r\sin\theta_r=k_t\sin\theta_t \tag{D-8}$$

의 관계를 만족하여야 한다. 입사파와 반사파는 동일한 매질에 있으므로 $k_i=k_r$이고 따라서

$$\theta_i=\theta_r \tag{D-9}$$

의 관계를 얻는다. 이것이 곧 반사의 법칙이다.

식 D-8 에서 $k_i\sin\theta_i=k_t\sin\theta_t$의 관계를 얻을 수 있는데 $k=\frac{\omega}{c}$ 의 관계식에서

$$\frac{\sin\theta_i}{c_1}=\frac{\sin\theta_t}{c_2} \tag{D-10}$$

의 표현을 얻을 수 있다. 이를 굴절의 법칙 또는 Snell의 법칙이라 부른다. 여기서 c_1과 c_2는 각 매질에서 음파의 속도를 나타낸다.

다음으로 두 매질의 경계면에서 음파가 어느 정도 반사되고 어느 정도 투과되는지를 알아보도록 하자. 이러한 투과 및 반사되는 양은 입사각에 따라 달라짐을 볼 수 있을 것이다. 먼저 경계면에서 만족해야 하는 두 번째 조건(수직 입자 속도의 연속)은

$$\overrightarrow{u}_i\cos\theta_i+\overrightarrow{u}_r\cos\theta_r=\overrightarrow{u}_t\cos\theta_t \tag{D-11}$$

와 같이 표현된다. 여기서 $\overrightarrow{u}$는 경계면 양쪽에서의 매질 입자의 속도를 나타낸다. 매질을 구성하는 입자들이 움직이는 속도 (u)와 매질로 전파되는 음파의 속도 (c)는 압력 및 밀도와 연관되어

$$Z\cong\rho c=\frac{P}{u} \tag{D-12}$$

의 관계를 갖는다. 여기서 Z는 임피던스(impedence)로 압력과 음파의 전달속도의 비를 나타낸다. 식 D-12를 식 D-11에 적용하면

$$1-R=\frac{\rho_1c_1\cos\theta_t}{\rho_2c_2\cos\theta_i}\mathrm{T} \tag{D-13}$$

을 얻을 수 있다. 여기서 $R=\left|\frac{P_r}{P_i}\right|$, $T=\left|\frac{P_i}{P_t}\right|$ 는 각각 반사계수와 투과계수를 나타낸다. 위 식에서 $-$는 반사되는 입자의 속도($\overrightarrow{u_r}$)가 입사되는 입자의 속도($\overrightarrow{u_i}$)와 반대방향이기 때문이다.

또한 식 D-7에 경계면에서 만족하는 식 D-8을 적용하면 지수항은 모두 같으므로 $P_i^o+P_r^o=P_t^o$이고 이는

$$1+R=T \tag{D-14}$$

로 쓸 수 있다. 따라서 반사계수와 투과계수가 만족하는 두 개의 식(D-13, D-14)이 주어지므로 R, T를 구할 수 있다. 즉 식 D-13과 식 D-14에서 투과계수 T를 소거하면 반사계수 R은

$$R=\frac{\rho_2 c_2 \cos\theta_i - \rho_1 c_1 \cos\theta_t}{\rho_2 c_2 \cos\theta_i + \rho_1 c_1 \cos\theta_t} \qquad \text{(D-15)}$$

와 같이 구해진다. 그리고 경계면에서 반사되는 음파의 양을 나타내는 반사율 $|R|^2$은

$$|R|^2=\left(\frac{\rho_2 c_2 \cos\theta_i - \rho_1 c_1 \cos\theta_t}{\rho_2 c_2 \cos\theta_i + \rho_1 c_1 \cos\theta_t}\right)^2 \qquad \text{(D-16)}$$

로 주어진다. 또한 (투과율)+(반사율)=1의 관계에서 투과율 $|T|^2$은

$$|T|^2=\frac{4\rho_1 c_1 \rho_2 c_2 \cos\theta_i \cos\theta_t}{(\rho_2 c_2 \cos\theta_i + \rho_1 c_1 \cos\theta_t)^2} \qquad \text{(D-17)}$$

와 같이 구할 수 있다.

특수한 경우인 입사파가 수직으로 들어오는 경우 식 D-16과 식 D-17에서 반사율과 투과율은 각각

$$|R|^2=\left(\frac{\rho_2 c_2 - \rho_1 c_1}{\rho_1 c_1 + \rho_2 c_2}\right)^2 \qquad \text{(D-18)}$$

$$|T|^2=\frac{4\rho_1 c_1 \rho_2 c_2}{(\rho_1 c_1 + \rho_2 c_2)^2} \qquad \text{(D-19)}$$

와 같이 주어진다.

수직 입사되는 파의 경우는 위에서 보여준 복잡한 방법보다 다소 쉽게 식 D-18과 D-19를 유도할 수 있다. 그림 D-2에서 파동이 수직으로 입사할 때 입사, 반사, 굴절되는 모양을 보여준다. 그림에서와 같이 반사와 굴절이 되는 음파의 방향은 모두 경계면에 수직하다. 따라서 경계면(x=0)에서의 두 경계조건은 각각

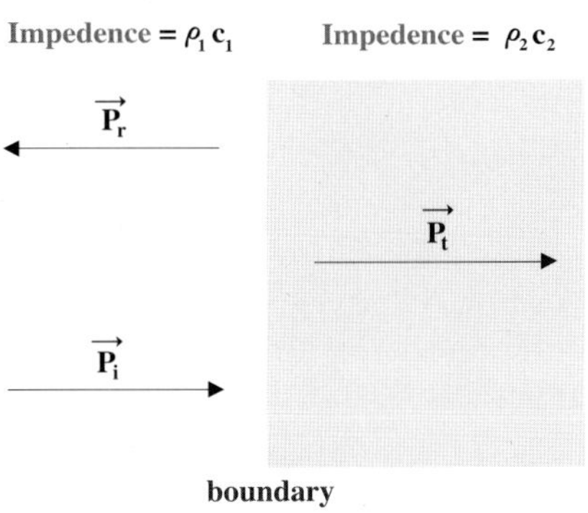

그림 D-2 수직 입사하는 경우의 반사와 굴절

$$\vec{P}_i+\vec{P}_r=\vec{P}_t \qquad \text{(D-20)}$$

$$\vec{u}_i+\vec{u}_r=\vec{u}_t \qquad \text{(D-21)}$$

로 주어진다. 위 두 식을 나누면

$$\frac{\vec{P}_i+\vec{P}_r}{\vec{u}_i+\vec{u}_r}=\frac{\vec{P}_t}{\vec{u}_t} \tag{D-22}$$

와 같이 쓸 수 있다. 임피던스의 관계식 $\frac{\vec{P}}{\vec{u}}=\pm\rho c$를 이용하면

$$\frac{\vec{P}_i+\vec{P}_r}{\vec{P}_i-\vec{P}_r}=\frac{\rho_2 c_2}{\rho_1 c_1} \tag{D-23}$$

를 얻을 수 있고 반사계수는

$$R=\left(\frac{\rho_2 c_2-\rho_1 c_1}{\rho_1 c_1+\rho_2 c_2}\right)^2 \tag{D-24}$$

와 같이 주어지며 이는 식 D-18과 동일함을 볼 수 있다.

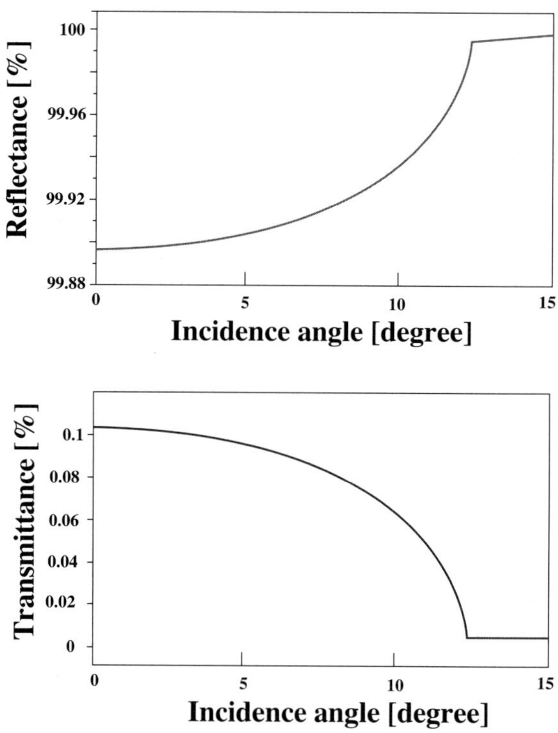

그림 D-3 입사각에 따른 반사율과 투과율

표 D-1 여러 물질의 음향 임피던스

물질	음향 임피던스 (10^6kg/m^2 · sec)
공기	0.0004
지방	1.38
물(50°C)	1.54
뇌	1.58
혈액	1.61
신장	1.62
간	1.65
근육	1.70
눈의 수정체	1.84
압전 중합체	4.0
두개골	7.8
알루미늄	18
수은	19.7
PZT-5A	29.3
PZT-4	30
놋쇠	38
수정	14.3
PVDF	4

그림 D-3에 입사각에 따른 반사율(식 D-16)과 투과율(식 D-17)이 그려져 있다. 여기서는 음파가 공기 중에서 물로 들어가는 경우이다. 공기의 임피던스는 400 kg/m^2-sec이고 공기 중에서 음파의 전파속도는 334cm/sec이다. 그리고 물의 임피던스는 1.54×10^6kg/m^2-sec이고 물 속에서의 음파의 전파속도는 1,540cm/sec이다. 그림에서 보듯이 입사각도가 12.4° 이상이면 반사율이 100%, 즉 완전히 반사되는 현상을 볼 수 있다. 이를 전반사 현상이라고 하고 전반사가 일어나기 시작하는 입사각을 임계각이라 부른다. Snell의 법칙(식 D-10)에서 물과 공기 중에서의 음파의 전파속도를 대입하면 입사각 θ_1이 12.4°가 되면 투과각 θ_2가 90°가 되고 입사각이 이보다 커지게 되면 식 D-10이 더 이상 정의되지 않음을 볼 수 있다. 즉 입사각이 임계각 12.4°보다 커지면 모든 음파가 반사되는 전반사 현상이 관찰됨을 볼 수 있다.

[예제] 음향임피던스가 $10^3kg/m^2\text{-}sec$인 물질에서 $10^4kg/m^2\text{-}sec$인 물질로 초음파가 진행할 때 수직 반사율은 몇 %인가?

[답] $R=\left(\frac{Z_2-Z_1}{Z^1+Z^2}\right)^2$ =66.94%이다.

부록 E. 진동자에서 발생한 음파의 방향성

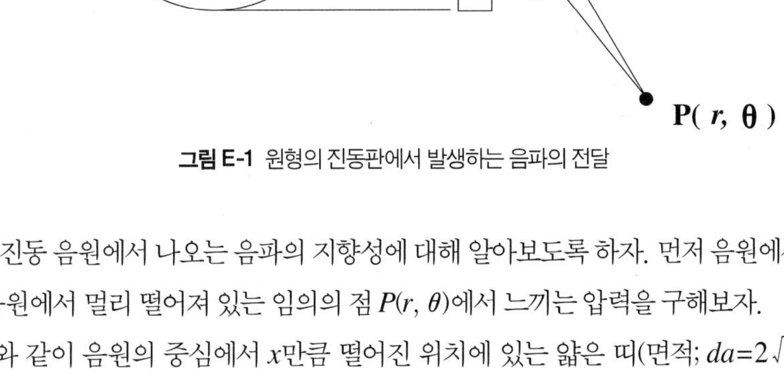

그림 E-1 원형의 진동판에서 발생하는 음파의 전달

원판형의 진동 음원에서 나오는 음파의 지향성에 대해 알아보도록 하자. 먼저 음원에서 발생한 진동에 의해 음원에서 멀리 떨어져 있는 임의의 점 $P(r,\ \theta)$에서 느끼는 압력을 구해보자.

그림에서와 같이 음원의 중심에서 x만큼 떨어진 위치에 있는 얇은 띠(면적; $da=2\sqrt{a^2-x^2}dx$)를 생각하고 이 띠에서 발생한 진동이 P점에 미치는 압력의 효과를 보도록 하자. 이 압력의 효과는 원

판에서 발생한 음파($e^{i(kr'-\omega t)}$)에서부터 떨어진 거리에 반비례하므로

$$dP \sim \frac{da}{r} e^{i(kr'-\omega t)} \tag{E-1}$$

와 같이 쓸 수 있다. 압력과 음원 사이에 존재하는 비례상수는 매질의 종류, 음원의 진동 세기 등에 관련되어 있는데 문제를 간단히 하기 위해 식 E-1에서는 두 양의 비례관계만 표시하였다. 음원에서 아주 먼 거리, 즉 $r \gg a$인 경우

$$r' \approx r + x\sin\theta \tag{E-2}$$

으로 주어진다. 식 E-2에서 $r \gg x$이므로 식 E-1에서 분모는 $r' \approx r$과 같이 근사적으로 쓸 수 있다. 그러나 지수 부분의 r'은 x가 작더라도 위상의 효과는 커질 수 있으므로 $r' \approx r$로 근사할 수 없기 때문에 그대로 써야 한다. 따라서 식 E-2를 식 E-1에 적용하면

$$dP \sim \frac{2e^{i(kr-\omega t)} e^{ikx\sin\theta} \sqrt{a^2-x^2}\,dx}{r} \tag{E-3}$$

와 같이 고쳐 쓸 수 있다. 원판에서 발생하는 진동에 의해 P점에서 느끼는 전체적인 압력은 원판전체에 대해 적분하면

$$P \sim \frac{2e^{i(kr-\omega t)}}{r} \int_{-a}^{+a} e^{ikx\sin\theta} \sqrt{a^2-x^2}\,dx \tag{E-4}$$

와 같이 쓸 수 있다. 위 식에서 $v=\dfrac{x}{a}$와 $\gamma=ka\sin\theta$로 치환하면

$$P \sim \frac{2e^{i(kr-\omega t)}}{r} \int_{-1}^{+1} e^{i\gamma v} \sqrt{1-v^2}\,dv \tag{E-5}$$

와 같이 표현된다. 위 식에서 적분항은 Bessel 제1종 함수의 적분 형태이므로

$$P \sim \left[\frac{2\pi J_1(\gamma)}{\gamma}\right] \frac{e^{i(kr-\omega t)}}{r} \tag{E-6}$$

와 같이 쓸 수 있다. 파동의 지향성은 음파가 음원에서 나아감에 따라(즉 r이 증가함에 따라) 어느 정

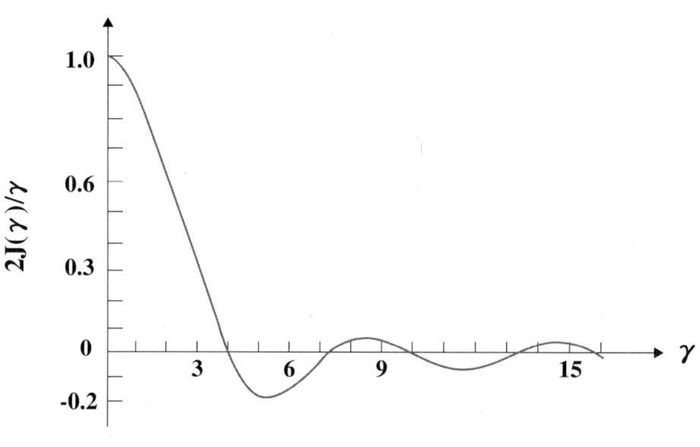

그림 E-2 Bessel 함수(지향성)의 모양

도 퍼지는지를 나타내는 척도이다. 따라서 이 값은 식 E-6에서 파동의 진폭인 $2\pi J_1(\gamma)/\gamma$에 의해 결정된다.

음원에서 떨어진 거리에 따른 음파의 진폭 변화를 그림 E-2가 보여주고 있다. 그림에서 보는 바와 같이 γ가 커지면(즉 θ가 커져 외곽으로 벗어나면) 파동의 세기가 급격히 줄어드는 것을 볼 수 있다. 중앙($\theta=0$)에서 최대값을 가지며, 각도가 커지게 되면 압력은 감소하며 따라서 이곳으로는 음원이 전달되지 않는다. 그림에서 보듯이 첫 번째 0이 되는 위치가 $\gamma=3.832$이고, $\gamma=ka\ sin\theta$이므로 이때의 각도는

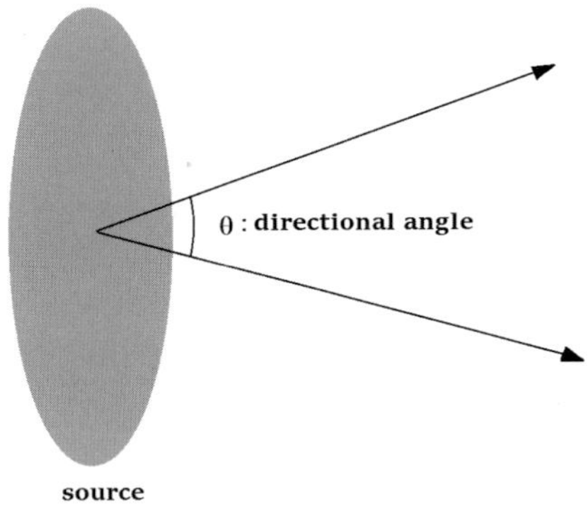

그림 E-3 음원과 지향각과의 관계

$$sin\theta=\frac{1.22\lambda}{D} \quad \textbf{(E-7)}$$

로 주어진다. 여기서 D는 음원 원판의 지름($D=2a$)을 나타낸다. 압력이 첫 번째 0이 되는 위치보다 외곽에서 보면 그 압력의 크기가 급격히 줄어든다. 이는 그 방향으로는 파동이 거의 전달되지 않음을 뜻한다. 따라서 파동이 전달되는 위치를 한정하는 지향각은 근사적으로

$$\theta=sin^{-1}\frac{1.22\lambda}{D} \quad \textbf{(E-8)}$$

와 같이 표현된다.

[예제] 초음파진동자의 직경이 2cm이다. 이 진동자에서 1*MHz*의 초음파가 발생한다. 이 진동자에서 나오는 초음파의 지향각은 몇 도(°)인가? 음속은 340m/s이다.

[답] $\theta_{min}=\frac{1.22\lambda}{D}=\frac{1.22c}{Df}=0.02074rad=1.19°$ 이다.

부록 F. 도플러 효과

보도에서 구급차의 사이렌 소리를 들을 때 구급차가 다가올 때는 고음(높은 진동수)으로 들리고 구급차가 멀어지면 저음(낮은 진동수)으로 들리는 것을 경험해 보았을 것이다. 이러한 음파의 현상

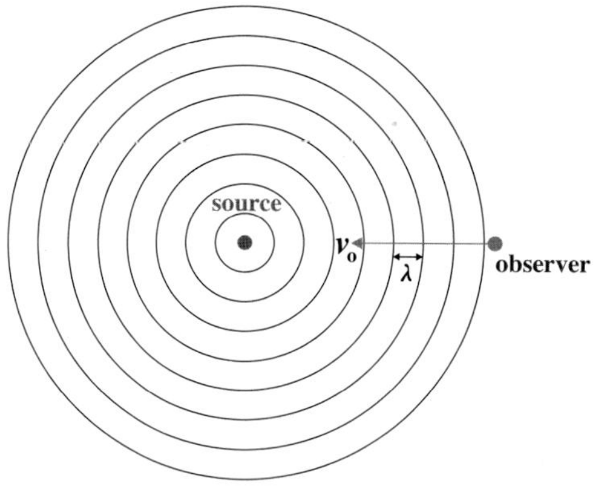

그림 F-1 관측자가 음원 쪽으로 움직이는 경우

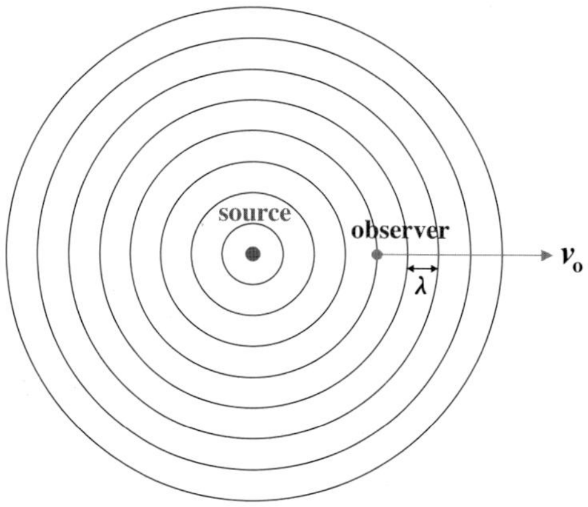

그림 F-2 관측자가 음원에서 멀어지는 경우

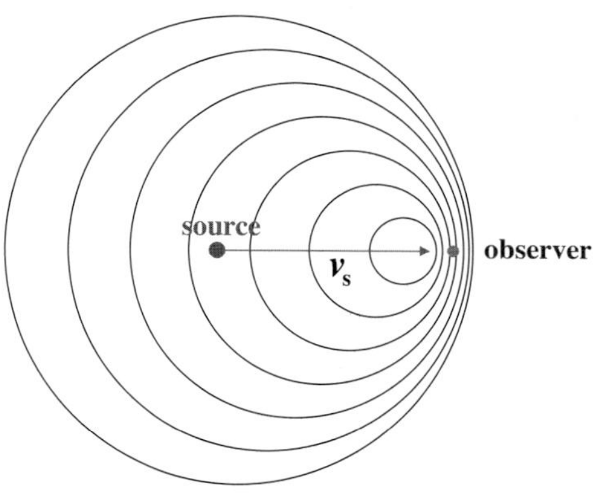

그림 F-3 음원이 관측자 쪽으로 움직이는 경우

을 도플러 효과라 부른다. 도플러 효과는 음파를 발생하는 음원과 관측자 사이에 상대적인 운동이 존재하면 언제나 관찰되는 현상이다. 음파에 일어나는 도플러 현상은 모든 파동에서 관찰할 수 있는 일반적인 현상이다. 따라서 전자기파에서도 도플러 현상이 일어난다.

음원과 관측자 사이의 상대적인 운동에는 몇 가지 경우가 있을 수 있다. 첫째, 음원은 움직이는데 관측자가 정지해 있는 경우, 둘째, 음원은 정지해 있는데 관측자가 움직이는 경우, 셋째, 음원과 관측자가 모두 움직이는 경우 등 세 가지 경우를 생각해 볼 수 있다. 또한 운동방향에 따라 음원과 관측자가 서로 가까워지는 방향으로 움직이는 경우와 멀어지는 방향으로 움직이는 경우로 나눌 수 있다.

먼저 음원이 정지하고 관측자가 움직이는 경우(그림 F-1)를 고려해 보자. 음원의 진동수를 f, 파장을 λ, 공기 중에서의 음파의 속도를 v라고 하자. 관측자가 정지해 있는 경우 관측자는 음원에서 발생한 진동수 f를 들을 것이다. 그러나 관측자가 음원 쪽으로 속도 v_0로 움직이면서 들을 경우 관측자는 더 많은 파원을 만나게 된다. 즉 관측자는 1초 당 v_0로 움직이고 음파의 파장은 λ이므로 1초당 v_0/λ의 파를 추가로 만난다. 따라서 관측자가 듣는 음파의 진동수는 $f_{observed}=f+\frac{v_0}{\lambda}$이고 $v=f\lambda$이므로

$$f_{observed}=f\left(\frac{v+v_0}{v}\right) \qquad \textbf{(F-1)}$$

임을 알 수 있다.

이번에는 관측자가 음원에서 멀어지는 경우(그림 F-2)를 보도록 하자. 이는 위의 경우와는 반대로 관측자가 듣는 진동수는 정지한 상태에서보다 적어지게 되고 따라서 관측자가 듣는 진동수는

$$f_{\text{observed}} = f\left(\frac{v - v_0}{v}\right) \tag{F-2}$$

이다.

다음에는 관측자는 정지한 반면에 음원이 움직이는 경우를 생각해 보자. 먼저 음원이 관측자에게 속도 v_s로 다가오는 경우(그림 F-3)를 보기로 하자. 그림에서 보듯이 음원이 속도 v_s로 관측자에게 다가오면서 음파를 발생할 경우 관측자가 듣는 음파의 파장은 짧아지게 됨을 볼 수 있다. 1초당 음원이 움직이는 거리는 v_s이고 음파의 진동수는 f이므로 짧아지는 파장은 $v_s = f\Delta\lambda$의 관계식에서 $\Delta\lambda = \frac{v_s}{f}$임을 알 수 있다. 따라서 관측자가 관측하는 파장은 $\lambda_{\text{observed}} = \lambda - \frac{v_s}{f}$이고 $v = f\lambda$에서

$$f_{\text{observed}} = f\left(\frac{v}{v - v_s}\right) \tag{F-3}$$

임을 알 수 있다.

이번에는 음원이 관측자에게서 속도 v_s로 멀어지는 경우(그림 F-4)를 보자. 이 경우 그림에서 보듯이 관측하는 파장이 길어지게 된다. 단위시간당 음원은 v_s로 멀어지고 이는 관측파장이 $\frac{v_s}{f}$만큼 길어짐을 뜻한다. 결국 관측하는 진동수는

$$f_{\text{observed}} = f\left(\frac{v}{v + v_s}\right) \tag{F-4}$$

임을 알 수 있다.

위에서 알아 본 내용들을 조합하여 하나의 식으로 나타내면

$$f_{\text{observed}} = f\left(\frac{v \pm v_o}{v \pm v_s}\right) \tag{F-5}$$

와 같이 표현할 수 있다. 위 식에서 부호 (+, −)짝은 서로 접근하는 경우이고 (−, +) 짝은 서로 멀어지는 경우를 나타낸다.

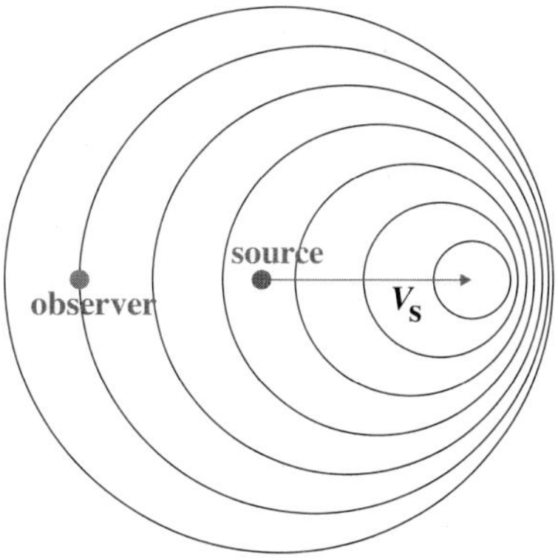

그림 F-4 음원이 관측자에게서 멀어지는 경우

[예제] 진동수 500*Hz*의 사이렌을 울리며 구급차가 시속 80*km/hr*로 지나간다고 하자. 시속

50km/hr로 달리는 자동차에서 이 사이렌 소리를 듣는다고 할 때 구급차가가 다가올 때는 몇 Hz로 들리고, 구급차가 추월하여 지나갈 때는 몇 Hz로 들리는가? 음속은 340m/sec이다.

[답] 다가올 때는 $f_o=f\dfrac{c-v_o}{c-v_s}=513Hz$, 멀어질 때는 $f_o=f\dfrac{c+v_o}{c+v_s}=488Hz$이다.

부록 G. 얇은 렌즈의 공식

유리와 같이 투명한 면에 빛이 들어가면 대부분의 빛은 유리면으로 투과하여 들어가고 반사하는 빛은 거의 없다(수직 입사 시 4%만 반사). 렌즈는 유리나 투명 플라스틱으로 만든다. 그리고 그 면은 볼록 또는 오목 면의 형태를 하고 있다. 아래에서 구형의 투명 면 앞에 놓인 물체에서 나온 빛이 투명 면을 투과하여 어떤 위치에 상을 맺게 되는가를 보기로 하자.

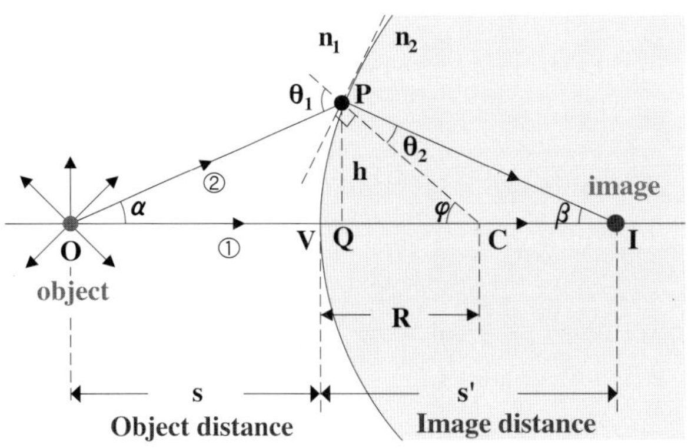

그림 G-1 투명구면에서의 빛의 굴절

그림 G-1과 같이 반경 R인 투명 볼록 구면 앞의 거리 s에 광원(O)이 놓여 있는 경우를 보자. 광원에서 빛은 사방으로 퍼져나가는데 이 중에서 임의의 2개 광선만을 생각해 보자. 즉 렌즈의 중심축을 향하는 광선 ①과 중심축에 대해 각도 α로 진행하여 구면의 P점에서 만나는 광선 ②를 고려하도록 하자. 광선 ①은 중심축을 향하기 때문에(입사각이 90°이므로 굴절각도 90°) 구면을 만나도 그대로 직진하여 진행한다. 반면에 광선 ②는 점 P에서 구면을 만나는데 이 점에서 굴절의 법칙이 만족되는 방향으로 광선이 진행하여야 한다. 근축광선의 경우만을 고려하면(입사각 α가 작은 경우 θ_1, θ_2도 작음) 굴절의 법칙 $n_1 sin\,\theta_1=n_2 sin\,\theta_2$는 $n_1\theta_1\approx n_2\theta_2$로 근사할 수 있다. 결국 P점으로 입사한 광선은 위 식을 만족하는 방향으로 진행하게 된다. 각 θ_1은 △OPC의 외각이므로

$$\theta_1=\alpha+\phi \qquad \textbf{(G-1)}$$

을 얻는다. 또한 각 ϕ는 △PCI의 외각이므로

$$\phi = \theta_2 + \beta \quad \text{(G-2)}$$

이다. 굴절의 법칙 $n_1\theta_1 \approx n_2\theta_2$를 식 G-2에 적용하면

$$\phi = \frac{n_1}{n_2}\theta_1 + \beta \quad \text{(G-3)}$$

을 얻는다. 식 G-1과 G-3에서 θ_1을 소거하면

$$n_1\alpha + n_2\beta = (n_2 - n_1)\phi \quad \text{(G-4)}$$

을 얻는다. 그림에서 근축광선의 경우 거리 VQ는 무시할 수 있으므로 $\alpha \approx tan\alpha \approx \frac{h}{s}$, $\beta \approx tan\beta \approx \frac{h}{s'}$, $\phi \approx tan\phi \approx \frac{h}{R}$와 같이 근사할 수 있다. 이를 식 G-4에 대입하면

$$\frac{n_1}{s} + \frac{n_2}{s'} = \frac{n_2 - n_1}{R} \quad \text{(G-5)}$$

을 얻는다. 식 G-5는 볼록의 구형 투명 면의 중심에서 s만큼 떨어진 위치에 있는 물체에서 나온 빛이 볼록 구형 면에 의해 굴절되어 구형 중심에서 s'만큼 떨어진 위치에 상을 맺게 되는 것을 보여주고 있다. 식 G-5에서 볼 수 있듯이 물체의 위치(s)와 상의 위치(s')를 관련지어 주는 것은 구형의 반경 R뿐임을 볼 수 있다. 물론 볼록면이 놓여 있는 위치의 굴절률 n_1과 볼록면 재질의 굴절률 n_2에도 관련되어 있다. 오목의 투명 면인 경우에도 마찬가지 방법으로 식 G-5와 유사한 관계식을 구할 수 있다. 이 관계식들에서 물체의 위치와 상의 위치 사이의 부호관계는 다음과 같이 요약할 수 있다. 첫째, 물체가 구면 왼쪽에 있으면 양(실 물체)이고 오른쪽에 있으면 음(허 물체)이다. 둘째, 상이 구면 오른쪽에 있으면 양(실상)이고 왼쪽에 있으면 음(허상)이다. 셋째, 곡률 중심이 굴절된 쪽에 속하면(볼록) 양이고 입사 쪽에 있으면(오목) 음이다.

다음으로는 구면에 의해 생긴 상의 크기를 알아보도록 하자. 구면에 의해 생긴 상의 크기는 배율에 의해 결정되는데 그림 G-2에서와 같이 구면에서 s만큼 떨어진 위치에 있는 높이 h인 물체가 구면에서 s'만큼 떨어진 위치에 높이 h'인 상으로 형성되었다고 하자. 굴절의 법칙 $n_1 sin\,\theta_1 = n_2 sin\,\theta_2$는 $n_1 tan\,\theta_1 = n_2 tan\,\theta_2$로 근사적으로 표현되므로 상의 비율은

$$m = \frac{h'}{h} = \frac{n_1 s'}{n_2 s} \quad \text{(G-6)}$$

로 주어짐을 알 수 있다.

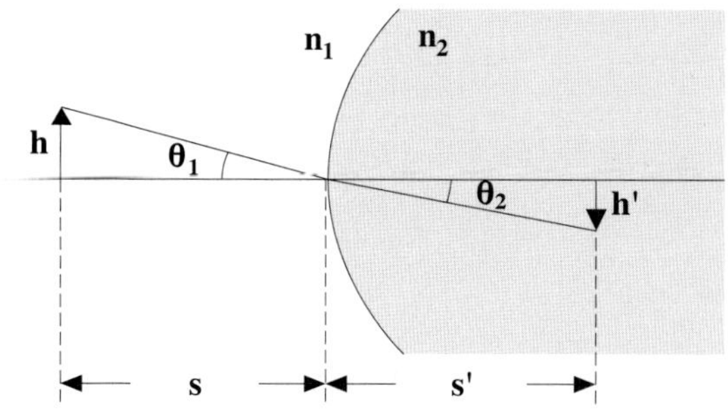

그림 G-2 투명구면에 의한 상의 배율

두 투명면의 조합에 의해 렌즈라 부르는 특수한 모양을 만든다. 렌즈는 빛을 모으거나 분산시키는 역할을 하는 것으로 광학기구의 기본이 되는 것이다. 렌즈는 조합하는 투명면의 방향에 따라 여러 가지 형태가 있을 수 있다. 그러나 볼록렌즈와 오목렌즈로 대별된다. 볼록렌즈는 빛을 모으는 성질을 가지고 있고 오목렌즈는 빛을 분산시키는 성질을 가진다. 광학기에 사용되는 대부분의 렌즈는 얇은 렌즈로 근사할 수 있는 것들이다.

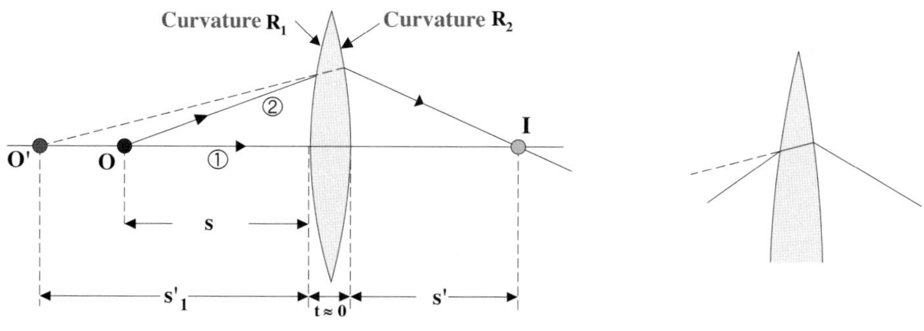

그림 G-3 얇은 렌즈에 의한 상의 형성

아래에 얇은 렌즈 앞 s 위치에 놓인 물체가 렌즈에서 s'만큼 떨어진 위치에 상을 맺게 될 때 이 두 양은 어떻게 렌즈에 의해 연관되는지 보도록 하자. 곡률 R_1과 R_2로 형성된 볼록 렌즈의 경우를 보자. 렌즈는 굴절률이 n_2인 유리로 만들어졌다고 한다. 물체가 첫 번째 구면에서(반경 R_1) s만큼 떨어진 위치에 놓여 있다고 하자(그림 G-3). 물체에서 나온 빛 가운데 광선 ①과 ②를 볼 때 광선 ①은 그대로 직진하고 광선 ②는 R_1면에 의해서 굴절된다. 따라서 광선 ①과 광선 ②는 서로 만나지 못한다. 결국 렌즈면 R_1에 의한 상은 두 광선 ①과 ②를 뒤쪽으로 연장함으로써 구할 수 있다. 따라서 두 광선의 연장 선상인 O′에 상이 맺힘을 볼 수 있다. 이 상의 위치는 식 G-5에서

$$\frac{n_1}{s} + \frac{n_2}{s'_1} = \frac{n_2 - n_1}{R_1} \qquad \textbf{(G-7)}$$

와 같이 주어진다. 두 번째 렌즈면(반경 R_2)에서 볼 때 물체 O′은 허물체에 해당하므로 두 번째 렌

즈 구면에 대해 허물체의 거리는 얇은 렌즈(두께 t가 아주 얇은)인 경우 $s_2 = -(s_1' + t) \approx -s_1'$이다. 따라서 두 번째 렌즈 구면에 의한 상은 식 G-5에서(이때에는 굴절률 n_2인 렌즈 물질에서 렌즈가 놓여 있는 굴절률 n_1인 물질로 굴절되어 들어가므로 식 G-5에 들어가는 굴절률은 각각 $n_1 \to n_2$, $n_2 \to n_1$)

$$\frac{n_2}{-s_1'} + \frac{n_1}{s'} = \frac{n_1 - n_2}{R_2} \tag{G-8}$$

와 같이 주어진다. 식 G-7과 G-8에서 s_1'을 소거하면

$$\frac{1}{s} + \frac{1}{s'} = \frac{n_2 - n_1}{n_1}\left(\frac{1}{R_1} - \frac{1}{R_2}\right) \tag{G-9}$$

를 얻는다. 무한대에서 오는 물체(평행광선 $s \to \infty$)의 상의 위치 s'은 초점거리로 정의되며

$$\frac{1}{f} = \frac{n_2 - n_1}{n_1}\left(\frac{1}{R_1} - \frac{1}{R_2}\right) \tag{G-10}$$

와 같이 표현된다. 즉 평행광선들은 볼록렌즈에 의해 한 곳(초점)에 모이는 성질을 가진다. 식 G-10에서 렌즈의 초점거리는 렌즈를 만드는 물질의 굴절률 n_2와 렌즈의 두 면의 곡률(R_1, R_2)에 의해 결정됨을 알 수 있다.

렌즈 초점거리의 정의인 식 G-10을 사용하면 식 G-9는

$$\frac{1}{s} + \frac{1}{s'} = \frac{1}{f} \tag{G-11}$$

와 같이 간단히 쓸 수 있다. 식 G-11을 얇은 렌즈의 공식이라 부르는데, 이는 렌즈들로 구성되어 있는 광학 기구의 분석에 사용되는 기본적인 식이다. 이 식은 물체의 위치와 상의 위치가 렌즈의 초점거리에 의해 서로 연관되어 있음을 보여주고 있다.

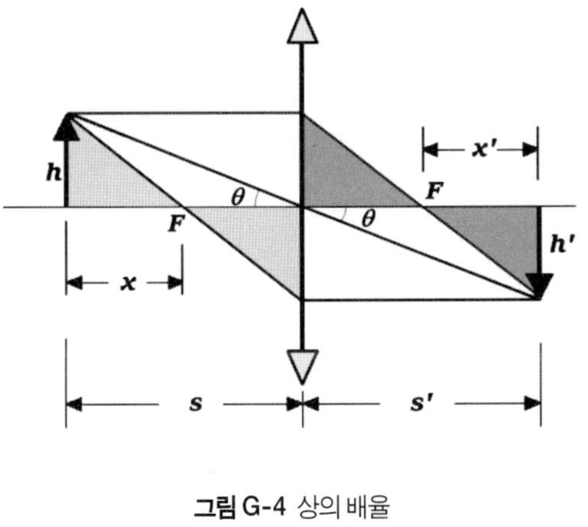

그림 G-4 상의 배율

얇은 렌즈에 의해 상이 맺힐 때 상의 크기를 나타내는 배율은 그림 G-4에서 보듯이 두 삼각형 각도는 같으므로 $\frac{h}{s} = \frac{h'}{s'}$에서

$$m = \frac{h'}{h} = -\frac{s'}{s} \tag{G-12}$$

와 같이 주어진다. 위 식에서 −는 상이 도립임을 나타낸다.

그림 G-4의 두 유사 삼각형(similar triangle)에서 $h'/h=f/x$, $h'/h=x'/f$가 얻어진다. 두 식을 조합하면 $x'x=f^2$이 구해진다. 이를 얇은 렌즈에 대한 Newton식이라 부른다.

부록 H. 푸리에(Fourier) 변환

푸리에 변환은 시간공간(time space)의 실험치를 진동수 공간(frequency space)의 실험치로 또는 그 반대로 변환시키는 수학적 기술을 말한다. 시간에 따라 변하는 파동(음파 또는 전자기파)에 푸리에 변환(전개)을 취하면 그 파동이 어떠한 진동수를 가지는 파동들의 합으로 구성되어 있는가를 알 수 있다. 푸리에 변환의 수학적 표현은

$$g(\omega)=\int_{-\infty}^{\infty} f(t)e^{-i\omega t}dt=\int_{-\infty}^{\infty} f(t)[\cos\omega t-i\sin\omega t]dt \quad \textbf{(H-1)}$$

와 같이 주어진다. 위 식은 시간공간의 함수 $f(t)$가 진동수 공간의 함수 $g(\omega)$로 표현됨을 보여주고 있다. 다시 말해서 시간에 따라 변하는 함수 $f(t)$는 여러 진동수를 가진 파동들의 합성으로 구성되어 있는데 $g(\omega)$는 진동수 ω의 파가 얼마나 섞여 있는지를 보여준다. 이런 의미에서 $g(\omega)$를 함수 $f(t)$의 스펙트럼이라 부른다.

함수 $f(t)$의 모양에 따라 식 H-1을 보다 간략히 표현할 수 있는데 먼저 $f(t)$가 짝함수(even function), 즉 $f(-t)=f(t)$일 경우

$$g(\omega)=\int_{-\infty}^{\infty} f(t)\cos\omega t\,dt \quad \textbf{(H-2)}$$

와 같이 쓸 수 있다. 위 식에서 짝함수와 sin함수의 곱이 대칭적인 구간$(-\infty, \infty)$에서 적분이 0이 되기 때문에 식 H-2에서는 cos함수의 곱만이 남는다는 것을 알 수 있다. 반면에 함수 $f(t)$가 홀함수(odd function), 즉 $f(-t)=-f(t)$일 경우

$$g(\omega)=\int_{-\infty}^{\infty} f(t)\sin\omega t\,dt \quad \textbf{(H-3)}$$

로 표현된다.

Ex #1) 진폭이 1이고 진동수가 1Hz 인 sin함수의 푸리에 변환을 구하라.

위 파동은 $f(t)=sin2\pi\nu_1 t$로 표현된다. 여기서 ν_1=1Hz이다. 각진동수 $\omega=2\pi\nu$로 표현됨에 유의하자. $f(t)$는 홀함수이므로 식 H-3에서 $g(\nu)=\delta(\nu-\nu_1)$을 구할 수 있다. 여기서 δ함수는 $\nu=\nu_1$일 때만 1의 값을 가지고 나머지 진동수 값에서는 영이 되는 함수를 나타낸다. 따라서 진동수 1Hz의 sin파 푸리에 변환은 진동수 ν=1Hz일 경우에만 값을 가짐을 알 수 있다. 이는 그림 H-1에서 보듯이 왼쪽 sin파는 1Hz의 진동수만으로 이루어졌음을 보여준다.

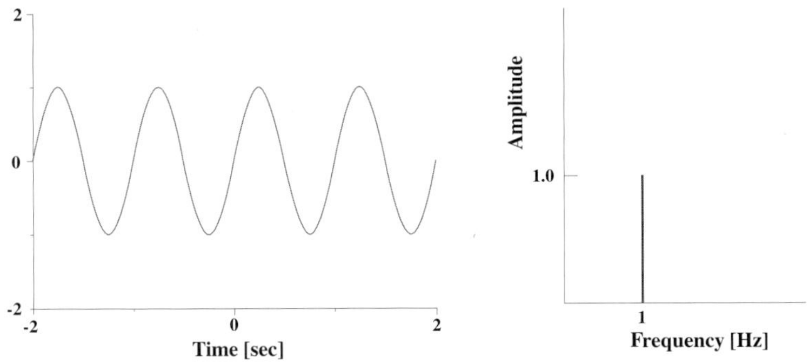

그림 H-1 하나의 진동수로 된 파의 푸리에 변환

Ex #2) 진동수 ν_1=1Hz인 파와 ν_2=2Hz인 파의 합성파 $y=A_1 sin2\pi\nu_1 t+A_2 sin2\pi\nu_2 t$의 푸리에 변환을 구하라. A_1=1과 A_2=1인 경우와 A_1=1과 A_2=2인 경우를 비교해 보라.

진폭이 같은 두 파의 합성, 즉 A_1=1과 A_2=1인 경우 앞의 예제와 동일한 방법으로 푸리에 변환을 구해 보면 $g(\nu)=\delta(\nu-\nu_1)+\delta(\nu-\nu_2)$의 스펙트럼을 가짐을 볼 수 있다. 시간공간에서의 함수와 진동수 공간의 함수 모양을 그림 H-2가 보여주고 있다.

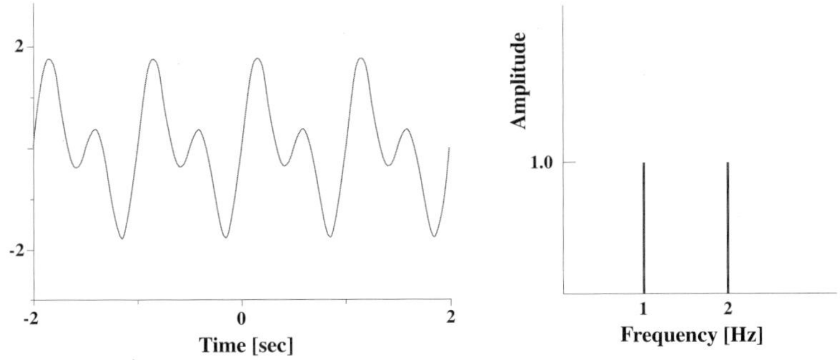

그림 H-2 두 개의 다른 진동수 파가 같은 진폭으로 섞여 있는 경우의 푸리에 변환

진폭이 다른 경우, 즉 A_1=1과 A_2=2일 때의 푸리에 변환에서 $g(\nu)=\delta(\nu-\nu_1)+2\delta(\nu-\nu_2)$와 같은 스펙트럼을 얻을 수 있다. 위 스펙트럼은 두 개의 진동수, 즉 1Hz와 2Hz인 파가 합성되어 있음을 보여주고 있는데 이번에는 2Hz의 파가 1Hz파보다 두 배 더 섞여 있다는 것을 나타내고 있다.

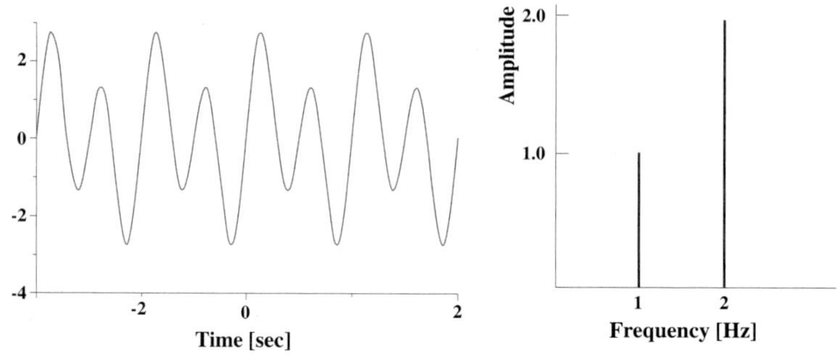

그림 H-3 두 개의 다른 진동수 파가 다른 진폭으로 섞여 있는 경우의 푸리에 변환

이와 같이 푸리에 변환을 통해 복잡한 파동의 경우 어떤 진동수의 파들이 어느 정도 섞여서 구성되는가를 알 수 있다. MRI에서 나오는 신호는 여러 픽셀에서 나오는 파의 합성이다. 각 픽셀에서 나오는 MR신호는 진동수와 위상으로 구별된다. 그러나 실제로 측정되는 것은 각 픽셀에서 나오는 파동의 합성이므로 이를 진동수 공간으로 푸리에 변환을 함으로써 각 픽셀에서 나오는 신호를 구별할 수 있게 된다. 진동수와 더불어 위상이 각 픽셀에서 나오는 신호를 분리시켜 주는 역할을 한다. 이렇게 진동수 공간에서 구해진 각 픽셀의 함수를 통해 각 픽셀에서 나오는 신호 강도를 결정할 수 있고 이 값들을 다시 시간공간으로 표현함으로써 MRI 영상을 얻게 되는 것이다.

MR신호는 진동수 공간에서 $-\omega_0$에서 $+\omega_0$에 존재하는 창문함수(rectangular window function, 펄스)이다. 즉, 창문함수는

$$g(\omega)=\begin{cases}1 : -\omega_0 \leq \omega \leq \omega_0 \\ 0 : \text{otherwise}\end{cases} \qquad \textbf{(H-4)}$$

로 표현된다. 이 창문함수는 진동수 $-\omega_0$와 $+\omega_0$ 사이의 파들이 동일한 진폭으로 섞여서 구성된 파이다. 즉, 진동수폭(bandwidth)이 $2\omega_0$인 파동이다. 위 창문 함수의 푸리에 변환은

$$f(t)=\frac{1}{2\pi}\int_{-\infty}^{\infty} g(\omega)e^{i\omega t}d\omega=\frac{1}{2\pi}\int_{-\omega_0}^{\omega_0} e^{i\omega t}d\omega=\frac{\omega_0}{\pi}\frac{\sin\omega_0 t}{\omega_0 t} \qquad \textbf{(H-5)}$$

와 같이 표현된다. 여기서 함수 $\sin\omega_0 t/\omega_0 t$을 sinc($\omega_0 t$)함수라고 부른다. MRI에서 사용하는 rf 펄스

및 스핀에코 신호는 위의 sinc 함수이다. 그림 H-4에 창문함수와 이에 대응되는 sinc 함수의 모양이 주어져 있다.

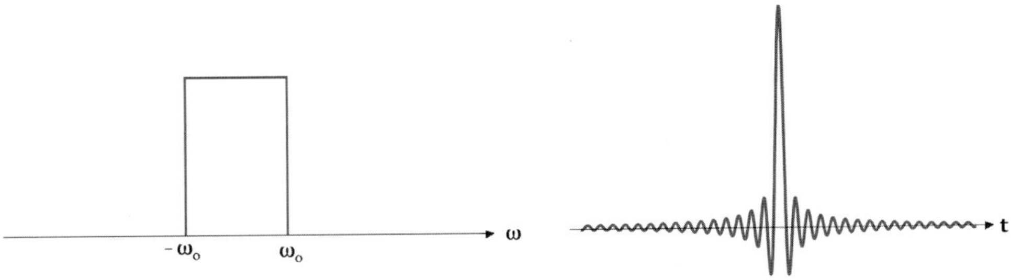

그림 H-4 진동수 공간에서의 창문함수와 이에 대응되는 시간 공간에서의 sinc함수

MR영상은 핵스핀 밀도함수를 음영으로 표현한 것이다. 아래에서는 MR신호와 핵스핀 밀도함수가 푸리에 변환으로 관련되어 있다는 것을 보기로 한다.

MR신호는 한 단면의 각 위치(픽셀)에서 발생하는 신호들의 합이다. MR영상을 구현하기 위해서는 단면의 각 위치에서 발생하는 신호들이 MR신호에 어떻게 기여하는가를 알아야한다. 이를 위해 위상 인식 및 진동수 인식 경사자기장이 사용된다. 위상 인식 경사자기장의 기울기를 변화시키면서, 진동수 인식 경사자기장을 이용하여 MR신호를 관찰한다. G_y의 기울기를 가진 위상 인식 경사자기장을 시간 τ동안 걸어준다. 그러면 위치 y에서 $\gamma G_y y\tau$의 위상차가 발생한다($\omega=\gamma B_y=\gamma G_y y$와 $\theta=\omega t$를 이용). 이러한 위상차를 발생시킨 후 x방향으로는 기울기 G_x의 진동수 인식 경사자기장을 t시간 동안 걸어주면서 MR신호를 측정한다. 이 진동수 인식 경사자기장에 의해 위치 x에서 $\gamma G_x xt$의 위상차이가 발생한다. 따라서 위치 (x, y)에 있는 핵스핀의 위상은

$$\phi(G_y, t) = \omega_0 t + \gamma G_x xt + \gamma G_y y\tau \qquad \text{(H-6)}$$

로 표현된다. 여기서 ω_0는 Larmour진동수이다. 위 식에서 G_y는 위상 인식 경사자기장으로서 하나의 MR 신호를 얻을 때마다 바꾸어 주어야 하는 경사자기장이다. 그리고 t는 진동수 인식 경사자기장을 걸어주는 시간으로서 MR신호의 획득시간을 나타낸다.

선택한 단면의 핵스핀 밀도함수를 $\rho(x, y)$와 같이 표현하자. 그러면 임의의 위치 (x, y)에서 발생하는 신호는 $\rho(x, y)e^{i\phi(G_y, t)}$로 표현되고, MR신호는 단면 전체의 신호들에 대한 합이므로

$$S(G_y, t)= \iint \rho(x, y)e^{i(\omega_0 t+\gamma G_x xt+\gamma G_y y\tau)}\,dxdy \qquad \text{(H-7)}$$

와 같이 표현된다. 여기서 적분은 선택된 단면에 대한 면적분을 나타낸다. 식 H-7에서 위상 $e^{i\omega_0 t}$은 적분 밖으로 나올 수 있고, 또는 생략해도 무방하다. 그리고 변수를 $k_x = \gamma G_x t / 2\pi$와 $k_y = \gamma G_y \tau / 2\pi$로 정의하면 식 H-7은

$$S(k_x, k_y) = \iint \rho(x, y) e^{2\pi i(k_x x + k_y y)} dxdy \quad \textbf{(H-8)}$$

로 고쳐 쓸 수 있다. 위 식에서 k_x, k_y는 x, y에 대응되는 푸리에 변수이다. 따라서 핵스핀 밀도함수 $\rho(x, y)$와 MR신호 $S(k_x, k_y)$는 서로 푸리에 짝(pair)이다. 그리고 밀도함수는 MR신호를 역(inverse) 푸리에 변환을 하면 얻을 수 있다. 즉,

$$\rho(x, y) = \iint S(k_x, k_y) e^{-2\pi i(k_x x + k_y y)} dk_x dk_y \quad \textbf{(H-9)}$$

와 같이 표현된다. 위에서 볼 수 있듯이 핵스핀 밀도함수는 실공간(real space)에서의 영상(신호)인데, MR신호는 k공간에서의 신호이다. 여기서 변수 k는 공간진동수(spatial frequency)로 $1/m$의 단위를 가진다. 반면에 실공간의 변수 x와 y는 m단위이다. MRI에서 펄스연결의 과정을 거쳐서 얻어지는 MR신호는 k공간에서의 신호이다. 영상(핵스핀 밀도함수)은 이 MR신호를 역 푸리에 변환을 함으로써 실제 공간에서의 신호로 바뀌어서 MR영상으로 재구성된다. 그림 H-5에 k공간에서의 MR신호와 MR영상과의 관계를 보여주고 있다.

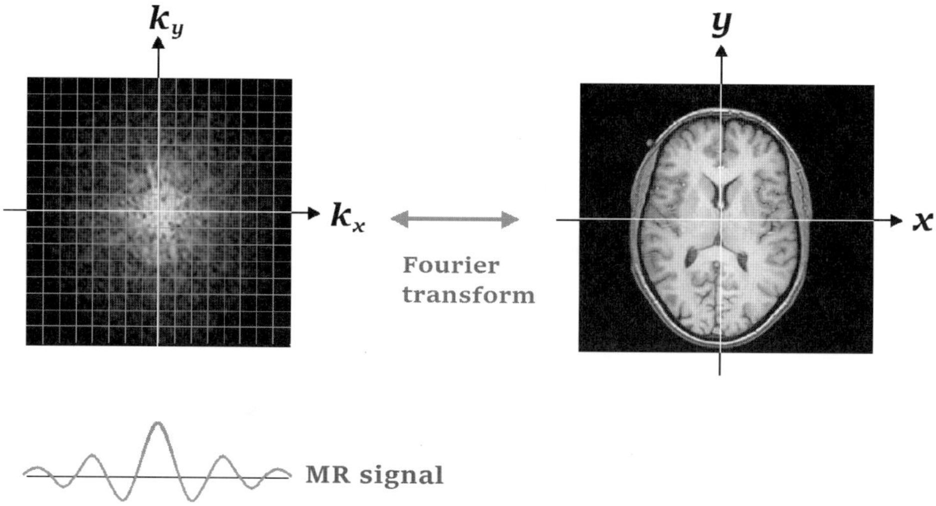

그림 H-5 MR 신호(k공간)와 MR 영상(실제공간)과의 관계

부록 I. Einstein 계수

원자계와 전자기파 복사(radiation)와의 상호작용은 원자들이 전자기파 복사의 에너지를 받거나 또는 자신의 에너지를 전자기파 복사에 줌으로써 이루어진다. 그리고 이 과정은 원자들이 에너지 준위사이를 전이함으로써 구현된다. 그림 I-1에 두 개의 에너지 준위를 가진 원자계와 전자기파 복사와의 상호작용을 보여주고 있다. 이 상호작용은 3가지로 구분되는데, 즉, 원자들이 전자기파 복사를 흡수(absorption)하는 과정과 자발방출(spontaneous emission) 및 자극방출(stimulated emission)하는 과정이 있다. 흡수는 전자기파 복사의 에너지를 받아 E_1준위에 있는 원자들이 E_2준위로 올라가는 과정이다. 그리고 자발방출은 E_2준위에 있는 원자가 E_1준위로 자발적으로 떨어지는 과정이다. 이 과정에서 두 에너지 준위 차이에 해당하는 에너지가 전자기파의 형태로 방출된다. 그리고 자극방출 과정은 외부의 에너지에 의해 자극을 받은 E_2준위에 있는 원자가 E_1준위로 떨어지는 과정이다. 이 과정을 일으키기 위해서는 두 에너지준위 차이에 해당하는 에너지를 외부(전자기파 복사)에서 공급해 주어야 한다. 이렇게 할 경우 자극방출 과정에 의해 두 개의 빛(광자)이 방출된다. 위와 같은 3가지 과정을 통해 원자계와 전자기파 복사가 상호작용을 하게 된다. 아래에서는 위 3 과정에 의한 에너지 준위에 존재하는 원자의 수의 변화를 통해 자방방출과 자극방출의 비를 구하고자 한다.

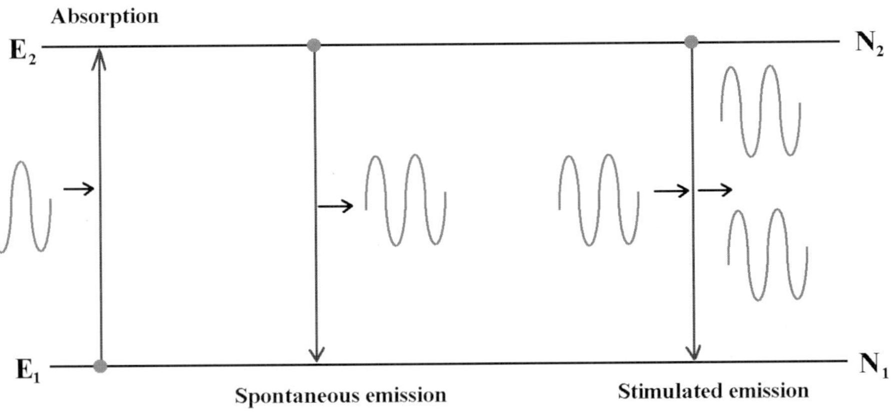

그림 I-1 원자계와 전자기파 복사의 상호작용

첫째, 전자기파 복사의 흡수에 의해 낮은 에너지준위(E_1)에 있는 원자들이 높은 에너지준위(E_2)로 전이한다. 이 과정에서 높은 에너지준위에 존재하는 원자들의 수인 N_2가 증가한다. 전자기파 흡수에 의해 E_2준위로 전이하는 원자의 수는 전이를 시작하는 에너지준위인 E_1에 있는 원자의 수와

전자기파의 에너지밀도 $\rho(f)$에 비례한다. 따라서 흡수에 의해 증가하는 E_2준위의 원자 수는

$$\left(\frac{dN_2}{dt}\right)_{Absorption} = B_{12}N_1\rho(f) \qquad \textbf{(I-1)}$$

와 같이 주어진다. 여기서 B_{12}는 흡수에 관련된 비례상수(Einstein coefficient B)로서 원자에 따라 고유한 값을 가진다.

둘째, 자발방출에 의해서는 E_2준위에 존재하는 원자의 수가 줄어든다. 자발방출과정은 높은 에너지준위 E_2에 있는 원자들이 자발적으로 낮은 에너지준위인 E_1으로 전이하므로 이에 따른 N_2의 변화는

$$\left(\frac{dN_2}{dt}\right)_{Spontaneous} = -A_{21}N_2 \qquad \textbf{(I-2)}$$

와 같이 에너지준위 E_2에 있는 원자 수 N_2에만 비례한다. 여기서 A_{21}는 자발방출에 관련된 상수이다.

셋째, 자극방출에 의해서도 E_2준위에 존재하는 원자의 수가 줄어든다. 자극방출은 원자들이 전자기파 복사의 에너지를 흡수하여 일어나는 현상이므로 N_2의 변화는

$$\left(\frac{dN_2}{dt}\right)_{Stimulated} = -B_{21}N_2\,\rho(f) \qquad \textbf{(I-3)}$$

와 같이 전자기파 에너지밀도 $\rho(f)$에도 비례한다. 그리고 B_{21}은 자극방출에 관련된 비례상수이다.

원자계와 전자기파 복사가 상호작용에 의해 열적 평형상태(온도 T에서)에 도달하게 되면 E_2준위에 있는 원자의 수 N_2는 변하지 않는다. 따라서 $dN_2/dt=0$이 만족된다. 즉, dN_2/dt는 식 I-1, I-2, I-3을 합한 것이므로

$$\left(\frac{dN_2}{dt}\right) = -A_{21}N_2 - B_{21}\rho(f)N_2 + B_{12}\rho(f)N_1 = 0 \qquad \textbf{(I-4)}$$

의 관계식이 만족된다. 위 식을 전자기파 복사 에너지 밀도 $\rho(f)$에 대해서 풀면

$$\rho(f) = \frac{A_{21}/B_{21}}{\dfrac{N_1B_{12}}{N_2B_{21}} - 1} = \frac{A_{21}/B_{21}}{\dfrac{B_{12}}{B_{21}}e^{hf/k_BT} - 1} \qquad \textbf{(I-5)}$$

와 같이 구해진다. 위 식을 얻는 과정에서 N_2/N_1에 대해서는 Boltzmann 분포인 $N_2/N_1 = e^{-(E_2-E_1)/k_BT} = e^{-hf/k_BT}$을 사용하였다. 식 I-5는 진동수 f인 전자기파 복사가 에너지준위 E_1, E_2를 가지는 원자계

와 온도 T에서 열적 평형상태에 있을 때의 전자기파 복사의 에너지밀도 함수를 나타낸다. 이는 Planck의 흑체복사의 경우와 동일하다. 진동수 f에서의 Planck 복사식은

$$u(f)=\frac{8\pi hf^3}{c^3}\left(\frac{1}{e^{hf/k_BT}-1}\right) \tag{I-6}$$

와 같이 주어진다. 따라서 식 I-5와 I-6을 비교하면

$$B_{12}=B_{21},\ \frac{A_{21}}{B_{21}}=\frac{8\pi hf^3}{c^3} \tag{I-7}$$

을 구할 수 있다. 식 I-7의 첫 번째 식은 흡수계수 B_{12}와 자극방출계수 B_{21}은 동일하다는 것을 보여주고 있다. 그리고 자발방출계수 A_{21}과 자극방출계수 B_{21}과의 비는 진동수 f에 비례함을 보여주고 있다. 이는 진동수가 큰 경우 (즉 E_2-E_1=hf이 큰 경우, 즉, 파장이 짧은 경우) 자극방출이 자발방출보다 훨씬 드물게 일어난다는 것을 나타낸다. 이는 짧은 파장의 레이저를 구현하기가 쉽지 않음을 보여준다. 식 I-6과 I-7을 이용하면 자발방출율 A_{21}과 자극방출율 $B_{21}u(f)$과의 비는

$$R=\frac{A_{21}}{B_{21}u(f)}=e^{hf/k_BT}-1 \tag{I-8}$$

와 같이 구해진다. 이 식은 $hf \gg kT$인 경우 자극방출은 자발방출에 비해 무시할 수 있고, 반면에 $hf \ll kT$인 경우 대부분의 전이가 자극방출에 의해 발생함을 보여주고 있다.

[예제] 온도 2,000K에서 작동하는 텅스텐 필라멘트의 경우 자발방출과 자극방출의 비를 구하라. 필라멘트에서 발생하는 빛의 평균 파장은 600nm이다.

[답] $R=e^{hf/k_BT}-1=e^{hc/\lambda k_BT}-1=1.56\times10^5$이다. 따라서 빛은 자발방출에 의해 발생하고, 자극방출은 거의 일어나지 않는다.

[예제] (a) 어떤 물질에서 파장이 600mm의 빛을 발생한다고 할 때 어떤 온도에서 자극방출과 자발방출이 동일하게 일어나는가? (b) 어떤 물질에서 빛을 발생한다고 할 때 상온에서 자극방출과 자발방출이 동일하게 일어나는 파장은 얼마인가?

[답] (a) $R=e^{hf/k_BT}-1=1$에서 $T=hf/(k_B\ln2)=34{,}635K$이다. 태양의 표면온도가 약 6,000K인 점을 생각하면 아주 높은 온도이다.

(b) $R=e^{hf/k_BT}-1=1$에서 $\lambda=hc/(k_BT\ln2)=69.22\mu m$이다.

부록 J. 우주를 구성하는 기본입자와 우주의 형성

(a) 우주를 구성하는 기본입자는 무엇인가?

우주를 구성하는 기본적인 물질이 무엇인가에 대한 의문은 고대로부터 있었다. 기원전 400년경에 그리스의 철학자 Democritus와 Leucippus는 물질은 더는 분해할 수 없는 입자(atoms로 명명)로 구성되어 있다고 주장했다. 그러나 이러한 주장은 과학적 근거가 없는 철학적인 아이디어에 불과한 것이었다. 처음으로 과학적인 관찰을 바탕으로 하는 원자설은 Dalton에 의해 제기되었다. 그는 화학실험을 통해 화합물들이 더는 분리할 수 없는 입자(원자)들의 일정한 비율로 구성으로 되어 있다는 사실을 발견하였다. 그리고 화학반응은 원자들이 합치거나, 분리되거나, 재배치되는 과정이라고 생각했다.

1887년 Thomson은 Crooks관(진공관)에서 음으로 대전된 입자들을 발견하였다. 그는 음극(cathode)에서 나오는 입자들이 편향판의 양극 쪽으로 휘는 것을 발견하였다. 그는 이 음의 전하를 가진 것을 음극선(cathode ray)이라고 명명하였다. 이것이 곧 전자이다. 이 전자들은 고전압에 의해 금속전극에서 탈출한 것들이다. 톰슨은 원자모형으로 "plum-pudding" 모델을 제안하였다. 그의 모형에 의하면 원자는 양의 전하가 고르게 분포된 공간(pudding)에 음의 전하를 가진 전자(plum)가 박혀 있는 구조라는 것이었다.

1911년 Millikan은 기름방울 실험을 통하여 전자들은 동일한 전하량을 가진다는 것을 발견하였다. 분무기에서 만들어지는 기름방울은 분무기를 빠져나올 때 마찰 때문에 전기를 띠게 된다(그림 J-1). 이 전기를 띤 기름방울이 평행판 축전기 속으로 들어가면 전기적인 힘과 중력을 동시에 받는다. 그리고 기름방울은 공기의 부력도 받는데, 이들의 힘으로 기름방울은 일정한 속도(terminal speed)로 떨어진다. 축전기에 전기를 공급할 때와 공급하지 않을 때 기름방울의 떨어지는 속도가 달라지는데 이를 망원경으로 관찰할 수 있다. 이 속도의 차이를 통해 기류방울의 전하량을 계산할 수 있다. 그는 일련의 실험을 통하여 기름방울의 전하량은 어떤 전하(전자의 전하량)의 배수임을 관찰하였다. 이를 통해 기본적인 전하량이 존재한다는 결론을 내렸다. 이 기본적인 전하량이 곧 전자의 전하량이다. 그는 이 실험을 통해서 전자의 전하량과 질량의 비도 구할 수 있었다.

1911년 Rutherford는 금박에 α입자를 입사시켰을 때 대부분의 α입자는 직진하나 크게 휘는 α입자들도 있음을 관찰하였다. 여기서 α입자는 헬륨의 핵으로서 양의 전하(전자 전하량 크기의 2배)를 가지고 있다. 그는 이 실험을 통해 금원자의 중심에 양의 전하를 가진 핵이 있고, 그 주위에 전자가 돌고 있다고 생각했다. 이에 따라 핵과 전자 사이에는 빈 공간이기 때문에 대부분의 α입자는 휘지 않았고, 핵으로 다가간 α입자들만이 핵의 전기적 반발력에 의해 크게 휘었다고 설명할 수 있었다. 그의 실험결과로부터 질량이 큰 핵이 중앙에 있고, 이 핵을 중심으로 전자가 회전하는 새로운 원자모형이 만들어졌다.

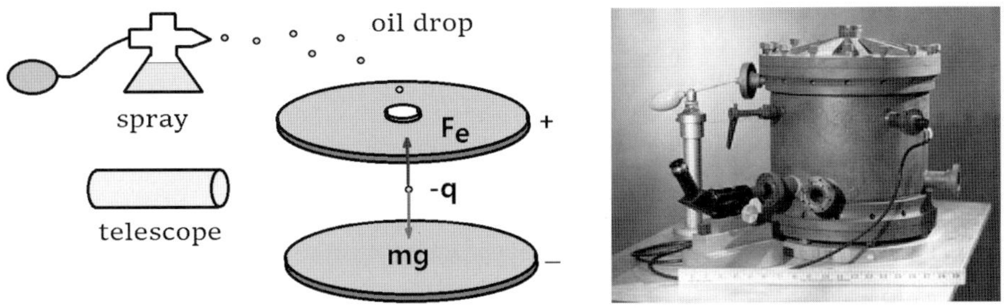

그림 J-1 Millikan의 기름방울(oil drop) 실험

[예제] Rutherford의 금박실험에서 금의 핵의 크기를 추정해 보자. 금의 원자번호는 79이다. α입자의 질량과 속도는 각각 $6.7\times10^{-27}kg$, $v=2.7\times10^{7}m/s$이다.

[답] α입자가 금의 핵에 가장 근접할 수 있는 거리 r에서 α입자의 운동에너지가 모두 포텐셜 에너지가 되므로 $\frac{1}{2}mv^2=\frac{2Ze^2}{4\pi\varepsilon_0 r}$이 만족된다. 여기서 금 핵의 전하는 Ze이고, α입자의 전하는 $2e$임을 이용하였다. 주어진 값들을 대입하면 $r=1.49\times10^{-14}m$로 추정할 수 있다. 이 값은 실제 금 핵의 반경인 $7.3\times10^{-15}m$보다는 큰 값이다.

그런데 1920년 Rutherford에 의해 원자의 질량에 대한 의문이 제기되었다. 예를 들면 헬륨은 수소보다 전자의 수가 두 배이므로 핵 안에 2개의 양성자가 존재하고 2개의 외곽전자가 돌고 있는 구조이다. 따라서 헬륨의 질량은 수소의 2배가 되어야 하는데 측정결과는 4배였다. 이러한 원소 질량에 대한 문제를 해결하기 위해 일부 물리학자들은 헬륨에는 4개의 양성자가 핵에 존재한다고 생각하였다. 그런데 원소는 중성이어야 되므로 핵 안에 2개의 전자가 있을 것이라고 하였다. 그러나 이러한 아이디어는 전자가 핵에 존재하게 되면 발생하는 여러 문제를 설명해야 하므로 받아들여지지는 않았다. 1931년 Bothe는 폴로늄(polonium)에서 나오는 α입자를 가벼운 원소(베릴륨, 보론 등)의 물질에 입사시켰을 때 아주 투과력이 좋은 방사선이 나오는 것을 관찰하였다. 그는 처음에는 이 방사선이 γ선이라고 생각했으나 어떤 γ선보다도 투과력이 좋아서 그 방사선의 정체를 밝히는 데 실패하였다. 1932년 Joliot-Curie 부부는 이 방사선을 파라핀(paraffin)이나 수소를 포함한 물질에 입사시켰을 때 에너지가 큰 양성자가 방출되는 현상을 발견하였다. 그들도 그 방사선이 γ선이 아닌가 하는 의심을 하였으나, 그 방사선의 정체에 대해 설명할 수 없었다, 그 후(1932년) Chadwick은 그 방사선에 대한 여러 실험을 통해 그 방사선은 전하가 없고 질량은 양성자와 비슷하다는 것을 발견하였다. 그는 그 방사선 입자의 이름을 중성자(neutron)라고 불렀다. 그의 실험은 α입자가 베릴륨에 입사하면 중성자가 방출되는 반응이었다($^4_2H+^9_4Be\rightarrow^{12}_6C+^1_0n$). 그리고 이렇게 방출된 중성자가 파라핀에 입사하면 파라핀 안에 있는 수소(양성자)와 충돌하여 그 에너지를 모두 양성자에게 줌으로써 강력한 양성자가 방출된 것이었다. Chadwick은 중성자가 파라핀에 충돌할 때 발생하는 양성자의 운동량, 산란

각 등을 측정하여 중성자의 질량을 추정하였다. 이와 같은 중성자의 발견으로 원자의 질량에 대한 의문이 해결되었다. 즉, 핵은 양성자와 중성자로 구성되어 있으므로 헬륨의 경우 양성자 2개, 중성자 2개로서 질량이 수소의 4배가 된다. Chadwick의 중성자 발견으로 원자의 모형이 더욱 확실해졌다. 즉, 원자는 핵과 전자로 구성되어 있고, 핵은 양성자와 중성자로 구성되어 있다. 그리고 핵은 아주 좁은 공간에 갇혀 있고 그 주위에 전자들이 돌고 있다. 이것이 그 당시 완성된 원자의 모형이었다.

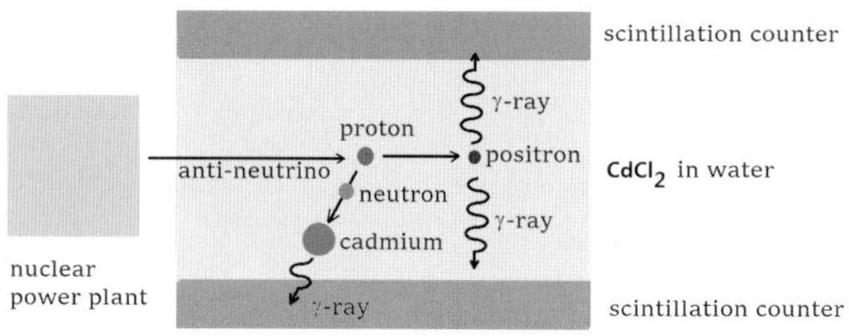

그림 J-2 중성미자를 발견한 실험

1927년 어떤 물질(방사능 물질)들은 전자를 방출하는 것이 관찰되었다. 현재 이 전자는 β붕괴하는 물질에서 나오는 전자로 잘 알려져 있다. 그런데 방사능 물질에서 방출되는 전자들의 에너지가 연속적이라는 것이 관찰되었다. 즉, 연속적인 에너지를 가지는 전자들의 집단이 관찰된 것이다. 전자나 핵의 에너지 상태는 불연속인 것을 알고 있었기 때문에 β붕괴에서 발생하는 전자들의 에너지가 연속적이라는 것을 받아들일 수 없었다. 1930년 Pauli는 β붕괴에서 전자와 함께 질량이 없는 중성의 입자(중성미자, neutrino)가 나온다고 제안하였다. β붕괴에서 중성미자들은 다양한 에너지를 가지고 방출되므로(에너지 보존칙에서) 전자들이 다양한(연속적인) 에너지를 가질 수 있다. 그러나 질량이 없고 중성인 중성미자를 실험적으로 확인한다는 것은 쉬운 일이 아니었다. 1955년 Reines와 Cowan은 원자로 옆에 염화카드뮴($CdCl_2$, cadmium chloride)을 포함한 물탱크를 설치하여 중성미자의 측정을 시도하였다. 원자로에서 핵반응을 할 때 많은 반중성미자($\overline{\nu_e}$)가 나온다. 이들이 염화카드뮴이 포함된 물탱크로 들어와서 양성자와 반응한다. 이 반응에서($\overline{\nu_e}+p \rightarrow n+e^+$) 중성자와 양전자가 방출된다. 양전자는 전자와 합쳐져서($e^+ + e^- \rightarrow 2\gamma$) 2개의 γ선으로 되고, 이들이 신틸레이터 계수기에 의해 관측된다. 그리고 중성자가 카드뮴과 반응($n+{}^{113}Cd \rightarrow {}^{114}Cd^* \rightarrow {}^{114}Cd+\gamma$) 하면 γ선이 방출되며 이 γ선도 계수기에 의해 검출된다. Reines과 Cowan은 1956년에야 비로소 그동안의 실험결과들로부터 (전자)중성미자의 존재를 확인할 수 있었다.

1932년 Anderson은 양전자를 발견하였다. 최초의 반입자(antiparticle) 발견이었다. 이후 모든 입자는 반입자를 가진다는 것이 실험적으로 확인되었다. 양전자의 존재는 1928년 Dirac에 의해 예견되었다. 그는 양자역학, 상대론, 스핀을 포함하는 Dirac 방정식을 완성하였다. 이 방정식을 풀면 양의 에너지와 음의 에너지를 가지는 전자가 나온다. 음의 에너지는 양의 전하를 가지는 전자를 의미한다. Anderson은 우주선(cosmic ray)의 관측에서 전자와 질량은 같으나 전하는 반대인 입자의 존재를 확인하였다. 양전자의 발견에는 안개상자가 사용되었다. 안개상자는 과열된(superheated) 증기(수증기 등)가 채워져 있는 상자이다. 이 상자 안으로 하전입자가 들어오면 그 에너지에 의해 증기가 이온화

되면서 하전입자의 궤적을 볼 수 있다. 이 안개상자는 1894년 Wilson에 의해 개발되어 1950년대에 거품상자가 나오기 전까지 사용되었다. 거품상자도 과열된 수소액체 속으로 지나가는 하전입자가 만드는 궤적을 볼 수 있도록 만든 장치이다. 이 거품상자는 1952년 Glaser에 의해 개발되었다. Anderson은 자기장이 걸려있는 안개상자 속에서 전자와 반대방향으로 휘어지는 입자를 발견한 것이었다. 자기장 속에서 입자들은 전하의 종류에 따라 시계방향 또는 반시계방향으로 휘게 된다. Anderson은 궤적의 반경(질량에 비례)은 전자와 같으나 전하가 반대(휘는 방향)인 입자를 발견하게 된 것이었다.

1935년 Yugawa는 핵자(양성자, 중성자) 사이에 메존(meson, 중간질량의 입자라는 의미, 메존 중에 핵력에 관련된 메존은 파이온, pion이라고 명명됨)이라는 입자를 교환함으로써 핵력이 발생한다는 이론을 제안하였다. 이 이론은 양성자가 전기적 반발력에도 불구하고 핵의 좁은 공간에 어떻게 존재할 수 있는지를 잘 설명해 주었다. Yugawa는 불확실성 원리를 이용하여 파이온의 질량이 전자 질량의 250배(130MeV/c^2) 정도가 되리라 예측하였다.

1936년 Anderson(양전자를 발견한 사람과 동일인)과 Neddermeyer는 우주선에서부터 전자의 질량보다 207배 무거운 입자를 발견하였다. 그들은 우주선을 관측하던 중에 자기장이 걸린 안개상자에서 전자와 휘는 방향이 반대이고, 전자의 회전 반경보다는 크고 양성자의 회전 반경보다는 작은 입자의 궤적을 발견하였다. 이에 따라 이 입자는 양의 전하를 가지고 있고, 질량은 전자의 질량보다는 크고 양성자의 질량보다는 작은 입자로 판단되었다. 처음에는 이들은 이 입자가 Yugawa가 제안한 입자라고 생각했으나, 핵자와 아주 약하게 상호작용하는 것이 판명되어 핵력에 관련된 입자는 아니라는 결론에 도달했다. 이 입자가 바로 뮤온(muon, μ^+와 μ^-가 있음)이다. 그러다가 1947년 Powell 그룹에서 파이온으로 명명된 메존이 발견되었다. 이것이 바로 Yugawa가 제안한 파이온이었다. 이 입자도 우주선의 반응(건판 유제방식에서 관찰, photographic emulsion)에서 확인되었다. 즉, 양의 파이온은 $\pi^+ \rightarrow \mu^+ + \nu_\mu$와 같이 붕괴하고, 음의 파이온은 $\pi^- \rightarrow \mu^- + \overline{\nu}_\mu$으로 붕괴하는 반응을 확인한 것이었다. 인공적으로 만든 파이온은 1948년 Gardner그룹에 의해 관측되었다. 그들은 사이클로트론에서 가속된 α입자를 탄소에 반응시켜 양과 음의 파이온을 확인하였다. 반면에 중성의 파이온은 안개상자로도 관측되지 않아서 측정이 어려웠다. 그러다가 1950년 UC 버클리의 사이클로트론에서 중성의 파이온이 2개의 γ선으로 붕괴하는 반응($\pi^0 \rightarrow 2\gamma$)이 관찰되었다. 이에 따라 π^+, π^0, π^-가 모두 발견되었다. 그 후 K, ρ, η 등 강한 상호작용에 관련된 메존들이 발견되었다.

물리학자들은 뮤온(μ^-)이 전자와 광자로 붕괴할 것이라고 예상했다. 그러나 뮤온은 전자, 중성미자, 반중성미자로 붕괴하는 것이 관찰되었다. 1959년 Pontecorvo는 이 붕괴에서 나오는 중성미자는 뮤온중성미자(ν_μ)이고 반중성미자는 전자중성미자($\overline{\nu_e}$)일 것이라고 제안하였다. 즉, 전자와 뮤온에 관련된 중성미자가 각각 따로 존재한다는 것이었다. 1962년 Brookhaven 연구소의 Lederman, Schwartz, Steinberger는 뮤온의 붕괴에서 방출되는 중성미자는 뮤온중성미자인 것을 확인하였다. 그들은 $\mu^+ \rightarrow e^+ + \nu_e + \overline{\nu_\mu}$와 $\mu^- \rightarrow e^- + \nu_\mu + \overline{\nu_e}$와 같은 뮤온붕괴를 관찰한 것이었다. 3개의 중성미자 중에 마지막인 타우(tau, τ)중성미자가 2000년에 DONUT그룹에 의해 확인되었다. 이 타우 중성미자는 1977년 Perl 그룹에서 타우 입자를 발견한 후 예측되었으나, 2000년에야 비로소 발견된 것이었다. 타우 중성미자가 관찰됨으로써 중성미자의 수는 3개이고 이에 대응되는 반중성미자가 존재한다는 사실이 확인되었다. 중성미자, 반중성미자는 방사능 붕괴(약한 상호작용)나 핵반응에서 관찰되는 입자이다.

1960년 중반에 물리학자들은 모든 물질은 양성자, 중성자, 전자로 구성되어 있다는 기존의 이론이 수정되어야 한다는 결론에 도달했다. 렙톤(lepton, 전자, 뮤온, 타우와 그 중성미자들)은 내부구조가 없는 기본입자이지만, 하드론(hadron, 강한 상호작용을 하는 입자들로서 메존과 바리온(baryon)이 있고 바리온은 핵자와 하이페론(hyperon)로 구성됨)들은 물질을 이루는 기본입자가 아니며, 이들을 구성하는 기본입자들은 따로 존재한다는 것이었다. Gel-Mann과 Zweig는 1964년에 독립적으로 쿼크(quark)이론을 제안하였다. 그들은 하드론들이 3개 또는 2개의 쿼크와 반쿼크(antiquark)들로 이루어졌다고 주장하였다. 즉, 하드론 중에 바리온은 3개의 쿼크로 구성되어 있고, 메존은 2개의 쿼크(쿼크+반쿼크)로 구성되어 있다고 하였다. 쿼크에는 3가지 종류가 있고 이들은 각각 u(up), d(down), s(strange) 쿼크로 명명되었으며, 스핀이 1/2이고 전하는 전자 전하의 각각 2/3, -1/3, -1/3을 가지는 것으로 제안되었다. 그런데 쿼크는 스핀이 1/2인 페르미온(Fermion)이므로 파울리 배타율을 만족해야 한다. 즉, 두 쿼크는 동일한 에너지 상태에 존재할 수 없다. 그런데 바리온들은 동일한 양자 상태에 있는 3개의 쿼크로 구성된다. 쿼크이론이 나온 후 곧(1964년) Greenberg는 또 다른 양자수를 제안함으로써 이 문제에 접근하였다. 즉, 모든 쿼크는 3가지 색전하(color charge)인 적색(red), 녹색(green), 청색(blue) 상태에 존재할 수 있다는 것이다. 여기서 색 전하는 색깔을 나타내는 것이 아니라 단지 에너지 상태를 의미한다. 즉, 바리온을 구성하는 3개의 쿼크는 다른 색을 가지고 있으므로 모두 다른 에너지 상태에 존재하는 것이다. 따라서 Pauli 배타율을 위반하지 않을 수 있다. 그러나 전체적으로 보면 모든 입자는 색이 없어야 된다(colorless). 즉, 입자는 색이 없어야 관찰할 수 있다. 이는 쿼크 자체는 단독으로 관찰될 수 없다는 것을 뜻한다. 따라서 바리온의 경우 색전하가 없는 방식(예를 들면 청색, 녹색, 적색상태의 쿼크로 구성)인 쿼크들로 구성된다. 반면에 메존은 쿼크와 반쿼크로 구성되는데 쿼크가 어떤 색전하의 상태에 있으면 반쿼크는 그에 반대되는 색전하 상태에 존재하여야 한다. 즉, 예를 들면 메존에 청색쿼크가 있으면 그 반쿼크는 반청색(anti-blue) 상태에 있어야 한다는 식이다. QCD(quantum chromodynamics)이론은 어떻게 하드론들이 구성되는가를 설명하고 있다.

1969년 Stanford 대학의 가속기 센터(Taylor, Friedman, Kendall)에서 고속의 전자들을 양성자에 산란시키는 실험(deep inelastic scattering)을 하였다. 이는 원자의 구조를 관찰하려고 α입자를 사용한 Rutherford의 금박실험과 아이디어는 동일한 것이다. α입자를 사용하는 대신에 전자를 사용한 것이 다를 뿐이다. 입자가속기를 통해서 전자의 속도를 아주 빠르게 만들 수 있게 되었다. 따라서 전자의 de Brogile 파장을 핵의 크기에 근접하게 만듦으로써 핵의 내부를 관찰할 수 있게 된 것이다. 그리고 핵의 내부구조가 있는지는 전자를 양성자에 충돌시켜 양성자의 전하분포가 균일한가를 확인하면 된다. 만약 양성자 안의 전하분포가 균일하다면 전자들은 탄성적으로 산란할 것이다. 그러나 실험에서는 전자의 에너지가 낮을 경우 탄성적으로 산란하였으나 특정 에너지 이상일 경우 큰 각도로 산란하는 전자들이 발견되었다. 이는 양성자 안의 전하분포가 불균일하다는 것을 의미하며 양성자가 쿼크들로 이루어졌다는 것을 나타낸다. 그들은 비탄성 산란을 관찰했으며 전자와 쿼크와의 상호작용으로 수많은 하드론이 방출되는 것을 관찰할 수 있었다. 이 비탄성 산란실험을 통해 양성자가 쿼크들로 구성되어 있다는 것을 확인하였다.

1974년 J/ψ 입자가 발견되었다. 이 발견으로 쿼크이론이 인정을 받게 된다. 이 발견이 있기 10년 전에 Glashaw와 Bjorken은 4번째 쿼크가 존재하리라 예측하였다. 이는 렙톤(그 당시 발견된 것으로는 전자, 뮤온, 전자중성미자, 뮤온중성미자 등 4개)의 개수가 4개이므로 이에 대칭을 이루기 위해서는 쿼크도 4개가 되어야 한다는 것이었다. J/ψ 입자는 c(charm) 쿼크와 반c쿼크로 이루어졌음이 다른 c쿼크로 구성된 입자들의 발견으로 확인되었다. 이에 따라 c쿼크는 쿼크모델에서 새로운 4번째 쿼크로 인정되었다.

이처럼 4개의 렙톤(전자, 뮤온, 전자중성미자, 뮤온중성미자)에 4개의 쿼크(u, d, c, s)의 균형에 따라 쿼크모델이 완성되었다고 생각했을 즈음인 1977년 Perl 그룹에 의해 타우(tau lepton)가 발견되었다. 이에 따라 2개의 렙톤(타우, 타우중성미자)이 더해졌고 물리학자들(Kobayashi, Masakawa)은 두 개의 쿼크들이 더 있을 것이라고 예측했다. 그들의 예상대로 1997년 b(bottom)쿼크, 1994년 t(top)쿼크가 각각 발견되었다.

표 J-1 쿼크의 종류 및 특성

이름		전하량	질량 [GeV]	발견 연도
쿼크	up 쿼크, u	2/3	0.005	1968
	charm 쿼크, c	2/3	1.4	1974
	top 쿼크, t	2/3	174	1995
	down 쿼크, d	-1/3	0.009	1968
	strange 쿼크, s	-1/3	0.17	1968
	bottom 쿼크, b	-1/3	4.4	1979

표 J-2 쿼크에 의한 하드론의 구성

입자		쿼크 구성	입자		쿼크 구성
메존 (meson)	π^0	$u\bar{u}, d\bar{d}$	바리온 (baryon)	p	uud
	π^+	$u\bar{d}$		n	udd
	π^-	$\bar{u}d$		Λ^0	uds
	K^+	$u\bar{s}$		Σ^+	uus
	K^-	$\bar{u}s$		Σ^0	uds
	η	$u\bar{u}, d\bar{d}, s\bar{s}$		Σ^-	dds

무거운 메존들이 계속 발견됨에 따라 물리학자들은 Yugawa의 파이온 메존 이외에 다른 것이 핵력과 관련되어 있지 않을까 하는 의문을 가지게 되었다. 1979년 독일의 DESY 그룹은 강한 상호작용(쿼크들을 묶어두는 힘)에 관련된 글루온(gluon)의 존재를 확인하였다. 그들은 전자-양전자 충돌 실험 ($e^{+}+e^{-} \rightarrow q\bar{q} \rightarrow$ 하드론)에서 3개의 젯(jet)을 관측하였다. 쿼크와 글루온들은 분리되고 나서 다시 합쳐져서 하드론이 될 때 젯을 발생한다. 3개의 젯은 각각 쿼크, 반쿼크, 글루온에서 나오는 젯이었다. 글루온은 색전하를 가지고 있으므로 상호작용을 한다. 이는 다른 힘을 매개하는 입자들(예를 들면 광자는 전하를 가지지 않음)과는 다른 것이다. 이에 따라 글루온들은 서로 뭉쳐지고 전파되지는 않으므로 강한 상호작용의 단거리 성질을 잘 설명해 준다. 결국, 하드론에서 쿼크들은 글루온들에 의해 묶여서 좁은 공간에 존재할 수 있다. 핵 속의 양성자와 중성자도 그들을 구성하는 쿼크들이 글루온에 의해 묶여서 핵 속에 존재하는 것이다.

강한 상호작용에 대한 양자색(色)역학(QCD)은 1973년에 거의 완성되었다. 이는 양자 전자(電磁)역학(QED)과 유사하다. 양자 전자역학에서 하전입자들 사이에 발생하는 전자기력이 광자에 의해 이루지는 것과 같이 양자색역학에서는 쿼크들 사이의 강한 상호작용은 글루온에 의해 이루어진다는 것이다. 이러한 양자색역학은 전자기-약력 통합이론과 더불어 표준모델(standard model)을 이루고 있다.

표 J-3 렙톤의 종류와 특성

입자 이름, 기호	질량 [MeV]	발견년도
전자(electron), e	0.511	1887
뮤온(muon), μ	105.66	1939
타우(tau), τ	1,784.2	1975
전자 중성미자, ν_e	0	1956
뮤온 중성미자, ν_μ	0	1961
타우 중성미자, ν_τ	0	2000

Glashaw, Salam, Weinberg는 약한 상호작용(β붕괴)에서는 W^{+}, W^{-}, Z°의 3개 보존(Boson)이 관련되어 있다고 제안하였다. 이들 세 사람은 전자기 상호작용과 약한 상호작용을 통합하는 전자기-약력 통합이론을 만든 것이다. 이들의 이론에 의하면 전자기력과 약력은 2개의 전하를 가진 힘을 매개하는 입자(W^{+}, W^{-})와 2개의 중성인 힘을 매개하는 입자(Z°, 광자)에 의해 발생한다는 것이다. 이들이 제안한 보존 입자들은 1983년 Rubbia와 van der Meer에 의해 발견되었다.

자연에는 4가지의 상호작용이 존재한다. 첫째, 강한 상호작용(또는 강력)은 핵력과 관련이 있다. 강력을 매개하는 입자는 글루온이다. 핵력은 e^{-r}/r에 비례하는 아주 단거리의 힘이고 전자기력보다 100배 정도 강한 힘이다. 둘째, 약한 상호작용(또는 약력)은 β붕괴와 관련되어 있다. 또한, 불안정한 입자들의 붕괴와도 관련되어 있다. 즉, 파이온이 뮤온으로 붕괴하는 경우 등이다. 이 약력을 매개하는 입자는 수명이 아주 짧은 W^{+}, W^{-}, Z° 입자들이다. 셋째, 전자기력은 $1/r^{2}$에 비례하는 장거리 힘이고 힘을 매개하는 입자는 광자이다. 전하를 가진 물체 사이에 작용하는 힘으로 인력과 반발력이 모두 존재한다. 넷째, 중력은 $1/r^{2}$에 비례하는 장거리 힘이고 인력만이 존재한다. 그리고 힘

표 J-4 하드론의 종류와 특성

구분			표시	질량(MeV)	발견년도
하드론(hadron)	메존(meson)	파이온, π	π^0	134.96	1951
			π^+	139.57	1946
			π^-	139.57	1946
		케이온, K	K^+	493.8	1949
			K^-	493.8	1949
			K^0	493.8	1951
		로우, ρ	ρ^+	776	1961
			ρ^-	776	1961
			ρ^0	776	1961
		에타, η		548.8	1961
	바리온(baryon)	핵자	양성자, p	938.26	1919
			중성자, n	939.55	1932
		시그마	Σ^+	1,189.4	1953
			Σ^0	1,192.5	1957
			Σ^-	1,197.4	1953
		카이	Ξ^0	1,315	1959
			Ξ^-	1,321.3	1953
		오메가, Ω^-		1,673	1964
		람다, Λ^0		1,115.6	1951

표 J-5 자연에 존재하는 4가지 상호작용의 특성

상호작용	상대적 강도	영역	힘을 매개하는 입자			
			이름	질량[GeV]	전하	스핀
강력	1	~10^{-15} m	글루온	0	0	1
약력	10^{-9}	~10^{-18} m	$W^{\pm}$, Z^0	80.4, 91.2	±1 0	1
전자기력	1/137	장거리($1/r^2$)	광자	0	0	1
중력	10^{-38}	장거리($1/r^2$)	중력자	0	0	2

을 매개하는 입자는 중력자(graviton)인데 아직 발견되지 않았다. 중력은 아주 작은 힘으로 양성자 사이의 중력은 전자기적 반발력의 10^{-36}밖에 되지 않는다. 그러나 우주에 관련되는 별들 사이에서 중력은 아주 중요해진다.

표준모델은 전자기-약력 통합이론과 강한 상호작용에 관련된 양자색역학(QCD)으로 구성되어 있다. 이는 4개의 상호작용 중에 중력을 제외한 상호작용을 통합하는 이론이다. 표준모델은 물질을 이루는 기본입자(쿼크와 렙톤)와 힘을 매개하는 입자(보존) 사이의 상호작용을 기술하는 이론이다. 표준모델에는 12개의 기본 페르미온(전자, 뮤온, 타우, 전자중성미자, 뮤온중성미자, 타우중성미자 등 6개의 렙톤과 u, d, s, c, b, t 등 쿼크 6개)과 이에 대응되는 반입자들이 있고(따라서 기본 페르미온 입자의 개수는 24개임), 힘을 매개하는 보존 입자(글루온, 광자, W^+, W^-, Z^o 등 5개의 입자)들이 있다. 그리고 위의 기본입자들에게 질량을 부여하는 Higgs 보존(2013년 발견)이 있다. 위와 같은 기본입자들에 의해 모든 물질이 만들어지는데, 쿼크들에 의해 모든 하드론이 만들어지고 핵자와 전자가 결합하여 원소가 만들어진다. 그리고 원소들의 집합으로 물질이 구성된다.

표준모델은 여러 가지 실험을 통해 검증된 이론이나 중력을 포함하지 못하는 한계가 있고, 너무 많은 결정되지 않은 인자들이 존재하고, 기본입자의 수가 너무 많은 등의 결함으로 많은 물리학자가 만족스럽게 생각하지 않고 있다. 이에 따라 띠(string)이론 등 새로운 이론들이 대두하고 있다. 띠 이론은 물질과 에너지를 만드는 모든 입자는 띠(open 또는 closed)로 구성되어 있다고 주장한다. 여러 진동수로 진동하는 띠들이 입자의 질량, 전하량, 색전하, 스핀(spin) 등을 결정한다고 한다.

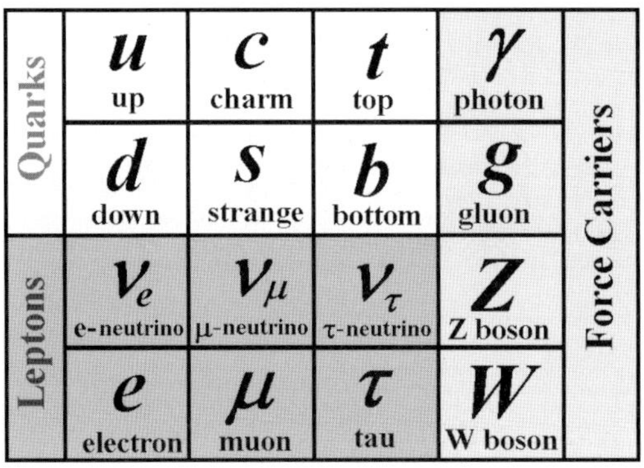

그림 J-3 표준모델의 구성

(b) 우주는 어떻게 형성되었는가?

20세기 초까지 물리학자들은 우주가 정적(static)인 상태에 있다고 생각했다. 그러나 만약 우주가 정적이라면 왜 중력에 의해 수축하지 않는가 하는 의문을 가지고 있었다. 즉, 은하계 사이에는 중력이 작용하므로 그 중력에 의해 서로 끌려서 뭉치게 된다는 것이었다. 이에 대한 의문을 품고 1912년 Slipper는 다른 은하계에서 오는 빛을 관찰하던 중에 적색편이(red shift)를 최초로 발견하였다. 그 후 1920년대에 Hubble의 관측으로 다른 은하들이 멀어지고 있다는 사실을 발견하게 되었다. 그들은 특정 원소에 대한 스펙트럼을 관찰하여 이를 정지한 원소에서 나오는 파장과 비교해 보니 파장이 긴 쪽으로 이동하는 것을 발견한 것이다. 이를 Doppler 효과라고 한다. 구급차에서 내는 사이렌 소리가 구급차가 다가오면 진동수가 크게(고음) 들리고 멀어지면 진동수가 작게(저음) 들린다. 빛도 동일한 Doppler 효과가 생긴다. 빛이 멀어지면 진동수가 작게 관측된다. 진동수와 파장이 역수 관계이므로 은하계가 멀어지는 경우에 파장이 긴 쪽(즉, 붉은색 쪽, red shifted)으로 관측된다.

그림 J-4 Hubble과 Hubble 망원경

Hubble은 관측을 통해 은하계의 후퇴속도는 지구에서 떨어진 거리에 비례한다는 것을 발견하였다. 즉, Hubble 법칙은 $v=H_o r$로 주어진다. 여기서 H_o는 Hubble 상수로서 67.80 km/s/Mpc(Mpc는 Megaparsec로서 $3.09\times10^{19}km$)이고, r은 은하계가 지구에서 떨어진 거리를 나타낸다. 이 법칙은 지구에서 멀리 떨어진 은하계일수록 후퇴속도가 빠르다는 것을 나타내고 있다. Hubble의 발견으로 빅뱅이론이 출현하였다. 즉, 우주는 태초에는 한 곳에 뭉쳐져 있다가 폭발하여 오늘에 이르렀고 우주는 여전히 팽창하는 중이라는 것이다. 그러면 우주는 언제 폭발했는가? 특정 은하계의 경우 그곳까지 이동하는 데 걸린 시간은 $t=r/v$이고 Hubble 법칙에서 $v=H_o r$이므로 $t=1/H_o=137.5$억년이라는 계산이 나온다. 즉, 우주는 약 137억 년 전에는 한 곳에 뭉쳐져 있다가 팽창하여 오늘에 이르게 되었다는 얘기이다. 그리고 우주는 여전히 팽창하는 중이다.

[예제] 안드로메다(Andromeda) 은하는 지구에서부터 0.78Mpc(2백5십만 광년) 떨어져 있다. 이 은하의 후퇴속도는 얼마인가?

[답] Hubble 법칙에서 $v=H_o r=52.88km/s$이다.

1964년 Penzias와 Wilson은 고감도 안테나를 연구하다가 모든 방향에서 발생하는 잡음을 발견하였다. 가능한 모든 잡음을 제거한 후에 그들이 얻은 것은 마이크로파 신호임을 확인하였다. 이것이 바로 마이크로파 배경복사이다. 이 배경복사(background radiation)는 온도 2.7K의 흑체복사에 해당한다. 마이크로파 배경복사는 모든 방향에서 균일하게 관찰되었으며 이는 우주의 모든 방향에 존재하는 광자(빛)에 의한 것이다. 배경복사의 발견으로 빅뱅이론이 Hubble의 관측이외에 또 다른 실험적 근거를 가지게 되었다. 배경복사는 빅뱅 후에 발생한 광자들이 우주의 팽창으로 식은 상태로 우주공간에 균일하게 분포한 것이다. 그 후 COBE(Cosmic Background Explorer)프로젝트를 통해 마이크로파 측정 장비를 탑재한 인공위성에서 배경복사를 정밀하게 측정하였다. 이 프로젝트를 통해 배경복사가 지상에서 측정한 것과 달리 약간의 비등방성($\Delta T/T\sim10^{-5}$)이 있는 것이 관찰되었다. 이 비등방성은 최초의 우주밀도에 비균일성($\Delta\rho/\rho\sim\Delta T/T\sim10^{-5}$)이 있었음을 나타내는 실험결과이다. 이 밀도의 비균일성 때문에 중력에 의해 은하가 생성될 수 있었다. 따라서 우주배경복사의 비등방성은 우주형성을 설명해 주는 중요한 실험결과라고 할 수 있다.

[예제] 사람의 체온은 36.5° 이다. 사람의 몸에서 발산되는 전자기파의 파장을 추정해 보자. 그리고 우주배경복사에서 160GHz에서 최대를 관찰했다면 이 파에 대응되는 우주의 온도는 얼마나 되나?

[답] 흑체복사 식을 이용하면 정확하게 계산될 것이지만, 여기에서는 Wien의 변이칙을 이용하여 추정해보자. Wien의 변이칙은 흑체복사에서 복사가 최대가 되는 파장이 흑체의 온도가 증가함에 따라 파장이 낮은 쪽으로 이동한다는 것이다. 이는 $\lambda_{max}=b/T$로 주어진다. 여기서 $b=2.898\times10^{-3}K\text{-}m$인 상수이다. 체온은 절대온도로는 306.5K이므로 $\lambda_{max}=9.46\mu m$로 계산된다. 즉, 사람의 몸에서는 적외선이 방출된다. 우주배경복사에서 복사가 최대가 되는 파장은 $\lambda_{max}=c/f_{max}=1.875mm$로 구해진다. Wien의 변위칙에서 $T=1.54K$로 계산된다. 이는 흑체복사 식에서 구한 2.7K와 차이가 난다.

우주는 팽창을 계속할 것인가, 아니면 팽창을 멈추고 다시 수축할 것인가? 중력이 팽창을 멈출 정도로 크다면 어느 때인지 팽창을 멈추고 다시 수축할 것이다. 그러나 중력의 효과가 팽창을 멈출 정도가 되지 않는다면 우주는 계속 팽창할 것이다. 중력의 크기는 우주의 밀도와 관련되어 있다. 그러면 팽창을 멈추는지 또는 팽창을 계속 할 것인지를 결정하는 우주의 임계밀도는 얼마일까? 우리가 있는 지점이 우주의 중심에서 거리 R 떨어져 있다고 하자. 이 경우 우리는 반경 R인 구의 표면에 있는 것이다. 우주의 원리(cosmological principle)는 우주는 어느 곳에서 보든지 동일하게 보인다는 것이다. 이는 우주는 지엽적인 차이는 있겠지만, 전체적으로 균일하므로 어느 곳에서 보든지 동일하게 보이는 것이다. 이 원리를 적용하면 반경 R인 구 안에 있는 물질의 분포는 균일하다고 가정할 수 있다. 여기서 임계밀도를 구하기 전에 이와 관련되는 탈출속도에 대해 알아보자. 만약 지구에서 대포를 쏘는 경우 포탄의 속도가 작으면 포탄은 다시 지표로 떨어진다. 포탄이 지구의 영향을 벗어나서 지구를 탈출하기 위해서는 충분한 속도를 가져야 가능하다. 포탄이 지구를 탈출하기 위해서는 운동에너지가 지구에 의한 중력포텐셜 에너지보다 커야 한다. 포탄의 지구탈출과 마찬가지의 논리가 우주에서도 적용된다. 지구의 운동에너지가 중력포텐셜 에너지보다 커지면 팽창을 계속할 것이고(탈출) 그렇지 못할 경우 팽창을 멈출 것이다. 즉, 팽창을 계속할 것인지 아닌지의 경계(임계)조건이 지구의 운동에너지가 중력포텐셜 에너지와 같아지는 것이다. 즉,

$$\frac{mv^2}{2} = \frac{GMm}{R} \qquad \textbf{(J-1)}$$

의 관계가 만족된다. Hubble 법칙 $v=H_o r$을 위 임계조건에 대입하면

$$M = \frac{R^3 Hv}{2GR} \qquad \textbf{(J-2)}$$

을 얻는다. 따라서 임계밀도는

$$\rho_c = \frac{M}{4\pi R^3/3} = \frac{3H_o^2}{8\pi G} \qquad \text{(J-3)}$$

로 구해진다. 이 식에서 H_o, G는 상수이므로 이들을 대입하면 임계밀도는 $\rho_c = 9.5\times10^{-27}kg/m^3$로 구해진다. 수소의 질량은 $1.67\times10^{-27}kg$이므로 임계밀도는 $1m^3$ 안에 수소 원자가 대략 6개 존재하는 것과 동일하다. 즉, 우주 $1m^3$ 안에 수소 원자 6개 이하가 존재하면 우주는 계속 팽창할 것이고, 이보다 수소 원자가 더 많이 존재하면 우주는 중력에 의해 팽창을 멈추게 될 것이다. 따라서 우주가 팽창할 것인지 또는 팽창을 멈출 것인지를 알기 위해서는 우주의 밀도를 측정해 보면 된다.

질량 M인 은하계(galaxy)에 속해 있는 질량 m인 항성의 회전속도는 $mv^2/r=GmM/r^2$에서 $v=\sqrt{GM/r}$로 주어진다. 그런데 은하계의 외곽에 있는 항성의 회전속도를 측정해 보면, 회전속도를 만족하는 질량 M은 눈에 보이는 은하계의 질량보다 훨씬 커야 함이 관찰되었다. 이 사실은 은하계 안에 눈에 보이지 않는 질량이 존재함을 나타낸다. 그런데 이 물질은 아직 측정되지 못했고, 이를 암흑물질(dark matter)이라고 부른다. 우주의 질량을 임계질량이라고 가정할 때, 위 항성의 회전속도에서 유추할 수 있는 암흑물질은 우주질량의 23%를 차지한다. 나머지 73%는 암흑에너지(dark energy, 아래에 설명)이다. 그리고 눈에 보이는(전자기파로 관측되는) 질량은 4%에 해당한다.

1998년 Perlmutter, Schmidt, Riess는 10억 광년 떨어진 초신성(supernova, 보통 신성보다 1만 배 더 밝은 신성)의 적색편이를 관찰하였다. 이들이 관찰한 것은 10억 년 전에 초신성을 출발한 빛에 대한 적색편이다. 따라서 이 적색편이를 통해 10억 년 전에 별이 멀어지는 속도를 구할 수 있다. 이 적색편이와 Hubble 법칙에서의 적색편이를 비교해 보았을 때 10억 년 전의 멀어지는 속도가 더 늦다는 것을 발견하였다. 즉, 우주의 팽창속도가 빨라지고 있다는 결과였다. 중력은 인력이므로 팽창의 속도를 늦추는 작용을 하는데 어떤 다른 힘 때문에 우주의 팽창이 가속되는가? 이 신비로운 힘은 중력과 달리 척력(반발력)이어야 된다. 물리학자들은 이 힘이 암흑에너지(dark energy)에 의한 것으로 생각한다. 위와 같은 가속하는 우주의 관찰결과를 바탕으로 하고, 우주의 질량을 임계질량이라고 할 때, 우주를 구성하는 물질-에너지는 다음과 같이 추정할 수 있다. 즉, 중력과 반대로 척력을 작용하는 힘의 원천인 암흑에너지는 73%이고, 중력과 동일하게 작용하는 물질은 27%이다. 이 물질 중에서 23%는 아직 발견되지 않은 암흑물질이고, 4%는 바리온(Baryon, 원자를 만드는 기본입자, 전자의 질량은 무시)이다. 그리고 4% 중에서 별, 은하들과 같이 눈에 보이는(전자기파로 관측되는) 물질은 그 10분의 1인 0.4%에 불과하다.

빅뱅이론에 근거한 우주의 생성 시나리오가 만들어졌다. 빅뱅이론은 앞에서 보았듯이 적색편이, 우주배경복사, 가속하는 팽창우주 관측 등의 실험적 결과들에 의해 지지를 받고 있다. 이에 따라 소위 우주생성의 표준모델(standard model)이 만들어진 것이다. 이 표준모델은 모든 면에서 실험적

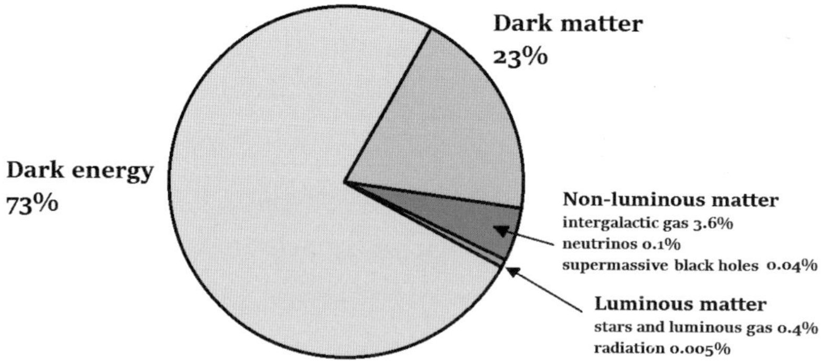

그림 J-5 우주를 구성하는 요소

증거에 바탕을 두지는 않지만, 몇 가지 면에서는 현재까지 관측한 자료들을 바탕으로 하고 있다.

표준모델이 주는 우주생성의 시나리오에 대해 알아보기 전에 에너지와 온도가 어떻게 연관되어 있는가를 아는 것이 시나리오의 내용을 이해하는 데 도움이 된다. 에너지 단위로 eV를 많이 사용한다. 여기서 eV는 전자(전하 e)가 전압 V안에 놓일 때 전자가 가지는 에너지이다. 따라서 $1eV$는 전자가 $1V$의 전위차에 놓일 때 전자가 가지는 에너지이다. 이 에너지에 의해 전자가 가속될 때 전자의 속도는 광속의 0.2%까지 도달한다. 열도 에너지인데 이는 온도(T)에 비례하고 그 비례상수가 Boltzmann상수이다. 즉, $E \sim k_BT$로 표현된다. 여기서 Boltzmann상수는 $1.38 \times 10^{-23}J/K$의 값을 가진다. 열에너지를 eV단위로 표시해 보면 $1eV=1.6 \times 10^{-19}J$이므로 $E \simeq 10^{-4}T[eV]$이다. 핵에 관련된 에너지들이 GeV로 표현되는데, G는 기가(giga, 10^9)를 나타낸다. 따라서 위 식은 $E \simeq 10^{-13}T[GeV]$로 나타낼 수 있다. 예를 들어 별의 내부온도가 $T=10^9K$ 정도인데, 이의 열에너지는 $E \simeq 10^5eV$이고, 이는 $0.1MeV$로 나타낼 수 있다. 여기서 M은 10^6으로 메가(mega)를 나타낸다.

[예제] 수소의 이온화 에너지는 $13.6eV$이다. 이는 온도로는 몇 도에 해당하는가? 그리고 전자의 질량에너지는 $0.511MeV$인데, 이의 온도는 얼마인가? 양성자의 질량에너지는 $938MeV$이다. 이는 몇 도에 해당되는가?

[답] $E \sim k_BT$를 이용하면 수소의 이온화 에너지는 10^5K이고, 전자의 질량은 $10^{10}K$에 해당한다. 그리고 양성자의 질량은 $10^{13}K$에 해당된다.

약력에 관련된 보존(Boson, W^+, W^-, Z°)의 질량은 $100GeV$로서 $10^{15}K$이다. 따라서 에너지(온도)가 $100GeV(10^{15}K)$ 이상이 되면 약력과 전자기력이 통합되고, 이보다 온도가 낮으면 약력과 전자기력은 분리된다. 그리고 에너지가 $10^{14}GeV(10^{27}K)$ 이상이 되면 강력, 약력, 전자기력이 모두 통합된다. 힘들이 통합된다는 것은 이 힘들의 구별이 없어지고, 또한, 힘들이 하나의 법칙으로 묶인다는 것을 의미한다.

표 J-6 물리량에 따른 온도영역

물리량	에너지	온도(K)	현상
수소의 이온화 에너지	13.6eV	10^5	13.6eV이하의 온도이면 원자가 형성, 우주의 투명
전자의 정지질량	0.511MeV	5×10^9	1MeV이하의 온도이면 전자-양전자 쌍생성 중단
중수소의 핵	2.2MeV	2×10^{10}	2.2MeV이하의 온도이면 중수핵이 형성
양성자의 정지질량	938MeV	10^{13}	938MeV이하의 온도이면 핵자가 형성, 핵자-반핵자 쌍생성
약력 Boson ($W\pm$, Z^0)의 질량	100GeV	10^{15}	100GeV이상의 온도이면 전자기력과 약력이 통합

빅뱅의 시작 후 10^{-43}초가 된 시점에 온도는 $10^{32}K$이었다고 추정한다. 이는 $10^{19}GeV$에 해당한다. 이는 중력자의 에너지에 해당하므로 이 시점에서부터 중력이 분리되기 시작하였다. 모든 힘이 하나의 법칙으로 합쳐진 TOE(모든 것의 이론, theory of everything) 시대가 이 시점부터 GUT(대통합이론, grand unified theory) 시대에 접어들게 된다.

빅뱅 후 10^{-43}~10^{-35}초의 사이에는 GUT 시대이다. 이미 중력은 분리되었지만, 강력, 약력, 전자기력은 여전히 통합된 시대이다. 따라서 쿼크와 렙톤이 자유자재로 서로 바뀔 수 있었다. 그 후 온도가 내려가 10^{-35}초에서는 온도가 $10^{27}K$로서 $10^{14}GeV$에 해당한다. 이때부터 강력이 분리되기 시작한다.

빅뱅 후 10^{-32}초가 지날 때 우주가 갑작스럽게 팽창하였다. 이 이론에 의하면 이때 우주는 10^{50}배 이상으로 팽창했다고 한다. 우주가 갑작스럽게 팽창을 했다면 팽창된 공간은 균일하다. 이는 현재의 균일한 우주를 잘 설명해 주고 있다. 이 시기에 우주는 쿼크, 렙톤, 보존(글루온, 광자, 약력을 매개하는 보존)들이 혼합된 상태였다. 갑작스러운 팽창 이후에 계속된 팽창으로 10^{-6}초에는 온도가 $10^{13}K$로 내려갔다. 이에 따라 쿼크들이 모여서 핵자(양성자, 중성자)와 반핵자(반양성자, 반중성자)를 형성하기 시작한다. 이는 온도 $10^{13}K$가 $1GeV$로서 양성자의 질량에너지와 비슷해지기 때문이다. 생성된 핵자와 반핵자가 쌍소멸이 되면서 광자가 만들어지고, 또한 광자에 의해 핵자와 반핵자가 쌍생성이 되는 과정이 반복된다. 즉, 쌍생성과 쌍소멸이 균형을 이루는 상태가 된다. 이후(10^{-2}초) 온도가 더 내려가서 광자의 열에너지가 쌍생성을 만들지 못하는 온도에 도달하면 이 과정은 멈추어지고 핵자와 반핵자의 쌍소멸만 가능하다. 이때 핵자의 수가 반핵자의 수보다 약간 많아서(대칭성 깨짐으로 설명) 반핵자는 핵자와 합쳐져서 쌍소멸이 되어 광자로 변하고, 그 수가 조금 많은 핵자만 살아남게 된다. 팽창으로 온도가 더욱 내려가서 열에너지가 1MeV가 되는 시점(14초)에서는 광자는 전자-양전자의 쌍생성도 만들지 못하게 된다. 이는 전자의 질량이 0.511MeV이므로 전자-양전자 쌍생성을 위해서는 광자의 열에너지가 1MeV이상이 되어야 하기 때문이다. 전자도 핵자와 동일하게 반입자인 양전자보다 수가 많아서 이후 전자-양전자 쌍소멸에서 양전자는 모두 없어지고 전자만 살아남게 된다. 이에 따라 우주에는 핵자와 전자만 남게 된다. 물론 광자도 함께 존재했다.

빅뱅 후 1초가 지났을 때 온도는 $10^{10}K$정도가 된다. 이때 양성자와 중성자의 비는 Boltzmann factor에 의해 $e^{-\Delta E/kT}$이므로 양성자가 중성자 보다 약 5배 정도 많다. 이는 중성자의 질량이 양성자의 질량보다 조금 크기 때문이다. 즉, 질량에너지 차이 ΔE는 1.29MeV이다. 그런데 중성자는 양성자로 붕괴하는데 그 반감기가 887초이다. 이에 따라 양성자와 중성자의 비는 더 커진다. 그러나 온도가 $10^{10}K$ 이하가 되면, 이는 중수소(핵)의 질량에너지인 2.2MeV보다 작다. 이에 따라 중성자가 양성자로 붕괴하는 과정이 멈추게 되고 중성자와 양성자가 합쳐져 중수소의 핵이 될 수 있다. 이 시점이 빅뱅 후 대략 225초가 지난 때이다. 이때부터 핵이 생성된다. 이 시점에서 양성자와 중성자의 존재비는 대략 7이 된다. 중수소가 중성자를 포획하여 삼중수소가 된다. 그리고 삼중수소가 양성자를 받아 헬륨3이 되고 다시 중성자를 받아 헬륨4가 될 수 있다. 또한, 삼중수소와 헬륨4가 반응하여 리튬(핵)이 될 수 있다. 현재 우주에 존재하는 수소와 헬륨4는 이때에 모든 만들어진 것이다. 이 당시에 양성자와 중성자의 비가 7:1이므로 2개의 중성자에 대해 14개의 양성자가 존재하는 셈이다. 헬륨4의 핵이 되려면 양성자 2개와 중성자 2개가 필요하다. 그러므로 2개의 양성자에 2개의 중성자를 사용하면 12개의 양성자가 남는다. 즉, 헬륨4의 핵 하나를 만들면 비율적으로 12개의 수소(핵)가 남는다. 따라서 수소와 헬륨의 비는 12:1이 된다. 헬륨의 질량이 수소의 4배이므로 질량의 비로서는 우주에는 수소 75%에 헬륨이 25%가 된다. 이 수치는 우주에서 얻어지는 수소와 헬륨의 존재비와 일치한다. 위에서 보았듯이 빅뱅 후 225초가 지난 후 여러 핵은 만들어졌지만, 온도가 전자의 이온화 에너지보다 높아서 핵은 전자들을 묶어 두지는 못한다. 따라서 이때까지 원자는 만들어지지 않았다.

빅뱅 후 10^{13}초 (380,000년)가 될 때까지 더 이상의 핵의 생성은 없었다. 그러다가 이 시점에서 온도가 $10^{5}K$이하가 되어 원자가 만들어지게 된다. 이 온도는 수십 eV에 해당한다. 이의 열에너지가 수소와 헬륨의 이온화 에너지와 비슷하게 됨으로써 전자가 핵에 의해 갇혀서 원자가 만들어지는 것이다. 이에 따라 그동안 핵과 전자의 플라즈마 안에 존재하던 광자들이 핵과 전자들이 묶임에 의해 중성이 됨으로써 자유롭게 움직일 수 있게 된다. 즉, 광자의 자유이동거리(mean free path)가 아주 길어진다. 자유이동거리는 광자가 핵 및 전자와 충돌하지 않고 이동할 수 있는 거리이다. 광자가 자유롭게 움직임에 따라 우주는 투명하게 된다. 즉, 우주의 바깥에서 관찰할 때 그전에는 검은 암흑과 같은 상태였다면 그 시점에서부터 광자의 움직임으로 우주가 보이기 시작했다는 의미이다. 우주배경복사의 원인이 이 광자들에 의한 것이다. 이 광자들이 팽창으로 식음으로써 에너지가 줄어 2.7K의 흑체복사로 관찰되는 것이다.

핵자와 전자의 플라즈마에서 원자가 만들어지면 핵자 사이의 전기적 반발력이 없어짐에 따라 중력이 작용하게 된다. 이후 수소와 헬륨의 구름이 뭉쳐서 별이 탄생하는 과정을 거치게 된다. 별 내부에서의 에너지 생성(핵융합)은 Bethe가 제안한 연쇄반응으로 설명된다. 그는 양성자-양성자 연쇄반응(작은 별)과 탄소-산소-질소 연쇄반응(큰 별)을 제안하였다.

처음에는 수소들이 결합하여 헬륨이 되는 핵융합이 일어난다. 그리고 수소가 소비됨에 따라 중력의 작용이 중요해진다. 이에 따라 별의 내핵(core)의 크기가 줄어든다. 내핵의 크기가 줄어들면 내부압력이 증가하고 내핵 온도가 올라간다. 그리고 헬륨 핵들이 반응하여 베릴륨이 된다. 베릴륨이 헬륨과 반응하여 탄소가 된다. 그리고 탄소가 헬륨과 계속적 반응을 통해 산소, 네온, 마그네슘 등이 만들어진다. 이러한 핵융합으로 방출되는 에너지에 의해 내핵 온도는 점점 더 올라간다. 이에 따라 핵반응이 계속되고 결합에너지가 가장 큰 철이 만들어진다. 원소 중에 철의 핵이 결합에너지가 가장 크므로 발열 핵반응은 이후 더는 일어나지 않는다. 그러나 중성자 포획 등의 과정으로 더 무거운 핵들이 만들어질 수 있다. 별이 점점 무거워지면 결국 초신성(supernova)이 되어 폭발한다. 그리고 폭발한 잔해들이 모여서 다시 별과 행성들이 만들어지는 과정을 반복한다.

위와 같은 우주생성의 시나리오는 우주배경복사, 헬륨과 수소의 존재비, 우주의 균일성 등의 관찰로 지지를 받고 있으나 아직 시나리오 수준에 불과하다. 이를 실험적으로 증명하기 위해서는 입자가속기를 통해 빅뱅의 상태를 재연하여 관찰하면 된다. 그러나 현재 만들 수 있는 가능한 에너지의 한계는 $10^3 GeV$정도이므로 빅뱅의 에너지인 $10^{19} GeV$의 $1/10^{16}$밖에 되지 않는다. 따라서 실험을 통해서 빅뱅을 재연할 수는 없는 실정이다.

표 J-7 우주의 생성 시나리오

시간	에너지	온도	시대 이름	비고
$0 \sim 10^{-43}$초	10^{19} GeV	10^{32} K	TOE	모든 힘이 통합
$10^{-43} \sim 10^{-35}$초	10^{14} GeV	10^{27} K	GUT	중력이 분리
$10^{-35} \sim 10^{-4}$초	1 GeV	10^{13} K	하드론 시대	강력이 분리, 갑작스런 팽창(10^{50}배), 핵자의 구성, 핵자-반핵자 쌍소멸
$10^{-4} \sim 10$초	1 MeV	10^{10} K	렙톤 시대	전자-양전자 쌍생성
10초~38만년	수십 eV	10^5 K	복사 시대	$10^2 \sim 10^3$초: 양성자와 전자만 남음, 핵생성 시작
38만년~현재	수십 eV 이하	10^5~3K	은하계 형성	핵생성 종료, 원자의 생성, 우주의 투명, 항성의 생성, 은하계 탄생

찾아보기